2017년 개정된 KS기준 반영

하중저항계수설계법(LRFD)

강구조공학

박연수 · 박선준 · 강대흥 공저

도서출판
구미서관

머 리 말

국내 강구조설계기준은 신뢰도 기반 설계기준의 적용을 의무화하고 있는 국제사회의 흐름에 발맞추어 하중저항계수설계법(LRFD : Load and Resistance Factor Design)으로 2014년에 전면 개정되었다. 이 설계기준은 최초로 국제 표준화된 국내의 하중저항계수설계법에 관한 것이나, 우리 학생들과 건설기술자들이 강구조물의 하중저항계수설계법에 대한 이해가 부족한 것이 현실이다. 이 교재는 하중저항계수설계법에 의한 강구조공학을 처음 접하는 학생들과 건설기술자들에게 하중저항계수설계법의 원리와 개념을 명확히 이해시키는데 많은 노력을 기울였다. 또한 이 교재는 하중저항계수설계법의 강구조공학을 체계적으로 분석·기술하였고 실제 강구조설계에 적용할 수 있도록 예제풀이를 기술하였다. 이 예제들을 통하여 하중저항계수설계법을 처음 배우는 일반 학생들과 건설기술자들이 하중저항계수설계법에 의한 강구조공학 전반에 걸친 내용을 체계적으로 이해할 수 있으리라 판단된다.

이 교재의 구성을 보면 먼저, 강구조공학의 1학기의 강의 분량에 해당하는 1장에서 3장까지에서는 강구조공학의 개요, 설계방법, 하중, 그리고 강구조물의 하중저항계수설계법에 대하여 기본원리를 명확히 이해할 수 있도록 자세한 설명을 아끼지 않았으며, 원리를 이해하는데 도움이 될 수 있는 예제와 연습문제를 수록하였다. 다음으로, 기존에 우리나라에서 사용되었던 강구조설계기준인 허용응력설계법을 참고용으로 4장에 수록하였다. 마지막으로, 부록에서는 강재단면, 개정된 KS에 따른 강구조설계기준 재료편의 변경내용을 소개하였다.

이 교재를 집필하면서 학생들과 건설기술자들에게 강구조물의 하중저항계수설계법에 대한 공학적 기본개념과 깊이 있는 이해에 다소나마 도움이 되었으면 하여 많은 노력을 기울이긴 했지만 보완이 필요하리라고 생각된다. 이 교재의 내용 중 미비한 부분에 대해서는 지속적으로 수정·보완을 하여 간결하면서 최고의 강구조공학 교재가 될 수 있도록 한다는 원칙을 약속드린다.

끝으로, 출판에 많은 지원을 아끼지 않으신 구미서관 임해진 회장님을 비롯한 편집부 관계자 여러분의 노고에 깊이 감사드린다.

2018년 2월

저자 박연수 · 박선준 · 강대홍

차 례

제3장 강구조물의 하중저항계수설계법

제4장 강구조물의 허용응력설계

부록

01 강구조공학의 개요

제1장 강구조공학의 개요

1.1 구조용 재료로서의 강재의 장·단점

1.1.1 장점

구조용 강재를 사용하여 만든 교량, 빌딩, 철탑, 송배전탑, 관로, 댐의 수문, 원자력 고압용기 등이 강구조물이며, 강재를 사용한 해안 및 해양구조물, 가로등, 광고탑, 선박, 항공기, 로켓, 우주선, 전차, 대포, 총기류, 자동차, 기계류 등도 강구조물이라 할 수 있다. 또한 그 외에도 건설 기초공사에 쓰이는 시트파일, 소규모로 사용되는 강봉이나 방호책 등도 철강재료를 주로 이용하고 있다.

이상과 같은 강구조물은 콘크리트구조물에 비하여 훨씬 더 기술집약적이며 설계, 해석, 제작, 시공의 전단계에 걸쳐 첨단구조공학 및 고도의 엔지니어링 기술이 요구되는 구조물이라는 사실을 알 수 있다.

구조재로서의 강재의 장점은 다음과 같다.

(1) 다른 구조재에 비하여 강재는 단위체적당 비강성 및 비강도가 매우 크다. 따라서 강재는 장경간 교량과 고층빌딩 등의 대규모 큰 구조물에 아주 적합한 구조재료이다.
(2) 재료의 비중량이 가볍다. 즉 단위체적당 중량은 콘크리트에 비해 3.3배정도 되지만 비강도가 크므로 부피를 줄일 수 있다. 따라서 고정하중을 크게 감소시킬 수 있으므로 구조물의 경간을 크게 하고, 외관을 날렵하게 할 수 있다.
(3) 강재는 뛰어난 균질성을 가지고 있어, 재료의 결함이 없고 대량생산, 품질확보가 용이하며 구조거동의 예측과 해석이 쉽다.
(4) 강재는 콘크리트보다 탄성적이며, 탄성한계 이내에서는 선형에 가깝게 거동한다.
(5) 강재는 내구성이 우수하고, 볼트, 용접 등 연결 기구를 사용하여 쉽게 체결할 수 있으므로 구조변경 및 증, 개축이 손쉬우며 보수보강이 용이하다.
(6) 강재는 하중작용 시 에너지를 흡수 능력이 탁월하여 커다란 변형에도 저항할 수 있는 연성

과 내진성을 보유하고 있다.

(7) ㄱ형강, I형강, ㄷ형강, H형강, 케이블 등 재료의 모양을 자유자재로 할 수 있으므로, 다양한 형상과 치수의 구조 형태를 자유롭게 만들 수 있다.

(8) 콘크리트와는 달리 수축(shrinkage)이나 크리프(creep) 등의 영향이 거의 없다. 즉, 즉시 재하되는 하중조건에 따라 제 기능을 발휘할 수 있다.

(9) 강재는 콘크리트에 비하여 현장에서 가설속도가 빠르고 사전조립이 가능하므로 건설 공기 단축이 가능하다.

(10) 강재는 구조물 해체 시 구조재로 재사용이 되거나 고철 등으로 재활용이 가능하다.

1.1.2 단점

위에서 기술한 바와 같이 강재는 우수한 구조재임에는 틀림없으나 아래와 같은 단점을 가지고 있다.

(1) 자연상태에 노출되어 있으면 일반적으로 강재는 부식이 발생하기 쉽다. 따라서 부식에 대하여 내구성을 확보하려면 정기적인 도장이나 아연도금 내식성강 또는 무도장 내후성강과 같은 고성능강을 사용함으로써 해결할 수 있고, 이러한 유지관리비용을 고려한 20년 이상 성능이 유지되는 중방식 재도장 기술이나 고성능강의 사용으로 총생애주기비용(LCC, Life Cycle Cost)에 있어서 더 경제적일 수 있다.

(2) 화재발생시 강재는 고열로 인해 급격한 강도 감소가 일어나는 내화성의 문제를 가지고 있다. 강구조 건축물은 상당 수준의 소방등급의 설비를 갖추어야 하지만, 강교같은 토목구조의 경우는 일반적으로 내화성이 거의 문제가 되지 않는다.

(3) 압축재로 사용한 강재는 좌굴 위험성이 많다. 강재는 강도가 높아 다른 구조재에 비하여 세장하고 날렵한 구조재로 사용되는 경우가 많으므로 좌굴이 문제가 될 수 있다. 따라서 좌굴이 발생하지 않도록 부재나 구조계의 세심한 설계·시공이 요구된다.

(4) 강재는 반복하중에 의해 강도의 감소 또는 파괴 현상이 발생하는 피로 문제가 일어날 수 있다. 피로설계를 충실히 하여 피로로 인한 추정강도의 감소 등의 현상이 발생하지 않도록 해야 한다.

(5) 강재는 취성파괴의 위험성이 크다. 아주 낮은 온도 등에서 갑자기 연성을 잃고 파괴하는 취성문제가 강재에서는 일어날 수 있으므로, 설계 시 충격흡수에너지가 큰 강재 등을 사용하여 취성파괴가 일어나지 않도록 해야 한다.

1.2 강구조기술의 발전

1.2.1 제철기술의 발전

고고학에 의하면 철의 기원은 인류가 불을 사용하여 철보다 상대적으로 낮은 가공온도를 갖고 있는 청동의 도구를 가공하면서부터 시작되었다고 한다. 신석기시대의 인류는 돌을 갈아서 무기나 도구를 만들어 사용하였으나 그 후 불을 사용하여 동, 청동을 가공하여 돌 대신 사용했다. 이후 청동보다 강하고 날카로운 날을 세울 수 있는 철의 사용이 시작되었다. 최초로 철을 알게된 것은 청동기시대에 철광석을 동광석으로 착각하여 용해로에 장입, 용해하는 과정에서 발견하게 되었다는 설이 있다. 또 고대 원시림의 산불에 의해 철광석이 환원되어 반용융 상태로 굳어진 것을 산불이 지나간 후에 장인들이 채취하여 철기로 제작했다는 설도 있다. 고대희랍인들은 철을 '아와베'라고 불렀다. 이것은 '하늘의 산물'이라는 뜻으로 '운석'을 의미한다고 한다. 운석은 철과 니켈(Ni)의 합금으로 되어있다. 운석을 분석해 본 결과 니켈성분이 4~20%이고 코발트(Co)성분이 0.3~1.6%로 구성되어있다. 고대중국에서도 기원전 14세기의 유물에서 청동기의 칼날부분에 운석을 붙여서 사용한 제품이 나온 것으로 알려져 인류가 최초에 사용했던 철은 운석이었음을 뒷받침하고 있다. 이와 같은 여러 가지 설에 따라 철의 탄생을 추측할 수 있으나 철을 광물에서 제련하게 된 것은 철을 녹이기 위한 온도를 쉽게 얻을 수 있었던 시기인 훨씬 후대의 일이다.

철을 제련하는 방법은 처음에는 광산에서 캐낸 철광석 덩어리 위에 장작을 태워서 얻은 열(熱)로 녹이는 단순한 방법에서부터 시작되었다. 그 후 유럽의 독일지방에서 목탄(木炭)을 쓰게 되었으며 목탄(숯)을 연료로 1200℃까지의 고온을 얻어 탄소 함량이 비교적 높은 선철을 만들어낼 수 있었다. 또한 온도를 높이기 위하여 풍구를 이용하거나 또는 간단한 노(爐)를 사용하게 되었다. 그러던 중 16세기에 들어서면서 서양에서는 Biringuccio와 Agricola 같은 장인들에 의해서 철의 제련에 관한 기술이 체계화되기 시작했다. 이와 더불어 벨기에와 영국에서 커다란 규모의 용광로가 나타나기 시작했다. 그러나 목탄을 이용한 제철법은 연료인 나무부족으로 인해 한계에 부딪치게 되었으며, 이와 같은 문제점을 해결하고 제철기술을 급속도로 발전시킨 것은 연료의 재료를 개발한 A. Darby였다. 그는 1708년 목탄 대신에 광물성 연료인 코크스(Cokes)를 용광로에 사용하여 철을 만들기 시작함으로써 제철의 역사에 새로운 장을 열었다. 즉 주철의 시대가 열린 것이었다. 영국의 Severn강을 가로지르는 세계 최초의 철교를 만든 사람도 바로 Darby였다. 이후 1740년대에 접어들어 시계 제작공이었던 Benjamin

Hunsman이 '도가니 제강법'이라는 새로운 제강법을 창안해 냈다. Hunsman이 제강해 낸 도가니강은 순도와 균질성이 과거의 강철에 비해 월등히 우수했기 때문에 곧 영국의 셰필드 지역을 중심으로 여러 곳으로 퍼져나갔다. 그후 1784년 Coalbrookdale 제철소 직원이었던 Henry Cort가 끓는 쇳물을 휘젓는 방법(puddle : 퍼들법)으로 더욱 품질이 좋은 철을 만들었는데 이것이 바로 연철이다.

19세기 중반부터 세계는 바야흐로 '철강의 시대'에 들어섰다. 철강의 시대를 연 선두 주자는 Henry Bessemer였다. 그는 1856년에 철강의 시대를 열게 되는 획기적인 전로 제강법을 최초로 고안하였다. Bessemer 제강법의 도움으로 사람들은 과거와는 비교도 할 수 없을 정도의 빠른 속도로 다량의 강철을 제조할 수 있게 되었다.

한편 1860년대를 거치면서 새로운 제강법인 Siemens-Martin 평로제강법이 등장하였다. 평로법에 의한 제강에서는 선철에서 탄소를 제거하는 시간이 Bessemer 제강법보다는 길었지만, Bessemer 제강보다도 더 우수한 강철을 생산할 수 있었다. 그런데 Bessemer 제강법과 Siemens-Martin 평로법은 모두 인과 규소 화합물이 0.1% 이상 포함된 철광석으로는 양질의 강철을 만들지 못한다는 문제점을 안고 있었다. 이런 문제점을 극복하기 위해서 1879년 런던의 즉결 재판소 서기인 Sidney G. Thomas는 웨일스 철공소의 화학자이며 그의 조카인 Percy C. Gilchrist와 함께 인과 규소가 다량 함유된 값싼 철광석으로부터 비교적 양질의 강철을 만드는 새로운 방법인 '염기성 제강법'을 창안해 내었다. 염기성 제강법이란 인과 규소의 화합물을 분리하기 위해서 염기성인 석회석을 용융된 철에 혼합하고, 전로 내벽도 산성인 규토질 내화벽돌 대신에 염기성 물질로 바꾼 것으로, 창안자들의 이름을 따서 Thomas Gilchrist법이라고도 부른다. 그런데 값이 싸고, 신속하게 대량으로 만들 수 있다는 점에선 Bessemer 제강법을 따를 것이 없었고, 여기에 염기성 방법이 도입되었다. 이렇게 되자 값싸고 양질의 철강을 대량 생산할 수 있게 되었으며, 제련 및 압연 과정과의 수직 결합을 통해서 독일과 미국에서는 대규모 종합제철공장이 나타나게 되었다.

야금학자들은 Bessemer 제강법 시대 이래로 액체 선철을 강철로 정화시키기 위해 공기가 아닌 순수 산소를 이용하기를 꿈꾸어 왔다. 하지만 당시에는 순수한 산소의 값이 너무 비쌌기 때문에 이 방법은 현실성이 없었다. 그러던 중 1930년대부터 세계 도처에서 산소를 이용하는 야금 방법이 지속적으로 연구된 결과 1949년 오스트리아에서 실험적 작업의 결과로 순산소를 사용하는 새로운 제강법이 나타나게 되었다. 이것을 '순산소 제강법' 또는 1952년과 1953년 최초로 용광로가 설치된 오스트리아 도시 이름인 Linz와 Donawitz의 이름을 따라서 'L-D전로 제강법'이라고도 부르게 되었다. '순산소 제강법'은 적어도 염기성 평로법에 못지 않게 우수한 품질의 강철을 생산할 수 있었다. 특히 이 새로운 제강법은 초대형 전로를 이용함으로써, 작업 속도가 빨랐으며 제조 단가도 염기성 평로법에 비해 훨씬 낮았다.

결국 1970년대에 이르러 이 새로운 제강법은 세계 철강업계가 사용하는 대표적인 제강법으로 자리잡게 되었다.

1.2.2 우리나라 제철기술의 발전

고구려의 경우 병사들의 무기는 창, 도끼, 칼 및 화살이고 병사와 말의 갑옷은 가야의 판갑이 아닌 철갑으로, 이러한 모습은 1995년 북한 강원도 철령지역에서 흙으로 만든 수십개의 무장된 말 인형이 발굴됨으로써 고구려는 가야보다 최소한 백여년 앞서서 제철기술이 사용되었음이 확인되고 있다. 특히 고구려군이 주둔했던 구의동에서 발굴된 3,000여점의 화살촉은 가늘고 뾰족한 송곳형으로 되어있는데, 천오백년 동안 형태를 유지한 이 화살촉의 성분분석 결과, 불순물이 거의 들어가지 않은 순도 높은 강철로 나타났다. 게다가 탄소량이 평균 0.51%로 오늘날 사용하는 특수강과 맞먹는 강도였다. 결국 이 화살촉은 쇳물을 녹이고 탄소를 줄이는 과정을 거친 초강을 반복해서 두들겨 강도를 높이는 단조법으로 제작되었음이 밝혀졌다.

고구려의 경우 갑옷을 보유한 중국과의 전투에서 상대방의 갑옷을 관통할 수 있는 무기의 필요성 때문에 강도상의 문제점 해결이 필수적이었을 것이며, 집안지역 오회분 4호고분의 벽화에 등장하는 제철신의 모습은 당시 고구려가 철 제련기술을 얼마나 중요하게 여겼는지 상상할 수 있게 해준다.

한반도의 철기문화는 가야에 이르러 찬란한 금자탑을 이룬다. 가야국을 건국한 김수로왕은 통치기반을 갖추면서 벼농사 등 농업과 수산업을 비롯해 제철업을 중흥시켜 백성들이 경제적으로 풍족한 생활을 하게 하였다. 철기의 사용은 자연스레 벼농사를 발달시키게 되었고, 우리나라에 일찍부터 벼농사가 발달했던 것도 철이 생산되었기 때문이기도 하다. 김수로왕을 비롯한 가야의 역대 왕들은 양산, 동래, 마산, 진해 등지의 철광과 낙동강에서 나는 사철 등 철을 생산하여 쇠도끼, 쇠창, 쇠화살촉, 쇠침, 철검, 철 낚시바늘, 철주, 쇠갑옷을 만들어 쓰는 한편 철전을 만들어 화폐로도 사용했다. 이로써 가야국은 완전한 철기시대로 접어들어 농기구, 무기류 등 철기의 사용이 보편화되었다. 경북 고령군 지산동의 가야시대 고분에서 발굴된 철제 투구와 갑옷을 봐도 철을 다루는 가야 사람들의 수준이 대단했음을 알 수 있다.

한편, 삼국유사와 삼국사기를 보면 신라의 제4대 탈해왕이 "나는 본래 대장장이 출신이다." 라고 말한 기록이 있다. 신라 사람들은 자신들이 살고 있는 마을을 금성(쇠벌)이라고 했고 이 쇠벌이 변형되어 사로, 서벌, 신라라고도 불려지게 되었다는 것이다. 이러한 명칭들은 모두

쇠에서 비롯된 것이라 할 수 있다. 또한 신라 왕조의 성씨가 김씨라는 점도 쇠와 관련이 있음을 짐작할 수 있다. 탈해왕은 원래 용성국(남원 부근)에서 태어나 사로(경주)에 이주한 대장장이였다. 신라 땅에 들어온 탈해는 토착 세력과 싸움을 벌여 사로국의 중심지역인 반월성을 차지하는 한편, 신라 2대 남해왕의 딸과 정략결혼을 해 마침내 왕의 자리에 오른다. 이는 선진화된 철제 무기를 소유한 대장장이 집단이 유력한 통치 계급으로 등장하는 것을 보여주는 대표적인 사례다.

한편 백제에서는 4세기경에 백련강(百鍊鋼)으로 칠지도를 만들어 일본의 왕실에 선물로 보냈다는 기록이 있다. 또 5세기경에는 한반도의 철기 제조기술자들이 일본열도(구와바라, 사비, 시노아 등)에 이주해 본격적으로 철기 제조기술을 전파했다는 기록이 있다.

우리나라는 1962년에 종합적인 경제개발계획을 내놓으면서 경제발전에 박차를 가하였다. 이때부터 불붙기 시작한 경제 성장과 산업 구조의 고도화는 우리나라의 철강 수요를 급증시켰다. 이에 힘입어, 외국산의 수입에만 의존하지 않고 철강을 자급하겠다는 목표 아래 마침내 우리도 1968년에 현대적인 설비의 종합제철소인 '포항종합제철'을 세우게 됨으로써 본격적인 국산 철강생산시대가 개막된다. 1973년 포항의 영일만에 포항제철소 1기 건설을 완공하였고, 뒤이어 1987년에 광양제철소 제 1기를 준공하기에 이른다. 처음 포항제철이 건설되면서 우리나라는 연간 103만톤의 철강생산능력을 보유하게 되었고, 단계적인 확장을 통해 1998년에는 양 제철소에서 2,557만톤의 철강제품을 생산하여 조강생산면에서 세계 1위의 철강회사로 부상하면서 우리나라도 세계 5대 철강 생산국가로 도약할 수 있었다. 현재 포항제철은 1973년 연간 103만톤 규모의 조강능력을 갖춘 종합제철 설비를 갖춘 이래로 '순산소 제강법' 또는 'L-D전로 제강법'을 비롯한 최첨단 제강기술을 속속 도입했으며, 1995년 11월 28일 소결 공장과 코크스 공장을 거치지 않고 철광석과 무연탄을 집어넣고 쇳물을 만드는 최첨단 용선 방법인 연산 60만톤 규모의 용융환원로(COREX)를 준공함으로써, 세계 철강기술사에 신기원을 이룩하였다. 그런가 하면 1996년 10월 15일 광양에 5고로를 착공함으로써 2000년에는 혁신적인 철강기술을 토대로 한 연산 2천 8백만톤 생산 체제를 갖추게 되어 양과 질 모든 면에서 명실상부한 세계 제1위의 철강기업으로 도약하게 된다.

한편, 봉형강류의 제조는 6.25동란 직후인 1953년 대한중공업공사(현 현대제철)가 설립되어 1958년부터 철근을 생산하기 시작하였고, 형강은 1960년에 생산되기 시작하여 이후 1982년 인천제철(현 현대제철)의 이름으로 국내 처음 H형강이 생산 시판되어 본격적으로 강구조가 확산되는 토대를 마련하였고, 1997년에는 인천제철을 비롯한 전기로 제강 3사의 연산능력은 350만톤에 달하게 되었다. 한편, 국내 철강시장은 세계화, 글로벌화의 영향에 따라, 2000년도에 인천제철이 강원산업, 삼미특수강을 인수하여 INI스틸(현 현대제철)로 통합하였고, 2004년도에는 당진 한보철강까지 인수합병하여 정상화함으로써 봉형강류뿐만 아니라 판재류 공급도 가능하게 되면서, 세계적인 경쟁력을 갖추게 된다.

- 2000.3.15 강원산업합병
- 2000.12.5 삼미특수강인수
- 2001.4.2 현대자동차그룹으로 재출범
- 2001.7.23 INI STEEL로 상호변경
- 2004.10.1 한보철강공업 당진공장 자산인수
- 2006.3.10 현대제철로 상호변경

1.2.3 강교량의 발전

철의 이용에 있어 선철이나 주철은 15세기에 이르러서야 건축물의 부품과 장식을 겸한 주철기둥, 출입구의 인방보, 계단의 난간 등에 사용되었다. 그러다가 Henry Cort가 발명한 퍼들법에 의해 더 품질이 좋은 연철이 본격적으로 생산되면서 연철은 곧바로 주철을 밀어내고 건축과 교량 구조물에 쓰이기 시작하였고, 이후부터 강철이 등장하는 19세기말까지 연철의 시대가 계속되었다. 그러다가 1856년에 미국의 Williams Kelly와 영국의 Henry Bessemer에 의해 강철을 값싸고 대량으로 생산할 수 있는 방법이 개발되자, 강철이 연철을 밀어내고 가장 중요한 구조재료로 자리잡았고 강구조물의 시대가 시작되었다.

Coalbrookdale의 Severn강을 가로질러 1779년에 건설된 영국의 'Iron Bridge'가 공식적으로 처음 철을 사용한 구조물이다. 이 교량은 주철을 사용하여 만든 것으로 경간이 30.5m 그리고 높이가 13.7m인 아치교이다. 그 이후 아름답고 현대적인 최초의 철재(Iron) 아치교로 간주될 수 있는 경간장 45.7m, 높이 6m의 철트러스 아치교가 스코틀랜드 Spey강에 Thomas Telford에 의해 건설되었다. 또한 그의 주요 업적으로는 Wales의 Menai해협을 지나는 현수교를 건설한 것이다. 이 교량의 경간장은 당시로는 엄청난 183m이었으며 연결체인을 갖는 현수교 형식으로 가설되었다. 이 교량은 8년간(1818~1826년) 공사가 진행되어 완공되었으며 16개의 현수체인으로 구성되었다. 1850년까지 프랑스에서는 Seguin 형제의 거대한 계획에 힘입어 수백 개의 주철교량을 완성하였다. 이후 연철의 시대에 접어들면서 Robert Stephenson은 1850년에 Wales Menai해협을 지나는 Britannia교를 건설하였다. 이 교량은 연철로 만들어진 두 개의 연속 중공관(hollow tube)으로 구성되어 있는데 관형식보(tube beam)속으로 기차가 통과하도록 가설되었다. 이 교량은 70m와 140m의 경간이 각각 두 개로 구성되어 있다. 그 이후 다양한 형태와 크기의 수많은 연철교량이 여러 국가에서 연이어 건설되었다. 미국에서는 John Roebling이 1855년에 Niagara교를 설계, 시공하였다. 이 교량은 최초의 성공적인 철도 현수교로서 중앙경간이 250m였다. 케이블은 도금처리가 안된 연철로 만들어졌다. James Eads는 1866년 St. Louis교를 최초로 상부구조 관모양의 아치형상의 강재를 사용하므로써 152m, 157m, 152m의 3경간으로 시공하였다. 한편 영국에서 Thomas Bouch의 Tay교는 1878년에 개통되었다. 이 교량은 그 이듬해인 1879년 12월 28일 강한 바람에 의해 붕괴되었다. 이러한 철도교의 붕괴로 교량설계 및 시공에 많은 변화를 가져왔으며 그중 가장 큰 변화는 교량 재료로 연강이 아닌 강철을 사용하게 되었다는 것이다.

세계 최초의 강철교량으로 기록되는 영국의 Forth교는 1883년에 착공되어 1890년에 완공되었다. 이 교량은 Benjamin Baker와 John Fowler에 의해 양쪽에 두 개의 주경간(518m)을 갖는 캔틸레버 트러스 형식으로 시공되었다. 경간장 뿐만 아니라 트러스의 최대높이는 107m로서 대단히 큰 구조물이었으며 트러스 부재는 최대직경이 3.66m인 관단면이었다.

19세기에는 철도망 구축에 따른 철도교량공사가 많았다면 20세기에는 자동차 도로망으로 인하여 수많은 도로교량이 건설되었으며, 이 기간에 거의 모든 형식의 장대교가 출현하였다. 이는 복잡한 설계기법 뿐만 아니라 새로운 재료 및 정교한 시공기술이 뒷받침되었기 때문이다. 고강도 강재가 생산되었으며 강재 제작 시 품질관리로 인하여 허용응력이 상향되었다. 엔지니어링도 더욱 발전하였고 교량설계 기술자도 훨씬 교육을 잘 받게 되었으며 시방서 및 각종 기준들이 여러 전문가에 의하여 만들어졌다.

20세기에 들어선 1917년에 미국에서 세 개의 중요한 교량이 완성되었다. 이 교량들은 Sciotoville의 Ohio교, Ohio강을 지나는 Metropolis교와 뉴욕의 East River를 지나는 Hell Gate교였다. 첫 번째 교량은 미국에서 최초의 대규모 연속 트러스교였으며, 최대 경간장은 236m이었다. Metropolis교는 1974년까지는 최대 규모의 단순 트러스교로서 경간장이 220m이었다. 1974년 Pennsylvania Chester에 현수경간이 251m인 캔틸레버 트러스가 건설되었다. Hell Gate 아치교는 4개의 철도레일이 있는 철도교이다. 이 교량의 298m 주 경간은 당시 아치교로서는 최대이었다. Gustav Lindenthal의 지도로 설계된 이 교량은 그 당시까지 중량이 가장 많이 나가는 구조물이었으며, 이 교량은 뉴욕시의 East River에서 지금까지 뛰어난 위용을 자랑하고 있다.

세계적인 규모의 강아치교 두 개가 1930년대에 각각 건설되었다. 첫째는 1931년 준공된 New Jersey Bayonne 소재 Kill-van-Kull교로서 경간장이 504m이었다. 둘째는 경간장이 503m인 Sydney Harbor교로서 1932년에 완성되었으며, 도로-철도 겸용교이므로 첫째 교량

보다 중량이 무거웠다. 두 교량의 미관은 매우 수려하였다.

이와 똑같은 시기에 California에 규모가 9.66㎞나 되는 샌프란시스코의 Oakland Bay교와 이중 현수교로서 최대 규모의 경간장 1,280m인 금문교(Golden Gate Bridge)가 건설되고 있었다. 첫째 교량은 1935년에 둘째 교량은 1937년에 완공되었다. Bay교의 거대한 중앙앵커 교각은 대단히 뛰어난 교량기술의 산물이다. 교각은 수면에서 73.2m의 높이를 지니고 있으며 드레징 웰(dredging well)을 갖는 케이슨으로 건설되었다. 금문교는 건설당시의 모든 기록을 보유하게 되었는데, 교량주탑은 227.4m 높이이고 각 주 현수 케이블은 직경 92cm인데다가 27,572개의 와이어로 구성되어 있다.

1930년대 전후에 유럽에서의 중요한 발전은 강바닥판 교량이다. 이 교량형식에서는 얇은 두께의 아스콘으로 피복된 강판이 교량의 바닥판을 구성한다. 강판은 종방향으로는 리브로, 횡방향으로는 일정간격의 가로보로서 보강이 된다. 이 형식의 대표적인 최초의 교량은 1950년대 건설된 독일의 Mannheim 소재 Kurpfalz교이다. 또 다른 대표적인 구조물은 경간이 75m-261m-75m인 Belgrade의 Save River교와 St. Louise의 미시시피강을 횡단하는 Poplar Street교이다. 샌프란시스코만 남단을 지나는 San Mateo-Hayward교는 중앙지간이 229m로서 이 형식으로 비국에서는 가장 긴 교량이다. 그리고 중앙경간이 300m인 President de Silver교는 Rio de Saneiro에 있다.

1960년대에는 현수교 형식의 교량에서 괄목할 만한 진전이 이루어졌다. 30년동안 금문교가 가지고 있었던 최대 경간 기록은 뉴욕항을 가로지르는 Verrazano- Narrows교에 의하여 깨졌다. 이 교량은 경간장이 1,299m로서 1965년에 개통되었다.

1957년 미시간주 Mackinac 해협은 중앙 경간이 1,158m인 거대한 현수교로 연결되었다. 그러나 총 연장은 2,560m로서 연장으로 보면 그 당시 세계최고이며 측경간도 통상적인 규모보다 크다. 1966년 영국에서 건설된 흥미있는 현수교인 Severn교는 설계상의 독특한 기법이 두 가지 있다. 즉 일반적인 보강트러스를 사용하지 않고 높이가 3.1m인 연속용접 강박스와 4차선 노폭의 바닥판으로 건설된 것이다. 이 박스는 비틀림 강성이 충분하였으며 풍동실험결과 일반적인 수직케이블 대신 경사케이블을 사용하여도 공기동력학적 안전성이 입증되었다. 중앙 경간 988m, 총 경간 1,597m의 이 교량은 경제적으로 우수한 설계이었다. 바닥판은 강바닥판으로 제작하였으며 상부에 아스콘 마모층이 있다.

현수교이며 세계 최대 규모의 교량은 1998년에 준공된 일본의 아카시대교(明石大峽橋)이다. 이 교량은 일본 혼슈의 고베와 아와지섬을 연결하며 총연장 3,911m (960m+1,991m+960m)에 중앙지간이 1,991m에 이른다. 리히터 규모 8.5의 지진과 초속 80m의 풍속에 견디도록 내진 및 내풍 설계가 되어있다. 유럽에서 최대 경간장을 갖는 교량은 덴마크의 두 주(主)섬을 연결하는 현수교인 Great Belt East교로서 1997년 완공되었으며, 이 교량의 주탑의 높이는 254m이고 중앙지간은 1,624m이다.

한편 우리나라의 교량에서 최초의 강철교는 1900년에 완공된 한강철교 B선(총길이 628.9m)이다. 그 다음이 1911년에 만들어진 압록강철교이고 1944년에 만들어진 한강철교 C선은 3경간 연속 트러스 교량으로 매우 탁월한 강트러스 교량으로 이름나 있다.

1973년에는 육지와 남해섬을 연결하는 장대화 교량가설기술에 케이블을 국내 최초로 사용한 현수교 형식의 남해대교가 완성되어 우리의 교량가설기술이 세계수준에 도달하였다는 사실을 입증하였으며, 교량의 건설기술이 크게 발전했음을 보여 주었다. 남해대교는 블록 정착식 현수교로 전장이 660m(128m+404m+128m)이다. 또한, 바다를 배경으로 하여 강상형 사장교 형식인 주지간장 345m(전장 484m)의 진도대교(1984년)와 주지간장 280m의 돌산대교(1984년)도 가설되었다. 이 외에도 서해고속국도상의 서해대교, 신공항을 연결하기 위한 고속국도상에 영종대교, 부산의 광안대교 등이 있다.

철도, 도로 병용 세계 최초의 2층 자정식 현수교인 영종대교는 2001년에 개통되었으며 전장이 550m(125m+300m+125m)에 달한다. 그 외에도 2003년 1월에 준공된 부산의 광안대교는 중앙지간 500m의 블록정착식 현수교이다. 또한 2000년 11월에 완성된 서해대교의 사장교 구간은 중앙지간 470m이며, 현재 국내에서 가장 긴 지간장(750m)을 갖는 사장교는 인천대교로 2009년에 완공 되었다. 2013년에는 주지간장이 무려 1,545m(총연장 길이 2,260m)인 이순신대교가 여수산업단지 진입도로 내에 완성되었다. 이 교량은 현수교 형식으로 세계에서 4번째의 지간장이며, 주탑의 높이가 270m에 달한다. 주지간장 1,545m는 이순신장군의 탄신 년도인 1545년을 의미한다.

1.2.4 강구조기술의 발전동향

지금까지 강구조물은 콘크리트구조물에 비하여 고층, 장지간의 구조물과 같이 경량이면서 높은 내하력이 요구되는 구조물에서는 거의 지배적인 구조형식으로 사용될 정도로 절대적인 우위를 점해오고 있다. 그러나 최근에 신소재의 개발, 고강도 고성능 콘크리트 및 프리캐스트, 프리스트레스트 콘크리트 구조기술의 급격한 발전으로 인하여 종래에는 강구조물로만 가능하다고 생각되는 구조물의 영역이 위협받고 있는 것도 사실이다. 이에 따라 강구조분야도 강재성능의 고도화, 강구조기술의 현대화에 의한 계속적인 경제성 확보를 위하여 노력하고 있으며 시장 우위확보 및 점유를 위한 구조재료분야의 경쟁은 날이 갈수록 심화되고 있어 열가공제어강(TMC강 : thermo mechanical control process), 무도장 내후성강, 내화강, 제진강판 등 신개발 강재의 발전이 크게 기대되고 있다.

철강재료

철강재료의 발달은 주철, 연철을 거쳐 20세기의 구조용 연강의 시대로 되면서 점차 각종 탄소강 및 합금강들이 개발됨으로써 그 강도는 40MPa에서 1,000MPa에 달하게 되었다. 또한 봉강, 선재에서는 150MPa, 200MPa의 고강도를 사용하게 되었으며 일정한 조건에서는 페인트 유지관리를 필요로 하지 않는 무도장 내후성강의 개발, 신강재인 구조용 열가공제어강의 개발이 이미 이루어져 활용되고 있고 보다 더 고성능 강재의 개발이 활발히 진행되고 있는 실정이다.

무도장 내후성강 교량은 콘크리트 교량에 비해 강교량의 가장 큰 취약점으로 항상 대두되어 온 주기적인 재도장의 문제점을 해결할 수 있다는 점에서 각광받고 있다. 그리고 구조용 열가공제어강은 열간 압연 제어 공정으로 제조되는 구조용 강재를 총칭하지만 종래의 SM 355 및 SM 420에 상당하는 강재에 국한되며 동일한 열가공제어강으로 제조되는 저항복비 고장력강과 구분된다. 구조용 열가공제어강은 저탄소량으로 고강도, 고인성이며 용접성 및 내진성이 우수하다는 점에서 최근 많이 쓰이고 있다.

한편 연결부의 경우 공장제작은 리벳접합에서 용접으로 바뀌고 현장가설은 핀이나 리벳접합에서 용접 혹은 고장력볼트접합으로 변천되었다. 이는 부재의 이음에서 응력의 전달은 연속적인 것이 보다 바람직하므로 핀, 리벳과 같은 불연속인 점에서 선의 접속(필릿용접) 혹은 연속적인 그루브용접으로 그리고 고장력볼트를 사용한 면접합으로 진보해온 것이다.

고장력볼트접합은 현재 토목 및 건축의 강구조물 등에 가장 넓게 이용되고 있는 접합방법으로서 고장력볼트를 사용하여 큰 축력을 도입하여 발생하는 접합재 간의 압축력에 의한 마찰력으로 작용외력을 전달하는 것이 큰 특징이다. 따라서 고장력볼트접합부에서는 보통 볼트 및 리벳을 사용한 접합부에 생기는 전단력의 국부적인 집중현상이 없으며, 응력전달이 원활하고 강성 및 내력이 크며 또한 반복하중에 대해서도 높은 피로강도를 발휘하는 장점이 있는 방법이다.

이와 같은 강철재료의 발달에 힘입어 현재 우리나라의 경우 강교가 전체 교량의 10%이내에 불과하지만 일본과 같이 강교가 40% 이상이 되는 선진국형으로 설계 및 제작, 가설기술의 첨단화가 이루어지면 일반 강교량은 물론 장대지간 강교량의 가설이 급증할 것으로 예상된다. 더구나, 용접성, 가공성, 내구성, 내마모성, 내박리성과 같은 고기능, 고성능 강재의 개발이 계속되고, 강구조의 설계, 제작, 시공기술이 선진화될수록 점점 더 초대형 건설프로젝트에서 구조신뢰도가 높으면서도 경제적이고 자동화와 효율적인 시공에 적합한 강구조물의 비중이 증대될 것이다.

▌해석 · 설계 · 시공 시 BIM 적용

강교량과 같은 강구조물을 설계하는 과정에서 해당 강구조물과 관련된 일련의 정보를 구축하기 위해 여러 가지 소프트웨어가 사용된다. 1990년도 이전에는 펜을 사용하여 종이에 설계도면을 작성 하였고, 1990년부터 현재까지 약 20년 동안 대부분 2차원 CAD(Two Dimensional Computer Aided Design)가 가능한 컴퓨터시스템을 사용하여 설계도면을 작성하고 있다. 2차원 설계 CAD에서 발생하는 여러가지 문제를 해결하기 위해 실제 현실 공간과 동일한 3차원 이상의 다차원 해석·설계를 컴퓨터로 구현할 수 있는 기술이 요구되고 있다. 3차원은 2차원공간의 평면좌표계에 좌표축을 추가시켜 3차원 이미지로 현실세계의 자원을 표현할 수 있게 하는 것이고 4차원은 이러한 3차원 공간에 시간을 도입하여 시간의 흐름에 따라 이미지를 변화시키는 기술이다. 5차원은 시간이 도입된 4차원에 비용을 추가시키는 것이다. 3차원 이상의 해석·설계·시공이란 철문을 여는 열쇠로 지식기반의 BIM(Building Information Modeling)이 대두되고 있다. BIM은 기존보다 더욱 발전된 컴퓨터시스템을 이용하여 실제 현실세계와 일치하는 3차원, 4차원 모델링 기반으로 해석·설계·시공하는 과정 중에 발생하는 정보를 효과적으로 관리할 수 있게 도와준다. 이러한 BIM기반의 강구조물건설은 현실적이며 직관적이기 때문에 공사 참여자들이 공사에 대해 이해하기가 쉽다. 3차원 형상 정보를 가지고 있기 때문에 해당 자재를 주문하는데 모델정보만 넘겨주면 된다. 3차원 기반으로 작성되고 2D 설계도면과 연동되기 때문에 2D 상에서 설계도면간의 불일치를 해결하고, 시뮬레이션을 이용해 시공과정을 미리 지켜봄으로서 공사 이해력이 증대된다. 설계변경 시 3D 기반의 모델만 수정하면 하위정보는 일괄적으로 수정되기 때문에 설계변경이 쉬워 유연하게 프로젝트를 진행할 수 있다. BIM은 이러한 업무의 비효율성을 제어하고 최적화함으로서 강구조물건설의 생산성을 향상 시키는데 도움을 준다.

강교량건설 프로젝트를 기획, 설계, 시공, 유지관리의 4가지 부분으로 구분하여 각각의 단계에서 발생하는 업무에서 얻어지는 BIM의 이점은 여러 가지가 있다. BIM은 기획단계에서 강교량 건설의 타당성검토, 발주자에게 설명하기 위한 프리젠테이션 작성, 조감도작성에 이용될 수 있다. 기본설계단계에서는 최적노선선정, 구조물 위치 및 형식 설정, 개략공사비 산정, 프로젝트 일정수립, 간략 설계도면작성, 개략적인 설계내역, 주요자재정보, 프로젝트 WBS정보, 관련법 제도 정보, 발주자요구사항, 유사수행프로젝트정보에 이용할 수 있다. 실시설계에서는 발주처에 설계보고, 지질조사, 구조 및 수리 계산, 견적작성, 시방서작성, 상세도면 작성 등에 이용될 수 있다. 시공단계에서는 자재주문 및 소요인력 산정에 이용될 수 있고 일일 보고서 작성에도 이용될 수 있다. 유지관리 단계에서는 강교량의 보수이력과 모니터링 데이터를 저장하는데 사용하여 강교량의 노후화 등급평가 및 보수를 위한 비용산정에 활용될 수 있다. 일부 국가에서는 2000년 부터 BIM을 도입을 적극적으로 검토하고 이를 받아들여 사용함으로서 모든 건설 프로젝트에 소모되는 비용과 시간을 절약 하며 글로벌 시대의 경쟁력을 키워나가고 있다.

▌유비쿼터스 모니터링 계측 및 실험적 연구

구조물의 일반이론으로서 계산에 의한 처짐, 응력은 실물이나 모형에 의한 실측으로 그 정당성이 뒷받침 될 필요가 있다. 강구조물의 정·동적 구조특성치 및 건전성 파악을 위한 유비쿼터스 계측 모니터링기술(Ubiquitous Health Monitoring Technology)은 스마트 센서와 계측기술의 발전으로 그간 장족의 발전을 해왔다. 그러나 아직 교량의 유지관리를 위한 계측 모니터링시스템은 미국, 일본 및 유럽 등 선진국가에서도 도입, 발전 단계에 있다. 국내에서는 주로 시공중의 계측과 구조물의 안전진단을 목적으로 하는 일시적 계측에 편중되어 있을 뿐만 아니라 많은 부분을 외국기술에 의존하고 있다. 또한 가장 중요한 부분이라고 판단되는 분석, 건전성평가, 의사결정 등의 분야에서는 구체적인 방법이 아직까지도 명쾌하게 정립되지 못하고 있는 실정이다.

최근 교량의 유지관리를 위해 수집된 데이터를 바탕으로 현재의 노후화 상태를 판단하고 최적의 보수, 보강공법을 선정하기 위한 의사결정의 전산화, 미래의 상태를 예측하여 적절한 대응을 하기 위한 방법에 대한 연구, 그리고 이를 전산화 유지관리시스템에 적용하고자 하는 노력이 계속되고 있다. 이를 위해 다양한 접근법이 시도되고 있는데 이러한 것들에는 구조계 특성 추정기법(SI : System Identification), 신경망(NN : Neural Network)이론, 인공지능(AI : Artificial Intelligence), 유전자 알고리즘(GA : Genetic Algorithm) 등이 있다.

또한 강구조는 그 거동이 복잡한 대규모 강구조물이나 특수형식 구조에 대하여, 그리고 새로운 구조형식의 강구조에 대하여 정확한 정·동적, 탄소성 거동이나 파괴거동의 규명을 위한 이론적 해석이 지극히 어렵거나 불가능한 경우가 많으므로 실험으로 해결할 수밖에 없는 경우가 많아서 이론을 뒷받침하는 실험적 연구는 필요 불가결한 것이다. 오늘날, 장대교량이나 특수형식 강구조물의 복잡한 구조상세에 대한 실물크기의 실험체에 의한 파괴기구 및 파괴강도의 연구가 보편화되고 있으며 강구조물의 계획, 설계, 제작, 가설 단계에서 중요한 자료로 사용되고 있다.

1.3 철강의 성질

철은 원소기호 Fe, 원자번호 26이고 비중이 7.85인 금속원소 중의 하나이다. 원소기호의 Fe는 쇠를 뜻하는 라틴어 Ferrum에서 연유한다고 하며, 영어명 Iron은 라틴어 Aes(광석)를 어원으로 하는 것으로 알려져 있다. 철강재는 Fe를 주성분으로 하고 탄소(C), 규소(Si), 망간(Mn), 인(P), 유황(S) 등의 원소가 함유되어 있으며, 금속 조직학상으로 탄소함량에 따라 그 성질이 크게 변한다.

보통 주철의 탄소량은 2.0%~4.5% 정도이다. 이러한 주철은 전성이나 연성이 없으므로 받침이나 난간 등의 주입(鑄込)을 필요로 하는 단순 압력이나 비구조적 요소에 주로 사용된다. 이에 반해서 연철은 탄소의 함유량이 극히 적어 순철에 가까우며 유연하고 전연성(展延性)이 풍부하며 가공에 적합하다. 탄소강은 탄소의 함유량이 0.02~약 2% 범위를 갖는 철과 탄소의 합금을 일컬으며, 일반 구조용강은 0.04%~0.25%정도의 탄소를 함유한다. 일반적으로 강은 탄소의 함유량이 증가함에 따라 강도가 커지는 반면 취성이 증가하나, 최근 제조 공정에 따라 탄소 함유량을 증가시키고서도 충분한 강도와 연성을 확보하고 용접성도 좋게 유지시키는 제강 기술이 속속 개발되고 있다.

순수한 철은 질김과 가단성이 풍부한 금속으로, 연하며 압연(壓延)이 잘 되고 얇은 종이보다 더 얇은 판으로도 만들 수 있다. 용융점은 1,537℃이며, 비등점은 3,000℃보다 약간 낮다. 자연에는 철의 동위원소가 8종류 있으며, 그 중 원자량 56의 것이 가장 많이(91.64%) 존재한다.

높은 순도의 철은 금과 같이 공기 중에서 산화되지 않지만, 너무 연하여 강도가 없어 강구조재로는 부적합하다. 일반적으로 제철이라고 하는 거의 모든 철강제품은 사실상 강 또는 주철, 즉 철과 탄소의 합금으로 되어 있다.

철은 온도에 의하여 그림 1.1과 같은 면심입방(面心立方)과 체심입방(體心立方)의 결정형이 달라지는 소위 '카멜레온 금속' 중 하나이다. 고순도 철을 천천히 가열하여 어느 정도 온도에

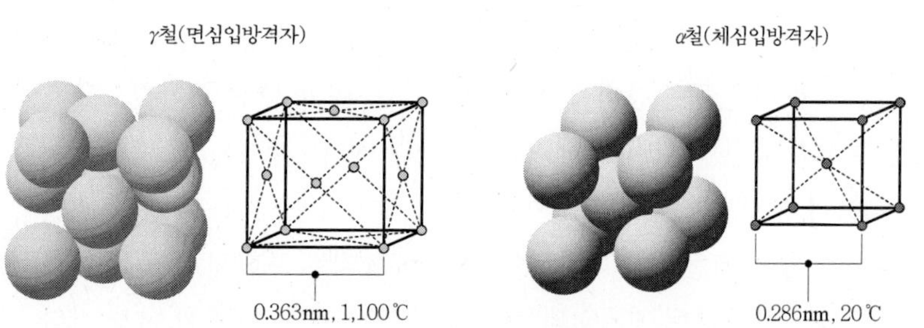

그림 1.1 철의 결정형

도달하면 열은 가해져도 온도가 상승하지 않는 기묘한 현상(변태)이 나타난다. 그것은 결정의 변화에 에너지가 소모되기 때문이며 그림 1.2에 보인 바와 같이 처음에는 768℃(A_2, 자기변태점), 두 번째는 910℃(A_3, 동소변태점), 세 번째는 1,410℃(A_4, 동소변태점)에서 일어나고, 마지막으로 1,537℃에서 용해된다. 768℃에서의 온도상승 정지는 알파(α)철(체심입방격자)이 자성을 잃고 베타(β)철이 되기 때문이며 910℃에서는 베타(β)철(체심입방격자)이 감마(γ)철(면심입방격자)로 구조가 변화하기 때문에 일어난다. 1,410℃에서 이 감마(γ)철은 다시 구조변형을 하여 델타(δ)철(체심입방격자)이 된다. 다만 델타(δ)철의 격자치수(격자상수라고도함)는 알파(α)철의 경우보다 크다. 이들의 변화는 모두 에너지를 필요로 하므로 열이 연속적으로 가해져도 시편의 온도는 상승치 않는 것이다.

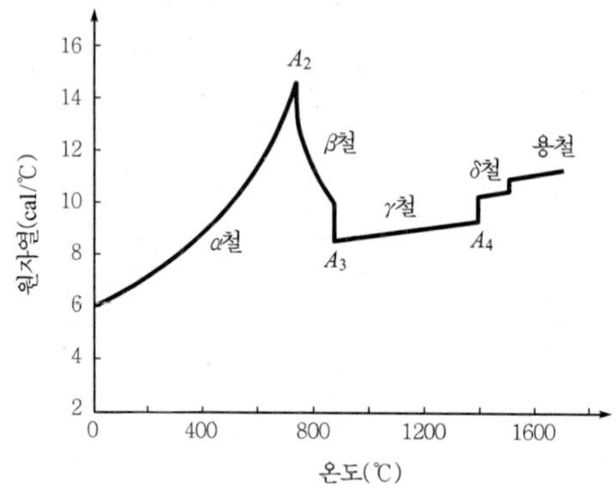

그림 1.2 철의 결정형 변화

❙ 철의 강도를 결정하는 탄소

고순도의 철은 연하기 때문에 기계나 건축물의 구조재로 사용하기에는 부적합하다. 여기에 강도를 주기 위해 탄소를 첨가한다. 즉, 목탄이나 코크스는 철을 단단한 강이나 주철로 변환시킨다.

주철과 대부분의 강은 철과 탄소의 합금이다. 철(Fe)에 0.05%~0.3% 탄소(C)가 함유된 것을 보통강이라고 부른다. 이중에서도 비교적 탄소량이 적은 강은 구조용강으로서 건설강재로 사용되거나 기계의 구조부분이나 주부재로 사용되며, 탄소량이 많은 것은 레일 등에 사용된다. 탄소량 0.7%~1.3%의 것은 공구강이라 하며, 금속가공용의 공구가 이것으로 만들어진다. 공구강은 담금질 열처리가 잘 되기 때문에 쉽게 단단해 진다. 감마(γ)철 중에 용해 가능한 최대 탄소량은 약 2%이며 이것보다 탄소를 많이 포함한 것은 강이라 하지 않고 주철이라 한다. 주철에도 여러 종류가 있으나 탄소의 대부분이 흑연의 형태로 포함된 것을 회(색)주철이라 하고 탄소가 철의 화합물(시멘타이트, Fe_3C)의 형태로 포함된 것을 '백주철'이라 한다. 회주철은 대단히 연하며 가공이 쉬우나 백주철은 단단하며 여린 성질을 갖고 있다.

주철의 용도는 매우 다양하다. 기계의 받침부분, 엔진몸체, 수도관 등 많은 것이 주철로 만들어진다. 비교적 저온에서 용해되며 주조가 용이하여 공원의 울타리나 조각에도 사용된다.

강재의 성분과 재질

강은 첨가원소에 의해서 성질이 변화한다. 가장 기본적인 원소 5가지 중에서 탄소(C)가 많으면 인장강도, 항복점, 경도 등은 커지나 신장율, 조임, 용접성 등이 저하된다. 규소(Si)의 경우 탈산제로서 사용되는데, 소량이면 가공성을 해치지 않으면서 강도를 약간 높여준다. 망간(Mn)의 경우도 탈산제로서 첨가되는데 강도, 인성 및 담금질특성은 좋아지나 냉간가공 특성이 저하된다. 인(P) 및 유황(S)은 편석이 생기기 쉽고 취성이 커지게 되고 충격치를 저하시키는 해로운 원소이다.

기타 원소로서 동(Cu)은 적은 양이지만 내식성을 증가시킨다. 알루미늄(Al)은 탈산제로서 사용되는데 품질을 좋게 해준다. 니켈 크롬이 들어 있으면 내열성, 내식성이 좋아진다.

이와 같이 첨가원소의 양을 가감하여 강의 역학적 성질이나 용접성 등의 특성을 높인 것을 비조질강(非調質鋼) 또는 성분조정강(成分調整鋼)이라 하고, 한국 공업규격 KS D 3515 SM계열 강재가 그 예가 된다.

강재의 성질은 원소의 조합이나 첨가량에 의해서 변하고 양이 지나치면 해롭고 값이 비싸지므로 성분조정만으로 고장력강을 만드는 데는 한계가 있다. 보통 550MPa급의 고장력강이 한도가 되며 이 이상의 고장력강은 제조의 공정과정에서 담금질 등의 열처리를 한 조질강(調質鋼)으로 만든다. 일반 SM계열 강재중 SM 460 강재가 여기에 속하며, 최근 개발되었거나 개발중인 열가공제어강으로 제조되는 강재 등이 여기에 속한다.

한편 최근에는 첨가원소와 열처리를 동시에 적용함으로서 특정성능을 개선시킨 고성능강이나 복합성능을 개선시킨 고성능강도 계속 개발되고 있다.

1.4 철강의 제조

1.4.1 제선공정

제선(製銑)이란 고로에 철광석을 넣고 코크스를 태워 철광석 중에서 산소를 제거하고 용해시켜서 선철로 만드는 그림 1.3에 나타낸 제선공정일반을 일컫는 것이지만 철광석을 사전 처리하는 소결 또는 코크스를 만드는 과정도 포함하여 넓은 의미의 제선(製銑)이라 한다.

그림 1.4에 보인 바와 같이 고로는 문자 그대로 높이 우뚝 솟은 거대한 노를 말하며 제철소의 상징이다. 본체는 길쭉한 원통형으로 바깥쪽은 두터운 철판으로 되어 있고 안쪽은 내화벽돌로 두껍게 쌓여 있다. 노의 높이는 40 ~ 50m 정도이며, 부속설비까지 포함하면 100m를 넘는다. 노의 정상에서 지면을 향하여 경사진 원료장입용 콘베어벨트가 설치되어 있으며, 노의 상부에는 원료를 균등이 배분하여 노 안에 넣기 위한 장입장치와 노정(爐頂)가스의 압력, 온도, 성분을 측정하는 계기류 및 장입원료의 하강도를 측정하는 장치 등 여러 가지 장치가 부착되어 있다. 고로 옆에는 열풍로가 있어 예열된 공기는 고로 하부의 풍구(風口)에서 노 안으로 불어넣는다. 공기가 코크스를 태우면서 일산화탄소(CO)가 발생하여 철광석이 환원되고 코크스로 직접 철광석중의 산소를 빼앗아 환원작용을 한다. 환원된 철은 탄소를 흡수하여 선철이 되어 노바닥에 고인다.

광석이나 코크스중의 불순물은 따로 장입된 석회석과 결합되어 유동의 광재(鑛滓 : slag)가

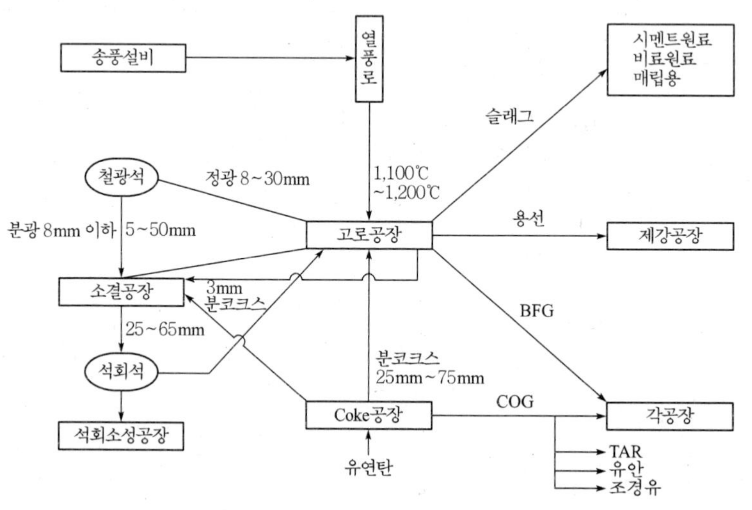

그림 1.3 제선공정 일반

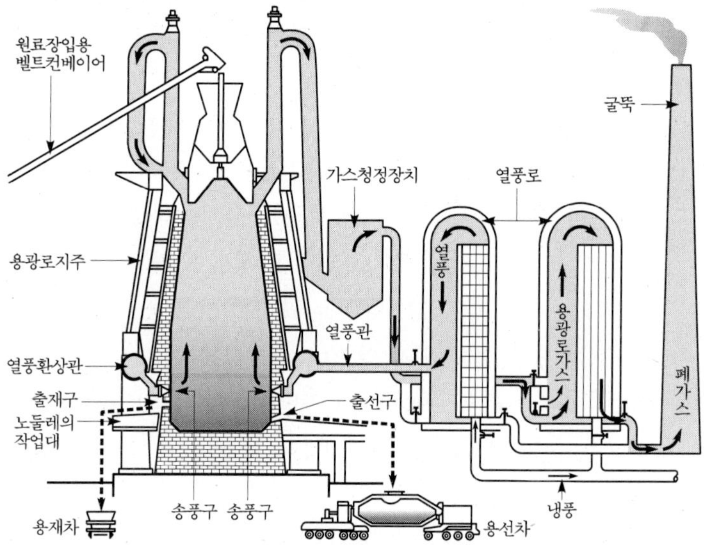

그림 1.4 고로(용광로)

되고 선철위에 또는 일부는 환원되어 선철속으로 녹아 들어간다. 이러한 용선을 하루 10~15회 정도 뽑아낸다. 선철은 그 용도에 따라 제강용선과 주물용선으로 분류된다. 이 두가지는 탄소량은비슷하나 규소량이 제강용은 적고 주물용에서는 많다.

제강용의 용선은 일관작업하는 경우에 고로에서 나오는 용선을 혼선차에 옮겨 싣고 제강공장으로 운반되어 녹아 있는 상태로 제강로에 넣게 되지만, 외부에 내보내는 제강용선은 주선기로 일정한 모양으로 만든다.

주물제품을 만들 때에는 선철, 코크스, 석회석 등의 원료를 큐폴라라는 용해로에 넣고 다시 용해하여 탄소나 규소의 양을 조절하여 주물로 성형하게 된다. 이때 석회석은 전로 또는 전기로 속에서 규소, 황 및 인 등의 불순물과 반응하여 슬래그로 되어 분리 제거되는 역할을 한다.

또한 고로는 그 자체가 거대한 설비와 방대한 원료를 소비하므로 원료를 받아들이기 위한 항만설비나 하역설비 등도 완비되어 있지 않으면 안된다. 우리나라에는 이러한 시설과 입지를 갖추고 있는 고로업체로는 유일하게 포항종합제철주식회사가 있으며 포항과 광양에 각각 제철소가 있다.

1.4.2 제강공정

제선공정을 거쳐 나온 선철은 탄소함유량이 많고 상당량의 인(P), 유황(S), 규소(Si)와 같은 불순물이 함유되어 있어 경도가 높고 취약한 성질이 있다. 이러한 선철을 잘 늘어나게 하면서 강인한 강으로 만들려면 다시 정련하여 탄소(C)의 양을 줄이고 유해한 불순물을 제거하지 않으면 안된다.

유해한 불순물을 제거하기 위하여 예로부터 여러 가지 방법이 시도되어 왔다. 그러나 철은 탄소량이 감소하는데 따라 용융점이 높아지므로 선철을 용해하였더라도 다시 굳어져 버리는 난점이 발생하여 근세에 이르기까지 철의 대량 생산이 불가능하였다.

1784년 영국의 Henry Cort가 교련(攪鍊 : puddle)로에서 정련된 반용융상태의 철괴를 노 밖으로 빼내어 이것을 여러 개의 작은 괴로 나누는 교련법(puddling process)을 발명하였다. 이 방법은 철의 이용 확대에 크게 기여한 바 있으나 제조된 연철에는 다량의 찌꺼기가 혼입되어 있어서 이를 제거하기 위해 단련을 되풀이하지 않으면 안되는 결점이 있었다. 따라서 철괴에 혼입되어 있는 찌꺼기(slag)를 제거하기 위해서 해머로 때리는 작업을 하여 1회 제조시간이 24시간 정도나 소비되었다.

그림 1.5와 같은 제선공정을 포함한 근대적인 제강기술이 확립된 것은 19세기 후반으로 Bessemer 및 Thomas 전로, William Siemens평로, 전기로가 계속 발명됨으로서 1,600℃ 이상의 고온에서 정련된 강을 대량으로 제조하는 방법이 비로소 완성된 것이다.

그후 이러한 제강법은 여러 가지 개량이 이루어지고 새로운 기술이 개발되어 오늘에 이르렀다. 특히 1954년 오스트리아의 Linz와 Danawitz의 두 공장에서 공업화된 LD전로(두 공장의 첫 자를 따서 LD로 명명함)의 출현은 재래의 제강법을 획기적으로 개선시켰다. 현재의 제강법은 LD전로와 전기로가 주류를 이루고 있으며, 평로는 점차 감소하고 있다.

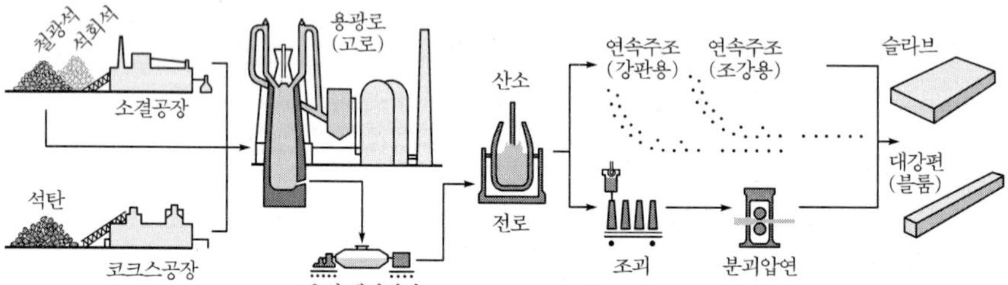

그림 1.5 제강공정도

제강법의 종류

전로, 전기로 등의 제강로에서 정련하여 만든 용강은 주형에 부어넣어 응고시킴으로서 강괴가 되고 이것을 분괴하든가 연속주조법에 의해서 강편을 만들어 최종적으로 형강, 강판 등으로 압연된다. 연속주조법에 의해 분괴과정을 생략하고 다음 공정에 공급되는 것을 연주강편 또는 주편이라고도 하지만 이것은 강괴에 포함시키며, 이러한 강괴 및 주강을 총칭하여 조강(粗鋼)이라고 한다. 강괴로부터 분괴압연기, 강편압연기 또는 열간단조로서 제조되는 중간제품을 강편이라고 한다.

제강법에는 크게 평로(open hearth furnace)와 전로(converter) 및 전기로(electric arc furnace)가 있다. 최근 주류를 이루고 있는 전로에는 베세머전로, 토머스전로, 순산소상취전로, 순산소저취전로 및 상하취복합취련전로 등이 있다. 한편 금속공업과 기계공업, 화학공업, 요업 방면에서 널리 이용되고 있는 전기로에는 이용하는 전기의 특성에 따라 저항로, 아크로, 유도로, 전자빔로 및 태양로와 같은 원리로 적외선램프의 열복사를 이용하는 노 등이 있다.

제강

제강로에 넣어진 용선은 노 안에서 정련되어 용강이 된다. 용강이 되는 과정에서 투입되는 함유원소에 따라 강의 성질이 변화되며, 이들 원소들 각각에 대한 상세한 내용에 대하여는 한국강구조학회에서 편찬한 강구조편람 제1권 건설강재의 2.4.4를 참조하기 바란다.

선철, 스크랩 등의 원료로부터 혼입되는 미량의 잔류원소도 존재하며, 이러한 잔류원소들에는 구리(Cu), 니켈(Ni), 코발트(Co), 안티몬(Sb), 비소(As), 텅스텐(W), 몰리브덴(Mo), 주석(Sn) 등은 제강시 거의 제거할 수 없는 원소로서 강에 치환형태로 고용되어 있으며, 강의 성질을 변화시키기 위해서는 비교적 다량 첨가가 필요하다. 한편 탄소(C), 수소(H), 질소(N) 등의 원소들은 제강시에 일부 제거할 수 있는 원소들로서 강에 침입형으로 고용시켜 미량 존재하게 하여도 강의 성질에 큰 영향을 미친다. 이들 이외에 미량 침입시켜 강의 제성질에 영향을 미치는 원소들로는 망간(Mn), 황(S), 인(P), 규소(Si), 산소(O), 알루미늄(Al), 붕소(B), 크롬(Cr), 티탄(Ti), 셀렌(Se), 칼슘(Ca), 니오브(Nb), 텔루르(Te), 납(Pb), 바나듐(V), 지르코늄(Zr) 등이 있다.

열처리

열처리는 강을 가열 냉각하여 내부조직을 변화시켜 성질을 개선, 향상시키는 것이다. 그 방법에는 풀림(annealing), 불림(normalizing), 담금질(quenching or hardening), 뜨임(tempering) 등이 있다. 2003년 현재 KS에서 사용되는 철강 용어로는 각각 어닐링, 노말라이징, 퀜칭 및 템퍼링으로 정의되고 있다.

풀림이나 불림은 둘다 강재열처리의 하나로서 풀림은 철 또는 강의 잔유응력을 제거하고 조직을 정정할 목적으로 적당한 온도로 가열한 후 서서히 냉각시키는 조작을 말하고, 불림은 주강이나 단련된 강 등의 가열 또는 주조로 인한 거친 조직을 미세하게 하며 재질을 개선하기 위해 850~950℃로 균일한 조직일 될 때까지 가열하여 그 온도를 몇 십분 동안 유지한 다음 꺼내어 대기 속에서 냉각하는 것으로서 강의 성질은 열간 압연 또는 단조하여 그대로 서서히 냉각한 강의 성질과 비슷하다.

담금질은 가열한 후 냉수, 온수, 기름 등에 넣어 급속히 냉각시키는 것으로 늘음율은 감소하나 강도, 경도, 내마모성이 증가한다.

뜨임이란 담금질한 강은 일반적으로 너무 무디고 야물며 내부에 변형이 일어나므로 이를 조정하고 적당한 강인성을 주기 위하여 다시 가열하여 공기 중에서 천천히 냉각시키는 것이다.

고성능강

일반적으로 제강은 위에서 언급된 원소들의 함유량 조정과 열처리 방법에 의해 다양한 성질의 강을 얻게 된다. 고성능강(high performance steel)이란 일반강(교량에서는 주로 SM 275, 355, 420)에 비하여 강도, 인성, 용접성, 가공성 및 부식성 등 일정 성능을 향상시킨 강을 통칭하는 것으로 고강도강(high strength), 일정항복강(steel with constant yield point), 극후판(ultra thick plate)과 고인성강(steel with excellent toughness), 저예열강(low preheating steel), 대입열대응강(steel for large heat input welding), 내라멜라테어강(steel with lamella tearing resistance), 열가공제어강(TMC강 : thermo mechanical control process), 그리고 내후성강(weathering steel) 등이 있다. 또한 이들 성능들을 복합적으로 개선시킨 복합성능 개선 고성능강(high performance steel) 등도 개발되고 있다.

이하 주로 열처리에 의해 얻어지는 고강도강과 원소의 침입으로 성능을 향상시킨 고성능 구조용강의 처리에 대하여 간략하게 소개하였다.

- **용접구조용 고장력강**

일반적으로 고장력강은 인장강도가 490MPa 이상인 구조용 강재를 총칭하는데 이중 담금질·뜨임처리에 의해서 강도를 향상시키는 강재를 조질강(調質鋼)이라고 하며, 압연상태, 압연후 풀림상태 또는 제어압연상태로 사용되는 강재를 비조질강(非調質鋼)이라고 말한다. 합금원소를 첨가해서 비조질상태의 강도를 증가시키면 용접성의 한계가 나타나지만, 담금질·뜨임(조질)에 의하면 용접성을 저하시키지 않고도 강도와 인성을 겸비한 우수한 강재가 얻어진다. 590MPa 이상의 강재는 거의 조질강이다. 비조질강에서도 특히 인성을 요구하는 경우에는 불림 또는 제어압연을 실시하여 사용한다.

- **내후성강**

대기중에서 녹슬음의 진행이 지연되도록 개선시킨 강으로서 일반강에 Cu, Cr, P, Ni 등 내식성이 우수한 원소를 소량 첨가시킨 저합금강으로 일반강에 비하여 4~8배의 내식성을 갖도록 한 강이다. 내후성강 중에서 SMA 275 SMA 355는 일반적으로 압연상태에서 사용하는 것이 보통이지만 불림을 실시해서 사용하는 경우도 있다. SMA 460은 담금질·뜨임을 실시하고 있다.

1.4.3 탄소강의 소성가공

강에는 연성과 전성이 있으므로 힘을 가하면 상온에서 길게 늘리거나 얇게 넓힐 수가 있으며 빨갛게 되도록 가열하면 상온에서 보다 쉽게 형태를 바꿀 수 있다. 이와 같은 특성을 이용하여 사용 목적에 맞도록 편리한 모양으로 가공 변형한 것이 강재이다.

제강에 의해서 얻어진 강괴(ingot)를 1차가공하여 필요한 강재로 제조하는 방법에는 압연(rolling), 단조(forging), 주조(casting) 등의 3가지 방법이 주류를 이루고 있다. 이 중에서도 압연강재의 생산량이 압도적으로 많기 때문에 일반적으로 강재라고 하면 압연강재를 지칭하는 경우가 많다.

단조는 냉간성형의 하나로서 강괴를 강력한 프레스 기계로 누르거나 또는 해머로 때려서 강재를 만드는 것이다. 단조를 통해 원하는 형상으로 만든 제품을 단조품이라 하며 재질이 치밀하고 단단하다.

주조는 각종 주형에 용강을 직접 주입하여 원하는 형상으로 만들어내는 방법으로 주조를 통해 만들어진 제품인 주강품이 여기에 해당한다. 주조는 압연방법으로 제조할 수 없는 복잡한 형상의 구조용 강재와 기계부품과 같은 것을 만드는데 적당하다.

강의 소성가공에는 냉간가공(cold working)과 열간가공(hot working) 등 2가지 방법이 있다. 냉간가공은 재결정온도 이하의 온도에서 가공하는 것을 말하고, 열간가공이란 재결정온도 이상에서 가공하는 것을 말한다.

소성가공의 목적은 원하는 형상으로 형태를 변화시키는 것 뿐만이 아니라 가공경화에 의한 강도향상이나 주조조직을 파괴시켜서 조직을 균질화시키는 효과를 얻는 것도 중요한 목적 중 하나이다.

소성가공 방법에는 압연, 단조, 압출, 인발, 프레스가공 등 여러 가지가 있으나 소성가공의 관점에서 가장 주된 방법은 압연이므로 본 항에서는 압연에 관하여 기술한다.

압연일반

압연에는 소재를 고온으로 가열한 후에 압연하는 열간압연과 상온상태에서 압연하는 냉간압연이 있다. 압연 가공온도가 재료의 재결정온도 이상일 때를 열간압연이라고 하는데, 열간압연은 가소성(可塑性)이 양호한 상태에서 압연하기 때문에 변형을 쉽게 할 수 있고, 단조품과 같은 좋은 성질을 압연재에 갖도록 할 수 있다. 그러나 산화 때문에 표면이 아름답지 못하고 정밀도도 낮으며, 또 얇은 것을 만들 수 없는 결점이 있다. 한편, 압연 가공온도가 재료의 재결정온도보다 낮은 경우를 냉간압연이라고 하는데 냉간압연은 제품의 표면이 아름답고 정도가 높고 극히 얇은 것도 만들 수 있다, 따라서 냉간압연제품은 열간압연제품에 비하여 제품의 정밀도가 높고 표면이 아름답다 할 수 있다.

1) 예비압연

제강으로 얻어진 강괴를 1,370℃ 정도로 가열한 후 꺼내서 예비 압연기로 열간압연하여 그림 1.6과 같은 슬래브(slab), 빌렛(billet) 또는 블룸(bloom) 등의 형태를 갖는 강편으로 만드는 작업이 예비압연이다. 슬래브 형태로 예비압연된 강편은 재차 압연되어 강판이 되며, 사각의 블룸형태로 된 강편은 재압연되어 형강이나 레일을 만들며, 빌렛형태로 예비압연된 강편은 강선, 강봉 및 강관 등을 만드는데 사용된다. 시트바(sheet bar)는 단면이 장방형이며, 보통 두께가 45 mm 이하, 폭 250 mm 정도의 좁고 긴 모양의 강편으로 풀 오버(full over) 압연기로서 제조되는 강판의 소재로 사용된다.

그러나, 연속주조(continuous casting) 방식에서는 분괴공정을 생략하고 강괴의 일종인 연주강편 또는 주편으로 슬래브, 블룸 및 빌렛과 같은 형태로 직접 주조되므로 예비압연 과정은 필요하지 않게 된다.

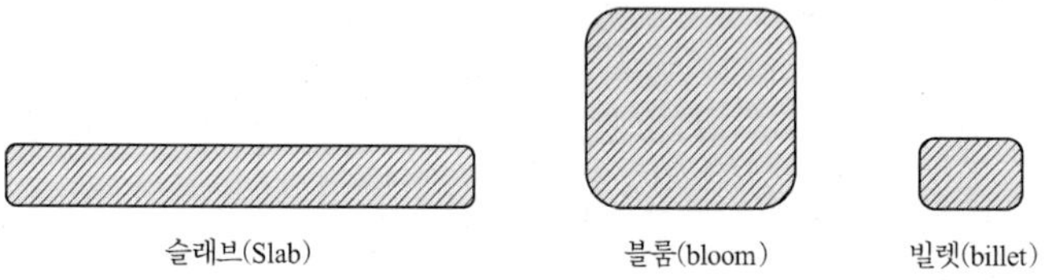

그림 1.6 예비압연된 강괴(ingot)의 종류

2) 열간압연

압연에 의한 방법은 그림 1.7과 같이 소요의 온도로 재가열된 강괴 또는 강편과 같은 소재를 서로 반대로 회전하는 2개의 롤(roll) 사이에 끼우고 롤의 간격을 점차 좁히면서 연속적인 힘을 가하여 늘리거나 얇게 성형한다. 마치 밀가루 반죽을 방망이로 미는 것과 같은 원리이며 이 방법으로 만들어진 제품을 압연강재라 한다.

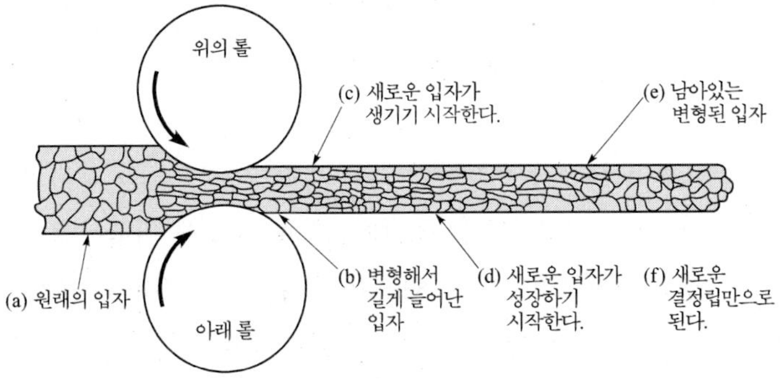

그림 1.7 압연의 원리

열간압연은 재결정온도 이상에서 행해짐으로서 결정립의 형태와 크기가 그림 1.7과 같이 변화된다. 압연기의 좌측 (a)부분은 오스테나이트 상태로 가열된 강괴로서 이 부분은 아직 압연되지 않았으므로 조대한 결정립의 형상이지만 압연기 사이로 밀려 들어감에 따라서 결정립들은 압착되어 압연방향으로 늘어나게 되고, 압연기를 빠져 나오면서 재결정에 의해 새로운 결정립이 형성된다.

이때 온도가 너무 높으면 결정립이 다시 성장하여 조대화되므로 열간가공온도가 너무 높으면 안된다. 강의 열간 압연과정에서 나타나는 효과를 순서대로 요약하면 다음과 같다.

- 열간압연으로 주조된 강괴의 조대한 주상정조직이 파괴된다.
- 주조시에 일어나는 수지상정 편석을 제거시켜 균질화를 이룬다.
- 특히 림드강에 존재하는 기포(blow hole)나 기공(porosity)들이 압착되어 제거된다.
- 비금속개재물들이 깨져 압연방향으로 늘어나게 되어 압연제품의 성질에 방향성을 주게된다. 일반적으로 압연방향으로의 강도가 증가된다.
- 최종압연온도가 재결정온도에 근접되면 결정립 미세화를 이룰 수 있다.

3) 산세척

열간압연 후에 냉간압연으로 더욱 두께를 감소시키고자 할 때에는 열간압연공정에서 형성된 산화피막을 제거시켜야 한다. 이를 위해 산으로 세척하지 않으면 안된다. 이 공정은 보통 연속적으로 수행되며 92℃ 정도의 염산이나 황산속에 담가서 산화피막을 제거시키게 된다.

4) 냉간가공

강을 재결정온도 이하에서 가공하면 강도와 경도가 대단히 증가되나, 연신율은 감소하게 되는 가공경화(work hardening) 또는 변형경화(strain hardening)이라고 하며 저탄소강에서 강도향상책으로 매우 중요한 방법이다.

강을 냉간가공하게 되면 이와 같은 가공경화현상으로 계속적인 가공이 곤란하고, 가공도중에 풀림처리를 해주어야만 하므로 매우 비경제적이지만, 열간가공 후에 최종적으로 냉간가공에 의하여 강도를 증가시킨다든가 또는 깨끗한 표면상태를 얻고자 할 경우에는 냉간가공이 효과적이다.

강을 냉간가공하면 조직이 섬유상으로 늘어나게 되고 전술한 바와 같이 인장강도, 항복점, 경도 등은 증가되지만 연신율, 단면수축율은 감소되므로 성질이 취약하게 된다. 따라서 가공도중에 풀림처리를 하여 연화시키지 않으면 안된다. 그림 1.8은 저탄소강(0.1% C)을 냉간가공 했을 때 가공도에 따라 변화되는 기계적 성질을 나타낸 것이며 그림 1.9는 이 강을 90% 가공도로 냉간압연한 후에 550℃에서 풀림처리할 때 시간에 따라 재결정이 진행되는 것을 풀림온도에 따른 인장강도와 연신율의 변화로 나타낸 것으로서 그림에 따르면 강의 재결정은 500℃ 정도에서 시작됨을 알 수 있다. 한편 강은 600℃ 이상에서 결정립이 조대화되므로 풀림온도는 600℃를 넘어서면 안된다.

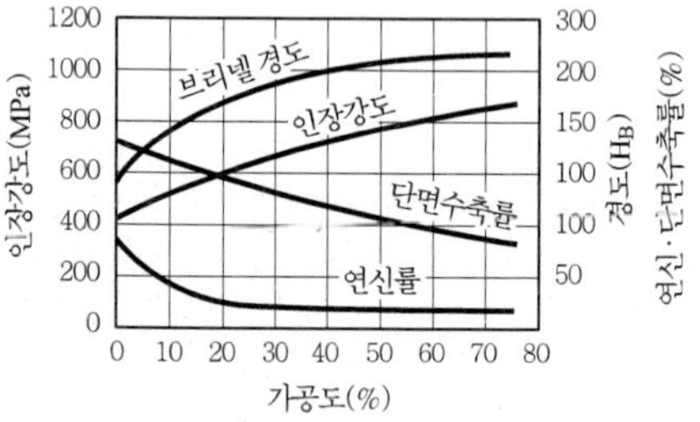

그림 1.8 냉간가공도에 따른 강의 역학적 성질의 변화

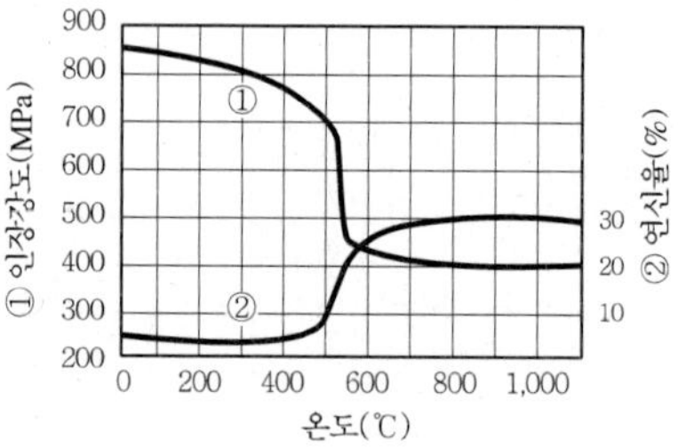

그림 1.9 재결정온도

압연기

압연기에는 그림 1.10과 같은 병행식 롤과 유니버설식 롤의 두 종류가 있다. 병행식(2중식, 3중식, 4중식 또는 다중식) 롤은 해당 중식만큼 병행한 롤러 사이에 마련된 공간 사이를 통과시켜 압연하는 것으로 예전부터 널리 사용되어 온 것으로 판, 봉, 형강 등 거의 모든 강재가 이 방식으로 압연되고 있다. 두께 또는 굵기의 변화는 롤러 사이의 공간 모양에 따라 조정되며 시리즈로 강재형상을 제작할 수 있으며, 롤의 수가 많을수록 설비의 생산성 및 제품의 정밀도가 우수한 장점이 있다. 주로 열간압연에서는 4중식이 많이 쓰이며 스테인리스강과 같은 고정밀도를 요하는 냉간압연에서는 다중식이 쓰이고 있다. 또 롤의 배치에 따라 가역식압연과 연속식압연으로 분류한다. 일직선으로 여러 대의 압연기를 배열하여 강괴의 장입부터 제품까지를 한 공정으로 완료하는 것을 연속식(tandem)압연이라하며 한 대의 압연기에서 강괴를 왕복으로 반복하여 압연하는 방식을 가역식(reversing)압연이라 한다. 주로 슬래브, 블룸 등을 분괴하는 공정에서는 가역식을 사용한다.

한편 유니버설식 롤의 경우는 H형강 등을 효율적, 능동적으로 압연할 수 있다. 좌우방향 롤러와 상하방향 롤러를 조합하여 만든 압연기로서 폭이 넓고 플랜지의 상하면이 평행한 단면을 압연해낼 수 있다. 유니버설식 롤은 롤러를 바꾸지 않고서도 플랜지 두께와 웨브 두께를 변화시켜 H형강 시리즈를 생산할 수 있다.

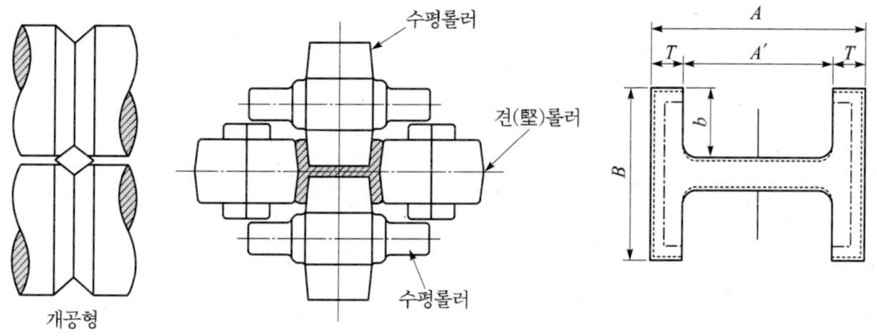

그림 1.10 압연기와 H형강

압연공정

1) 조강류 압연공정

연속주조 또는 분괴, 강편 압연으로 제조된 빌릿(billet)은 제품 생산을 위한 압연공정에서 여러 가지 요인에 의한 표면결함과 내부결함을 수반할 수 있으므로 후공정으로 공급하기 전에 표면 스케일(scale) 등을 미리 제거한다. 자분탐상 및 육안검사로 결함부위를 검사하고 내부품질의 보증을 위하여 초음파탐상을 실시한다. 치수, 형상 등의 검사를 거쳐, 후공정에 적합한 소재를 공급한다.

(1) 가열로

표면검사 및 정정을 거친 빌릿은 압연공장의 가열로에 장입하여 재료의 원활한 변형이 가능한 950~1,250℃ 정도의 온도로 가열하는데 강종 및 용도에 따른 재질확보를 위하여 가열온도 및 시간 등을 제어하게 된다.

가열온도가 너무 높으면 표면탈탄, 조도불량 등의 품질 악화를 초래할 수 있으며, 너무 낮으면 표면터짐 발생, 압연 소요동력의 증가, 형상불량 등의 문제를 일으킬 수 있다. 따라서 비교적 저온에서 충분히 예열한 후, 압연가능 온도로 신속한 가열이 필요하며 가열로내 압력, 연료/공기비를 적정하게 관리하여야 하는 과정이다. 여기서 가열로 압력이 낮으면 외부공기의 침입으로 탈탄이 심화된다.

연료/공기비는 낮을수록 탈탄은 감소되나 연소효율이 떨어지므로 강종에 따라 적정기준을 설정 관리해 주는 것이 중요하다.

(2) 압연

압연은 일정한 형상을 갖고 있는 2개의 롤사이에 소재를 진입시켜 단계별로 단면을 축소시키며, 수요자가 원하는 치수의 제품을 제조하는 동시에 건전한 압연조직을 확보하는 방법으로, 후속의 냉각공정과 함께 상호 보완적인 작업조건에 의하여 용도에 맞는 재질특성을 확보하는 공정이다.

(3) 냉각

압연된 제품은 압연직후 수냉대에서 수냉하거나 공냉한다. 철근, 봉강의 경우 일반적으로 냉각상에서 공냉을 실시하고 선재의 경우 권취온도, 공냉대 송풍량 및 진행속도, 송풍기개도율, 서냉덮개의 조건 등, 냉각조건을 제어하여 수요자 용도에 맞는 강종별 품질 특성을 확보하게 된다. 선재 냉각은 열처리, 산세 등의 생략 또는 생산성을 높이기 위한 목적으로 실시한다. 고탄소 경강선재의 경우는 양호한 신선성 확보를 위하여 가열, 급냉으로 미세조직을 확보하여 연욕처리(lead patenting)를 생략할 수 있다. 합금강, 저탄소강의 경우는 서냉 실시로 연화조직을 확보함으로서 가공전 연화풀림 열처리를 생략할 수 있는 공정이다.

2) 판재류 압연공정

열연제품은 일반적으로 연속 열간압연기(hot strip mill)에 의하여 제조된 코일상태의 열연강대와 이를 절단한 열연강판을 말한다. 연속주조 또는 분괴압연에 의해서 제조된 슬래브를 재가열 한 후, 고압 냉각수로 스케일을 제거하면서 조압연기 및 다듬질압연기에서 고속으로 압연하고 코일상태로 감는다. 열연제품은 냉연소재 이외에 각종 소재로 사용된다.

3) 제어압연 · 제어냉각을 이용한 공정

Nb, V 및 Ti 등을 미량 첨가한 저탄소의 비조질 고장력강에서 열간압연과 냉각과정을 정밀하게 제어하면 압연상태에서 높은 강도와 인성을 얻을 수 있을 뿐만 아니라 이 방법을 사용하면 공정단축에 의한 원가절감효과가 있으므로 최근 크게 주목을 받고 있는 공정이다. 이 공정의 제어압연, 제어냉각에 의한 강인화기구는 다음과 같다.

① 압연전 슬래브의 가열온도를 가능한 낮추어 압연전의 오스테나이트 결정립을 미세화시킨다.
② 오스테나이트 영역 중 저온영역에서 충분히 가공하여 재결정 오스테나이트 결정립의 미세화를 꾀한다. Nb, Ti 등의 합금원소를 미량 첨가하면 오스테나이트 결정립의 재결정 성장을 억제하므로 결정립 미세화를 용이하게 할 수 있다.

③ 특히 Ar3 변태점(냉각시의 동소변태점, 910℃, 그림 1.2참조) 직상의 미재결정영역에서 가공을 행하면 오스테나이트 결정립은 길게 연신됨과 동시에 결정립 내에 변형대를 형성한다. 연신된 경정립계 및 결정립 내의 변형대 경계는 페라이트 핵생성장소로 제공되므로 극히 미세한 페라이트 결정립이 얻어진다.

④ Ar3 변태점 이하의 2상영역까지 가공을 계속하면 미변태 오스테나이트 결정립은 보다 더 연신되고, 도입된 변형대의 밀도도 높아진다. 또한 변태가 완료된 페라이트 결정립 내에서는 가공에 의해 전위밀도가 높은 아결정립(sub-grain)이 형성되어 미립화가 더욱 진행된다.

⑤ 제어압연 종료후 적당한 속도로 가속냉각(수냉)하거나 급랭 도중에 공랭하는 등 제어냉각하면 강도의 대폭적인 향상이 이루어진다. 이것은 페라이트 결정립 자체의 강화, 미세화, 펄라이트(베이나이트)분율의 증가에 기인하는 것이다.

인장강도 490MPa급의 고장력일 경우 기본 성분은 0.07~0.15% C, 0.8~1.5% Mn으로 제강회사에 따라 큰 차이가 없지만, Nb, V, Ti, REM(회토류 원소)의 미량 첨가, Cu, Ni, Cr, Mo 등의 소량 첨가 및 제어압연·제어냉각에서 선택되는 온도, 가공도, 냉각속도 등이 회사에 따라 다르다. 이러한 공정으로 생산되는 강재를 열가공제어강이라고 부른다.

가공온도가 낮아짐에 따라 강도는 향상되지만, 인성치에는 최대치가 존재하여 Ar3점 이하 40℃ 정도의 온도영역(2상공존영역)에서 가공할 때가 가장 우수한 인성을 나타내며, Nb를 함유하지 않은 Si-Mn강에 비하여 Nb강은 저탄소 상태에도 불구하고 높은 강도가 얻어지는 것이 일반적이다. 다만 Ar3점 이하에서 가공하면 판두께 방향으로 항복점 이상의 큰 힘이 작용할 경우 가공온도의 저하, 가공도의 증가와 함께 판두께 방향으로 박리되는 "separation"이라 불리는 결함이 발생하기 쉬우므로 가공온도를 낮출 수 없는 제약이 있다.

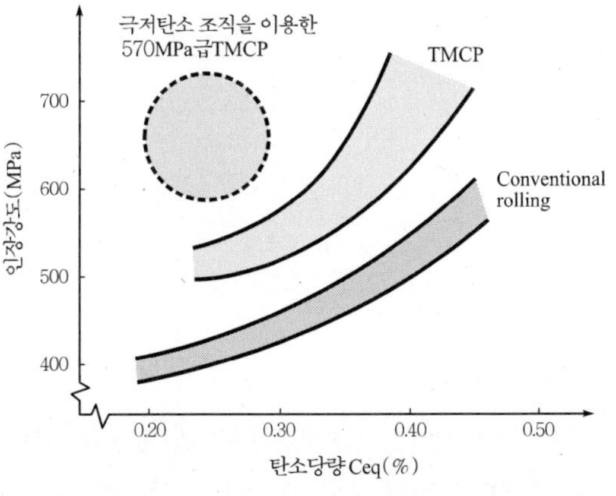

그림 1.11 열가공제어강에서의 강도의 상승과 탄소당량의 저하 (두께 20~30mm)

그림 1.11은 열가공제어강과 종래의 방법으로 제조한 동급 고장력강의 탄소당량(화학성분)과 강도의 관계를 나타낸 것으로서 가공열처리에 의해 동일 탄소당량에서 100MPa 이상 강도가 상승하고 동일 강도를 얻는 데에 탄소당량을 0.12% 정도 저하시킬 수 있으며, 특히 극저탄소 조직을 이용한 SM 460 강재의 경우에는 저탄소당량을 유지하면서도 충분한 인장강도를 얻을 수 있다는 것을 나타내고 있다. 탄소당량의 저하로서 용접성이 개선되고 용접열영향부의 인성저하를 방지할 수 있으므로 저온에서 높은 인성이 요구되는 극지용 해양구조물, 선박이나 저온용 탱크 등에 널리 사용되어 왔으며, 최근에는 그 뛰어난 용접성을 이용한 토목구조물에의 적용도 활발해지고 있다.

1.5 강재의 성질

1.5.1 강재의 파괴특성

강재가 물리적인 외력을 받는 경우의 응력변형 특성과 파괴형태 및 그 내하력에 관련되는 성질을 강재의 역학적인 성질이라 한다. 강재에 외력을 작용시키면 일정한 한계안에서는 외력에 비례하여 변형이 일어나는데 한계를 지나치면 외력을 제거하여도 부재는 원상태로 돌아가지 않고 영구변형을 남긴다. 또한 강재는 외력에 대하여 저항할 수 있는 최대강도점을 갖으며, 이 한계 이상의 수준에서는 외력의 증가가 없던가 오히려 감소되는데도 변형이 증가하는 불안정한 현상이 일어나며, 최종적으로는 강재의 재질과 하중의 작용 특성 및 환경에 따라 연성파괴, 피로파괴, 취성파괴, 지연파괴, 응력부식파괴, 크리프 및 릴렉세이션에 의한 파괴 등의 다양한 파괴형태로 파괴된다. 강재의 파괴특성중 일반적으로 연성파괴, 피로파괴 및 취성파괴가 일어나지 않도록 설계하는 것이 강구조물에서 필요로 한다.

1.5.2 강재의 역학적 성질

응력 - 변형률 특성

강구조물의 거동을 이해하기 위해서는 강의 특성을 잘 알고 있어야 한다. 응력-변형률선도는 강이 주어진 상황하에서 어떻게 거동하는지를 이해하는데 상당히 중요한 정보를 제공해 준다.

응력-변형률선도 상에서 최대탄성응력 또는 직선부분의 최고점을 탄성한계라 부른다. 이

값은 실제적으로는 거의 측정이 불가능하며, 일반적으로는 비례한계라 부른다. 또한 대응하는 응력에 대한 증가가 없는데도 신장이나 변형에 뚜렷한 증가가 있을 때의 응력을 항복점이라 일컫는다. 항복점 이전에 발생되는 변형을 탄성변형이라 하고 항복점 이후에 응력증가 없이 발생되는 변형을 소성변형이라 부른다.

그림 1.12에서 응력과 변형률의 관계는 점 A까지는 직선이 되므로 이 범위 안에서는 응력과 변형률은 비례한다. 이 때문에 점 A를 비례한계(proportional limit)라고 한다. 또한 어떤 응력이하에서는 응력이 0으로 되면 변형도 0으로 되돌아가는데 이점이 탄성을 상실하는 한계점으로서 탄성한계(elastic limit)라 부르고 A점 부근에 있다. 비례한계를 넘어 하중을 증가해 가면 변형률이 응력에 비해 훨씬 빨리 증가하며, 응력-변형률선도는 경사가 점점 작아지게 되다가 곡선이 수평이 되는 점 B에 도달한다. 이 점에서부터 인장력은 거의 증가하지 않더라도 상당한 신장이 일어난다(그림 B점에서 C점까지). 이런 현상을 재료의 항복(yielding)이라고 하며, B점의 응력을 항복응력 또는 항복점이라고 한다. B점에서 C점까지의 영역에서는 재료의 완전소성상태로 되어 작용하중의 증가 없이도 변형이 일어난다. 소성영역에서는 연강시편(軟鋼試片)의 신장이 비례한계까지 신장량의 10~15배나 된다.

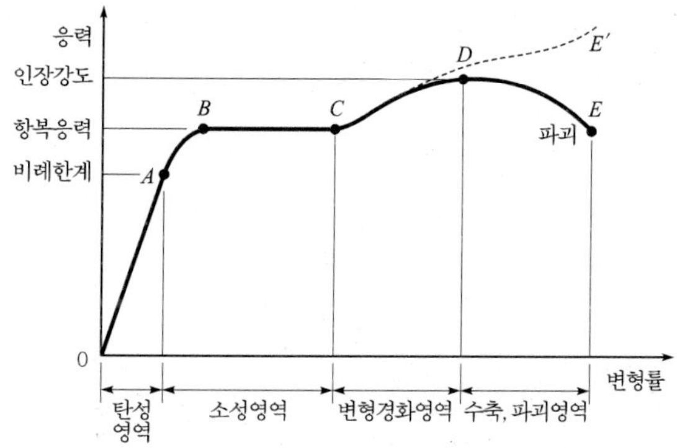

그림 1.12 응력-변형률선도

BC 영역의 항복과정중 큰 변형률이 생긴 후, 강은 변형경화(strain hardening)가 시작되는데 이때 재료는 원자 및 결정구조의 변화를 일으키며 더 큰 변형에 대한 재료의 저항력을 증가시킨다. 따라서 인장력이 증가해야 추가적인 신장이 생기며 응력-변형률도는 C점에서 D점까지 양(+)의 경사를 가지게 된다. 하중은 결국 최대치에 도달하며 이때의 응력을 극한응력(ultimate stress) 또는 인장강도(tensile strength)라고 한다. 다시 D점을 넘어서 하중을 증가시키면 저항하중의 눈금은 떨어지나 변형의 증가만이 뚜렷이 일어나고 결국에 가서는 빛과 소리를 내며 파괴된다. 이 E점을 파괴점(breaking point)이라 한다. 이때 점선 CE′에 따라 재료의 파괴시 감소된 단면적에 의한 응력을 실응력(actual stress)이라 하고, 변형이 일어나는 동안에도 최초의 단면적에는 변함이 없다고 가정하여 실선 CE로 구하는 응력을 공칭응력(nominal stress)이라 한다. 즉, 그림 1.12에 나타낸 바와 같이 실응력-변형률 곡선은 C점부터 위로 올라가고 공칭응력-변형률 곡선은 D점부터 아래로 처진다. 하중이 증가되어 극한응력을 넘으면 시험편의 취약부에는 목부분이 생성(necking)되는데 이것이 생성되면 공학적인 응력인 공칭응력은 저하되어 파단(necking failure)이 일어난다.

다음 표 1.1, 1.2 및 1.3은 구조용 압연강재의 역학적 성질을 나타낸 것으로 현재 건설분야의 강구조물 설계시 주로 사용되는 강재를 중심으로 KS 규격을 참조하여 나타내었다. 일반 구조용 압연강재의 경우 앞에서 언급한 바와 같이 현재로서는 SS 275가 건설용 강재로서 여러 분야에서 사용되고 있으며, 2017년 개정된 KS의 강구조설계기준에 따르면 강재의 두께별 역학적 성질은 표 1.1과 같다. 그리고 용접구조용 압연강재와 용접구조용 내후성 열간 압연강재의 역학적 성질은 각각 표 1.2 및 표 1.3과 같다.

표 1.1 일반 구조용 압연강재의 역학적 성질[KS D 3503]

강종	인장시험						
	항복응력 또는 항복강도(N/mm^2)				인장강도 (N/mm^2)	연신율	
	강재의 두께 (mm)				좌 동	강재의 두께 (mm)	값(%)
	16이하	16초과 40이하	40초과 75이하	75초과 100 이하	100이하		
SS 275	275MPa	265MPa	245MPa	245MPa	410MPa	t≤5 5<t≤16 16<t≤40 t>40	≥21 ≥17 ≥21 ≥23

표 1.2 용접구조용 압연강재의 역학적 성질

강종	항복응력 또는 항복강도 F_y(N/mm^2)				인장강도 F_u(N/mm^2)	연신율		
	강재의 두께(mm)				좌 동	강재의 두께 (mm)	값(%)	시험편
	16이하	16초과 40이하	40초과 75이하	75초과 100이하	100이하			
SM 275A SM 275B	275	265	255	245	410	t≤5 5<t≤16 16<t≤40 t>40	≥23 ≥18 ≥22 ≥24	5호 1A호 1A호 4호
SM 275C				-				
SM 355A SM 355B	355	345	335	325	490	t≤5 5<t≤16 16<t≤40 t>40	≥22 ≥17 ≥21 ≥23	5호 1A호 1A호 4호
SM 355C				-				

강종	항복응력 또는 항복강도 $F_y(\text{N/mm}^2)$ 강재의 두께(mm) 16이하	16초과 40이하	40초과 75이하	75초과 100이하	인장강도 $F_u(\text{N/mm}^2)$ 좌 동 100이하	연신율 강재의 두께(mm)	값(%)	시험편
SM 355YA SM 355YB	355	345	335	325	490	t≤5 5<t≤16 16<t≤40 t>40	≥19 ≥15 ≥19 ≥21	5호 1A호 1A호 4호
SM 420B SM 420C	420	410	400	390	520	t≤5 5<t≤16 16<t≤40 t>40	≥19 ≥15 ≥19 ≥21	5호 1A호 1A호 4호
SM 460	460	450	430	420	570	t≤5 5<t≤16 16<t≤50	≥19 ≥26 ≥20	5호 5호 4호

표 1.3 용접구조용 내후성 열간압연강재의 역학적 성질

종류의 기호		항복응력 또는 항복응력 (N/mm^2) 강재의 두께(mm) 16이하	16초과 40이하	40초과 75이하	75초과 100이하	인장강도 N/mm^2	연신율 강재 및 시험편 두께	시험편	%	굽힘시험 굽힘각도	내측반지름	시험편	충격시험 기호	시험온도 ℃	샬피 흡수에너지	시험편
1종	SMA 275AW SMA 275AP SMA 275BW SMA 275BP	275	265	255	245	410	5 이하	5호	22 이상	180°	두께의 1.0배	KS B 0804에 따른다	A	–	–	4호 압연방향
							16 이하	1A호	17 이상				B	0	27J	
	SMA 275CW SMA 275CP	275	265	255	245		16 초과	1A호	21 이상				C	0	47J	
							40 초과	4호	23 이상							
2종	SMA 355AW SMA 355AP SMA 355BW SMA 355BP	355	345	335	325	490	5 이하	5호	19 이상	180°	두께의 1.5배		A B	– 0	– 27J	
							16 이하	1A호	15 이상							
	SMA 355CW SMA 355CP	355	345	335	325		16 초과	1A호	19 이상				C	0	47J	
							40 초과	4호	21 이상							
3종	SMA 460W SMA 460P	460	450	440	420	570	16 이하	5호	19 이상	180°	두께의 1.5배		–	–5	47J	
							16 초과	5호	26 이상							
							40 초과	4호	20 이상							

취성파괴

취성파괴는 구조용 강재에 일반적으로 존재하는 취성거동 조건하에서 강재부재가 파괴되는 것으로 정의할 수 있다. 강재는 사용조건하에서 취성파괴가 일어나지 않도록 충분한 인성을 지녀야 한다. 재료의 인성은 노치가 있는 상태에서 소성적으로 변형할 수 있는 능력으로 정의할 수 있으며, 노치인성은 사용온도, 하중속도, 강재의 두께 및 성분, 열처리 여부와 관련이 있다.

강재로 제작된 교량들은 재료나 접합부의 결함이나 외부환경조건으로 인한 취성파괴가 일어나지 않도록 설계 시공된다. 취성파괴의 가능성을 높이는 몇 가지 요인을 살펴보면 다음과 같다.

- 고강도 강재의 사용
- 강재두께의 증가
- 사용온도의 저하
- 안전계수의 감소
- 응력집중의 가능성을 증가시키는 부재들의 복잡한 배열
- 용접사용의 증가

강재두께의 증가에 의한 취성파괴는 볼트로 연결된 구조물에서도 일어날 수 있지만 미숙한 용접으로 인한 초기의 결함이 취성파괴의 주원인 중 하나가 된다.

취성파괴는 여러 종류의 결함으로부터 시작된다. 복잡한 대형구조물에서는 일반적으로 균열이 존재하는데, 제조과정 및 검사를 철저히 함으로써 초기에 결함의 크기를 줄일 수 있으나, 롤링, 절단, 드릴링 및 용접에 따른 미세한 균열은 어쩔 수 없이 존재한다. 만일 균열의 크기가 시간 및 응력에 따라 커진다면 최종적으로 구조물은 취성파괴로 붕괴될 것이므로 설계자, 검사자, 제작자 모두는 결함의 크기가 허용치 이내로 미소하도록 주의를 기울여야 하며 균열의 크기가 증가하는 조건에 대해서도 신경을 써야만 한다.

취성파괴를 방지하기 위해 설계 및 제조과정에 필요한 요소는 다음과 같다.

- 최종적으로 처리된 강재에는 결함이 제한되어야 하므로 세심한 제조과정 및 검사가 필요하다.
- 모든 강재는 파괴인성이 충분해야 하며 실 구조물에 사용되기 전에 반드시 시험을 거쳐야 한다.
- 결함부에서 응력확대계수가 클수록 균열의 전파가 빨라지기 때문에 구조용 강재는 충분한 파괴인성을 갖어야 한다. 고강도 강재로 설계하면 취성파괴의 가능성은 커지므로 고강도 강재는 강도증가에 따라 적절히 큰 노치인성을 가져야 한다.
- 피로응력은 결함의 크기를 증가시킨다. 따라서 하중반복횟수가 많은 경우에 대해서는 낮

은 응력에 대해서도 적절한 규정을 두어야 한다.

- 균열강도는 온도가 떨어짐에 따라 저하된다. 따라서 사용온도가 낮은 구조물에 대해서는 더 많은 주의가 필요하다.
- 강재의 두께가 두꺼우면 응력은 3차원으로 생겨 파괴는 변형률에 지배되므로 재료의 노치 인성은 감소한다. 이러한 현상은 강재의 재료특성이 변하더라도 마찬가지다.
- 강재의 균열의 노치인성은 하중속도가 커질수록 감소하므로 충격응력을 받아야만 하는 부재는 취성파괴의 가능성이 더욱 크다.

위에서 세 번째 경우는 파괴역학의 이론을 이용하여 강교에 있어서 취성파괴의 발생을 방지하도록 설계변수를 결정할 수 있으며, 전산해석 기술과 컴퓨터의 발달로 3차원 구조해석이 가능해지고 구조용 강재와 이들 강재의 절단 및 접합을 위한 장치 및 재료의 개발이 계속되고 있으므로 앞으로는 취성파괴를 방지할 수 있는 더 좋은 방법들이 나타날 것이다.

피로(fatigue)

정적강도보다 상당히 작은 외력의 계속적인 반복 작용에 의해 균열이 발생하여 진전하는 현상을 피로파손(fatigue failure) 또는 간략히 피로라고 한다. 재료의 최종적인 피로파괴(fatigue fracture)는 피로파손의 최종단계로서 에너지 불안정(취성파괴) 또는 소성 불안정(연성파괴)에 의해 균열이 급격하게 성장하는 것으로, 이와 같은 균열의 급격한 불안정 성장에 의한 것에 대해 피로파괴는 안정(sub-critical) 균열성장 과정이라고도 한다.

이러한 특성을 잘 나타내는 것이 강재 등과 같은 연성재료인데, 이와 같은 재료는 균열이 발생한 경우에도 충분한 인성을 갖는 것이 큰 특징이라고 할 수 있다. 일반적으로 강교량에 발생하는 응력 크기는 강재의 정적강도와 비교하여 상당히 작은 경우가 대부분이다. 따라서 미소피로균열의 발생이 부재나 구조물 전체의 붕괴로 즉시 이어지는 것은 아니므로 피로균열의 초기단계에서 적절한 대책을 강구함으로서 최종적인 불안정 파괴에 대한 충분한 안전성을 확보할 수 있다.

피로강도는 하중의 반복횟수, 응력범주, 응력변동 범위에 의해 결정되며 응력변동 범위는 일반적으로 그림 1.13과 같이 정의된다. 그러나 응력범위가 일정한 수준 이하일 경우에는 피로파괴가 발생하지 않으며 이를 피로한도(fatigue limit)라고 한다. 반복하중의 응력진폭이 일정한 경우와 변화하는 경우에 따라 피로강도와 피로한도는 변한다.

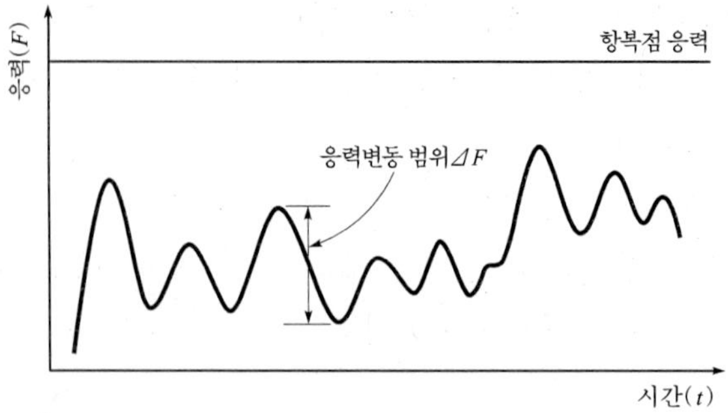

그림 1.13 응력의 변동범위

응력범위 이외에도 구조물이나 이음부의 형상, 용접결함, 잔류응력 등도 피로강도에 큰 영향을 미치는 인자가 된다. 그러므로 강교의 경우 각국의 시방서에서는 위에서 기술한 영향요인들을 고려하여 각국 고유의 피로설계지침을 제정하여 각종 연결상세에 대한 기본 허용응력범위를 설정하고 이러한 연결부에서의 피로특성을 충분히 고려하는 피로설계지침을 체계적으로 제시하고 있다. 이와 같은 피로설계지침에 의거하여 체계적으로 설계되고 결함 없이 정밀시공된 강구조물은 피로에 대해서도 충분한 안전을 확보할 수 있음이 보고되고 있다.

또 피로강도의 중요한 특성으로 고려하여야 할 사항으로는 강재의 피로강도는 모재의 인장강도가 증가함에 따라 증가한다는 것이다. 그러나 용접이음부의 피로강도는 사용강재의 정적강도와는 거의 무관하며 경우에 따라서는 고강도강의 피로강도가 저강도강의 피로강도보다도 낮게 되는 경우도 있다. 그러므로 강교량의 피로설계에서는 이와 같은 피로특성을 고려할 필요가 있다.

최근의 차량 중량화 및 급증하는 교통량과 함께 고급화된 사회문화적 욕구에 따라 나타나는 고급교량에는 고장력강 등 고성능강의 사용이 점차 많아지고 있다. 이에 따라 반복하중에 의한 피로파괴가 구조물의 안전성에 심각한 요인으로 지적되고 있어, 새롭게 개정되는 도로교, 철도교설계기준에서는 새롭게 개발된 강재들에 대한 피로설계조항이 계속 수정 보완되고 있다.

1.5.3 강재의 역학적 성질 시험

강재의 역학적 성질에는 항복점, 인장강도, 충격흡수에너지 등이 있으며 시험방법에는 한국산업규격 금속재료 인장시험방법(KS B 0802)과 금속재료의 충격시험방법(KS B 0810)에 따른다. 시험의 주된 목적은 각각의 재료에 대하여 강도 및 강성 특성을 밝혀 구조물의 설계, 제작을 위한 기초자료를 제공하는 것이다. 그래서 재료의 용도에 따른 적절한 시험을 실시하고 그 측정 정밀도를 높여서 확실한 데이터를 얻을 필요가 있다. 표 1.4에 요약한 강재의 역학적 성질 시험방법 중에서 강재의 몇가지 표준 시험방법의 기초개념을 간략하게 소개하면 다음과 같다.

표 1.4 역학적 성질 시험방법

품질특성 항목		시험방법
화학성분		ladle 성분분석, check 성분분석
재질	강도, 연성, 가공성	인장시험, 굴곡시험
	인성	샬피충격시험
	내 층상박리	Z방향 인장시험
	내마모성	경도시험
내부 품질	내부결함, 개재물, 편석	청정도 시험, UST
용접성	용접강도	용접 열영향부 최고경도시험
	용접균열성	용접 crack 시험
	강도, 인성, 파괴인성	모재시험과 동일

인장시험(KS B 0802)

그림 1.14 인장시험기

인장시험기(그림 1.14)를 사용하여 그림 1.15와 같은 시험편들을 서서히 인장하여 항복응력, 인장강도, 연신율 등을 측정하는 것으로 구조용 강재의 역학적 성질을 파악하는데 가장 적합한 시험으로 정하중하에서 실시하며, 공업재료의 역학적 성질을 조사하는 재료시험 중 가장 기본적이고 중요한 시험이다. 시편에 인장하중을 가했을 때 그림 1.12에 나타낸 바와 같은 그림이 얻어진다. 최대의 하중이 작용하는 순간을 인장강도라 하며, 소성변형이 시작되는 순간의 응력을 항복응력이라고 한다. 또한 시편이 완전히 파단되었을 때의 늘어난 길이와 줄어든 단면적을 비교하여 연신율과 단면수축률을 구할 수 있다. 통상적으로 탄소함량 증가에 따라 인장강도 및 항복강도는 비례하고 연신율은 반비례한다. 가공성이나 내지진성을 중요시하는 강재의 경우에는 항복비(항복응력/인장강도)를 별도로 규제하는 경우도 있다.

그림 1.12와 같은 응력-변형률곡선으로부터 비례한계, 탄성한계, 항복점, 내력, 탄성계수, 인장강도 등의 역학적 성질을 확인할 수 있으며 파단 후의 시험편의 형상, 치수에 의해 연신율, 단면수축률을 산출할 수 있다.

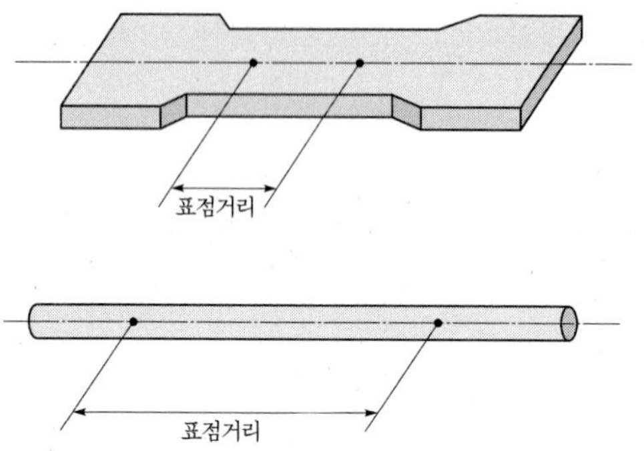

그림 1.15 강재의 인장 시험편

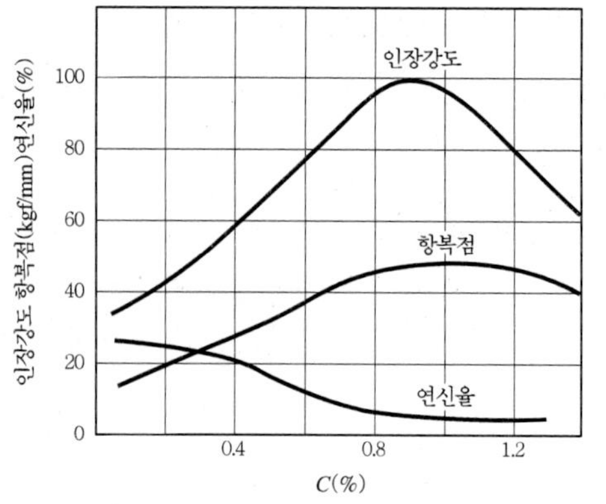

그림 1.16 인장강도와 항복점

연강의 경우는 항복응력을 뚜렷하게 알 수 있으나, 항복현상이 명확하게 나타나지 않는 고강도 강재의 경우에는 일정한 영구변형(보통 변형률 0.002를 표준으로 함)을 생기게 하는 응력을 항복응력으로 간주한다.

인장시험을 통해 얻어지는 여러 가지 값들은 재료의 가장 기본적인 역학적 성질을 나타내는 것으로 구조물의 설계를 하는데 필수적인 자료이다. 많은 구조용 강재들에 대하여 실험한 결과를 종합하면 그림 1.16과 같은 일반적인 경향을 확인할 수 있다.

굽힘시험(KS B0804)

강재의 굽힘시험은 휨강도를 조사하기 위한 것이 아니고 가공성을 알기 위한 것이다. 시험편은 재료의 종류에 따라 결정된 치수의 형 또는 봉강을 그림 1.17과 같이 압력을 가하여 구부리고 만곡부 외부의 파열여부를 관찰한다.

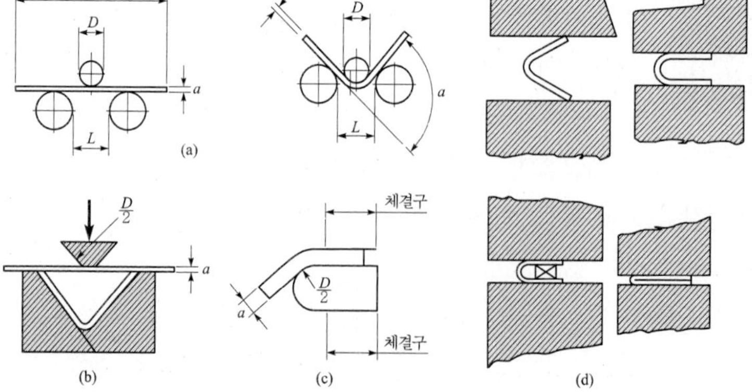

그림 1.17 강재의 굽힘시험

충격시험(KS B 0810)

인성은 강재가 파괴에 저항하는 능력으로서 파괴에 이르기까지의 에너지 흡수능력이다. 강판에 충격을 가하여 파단되는데 필요한 에너지를 측정하는 시험으로 샬피충격시험(Charpy V-Notch)이 가장 많이 적용되는데 동일온도에서 3개의 시편을 시험하여 그 평균값을 기준으로 판정한다. 단위는 kgf·m나 Joule을 사용한다. 다음 그림 1.18에서 보는 바와 같이 (a)의 형상을 가진 시편을 (b)와 (c)에서 보인 바와 같은 방법으로 충격시험을 실시한다.

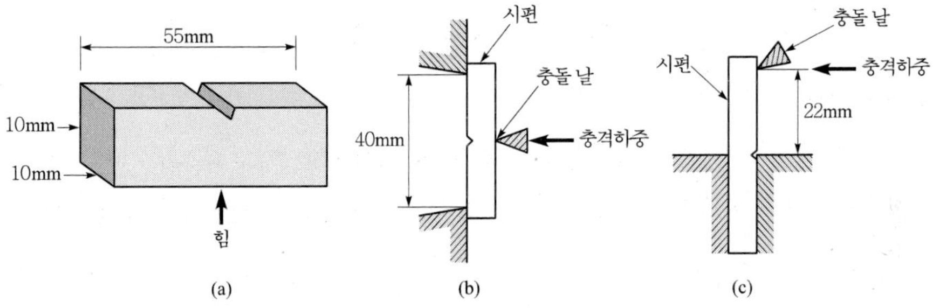

그림 1.18 샬피충격시험

충격에 대한 재료의 저항력의 강약을 조사하는 시험으로 힘이 가해지는 방법에 따라 인장강도, 압축, 휨, 비틀기 등의 여러 가지 충격시험이 있으며 주로 충격휨시험으로는 샬피충격시험기와 아이조드(Izod) 충격시험기가 사용되지만 현재 샬피시험이 널리 쓰인다. 샬피충격시험에서는 그림 1.19와 같이 규정된 홈을 판 정사각형 단면의 각봉시험(角棒試驗) 조각이 쓰이는데 그 양끝을 고정시키고 홈의 뒤쪽으로부터 해머로 1회 타격하여 절단한 충격값으로 시험조각을 절단하는 데 쓰인 에너지를 구할 수 있다. 충격력에 대한 저항은 저온이거나 내려침으로 인하여 재료가 취성화되어 취약해지는 성질을 아는 데 특히 중요하다.

1) 샬피충격시험(Charpy V-Notch)방법

샬피충격시험기를 이용하여 그림 1.19와 같은 시험편을 40mm 떨어져 있는 두 개의 지지대로 지지하고 시험편의 V-Notch부를 지지대 사이의 중앙에 놓아 뒷면을 해머로 1회 충격을 주어 시험편을 파단하여 흡수에너지, 충격치, 천이온도를 측정하는 시험을 말한다.

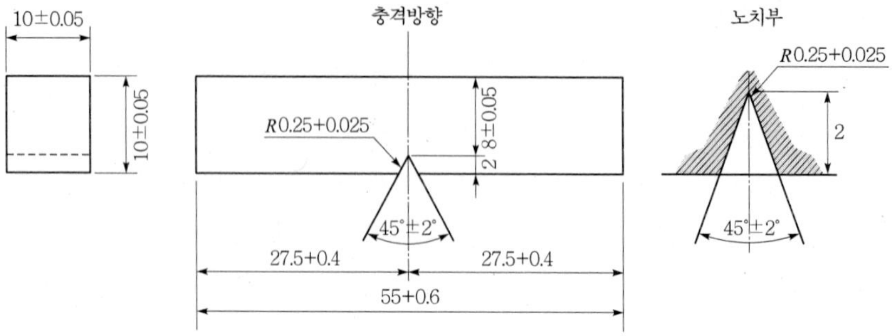

그림 1.19 샬피충격시험편

2) 샬피흡수에너지

샬피충격시험기를 사용하여 시험편을 파단하는데 소요되는 에너지(kgf · m 또는 Joule)를 말하며 샬피흡수에너지가 크다는 것은 외부의 충격에 저항할 수 있는 강재의 성질이 우수하다는 것을 의미한다.

3) 샬피충격치

샬피흡수에너지(Joule)를 시험편의 V-Notch부 단면적(cm^2)으로 나눈값(J/cm^2)이다.

4) 천이온도

시험편을 여러 가지 온도로 시험하였을 때 흡수에너지가 급격하게 저하 (또는 상승)하거나 파면의 겉모양이 연성에서 취성(또는 취성에서 연성)으로 변화하는 시점의 온도를 말하며 천이온도가 낮을수록 저온용 강재로 적합하다.

Z-방향 인장시험

층상박리(lameller tear)에 대한 저항능력을 요구하는 강재(Z-Plate)에 대해 두께방향(Z 방향)으로 시편가공 후 인장시험을 행하는 것으로 통상 두께 12mm 이상에서 실시된다. 본 시험은 용접에 의해 두께방향으로 응력이 작용하는 해양구조물, 대형빌딩의 H형보, 상자형 기둥용 후판재에 대해 두께방향의 단면수축율을 측정하는 것이다. Z-Plate는 일반강재에 비해 특별히 두께방향의 연성을 향상시킨 강판을 말하며 이를 위해 제강공정에서 비금속개재물을 구상화처리하고 유황(S)성분을 매우 낮게 관리할 뿐만 아니라 필요시 불림 열처리를 실시하기도 한다.

피로시험

반복하중에 대한 재료의 강도를 조사하는 시험이다. 이것에는 정해진 형태 및 치수의 시험편을 사용하여 규정된 재하방법으로 실시하는 표준적 시험과, 크랭크축 등의 실제적인 부품이나 실물을 모델화한 시험체에 대해 실시하는 실물시험이 있다. 표준적 피로시험에서는 일정한 응력 또는 변형진폭을 가해서 파괴되기까지의 반복수와의 관계를 조사하고 피로한도, 시간강도 등을 구한다. 재하방식에 따라 회전휨, 평면휨, 인장압축, 비틀림, 조합하중 등의 피로시험기가 있으며, 실제로 기계나 구조물에 가해지는 실동하중을 프로그램하여 재하할 수 있는 것도 있다.

▌경도시험

재료의 경도를 조사하는 시험이며 형태나 치수에 대한 조건이 적은 작은 시험편으로 시험할 수 있으므로 간편한 재료시험에 널리 실시된다. 그 종류로는 일정한 압입(押入)물체를 규정된 하중으로 시험편 표면에 눌러서 생기는 오목부의 크기로 경도를 표시하는 압입경도시험과, 일정한 치수의 해머를 일정한 높이에서 시험편 표면에 떨어뜨려 충돌 후의 반발 높이로 경도를 나타내는 반발경도시험이 있다. 이 시험법은 모두 기본적으로는 재료의 변형에 대한 저항을 측정하고 있으나 변형시키는 방법, 변형 정도나 결과의 표시방법에 따라 측정값이 다르다. 압입경도의 형식으로는 브리넬경도, 비커스경도, 로크웰경도, 반발경도의 형식으로는 쇼어경도가 있다.

1.6 강의 분류

1.6.1 성분에 의한 분류

일반적으로 강은 화학적 성분, 용도 등에 따라 다음과 같이 분류된다.

▌탄소강

탄소강이란 주로 함유하고 있는 탄소량에 의해 그 특성에 의해 지배되는 강을 말하는데 보통 탄소강이 함유한 탄소량은 0.04~1.70% 정도로서 함유정도에 따라 저탄소강($C < 0.2\%$), 중탄소강($0.2 \le C < 0.5\%$), 고탄소강($C \ge 0.5\%$)으로 분류된다. 용융 상태의 탄소는 전부가 강속에 용해되어 있으나 이것이 서서히 냉각할 때의 조직성분은 온도 및 탄소의 농도에 따라서 변화한다.

탄소강의 성질은 탄소량에 따라 변화하며 탄소량이 증가할 경우 비중, 선팽창계수는 감소하고 비열, 전기저항성 등은 증가한다. 또 인장강도, 항복점 및 경도는 탄소량과 함께 증가하고 신장, 충격치는 감소한다. 탄소량 0.5% 이만에서는 열처리가 역학적 성질에 미치는 영향이 적으나 탄소량이 0.5% 이상의 고탄소강에서는 열처리의 영향이 뚜렷하며, 때로는 그 용도로 인하여 공구강이라고도 한다. 일반적으로 불림(normalizing)한 것은 풀림(annealing)한 것보다 인장강도, 항복점이 크고 신장은 작다. 즉 풀림에 의하여 연한 상태를 얻을 수 있고, 불림으로 강도가 큰 것을 얻을 수 있다. 일반적으로 탄소강을 함유량 및 용도에 따라 분류하면 표 1.5와 같다.

표 1.5 탄소강의 분류

강종 No.	강이름	탄소함유량(%)	인장강도 (MPa)	늘음율(%)	담금질	용도
No.1	극연강	< 0.12	< 370	25~20	부	강선
No.2	연 강	0.13~0.20	~430	22~18	부	교량, 선박, 보일러, 건축재
No.3	반연강	0.21~0.35	430~490	20~16	부	조선, 레일, 보일러
No.4	반경강	0.36~0.50	490~590	15~12	약간부	구조용 샤프트
No.5	경 강	0.51~0.80	590~690	12~9	양	샤프트류, 공구, 건축재
No.6	최경강	0.81~1.70	> 690	8~6	양	공구, 스프링, 샤프트

합금강

합금강은 탄소강에 수종의 금속원소를 가해서 배합한 고급강이다. 주요한 합금강에는 크롬강, 니켈-크롬강, 니켈-크롬-몰리브덴강, 크롬-몰리브덴강 등이 있다. 또 특수용 합금강으로서 내식강, 내열강, 베어링강 등이 있으며 그중 내식강은 크롬만 함유시킨 것과 크롬과 니켈을 함유시킨 것의 두 종류가 있으며 공기중 및 수중에서 녹이 슬지 않은 강의 방청재로서 사용된다. 합금강 및 특수용도강을 함유성분 및 용도에 따라 분류하면 표 1.6과 같다.

최근 구조용, 특히 교량용에 고장력강이 쓰이고 있는데 여기에는 니켈강, 규소강, 망간강 등이 있다. 니켈강은 Ni의 함유량을 2~3%로 하여 항장성(抗張性)을 준 것이고, 규소강은 Si를 0.2~1.2% 함유시킨 것이다. 망간강은 규소강을 개량하여 Mn량을 1.6% 정도 함유시킨 것이다.

특수강인 고장력강은 교량용 구조강재로서 중요한 재료인데 고장력강에 요구되는 특징은 인장강도와 항복점이 높을 것, 용접성이 우수할 것, 내식성이 양호할 것, 압연한 대로 사용할 수 있고 열처리가 불필요할 것, 가공성이 좋을 것, 가격이 낮은 것 등이다.

표 1.6 합금강 및 특수용도강의 분류

분류	종류	용도
합금강	크롬(Cr)강	탄소강에 1%정도의 Cr을 첨가하여 경화능을 개량한 강으로 강인하다.
	니켈(Ni)강	0.5~5.25% Ni를 함유하며 구조용강, 저온에서 주로 사용된다.
	망간(Mn)강	7%이상의 Mn을 함유하며 스위치, 철도건널목 등에 사용된다.
	니켈-크롬(Ni-Cr)강	강인성, 내열성, 내식성이 좋아 크랭크축, 강력볼트 등에 사용된다.
	크롬-몰리브덴(Cr-Mo)강	경화능이 크고 소리저항성이 크다.
특수용도강	베어링강	Mn, Mo 등을 첨가하여 경화능을 높이며, 공구용, 게이지용으로 사용된다.
	자석강	전자석용으로 4% Si 강판을 사용하며, 영구자석용으로 Al, Ni, Co 등을 첨가하여 사용한다.
	내식강	내식성을 향상시키기 위해서 Cr, Ni 등을 첨가한다.
	내열강	내열성을 향상시키기 위해서 W, Mo, Cr, Ni 등을 첨가한다.

1.6.2 용도 및 규격에 따른 분류

강은 용도에 따라 구조용강과 기계구조용 탄소강, 합금강, 특수 용도강, 클래드강, 주 단조품, 전기용 재료 등으로 분류되며, 구조용 강재에 사용되는 것은 주로 연강 압연재인데 이들은 다시 ① 봉강(棒鋼), 형강(形鋼), 강판(鋼板), 및 강대(鋼帶)류 등과 ② 강관, ③ 선재, 선재 2차 제품으로 나누어 규격화되고 있다. KS에서는 이들 구조용 강재의 ①에 대하여 일반구조용 압연강재(KS D 3503, 표 1.7), 용접구조용 압연강재(KS D 3515, 표 1.8), 철근콘크리트용 봉강(KS D 3504 표 1.9), 재생강재(KS D 3511, 표 1.10), 용접구조용 내후성열간 압연강재(KS D 3529, 표 1.11), 일반 구조용 경량 형강(KS D 3530), 고내후성 압연강재(KS D 3542), 리벳용 원형강(KS D 3557), 일반 구조용 용접 경량 H형강(KS D3558), 용접 구조용 고항복점 강판(KS D 3611), 철탑용 고장력강 강재(KS D 3781) 등으로 규정하고 있으며, 이외 일반 가공용, 압력 용기용으로 구분 규정하고 있으며, 강판 및 평강의 두께방향 특성과 각 제품의 치수, 질량, 허용차에 대하여도 규정하였으며, 특히 토목, 건축용 말뚝 등 구조용 강재와 철도용 레일, 레일용 이음판 등의 강재에 대하여 분류 규정하였다. 한편 ② 강관에 대하여는 구조용 강관에 일반 구조용 탄소 강관, 일반 구조용 각형 강관, 파형 강관 및 파형 강판(섹션), 건축 구조용 탄소 강관, 철탑용 고장력강 강관, 강관 말뚝, 강관 시트 파일과 기계 구조용 탄소 강관 등 여러 강재의 활용과 더불어 배관용 및 열 전달용 강관과 함께 특수 용도 강관 및 합금관 등도 규정하고 있다. 역시 ③ 선재, 선재 2차 제품에 있어서도 토목 구조물에 사용되는 것들을 포함하여 다양한 강재들이 규정되어 있다.

이와 같이 구조용 강재는 해당 용도에 맞게 규격화되고 있으므로 필요에 따라 규정에 맞는 강재를 선택하여 사용하게 된다. 이하 위 ①에 해당하는 강재에 대하여 간략히 기술한다.

표 1.7 일반 구조용 압연강 [KS D 3503]

종류의 기호	인장강도 (N/mm^2)	적용	비고
SS 275 SS 355	410 490	강판, 평강, 봉강 및 형강 두께 100mm까지 강판, 평강, 봉강 및 형강	두께 16, 40, 75, 100mm를 기준으로 역학적 성질에 차이가 있음. (표 1.1 참조)

강판(steel plates, or sheets)

평평하게 열간압연 또는 냉간압연된 강철로서 평판상으로 절단된 강재이며, 강재로부터 자른 판도 포함된다. KS상에서는 후강판은 보통 3mm 이상의 것으로 특히 3mm 이상 6mm 미만을 중판, 6mm 이상을 후판이라고 한다. 주로 철골주, 보 등의 연결래티스 보강용 등에 쓰이며, 중판은 후판과 동일한 용도 외에 강재시트, 조선, 차량, 유조용 등에 쓰이다. 박강판은 보통 두께 3mm 미만의 것을 말하며, 박판이라고도 힌다. 박판 중에서 두께 1.6mm 이상은 가전제품 패널 등에 주로 쓰인다. 무늬 강판은 압연롤의 표면에 조작흠을 넣어서 강판의 한쪽면에 미끄럼 방지 등의 모양을 규칙적으로 부각시킨 것이다. 강대(steel strip or sheet or plate in coil, 평평하게 열간 압연 또는 냉간 압연된 강철로서 코일상으로 감긴 강재)로부터 자른 판도 포함한다.

형강(sections)

형강에는 등변 ㄱ형강, I형강, ㄷ형강, 부등변 ㄱ형강 및 T형강, H형강 등이 있다. 최근에는 단면이 I형강과 같이 웨브의 높이가 테이퍼(taper)형상으로 변화하는 특수한 것, 접합에 편리한 것 등이 있다.

봉강(steel bars)

봉상으로 압연 또는 단조된 강철로서 소정의 길이로 절단된 강재를 말한다. 단면의 모양은 환봉형 이외에 4각, 6각, 8각 등이 있고, 철근콘크리트용 봉강과 철근콘크리트용 재생봉강에는 환봉형을 사용하는데, 표면의 형태에 따라 보통봉강과 이형봉강으로 대별된다.

평강(steel flats)

장방형(부분적으로 요철이 있는 것도 포함)의 단면에 양방향 모두 압연된 강재로서 보통 폭이 두께의 2배 이상이며 최대폭은 두께에 따라 다르나 500mm 정도이다.

이하 표 1.7~1.11에는 구조용 강재의 KS 표준 규격을 요약하였다. 표 1.7에는 현재 건설분야에서는 구조용 강재로 사용되지 않는 강재들도 나타나고 있다. 물론 일반 강구조물 설계에 KS 규격의 어느 SS 강재를 사용해도 두께별로 적절한 제작 처리 방법에 따른다면 문제는 없을 것이지만, 국내 강재생산 공장의 상황을 고려할 경우 실질적으로 생산되지 않는 SS 강재를 구매하여 적용하기에는 문제가 있을 수 있음을 고려하여야 한다. 예를 든다면 포항제철의 경우 9개 고로를 가지고 있음에도 세계 철 생산량의 2, 3위 정도이므로 부가가치가 적고 그 사용 요구량도 적은 강재 생산에 고로를 사용하기란 정책적으로 생산되는 양 이외에는 거의 불가능하기 때문이다.

즉, 건축, 토목 등의 건설분야의 강구조물에는 일반적으로 표 1.7의 일반 구조용 압연강재의 경우는 다음 표 1.1의 판두께에 따른 강재 종류 선정기준에 나타난 바와 같이 현재까지는 16, 40, 75, 100mm 두께까지 두께에 따라 적절히 항복기준강도를 감소시키면서 사용하도록 하고 있으며, 표 1.2에 나타낸 용접구조용 압연강재(SM재)들은 모두 사용되고 있으나 역시 최대 100mm 두께를 한정하여 두께에 따라 항복강도를 감소시켜 사용되고 있다. 이러한 두께의 한계는 추후 제강, 구조부재 제조기술의 발달과 함께 변화될 것이며, 최근 선진외국에서는 두께가 200mm에 이르는 강재도 사용된 예가 여럿 있다.

표 1.8 용접구조용 압연강재 [KS D 3515]

종류의 기호	적용 두께(mm)
SM 275A	강판, 강대, 형강 및 평강 200 이하
SM 275B	
SM 275C	강판, 강대 및 형강 100 이하
SM 355A	강판, 강대, 형강 및 평강 200 이하
SM 355B	
SM 355C	강판, 강대 및 형강 100 이하
SM 355YA	강판, 강대, 형강 및 평강 100 이하
SM 355YB	
SM 420B	강판, 강대, 형강 및 평강 100 이하
SM 420C	강판, 강대 및 형강 100 이하
SM 460	강판, 강대 및 형강 100 이하

※ 비고 : SM 420B, SM 420C, SM 460은 인수·인도 당사자 사이의 협의에 따라 두께 150mm까지의 강판을 제조할 수 있다.

표 1.9 철근콘크리트용 봉강 [KS D 3504]

종류	기호	인장강도(N/mm^2)	용도	비고
원형봉강	SR 240 SR 300	380 440	일반용	재생용 철콘용 봉강은 KS D 3527 참조
이형봉강	SD 300 SD 350 SD 400 SD 500	440 490 560 620	일반용	〃
	SD 400W SD 500W	560 620	용접용	〃

표 1.10 재생 강재 [KS D 3511]

구분	종류의 기호	인장강도 (N/mm^2)	비고
형강 등변 ㄱ형강	SRB 330 SRB 380 SRB 480	330 380 480	강재의 모양, 치수 및 무게는 특별히 지정이 없는 한 KS D 3051, KS D 3052 및 KS D 3502에 따른다.
봉강	SRB 330 SRB 380 SRB 480	330 380 480	〃

표 1.11 용접구조용 내후성 열간압연 강재 [KS D 3529]

종 류			기 호	인장강도 (MPa)	적 용
1종	A	W	SMA 275AW	410	내후성을 갖는 두께 6.0 이상, 200mm 이하의 강판 및 형강
		P	SMA 275AP		
	B	W	SMA 275BW		
		P	SMA 275BP		
	C	W	SMA 275CW		내후성을 갖는 두께 6.0 이상, 100mm 이하의 강판 및 형강
		P	SMA 275CP		
2종	A	W	SMA 355AW	490	내후성을 갖는 두께 6.0 이상, 200mm 이하의 강판 및 형강
		P	SMA 355AP		
	B	W	SMA 355BW		
		P	SMA 355BP		
	C	W	SMA 355CW		내후성을 갖는 두께 6.0 이상, 100mm 이하의 강판 및 형강
		P	SMA 355CP		
3종		W	SMA 460W	570	내후성을 갖는 두께 6.0 이상, 100mm 이하의 강판 및 형강
		P	SMA 460P		

한편, 표 1.3은 KS 규격에서 용접구조용 내후성 압연강재에 대하여 정의되고 있는 것을 그대로 나타내고 있다. 내후성강이란 일반강에 Cu, Cr, P 및 Ni 등의 내식성이 우수한 원소를 소량 첨가한 저합금강으로 일반강에 비하여 4~8배의 내식성을 갖도록 한 강재이다. 그러나, 역시 건설강재로서 사용하기 위한 기준에 따르면 현재까지는 SMA 275A, B에 대하여 각각 25 mm, 40 mm까지로, 그리고 SMA 355A, B에 대하여도 각각 16 mm, 40 mm까지로 제한하고 있다. 나머지 SMA 275C, 355C 및 460에 대하여는 KS 규격에서와 같이 50 mm 이하의 강판을 선정 사용하도록 하고 있다.

KS 규격이나 설계기준들은 주기적으로 또는 필요에 따라 개선 개발된 기술을 반영하기 위하여 수정되고 있으며, 현재 SI 단위계로 변경되어 가는 단계로서 예전의 kilogram 단위계가 그대로 나타나고 있는 것과 newton 단위계로 수정된 것이 공존하고 있는 실정이다.

강재 종류의 기호에 나타나고 있는 A, B, C, D는 각각 해당 강재의 충격에 대한 저항능력을 나타내는 것으로, A는 충격에 대한 실험없이 사용되는 경우로서 충격을 무시할 수 있는 구조물에 적용되며, B와 C는 해당 강재의 압연방향으로 채취하여 KS B 0809에 의거 제작한 V노치 시험편에 대하여 시험온도 0℃에서 측정된 샬피흡수에너지 값이 각각 27J 및 47J 이상을 확보하여야 한다는 것을 나타내고 있다. 다만, SM 460의 경우에 대하여는 시험온도를 −5℃로 하고 있다.

내후성강판의 기호에 나타난 W는 압연한 그대로, P는 도장하여 사용하는 것을 나타내며, 주문자 지정에 따라 불림, 담금질 등을 시행하였을 경우에는 끝에 그에 따른 N 또는 Q자를 붙인다.

예를 들면, SMA 355WN, SMA 460PN, SMA 460WQ 등과 같으며, 표 1.11의 3종 강재는 원칙적으로 불림 또는 뜨임(tempering), 담금질과 같은 열처리를 한다.

1.6.3 열처리 방법, 특수용도에 따른 분류

구조용 강재는 앞에서 언급한 이외에 같은 성분의 강재로서 원하는 성질을 향상시키기 위하여 열처리 과정을 조정하여 구성 원소의 비율을 조정하거나, 생산 강재의 형상을 바꾸기도 한다. 예를 들면, 종류를 구분하는 기호 SM 및 SMA 계열의 강재 생산과정에서 기존의 KS에 규정한 강재의 성질을 향상시키기 위하여 열간압연시 가열, 압연 및 냉각조건을 조절하여 구성입자의 세립화를 얻은 SM-TMC, SPA 강재들이 여기에 해당한다. 현재 국내에서도 상용생산되고 실제 구조물 제작 가설에 적용되고 있는 열가공제어강에는 SM 355C-TMC, SM 420C-TMC, SM 460C-TMC 등이 있지만 아직 KS 규격화는 되어 있지 않고 있다. 그리고 KS D 3542에는 고내후성 압연강재로서 KS D 3529의 용접 구조용 열간 압연 강재의 내후성

기능을 향상시킨 SPA-H와 SPA-C가 규정되어 있다. 이 중에서 SPA-H가 두께 16mm까지 열간 압연 강판, 강대 및 형강으로 생산되고 있다. 그리고 교량 구조물 부재에 발생되는 응력의 변화에 적절히 대응하는데 효과적인 변두께강판이나, 최근 소수주형교 설계시 필요로 되는 극후판 등도 생산되고 있다.

이와 같이 일반강에 비하여 강도, 인성, 용접성, 가공성 및 내부식성을 개선한 다양한 고성능강의 출현이 계속되고 있다. 고성능강은 크게 이들 성능 중 하나 또는 일부를 개선시킨 특정성능 개선 고성능강과 이들 성능을 복합적으로 개선시킨 복합성능 개선 고성능강의 2가지로 분류한다.

특정성능 개선 고성능강은 다음과 같다.

- 강도 성능을 개선시킨 것으로 고강도강, 일정항복강 및 극후판
- 인성, 용접성 등 제작성능을 개선시킨 고인성강, 저예열강 및 대입열대응강, 내라멜라테어강 및 열가공제어강 등
- 내부식성을 갖는 강으로 내후성강

현재 개발 중인 복합성능 개선 고성능강의 상황은 강도, 내후성, 인성, 용접성을 복합적으로 개선시킨 것으로 미국의 HPS70W, HPS100W가 있으며 국내 기술로는 HPS70W 정도가 생산 가능한 수준이다.

1.7 강재의 선정

강교에서의 강판의 선정기준은 일반구조용 압연강재(KS D 3503), 용접구조용 압연강재(KS D 3515) 및 용접구조용 내후성 열간 압연강재(KS D 3529)의 규격에 적합한 것을 표준으로 하되, 고성능강과 같이 시대적 요구에 부응하여 새롭게 개발된 강재에 대하여는 관련 규격에서 정하는 시험을 거쳐 전문가의 자문을 받아 선정할 수 있다. 강종은 판의 두께에 따라 표 1.12를 기준으로 하여 선정한다. 특히 기온이 현저하게 저하되는 지방에서는 강종의 선정에 특별한 배려를 기울여야 한다.

강종에 대한 특징을 보면 SS재는 SM재에 비하여 S와 P의 제한값이 높고, 또한 C·Si·Mn 등의 규정값이 없으며, 휨시험에서도 휨반지름이 크게 규정되어 있다. 그러나 일반적으로 판두께가 두꺼워짐에 따라 용접부분의 취성화 경향이 현저해진다. 이런 점을 고려하여 용접 구조용강인 SM재는 판두께의 증가에 따라 인성이 좋고 균질인 것을 사용하여 안전도가 저하되지

않도록 각 강종의 판두께에 한계를 지은 것이다. 비용접 구조용강인 SS재는 용접구조에 사용해도 좋으나 용접 시 조직이 거칠어져 취성화 되고 수축응력이 발생하여 다축응력 상태가 될 수 있기 때문에, 두께 22mm 이상의 강재를 용접하여 강구조물을 제작하는 경우는 SM재를 사용하도록 규정하고 있다.

강종의 선정은 구조물의 사용조건(기상조건, 응력상태), 중요도(주요부재, 2차부재)에 따라 적절한 인성이 확보되고 용접에 알맞은 강종을 각각 선정하여야 하지만 너무 자세히 규정하면 한 교량에 수종의 강재가 혼용되어 취급상 번잡하고 착오를 일으키는 원인이 될 수 있으므로 이와 같이 강판 두께별로 표준을 정하였다. 따라서 2차부재 등에 대하여는 반드시 이에 따를 필요는 없다. 기온이 현저하게 저하하는 지방에 가설하는 교량은 특히 저온 취성에 주의하여 강종을 선정하여야 한다.

이 경우 인장력을 받는 중요한 용접구조 부재에 사용하는 강재는 그 지방에서의 최저 기온을 고려하여 적당한 인성을 확보하는 것이 요망된다.

표 1.12 판두께에 따른 강재종류 선정기준

판두께(mm) / 강 종	6	8	16	25	32	40	50	100
SS 275								
SM 275A								
SM 275B								
SM 275C								
SM 355A								
SM 355B								
SM 355C								
SM 355YA								
SM 355YB								
SM 420B								
SM 420C								
SM 460								
SMA 275A								
SMA 275B								
SMA 275C								
SMA 355A								
SMA 355B								
SMA 355C								
SMA 460								

1.8 건설용 강재의 특성

1.8.1 교량에 사용되는 강재

도로교설계기준에서 사용되는 도로교의 표준강재를 정리하면 표 1.13과 같다. 구조용 강재는 종래 사용되어 왔던 일반구조용 압연강재, 용접구조용 압연강재, 용접구조용 내후성 열간 압연강재의 규격을 나타내었으며, 이하 강관의 경우에는 현재 많이 사용되고 있는 일반구조용 탄소강관, 강관말뚝, 강관 시트파일에 대한 규격을, 접합용 강재의 경우 리벳접합은 용접이나 고장력볼트에 비해 현재 거의 사용하고 있지 않으므로 규정하지 않았다. 현재 마찰접합용 고장력 6각볼트 제 1종과 2종인 F8T, F10T를 표준으로 하고 있으나, 토크 쉬어형 고장력볼트(TS볼트)도 그 사용이 많아지고 있다.

용접재료는 용접부가 충분한 역학적 성질을 보유할 수 있고, 균열 등의 결함이 생기지 않으며, 용접이 깊게 될 수 있을 뿐만 아니라 작업성이 양호하여야 한다. 이러한 조건을 만족시키는 연강용 피복아크 용접봉과 고장력강용 피복아크 용접봉에 대한 규격을 소개하고 있으나, 용접기술의 발달과 함께 모재의 기능을 유지시키면서 시공상 보다 효율적이고 경제적인 용접재료의 개발이 계속되고 있는 것에 유의하여 규정된 이외의 것들의 사용을 검토하여야 할 것이다. 단강품, 주강품, 주철품 등의 주단조품은 받침에 이용되는 경우가 대부분이고, 그밖에 배수장치, 난간, 특수한 신축장치, 핀(pin) 등에 사용된다. 최근에 구조물이 대형화 또는 특수화되면서 이들 부속물에 사용되는 재료도 여러 가지가 개발되어 사용되고 있다. 피아노선재는 케이블 혹은 PS강선과 PS강연선 등의 선재 2차제품 소재에 대한 규정이며, 경간선재는 와이어 로프에 대한 규정이다. 철근 콘크리트용 봉강은 KS D 3504에 규정되어 있는 종류 중 교량에 가장 많이 사용되고 있는 것을 규정한 것이다.

이상 도로교에 대하여 언급하였지만 철도교에서도 거의 유사한 강재들이 사용된다. 이외 KS에서는 토목, 건축용으로 KS D 7061의 리스 시트, F 4603의 H형강 말뚝, F 4752의 금속제 철판 지붕 구성재 등이 규정되고 있으며, 철도용으로는 R 9101 경량 레일, R 9106 보통 레일, R 9110 열처리 레일, R 9164 레일용 이음판, R 9165 경레일용 이음판, R 9168 단부 열처리 레일, 그리고 R 9220 철도 차량용 차축에 관련된 규격 등도 규정하고 있다.

이하 이들 구조용 강재들 중에서 일반적으로 널리 사용되고 있는 강재들에 대하여 그 특성을 간략히 기술한다.

표 1.13 도로교의 표준강재

강재의 종류	규 격	강 재 구 분	강 재 기 호
1. 구조용 강재	KS D 3503	일반구조용 압연강재	SS 275
	KS D 3515	용접구조용 압연강재	SM 275, 355 355Y, 420, 460
	KS D 3529	용접구조용 내후성 열간압연강재	SMA 275, 355, 460
2. 강 관	KS D 3566	일반구조용 탄소강관	SGT 275, 355
	KS F 4602	강관말뚝	SRT 275, 355
	KS F 4605	강관시트 파일	SKY 41, 50
3. 접합용 강재	KS B 1010	마찰접합용 고장력 6각볼트, 6각너트, 평와셔의 세트	F8T, F10T, F13T
4. 용접재료	KS D 7004	연강용 피복 아크 용접봉	
	KS D 7006	고장력강용 피복 아크 용접봉	
	KS D 7024	서브머지드 아크용접용 강선 및 용제	
5. 주단조품	KS D 3710	탄소강 단강품	SF 490A, 540A
	KS D 4101	탄소주강품	SC 450
	KS D 4106	용접구조용 주강품	SCW 410, 480
	KS D 4102	구조용 고장력 탄소강 및 저합금강 주강품	LMnSC 1A, 2A
	KS D 3752	기계구조용 탄소강재	SM 35C, 45C
	KS D 4301	회주철품	GC 250
	KS D 4302	구상흑연 주철품	GCD 400
6. 선재 선재 2차제품	KS D 3509	피아노 선재	PWR
	KS D 3559	경강선재	HSWR
	KS D 7002	PC강선 및 PC강연선	원형선 SWPC1 이형선 SWPD1 2연선 SWPD2 이형3연선 SWPD3 7연선 SWPC7 19연선 SWPC19
7. 봉 강	KS D 3504	철근콘크리트용 봉강	SD 300, 350, 400
	KS D 3505	PC강봉	A종 2호 SBPR 785/1030 B종 1호 SBPR 930/1030 B종 2호 SBPR 930/1180 C종 1호 SBPR 1080/1230

1.8.2 일반구조용 압연강재(KS D 3503, SS재)

역학적 성질에 중점을 두고 제조한 반면 용접성은 특별히 고려하지 않은 강재이다. SS재(SS 400등)의 경우 판두께가 22 mm 이하는 용접성이 특별히 문제가 되지 않으므로 용접구조에도 사용되나 한냉지이거나 주요부재일 경우에는 다음에 기술하는 용접구조용 압연강재를 사용하는 것이 바람직하다.

표 1.14는 국내 규격의 강재와 유사한 국외의 규격들과의 대비를 나타낸 것이다.

KS D 3503에 따르면 용접 이외의 연결을 이용하는 강구조물 설계시 SS 330, SS 400 및 SS 490의 강재에서 두께, 지름, 변 또는 맞변의 거리가 100 mm를 초과하는 경우의 항복점 또는 내력은 각각 165 N/mm^2 이상, 205 N/mm^2 이상 및 245 N/mm^2 이상으로 하되, 강재의 모양, 치수, 무게 및 그 허용치는 KS D 3051, KS D 3052, KS D 3500 및 KS D 3502에 따른다고 하였으나, 현재 건설용으로 사용하는 강재는 SS 400 두께 100 mm까지의 정도이다.

표 1.14는 국내 규격의 강재와 유사한 국외의 규격들과의 대비를 나타낸 것이다.

표 1.14 일반구조용 압연강재 관련 규격

KS	JIS	ASTM
KS D 3503	JIS G3101	
SS 275	SS 400	ASTM A36
SS 355	SS 490	

1.8.3 용접구조용 압연강재(KS D 3515, SM재)

KS D 3515는 수정 재편집 중이며. 이전까지의 규격 및 최근의 기술동향에 따르면 표 1.15의 내력을 갖는 강재로서 용접성을 고려하여 역학적 성질에 따라 5종류로 대별되고 있다. 용접구조용 압연강재는 많은 종류의 성분을 포함하고 있으며 때에 따라 탄소당량이 크거나 용접성의 저하가 우려되므로 시험성적표(mill sheet)에 의해 확인할 필요가 있다.

용접구조용 압연강재는 화학적 성분 및 인성에 대한 규정이 있고 용접구조용으로써 규격화되어 있다. 인성을 나타내는 값으로 샬피충격시험에 의해 흡수에너지를 규정하고 그 정도에 따라 A, B, C, D종의 4가지로 나눈다. 용접구조용 강재는 일반구조용 강재에 비해 화학적 성분에 대한 규정이 많고 신장 및 휨반경이 심해서 용접성을 배려한 것이라고 볼 수 있다.

표 1.15 용접구조용 압연강재 관련 규격

KS	JIS	ASTM
KS D 3515	JIS G 3106	ASTM A283 - A, B, C
SM 275A, B, C	SM 400A, B, C	ASTM A283 - C, D
SM 355A, B, C	SM 490A, B, C	A572 - 42, 52
SM 355YA, YB	SM 490YA, YB	A573 - 58, 65
SM 420B, C	SM 520B, C	A633 - A, B, C
SM 460	SM 570	

A : 지진, 한냉지등 충격에 대한 보증(샬피흡수에너지)이 없는 강종

B : 충격에 대한 보증 강종 (0℃, 샬피흡수에너지 : 27J)

C : 충격에 대한 보증 강종 (0℃, 샬피흡수에너지 : 47J)

SM 460의 샬피흡수에너지 : −5℃에서 47J

1.8.4 열가공제어강

열가공제어강은 열간압연시 가열, 압연 및 냉각조건을 조절하여 강의 인성과 용접성을 향상시킨 강재로서 판두께가 얇은 후판의 항복강도가 높다는 사실을 토대로 가열 및 압연조건을 제어하는 제어압연과 통상 압연후의 공냉 대신에 수냉을 실시하여 열간압연 직후 특정온도(500℃~800℃)에서 3~30℃/sec의 속도로 냉각조건을 제어하는 가속냉각기기술에 의해 생산된다. 이와 같은 강재는 기존의 off-line 열처리 공정을 생략하므로 제조전공기를 단축할 수도 있다.

열가공제어강의 주요용도는 대형빌딩의 기둥부재(상자형기둥, H형 기둥등)와 장지간 주요부재(강관구조, 트러스 구조 등)이며, 국내에서 사용된 실적은 포스코 센터, ASEM, 인천 국제공항, 부산 신청사 등이 있다.

또한 열가공제어강재의 품질특성은 다음과 같다.

- 금속조직제어(저온 변태조직형성)로 보통강재보다 두께가 40 mm 이상에서 항복강도가 우수하며 설계기준강도의 감소 없이 적용 가능함.
  - 두께 40 mm 이상에서 : SM 355 $F_y=$ 335MPa
    SM 355C-TMC $F_y=$ 335MPa
- 용접성이 우수하며 항복비 (항복응력/인장강도)가 80% 이하로 규제되어 내진성능이 우수함
- 모재와 용접부의 역학적 성능이 우수함
- 모변형교정을 위한 선상가열 후에도 재질변화가 적음

최근에는 극저탄소 조직을 이용하여 생산된 570MPa급 열가공제어강은 탄소당량이 낮아 열처리에 의한 일반강에 비하여 용접성이 우수하여 용접제작 가공성이 좋아지고, 판두께 방향으로 균일한 품질이 확보됨으로서 판두께 변화에 큰 영향을 받지 않는 등 차세대 강재로서의 역할이 기대되고 있다. 그러나 아직까지 기존 일반 용접구조용 압연강재에서 요구하는 성분구성을 만족시키는 강재로 다루고 있다. 따라서, 충분한 실험데이터의 확보와 분석을 통하여 전문가자문을 득한 연후에는 실제 구조물에의 적용이 가능하다. 그리고 현재 열가공제어강의 토목구조물 적용을 위한 기초적 실험연구가 진행중이며 기존의 사용실적 및 재료실험 결과에 따르면 그 적용가능성은 충분히 가능하고, 추후 시공비용의 절약을 위해 그 사용이 많아질 것이 예상된다.

표 1.16 열가공제어강

종류	두께(mm)	Ceq(%)	Pcm(%)	항복점 (N/mm²)	인장강도 (N/mm²)	연신율 JIS 4호 두께 40mm 이상	항복비(%)	충격치 J 압연방향 (0℃)
SM 355 -TMC	40초과 50이하	0.38이하	0.24이하	315	490	23	80이하	27이상
	50초과	0.40이하	0.26이하					
SM 420C -TMC	40초과 50이하	0.40이하	0.26이하	355	520	21		
	50초과	0.42이하	0.27이하					

1.8.5 무도장내후성강(KS D 3529, KS D 3542)

내후성강

강교량의 자존심을 살리고자 미국과 영국의 철강회사들은 "부식한다"라는 강재의 가장 큰 단점을 극복하고, 공업재료로서의 강재의 경쟁력을 더욱 높이고자 하는 연구 노력에 몰두하기 시작하였다. 철에 특정한 원소를 첨가함으로써 부식의 발생을 최소화하고자 하는 "내후성강"에 대한 연구가 본격화되기 시작한 것이다. 여기서 내후성강이란 일반강에 Cu, Cr, P, Ni 등의 내식성이 우수한 원소를 소량첨가한 저합금강으로서, 스텐레스 등의 고합금강에 비해서는 뒤지지만 일반강에 비해서는 4-8배의 내식성을 갖고 있는 강재이다. 내후성강이 대기에 노출되면 초기에는 일반강과 유사하게 녹이 발생하지만 시간의 경과에 따라서 그 녹의 일부가 서서히 모재에 밀착하게 되는 녹층(안정 산화피막)을 형성한다. 이 녹층이 외부 대기에 대한 보호막이 되어 도장과 같은 역할을 하게되고 따라서 더 이상의 부식 진행을 억제하게 되는 것이다. 내후성 강재의 종류에는 그림 1.20과 같이 크게 용접구조용 내후성 열간압연강재(KS D 3529와 고내후성 압연 강재(KS D 3542)가 있다. 또한 각 종류별 특징과 용도 등에 대한 것은 표 1.17에 나타내었다.

무도장 내후성강은 도장을 실시하지 않은 상태로 사용하는 것을 말하며 SMA 275W, SMA 355W, SMA 460W가 사용된다. 이들 강재는 각 일반 도장 교량용으로 쓰이는 용접구조용 압연강재 (KS D 3515 : SM재)와 인장강도 등 그 역학적 성질에는 별 차이가 없다.

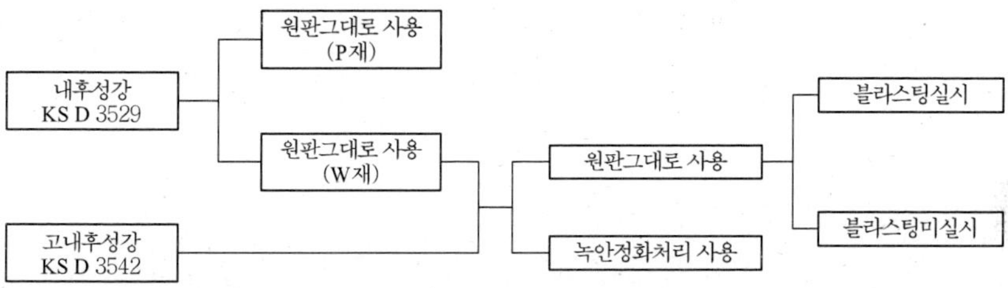

그림 1.20 내후성강의 분류

표 1.17 내후성강재의 종류별 특성

<table>
<tr><th colspan="2">규격(KS) 및 종류</th><th>특징</th><th>적용</th></tr>
<tr><td rowspan="5">용접구조용
내후성
열간압연
강재
KS D 3529</td><td>도장용내후성강
SMA 000AP
BP
CP</td><td>•경제성을 고려한 내후성강으로 도장하여 사용함
•같은 도장계를 적용한 경우, 일반강에 비해 재도장주기가 1.5~2배 길어짐
•해안지역에서 사용할 때 일반강에 비해 유리함</td><td>•무도장내후성강에 비해 열악한 환경에 사용(해안)
•교량, 조명타워 등
•해상용콘테이너
•콘크리트 믹서</td></tr>
<tr><td>무도장내후성강
SMA 000AW
BW
CW</td><td colspan="2">•내후성이 높으므로 무도장으로 사용할 수 있음
•재도장이 필요 없으므로 유지관리비 절감효과 및 환경보호에 유리(상수원 보호구역 등)</td></tr>
<tr><td>표면처리미실시
(흑피 미제거)</td><td>경제적이지만 흑피박리에 시간이 필요함</td><td>균등한 외관이 중요하지 않은 지역
(산악, 전원지역)</td></tr>
<tr><td>표면처리실시
(흑피 제거)</td><td>비교적 경제적이고 외관도 우수함</td><td>초기에 균등한 외관이 필요한 지역
(전원지역, 시가지)</td></tr>
<tr><td>녹안정화
처리실시</td><td>외관은 도장한 것과 동일하고 도장용 내후성강에 비해 경제적임</td><td>미관이 중요한 지역
(도심지, 시가지, 미적 의장성 요구지역)</td></tr>
<tr><td>고내후성열
간압연강재
KS D
3542</td><td>SPA-H
SPA-C</td><td colspan="2">내후성이 가장 우수한 강재로서 건축외장재, 도로시설재, 컨테이너 철도차량 등과 같은 경량구조재로 사용한다.</td></tr>
</table>

내후성강의 분류

무도장 내후성강 교량이란 앞의 KS D 3529에 규정된 "용접구조용 내후성 열간압연강재" 중 무도장 내후성강을 사용한 강교량을 말한다. 무도장 내후성강 교량은 강교량이 콘크리트 교량에 대비해 가장 큰 취약점으로 항상 대두되어 온 "주기적인 재도장의 필요"라는 문제점을 극복할 수 있는 교량이다. 따라서 교량을 계획하는 단계에 있어서 무도장 내후성강 교량이 적극적으로 검토될 수 있는 상황으로는 표 1.18과 같은 것이 있다. 또한 교량을 계획함에 있어서 이러한 무도장 내후성강을 사용함으로써 얻게되는 간접적 효과도 고려해 보아야 한다. 즉 근래에 사회간접자본을 건설, 유지하는 데 있어서 있는 민원발생 문제를 적어도 재도장과 관련해서는 불식시킬 수 있고 재도장 작업시의 교통 통제 및 체증에 따르는 막대한 물류비용 손실을 절감할 수 있다.

표 1.18 무도장내후성강교량이 적극 사용될 수 있는 상황

고려사항	세부지역
재도장 비용의 절감이 필요한 지역	모든 상황에 해당
재도장에 따르는 유해물질의 발생을 피해야 하는 경우	상수원 보호구역 등
재도장작업이 곤란한 경우	교량하부에 철도, 전철 등이 통과하는 지역
	교량하부에 대량의 교통이 통행하는 지역
	교량하부에 고속차량이 통행하는 고속도로
	지역, 지형상의 이유로 재도장이 곤란한 지역 (산간오지, 전원지역, 험한 산악지역 등)

내후성강의 적용환경

무도장 내후성강의 적용에 있어서 안정녹 형성의 성패는 일차적으로 가설지점의 환경조건에 좌우된다. 안정녹 형성에 영향을 미치는 주요 환경인자는 대기중의 염분량, 강재 표면이 젖어 있는 시간, 그리고 황산화물의 농도 등이다. 이 중 강재표면이 젖어 있는 시간이나 황산화물의 농도는 일반적인 환경에 있어서는 별 문제가 되지 않으므로 주로 대기중 염분량(비래염분량)을 기준으로 하여 적용 환경을 결정하는 것이 바람직하다.

비래염분량은 공기 중에 흩어진 해수의 미립자인 해염입자의 양을 말하며 해수의 해염입자는 대략 해수면상 2km까지 상승하여 육지쪽으로 약 2km 지역까지 비산하는 것으로 알려져 있다. 해염입자의 비산거리는 해안지역의 지형과 해풍의 빈도 및 풍속에 따라 유동적일 수 있지만, 교량 가설 지역에서 비래염분량을 별도로 측정하지 않은 경우 해안선과 교량 가설지역 간의 직선거리는 최소 2km 이상을 유지하는 것이 바람직하다.

결국, 무도장 내후성강 교량의 적용에 있어서 가장 유의해야 할 장소는 도서 지역 및 해안 지역과 같이 대기 염분량이 많은 지역이다. 한편 부식성 가스 등에 의해 대기부식의 영향이 큰 지역 등은 내후성 강재를 적용하는데 있어서 주의를 요한다. 표 1.19에는 일반 강교량과 대비시켜 무도장 내후성강교량의 적용에 있어서 유의할 사항을 요약하였다.

표 1.19 일반강교량 대비 무도장내후성교량에 있어서 유의할 사항

항목		일반강교량	무도장내후성강교량
계획	사용재료(강종)	SS재 또는 SM재	SMA재중의 W재
	용접재료	일반 용접재료	내후성강용 용접재료
	볼트재료	일반 고장력볼트	내후성강 고장력볼트
	적용환경	제한없음	0.1mdd 이하(비래염분량)
	최소교하공간(하천)	0.6~2.0m	유수 : 2.5m 정체수 : 3.0m
	표면처리(블라스팅)	흑피제거(블라스팅)후 도장	초기에 균일한 외관이 요구되는 경우와 교량 하부에 민가 가옥이 있는 경우에는 흑피를 제거
설계	부식두께	고려안함	원칙적으로 고려 안함
	신축이음장치	통상 비배수형식 사용	비배수형식 사용
	주거더간공간		최소 40cm 공간확보
	주거더단부	전면 도장 실시	만일의 누수에 대비해 부분도장 실시
	교좌면의 경사	통상 실시하고 있지는 않으나 배수경사를 두면 유리함	빗물의 체수를 방지하기 위해 2~4% 경사
	상자형교 주부재의 설계	내부 물고임 방지를 위해 배수구멍설치	일반강교량과 동일
	I-형교 주부재의 설계		틈새와 오목한 구석을 최소화하는 설계
	트러스교 주부재의 설계		격점부는 밀폐구조로 하고 사재 최하단에 배수구멍 설치
	볼트 최대중심간격	피치 $=12t$, 게이지 $=24t$	피치 $=12t$, 게이지 $=12t$
	볼트 최대연단거리	150mm 이하	50mm 이하
	연결판 설계	통상3매판	
	피로설계-단순부재	A등급	B등급으로 낮춤
	기타피로등급		일반강교량과 동일
	배수관	우측의 무도장강교량의 경우와 같이 적용하면 유리함	주형 하부플랜지 하단아래 300mm 이상 연장하고, 교대/교각 상에서 끝나지 않도록함

1.8.6 고장력강

고장력강이란 일반적으로 490MPa 이상 980MPa 이하의 인장강도를 갖는 용접구조용강을 말하는데 최근에는 590MPa 이상의 인장강도를 갖는 강재를 지칭한다. 교량용 강재로서 규정되어 있는 고장력강은 인장강도 570MPa급의 용접구조용 압연강재(도로교설계기준, SM 460) 및 용접구조용 내후성 열간압연강재(도로교설계기준, SMA 460)이고 590MPa급이 넘는 강은 아직 규정되어 있지 않다.

다음 표 1.20은 교량에 이용되고 있는 고장력강에 대한 국내 및 일본의 규정을 나타낸 것이다.

표 1.20 교량용 고장력강의 국내 및 일본규정

규정	강종		적용판 두께(mm)	인장강도 (MPa, kgf/mm²)	비고
도로교 설계기준	용접구조용 압연강재	SM 460	$8 \leq t \leq 100$	570	KS D 3515
	용접구조용 내후성 열간압연강재	SMA 460W	$8 \leq t \leq 100$	570	KS D 3529
일본도로교시방서 (1996)	용접구조용 압연강재	SM 570	$8 \leq t \leq 40$	58~73	JIS G 3106
			$40 \leq t \leq 75$		
			$75 \leq t \leq 100$		
	용접구조용 내후성 열간압연강재	SMA 570W	$8 \leq t \leq 50$	58~73	JIS G 3114
			$50 \leq t \leq 75$		
혼슈-시코쿠 연락교 공단 상부구조 설계기준	용접구조용 압연강재	SM 58	$8 \leq t \leq 50$	58~73	JIS G 3106 HBS G 3104주)
			$50 \leq t \leq 75$	56~71	HBS G 3106주)
		HT 70	$8 \leq t \leq 50$	70~85	HBS G 3102주)
			$50 \leq t \leq 75$	68~83	
		HT 80	$8 \leq t \leq 50$	80~95	
			$50 \leq t \leq 75$	78~93	
	용접구조용 내후성 열간압연강재	SMA 570W	$8 \leq t \leq 50$	58~73	JIS G 3114 HBS G 3105주)

주) HBS : 혼슈-시코쿠 연락교 공단규격(Honshu-Shikoku Bridge Standard)의 약칭

고장력강의 교량적용시 설계상의 유의점

교량의 단면은 응력만으로 결정되는 것이 아니고 최소 판두께 규정이나 처짐 및 피로규정 등으로 단면이 결정되는 경우도 많기 때문에 고장력강의 사용에 따른 경량화, 경제성을 도모하기가 어려울 경우도 있다.

1) 단면강성의 저하

단면이 작아지면 단면강성이 저하되기 때문에 처짐, 변형, 진동 등이 커지게 되고 그 결과 특히 거더교일 경우, 세장비에 따라 허용압축응력이 작아짐에 따라 고장력강이 가진 높은 허용응력을 활용하지 못하고 처짐제한 등 사용성 규정에 의해 단면이 결정되는 경우가 많이 발생한다.

2) 좌굴

압축부재일 경우, 세장비에 따라 허용압축응력이 결정된다. 따라서 고장력강을 사용함으로써 부재의 세장비가 커지게 되면 상대적으로 허용압축응력이 작아짐에 따라 고장력강을 사용하는 이점이 감소될 우려가 있다.

3) 피로

이음부가 존재하지 않는 평판부재일 경우, 일반적으로 고강도일수록 피로강도도 상승하지만 용접이음부의 피로강도는 모재의 정적강도와는 별로 관련이 없고 용접종류, 용접결함, 이음부의 모양, 응력의 작용방향 등에 의해 결정되므로 보통강재나 고장력강 모두 피로강도 측면에서는 동일한 강도를 갖는다고 볼 수 있다.

제작상 유의점

1) 용접균열

고장력강, 특히 800MPa급 강일 경우 보통강에 비해 탄소당량 C_{eq}가 높기 때문에 용접에 의해 경화되기 쉬워 저온균열의 발생이 우려된다. 따라서 균열발생을 방지하기 위해서는 적절한 예열을 실시함과 동시에 수소량이 작은 용접봉을 사용해야 한다.

2) 용접의 인성

용접비드 부근의 입열량이 과대해지면 인성의 저하와 함께 조질이 흐트러져 강도가 저하될 염려가 있으므로 용접할 때 입열량 및 용접층간 온도 등에 충분한 배려가 필요하다.

3) 가공성

고장력강은 인장강도가 높고 연신율이 작기 때문에 가공성이 보통강에 비해 낮다. 그러나 적정한 가공조건을 설정하면 가공에 지장이 있을 정도는 아니다. 특히 유의하지 않으면 안되는 것은 바로 열가공이다. 조질 고장력강은 담금질, 뜨임 등 열처리에 의해 소정의 성능이 부여된 것이기 때문에 뜨임 온도 이상으로 장시간 열가공을 실시하게 되면 열처리에 의해 얻어진 특성이 상실될 우려가 있어 열간가공은 원칙적으로 실시하지 않도록 규정되어 있다. 또한 용접변형의 제거법으로 통상 사용되고 있는 가열법에서도 최고 가열온도, 냉각방법 등에 엄격한 제한 규정이 마련되어 있다. 따라서 조질 고장력강의 가공은 프레스 등 기계적 방법에 의해 실시하는 것이 바람직하다고 볼 수 있다.

1.8.7 변두께강판(tapered plate, longitudinally profiled plate)

변두께강판이란 교량바닥 등 길이방향의 하중을 고려하여 그림 1.21과 같이 두께를 변화시킨 후판으로 강구조물의 중량 및 제작비 절감이 가능하다. 그 용도는 교량의 거더, 상자형 기둥, 각종 크레인 거더, 선박 격벽용 등에 주로 사용되어 진다.

부재에 작용되는 응력에 따라 판두께를 변화시켜 제작, 생산됨으로써 구조물의 중량을 경감시키고 구조물 제작시 일반재에 비해 용접작업 공수를 절감할 수 있으며 용접 이음매의 감소로 외관이 미려하고 구조물의 안전성을 향상시킬 수 있다.

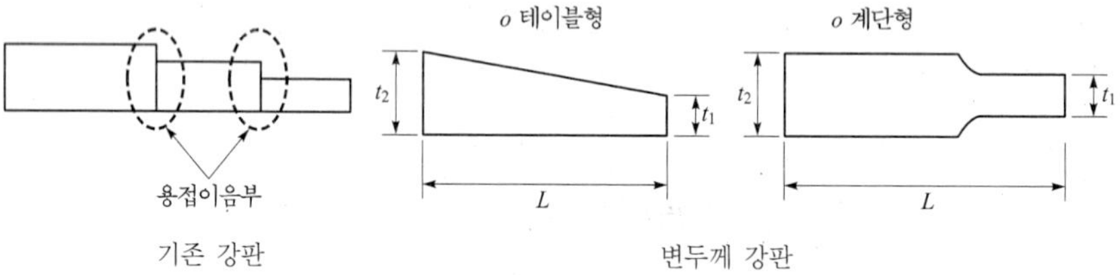

그림 1.21 변두께강판

1.8.8 내층상박리(耐 lamellar tear)강

최근 용접구조물이 대형화, 고층화 및 장대화되고 있다. 이러한 대형구조물에 사용되는 후판의 경우 그 두께가 매우 두꺼워짐에 따라 용접작업시 강판두께 방향(Z 방향)으로 큰 구속응력이 작용하여 층상의 용접균열이 발생될 우려가 있는데 이러한 강판 두께방향의 용접균열을 층상박리라고 한다.

이러한 층상박리 발생을 방지하기 위해 판 두께방향의 연성을 향상시키고, 특수 정련처리를 통한 불순물 제거 및 형상을 제어하여 청정성과 이방성을 개선한 강을 내층상박리강이라 한다.

▌품질특성

일반강 대비 유황(S)성분을 낮게 관리하고 비금속불순물 구상화처리 공정(PI : Power Injection)이 추가로 요구되며, 특히 엄격한 용도의 경우 후판 열처리(불림 등)를 실시해야 한다. 이와 같이 품질관리된 내층상박리강은 일반재 대비 두께방향의 연성(단면수축율, 연신율, 충격인성)이 우수하여 내층상박리를 방지할 수 있다.

▌층상박리 발생요인

그림 1.22에서 볼수 있는 H형보, 상자형 기둥은 T자형 모양으로 용접할 때 고온의 용접금속이 냉각되면서 발생된 수축응력이 강판의 두께방향으로 작용하여 두께 중심부의 불순물층을 따라 균열이 발생한다. 비금속개재물(MnS)과 유황(S)성분이 많고, 강판의 두께가 두꺼울 때, 또는 1회 용접량이 클수록 발생률이 높다.

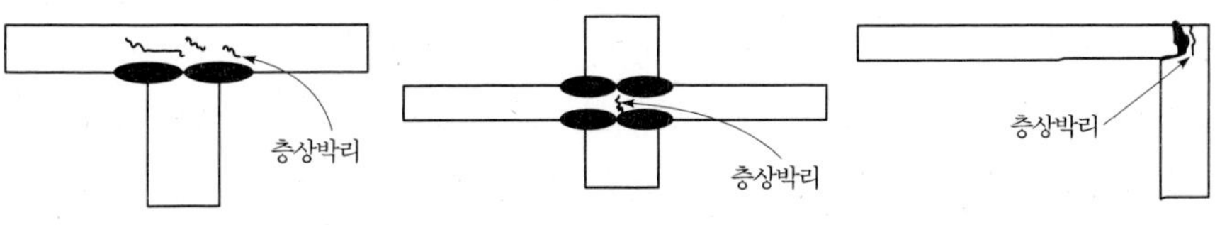

그림 1.22 층상박리가 발생하기 쉬운 이음형태

1.9 차세대 구조용강 개발 동향 및 요구 특성

1.9.1 차세대 구조용강의 개요

21세기에 접어들면서 국가 사회기반시설의 갱신과 각종 건축물의 초고층화와 같은 산업 및 사회 전반의 커다란 변화에 따른 구조물의 성능 및 안전성의 향상을 위한 철강재료의 중요성이 점차 증대되어 건축 및 토목용 철강재의 고강도, 고인성화 및 장수명화에 대한 요구가 증대할 것으로 예상된다. 차세대 구조용강은 이러한 요구를 효과적으로 수용하기 위하여 개발되는 강이다.

1.9.2 차세대 구조용강의 개발목표

차세대 구조용강의 개발 목표는 기존의 400MPa급 후판의 결정립(結晶粒)을 초미세화(超微細化)하여 용접성은 동일하게 유지하면서 강도를 600MPa로 향상시키고, 또한 고장력볼트용 강재의 강도를 현재 800MPa에서 1300MPa로 상승시키는 한편, 값비싼 원소인 Ni을 3% 이상 함유하는 현재의 해변용 내후성 후판에 비해 Ni 함량을 1% 정도로 저감시킨 강재를 개발하는 것이다.

그리고 대입열(大入熱) 용접시에도 용접부 인성 저하가 없는 HAZ(Heat Affected Zone, 용접열영향부) free강의 개발과 함께, 고강도 세립강재를 이용한 고층건물 및 장대, 거대교량의 설계기술 및 고능률 용접기술의 개발을 목표로 추진된다.

1.9.3 차세대 구조용강의 종류와 특성

▮ 인장강도 600MPa(두께 25mm, FGS 5㎛) 세립형 구조용 후판 제조

강재의 결정립 미세화 기술로 각광을 받아온 열가공제어강 기술의 한계인 FGS (Ferrite Grain Size) 5㎛을 뛰어 넘는 새로운 기술인 변형유기동적변태(SIDT : Strain Induced Dynamic Transformation, 과냉의 오스테나이트 입자가 압연되는 동안 페라이트로 상변화를 일으키는 변태) 압연기술을 개발, 후판 및 열연설비에 적용함으로써 차세대 강재에 요구되는 결정립 미세화 압연기술이 정립되었다. 즉, 국내에서도 후판의 SIDT 압연을 통해서 FGS 5㎛ 정도의 세립 후판 양산기술이 확보되었고, 열연에서는 FGS 2~3㎛의 초세립 dual phase강(페라이트 기지 조직에 마르텐사이트를 석출시킨 강으로 강도가 높고 동시에 가공성이 좋은 강)의 시험생산에 성공하였다.

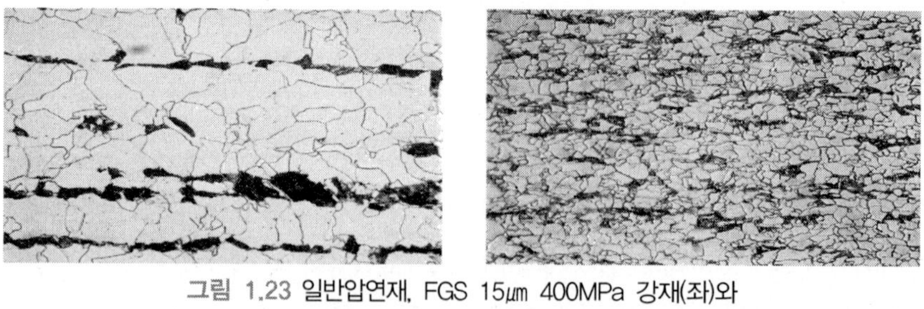

그림 1.23 일반압연재, FGS 15㎛ 400MPa 강재(좌)와
개발된 차세대 강재, FGS 5㎛ 600MPa 강재(우)

고Si형 1300MPa급 고장력볼트 실물제작

볼트를 고장력화하면 체결력이 증대하여 강구조물의 경량화와 시공기간의 단축이 가능해진다. 그러나 볼트를 고장력화 할수록 강재내 취약부분에 수소가 집적하여 지연파괴가 일어날 가능성이 높아진다.

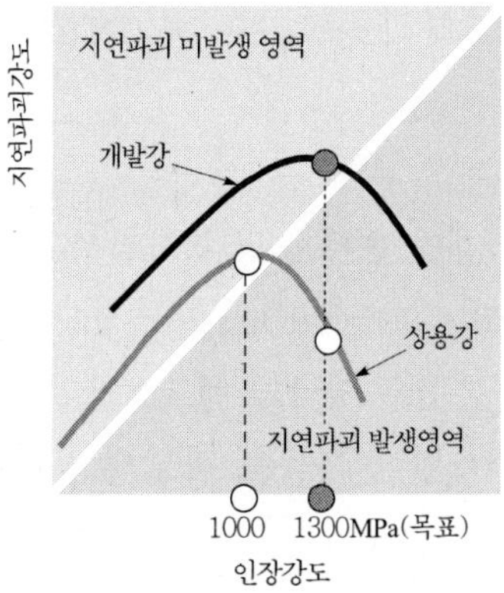

그림 1.24 고Si형 1300MPa급 고장력볼트 특성

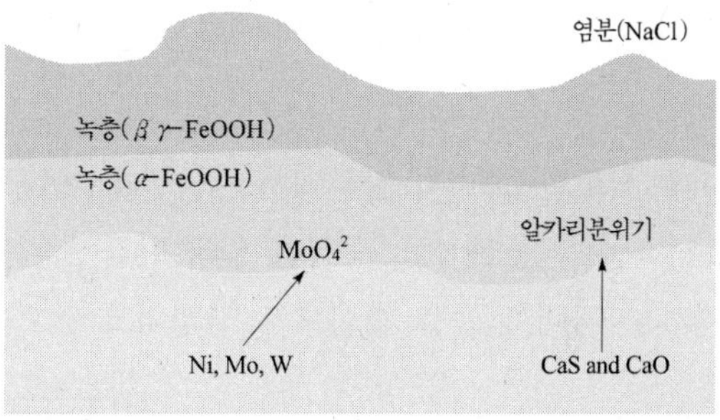

그림 1.25 500MPa급 저Ni형 Si-Ca계 내후성 후판 개발

이러한 문제점을 해결하기 위하여 수소지연파괴에 대한 저항성 높은 조직을 고안, 1300MPa급의 볼트 개발이 성공되었다.

500MPa급 저Ni형 Si-Ca계 내후성 후판 개발

강교량의 건설, 보수, 유지비용 등의 생애 주기 비용에 대한 최소화를 위하여 내후성강의 사용이 증대하고 있으나 전원지대에서 일반적으로 사용되고 있는 내후성강은 염분에 대한 부식 저항성이 없어 해안지대에서는 사용하기 어렵다.

이러한 문제점을 해결하기 위하여 녹층(-FeOOH)을 알카리 분위기의 치밀한 녹층으로 변화시켜 염분에 대한 부식 저항성을 향상시킨 500MPa급 저Ni형 Si-Ca계 내후성 후판이 개발되여 실제 구조물 적용이 가능하게 되었다

HAZ-Free 고질소 Ti-N강 개발

용접은 구조물 제작에 있어서 필수적인 공정이지만 초세립강의 용접에는 용접입열에 의한 열영향부 조직의 조대화와 충격에 취약한 미세조직의 형성 등 극복해야 할 문제점이 있다.

이에 대한 해결방안으로 고온에서도 안정한 TiN 입자를 미세 분산시킨 고질소 Ti-N강을 개발, 일반강 대비 용접열영향부 인성을 대폭 향상시켰다.

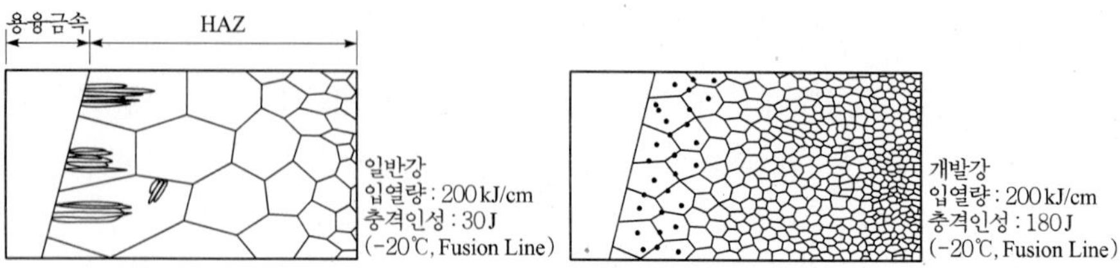

그림 1.26 일반강과 개발강의 미세조직 비교도

국내외 차세대 개발 강재의 개발성과 비교

그림 1.27은 차세대 구조용강 개발에 관련된 국제적인 개발 현황과 국내 개발상황에 대하여 비교 검토된 것이다. 일본에서는 물질재료연구기구(NIMS; National Institution of Material Science)를 중심으로, 중국은 중국 야금부 지원과제로, 유럽은 영국의 맨체스터 대학과 독일 아헨 공과대학 등을 중심으로 진행되고 있으며 이들의 개발 현황들을 비교한 것이다.

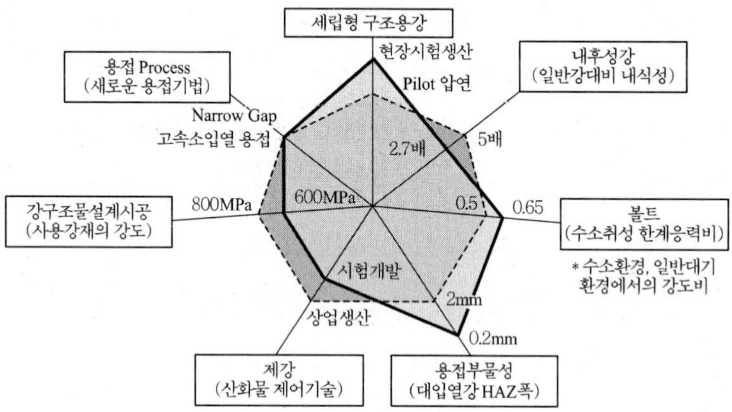

그림 1.27 차세대 구조용강의 개발현황

1.9.4 향후계획

차세대 개발 강재는 현재까지 확립된 여러 요소기술을 활용하여 이미 생산 중인 강종의 용접성 향상, 저온인성 개선, 제조 비용절감 등을 통해 품질을 차별화하고 나아가 강재의 복합 기능화와 열연 및 냉연분야로의 적용 확대를 통한 철강 신영역 개척으로 혁신형 철강재료를 개발, 상품화되는 과정을 갖게 될 것이다.

02 설계방법, 하중

제 2 장 설계방법, 하중

2.1 설계방법의 개설

구조설계자라면 누구나 기초설계이론을 이수한 후에 주요 설계기준, 시방서, 지침, 요령 등을 숙지하고 다년간의 설계경험이 있어야만 전문가로서 강구조설계를 할 수 있다. 특히 최근에 와서는 선진국의 모든 강구조설계이론이 종래의 탄성설계(elastic design)나 소성설계(plastic design), 강도설계법인 하중계수설계법(load factor design) 등으로부터 하중저항계수설계(LRFD : Load and Resistance Factor Design) 혹은 일명 한계상태설계(LSD : Limit State Design)라는 과학적이며 합리적인 현대 강구조설계법으로 전환되고 있다.

우리나라에서는 1996년에 개정된 도로교시방서(건설교통부, 1996)의 부록편에 하중저항계수설계법을 규정하고 있었다. 그리고 새로 개정된 강구조설계기준에서 하중저항계수설계법을 강구조설계기준(2014년)에 규정화하였고 도입되었으므로 하중저항계수설계법이 실무에서 사용될 것이다. 따라서 실무설계기술자들의 하중저항계수설계법에 대한 관심과 교육이 절실하게 요구되고 있다. 뿐만 아니라 토목, 건축구조분야에서 구조설계전문가가 되려면 장대교량설계, 고층건물설계, 내진설계, 내풍설계, 내피로설계의 이론 및 실무도 알아야 하고, 전산화구조설계시대에 CAE/ CAD에 대한 기본개념의 이해도 매우 중요하다. 그러나 무엇보다도 우수한 구조설계자가 되려면 다년간의 경험과 지속적으로 변화, 발전하는 역학, 구조해석, 설계이론 및 설계시방서, 규준, 지침 등에 대한 전문지식이 필수적이다.

여기서는 3장과 4장에서 강구조물의 하중저항계수설계법와 허용응력설계에 의한 주요 강구조 부재와 구조물의 설계개념, 설계이론, 설계방법을 다루기에 앞서, 두 설계법의 배경이 되는 기초개념과 각 설계법의 장단점을 파악하고, 강구조물의 거동과 설계의 특성 및 일반 설계절차를 이해하기 위하여 이에 대한 내용을 간략하게 기술하였다.

2.2 강구조물의 설계법

2.2.1 설계법의 발전배경

60년대 이전까지의 건설분야의 구조설계는 설계규준이나 시방에 규정한 설계이론 자체가 탄성구조해석에 따른 허용응력설계 위주로 되어있었고 해석 및 설계 모두 경험과 수계산에 의존하였다. 60년대로 넘어오면서 제 3세대 컴퓨터의 발전에 따라, 비록 구조해석 위주이긴 하지만 전산화설계가 태동하기 시작하였다. 구조설계 이론도 허용응력설계 외에 강도설계, 소성설계, 하중저항계수설계 등으로 점차 발전하게 되었으며, 70년대가 되면서 선진국에서 콘크리트구조의 경우는 콘크리트의 재료적 특성으로 인하여 점차 강도설계법 위주로 전환되었다. 반면에 강구조물의 설계에서는 강구조의 특성상 허용응력설계가 주 설계법으로 사용되어왔다. 그러나 70년대 후반에 신뢰도에 기초한 시방서 안전계수의 보정기법이 개발되어 허용응력설계법에서 적용하고 있는 경험 위주의 안전율, 하중효과, 거동예측 등의 모순을 극복하게 되었다. 이에 따라 구조물의 각종 한계상태에 기초한 실거동 중심의 하중저항계수설계 혹은 한계상태설계라고 일컫는 설계법이 개발됨으로써 허용응력설계이나 강도설계를 대치하게 되었다. 실제로 80년대 초에 유럽을 중심으로한 주요 선진국에서는 하중저항계수설계를 설계기준으로 채택하여 설계실무에 적용하고 있으며, 보수적인 나라인 미국조차도 80년대 중반이 지나면서 강구조물의 하중저항계수설계법을 채택하였고, 90년대로 들어오면서 교량설계 방법을 하중저항계수설계로 전환하게 되었다. 최근에는 이러한 현대적인 설계법에 의한 설계소프트웨어도 속속 개발되어 설계실무에서 활용하고 있다.

2.2.2 허용응력설계법

일반적으로 두꺼운 단면으로 구성된 콘크리트 구조에 비하여 강구조물은 얇은 압연단면이나 조합단면으로 구성된다. 강구조물은 구조형식, 형상배치, 보강, 연결상태 등에 따른 다양한 탄소성 좌굴, 피로 파괴와 같은 복잡한 거동을 나타내므로 이에 대한 충분한 이해가 필요하다.

일반적으로 강재는 이상적인 탄소성재료이며 사용하중하에서는 탄성거동을 보이고 극한하중하에서 탄소성좌굴 거동이나 소성 거동을 나타내는 구조이므로 설계하중에 의한 탄성응력해석과 안전율에 기초한 허용응력설계법이 현재까지도 일부 선진국과 우리나라에서 강구조물의 기본 설계법으로 사용되고 있다. 그러나 선진국에서는 허용응력설계가 하중저항계수설계로 전환되고 있다.

탄성이론에 의한 허용응력설계의 기본개념은 설계(사용)하중에 의한 실제 응력이 허용응력을 초과하지 않도록 설계하는 것이다. 허용응력설계는 원칙적으로 하중에 의한 구조물의 최대 응력 f가 주어진 어떤 허용응력 f_a 이하가 되도록 구조부재를 결정하는 설계법이다. 즉, 모든 설계하중의 최대 재하조건하에서 다음의 관계식이 만족되도록 설계한다.

$$\Sigma f_i \leqq f_a \tag{2.1}$$

여기서 Σf_i 는 구조물에서 모든 외력의 작용에 의해 임의의 i 단면에서 계산된 합응력으로, 예를 들면 $\Sigma f_i = f_{iD} + f_{iL} + \cdots$ 로 조합시켜 표시할 수 있고 첨자 D는 고정하중 그리고 L은 활하중을 나타낸다.

허용응력 f_a는 보통 강재의 항복응력 f_y나 좌굴강도 f_{cr}을 적당한 안전율(n')로 나누어서 다음과 같이 결정한다.

$$f_a = \frac{f_y}{n'} \text{ 또는 } \frac{f_{cr}}{n'} \tag{2.2}$$

강구조물은 주어진 하중에 의해 파괴되지 않아야 하며 잔류변형이 생겨서는 안된다. 구조역학을 기본으로 여러 가지 가정하에 계산한 구조설계가 아무리 이론적으로 정확하다 하더라도 하중강도나 재료의 역학적 성질의 분산, 제작, 가설에 대한 오차 또는 공용기간 중의 부식 등에 의해 실제와 다르므로 재료의 파괴강도에 가까운 응력을 허용하는 것은 대단히 위험하다.

허용응력설계를 채택하는 설계법에서는, 주어진 하중조건에 대하여 강구조의 안전성을 확보하기 위해서 재료의 강도 $f_{\max}$ 를 안전율로 나눈 값으로 정의되는 허용응력 f_a를 규정하고 있다. 일반적으로 구조물의 정적 강도만을 단순히 고려할 때에는 재료의 항복응력 f_y를 취하며 피로가 문제가 될 때에는 내구한도 f_d를 취해야 하고 좌굴이 일어나는 압축부재에서는 좌굴강도 f_{cr}를 $f_{\max}$ 로 취한다.

2.2.3 하중저항계수설계법

하중저항계수설계법은 미국의 AISC(American Institute of Steel Construction) 및 AASHTO에서 채택한 교량의 하중저항계수설계법(LRFD)과 비슷한 새로운 설계법이다. 하중저항계수설계법은 지난 80년대 초 이래로 유럽이나 캐나다 등에서 발전된 LSD, 소위 한계상태설계법과 기본적으로 동일한 개념의 설계법으로서 일종의 구조신뢰도방법에 근거를 둔 확률론적 하중저항계수설계법이다. 하중저항계수설계법이나 한계상태설계법 모두 탄성설계법과는 달리 구조부재나 상세요소의 극한내력(강도), 사용한계 또는 피로강도와 같은 각종 한계상태에 바탕을 둔 설계법이다.

하중저항계수설계는 기존의 허용응력설계보다 합리적이고 과학적인 설계방법이다. 이 설계법에는 각종 강도한계상태와 사용한계상태의 개념과 하중계수와 저항계수 및 신뢰도에 대한 확률통계론적 결정을 명확히 고려하고 있다. 이러한 한계상태 거동 중심의 설계 형식은 허용응력설계법에서 저항(항복응력)을 안전율로 나누기만 했던 것과는 전혀 다른 것이며, 소성설계법에서 하중에 일반 하중계수를 곱하는 것과도 다른 것이다.

하중저항계수설계법은 하중계수와 강도저항계수의 유도 과정에서 확률론적 수학 모델을 사용하여 불확실성과 정확도에 따라서 적절한 안전계수를 결정하는 체계적이며 합리적인 설계방법이다. 또한 이것은 실험결과를 설계규준으로 전환시키는 합리적인 방법을 제시하고 있으며, 보다 일관된 신뢰도를 갖고 있는 합리적인 설계방법이다.

한 마디로 요약하자면 하중저항계수설계법이란 구조부재나 요소에 발생 가능한 모든 한계상태 파손모드가 발생하지 않도록 하는 한계상태 거동 중심의 설계법이다. 한계상태란 구조물이나 구조부재가 설계시 예상한 각종 손상, 파손, 파괴모드에 대한 저항이나 사용성과 내구성에 관련된 구조적 기능을 더 이상 수행할 수 없는 한계상황에 도달했음을 의미한다. 따라서 하중저항계수설계란 이러한 한계상태를 벗어날 가능성을 구조신뢰도이론과 확률통계적 분석을 통하여 저항 및 하중계수를 사용하는 한계상태 설계형식을 결정하여 구조물을 설계하는 설계법을 의미한다.

일반적인 하중저항계수설계법의 기본형식은 식 2.3[하중저항계수설계법에 의한 강구조설계기준(2014, 국토교통부)]과 같다.

$$R_r \geqq \Sigma \eta_i \gamma_i Q_i \tag{2.3}$$

여기서, R_r은 설계강도($R_r = \phi R_n$), ϕ는 강도저항계수, R_n은 공칭저항이고, η_i는 하중수정계수(연성, 여용성, 구조물의 중요도에 관련된 계수)이고 γ_i는 하중계수, Q_i는 하중효과이다. 우변은 결정된 설계하중에 의한 소요 단면력, 즉 한계상태의 작용 외력을 나타내며, 좌변은 선정된 부재의 한계상태 저항(내하능력, load carrying capacity)을 나타낸다.

2.2.4 소성설계법

일반적으로 많은 실험과 연구를 통하여 강구조 부재는 소성변형경화와 연성변형응력으로 극한응력에 도달할 때까지 붕괴하지 않고 항복점응력을 유발하는 하중을 훨씬 초과하는 상당한 극한하중에도 견딜 수 있음이 밝혀졌다. 이론적으로 볼 때 소성설계에서는 변형률이 변형경화를 무시하는 완전 탄성-완전 소성 변형을 가정한다. 따라서 소성 설계법은 위와 같은 가정에 따른 단면의 소성힌지(plastic hinge)의 형성과 축차적인 소성힌지의 형성에 의한 붕괴기구에 도달할 때까지의 극한 내하력에 기초하여 설계하는 설계법이다. 현재 이와 같은 소성설계법은 특수한 경우를 제외하고는 강구조물의 설계에는 거의 사용되고 있지 않다.

2.3 강구조 설계법의 장단점

허용응력설계와 하중저항계수설계를 적합성과 신뢰도, 합리성, 일관성, 과학성, 경제성 측면에서 상호 비교함으로써 주요 장단점들을 다음과 같이 요약하였다.

2.3.1 허용응력설계법의 장단점

장점

(1) 허용응력설계는 오랫동안 전통적으로 사용해온 설계법이다.

(2) 최대응력이 단순히 해당 재료의 허용응력을 넘지 않도록 하여 부재가 탄성범위 내에서 거동하도록 하는 것에 모든 구조기술자들이 친숙해 있다.

(3) 허용응력설계법으로 대부분의 강구조물을 경험적으로 설계하여 왔으며 구조수명동안 구조물의 안정성과 기능성을 만족시켜왔다.

(4) 허용응력설계법은 설계경험과 자료가 충분하여 설계자에게 편리함을 제공한다.

단점

(1) 대상구조물이 실제 어느 정도까지 저항 할 수 있는지에 대해서는 구체적으로 알 수 없다.

(2) 단일 안전율의 사용으로 설계조건이 상이함에 따라 설계된 구조물의 신뢰도가 크게 변한다.

(3) 공칭안전율이 주로 경험에 의존하여 선정된 것이 많아 안전도 측면에서 임의성을 갖는다.

2.3.2 하중저항계수설계법의 장단점

장점

(1) 구조신뢰도 이론에 기초를 두기 때문에 비교적 균일하고 일관성 있는 신뢰도 확보가 가능하다.

(2) 다중설계안전계수 중의 일부를 조정할 수 있으므로 안전율 조정가능이 가능하다.
(3) 구조물에 발생 가능한 모든 강도한계상태 및 사용한계상태를 고려하여 설계하기 때문에 다양한 거동 예측이 가능하다.
(4) 여러 상이한 종류의 하중에 대해 상이한 하중계수를 사용하기 때문에 다양한 하중 재하가능가 가능하다.
(5) 고정하중이 지배적인 구조물에서 경제적인 설계가능가 가능하다.
(6) 대부분의 선진국에서 하중저항계수설계법을 사용하고 있으므로 설계형식의 국제화 및 국제협력과 기술적인 교류가 용이하다.

단점

(1) 허용응력설계법에 숙달된 기술자들에게 새로운 개념의 설계법을 적용하는 변화는 부담이 된다.
(2) 기존의 허용응력설계 소프트웨어(Software) 사용이 불가능하다.
(3) 이론에 치우친 하중저항계수설계는 실무적용 난해하고 안전모수 보정방법의 합리적 기준 결여되어 있다.
(4) 하중저항계수설계법에 의해 설계된 자료가 부족하다.

2.3.3 강구조물의 공용수명간 경제성

종래에는 강구조물에 대한 건설계획을 세울 때 일반적으로 건설 이후에 수반되는 중, 장기적인 추가비용보다는 설계 및 건설 등의 초기비용에 국한해서 고려하는 경우가 많았으나, 최근에는 초기비용 이외에도 유지관리와 구조물의 손상에 따른 보수보강 및 궁극적인 해체, 재건설 등 추가적인 비용에 대한 이해가 날로 커지고 있다. 다시 말하자면, 강구조물의 건설시 초기건설비용 이외에도 교량구조의 경우 유지관리, 교량의 손상에 따른 보수보강 및 궁극적인 교량의 해체, 재건설, 그리고 보수나 교체를 위한 차량통제로 인해 발생할 수 있는 도로이용자 비용 등 일련의 공용간 총기대비용(total expected life cycle cost)이 설계단계에서부터 체계적이고 합리적으로 고려되어야하는 인식이 증가하고 있는 추세이다.

대표적인 강구조물인 강교량의 경우 오랜 기간동안 그 우수성이 입증되었음에도 국내에서는 교량 건설시 콘크리트교량에 비하여 초기 건설비용이 비싸고 유지관리비용이 많이 든다는 편견 등으로 인하여 건설이 기피되는 경향이 있었다. 그러나 최근의 전산화 최적설계, 해석기술의 고도화 뿐만 아니라, 강재에 대한 내부식, 내피로 특성을 향상시킨 고성능 강재의 활용,

자동화 제작 및 용접기술의 발전으로 인한 제작, 조립의 용이성, 가설공법 및 장비의 고도화 등을 통하여 피로 및 열화손상의 영향을 거의 받지 않게 되어 내용연수 이내에서는 유지보수가 거의 필요치 않게 되자 강교량의 건설이 증가하고 있다. 최근에 선진국에서는 이와 같이 구조수명에 입각한 신설교량의 최소기대수명비용을 고려한 설계개념이 도입되고 있다.

그림 2.1에 구조물의 성능과 비용 사이의 최적설계점이 선정되는 개념을 보여주고 있다. 즉 증가 곡선은 설계수준에 따른 초기비용의 증가를 보여주고 있고 반면에 감소곡선은 설계수준에 따른 유지관리비용을 의미한다. 이들을 합하면 아래로 볼록한 곡선을 얻을 수 있는데 바로 이 곡선의 아래점이 최적 설계수준이 된다.

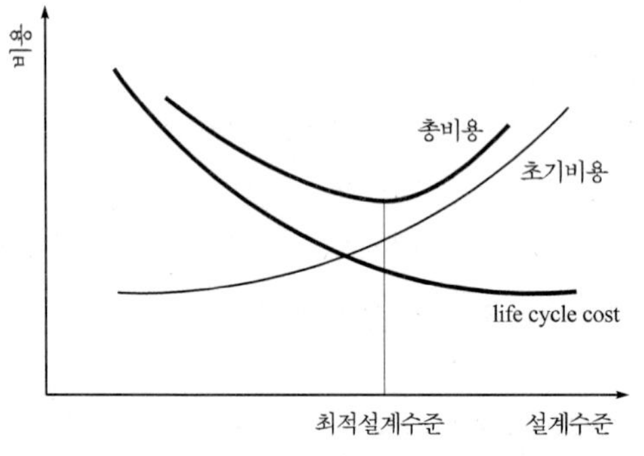

그림 2.1 Life Cycle Cost를 고려한 최적설계수준

2.4 강구조물의 거동 및 설계의 특성

토목 강구조물의 거동 및 설계의 특성에 대한 이해를 돕기 위하여 크게 콘크리트 구조물과 대별되는 강구조물의 중요한 거동 특성과 설계의 특성 중에 서 일반 개요만을 아래에 요약하였다.

2.4.1 강구조물의 구조적 거동 특성

강구조물은 콘크리트 구조물과는 달리 기본적으로 박판으로 구조체를 형성하여 외력에 저항하는 구조물로서 구조계획, 구조형식, 부재배치, 상세보강방법 등에 따라 구조응답 거동이 상이하므로 다음과 같은 구조적 특성을 이해하고 설계에 임하는 것이 바람직하다.

- 강구조물은 구조형식별로 단면구성, 기하적 형상, 2차부재의 구성이 달라지고 구조응답과

지배적인 구조거동이 달라지며, 특히 박판보강 부재나 요소의 세장성에 따른 각종 좌굴 파괴모드가 구조내력을 지배하며 부재 내 보강재의 배치, 단면구성 및 세장성 등에 따라 거동해석이 난해하기 때문에 좌굴거동, 설계 경험식에 대한 올바른 이해가 중요하다.

- 강구조물 중에 특히 강교량의 손상이나 파손은 거의 예외 없이 보강재나 연결부의 불량 접합부나 연결부에서 시작하고 그 원인은 제작, 가설 단계의 용접결함이나 불량한 접합, 과도한 초기변형, 불량한 부재 정렬 등에 기인한다.
- 강구조 부재의 보강재와 2차부재, 특히 연결상세부위에서의 응력집중, 잔류응력, 용접결함은 활하중에 의한 반복하중으로 인해 2차응력 및 변형을 유발시킨다. 그 결과 높은 피로응력이 발생하게 되어 피로파손으로 인한 피로균열의 점진적인 성장과 이로 인한 피로파괴는 강구조물의 붕괴를 촉발하는 가장 주된 원인이 된다.
- 내식성이 없는 강종을 사용하거나 부적절하게 도장이된 강구조물이 부식에 취약한 환경에 방치되는 경우 부식은 단면내력을 감소시키고, 이에 따른 세장재의 국부좌굴은 응력집중과 2차응력을 유발시키고 강도를 저하시켜 결과적으로 붕괴를 유발하는 원인이 된다.
- 극심한 기후환경에 노출된 강구조물에 모재나 용접재료의 결함과 저온에서의 충격하중, 층상박리, 응력부식 등은 취성파괴의 원인이 된다.
- 강교량에서 구조배치가 부적절하고, 강성이 부족하면 과도한 처짐과 진동이 발생한다. 그 결과 통행차량이나 보행자에게 불안감을 조성하는 등 사용성을 해칠 뿐만 아니라 피로균열 발생의 원인이 되어 내구성을 저하시키는 주요원인이 된다.

2.4.2 강구조물의 설계지침

위에서 기술한 바와 같이 강구조물 중에서 특히 강교량은 그 구조적 특성으로 인하여 거동이 매우 복잡하고, 교량형식과 설계자의 구조계획에 따라 거동과 성능이 달라지며, 계획, 설계, 가설 단계의 결함이 구조 극한안전성, 사용성(과진동, 과도한 변형), 내구성(부식, 피로파괴) 등에 매우 민감하게 영향을 미치는 구조물이다. 이와 같은 구조적 특성으로 인한 강구조물 설계의 일반 지침 중에 중요한 몇 가지를 아래에 요약하였다.

- 설계자는 강구조물의 계획, 설계시에 항시 대상 구조형식, 구조계의 복잡한 구조거동, 응력해석, 설계이론에 대한 확실한 이해를 바탕으로 한 보다 면밀하고 세심한 설계가 필요하다.
- 계획, 기본설계, 실시설계의 전단계에 걸쳐 제작, 가설시의 문제점과 가설공법에 따른 제작, 운반, 시공시의 하중을 면밀하게 고려해야 한다.

- 강구조물은 설계, 제작, 시공 전단계에 걸쳐 하나의 볼트결함, 하나의 보강재 용접결함조차도 그대로 방치하는 경우 구조붕괴의 원인이 될 수 있으며, 특히 상세설계의 오류는 구조물의 파손과 붕괴의 원인을 제공한다.
- 강구조물 중에서 강교량의 구조해석은 기본설계 단계에서의 근사해석에서부터 실시설계 단계에서의 엄밀해석에 이르기까지 구조해석의 목적에 따라 근사적인 실용식/경험식과 전산화 유한요소 엄밀해석에 이르기까지 그 수준과 방법이 다양하다. 따라서 구조거동의 명확한 이해를 바탕으로 설계목적에 맞는 정확한 모델링 기법과 구조개념 및 해석방법에 대한 올바른 적용이 매우 중요하다.
- 오늘날은 고도의 전산화 해석 및 설계가 가능한 CAE/CAD 시대이므로, 설계단계에서는 근사식, 실용식, 규준식을 이용하는 것이 바람직하다고 해도 이 같은 설계방법을 모두 전산화함으로서 사용자 인터페이스를 중심으로 하는 자동화 설계를 지향해야 한다. 특히 실시, 상세설계 단계에서는 반드시 엄밀한 거동 및 응력해석, 그리고 정밀한 설계검토를 할 수 있는 분석 소프트웨어 시스템을 활용해야 한다.
- 강구조물 중에 특히 강교량은 경제적인 제작, 조립, 가설, 유지관리를 고려하여 안전성, 경제성, 사용성, 미관 등의 면에서 교량의 형식, 형상배치를 결정하고 주부재단면, 2차부재, 연결부의 상세설계가 적절하게 수행되어야 한다.
- 최근에 와서 선진국에서는 초기 건설공사비와 유지보수, 보강, 개선, 철거비용과 때로는 파손, 파괴시의 모든 직접, 간접 기대 손실비용까지도 고려하는 구조수명의 총기대비용을 최소화하도록 설계하는 추세이다.

2.5 강구조물의 설계과정

통상적으로 강구조물의 설계는 하나의 부재만을 설계하지 않고 구조부재를 복합적으로 사용하여 종합적인 설계를 수행한다. 따라서 이러한 종합적인 강구조물의 설계는 여러 과정을 거쳐서 이루어지는데, 대체로 구조계획을 하기위한 초기과정인 기본계획 단계와 구조형식, 형태를 선정하고 이의 근사 구조해석과정을 포함하는 기본설계(예비설계) 단계, 그리고 엄밀구조해석에 의한 응력, 변형, 거동의 검토와 상세설계를 수행하는 최종적인 실시설계 단계로 그림 2.2의 흐름도와 같이 나타낼 수 있다.

기본계획 단계

구조물의 설계에서 가장 중요한 단계는 기본계획 단계이다. 이 단계에서는 그림 2.2의 설계흐름도에서 보는 바와 같이, 구조물의 형식, 형태, 배치계획, 시공제약조건, 시공환경, 공법 또는 적용 설계기준, 설계하중 등에 대한 검토와 이에 따른 기본구조계획과 검토 대안을 선정한다.

기본설계 단계

그림 2.2의 설계흐름도에 주어진 바와 같이 구조물의 기본계획이 수립되면 이를 바탕으로 대안비교, 검토를 통하여 구조물의 형식, 형상, 배치 등에 대한 계획설계안을 선정한다. 이 단계에서는 실용적이며 근사적인 구조해석의 결과에 따라 구조물의 형상, 배치와 주단면의 개략설계가 이루어진다.

실시설계 단계

실시설계 단계에서는 구조물의 정확한 정·동적 거동을 해석해야 하고 이를 바탕으로 시방서에 규정된 설계강도(계수저항, 허용응력), 조합응력기준, 구조안정, 과도한 변형처짐 또는 균열, 피로 등의 제반 설계제약조건을 만족하는지를 검토하고, 그 결과에 따라 구조물의 예비설계단면의 재검토와 수정, 그리고 2차부재 설계, 연결부 및 접합부의 상세설계, 부수적인 구조상세의 설계가 이루어야 한다.

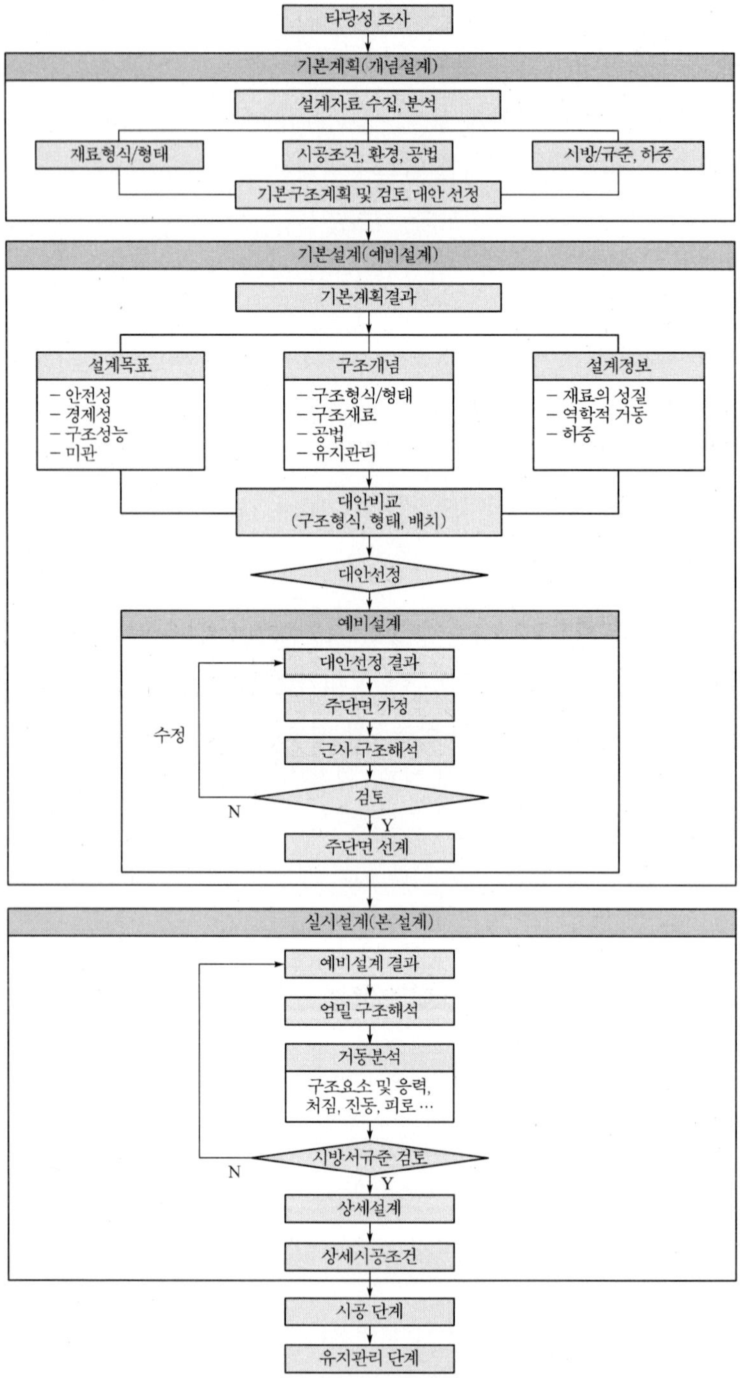
타당성 조사
기본계획(개념설계)
설계자료 수집, 분석
재료형식/형태
시공조건, 환경, 공법
시방/규준, 하중
기본구조계획 및 검토 대안 선정
기본설계(예비설계)
기본계획결과
설계목표
- 안전성
- 경제성
- 구조성능
- 미관
구조개념
- 구조형식/형태
- 구조재료
- 공법
- 유지관리
설계정보
- 재료의 성질
- 역학적 거동
- 하중
대안비교
(구조형식, 형태, 배치)
대안선정
예비설계
대안선정 결과
주단면 가정
근사 구조해석
검토
수정
N
Y
주단면 선계
실시설계(본 설계)
예비설계 결과
엄밀 구조해석
거동분석
구조요소 및 응력,
처짐, 진동, 피로 …
시방서규준 검토
N
Y
상세설계
상세시공조건
시공 단계
유지관리 단계

그림 2.2 구조설계과정

2.6 하중

2.6.1 개설

강구조물에 작용하며 응력을 일으키는 원인이 되는 것을 하중이라 한다. 강구조물을 설계할 때 고려해야할 하중은 강구조물을 구성하고 있는 각 부재에 응력이나 변형을 발생하게 하는 모든 외력과 내력으로, 시공 중에 작용하는 하중과 완성 후에 작용하는 모든 하중이다. 강구조물 설계에 있어서 부재의 응력을 정확하게 계산해야 함은 물론이지만 이에 못지않게 중요한 것은 정확한 하중의 산정이다. 강구조물에 작용하는 하중은 일반적으로 관련 규준에 명시되어 있다. 그러나 이러한 규준은 설계를 위한 일반적인 지침만을 제공할 뿐이며 올바른 설계를 위한 하중의 산정은 설계자의 올바른 판단과 경험이 필요하다.

이러한 하중들 중에서 강교량설계에 적용하는 하중은 강교량의 형식이나 강교량 시공지점의 조건에 따라 하중의 종류 및 하중조합 조건이 적절히 결정되어야 하며, 하중의 특성 · 작용빈도 교량에 미치는 영향 등에 따라 지속하는 하중 · 변동하는 하중으로 분류한다. 강교량의 주요부분 설계 시 항상 작용하고 있다고 볼 수 있는 하중을 지속하는 하중이라 하고, 항상 작용한다고 볼 수 없으나 때때로 작용한다고 볼 수 있으며 그 크기가 변하는 하중으로 하중 조합 시에 반드시 고려해야 하는 하중을 변동하는 하중이라 한다.

지속하는 하중 중에서 고정하중(dead load)이란 구조물 및 부착물의 중량을 말하며, 변동하는 하중에서 활하중(live load)이란 구조물이 완공된 후 그 위에 작용하는 하중으로 차량이나 열차와 같이 스스로 움직이는 이동하중(moving load), 상재활하중, 보도하중으로 나누어 생각할 수 있다. 뿐만 아니라 물체의 이동에 의한 충격하중(impact load), 구조물에 작용하는 풍하중(wind load) · 설하중 · 지진하중(seismic load)등도 변동하는 하중에 포함된다. 하중저항계수설계법에 의한 강구조설계기준(2014, 국토교통부)에서는 하중의 종류만 나열되어 있으므로 여기서는 도로교설계기준 한계상태설계법(2015)에서 제시하고 있는 하중을 위주로 열거하면 다음과 같다.

2.6.2 고정하중

고정하중(DC, DW)이란 구조물 자체의 중량, 즉 자중과 구조물에 영구적으로 고정되는 물체의 중량으로 교량의 경우 자중과 포장 · 가스관 · 수도관 등의 첨가물 중량이 고정하중이며 세분하여 열거하면 다음과 같다.

① 바닥판(slab)과 주거더 또는 주트러스(수직브레이싱 · 수평브레이싱 포함) 등의 구조부재 중량(DC)

② 교상의 제시설(난간 · 조명 등) 비구조적 부착물의 중량(DC)

③ 포장과 설비의 중량(DW)

이 중 ②와 ③은 처음부터 거의 정확하게 산정될 수 있으나, ①은 설계 완료 후가 아니면 정확한 수치를 알 수 없다. 따라서 설계 시는 처음에 이들의 하중을 적당한 방법으로 추정하여 고정하중을 정해야 한다.

일반적으로 고정하중의 크기는 구조물의 재료 및 크기가 결정되면 비교적 정확하게 구할 수 있는데, 표 2.6.1의 각 재료에 대한 단위질량을 이용해 이들의 중량을 결정할 수 있다. 즉, 하중단위 N/mm^3로 전환하기 위해서는 중력가속도 g를 곱하면 중량이 된다. 다만 실하중이 명백한 것은 그 값을 사용한다. 고정하중은 엄밀하게는 등분포가 아니지만 주거더 혹은 주트러스를 설계할 경우는 보통 교면 전부에 등분포한다고 가정한다.

표 2.6.1 재료의 단위질량(kg/m^3)

재료	단위질량	재료	단위질량
강재, 주강, 단강	7,850	모래, 자갈, 쇄석, 흙	1,600~2,000
주철, 주물강재	7,250	인공경량골재 콘크리트	1,500~1,700
알루미늄	2,800	석재	2,600
PS 콘크리트	2,500	목재(단단한 것)	960
철근 콘크리트	2,500	목재(무른 것)	800
무근 콘크리트	2,350	역청재(방수용)	1,100
시멘트 모르타르	2,150	아스팔트 포장	2,300
용수(담수)	1,000	용수(해수)	1,025

2.6.3 활하중

활하중이란 구조물이 완공된 후 작용하는 하중이나 작용력을 말한다. 즉, 구조물에 놓인 일시적인 물체의 중량, 움직이는 차량이나 지진 · 바람 등으로 인한 하중을 말한다. 활하중은 크기와 작용위치가 모두 시간에 따라 변할 수 있다. 도로교에서는 자동차 등의 각종차량 및 인마를, 또 철도교에서는 열차 등을 차량활하중(LL)이라고 한다. 자동차뿐만 아니라 기관차나 객 · 화차에도 여러 종류가 있으며 그 각각에 대해 모두 계산한다는 것은 거의 불가능할 뿐만 아니라 장래에 설계 당시와는 다른 차량이 지날 것도 고려해야 한다. 그래서 교량의 설계에서는 실제의 차량 대신에 장래의 통과차량도 고려하여 적당한 차량활하중을 설정하여 설계한다.

도로교의 차량활하중(LL)

1970년대에 도입되어 2010년까지의 도로교설계기준에 쓰이는 차량활하중은 DB-하중(표준트럭하중) 또는 DL-하중(차로하중), 궤도의 차량하중 등이다. 여기서 DB-하중은 그림 2.6.1, 표 2.6.2와 같이 3축으로 구성된 자동차 1대를 말하며, DL-하중은 등분포하중과 집중하중으로 구성된 자동차군을 의미한다. 여기서 0.1W(24kN)와 0.4W(96kN)는 1등교 차륜(바퀴)하중의 크기이다.

그림 2.6.2는 도로교설계기준 한계상태설계법(2015)에서 제안된 새로운 표준트럭하중의 모형으로 KL-510하중이다. KL-510하중은 표준트럭하중(총중량 510kN)과 표준차로하중으로 이루어져 있다. 한계상태설계법의 표준트럭하중은 기존의 DB-하중에 2축의 중차량 트럭의 탠덤(tandem하중을 고려하여 4축의 표준트럭하중으로 모형화한 것이다. 여기서 48kN, 135kN, 192kN은 차륜축(axle)하중의 크기를 나타낸다. 표준차로하중 ω는 종방향으로 균등하게 분포된 하중으로 지간이 길수록 차량이 연행할 확률이 작아지므로, 다음과 같이 지간에 따라 등분포 표준차로하중 ω의 크기가 작아지도록 하였다.

$$L \leq 60\text{m일 경우},\ \omega = 12.7(\text{kN/m})$$

$$L > 60\text{m일 경우},\ \omega = 12.7 \times \left(\frac{60}{L}\right)^{0.1}(\text{kN/m})$$

여기서, L은 표준차로하중이 재하되는 부분의 지간이고 횡방향으로는 3m의 폭으로 균등하게 분포되어있으며, 표준차로하중에는 충격하중의 영향을 적용하지 않는다.

한계상태설계법의 도로교설계기준(2015)에서는 (1) 횡방향으로 3m의 폭을 점유하는 표준트럭하중 1대의 영향과 (2) 표준차로하중과 1대의 표준트럭하중의 75%의 영향의 합중에서 설계부재에 불리한 응력을 주는 것을 재하하도록 하였다.

바닥판(슬래브)과 바닥틀(슬래브, 세로보 및 가로보를 가르킴)에 큰 응력을 발생시키는 하중과 주거더에 큰 응력을 발생시키는 하중은 분포범위에 따라 다르므로 바닥판과 바닥틀의 설계에는 일반적으로 표준트럭하중을 사용하고 주거더의 설계에는 표준트럭하중 또는 표준차로하중과 표준트럭하중을 중첩한 것을 사용한다. 바닥판·바닥 틀·주거더의 설계에서는 각 차로에 원칙적으로 1대의 표준트럭하중 또는 표준차로하중과 1대의 표준트럭하중의 75%의 영향의 합한 하중 가운데 설계부재에 불리한 응력을 주는 것을 재하하도록 하고 있음을 유의해야 한다.

(1) 바닥판과 바닥틀을 설계하는 경우의 차량활하중

① 차도부에는 그림 2.6.2에 따른 표준트럭하중을 재하한다. 표준트럭하중은 1개의 교량에 종

방향으로 차로 당 1대를 원칙으로 하고 횡방향에는 재하 가능한 대수를 재하하되 동시재하계수를 고려하여 설계부재에 최대응력이 생기도록 재하 한다. 표준트럭하중의 최외측 차륜 중심 재하위치는 교축 직각방향으로 볼 때 차도단부로부터 300mm까지로 하며, 지간이 특히 긴 단순 세로보 및 슬래브교 또는 이들을 연속형식으로 하는 경우에는 거더 설계와 같은 방법으로 검토하여 불리한 응력을 발생시키는 하중을 선택해서 설계한다.

② 보도부분에는 교량의 등급에 관계없이 5×10^{-3}MPa의 등분포 보도하중을 재하한다.

③ 차륜의 접지면은 표준트럭하중의 각 차륜에 대해 면적이 $\frac{12,500}{9}P(\mathrm{mm}^2)$인 하나의 직사각형으로 하며 이 직사각형의 폭과 길이의 비는 2.5:1로 한다. 여기서 P는 차륜의 중량(kN)이다. 접지면이 연속적인 표면인 경우 접지압은 접지면에 균일하게 분포하는 것으로 가정한다.

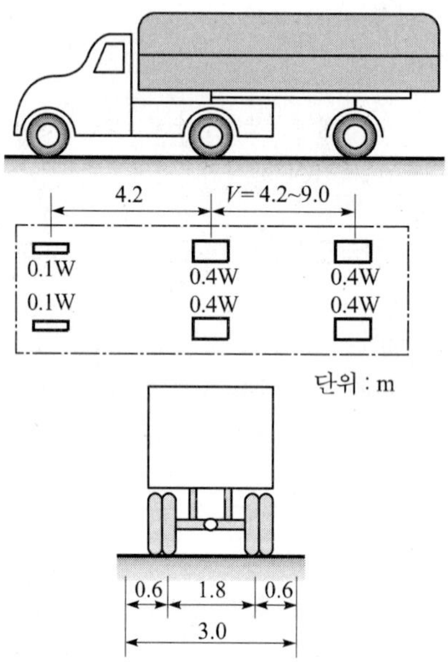

그림 2.6.1 DB-하중[도로교설계기준(2010)]

표 2.6.2 DB-하중의 제원

교량등급	하중등급	중량 W(kN)	총 중량 1.8W(kN)	전륜하중 0.1W(kN)	후륜하중 0.4W(kN)
1등교	DB-24	240	432	24	96
2등교	DB-18	180	324	18	72
3등교	DB-13.5	135	243	13.5	54

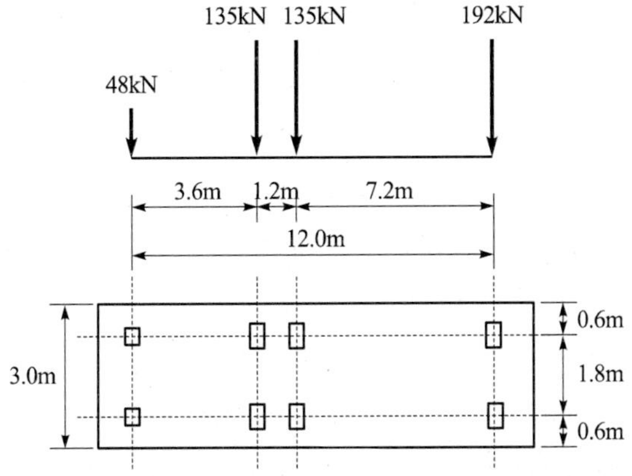

그림 2.6.2 표준트럭하중[도로교설계기준 한계상태설계법(2015)]

(2) 주거더를 설계하는 경우의 차량활하중

① 차도부분에는 교축방향으로 3m 폭의 차로당 1대의 표준트럭하중의 영향 또는 표준차로하중과 1대의 표준트럭하중의 75%의 영향의 합중에서 큰 값을 설계차량활하중으로 사용한다.

② 최대 하중효과에 영향을 주지 않는 바퀴는 무시할 수 있고, 차륜 중심 재하위치는 교축 직각방향으로 볼 때 차도 단부로부터 600mm까지로 한다.

(3) 차량활하중의 재하차로 수와 동시재하

① 표준트럭하중이나 표준차로하중의 기본 점유폭은 3m이나 교량폭이 넓어 여러 차로에 재하될 경우에는 식 2.6.1에서 산출되는 차로폭 안에 두어야 하며, 설계 시에 이 하중은 원칙적으로 표준 차로폭 3.6m 안에 두어야 한다. 이때 한 교량의 단일 차로 내에는 표준트럭하중 1대 또는 표준차로하중 한 차로분만 재하한다.

$$W = \frac{W_c}{N} \le 3.6\,\text{m} \tag{2.6.1}$$

여기서, W_c : 연석간의 교폭

W : 설계 차로폭

N : 재하차로 수

② 교량 바닥판상의 차도가 영구적인 중앙분리대 등의 시설에 의해 두 부분으로 분리되어 있는 경우는 두 부분의 폭을 고려하여 차로 수와 폭을 정해야 하고, 두 부분이 일시적인 시설로 분리되어 있는 경우는 전체 차도 폭을 고려하여 재하차로 수와 폭을 정해야 한다.

③ 곡선교 및 박스거더교와 같이 편심재하에 대한 설계가 중요한 교량에서는 앞항에서 규정된

표준차로 폭이나 설계차로 폭에 관계없이 표준트럭하중이나 표준차로하중을 표준점유폭인 3m마다 연속시켜서 설계차로 수 이내로 최대의 편심효과가 일어날 수 있도록 재하한다.

④ 연속보에서 표준차로하중과 표준트럭하중을 중첩한 것으로 최대 부 모멘트를 구할 때는 하중재하를 고려한 지점의 좌우 두 지간에 등분포 표준차로하중과 두 지간에서 가장 불리한 위치에 표준트럭하중의 75%의 영향과 같은 크기의 집중하중을 각각 두어야 하며, 한지간 건너씩 등분포 표준차로하중을 재하해야 한다. 한편 어떤 단면의 최대 정 모멘트를 구할 때는 표준차로하중을 최대 정 모멘트가 발생하도록 불연속으로 재하하고 고려하고 있는 단면의 위치에 1개의 표준트럭하중의 75%의 집중하중을 놓는다.

⑤ 차량활하중의 최대 영향은 특별한 언급이 없는 경우 표 2.6.3의 다차로 동시재하계수를 곱하여 결정해야 한다. 어느 부재의 최대응력이 2차로 이상의 차량활하중의 동시재하로 일어나는 경우에는 그 활하중 응력을 다음 백분율로 감소시킨다. 즉, 2차로에는 90%, 5차로이상에서는 65%로 한다. 가로보에 대한 하중의 감소율은 주트러스나 주거더의 경우와 마찬가지로 취하는데, 가로보에 최대응력을 일으키게 하는 하중이 놓이는 차로 폭을 써서 그 감소율을 정해야 한다.

표 2.6.3 다차로 동시재하계수

재하차로 수	다차로 동시재하계수
1	1.0
2	0.9
3	0.8
4	0.7
5 이상	0.65

⑥ 부재의 최대응력이 활하중을 3차로에 동시재하 할 때 일어나는 경우에는 80%만큼, 4차로 이상에 동시 재하할 때 일어나는 경우엔 70%만큼 그 차량활하중 응력을 감소시킨다. 이상의 다차로 동시재하계수는 2차로 또는 그 이상의 차로에 차량활하중이 동시에 임의의 부재에 최대응력을 일으키도록 놓일 확률이 상대적으로 작다는 근거에서 도입된 계수이다.

(4) 보도하중

주거더를 설계하는 경우, 보도 등에는 표 2.6.4의 등분포하중을 재하한다.

표 2.6.4 보도 등에 재하하는 등분포하중

지간장(m)	$L \leq 80$	$80 < L \leq 130$	$L > 130$
하중(MPa)	3.5×10^{-3}	$(4.3 - 0.01L) \times 10^{-3}$	3×10^{-3}

(5) 궤도차량하중

① 교량에 궤도차량하중이 있다면 발주자는 열차하중의 특성과 궤도차량과 일반차량의 예상되는 상호관계를 규명해야 하고, 궤도차량의 점유 폭과 하중은 해당 궤도의 규정을 따른다. 궤도에는 궤도의 차량하중과 표준트럭하중 또는 표준차로하중과 표준트럭하중 75%를 중첩한 하중 가운데 설계부재에 불리한 응력을 일으키게 하는 것을 재하 한다.

② 열차하중 특성은 하중, 하중분포, 하중빈도, 충격하중, 필요치수를 고려하여 규정한다.

(6) 하부구조를 설계하는 경우의 차량활하중

하부구조를 설계하는 경우에 상부구조에 재하하는 활하중은 원칙적으로 ① 표준트럭하중의 영향과 ② 표준차로하중과 표준트럭하중의 75%의 영향의 합 중에서 설계부재에 불리한 응력을 주는 것을 재하하는 것을 원칙으로 한다. 이는 ①항 또는 ②항에서 규정한 하중 가운데 불리한 영향을 주는 하중이라야 하지만 거의 모든 경우에 ②항에서 규정한 하중이 불리한 영향을 주므로 이 하중을 재하하는 것을 원칙으로 한다.

2.6.4 충격하중

차량활하중은 일반적으로 진동이나 충격 등의 동역학적 영향을 수반하는 동하중이다. 그러나 이동역학적 영향은 열차 · 자동차 등의 종류 · 주행속도 · 노면의 상태 · 차량활하중과 고정하중의 비 등에 따라 다를 뿐만 아니라 교량 자체의 형식 · 구조 등에 따라서도 변화하므로 이것을 처음부터 정확하게 고려하여 차량활하중을 규정한다는 것은 지극히 곤란하므로 교량의 설계에서는 먼저 차량활하중을 진동이나 충격이 없는 정역학적 하중 · 즉 정하중으로 가정하고 응력을 산출한 후에 다시 여러 가지 동역학적 영향을 고려한 소위 충격하중(impact load)을 산출하여 가산한다. 충격의 크기는 차량활하중에 대한 비율, 즉 충격계수로서 표시한다. 여기서 차량활하중을 정하중이라 하고 산출한 응력을 차량활하중응력(Live Load Stress : L.L.S), 충격계수 IM, 충격에 의한 응력을 충격응력(Impact Stress, Imp.S)이라 하면 식 2.6.2와 같이 나타낼 수 있다.

$$Imp.S = \frac{IM}{100} \times L.L.S \qquad (2.6.2)$$

충격의 영향은 충격에 대한 여러 가지 이론적 연구나 실측의 결과에 바탕을 두고 다음과 같이 요약할 수 있다. 즉,

- 차량활하중 응력이 같아도 하중이 넓게 분포되어 작용하는 경우는 집중되어 작용하는 경우 보다 작다.
- 하중이 동일하여도 고정하중이 클수록, 지간이 클수록 충격의 영향은 작아진다.

도로교설계기준 한계상태설계법(2015)에서의 충격계수는 표 2.6.5와 같이 제시하고 있다.

표 2.6.5 충격계수(IM)

성 분		IM(%)
바닥판 신축이음장치를 제외한 모든 부재	피로한계상태를 제외한 모든 한계상태	25%
	피로한계상태	15%

한계상태설계법에서 모듈러형 신축이음(modular expansion joint)의 충격계수는 0.3 ($IM = 30\%$)이고 핑거형 신축이음(finger expansion joint)는 1.0($IM = 100\%$)을 사용하도록 하고 있다. 목재 구조물은 표 2.6.5에 제시된 값의 50%로 줄일 수 있다. 보도하중, 표준차로하중, 상부구조물로부터 수직반력을 받지 않는 옹벽, 전체가 지표면 이하인 기초부재는 충격하중을 적용할 필요가 없다. 암거나 매설된 구조물의 충격계수는 다음 식과 같다.

$$IM = 40(1.0 - 4.1 \times 10^{-4} D_E) \geq 0\% \tag{2.6.3}$$

여기서 D_E는 구조물을 덮고 있는 최소 깊이(mm)이다.

피로한계상태의 활하중의 크기는 표준트럭하중의 80%를 사용하고, 형태는 2개의 축이나 4개 이상의 바퀴를 갖는 트럭으로 정의된다.

2.6.5 프리스트레스힘

구조물에 프리스트레스힘(PS)을 도입하는 경우에는 설계에 이를 고려해야 한다. 프리스트레스트 콘크리트에 도입하는 프리스트레스힘에 관해서는 다음과 같이 정한다.

① 설계 시에 고려해야할 프리스트레스힘은 프리스트레싱 직후의 프리스트레스힘과 유효프리스트레스힘이다. 또 프리스트레스힘에 의해 부정정력이 일어나는 경우에는 이들도 고려해야 한다.

② 프리스트레싱 직후의 프리스트레스힘은 PS강재 인장단에 부여한 인장력에 콘크리트의 탄성변형, PS강재와 쉬스의 마찰, 정착장치에서의 활동량의 영향을 고려하여 계산한다.

③ 유효프리스트레스힘은 ②의 규정으로 산출한 프리스트레싱 직후의 프리스트레스힘에 콘크리트의 크리프(이 경우에 고려하는 지속하중은 프리스트레스힘과 고정하중이다.), 콘크리

트의 건조수축, PS강재의 겉보기 릴렉세이션(relaxation)의 영향을 고려하여 산출한다.

④ 유효프리스트레스힘에 의한 부정정력은 PS강재 인장력의 유효계수를 부재 전체에 걸쳐 평균한 값을 프리스트레싱 직후의 부정정력에 곱하여 계산할 수 있다.

2.6.6 콘크리트의 크리프와 건조수축의 영향

콘크리트부재 외에 강합성 거더교와 같이 강재거더와 콘크리트바닥판이 합성된 경우에 대해서는 콘크리트의 크리프(CR)와 건조수축(SH)의 영향을 고려해야하지만 일반적으로 정정구조물 부재에서 철근의 응력을 산출하는 데는 콘크리트의 크리프와 건조수축의 영향을 고려하지 않는다. 콘크리트 부재의 설계에 있어 고려하는 콘크리트 크리프와 건조수축의 영향은 다음과 같다.

(1) 콘크리트의 크리프의 영향

① 크리프는 콘크리트 내의 공극이 압축력에 의해 변화하면서 발생하는 체적변화를 의미하며, 크리프 자체를 정확하게 파악한다는 것은 거의 불가능한 일이므로 작용하중에 의한 콘크리트의 순간변형률(탄성변형률) ϵ_c에 크리프계수 ϕ를 곱하여 근사적으로 크리프 변형률을 계산한다. 즉,

$$\epsilon_{cr} = \phi \epsilon_c \tag{2.6.4}$$

② 프리스트레스의 감소량 및 부정정력을 산출하는 경우 콘크리트의 크리프계수는 표 2.6.6의 값을 표준으로 한다.

표 2.6.6 콘크리트의 크리프 계수 ϕ

콘크리트의 재령		4~7일	14일	28일	90일	365일
크리프계수	조강시멘트	3.8	3.2	2.8	2.0	1.1
	보통시멘트	4.0	3.4	3.0	2.2	1.3

(2) 콘크리트의 건조수축률

일반적으로 콘크리트의 건조수축률 ϵ_{sh}는 표 2.6.7에 나타낸 값보다 크지만 부재에 배치된 강재의 영향을 고려하여 프리스트레스의 감소량을 산출하는 경우는 표 2.6.7에 나타낸 값을 이용하면 된다.

표 2.6.7 콘크리트의 건조수축률

콘크리트재령	4~7일	28일	90일	365일
건조수축률 ϵ_{sh}	27×10^{-5}	20×10^{-5}	14×10^{-5}	7×10^{-5}

정밀계산이 필요하지 않는 경우 콘크리트의 건조수축률을 15×10^{-5}으로 하고, 축방향 철근량이 콘크리트 단면적의 0.5% 미만일 때는 20×10^{-5}의 건조수축률을 사용해도 된다.

(3) 프리스트레스트 콘크리트말뚝, 프리텐션 부재와 같이 특히 콘크리트의 재령초기에 프리스트레싱을 하는 경우나 합성보와 같이 콘크리트 크리프차와 건조수추축차의 영향을 고려하는 경우와 같이 위에서 기술한 근사적인 방법에 따르기 힘든 경우에는 부재 주변의 습도, 부재단면의 형상·치수, 하중이 작용할 때의 콘크리트 재령 등을 고려하여 별도로 콘크리트의 크리프계수와 건조수축률을 정한다. 프리스트레스 작용시킨 후에 발생하는 부정정력은 콘크리트 크리프와 건조수추축 그리고 강재의 릴랙세이션에 의한 프리스트레싱 강재의 인장력 감소에 따라 변하고 방향은 다르게 나타난다. 프리스트레스힘에 의한 부정정력은 프리스트레싱 직후의 부정정력의 10~15%이고 구조계의 변화 유무에 관계없이 근사적으로 비슷한 값을 보이고 있으며, 단경간과 중경간 교량의 일반적인 경우에는 근사적으로 부재전체에 걸쳐서 각 단면의 프리스트레스 유효계수 ($\eta = P_e/P_i$)를 평균한 값인 0.9를 사용할 수 있다.

(4) 콘크리트의 크리프와 건조수축에 의한 변형이 구속되는 부정정구조물에서는 이 구속에 의해 부정정력이 발생하는데 이에 대해서는 다음과 같이 2가지로 구분하여 규정한다.

- 구조계의 변화가 없는 경우 : 구조물 전체를 한꺼번에 동바리 상에서 시공하고 시공 중의 구조계와 시공후의 구조계에 변화가 없는 경우, 콘크리트 크리프의 영향은 일반적으로 고려하지 않아도 된다.
- 구조계의 변화가 있는 경우 : 구조물 전체를 한꺼번에 시공하지 않고, 시공 중의 구조계와 시공 후의 구조계에 변화가 있는 경우, 콘크리트 크리프의 영향에 의한 부정정력은 고정하중·프리스트레스힘·건조수축의 영향 등으로 한다. 건조수축의 영향에 의한 부정정력은 위에서 기술한 방법에 따라 구하면 된다.

2.6.7 토압

토압은 흙과 구조체의 접촉면에 작용하는 분포하중을 말하며 구조물과 지반의 상대적인 변위에 관계하여 정지토압, 주동토압과 수동토압으로 구분된다. 토압의 크기와 분포는 구조물의 형태 · 토질종류 · 토층상태 · 배면지형 · 상재하중의 조건 등에 따라 좌우되고, 토압의 종류는 수평토압(EH) · 상재토하중(ES) · 수직토압(EV) · 말뚝부마찰력(DD)이 있다. 구조물 그 자체가 강체로서 회전하거나 전면으로 밀려나오는 경우 토압의 분포는 일반적으로 3각형 분포를 가지는데, 토압을 산정하는 공식에는 Coulomb · Rankine · Terzaghi의 토압공식 등 여러 식이 있지만 Coulomb의 토압공식은 실내와 실외에서 실험의 결과 비교적 측정치에 가까운 값을 보이기 때문에 도로교설계기준에서는 원칙적으로 Coulomb의 토압공식을 사용하고 있다. 그러나 강널말뚝 등 변형하기 쉬운 구조물에 작용하는 토압은 복잡한 곡선분포를 보이므로 이 경우에는 Coulomb의 토압을 사용해서는 안 된다. 그리고 역 T형 옹벽 또는 부벽식 옹벽과 같이 토압이 뒤굽에서부터 위로 연직하게 세운 가상면에 작용할 때에는 Rankine 토압을 사용한다. 그 이유는 옹벽구조물이 회전하거나 밀려나는 경우에도 이 가상면을 따라서 전단이 일어나지 않기 때문이다.

벽면 마찰각의 부호는 주동토압일 경우에는 정(+), 수동토압일 경우에는 부(−)를 취하기로 한다. 토압의 계산에 적용하는 흙의 단위중량 r(kN/m^3)는 시공 장소에서 채취한 토질시료를 이용하여 구하지만 개략설계의 경우에는 표 2.6.8의 값을 이용하여도 된다.

표 2.6.8 흙의 단위중량(kN/m^3)

지반	토질	느슨할 때	촘촘할 때
자연지반	모래 및 모래자갈	18	20
	사질토	17	19
	점성토	14	18
성토	모래 및 모래자갈	20	
	사질토	19	
	점성토	18	

주) ▪ 지하수위 이하에 있는 흙의 단위중량은 표 중의 값에서 각각 9를 뺀 값으로 하면 된다.
▪ 부순돌은 자갈과 같은 값으로 한다. 또 슬래그, 암괴 등의 경우에는 종류, 형상, 크기 및 간격 등을 고려하여 정할 필요가 있다.
▪ 자갈 섞인 사질토 혹은 자갈 섞인 점성토에 있어서는 혼합비율과 상태에 따라서 적당한 값으로 한다.
▪ 지하수위는 시공후의 평균치라고 생각한다.

점성토의 경우에는 주동토압과 수동토압 계산에서 점착력의 영향을 고려한다. 일반적으로 점성토는 함수비에 의해 현저하게 그 성질이 변하므로 구조물이 설치된 후 배면의 점성토의 성질을 정확히 추정하기는 어렵다. 이러한 이유로 흙의 점착력을 정확이 추정할 수 없는 경우는 점착력의 영향을 무시하고 진단저항각을 작게 잡아 토압계수를 구하는 것이 좋다.

벽배면의 지표에 하중이 작용하는 경우의 토압은 재하하중에 토압계수를 곱한다. 교대에 대한 지표면 재하하중은 일반적으로 교량의 등급에 관계없이 $q = 10\text{kN/m}^3$로 하면 되는데, 이는 교대와 같이 벽면치수에 대해 재하면적이 큰 경우로서 실제로 하중의 재하면적이 작은 경우에는 깊이가 깊어짐에 따라 토압강도는 감소한다. 따라서 교대와 같이 차량의 윤하중을 받는 경우에는 일반적으로 깊이 방향의 감소를 고려하면 된다.

지진에 의한 토압계산은 Mononobe-Okabe에 의해 개발된 의사정적 해석방법을 이용할 수 있다.

2.6.8 수압

(1) 정수압

정수압은 식 (3.8.1)에 의해 계산하는데, 구조물의 지반 속에 있는 부분에 작용하는 수압이 이 이론수압의 값까지 작용하지 않는 것이 확실한 경우에는 그 확실한 값까지 감소시킬 수 있다. 수압은 지반의 상황에 따라 3각형 분포가 되지 않고 어떤 깊이에서부터 분포가 다를 수도 있기 때문에 그것이 간극수압 등의 조사에 의해 밝혀진 경우에는 그 값까지 저감시킬 수 있다. 즉, 수위의 변동이 현저한 곳에 계획된 교대의 경우 전면의 수위와 안쪽의 수위 사이에 수위차가 생기는 수가 있다. 이와 같은 경우에는 이 수위차에 따른 잔류수압을 고려해야 한다.

$$P_h = w_o \cdot h \tag{2.6.5}$$

여기서, P_h : 수면에서 h만큼 깊은 곳의 정수압(kN/m^2)

h : 수면에서의 깊이(m)

w_o : 물의 단위중량(kN/m^3)

(2) 유수압

유수압은 유수방향에 대한 교각의 흐름에 노출된 면적에 작용하는 수평하중으로 하고 종방향은 식 2.6.6, 그리고 횡방향은 식 2.6.7에 의해 계산한다.

$$P = p \cdot A = 5.14 \times 10^{-4} C_D V^2 \cdot A \tag{2.6.6}$$

$$P = p \cdot A = 5.14 \times 10^{-4} C_L V^2 \cdot A \tag{2.6.7}$$

여기서, P : 유수에 의한 항력(N)

p : 유수에 의한 동수압(MPa)

C_D : 표 3.8.1에 나타낸 교각의 형상에 따라 정해지는 종방향 항력계수
C_L : 표 3.8.1에 나타낸 유수흐름과 교각의 종축이 이루는 각도에 따라 정해지는 횡방향 항력계수
V : 설계홍수시의 설계유속(m/s)
A : 교각의 흐름에 노출된 연직투영면적(mm^2)

세굴의 영향이 있는 경우의 유수압을 산출할 때 사용하는 수심은 평상시에는 하부구조에 의한 세굴의 영향이 없을 때의 수심에 평상시 하부구조의 영향에 의해 발생하는 세굴의 깊이와 교량의 내용기간 중에 예상되는 전반적인 하상 저하량을 더한 깊이로 한다. 홍수 시에는 평상시의 설계수심에 홍수 시 수위의 증가와 홍수 시 세굴깊이를 더한 깊이로 한다. 극한한계상태 및 사용한계상태에서는 세굴설계홍수(100년 빈도 홍수 또는 그 보다 재현기간이 작은 월류홍수)로 인한 기초상태 변화의 영향을 검토하고, 극단상황한계상태에서는 세굴검측홍수(초과홍수) 및 태풍으로 인한 기초상태 변화의 영향을 검토한다.

표 2.6.9 교각의 항력계수

유수방향	항력계수
종방향 C_D [종방향(종축)은 하부구조물의 주축을 의미함]	0.7(단면의 형상이 반원형 선단 교각)
	1.4(단면의 형상이 사각형 교각)
	1.4(부유물질이 부착·집적된 교각)
	0.8(단면의 형상이 쐐기형 선단 교각)
횡방향 C_L	0.0(유수흐름과 교각의 종축이 이루는 각도 $\theta = 0°$)
	0.5(유수흐름과 교각의 종축이 이루는 각도 $\theta = 5°$)
	0.7(유수흐름과 교각의 종축이 이루는 각도 $\theta = 10°$)
	0.9(유수흐름과 교각의 종축이 이루는 각도 $\theta = 20°$)
	1.0(유수흐름과 교각의 종축이 이루는 각도 $\theta \geq 30°$)

(3) 지진시의 동수압

물에 접하는 구조물에 대해서는 지진시의 동수압을 고려해야 한다.

2.6.9 부력 혹은 양압력

부력이란 양압력으로 간주되며 지반 중 혹은 지반과 구조물 사이에 간극수가 존재하는 구조물의 지면에 작용하는 정수압의 연직상향분력의 합에 의해 생기는 힘을 말한다. 양압력이란 구조물이 전후의 수위차 혹은 파랑 등에 의한 구조물 위치에서의 일시적인 수위의 상승에 의

해 생기는 상향의 힘을 말한다.

부력 혹은 양압력(BP)의 작용이 확실한 경우의 예를 그림 2.6.4에, 확실하지 않는 경우의 예를 그림 2.6.5에 나타내었다.

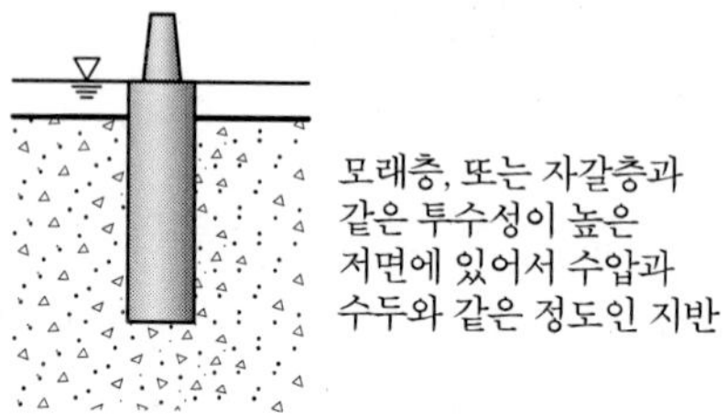

그림 2.6.4 부력, 양압력의 작용이 확실한 경우

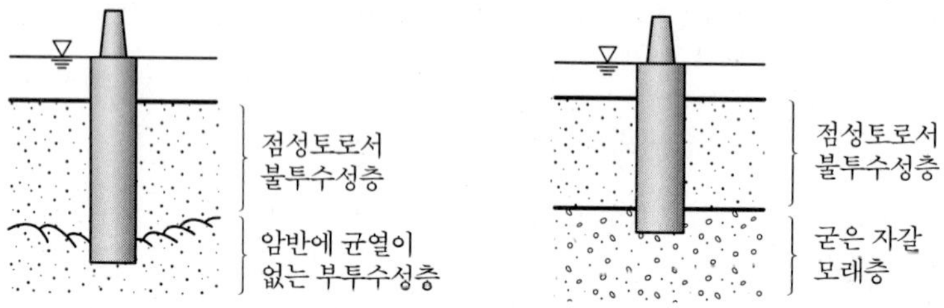

(a) (b)

그림 2.6.5 부력, 양압력의 작용이 확실하지 않은 경우

부력 혹은 양압력의 작용이 확실한 경우에는 이것을 고려해야 하며, 그 작용이 확실하지 않더라도 경년적인 물의 침투 혹은 구조물의 접지상태에 따라 이 힘들의 작용을 예측할 수 있다. 하부구조물단면의 동공에 물이 차있는지 비어있는지 확실하지 않는 경우는 구조물에 불리한 조건을 선택하여 설계에 안전측이 되도록 그 작용을 고려하는 것이 좋다. 또한, 안정계산 가운데 전도나 활동 등의 경우에는 고려하고, 지지의 경우에는 무시하여 계산할 수 있다. 도로교 설계기준에서는 부력 또는 양압력의 작용을 받는 구조물의 안정에 대한 안전율을 1.2 이상으로 규정하고 있다.

2.6.10 풍하중

교량 자체 및 교상의 활하중에 작용하는 풍압을 풍하중이라고 한다. 풍압은 일반적으로 구조물의 측면에 수직으로 작용하는 경우가 가장 위험하므로 교축에 직각으로 작용하는 수평활하중으로 간주한다.

구조물에 작용하는 정적설계를 위한 단위면적당 작용하는 풍하중은 식 2.6.8로 나타낼 수 있다.

$$p = \frac{1}{2}\rho V_d^2 C_d G \qquad (2.6.8)$$

여기서, p : 단위면적당 작용하는 풍하중(kN/m^2)

V_d : 설계기준풍속(m/s)

ρ : 공기 밀도(=1.25kg/m^3)

C_d : 항력계수

G : 거스트계수

풍속은 시간과 공간에 따라 변하는데 이것을 평균풍속과 그 주변의 변동풍속으로 나누어 생각할 수 있다. 이때 설계에 고려하는 평균풍속을 설계기준풍속이라 하며 풍하중의 산정에 있어서 가장 기본이 되는 인자이다. 순간 변동풍속의 영향에 대해서는 거스트계수 G로서 고려하게 된다. 풍속은 지리적 위치, 주변의 지형조건·지표조건 및 가교위치의 고도(높이)에 따라 달라지게 된다. 즉, 어느 높이 이상의 상공에서의 풍속은 지표조건과 상관없이 일정하지만 지표에 가깝게 되면 지형 및 지표조도의 영향에 의해 풍속은 감소하게 된다. 상공에서의 풍속이 같은 경우, 지표 근처의 동일 고도라면 해면과 같이 표면이 매끄러운 곳이 대도시의 경우와 같은 고층건물이 밀집된 장소에 비해 평균풍속이 높다. 설계기준풍속은 일반적으로 이들의 영향, 즉 지표조도를 고려하여 설정한다.

기본풍속이란 재현기간 100년에 대한 개활지에서의 지상 10m의 10분간 평균풍속을 말하는데 표 2.6.10에 주어진 지역별 기본풍속에 따라 정할 수 있다. 이 지역별 기본풍속은 각 지역별 기상관측소의 장기풍속기록(태풍 또는 계절풍)과 지역적 위치를 동시에 고려하여 최대풍속의 극치분포나 시뮬레이션 등의 합리적인 방법으로 추정한 재현기간 100년에 대한 값이다.

일반 중소지간 교량의 설계기준풍속 V_d는 보통 40m/s를 사용한다. 주경간 길이가 100m 이상 정도의 중대지간의 교량이 태풍에 취약한 해안가 등에 위치하여 내풍 안전성이 다소 염려되는 경우에는 원칙적으로 대상지역의 풍속자료와 구조물 주변의 지형(노풍도 등) 및 교량 상부구조의 지상높이 등을 고려하여 합리적으로 결정된 10분간 평균풍속인 설계기준풍속 V_d에 기초하여 내풍설계가 이루어져야 한다. 그러나 대상지역의 풍속자료가 가용치 못한 경우에는 식 2.6.9에 따라 설계고도 z에서의 10분간 평균 설계기준풍속 V_d를 추정할 수 있다.

$$V_d = 1.723\left(\frac{z_d}{z_G}\right)^{\alpha} V_{10} \quad (2.6.9)$$

여기서, z : 지상 또는 수면으로부터 구조물의 고도(m)로서, 교량의 주거더와 같이 수평부재인 경우에는 기준면으로부터 평균 높이, 교각과 같이 수직구조물인 경우는 총 높이의 65%를 사용함.

z_b : 지표면 지형물의 대표높이(m)

z_G : 풍속이 지표조도에 관계없이 일정한 곳까지의 높이(m)

α : 지표 조도계수

z_d : z와 표 2.6.11의 z_b 중에서 큰 값

V_{10} : 기본풍속(m/sec)(표 2.6.10)

z_G, z_b, α는 지표면의 거친 정도, 즉 조도의 조건에 따라 달라지는 것으로서 표 2.6.11로부터 결정한다.

표 2.6.10 지역별 기본풍속

구분	지역	지면	기본풍속 V_{10}(m/s)
I	내륙	서울, 대구, 대전, 춘천, 청주, 수원, 추풍령, 전주, 익산, 진주, 광주	30
II	서해안	서산, 인천	35
III	서남해안 남해안 동남해안	군산 여수, 통영, 부산 포항, 울산	40
IV	동해안 제주지역 특수지역	속초, 강릉 제주, 서귀포 목포	45
V		울릉도	50

표 2.6.11 지표조도구분에 의한 α, z_G, z_b의 값

지표조도구분	지표상황	α	z_G(m)	z_b(m)	조도
I	· 해상, 해안	0.12	500	5	작다 ⬆
II	· 개활지, 농지, 전원 · 수목과 저층 건축물이 산재하여 있는 지역	0.16	600	10	
III	· 수목과 저층건축물이 밀집하여 있는 지역 · 중, 고층 건물이 산재하여 있는 지역 · 완만한 구릉지	0.22	700	15	
IV	· 중, 고층 건물이 밀집하여 있는 지역 · 기복이 심한 구릉지	0.29	700	30	⬇ 크다

중장대 지간의 시공 중 검토를 위한 풍속으로 시공기준풍속을 사용하고 있다. 시공기준풍속은 공사기간에 대한 최대풍속의 비초과확률 80%에 해당하는 10분간 풍속으로 만약 대상교량의 풍속자료가 가용치 못한 경우는 표 2.6.11의 기준풍속의 80% 값을 시공기준풍속으로 사용할 수 있다.

바람의 특성은 가교지점에 따라 다르며, 또 항력계수 값도 교량의 단면형상에 따라 달라지기 때문에 실제로 작용하는 풍하중은 교량마다 다르게 된다. 그러나 설계의 편의를 위하여 구조물의 중요도 및 크기에 따라 일반 중소지간의 교량, 태풍이나 돌풍에 취약한 지역에 위치한 중대지간의 교량, 주경간 길이가 200m 이상인 장대 특수교량이나 길이와 폭(또는 높이)의 비율이 30을 넘는 교량으로 나누어 풍하중에 대한 설계가 이루어지도록 한다.

(1) 일반적인 중소지간 교량

일반 중소지간 교량에 작용하는 풍하중은 교축에 직각으로 작용하는 수평하중으로 하고, 고려하고 있는 부재에 가장 불리한 응력을 발생시키도록 재하 한다. 이때 식 3.10.1에 기초한 표준적인 풍하중의 크기는 다음과 같다. 다만 차음벽이 설치되어 있는 경우에는 바람의 특성 및 차음벽의 구조에 따라 풍하중을 저감시킬 수 있다.

① 박스거더교, 플래이트거더교, 슬래브교

박스거더교, 플래이트거더교, 슬래브교에 작용하는 풍압은 표 2.6.12에 나타낸 값으로 한다. 거더교는 각 거더가 일체로 작용하므로 각 거더마다 풍하중을 재하하지 않고 풍상측 거더에만 풍압을 재하한다.

표 2.6.12 박스거더교, 플래이트거더교, 슬래브교의 B, D, 풍압

단면형상	풍압(kPa)
$1 \le B/D < 8$	[4.0−0.2(B/D)]
$8 \le B/D$	2.4

여기서, B : 교량 총 폭(m) (그림 2.6.6)

D : 교량 총 높이(m) (표 2.6.13)

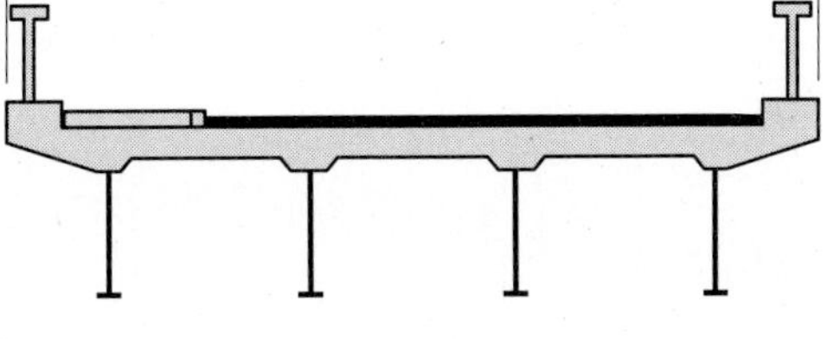

그림 2.6.6 교량 총 폭 B

표 2.6.13 교량 총 높이 D

교량의 방호울타리	벽형 강성 방호울타리	벽형 강성 방호울타리 이외
총 높이 D	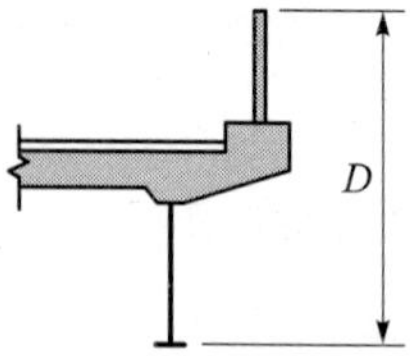	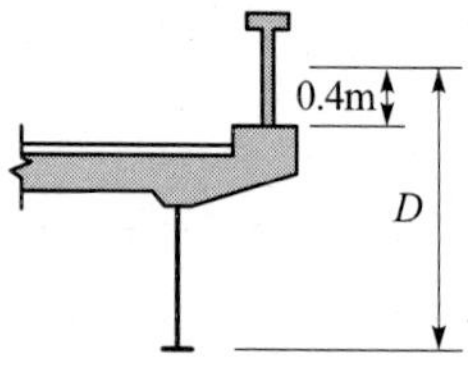

② 트러스에 작용하는 풍하중의 경우, 활하중 비재하시 풍상측에는 유효연직투영면적당 $2.4\sqrt{\phi}$ (kPa)의 풍압이 작용하고 풍하측에는 그의 절반이 작용한다. 여기서 ϕ는 트러스의 충실률(트러스 외곽면적에 대한 트러스의 투영면적의 비)이다.

③ 기타형식의 교량의 주거더 부분에 작용하는 풍하중은 주거더의 형상에 따라 위치 ① 또는 ②에서 기술한 규정에 준하여 적용한다. 활하중 비재하시 ① 또는 ②에서 규정되지 않는 부재에 작용하는 풍하중은 단면형상에 따라 표 2.6.14에 나타낸 값을 사용한다.

표 2.6.14 기타 교량 부재에 작용하는 풍하중(kPa)[도로교설계기준 한계상태설계법(2015)]

단면형상	풍상측 부재	풍하측 부재
원형	1.5	1.5
각형	3.0	1.5

④ 병렬교량

거더교가 병렬로 놓여있는 경우에는 이 영향을 고려하여 풍하중을 적절히 보정해야 한다.

⑤ 또한 활하중이 재하될 때에는 풍하중을 절반만 재하할 수 있고, 교면상 1.5m의 위치에서 1.5kN/m의 풍하중이 활하중에 대해 작용하여 상부구조로 전달하는 것으로 본다.

(2) 태풍이나 돌풍에 취약한 지역에 위치한 중대지간의 교량

태풍이나 돌풍에 취약한 지역에 위치한 중대지간 교량의 풍압 p(Pa)는 대상지역의 풍속기록과 구조물 주변의 지형 및 환경 그리고 교량상부구조의 지상높이 등을 고려하여 결정된 합리적 설계기준풍속 V_d(m/s), 항력계수 C_d, 공기밀도 ρ(1.25kg/m^3), 거스트계수 G에 식 2.6.8을 기초로 하여 구한 다음의 식에 의해 계산한다.

$$f_1 > 1\text{인 경우, } p = \frac{1}{2}\rho V_d^2 C_d G_r \tag{2.6.10}$$

$$f_1 \leq 1\text{인 경우, } p = \frac{1}{2}\rho V_d^2 C_d G_l \tag{2.6.11}$$

여기서 f_1은 바람방향 구조물의 1차 모드 고유진동수이다. G_r은 강체구조물의 거스트계수이고, 이 경우 강성이 크므로 구조물이 거의 진동하지 않아 바람 난류자체의 특성과 지표조도의 영향만으로 거스트계수가 산정된다. 한편, G_l은 유연구조물의 거스트계수이고, 이것은 강성이 작아 구조물 자체의 진동에 의해 풍압이 영향을 받으므로 바람 자체의 특성과 지표조도의 영향에 구조물 1차 모드의 고유진동수 및 형상을 고려하여 거스트계수가 구해진다.

(3) 주경간 길이가 200m 이상인 장대 특수교량이나 길이와 폭의 비율이 30을 넘는 교량

주경간 길이가 200m 이상인 사장교 및 현수교나 주경간 길이와 폭(또는 높이)의 비율이 30을 넘는 교량의 설계에서는 풍하중의 실제적인 영향을 고려하여 설계할 수 있도록 동적해석과 풍동실험을 통하여 풍하중의 동적효과에 대한 교량의 제반 공기역학적 안정성을 검토하도록 도로교설계기준에 규정하고 있다. 즉, 교량의 단면은 통상 비유선형이기 때문에 바람의 작용을 이론적으로만 해석하는 것은 불합리하고 반드시 풍동실험 모형에 의해 발산풍속이나 진동진폭 등을 추정함으로서 교량의 안전성 및 사용성에 어떠한 영향을 주는지에 대한 검토가 선행되어야 할 것이다. 동적설계에 사용하는 설계기준풍속은 반드시 가교지역의 풍속자료나 시뮬레이션(simulation) 등에 기초한 공인된 합리적인 확률통계적 방법에 따라 추정된 값으로 해야 한다. 그리고 필요하면 양력과 모멘트에 의한 풍하중도 고려해야 하고 와류진동이 발생하기 쉬운 세장비가 큰 아치 행어나 트러스 부재는 사전에 이에 대한 안정성을 면밀히 검토해야 한다.

(4) 하부구조에 직접 작용하는 풍하중

하부구조에 직접 작용하는 풍하중도 항력만을 대상으로 하여 풍향은 수평방향으로 교축직각방향과 교축방향의 2방향에 한정시키고, 동시에 2방향으로 작용시키지 않아야 한다. 풍압은 표 2.6.14의 값을 사용하거나 식 2.6.10, 2.6.11을 연직투영면적에 작용시켜 구한다. 식 2.6.10, 2.6.11을 사용할 경우 원형 및 트랙형 단면의 항력계수는 0.6을, 각형단면의 항력계수는 1.2를 적용할 수 있다. 항력계수는 부재의 형상에 따라 다르므로 다른 형상의 경우에는 기술자의 판단에 의해 적절히 정하면 된다.

2.6.11 온도변화의 영향

구조물의 설계에서는 일반적으로 온도변화의 영향을 고려할 필요가 있기 때문에 이에 대한 영향을 살펴보면 다음과 같다.

(1) 설계 시 평균온도(TU)변화의 범위

- 강교에서 평균온도(TU)변화의 승강은 설계 시 기준으로 택했던 온도와 최저 또는 최고 온도와의 차이 값을 기준으로 하여 계산하는데 온도에 의한 관한 자료가 없을 때는 표 3.11.1에 나타낸 값을 사용하여, 온도변화의 범위는 보통지방의 경우 −10°C에서 +50°C를 표준으로 하되 특히 한랭한 지방에서는 −30°C에서 +50°C까지로 한다.
- 합성교와 콘크리트교의 온도변화 범위는 온도에 의한 관한 자료가 없을 경우 표 3.11.1에 나타낸 값을 사용한다. 여기서 동결일(평균기온이 섭씨 0°C 이하인 날)이 1년 중 14일 이내인 경우가 보통지방에 해당한다.

(2) 설계 시 열팽창계수

- 강교에서 강재의 열팽창계수는 1.2×10^{-5}으로 한다.
- 콘크리트교에서 철근 및 콘크리트의 열팽창계수는 1.0×10^{-5}으로 한다.
- 강재와 콘크리트의 합성거더교에서 강재 및 콘크리트의 열팽창계수는 1.2×10^{-5}으로 한다.

표 2.6.15 평균온도(TU)의 변화 및 열팽창계수

교량 종류	온도변화		열팽창계수
	보통지방	한랭한 지방	
콘크리트교	−5°C∼+35°C	−15°C∼+35°C	1.0×10^{-5}
합성교(강거더와 콘크리트바닥판)	−10°C∼+40°C	−20°C∼+40°C	1.2×10^{-5}
강교(강바닥판)	−10°C∼+50°C	−20°C∼+40°C	1.2×10^{-5}

(3) 설계 시 온도경사(TG)

도로교설계기준 한계상태설계법(2015)에서 수직온도경사에 의한 하중은 온도경사 기본값 T_1(23°C)과 T_2(6°C)를 사용하여 구한다. 여기서 T_1은 교량의 바닥판 표면의 온도이고, T_2는 바닥판 표면으로부터 100mm 수직아래 단면의 깊이에서의 온도이다. T_1과 T_2 사이의 수직온도경사는 단면의 깊이에 따라 직선적으로 변한다고 보고 계산한다.

2.6.12 지진하중

우리나라에서 도로교에 대한 내진설계는 1992년 도로교표준시방서에서부터 포함되었으며, 1999년 개정된 도로교설계기준에서는 보다 구체적인 규준을 채택하고 있다. 2000년 이후의 도로교설계기준에서는 지진 시 교량의 기능수행수준과 붕괴방지수준 설계기준의 내진성능목

표 개념을 반영하였다.

각국의 조사에 의하면 대지진에 의한 피해상황은 대부분 교대 혹은 교각 등 소위 하부구조의 파손에 기인하고, 상부구조의 파손이 직접 원인이 된 것 혹은 상부구조의 치명적인 손상을 받은 예는 극히 드물다. 따라서 지진에 대한 교량의 안전성을 생각할 경우에는 상부구조보다는 하부구조의 내진성에 대해 특별히 충분한 주의를 해야 한다.

교량에 대한 지진의 영향(EQ)은 교량의 형식・구조, 기초지반의 성질뿐만 아니라 지진 자체의 동역학적 특성 등을 고려하여 정확히 산정해야 한다. 내진설계에 대한 기본개념과 보다 자세한 내용은 12장의 내진설계에서 다루게 될 것이다.

다음은 한계상태설계법(2015)에 의한 내진설계를 위한 일반적인 사항들과 해석방법, 설계규정 등에 대해 간략하게 정리하였다.

가속도 계수

도로교설계기준 한계상태설계법(2015)에서 규정하고 있는 지진구역 분할과 가속도 계수(최대 지반 가속도로서 유효최대 속도연관 가속도 계수(Effective Peak Velocity- Related Acceleration Coefficient)의 산정은 지금까지의 국내 연구결과를 중심으로 정리하였다.

도로교설계기준 한계상태설계법(2015)에서는 지진재해도 해석 결과에 근거하여 우리나라의 지진구역을 표 2.6.16과 같이 설정하였다. 각 지진구역에서의 평균재현주기 500년 지진지반운동에 해당하는 지진구역계수는 표 2.6.17에 수록된 바와 같이 구역 I에서는 0.11, 구역 II에서는 0.07이다. 평균 재현주기별 최대유효지반가속도의 비를 의미하는 위험도계수는 표 2.6.18과 같으며, 이 표에서 기준은 평균재현주기 500년 지진이다. 교량이 위치할 부지에 대한 지진지반운동의 가속도 계수는 표 2.6.19에서 규정된 내진등급별 설계지진의 재현주기에 해당되는 위험도계수를 지진구역에 따른 지진구역계수에 곱하여 계산하도록 규정하고 있다.

표 2.6.16 지진구역 구분

지진구역		행정구역
I	시	서울특별시, 인천광역시, 대전광역시, 부산광역시, 대구광역시, 울산광역시, 광주광역시
	도	경기도, 강원도 남부①, 충청북도, 충청남도, 경상북도, 경상남도, 전라북도, 전라남도 북동부②
II	도	강원도 북부③, 전라남도 남서부④, 제주도

주) ① 강원도 남부(군・시): 영월, 정선, 삼척시, 강릉시, 동해시, 원주시, 태백시
② 전라남도 북동부(군・시): 장성, 담양, 곡성, 구례, 장흥, 보성, 화순, 광양시, 나주시, 여수시, 순천시
③ 강원도 북부(군・시): 홍천, 철원, 화천, 횡성, 평창, 양구, 인제, 고성, 양양, 춘천시, 속초시
④ 전라남도 남서부(군・시): 무안, 신안, 완도, 영광, 진도, 해남, 영암, 강진, 고흥, 함평, 목포시
⑤ 행정구역의 경계를 통과하는 교량의 경우는 구역계수가 큰 값을 사용한다.

표 2.6.17 지진구역계수(재현주기 500년에 해당)

지진구역	I	II
구역계수	0.11	0.07

표 2.6.18 위험도계수

재현주기(년)	500	1,000
위험도계수, I	1	1.4

내진등급

미국 등과 같이 지진이 빈번하게 발생하는 국가에서는 지진에 대한 위험한 정도를 나타내는 지표인 내진등급을 정하는데 있어서 그 지역의 가속도 계수 및 구조물(교량)의 중요도를 고려하여 4가지 등급으로 나누고 있다. 우리나라는 지진의 발생확률이 낮고 가속도 계수도 상대적으로 작은 것을 감안하여 내진등급을 교량의 중요도에 따라 내진 I등급, 내진 II등급의 2가지 등급으로 분류하고 있다(표 2.6.19).

표 2.6.19 도로교의 내진등급과 설계지진

내진등급	교량	설계지진의 평균재현주기
내진 I등급교	• 고속도로, 자동차전용도로, 특별시도, 광역시도 또는 일반국도상의 교량 • 지방도, 시도 및 군도 중 지역의 방재계획상 필요한 도로에 건설된 교량, 해당 도로의 일일계획교통량을 기준으로 판단했을 때 중요한 교량 • 내진 I등급교가 건설되는 도로 위를 넘어가는 고가교량	1,000년
내진 II등급교	내진 I등급교에 속하지 않는 교량	500년

지반의 분류

지반상태가 교량의 응답에 미치는 영향, 즉 지반의 영향은 교량의 지진하중을 결정하는데 고려되어야 한다. 표 2.6.20에 명시된 지반계수 S는 표 2.6.21에서 정의된 지반종류에 근거를 두고 있다.

표 2.6.21의 지반종류 V는 부지의 특성 조사가 요구되는 다음과 같은 경우에 속하는 지반으로서, 전문가가 작성한 부지종속 설계응답스펙트럼을 사용하도록 규정하고 있다.

- 액상화가 일어날 수 있는 흙, 퀵클레이와 매우 민감한 점토, 붕괴될 정도로 결합력이 약한 붕괴성 흙과 같이 지진하중 작용 시 잠재적인 파괴나 붕괴에 취약한 지반

- 이탄 또는 유기성이 매우 높은 점토지반
- 매우 높은 소성을 갖은 점토지반
- 층이 매우 두꺼우며 연약하거나 중간 정도로 단단한 점토

표 2.6.20 지반계수

지반계수	지반종류			
	I	II	III	IV
지반계수(S)	1.0	1.2	1.5	2.0

표 2.6.21 지반의 분류

지반종류	지반종류의 호칭	지표면 아래 30m 토층에 대한 평균값		
		전단파속도 (m/s)	표준관입시험 (N치)	비배수전단강도 (kPa)
I	경암지반 보통암지반	760 이상	-	-
II	매우 조밀한 토사지반 또는 연암지반	360~760	＞50	＞100
III	단단한 토사지반	180~360	15~50	50~100
IV	연약한 토사지반	180 미만	＜15	＜50
V	부지 고유의 특성평가가 요구되는 지반			

주) 여기서 N치는 비 점착성 토층만을 고려한 평균 N치

표 2.6.22 응답수정계수

하부구조	R	연결부분	R
벽식교각	2	상부구조와 교대	0.8
철근콘크리트 말뚝 가구(bent) 1. 수직말뚝만 사용한 경우 2. 1개 이상의 경사말뚝을 사용한 경우	3 2	상부구조의 한 지간 내의 신축이음	0.8
단일기둥	3	기둥, 교각 또는 말뚝가구와 캡빔(cap beam) 또는 상부구조	1.0
강재 또는 합성강재와 콘크리트 말뚝가구 1. 수직말뚝만 사용한 경우 2. 1개 이상의 경사말뚝을 사용한 경우	5 3	기둥 또는 교각과 기초	1.0
다주가구	5		

응답수정계수

교량의 각 부재와 연결부분에 대한 설계지진력은 규정된 탄성지진력을 적절한 응답수정계수로 나눈 값으로 하며, 각 요소에 대한 응답수정계수 R은 표 2.6.22에 표시된 값을 사용한다. 따라서 응답수정계수는 탄성해석으로 얻은 설계지진력을 수정하는데 사용된다. R값은 설계지진력에 의해 기둥은 항복하나 연결부위 및 기초부분에 극히 적은 손상을 입는다는 가정으로부터 얻어진다. 기둥, 교각 또는 말뚝 가구(pile bent)에 대한 R계수는 다양한 지지조건에 의한 여용력(redundancy) 및 연성(ductility)을 고려함으로써 구할 수 있다. 벽식교각은 강도가 큰 방향에 대해 가장 작은 연성능력과 여용력을 갖는 것으로 판정하여 R값을 정한다. 단, 도로교설계기준 한계상태설계법(2015)에서 규정하고 있는 소성힌지구역에 관련된 모든 설계요건과 내진설계를 위해 추가로 규정한 설계요건을 만족하는 않는 경우 그리고 하부구조의 축방향력 및 전단력의 경우는 응답수정계수로 나누지 않는다.

해석방법

구조 부재의 내력 분포 및 상대변위 등의 지표를 얻기 위한 교량의 내진설계에는 탄성해석을 이용한다. 그러나 설계지진운동과 같이 큰 진동하중을 받는 교량은 비탄성적으로 거동하기 때문에 교량의 실제 내력과 변위는 탄성해석으로부터 얻는 결과와 큰 차이를 보일 수 있다. 탄성해석은 크게 단일모드 스펙트럼 해석법(single-mode spectral analysis method)과 다중모드 스펙트럼 해석법(multi-mode spectral analysis method)의 2가지 방법으로 나눌 수 있다. 먼저 단일모드 스펙트럼 해석법은 기본주기(T)만을 구하여 교량의 탄성지진력과 변위를 예측하는 비교적 간단한 방법이지만 질량 · 강성 · 지간에 따라 기하적인 형상 등이 급격히 변화하지 않는 보통의 교량형식에 적용할 수 있으며 이를 만족하지 않는 특수교량에 대해는 해석의 정확도가 떨어지는 약점이 있다. 이러한 교량에 대해는 어떠한 진동에 대해도 정확한 탄성응답을 얻을 수 있는 다중모드 스펙트럼 해석법을 적용해야하는데 컴퓨터의 사용이 요구되는 보다 복잡한 방법이다. 우리나라는 지진의 발생 확률이 적고 지진의 강도 또한 작은 점을 감안하여 해석의 정확도는 떨어지나 비교적 간단한 방법인 단일모드 스펙트럼 해석법을 사용하는 것을 원칙으로 하였다. 그러나 설계자가 위의 방법으로는 불충분하다고 생각되어 정밀한 해석을 요한다고 판단되는 중요한 교량에 대해는 보다 엄밀한 방법인 다중모드 스펙트럼 해석법을 사용할 수 있도록 규정하고 있다. 또한 단경간교 및 지진구역 II에 위치하는 내진 II등급교는 상세한 내진 해석을 할 필요가 없다고 규정하고 있다.

① 탄성지진응답계수

- 단일모드 스펙트럼 해석 시 설계력의 결정에 쓰이는 탄성지진응답계수 C_s는 다음과 같은 무차원의 식으로 구한다.

$$C_s = \frac{1.2AS}{T^{2/3}} \tag{2.6.12}$$

여기서, A : 가속도 계수

S : 지반특성에 따른 무차원의 지반계수

T : 적합한 방법에 의해 결정된 교량의 주기

단, C_s 값은 $2.5A$보다 크게 취할 필요는 없다.

다중모드 스펙트럼 해석 시 m번째 진동모드에 대한 탄성지진응답계수 C_{sm}은 다음공식에 따라 구한다.

$$C_{sm} = \frac{1.2AS}{T_m^{2/3}} \tag{2.6.13}$$

여기서, T_m : m번째 진동모드의 주기

단, C_{sm}값은 $2.5A$보다 크게 취할 필요는 없다.

- T_m값이 4.0초를 넘는 구조물에 대해 m번째 진동모드에 대한 C_{sm} 값은 식 2.6.14에 따라 결정할 수 있다.

$$C_{sm} = \frac{3AS}{T_m^{4/3}} \tag{2.6.14}$$

탄성지진응답계수는 지반가속도 A와 주어진 진동주기에 대해 도시한 결과를 이용하여 정규화 시킬 수 있다. 그림 2.6.7에서는 정규화된 탄성지진응답계수 곡선의 예가 지반종류별로 주어져 있다.

단일모드 스펙트럼 해석법과 다중모드 스펙트럼 해석법에 대한 자세한 내용은 부록의 내진설계에서 다루고 있다.

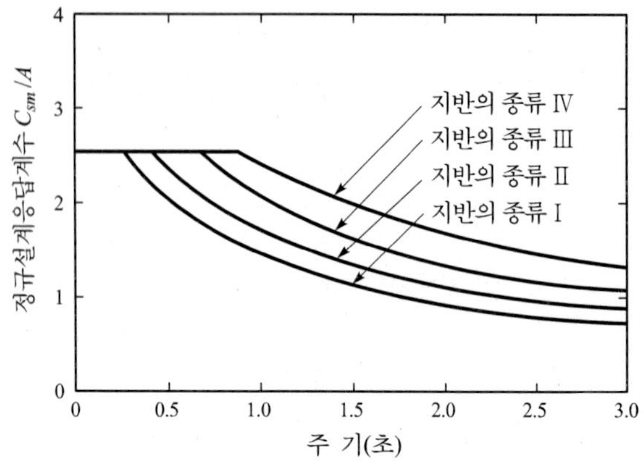

그림 2.6.7 지반가속도 계수 A에 대해서 정규화된 탄성지진응답계수

탄성력 및 탄성변위

내진 Ⅰ등급교의 탄성력과 탄성변위는 각 설계진동단위에 대해 독립적으로 정해야 한다. 내진 Ⅰ등급교의 탄성력과 탄성변위는 내진 해석방법을 사용하여 2개의 직교축에 대해 독립적으로 해석하고 직교 지진력의 조합에 규정한 방법으로 조합해야 한다. 2개의 직교축은 교량의 종방향축과 횡방향축으로 하는 것이 표준적이지만 설계자가 임의로 정할 수 있다. 일반적으로 구조물은 3개의 직교축으로 동시에 발생하는 지반운동을 받는다. 대다수의 교량에 있어서 운동의 연직방향 성분에 의한 영향은 그다지 크지 않으므로 연직방향의 상세한 해석은 필요 없다. 운동의 2방향 수평성분에 의한 영향을 고려하기 위하여 일반적으로 교량의 종방향 및 횡방향의 두 직교방향에 대해 별도의 해석을 해야 한다. 각각의 해석으로부터 얻어진 힘과 모멘트를 직교지진력의 조합에 규정한 방법으로 조합함으로서 두 수평방향으로 동시에 발생하는 운동의 영향을 고려할 수 있다. 탄성해석으로부터 구한 교량의 응답(힘과 변위 등)은 교량이 탄성적으로 거동하고 설계지반운동의 특성이 실제 지반운동에 근접할수록 교량의 실제응답에 근접하게 된다. 따라서 탄성해석에서 얻은 변위는 설계변위에 대한 하한값으로 사용된다.

직교지진력의 조합

부재 각각의 주축에 대한 설계지진력은 전항에 규정한 탄성력 및 탄성변위 방법으로 구한 지진력을 다음과 같이 조합하여 사용한다.

- 하중 경우 1 : 종방향축의 해석으로부터 구한 탄성지진력(절대값)에 횡방향축의 해석으로부터 구한 탄성지진력(절대값)의 30%를 합한 경우

- 하중 경우 2 : 횡방향축의 해석으로부터 구한 탄성지진력(절대값)에 종방향축의 해석으로부터 구한 지진력(절대값)의 30%를 합한 경우

단경간교의 설계규정

상부구조와 교대 사이의 연결부에 대해 고정하중반력에 가속도 계수와 지반계수를 곱한 값의 수평지진력이 작용한다고 보고 종방향 및 횡방향에 대해 안전하도록 설계해야 한다. 단경간교(single span bridge)는 지진하중에 대한 거동에 있어서 2경간이상의 교량과 분리하여 해석방법이나 설계규정을 적용해야 한다. 단경간교는 과거의 예로부터 거더의 받침부가 종방향 및 횡방향의 지진하중에 대해 충분히 견딜 수 있으면 안전한 것으로 판단된다.

지진구역 II에 위치하는 내진 II등급교의 설계지진력

지진구역 Ⅱ에 위치한 내진 Ⅱ등급교에서 교량받침이나 기계장치 등 하부구조와 상부구조의 연결부는 고정하중의 20%에 해당되는 수평 지진력이 구속방향으로 작용한다고 보고 이에 저항하도록 설계해야 한다. 종방향의 수평지진력 산정 시 사용되는 고정하중은 종방향으로 구속되어 있을 경우 상부구조의 각 세그메트 자중이고, 횡방향의 고정하중은 횡방향으로 구속되어 있을 경우 고정하중의 반력이다.

설계지진력

교량의 구조부재 및 연결부위 설계지진력은 다음과 같이 구할 수 있도록 하였다.

① 여기서 구하는 설계지진력은 다음의 각 경우에 대해 적용한다.
- 상부구조, 상부구조의 신축이음 및 상부구조와 하부구조 상단 사이의 연결부
- 하부구조 상단으로부터 기둥이나 교각의 하단까지(단, 후팅, 말뚝머리 및 말뚝을 포함하지 않음)
- 상부구조와 교대의 연결요소

② ①항의 설계지진력은 직교지진력 조합의 하중 경우 1과 하중 경우 2로부터 구한 탄성지진력을 응답수정계수 R로 나눈 값으로 한다.

③ ②항의 설계지진력은 다른 설계력과 함께 독립적으로 전체하중 조합식에 조합해야하며 각 요소에 대한 지진 시 최대하중은 극단상황한계상태의 하중조합과 하중계수를 적용하여 구한다.

④ 응답수정계수가 적용되지 않을 경우, 교각과 상부구조 또는 하부구조의 연결부의 설계지진력은 응답수정계수를 적용하지 않은 탄성지진력과 교각의 최대소성힌지력 중 작은 값으로 한다.

구조물의 각 요소는 도로교설계기준 한계상태설계법(2015)의 각 하중조합에 의한 설계력에 대해 안전해야하며 도로교설계기준 한계상태설계법(2015)의 하중조합 및 하중계수 규정과 함께 사용해야 한다.

설계변위

1989년 샌프란시스코 지진시 I-880고가도로 붕괴, Bay교 경간 추락, 1995년 고베지진에 의한 교량의 붕괴 등과 같이 교량이 지진에 의해 낙교 하는 경우가 많이 있다. 이는 지진에 의한 교량 상부구조와 하부구조 사이에 발생한 상대변위가 원인이며, 따라서 설계에 있어서 설계변위량의 산정은 설계지진력의 산정만큼 중요하게 다루어져야 한다. 교대, 기둥, 받침에 부여된 지지길이는 교량 구조물의 전체적인 비탄성거동, 하부구조의 서로 다른 부분들의 발생 가능한 독립적인 이동, 그리고 표면파의 운동으로 인한 기둥과 교대의 비대칭 회전변위 등으로 인한 상대변위량을 수용할 수 있어야 한다.

① 지진구역 Ⅱ에 위치한 내진 Ⅱ등급교

지진구역 Ⅱ에 위치한 내진 Ⅱ등급교의 최소받침지지길이(N)는 식 2.6.15에 규정한 값보다 작어서는 안 된다.

$$N = (200 + 1.67L + 6.66H)(1 + 0.000125\,\theta^2)\,(\mathrm{mm}) \tag{2.6.15}$$

여기서, L : 인접 신축이음부까지 또는 교량단부까지의 거리(m)
단, 지간 내에 힌지가 있는 경우의 L은 그림 3.12.2와 같이 힌지 좌·우측방향의 거리인 L_1과 L_2의 합으로 한다.

H : 다음 각 경우에 대한 평균 높이(m)

교대 : 인접 신축이음부의 교량상부를 지지하는 기둥의 평균높이.
단경간교의 평균높이는 0으로 한다.

기둥 또는 교각 : 기둥 또는 교각의 평균높이

지간 내의 힌지 : 인접하는 양측 기둥 또는 교각의 평균높이

θ : 받침선과 교축직각방향의 사이 각(°)

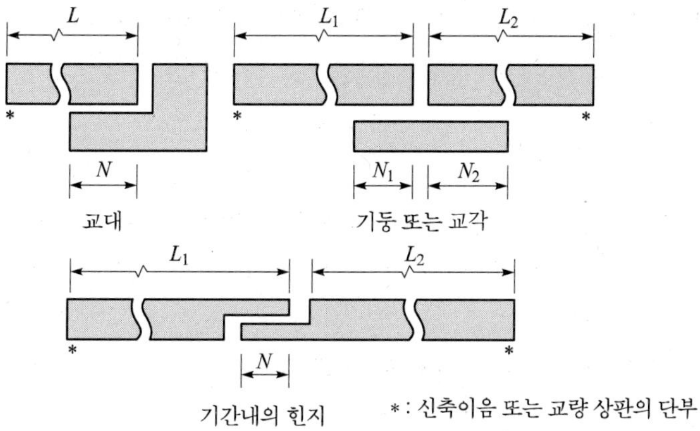

그림 2.6.8 최소지지길이 규정에 관한 치수

② 단경간교와 지진구역 Ⅱ에 위치하는 내진 Ⅱ등급교를 제외한 모든 교량

단경간교와 지진구역 Ⅱ에 위치하는 내진 Ⅱ등급교를 제외한 모든 교량의 설계변위는 탄성해석으로부터 구한 최대변위 값과 식 (3.12.4)에 규정한 최소받침지지길이 중 큰 값을 취하도록 하였다. 여기서 정한 최소받침지지길이는 모든 거더의 단부에서 확보해야하며, 최소받침지지길이의 확보가 어렵거나 낙교방지를 보장하기 위해서는 변위구속장치를 설치해야 한다.

③ 교량의 여유간격

지진 시 교대 또는 인접 교량간의 충돌에 의한 주요 구조부재의 손상을 방지하기 위해서 교량의 단부에 다음 식보다 큰 여유간격 Δl_i(mm)를 두어야 한다.

$$\Delta l_i = d + \Delta l_{sh} + \Delta l_{cr} + \Delta l_t \tag{2.6.16}$$

여기서, d : 지반에 대한 상부구조의 총 변위(mm)

Δl_{sh} : 콘크리트의 건조수축에 의한 이동량(mm)

Δl_{cr} : 콘크리트의 크리프에 의한 이동량(mm)

Δl_t : 온도변화로 인한 이동량(mm)

2.6.13 설하중

일반적으로 교량 가설지점의 실제상황에 따라 적당한 크기의 설하중 및 빙하중(IC) 값을 고려할 필요가 있다. 우리나라에서 설하중을 고려할 필요가 있는 경우는 다음 2가지로 나눌 수 있다. 첫째로 충분히 압축된 눈 위를 자유롭게 차량이 통행하는 경우이고, 둘째는 적설량이 많아서 자동차 교통이 불가능하여 적설만이 하중으로 작용하는 경우이다. 중간적인 상태, 즉 적설로 인하여 자동차의 통행이 어느 정도 제한되는 경우라도 위의 두 경우 중 어느 한 경우로 설계하면 안전하다.

첫째 경우 적설이 어느 정도 이상이 되면 규정된 활하중이 통과하는 빈도는 극히 작게 되므로 규정활하중 외에 고려해야할 설하중은 보통 1,000N/m^2(압축된 눈으로 두께 약 150mm) 정도면 충분할 것이다. 또 이 설하중은 설계계산상 교량 전체면에 재하하는 것으로 한다.

둘째 경우의 설하중은 식 2.6.17에 의해 구한다.

$$SW = P \cdot Z_s \tag{2.6.17}$$

여기서, SW: 설하중(N/m^2)

P : 눈의 평균단위중량(N/m^3)

Z_s : 설계적설깊이(m)

눈의 평균단위중량은 지방 및 계절 등에 따라 다르나 대략 다음 값으로 계산한다.

- 내린지 얼마 안 된 눈 : 1,500N/m^3
- 내린지 오래된 눈 : 3,000N/m^3
- 압축된 눈 또는 다량의 물을 포함한 눈 : 5,000~7,000N/m^3

비교적 큰 지간의 하로 트러스, 하로 아치 등에서 교면 및 상부수평 브레이싱에 쌓인 눈이 이른 봄 기온상승 및 강우로 인한 수분포화로 수평브레이싱이나 현재의 일부에 항복점 이상의 응력을 발생시킨 예가 있다. 그러므로 이러한 구조형식의 경우 설하중의 결정, 단면형상의 선정에는 특히 주의해야 한다.

2.6.14 지반변동 및 지점이동의 영향

(1) 하부구조에 대한 지반변동(GD)의 영향

하부구조 완성 후 기초지반의 압밀침하 등에 의해 지반변동이 예상되는 경우에는 그 영향을 고려해야 하는데 지반변동의 예는 다음과 같다.

- 기초주변지반의 압밀침하
- 배면성토에 의한 연약지반의 측방 유동
- 하천의 흐름, 파랑에 의한 세굴, 하상저하

(2) 상부구조에 대한 지점이동(SD)의 영향

연속보나 라멘구조, 교각과 같은 부정정 구조물에서는 지반의 부등침하 등으로 인하여 생기는 기초 구조물의 침하·수평이동·회전 등에 의해 부재응력이 증가되는 곳이 생기므로 이 영향을 고려해야할 경우에는 최종 이동량을 추정하여 단면력을 산정해야 한다. 단면력의 산정은 탄성계산에 따르면 된다. 콘크리트교에서는 콘크리트의 크리프 영향에 의해 그 응력은 상당히 작게 되어 크리프 계수 $\varphi=2.0$의 경우 탄성계산에 의한 값의 50% 정도로 된다. 따라서 크리프의 영향을 고려하지 않고 계산하는 경우에는 계산치의 50%를 설계단면력으로 보면 된다. 그러나 처음부터 크리프의 영향을 고려하여 엄밀하게 계산할 경우에는 그렇지 않다. 강교에서는 콘크리트교와 같은 크리프현상이 없으므로 탄성계산으로 구한 단면력을 그대로 설계단면력으로 해야 한다. 교각의 길이가 보의 길이에 비해 아주 짧은 라멘구조에서는 지점의 이동 및 회전에 의해 큰 응력이 생기는 곳도 있으므로 특히 유의해야 한다.

2.6.15 파압

파랑하중의 계산은 해양수산부의 '항만 및 어항 설계기준(2005)' 등의 공인된 공학적인 방법을 참고하여 계산할 수 있다. 연직벽에 작용하는 쇄파의 파력(WP)은 식 (3.15.1)에 의해 산출하는데 이식은 히로이공식(廣井公式)이다. 파력은 정수면상 $1.25H_0$의 높이에서 해저까지 균일하게 분포한다.

$$\rho = 1.5\omega H_0 \tag{2.6.18}$$

여기서, ρ : 쇄파의 압력(kN/m^2)

ω : 해수의 단위중량(kN/m^3)

H_0 : 외해파(deep water wave)의 파고(m)

이 파력은 국부적인 파력을 표시한 것이 아니고, 주로 방파제가 전체적으로 받는 평균파력을 표시한 것이다. 이 점이 교각의 경우와는 조금 다르지만 실용적으로 큰 차가 없다고 보면 된다. 또 이 식은 쇄파의 파력의 식이므로 수심이 파고의 2배 이하일 때에만 적용한다. 이 한계를 넘으면 작용하는 파는 중복파로서 작용한다. 이것에 대해서는 Sainflou의 식이 일반적으로 적용되는데, 상세한 내용은 전문서적을 참고해야 한다.

2.6.16 원심하중

원심하중(CF)은 차량이 곡선상을 주행할 때 원심력에 의한 활하중이다. 원심하중은 교축에 직각이고 수평방향으로 작용하는 이동하중이라고 본다. 곡선상을 지나가는 차량의 원심력은 일반적으로 식 2.6.19로 표시한다.

$$F = W \cdot C = W \cdot \frac{4}{3}\frac{v^2}{gR} \tag{2.6.19}$$

여기서, F : 원심력

W : 표준트럭하중의 축중량

v : 설계속도(m/s)

g : 중력가속도(m/s^2)

R : 통행차선의 회전반경(m)

도로교설계기준 한계상태설계법(2015)에서는 표 2.6.3의 다차로 동시재하계수를 적용하여 원심하중을 계산해야 한다고 규정하고 있다. 한편, 원심하중은 교면상 또는 레일면상 1.8m의 높이에서 수평방향으로 작용하는 것으로 한다. 바닥판이 지지거더에 의해 지지되어 있는 경우 바닥판은 동일평면 내에서 원심하중에 저항할 수 있도록 설계해야하며 이 원심하중은 지점을 통하여 하부구조로 전달되므로 하부구조의 설계 시에도 이것을 고려해야 한다.

2.6.17 제동하중

차량이 교량상에서 갑자기 정거할 때에 작용하는 하중이 제동하중(BR, breaking load)이고, 반대로 교량상에서 정지하고 있는 차량이 갑자기 움직일 때에 작용하는 하중이 시동하중(tractive load)이다. 그러나 도로교에서는 이 양자를 구별하지 않고 단지 제동하중이라 한다. 자동차의 제동하중은 극단적으로 가벼운 교량과 같이 특별한 경우에 고려하는 것으로 한다. 자동차의 제동하중은 최대하중효과가 발생하도록 설계차로 위에 재하된 표준트럭하중의 10%라 하고 교면상 1.8m되는 높이에서 자동차의 진행방향으로 작용하는 것으로 본다. 궤도상의 제동하중은 윤하중 전체의 10%라 하고 레일상 1.8m되는 높이에서 차량의 진행방향으로 작용하는 것으로 본다.

2.6.18 가설 시 하중

교량 가설 시에는 가설단계별 시공방법과 가설중의 구조를 고려하여 자중·가설장비·기자재·바람·지진의 영향 등 모든 재하조건에 대한 안전도 검토를 수행해야 한다. 캔틸레버식 시공이나 케이블식 시공을 할 경우 시공 혹은 운반 중에 특별한 힘이 작용하는 때가 있다. 이들 힘은 일시적으로 작용하는 것인데 이들을 가설 시 하중(ER)이라 총칭하여 경우에 따라서는 이에 대한 각부의 안전도를 조사할 필요가 있다.

2.6.19 충돌하중

(1) 자동차나 열차의 충돌

자동차가 충돌할 염려가 있는 각주에는 콘크리트벽 등으로 충분히 안전한 방호시설을 설치해야 한다. 이들 방호시설을 설치하지 않는 경우에는 다음 차량충돌하중(CT)이 노면 위 1.2m에서 수평으로 임의의 방향으로 작용하는 것으로 보고 각주를 설계해야 한다.

- 도로의 가장자리로부터 9m 내에 위치한 교대나 교각에 대해 1,800kN
- 궤도의 중심선으로부터 15m 내에 위치한 교대나 교각에 대해 1,800kN

(2) 유목 등의 충돌

유목 및 기타의 유송물이 충돌할 우려가 있는 경우에는 식 2.6.20에 의해 충돌력을 산출한다. 그 작용높이는 수면으로 한다.

$$F = W \cdot C = W \cdot \frac{4}{3}\frac{v^2}{gR} \qquad (2.6.20)$$

여기서, P : 충돌력(kN)

W : 유송물의 중량(kN)

ν : 표면유속(m/s)

(3) 선박의 충돌

항로상 또는 항로근처에 교각을 설치하여 선박과 충돌할 우려가 있는 경우에는 선박충돌하중(CV)을 설계에 고려해야 한다.

03 강구조물의 하중저항계수설계법

제3장 강구조물의 하중저항계수설계법

3.1 서론

3.1.1 하중저항계수설계기준의 기본개념과 하중조합

하중저항계수설계법의 기본개념

일반적인 하중저항계수설계법의 기본형식은 식 3.1.1[하중저항계수설계법에 의한 강구조설계기준(2014, 국토교통부) 1.4.1]과 같다.

$$R_r \geq Q = \sum \eta_i \gamma_i q_i \tag{3.1.1}$$

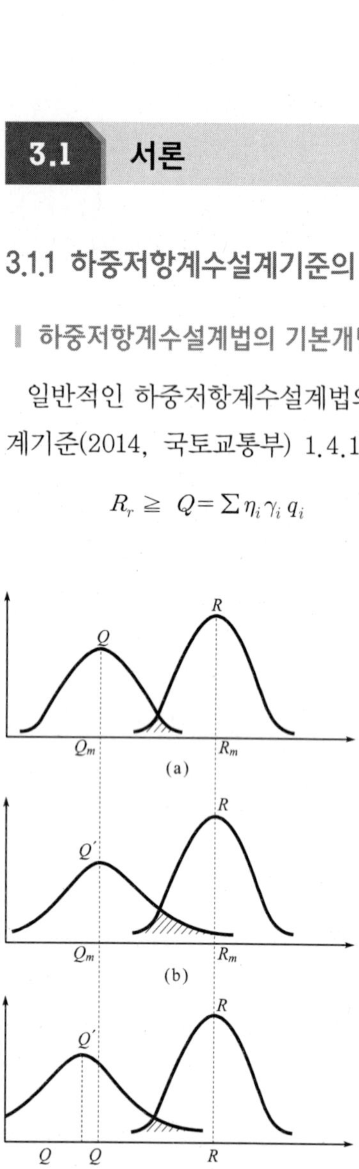

그림 3.1.1 확률분포모형

여기서, R_r은 계수저항 즉 설계강도($R_r = \phi R_n$), ϕ는 강도저항계수(resistance factor)로 부재의 공칭강도(공칭저항) R_n보다 실제 저항성능이 낮을 가능성을 반영하는 것으로 일반적으로 1이하의 값을 가지며 저항성능의 불확실성이 커질수록 작은 값을 가지게 된다. η_i는 하중수정계수(연성, 여용성, 구조물의 중요도에 관련된 계수)이고 하중계수(load factor) γ_i는 하중효과 q_i의 변동성을 반영하여 결정되는 것으로 조합되는 하중들 중에서 주요하중에 대한 하중계수는 1이상의 값을 가지게 되며, 하중의 변동성이 커질수록 사용 중에 발생할 최대하중이 설계하중(소요강도)을 초과할 가능성이 커지게 되므로 큰 하중계수가 사용된다.

강도저항계수 ϕ는 독립적으로 결정되는 것이 아니라 하중계수 γ_i와 상호보완적으로 결정된다. 그림 3.1.1은 하중(또는 하중효과)과 강도저항력의 불확실성을 반영하는 확률분포모형을 보여주고 있다. 그림 3.1.1에서 하중수정계수 및 하중계수를 고려한 총 설계하중(즉, 소요강도)[하중저항계수설계법에 의한 강구조설계기준(2014, 국토교통부) 3.4.2]은 식 3.1.2와 같다.

$$Q = \sum_i \eta_i \gamma_i q_i \tag{3.1.2}$$

즉, 윗식은 소요강도(설계하중효과) Q로 대표되는 것으로 하중효과 q_i들의 하중조합으로 구한 합으로, 설계대상구조물의 사용기간 중에 이들 하중들의 조합효과에 의해 발생되는 최대하중효과라고 할 수 있으며 분포모형은 Q의 불확실성을 반영하는 것이다. 따라서 Q의 불확실성은 각 하중효과 q_i들의 불확실성에 의해 결정된다. 그림 3.1.1의 빗금친 영역은 구조물의 공용기간 중 조합하중효과가 저항력을 초과할 가능성의 수준을 반영한다. 즉 이 영역이 넓어질수록 구조물의 파괴확률은 높아지며 좁아질수록 안전하다는 것을 의미한다. 그런데 그림 3.1.1에서 강도저항 R과 하중 Q의 확률분포의 중심이 동일한 경우에도 그림 3.1.1(b)의 분포모형과 같이 Q의 확률적 분포특성, 즉 하중의 변동특성이 커지는 경우에는 초과가능영역이 넓어지게 된다. 따라서, 이러한 경우에는 그림 3.1.1(c)와 같이 Q_m을 R_m으로부터 보다 멀리 떨어지게 하여 하중효과가 저항력을 초과할 가능성을 낮추어야 한다. 이는 하중계수 γ_i를 증가시키거나 강도저항계수 ϕ를 감소시킴으로써 가능하다. 그러나 설계기준에서의 하중의 종류에 따라 강도저항계수 ϕ를 선택적으로 사용하게 되면 설계자가 혼동을 일으킬 수 있으므로 ϕ는 부재별 또는 강도저항성능별 (휨모멘트, 전단력, 축방향력 등)로 일정한 값을 사용하게 하고, 하중수정계수 η_i와 고정하중, 풍하중 등의 하중의 종류에 따라 하중계수 γ_i 를 선택적으로 사용하도록 하고 있다.

하중저항계수설계기준의 하중조합

교량의 부재들과 연결부들은 다음의 각 한계상태에서 규정된 하중효과의 조합들에 대하여 식 3.1.2에 의하여 검토하여야 한다. 즉, 강도한계상태 하중조합, 사용한계상태 하중조합, 피로 및 파단한계상태 하중조합, 그리고 극한하중한계상태 하중조합이 고려되어야 한다. 하중계수들은 최대하중조합효과가 계산되도록 선정되어야 하며, 각 하중조합에서 정과 부의 극한상태가 모두 검토되어야 한다. 한 하중이 다른 하중효과를 감소시키는 하중조합에서는 그러한 하중에 최소하중계수를 적용하여야 한다. 상시하중효과에 대해서는 하중계수중에서 큰 하중조합효과를 주는 하중계수가 적용되어야 한다. 반면에 상시하중효과가 구조물의 안정성이나 내하성능의 증가를 가져오는 경우에는 최소하중계수가 적용되어야 한다[하중저항계수설계법에 의한 강구조설계기준(2014, 국토교통부) 1.5.3].

3.1.2 구조물의 안전도

안전성(신뢰도)지수와 특성값

구조안전도에 대한 재래의 확정론적 척도인 안전율 n' 이나 강도저항계수 ϕ 및 하중계수 γ_i 는 한계상태가 초과될 확률, 즉 파괴확률 P_f 와 직접적으로 관계되어진다. 이러한 관계는 특히 R과 S(혹은 Q)가 정규분포일 때 강도저항과 하중작용력과의 일대일 대응관계로부터 쉽게 해석적으로 설명되어진다. 때때로 다음과 같이 평균강도저항 및 평균하중작용력의 비로 정의되어지는 중앙안전율(central safety factor) n_o를 안전율에 대한 척도의 하나로 사용한다.

$$n_o = \frac{\mu_R}{\mu_S} \text{ 또는 } \frac{\mu_R}{\mu_Q} \tag{3.1.3}$$

중앙안전율 n_o는 재래적인 안전율과는 상이한 개념이며 저항과 하중의 기대값에 대한 안전여유의 척도가 된다. 재료강도의 하한값이나 하중의 상한값들은 종래에 설계규준의 설계강도 및 설계하중으로 규정되고 안전율의 표현에 사용되는 하중이나 강도를 나타내며 소위 공칭값(nominal value) 또는 특성값(characteristic value)이라 일컬어진다. 예를 들면 강봉의 특성항복강도는 통상적인 봉의 강도가 최내 95%가 초과될 강도이다. 따라서 어떤 봉이 더 낮은 강도를 가질 확률이 5% 정도로 매우 작은 확률이 있다는 것을 의미한다. 저항에 관한 공칭 또는 평균저항보다 낮은 쪽에서 정의된다.

$$R_k = \mu_R(1 - k_R V_R) \tag{3.1.4}$$

여기서 R_k : 특성저항

μ_R : 평균저항

V_R : R에 대한 변동계수

k_R : 5% 편차에 대한 표준정규분포의 변수값에 대응하는 계수

식 3.1.4의 표현은 정규분포에 기초를 두고 있는데 R_k는 단지 표본의 5% 미만이 파괴될 저항값을 말한다. 그러므로 표준정규분포함수와 Φ로부터

$$0.05 = \Phi\left(-\frac{R_k - \mu_R}{\sigma_R}\right) = 1 - \Phi\left(\frac{R_k - \mu_R}{\sigma_R}\right)$$

또는

$$k_{0.05} = -1.645 = -\frac{R_k - \mu_R}{\sigma_R}$$

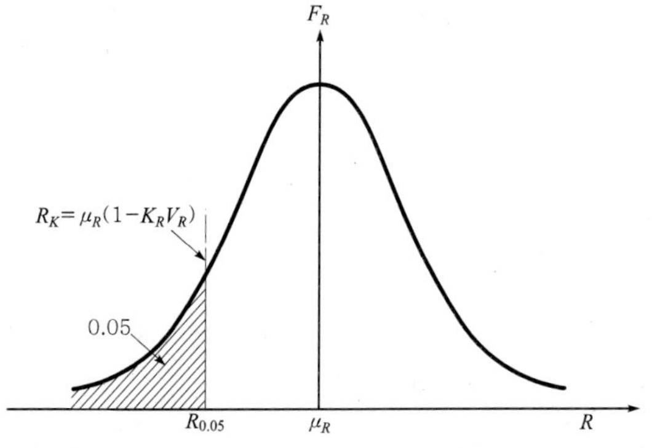

그림 3.1.2 특성저항의 정의

표준편차 σ_R은 $\sigma_R = \mu_R V_R$로 표현될 수 있으므로 식 3.1.4가 된다. 마찬가지로 하중작용력 S에 관해서는 특성값이 평균보다 높은 쪽에서 계산된다.

$$S_k = \mu_S(1+k_S V_S) = \mu_S + k_S \sigma_S \tag{3.1.5}$$

여기서 S_k : 특성하중작용력

μ_S : 평균하중작용력

V_S : S의 변동계수

예를 들어 구조물에 작용하는 하중작용력의 90%가 설계특성값을 초과하지 않는다고 정의되면, 10% 미만이 초과되는 경우로서 S가 정규분포일 때 $k_S = 1.282$이다. 식 3.1.5에서는 사용된 하중 Q가 S로 대치되었다.

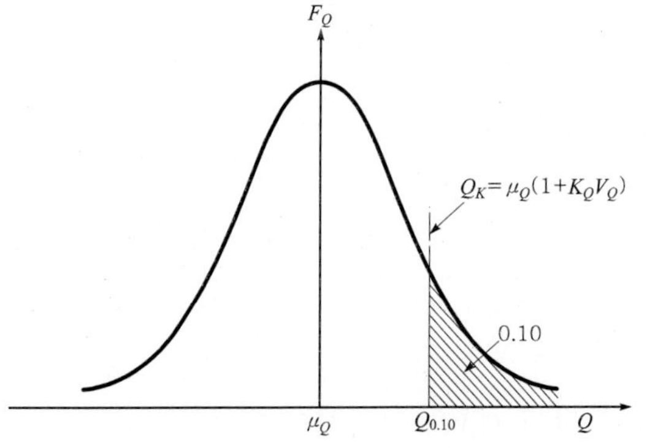

그림 3.1.3 특성하중의 정의

규준에 따른 설계에서 다른 모든 백분위수 특성값을 위에서 언급한 방법으로 얻어질 수 있고 또한 비정규분포에 대해서도 계산을 할 수 있다. 기본변량 등에 대해서 특성값을 사용하므로

서 공칭안전율과 유사한 소위 특성안전율 n_k를 정의하는 것이 가능하다. n_k는

$$n_k = \frac{R_k}{S_k} \text{ 또는 } \frac{R_k}{Q_k} \tag{3.1.6}$$

만일 특성값이 보통의 설계값에 대응하게 되면 n_k는 공칭안전율 n'과 동일하게 된다. 구조안전도의 의미를 보다 깊이 있게 이해하기 위해서는 특성안전율 n_k 또는 중앙안전율 n_o와 파괴확률 P_f와 신뢰도(안전성)지수 β 사이의 관계를 이해해야 한다. 이들 사이의 관계는 R과 S가 정규분포로 표현되는 경우 쉽게 유도된다. 그러나 이는 R과 S의 분포에 명백히 의존하므로 모든 분포에 대한 일반식으로 주어질 수는 없다. 확률적인 관점에서의 구조신뢰도 이론으로부터 부재의 파괴확률 P_f는 다음과 같이 표현된다.

$$P_f = \Phi\left[\frac{-(\mu_R - \mu_S)}{(V_R^2\mu_R^2 + V_S^2\mu_S^2)^{1/2}}\right] \tag{3.1.7}$$

식 3.1.7을 μ_S로 나누면 다음과 같다.

$$P_f = \Phi\left[\frac{-(n_o - 1)}{(V_R^2 n_o^2 + V_S)^{1/2}}\right] = \Phi(-\beta) = 1 - \Phi(\beta) \tag{3.1.8}$$

신뢰도(안전성)지수 β는 다음과 같이 정의 된다.

$$\beta = \frac{\mu_Z}{\sigma_Z} = \frac{\mu_R - \mu_S}{\sqrt{\sigma_R^2 + \sigma_S^2}} \tag{3.1.9}$$

여기서, $\mu_Z = \mu_R - \mu_S$, $\sigma_Z^2 = \sigma_R^2 + \sigma_S^2$

따라서 n_o는 식 3.1.8로부터 다음 식을 쉽게 얻을 수 있다.

$$n_o = \frac{1 + \beta(V_R^2 + V_S^2 - \beta^2 V_R^2 + V_S^2)^{1/2}}{1 - \beta^2 V_R^2} \tag{3.1.10}$$

또한 n_k는 식 3.1.4~3.1.6으로 부터 아래와 같이 표현된다.

$$n_k = \frac{1 - k_R V_R}{1 + k_S V_S} \cdot n_o \tag{3.1.11}$$

주어진 V_R, V_S, k_R, k_S에 관해 P_f, n_o, n_k사이의 관계는 위의 식 3.1.10~3.1.11로부터 직접적으로 얻어진다. 어떤 주어진 파괴확률 P_f나 안전성(신뢰도)지수 β에 대응하는 안전율 n_o 및 n_k는 식 3.1.10 및 식 3.1.11과 같이 R과 S에 관한 변동성 또는 불확실성에 의존하는 식으로 표현된다. 즉 파괴확률 P_f를 일정하다고 하면 V_R, V_S가 클 때 더욱 큰 안전율이 필요함을 알

수 있다. 이 점이 한계상태초과에 대한 하중과 강도저항의 불확실성을 고려하지 않은 확정론적 구조안전도평가의 결함을 극명하게 보여준다. 다시 말해 구조강도 또는 작용하중의 합리적인, 즉 일정한 안전수준에 대응하는 안전율의 정의가 불가능함을 보여주고 있다. 참고로 하중저항계수설계법의 목표신뢰도지수는 $\beta=3.5$로, 이에 상응하는 파괴확률은 $P_f=2.3\times10^{-4}$이다. 이 값을 기준으로 설계 안전율을 정하고 있으며 이때의 신뢰백분율은 99.98%이다. 또한, 설계에 사용하는 재료의 기준 값(공칭 값)은 실험을 통해 얻은 정규확률분포에서 그 값보다 작게 나올 확률이 0.05에 해당하는 $k_R=1.645$를 채택하고 있다.

확률적 하중저항계수설계의 기초개념

하중저항계수설계에서는 한계상태를 구조물이나 구조부재가 구조적 기능을 상실하여 본래의 목적을 달성하기에 부적합하게 되었을 때를 말한다. 대개의 경우 구조물의 한계상태는 다음과 같이 강도한계상태, 사용한계상태, 피로 및 파단한계상태, 극한하중한계상태로 대별할 수 있다[하중저항계수설계법에 의한 강구조설계기준(2014, 국토교통부) 1.4.2].

1) 강도한계상태(strength limit state)

부재와 연결부의 강도 및 국부적 또는 전체적 안정성을 고려하는 한계상태이다.

2) 사용한계상태(serviceability limit state)

정상적인 사용하중상태에서 응력, 변형 또는 균열 등을 고려하는 한계상태이다.

3) 피로 및 파단한계상태(fatigue and fracture limit state)

피로 및 재료의 인성에 관계된 파괴를 고려하는 한계상태이다.

4) 극한하중한계상태(extreme event limit state)

지진, 설(雪)하중, 홍수, 선박 및 차량충돌 등의 극한적 상황을 고려하는 한계상태이다.

3.1.3 하중저항계수설계법의 하중

하중계수와 하중조합 [하중저항계수설계법에 의한 강구조설계기준(2014, 국토교통부) 1.5]

현행 강구조설계기준에서는 설계한계상태를 크게 4가지로 분류하여 채택하고 있다. 첫 번째가 강도한계상태로 강구조물이 그 설계수명 동안 경험할 것으로 기대되나, 통계적으로 중요하다고 규정된 하중조합에 대하여 저항할 수 있는 국부적 또는 전체적 강도와 안전성이 제공됨을 보장할 수 있는 한계상태이다. 두 번째는 사용한계상태로 일상적인 사용상태하에서 응력, 변형 및 균열폭을 제한하는 한계상태이며, 세 번째는 피로 및 파단한계상태로 교량의 설계수명기간 동안 부재의 파단을 방지하기 위하여 반복하중하에서 균열의 성장을 제한하기 위한 한계상태이다. 네 번째가 극한상황한계상태로 강진 발생시나 홍수 또는 세굴된 상태에서 선박, 차량 또는 유빙에 의한 충돌시에 교량이 잔존할 수 있도록 보장하는 극한하중에 대한 한계상태이다.

현행 하중저항계수설계법에 의한 강구조설계기준(2014, 국토교통부) 1.4.2항에서는 한계상태하중효과 조합의 정의와 내용 그리고 이들 한계상태 하중조합에 따라 도로교설계기준(한계상태설계법 2012)에서는 표 3.1.1 및 표 3.1.2와 같이 세분하여 하중조합과 그에 따른 하중계수를 제시하고 있다. 즉,

- **강도한계상태 하중조합 I** : 일반적인 차량통행을 고려한 기본하중조합으로, 이 때 풍하중은 고려하지 않는다.
- **강도한계상태 하중조합 II** : 발주자가 규정하는 특수차량이나 통행허가차량을 고려한 하중조합으로, 이 때 풍하중은 고려하지 않는다.
- **강도한계상태 하중조합 III** : 풍속 90km/hr(25m/sec)를 초과하는 풍하중을 고려하는 하중조합.
- **강도한계상태 하중조합 IV** : 활하중에 비하여 고정하중이 매우 큰 경우에 적용하는 하중조합.
- **강도한계상태 하중조합 V** : 90km/hr의 풍속과 일상적인 차량통행에 의한 하중효과를 고려한 하중조합.
- **사용한계상태 하중조합 I** : 교량의 정상 운용 상태에서 발생 가능한 모든 하중의 표준값과 25m/sec의 풍하중을 조합한 하중상태이며, 교량의 설계 수명동안 발생 확률이 매우 적은 하중조합이다. 이 하중조합은 철근콘크리트의 사용성 검증에 사용할 수 있다. 또한, 옹벽과 사면의 안정성 검증, 매설된 금속구조물, 터널라이닝판과 열가소성 파이프에서의 변형제어에도 적용한다.
- **사용한계상태 하중조합 II** : 차량하중에 의한 강구조물의 항복과 마찰이음부의 미끄러짐에 대한 하중조합.
- **사용한계상태 하중조합 III** : 교량의 정상 운용 상태에서 설계 수명 동안 종종 발생 가능한 하중조합이다. 이 조합은 부착된 프리스트레스 강재가 배치된 상부구조의 균열폭과 인장응력 크기를 검증하는데 사용한다.

- **사용한계상태 하중조합Ⅳ** : 설계 수명 동안 종종 발생 가능한 하중조합으로 교량 특성상 하부구조는 연직하중보다 수평하중에 노출될 때 더 위험하기 때문에 연직 활하중 대신에 수평풍하중을 고려한 하중조합이다.
- **피로한계상태 하중조합** : 피로설계트럭하중을 이용하여 반복적인 차량하중과 동적응답에 의한 피로파괴를 검토하기 위한 하중조합.
- **극한하중한계상태 하중조합Ⅰ** : 지진하중을 고려하는 하중조합.
- **극한하중한계상태 하중조합Ⅱ** : 빙하중, 선박 또는 차량의 충돌하중 및 감소된 활하중을 포함한 수리학적 사건에 관계된 하중조합으로, 이 때 차량충돌하중 CT의 일부분인 활하중은 제외된다.

설계시 적절한 모든 하중조합들에 대한 검토가 이루어져야 할 것이다. 각 하중조합에서는 모든 하중들은 적절한 하중계수에 의해 보정되어야 하며, 필요시에는 강구조설계기준에 제시된 다차로재하계수에 의해 보정되어야 한다. 보정된 하중들은 식 3.1.2에 의해 조합되고 최종적으로 하중저항계수설계법에 의한 강구조설계기준(2014, 국토교통부)과 도로교설계기준(한계상태설계법 2012) 1.3.2항의 하중수정계수에 의해 보정되어야 한다. 표 3.1.1과 3.1.2에 사용된 하중기호 정의는 다음과 같다.

- **상시하중(지속하는 하중)**

  DC = 구조부재와 비구조적 부착물의 중량, DW = 포장과 설비의 고정하중

  PS = 프리스트레스힘, EL = 시공 중에 발생하는 구속응력

  CR = 콘크리트의 크리프 영향, SH = 콘크리트의 건조수축 영향

  EH = 수평토압, ES = 상재토하중, EV = 연직토압, DD = 말뚝부마찰력
- **일시하중(변동하는 하중)**

  LL = 차량활하중, LS = 상재활하중, PL = 보도하중, IM = 충격하중

  WL = 차량에 작용하는 풍하중, WS = 구조물에 작용하는 풍하중

  TU = 단면평균온도, TG = 온도경사

  EQ = 지진하중

  WA = 정수압과 유수압, BP = 부력 또는 양압력

  IC = 설하중 및 빙하중, GD= 지반변동의 영향, SD= 지점이동의 영향

  BR = 제동하중, CF = 원심하중, CT=차량충돌하중, CV = 선박충돌하중

  ER =가설 시 하중, FR = 마찰력

표 3.1.1 하중조합과 하중계수

하중 / 한계상태 하중조합	DC DD DW EH EV ES EL PS CR SH	LL IM CF BR PL LS	WA BP	WS	WL	FR	TU	TG	GD SD	이 하중들은 한번에 한가지만 고려 γ_p			
										EQ	IC	CT	CV
강도한계상태조합 I	γ_p	1.80	1.0	–	–	1.0	0.50/1.20	γ_{TG}	γ_{SE}	–	–	–	–
강도한계상태조합 II	γ_p	1.40	1.0	–	–	1.0	0.50/1.20	γ_{TG}	γ_{SE}	–	–	–	–
강도한계상태조합 III	γ_p	–	1.0	1.40	–	1.0	0.50/1.20	γ_{TG}	γ_{SE}	–	–	–	–
강도한계상태조합 IV EH, EV, ES, DW, DC만 고려	γ_p	–	1.0	–	–	1.0	0.50/1.20	–	–	–	–	–	–
강도한계상태조합 V	γ_p	1.40	1.0	0.40	1.0	1.0	0.50/1.20	γ_{TG}	γ_{SE}	–	–	–	–
극한하중한계상태 I	γ_p	γ_{EQ}	1.0	–	–	1.0	–	–	–	1.0	–	–	
극한하중한계상태 II	γ_p	0.50	1.0	–	–	1.0	–	–	–	–	1.0	1.0	1.0
사용한계상태조합 I	1.0	1.0	1.0	0.30	1.0	1.0	1.0/1.20	γ_{TG}	γ_{SE}	–	–	–	–
사용한계상태조합 II	1.0	1.30	1.0	–	–	1.0	1.0/1.20	–	–	–	–	–	–
사용한계상태조합 III	1.0	0.80	1.0	–	–	1.0	1.0/1.20	γ_{TG}	γ_{SE}		–	–	–
사용한계상태조합 IV	1.0	–	1.0	0.70	–	1.0	1.0/1.20	–	1.0	–	–	–	–
피로한계상태조합 LL, IM & CF만 고려	–	0.75	–	–	–	–	–	–	–	–	–	–	–

표 3.1.2 γ_p에 관한 하중계수

하중의 종류	하중계수	
	최대	최소
DC : 구조부재와 비구조적 부착물	1.25 1.50(강도한계상태 조합IV에서만)	0.90
DD : 말뚝부마찰력	1.80	0.45
DW : 포장과 시설물	1.50	0.65
EH : 수평토압 •주동 •정지	 1.50 1.35	 0.90 0.90

하중의 종류	하중계수	
	최대	최소
EV : 연직토압 •전체안정 •옹벽 및 교대 •강성 암거(예, 콘크리트 박스) •뼈대형 강성구조물(예, 라멘형) •연성 암거(예, 파형강관) •박스형 연성 강재암거	 1.0 1.35 1.30 1.35 1.95 1.50	 - 1.0 0.90 0.90 0.90 0.90
ES : 상재토하중	1.50	0.75
EL : 시공중 발생하는 구속응력	1.0	1.0

하중수정계수 [하중저항계수설계법에 의한 강구조설계기준(2014, 국토교통부) 1.4, 도로교설계기준(한계상태설계법 2012) 1.3]

최대하중계수가 적용되는 하중의 경우, 하중수정계수 η_i는

$$\eta_i = \eta_D \eta_R \eta_I \geq 0.95 \tag{3.1.12}$$

최소하중계수가 적용되는 하중의 경우

$$\eta_i = \frac{1}{\eta_D \eta_R \eta_I} \leq 1.0 \tag{3.1.13}$$

여기서, η_D는 연성에 관련된 계수이다. 교량구조계는 강도한계상태 및 극한하중한계상태에서 파괴 이전에 현저하게 육안으로 관찰될 정도의 비탄성 변형이 발생할 수 있도록 형상화 및 상세화 되어야 한다. 에너지 소산장치는 연성을 제공하는 방법으로 인정할 수 있다.

- 강도한계상태에 대해서는 :

  $\eta_D \geq 1.05$: 비연성 구성요소 및 연결부

  $\eta_D = 1.0$: 이 설계기준에 부합하는 통상적인 설계 및 상세

  $\eta_D \geq 0.95$: 이 설계기준이 요구하는 것 이외의 추가 연성보강장치가 규정되어 있는 구성요소 및 연결부

- 기타 한계상태의 경우 : $\eta_D = 1.0$

그리고 η_R는 여용성에 관련된 계수이다. 특별한 이유가 없는 한 다재하 경로구조와 연속구조로 한다. 파괴시 교량의 붕괴를 초래할 수 있는 주부재와 구성요소는 파괴임계부재/요소로 지정하며, 관련 구조계는 비-여용구조계로 지정해야 한다. 인장파괴-임계부재는 파쇄임계부재로 지정할 수 있다. 파괴가 되더라도 교량의 붕괴를 초래하지 않는 부재와 구성요소는 비파괴임계부재/요소로 지정하며 관련 구조계는 여용구조계로 지정한다.

- 강도한계상태에 대해서는 :

$\eta_R \geq 1.05$: 비여용부재

$\eta_R = 1.0$: 통상적 여용수준

$\eta_R \geq 0.95$: 특별한 여용수준

- 기타 한계상태의 경우 :

$\eta_D = 1.0$

마지막으로 η_I는 구조물 중요도에 관련된 계수이다. 발주자는 특정교량 또는 그 교량의 구성요소 및 접합부를 중요한 구조로 지정할 수 있다.

- 강도한계상태에 대해서는 :

$\eta_I \geq 1.05$: 중요 교량

$\eta_I = 1.0$: 일반교량

$\eta_I \geq 0.95$: 상대적으로 중요도가 낮은 교량

- 기타 한계상태의 경우 :

$\eta_I = 1.0$

하중저항계수설계편의 주요 설계하중

기본적으로 설계하중효과는 하중저항계수설계법에서도 각종 하중에 대한 부재력(단면력)을 허용응력설계법에서 처럼 탄성해석을 수행하여 구하고 있다. 그러나 하중저항계수설계법에서는 필요시 비탄성/비선형 구조해석이나 소성붕괴 메카니즘을 고려된 소성해석을 실시하여 부재의 단면력을 구하여 설계하중효과를 계산하기도 한다.

하중저항계수설계법에 의한 강구조설계기준과 도로교설계기준 한계상태설계법에서는 기존의 강구조설계기준에 비하여 설계 시에 고려하는 하중의 종류나 분류방법을 보다 세분화하여, 다양한 하중조건에서도 일정한 수준의 안전도를 확보할 수 있도록 하고 있다. 예를 들어 교량상부구조설계의 가장 기본적인 하중인 고정하중은 구조부재와 비구조적 부착물의 중량에 의한 고정하중(DC)과 포장과 설비의 중량에 의한 고정하중(DW)으로 분류하여 취급하고 있다. 전자는 비교적 변동성이 적은 하중이나 후자는 공용중에 변동성이 큰, 즉 설계 시 예상한 하중을 초과할 가능성이 높은 하중으로 분류하여 최대 하중계수도 각각 1.25와 1.50으로 제시되어 있다.

설계차량활하중도 여러 가지 면에서 보완 개선되었다. 기존의 설계기준에서는 설계트럭하중(DB하중)과 설계차선하중(DL하중)을 각각 적용하여 불리한 조건에 대하여 설계하도록 하고 있다. 따라서 단순교에서는 지간장 44m를 전후하여 DB하중에서 DL하중으로 바뀌게 된다. 그

러나 실제 통행차량에 의한 하중효과를 분석한 국내외의 실험적 또는 해석적 연구결과에 의하면 단순교 형식에서는 적용설계차량하중이 교체되는 지간장 44m 전후에서 설계차량하중효과가 가장 과소평가되어 차량하중에 대한 구조적 안전도가 가장 낮아지게 되는 것으로 확인되었다. 이러한 문제를 해소하기 위해서, 하중저항계수설계법과 도로교설계기준 한계상태설계법에서는 새로운 표준트럭하중의 모형으로 KL-510하중을 도입하였다. KL-510하중은 표준트럭하중(총중량 510kN)과 표준차로하중으로 이루어져 있다. 표준트럭하중은 기존의 DB-하중에 2축의 중차량 트럭의 탠덤(tandem)하중을 고려하여 4축의 표준트럭하중으로 모형화한 것이다. 여기서 탠덤하중은 주로 짧은 지간장의 부재설계에 적용되는 것으로 일반적인 중차량에 장착되는 2축의 탠덤을 모형화한 것이다. 하중저항계수설계법과 도로교설계기준 한계상태설계법에서는 (1) 횡방향으로 3m의 폭을 점유하는 표준트럭하중 1대의 영향과 (2) 표준차로하중과 1대의 표준트럭하중의 75%의 영향의 합중에서 설계부재에 불리한 응력을 주는 것을 재하하도록 하였다.

또한, 하중저항계수설계법과 도로교설계기준 한계상태설계법에서는 피로하중으로 KL-510 표준트럭하중의 80%를 적용하고 있으며, 강바닥판의 피로검토 시에는 탠덤축 또는 후륜축 중량의 80%를 적용하도록 규정하고 있다. 그리고 반복응력의 빈도도 실제 트럭교통량을 반영하여 산정하도록 하고 있다.

주행하는 차량하중에 의한 응답의 동적증폭효과를 반영하는 충격하중도 기존의 지간장에 의한 결정방법과 달리 바닥판 신축이음부를 제외한 모든 부재에 대해 동일한 값(25%)을 적용하도록 하고, 피로설계 시에는 하향조정된 값(15%)을 제시하고 있다. 하중저항계수설계법과 도로교설계기준 한계상태설계법에서 모듈러형 신축이음(modular expansion joint)의 충격계수는 0.3($IM=30\%$)이고 핑거형 신축이음(finger expansion joint)는 1.0($IM=100\%$)을 사용하도록 하고 있다.

3.1.4 하중저항계수설계법의 저항계수

2014년에 개정된 하중저항계수설계법에 의한 강구조설계기준에서는 기존의 강구조설계기준에 비하여 하중저항계수설계시에 고려하여야 하는 강구조 재료의 강도를 보다 세분화하여 수록하고 있다. 강재 또는 강재와 다른 재료를 결합시켜 만들어진 부재의 구조적 거동은 건설 중, 이동 운반 중, 또는 가설 시 뿐만이 아니라 그 구조물의 공용 기간 동안 가장 큰 응력이 발생될 수 있는 모든 단계에 대해 검토해야 한다. 구조 부재는 강도한계상태, 극한하중한계상태, 사용한계상태, 그리고 피로 및 파단한계상태에서 요구되는 조건을 적절히 만족시켜야 한다.

강도한계상태의 저항계수 [하중저항계수설계법에 의한 강구조설계기준(2014, 국토교통부)]

강도한계상태에 대한 강도저항계수 ϕ는 다음 값을 취한다.

- 휨에 대해 $\phi_b = 0.90$
- 전단에 대해 $\phi_v = 0.90$
- 비틀림에 대해 $\phi_T = 0.90$
- 축방향 압축력에 대해 $\phi_c = 0.90$
- 인장력에 대해(유효순단면 적용시 파단한계상태) $\phi_t = 0.75$
- 인장력에 대해(총단면 적용시 항복한계상태) $\phi_t = 0.90$
- 전단연결재에 대해 $\phi_{sc} = 0.80$
- 핀의 지압력에 대해 $\phi = 0.75$
- 볼트의 지압력에 대해 $\phi = 0.75$
- 인장력을 받는 고장력 볼트 F8T, F10T, F13T $\phi = 0.75$
- 인장력을 받는 일반볼트에 대해 $\phi = 0.75$
- 전단력을 받는 고장력 볼트 F8T, F10T, F13T $\phi = 0.75$
- 전단력을 받는 일반볼트에 대해 $\phi = 0.75$
- 블록전단에 대해 $\phi = 0.75$
- 완전용입 그루브용접시의 용접 금속에 대해 :
  - 전단 $\phi = 0.80$
  - 용접축에 직각인 인장 또는 압축 $\phi =$ 모재 ϕ
- 부분용입 그루브용접시의 용접 금속에 대해 :
  - 전단 $\phi = 0.75$
  - 용접축에 직각인 인장 $\phi = 0.80$
- 필릿용입시에 용접 금속에 대해 :
  - 전단 $\phi = 0.75$
- 플러그, 슬롯용접에 대해 :
  - 접합면에 평형한 전단 $\phi = 0.75$
- 아치형 파형강판 구조물에 대해 :
  - 압축강도 $\phi = 0.80$
  - 휨모멘트와 압축력에 의한 소성힌지(시공 중) $\phi_{hc} = 0.90$

– 휨모멘트와 압축력에 의한 소성힌지(완공 후) $\phi_h = 0.85$

– 이음부강도 $\phi_j = 0.70$

▪ 박스형 파형강판 구조물에 대해 :

– 압축강도 $\phi = 0.90$

– 휨모멘트와 압축력에 의한 소성힌지 $\phi_h = 0.90$

– 휨모멘트 $\phi_h = 0.90$

– 이음부강도 $\phi_j = 0.70$

극한하중한계상태의 저항계수 [하중저항계수설계법에 의한 강구조설계기준(2014, 국토교통부), 도로교설계기준(한계상태설계법 2012) 6.5.5]

극한하중한계상태에 대한 강도저항계수는 볼트의 경우를 제외하고는 모두 1.0을 취한다. 내하력 설계에 의해 보호되지 않은 볼트의 조인트는 극한하중한계상태에 대해 지압이음 형식으로 거동하는 것으로 가정하며, 저항계수는 위의 강도한계상태에 주어진 볼트 지압력에 대한 값을 적용한다.

사용한계상태

하중저항계수설계법에 의한 강구조설계기준(2014, 국토교통부)과 도로교설계기준(한계상태설계법 2012) 2.5.2.6 및 6.10.5항의 규정을 적용한다. 강구조물은 표 3.1.1에 있는 사용한계상태조합Ⅱ의 조건을 만족시켜야 한다.

피로 및 파단한계상태

하중저항계수설계법에 의한 강구조설계기준(2014, 국토교통부) 제10장의 규정에 따라 각 구조부재와 상세에 대한 피로 검토가 수행되어야 한다. 하중저항계수설계법에 의한 자세한 피로 검토는 본 교재 3.7절의 피로설계에서 다루고 있다.

3.2 인장부재

3.2.1 개설

강구조물에서 인장부재는 트러스구조의 주부재 또는 버팀 인장봉(tie rods) 및 브레이싱재와 같은 2차부재로 사용된다. 일반적으로 하중저항계수설계법에서는 인장부재의 경우 재료의 항복 또는 극한강도 파괴만 고려하면 되므로 다른 종류의 부재에 비하여 설계가 간단하다.

하중저항계수설계법 설계규준의 일반형식은 중심축 인장력을 받는 인장부재의 경우 다음과 같이 쓸 수 있다.

$$\phi_t P_n \geq P_u \tag{3.2.1}$$

여기서 ϕ_t : 3.1.4절에 규정된 인장강도에 관한 강도저항계수

P_n : 인장부재의 공칭인장강도

P_u : 인장부재에 작용하는 여러 하중에 의해 발생한 인장하중효과에 하중조합계수를 곱하여 얻어진 소요인장강도($= \sum_i \eta_i \gamma_i P_i$)

하중저항계수설계법에 의한 강구조설계기준(2014, 국토교통부)의 규준에 따르면 설계인장강도(계수저항 $P_r = \phi_t P_n$)는 다음 두 경우 중의 작은 값을 취하도록 규정하고 있다.

총단면이 항복하는 경우 :

$$P_r = \phi_t P_n = \phi_t F_y A_g = 0.90 F_y A_g \tag{3.2.2}$$

여기서 F_y : 항복강도(MPa)

A_g : 부재의 총단면적(mm^2)

유효순단면이 파단되는 경우 :

$$P_r = \phi_t P_n = \phi_t F_u A_e = \phi_t F_u A_n U = 0.75 F_u A_n U \tag{3.2.3}$$

여기서 F_u : 인장강도(MPa)

A_e : 3.2.2절에 따라 구한 부재의 유효순단면적(mm^2)

A_n : 3.2.2절에 따라 구한 부재의 순단면적(mm^2)

U : 전단뒤짐을 고려하기 위한 감소계수(부재내의 모든 요소에 인장력이 작용될 경우에는 1.0으로 하고, 기타 경우는 3.2.2절에서 설명함)

총단면 항복의 경우는 연결부를 제외한 부재 전체가 동일한 응력상태에서 항복에 이르러 전

체 부재의 변형이 한계상태를 초과하게 되는 경우에 대한 설계검토조건이며, 유효순단면 파단의 경우는 연결부위가 파단되는 경우에 대한 설계검토조건이다. 물론 유효순단면에서의 항복이 총단면에서의 항복보다 먼저 발생하게 되나 유효순단면에서의 항복은 항복이 발생하는 연결부의 길이가 짧아 연결부를 제외한 전체 부재길이에 걸쳐 발생하는 항복보다 덜 심각하기 때문에 파단에 대한 한계상태만을 검토하고 있다. 그러나 파단은 항복에 비해 극단적인 상황이므로 유효순단면의 파단한계상태에 대한 강도저항계수가 총단면 항복한계상태에 대한 강도저항계수보다 작은 값을 적용하고 있다.

3.2.2 단면적과 유효순단면적

인장부재의 순단면적 A_n은 각 요소의 가장 작은 순폭과 두께의 곱을 합하여 구한다. 순폭은 응력방향과 직각방향, 대각선방향 또는 지그재그로 배치된 모든 볼트구멍을 고려한 예상파단선들을 비교 조사하여 가장 작은 값을 취한다(그림 3.2.1). 각각의 예상파단선에 대한 순폭은 총폭(W_g)에서 파단선상에 있는 모든 구멍에 대하여 공제한 다음, 불규칙배치(지그재그 엇모배치)로 배열된 구멍들에 대해서는 인접한 두 개의 볼트 사이마다 $s^2/4g$ 값으로 보정하여 구한다. 여기에서 s와 g는 그림 3.2.1과 같이 인접한 두 볼트구멍의 응력방향의 간격(mm)과 응력직각방향의 간격(mm)이다. 볼트구멍의 폭은 표 3.5.4 볼트구멍의 최대크기[하중저항계수설계법에 의한 강구조설계기준(2014, 국토교통부) 표9.1.1.10-1]에서 규정한 공칭구멍의 직경의 값으로 한다. 이 경우 별도의 규정이 없으면 고장력볼트를 이용한 연결에는 표준구멍의 직경을 사용한다. 그림 3.2.1에서 순단면적 A_n은 총단면적 $A_g(=W_g t)$에서 구멍에 의한 손실단면적을 공제한 값으로 아래의 두 값 중에서 작은 값으로 취한다.

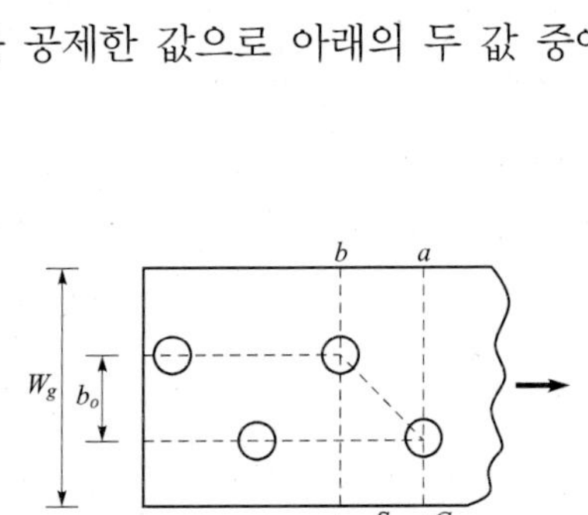

그림 3.2.1 인장부재 예상파단선

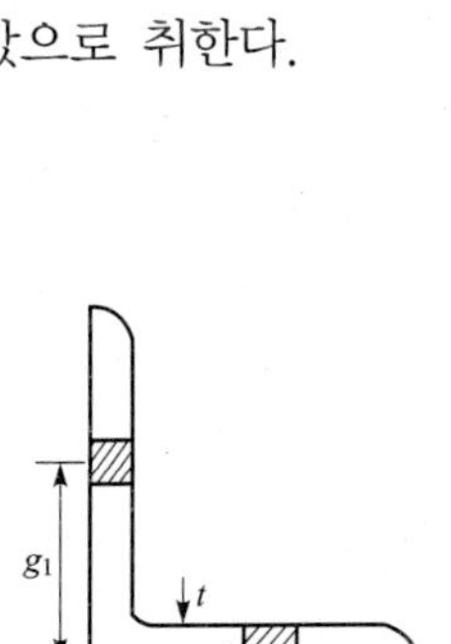

그림 3.2.2 ㄱ형강

정열배치일 경우(예상파단선 ① : a−c)

$$A_n = A_g - ndt \quad (3.2.4)$$

여기서 n : 인장력에 의한 파단선상에 있는 구멍의 수

d : 연결재 구멍의 직경(mm)

t : 부재의 두께(mm)

불규칙배치(지그재그 엇모배치)일 경우(예상파단선 ② : b−c)

$$A_n = A_g - ndt + \Sigma \frac{s^2}{4g} t \quad (3.2.5)$$

여기서 s : 인접한 2개 구멍의 응력 방향 중심간격(mm)

g : 연결재 게이지선 사이의 응력 수직방향 간격(mm)

볼트구멍이 있는 ㄱ형강의 순단면적은 다리를 동일평면에 전개한 후 산정한다. 이 경우 그림 3.2.2와 같은 ㄱ형강의 g는 아래 식과 같다.

$$g = g_1 + g_2 - t \quad (3.2.6)$$

인장부재의 연결부의 특성에 따른 전단뒤짐현상에 의해 응력집중현상이 나타나게 되며 이러한 현상을 반영하기 위해 편의상 유효순단면적을 사용한다. 유효순단면적 A_e는 순단면적 A_n과 전단뒤짐에 의한 감소계수 U의 곱으로 나타낸다. 즉,

$$A_e = UA_n \quad (3.2.7)$$

감소계수 U는 정밀해석이나 실험을 하지 않을 경우에 하중저항계수설계법에 의한 강구조설계기준(2014, 국토교통부) 표 3.2.3-1에서는 다음과 같이 결정한다.

1) 인장력이 연결재를 통해 각각의 단면요소에 직접적으로 전달되는 모든 인장재 : $U = 1.00$

2) H형강 또는 T형강에서 하중방향으로 매 열당 4개 이상의 연결재가 있는 경우 : $U = 0.70$

3) 단일 ㄱ형강 또는 쌍 ㄱ형강에서 하중방향으로 매 열당 4개 이상의 연결재가 있는 경우 : $U = 0.80$

예제 3.2.1

그림 3.2.3와 같은 SM 355강재인 L-150×100×12 ($A_g = 2856\,\mathrm{mm}^2$) 형강이 M 24 고장력볼트로 연결된 경우, 그 형강에 작용할 수 있는 사용활하중 크기를 결정하라. 단, 하중저항계수설계법에 의한 강구조설계기준(2014, 국토교통부)을 따르고, 하중수정계수 η_i은 1.0 그리고 감소계수 $U = 0.80$이다. 또한, 활하중(LL)이 고정하중(DC)보다 2.5배 크다.
($F_u = 490\,\mathrm{MPa}$, $F_y = 355\,\mathrm{MPa}$, 하중계수 $\gamma_{DC} = 1.25$와 $\gamma_{LL} = 1.80$이고 하중조합은 강도한계상태 I로 $P_u = \sum \eta_i \gamma_i Q_i = 1.00 \times 1.25 \times DC + 1.00 \times 1.80 \times LL = 1.25DC + 1.80LL$를 사용하라.)

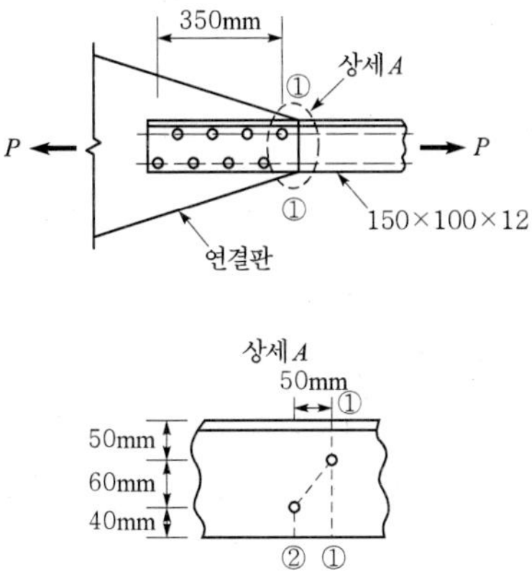

그림 3.2.3

풀 이

인장부재의 설계인장강도 P_r는 총단면의 항복한계상태 또는 유효순단면의 파단한계상태에 의해 결정된다.

1) 총단면 항복한계상태 $P_r = \phi_t P_n = \phi_t F_y A_g = 0.90 \times 355 \times 2{,}856 \times 10^{-3} = 912.49\,\mathrm{kN}$

2) 유효순단면 파단한계상태

$$P_r = \phi_t P_n = \phi_t F_u A_e = \phi_t F_u A_n U$$

여기에서 순단면적 A_n은 두 가지의 예상 파단선 ①-①과 ①-②에 의해 결정된다.

단면 ①-①의 경우

$$A_n = A_g - 1 \times \text{구멍공제직경} \times t = 2856 - (27) \times 12 = 2532\,\mathrm{mm}^2$$

여기서, 구멍공제직경은 표 3.5.4 볼트구멍의 최대크기에서 표준구멍의 직경으로 M 24의 경우 27mm이다.

단면 ①-②의 경우

$$A_n = A_g - 2 \times \text{구멍공제직경} \times t + \left(\frac{s^2}{4g}\right) \times t$$

$$= 2856 - 2 \times (27) \times 12 + \frac{(50)^2}{4 \times 60} \times (12) = 2333\,\mathrm{mm}^2$$

따라서 작은 순단면적을 가진 단면 ①-②가 파단한계상태를 결정한다. 또한 유효단면적 계산을 위한 감소계수 $U = 0.80$이므로 순단면의 파단한계상태에 대한 설계인장강도는

$$\phi_t P_n = 0.75 \times 490 \times 2{,}333 \times 0.80 = 685{,}902\mathrm{N} = 685.90\,\mathrm{kN}$$

이다. 총단면 항복한계상태에 대한 설계인장강도 912.49kN보다 낮은 설계인장강도를 갖는 유효순단면 파단한계상태가 설계를 지배하게 되어 이 부재의 설계인장강도는 685.90kN가 된다.

하중계수 및 하중수정계수를 사용하중이나 작용외력에 곱하면 하중저항계수설계하중에 의한 작용력인 소요강도가 되고, 이것이 상기한 설계강도와 같거나 크지 않아야 한다. 문제에 주어진 것처럼 하중저항계수설계에서 강도한계상태 I 의 하중조합에서 구한 소요인장강도 P_u는 다음과 같다.

$$P_u = \Sigma \eta_i \gamma_i Q_i = 1.00 \times 1.25 \times DC + 1.00 \times 1.80 \times LL = 1.25DC + 1.80LL$$

하중저항계수설계규준식($\phi_t P_n \geq P_u = \Sigma \eta_i \gamma_i Q_i$)을 적용하여 $\phi_t R_n = P_u$로 놓으면, 문제에 주어진 것처럼 활하중 LL이 고정하중 DC의 2.5배이므로

$$P_r = \phi_t P_n = 1.25DC + 1.80LL = 1.25DC + 1.80(2.5DC) = 5.75\,DC$$

$$685.90 = 5.75DC$$

$$DC = 119.29\,\text{kN}$$

$$LL = 2.5DC = 2.5(119.29) = 298.23\,\text{kN}$$

그러므로 이 인장부재에 재하가능한 사용활하중 $P = 298.23\,\text{kN}$이다.

3.2.3 부재의 세장비

인장부재는 충분한 단면을 가지고 있어도 운반 또는 시공 중에 손상을 입기가 쉽고 처짐과 진동 떨림 문제가 발생할 수 있으므로 인장부재에 대하여 세장비를 제한하고 있는데, 이는 교량 강구조의 경우 다음과 같다.

- 교번응력을 받는 주부재 $L/r \leq 140$
- 교번응력을 받지 않는 주부재 $L/r \leq 200$
- 2차 부재 $L/r \leq 240$

여기서 L은 비지지길이이며, r은 단면 최소회전반경이다.

3.2.4 블록전단파괴

인장부재의 설계강도는 블록전단파괴(block shear rupture)라는 파괴양상에 의해서도 결정되어질 수 있다. 아래의 그림 3.2.4는 블록전단파괴의 몇 가지 경우를 나타내었다. 인장부재의 한 면에서 인장과 전단이 작용하여 아래의 그림과 같이 수직으로 파열되는 현상을 블록전단파괴라고 한다. 즉, 외력에 의해 부재에 인장력이 작용할 때 볼트연결 또는 용접연결에 의해

단면손실로 인한 취약부에 응력이 집중하는 현상이 발생한다. 이러한 인장력이 계속하여 작용하면 취약부의 응력집중이 계속 증가하여 항복하게 될 것이다.

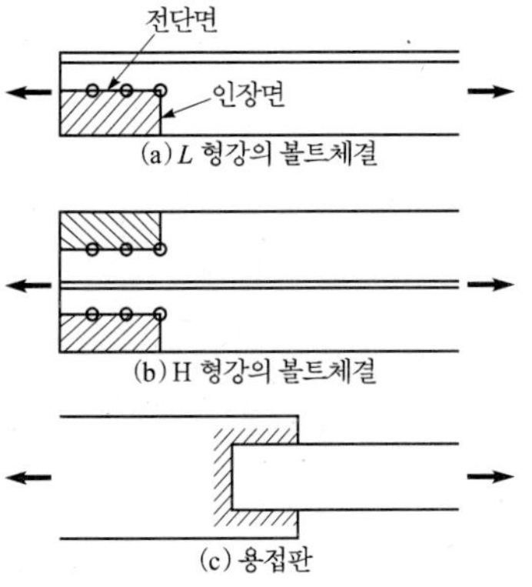

그림 3.2.4 블록전단

블록전단은 아래의 그림 3.2.5와 같이 크게 두 가지로 나누어 볼 수 있다. 그림 3.2.5(a)에서는 전단력을 받는 면적이 크고 인장력을 받는 면적이 작은 경우를 나타내고 있다. 이때의 블록전단은 전단파괴-인장항복(shear fracture-tension yielding)의 항으로 표현된다. 그림 3.2.5(b)에서는 파열된 부분의 자유물체도를 보여주고 있다. 이 자유물체도에서 볼트의 구멍을 통해 블록전단이 발생함을 알 수 있다. 그림 3.2.5(c)에서는 인장력을 받는 면적이 크고 전단력을 받는 면적이 작은 경우를 나타내고 있으며, 전단항복-인장파괴(shear yielding-tension fracture)의 항으로 나타내고 있다.

하중저항계수설계법에 의한 강구조설계기준(2014, 국토교통부) 9.1.4.3절에서는 블록전단 강도를 규정하고 있으며, 연결부의 부재나 연결판의 모든 가능한 파괴면에 대해서 검토하도록 하고 있다. 파괴면은 작용하중에 평행 또는 수직인 면을 포함해야 하며, 작용하중에 평행한 면은 전단응력만 작용하도록 하고 작용하중에 수직인 면은 인장응력만 지지하도록 하고 있다. 평형면과 수직면을 동시에 고려한 전단블록의 설계강도는 다음과 같이 공칭강도 P_n에 $\phi = 0.75$를 곱하여 산정한다.

$$P_r = \phi P_n = 0.75(0.6F_u A_{vn} + U_{bs} F_u A_{tn}) \le 0.75(0.6F_y A_{vg} + U_{bs} F_u A_{tn}) \quad (3.2.8)$$

여기서 A_{vg} : 전단력에 저항하는 단면의 총단면적(mm^2)
A_{tg} : 인장력에 저항하는 단면의 총단면적(mm^2)
A_{vn} : 전단력에 저항하는 단면의 순단면적(mm^2)
A_{tn} : 인장력에 저항하는 단면의 순단면적(mm^2)

F_y : 연결재의 최소항복응력(MPa)

F_u : 연결재의 최소인장강도(MPa)

U_{bs} : 인장응력이 균일할 경우 1.0, 불균일할 경우 0.5

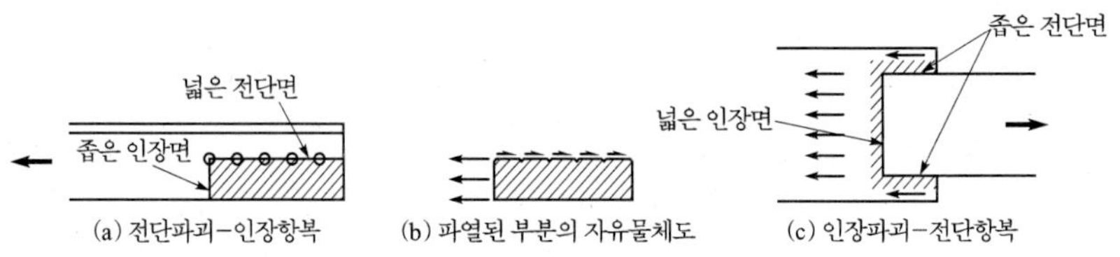

그림 3.2.5 블록 전단의 형상

예제 3.2.2

그림 3.2.6에 보인 것과 같이 12mm 연결판에 3개의 M 24 고장력볼트로 체결된 L−100×100×7($A_g = 1{,}362\,\text{mm}^2$) ㄱ형강의 블록전단파괴모드를 포함하여 연결부의 부재나 연결판의 모든 가능한 파괴면에 대해서 공칭인장강도를 검토한 후 설계강도를 구하라. 단, 하중저항계수설계법에 의한 강구조설계기준(2014, 국토교통부)을 따르고, 인장응력이 균일하고 감소계수 $U = 1.0$을 적용하라. 이때, 강재는 SM 355이다. ($F_u = 490\,\text{MPa}$, $F_y = 355\,\text{MPa}$)

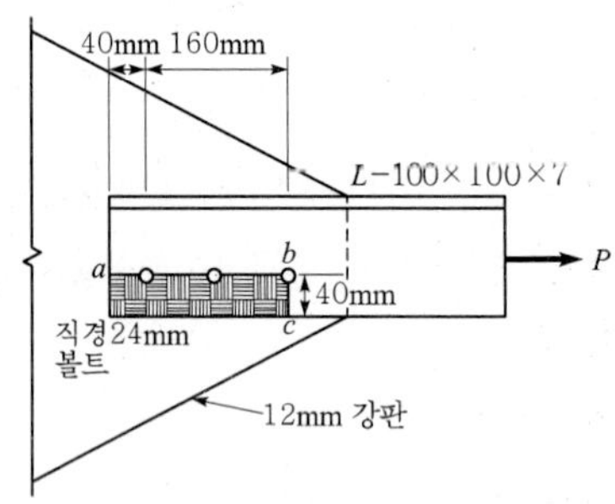

그림 3.2.6

풀 이

인장부재의 설계인장강도는 기본적으로 총단면 항복이나 유효순단면 파괴에 의해 결정된다.

총단면 항복에 대한 설계인장강도는 식 3.2.2에 의해

$$P_r = \phi_t P_n = \phi_t F_y A_g = 0.90 \times 355 \times 1{,}362 \times 10^{-3} = 435.16\,\text{kN}$$

이며,

유효순단면 파괴에 대한 설계인장강도는 식 3.2.3에 의해

$$P_r = \phi_t P_n = \phi_t F_u A_n U$$

여기서 순단면적 A_n은 다음과 같다(구멍공제직경은 표 3.5.4의 표준구멍의 직경으로 M 24의 경우 27mm임).

$$A_n = 1{,}362 - (27) \times 7 = 1{,}173\,\text{mm}^2$$

따라서, 식 3.2.3은

$$P_r = \phi_t P_n = 0.75 \times 490 \times 1{,}173 \times 10^{-3} \times 1.0 = 431.08\,\text{kN}$$

이 되며, 따라서 이 부재의 설계인장강도는 386.13kN가 된다.

블록전단파괴시 설계강도를 계산하면 다음과 같다.

$$A_{tn} = \{40 - 0.5 \times (27)\} \times 7 = 185.5\,\text{mm}^2$$

$$A_{vn} = \{200 - 2.5 \times (27)\} \times 7 = 927.5\,\text{mm}^2$$

$$A_{vg} = 200 \times 7 = 1400\,\text{mm}^2$$

인장응력이 균일하기 때문에 $U_{bs} = 1.0$이다. 따라서,

$$\begin{aligned}\phi_t P_n &= 0.75[0.6F_u A_{vn} + U_{bs} F_u A_{tn}] \\ &= 0.75[0.6 \times 490 \times 927.5 + 1.0 \times 490 \times 185.5] \times 10^{-3} \\ &= 279.69\,\text{kN} < 0.75[0.6F_y A_{vg} + U_{bs} F_u A_{tn}] \\ &\qquad = 0.75[0.6 \times 355 \times 1400 + 1.0 \times 490 \times 185.5] \times 10^{-3} \\ &\qquad = 291.82\,\text{kN}\end{aligned}$$

따라서 블록전단설계강도는 279.69kN으로, 일반적인 설계인장강도 386.13kN보다 매우 작은 값으로 이 인장부재에서는 블록전단파괴가 지배적인 파괴모드임을 알 수 있다. 따라서, 블록전단설계강도 279.69kN가 이 연결부의 설계강도이다. 이와 같은 결과는 일반적으로 6mm이하의 얇은 강판요소에 대해 최소의 볼트로 체결한 경우에 발생하는 것으로 알려져 있다.

연습문제

[3.2.1-3.2.3] 다음의 여러 연결부에서 설계인장강도 P_r과 재하 가능한 사용활하중 크기를 결정하라. 단, 하중저항계수설계법에 의한 강구조설계기준(2014, 국토교통부)의 설계규준을 따르며, 강재는 SM 275이고, 활하중-고정하중비는 2.0이다.
($F_u = 410\,\text{MPa}$, $F_y = 275\,\text{MPa}$, 하중조합은 강도한계상태 I 로 중심축 인장력을 받고 있고, $P_u = \sum \eta_i \gamma_i Q_i = 1.00 \times 1.25 \times DC + 1.00 \times 1.80 \times LL = 1.25DC + 1.80LL$을 사용할 것)

3.2.1 ㄴ-150×150×12 ㄱ형강을 사용하고, 용접을 한 경우

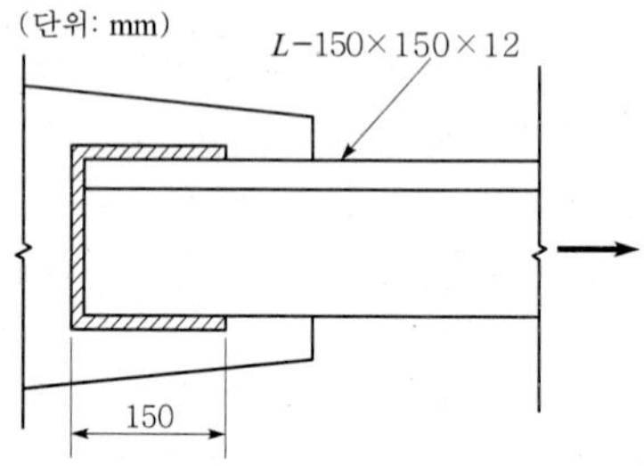

3.2.2 ㄴ-150×100×12 ㄱ형강을 사용하고, M 20 고장력볼트로 연결한 경우

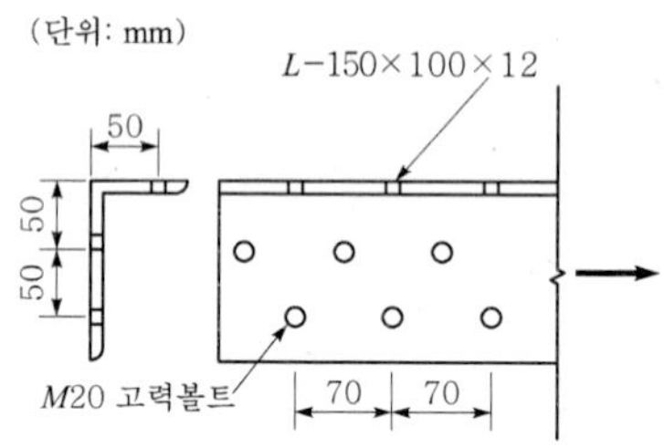

3.2.3 ㄴ-150×90×9 ㄱ형강을 사용하고, M 22 고장력볼트로 연결한 경우 (블록전단파괴를 확인하라.)

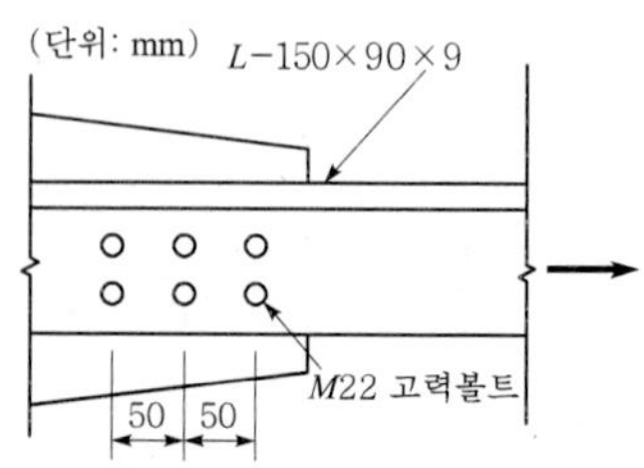

[3.2.4] 다음 상황에서 최적형강을 선정하라. 단, 하중저항계수설계법에 의한 강구조설계기준(2014, 국토교통부)의 설계규준을 따르며, 강재는 SS 275이다.
($F_u = 410\text{MPa}$, $F_y = 275\,\text{MPa}$, 한계상태의 하중조합은 강도한계상태 I 로 중심축 인장력을 받고 있고, $P_u = \sum \eta_i \gamma_i Q_i = 1.00 \times 1.25 \times DC + 1.00 \times 1.80 \times LL = 1.25DC + 1.80LL$를 사용할 것)

3.2.4 M 22 고장력 볼트배치가 그림 3.2.4와 같고 활하중(LL) = 600 kN 그리고 고정하중(DC) = 500 kN일 때, H형강을 선정하라. 또한, 부재는 중심축 인장력을 받고 있다. 단, 하중저항계수설계법에 의한 강구조설계기준(2014, 국토교통부)의 설계규준을 따르며, 강재는 SS 275이다.

(단위: mm)

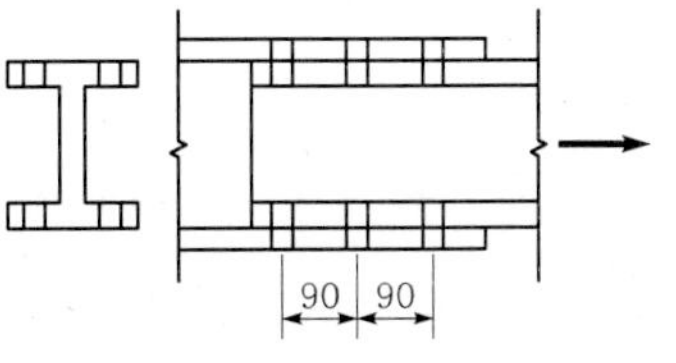

($F_u = 410\text{MPa}$, $F_y = 275\,\text{MPa}$, 한계상태의 하중조합은 강도한계상태 I 로 중심축 인장력을 받고 있고, $P_u = \sum \eta_i \gamma_i Q_i = 1.00 \times 1.25 \times DC + 1.00 \times 1.80 \times LL = 1.25DC + 1.80LL$를 사용할 것)

3.3 압축부재

3.3.1 개설

압축부재의 가장 대표적인 예로서는 기둥을 들 수 있다. 이밖에 압축력을 받는 트러스의 현재(弦材)나 사재(斜材), 교량의 가새(브레이싱), 그리고 플레이트거더의 압축플랜지 등도 압축부재의 범주에 속한다. 압축부재는 작용하중이 어느 한계에 이르면 그에 대응하는 변형상태가 크게 변하는 좌굴현상이 발생하며, 압축부재의 내하력은 이러한 좌굴현상에 의하여 현저히 감소하게 되므로 압축부재의 설계에서는 좌굴에 특히 유의하여야 한다.

허용응력설계에서는 부재의 압축응력을 허용압축응력과 비교하여 부재의 안정을 검토하지만 하중저항계수설계에서는 부재의 한계상태하중을 부재의 설계압축강도저항과 비교함으로써 부재의 안정을 검토하게 된다. 부재력을 구하는 방법은 허용응력설계 및 하중저항계수설계 모두 기본적으로 선형해석에서 구한 축력을 사용하면 되므로 차이가 없지만, 기둥의 압축강도에는 근본적인 차이가 있다. 그 이유는 허용응력설계에서 사용하고 있는 허용압축응력은 CRC(Column Research Council) 곡선으로부터 안전율을 고려하여 결정한 것인데 반하여 하중저항계수설계에서의 압축강도는 SSRC(Structural Stability Research Council) 곡선을 기본으로 하여 결정한 것이기 때문이다. CRC 곡선은 기하학적 불완전(geometric imperfection)은 고려하지 않고 잔류응력만을 고려하여 압축강도 곡선을 구한 것으로서 기하학적 불완전은 안전율을 통하여 함축적으로 고려된다. SSRC 곡선은 컴퓨터의 발전에 따라 기둥의 해석시에 기하학적 불완전과 잔류응력을 모두 고려하여 강도곡선을 도출한 것으로서 CRC 곡선보다 더 합리적이라고 할 수 있겠다.

하중저항계수설계에서 중심축 압축력을 받는 부재의 설계압축강도는 부재의 세장비와 구성판의 폭두께비에 따라 영향을 받게 된다. 하중저항계수설계법에 의한 강구조설계기준(2014, 국토교통부) 제5장에서는 하중저항계수설계법 설계규준에 따라 압축부재의 설계압축강도를 정하고 있다. 설계압축강도 $\phi_c P_n$은 다음과 같이 계산한다. 공칭압축강도 P_n은 휨좌굴, 비틀림좌굴, 휨비틀림좌굴의 한계상태 중 작은 값으로 하고, 강도저항계수 $\phi_c = 0.90$을 사용한다. 여기서는 압축부재의 탄성 및 비탄성좌굴에 대한 기초이론 및 이를 바탕으로한 하중저항계수설계법 압축강도식에 대하여 기술하기로 한다.

3.3.2 기둥의 거동

탄성좌굴

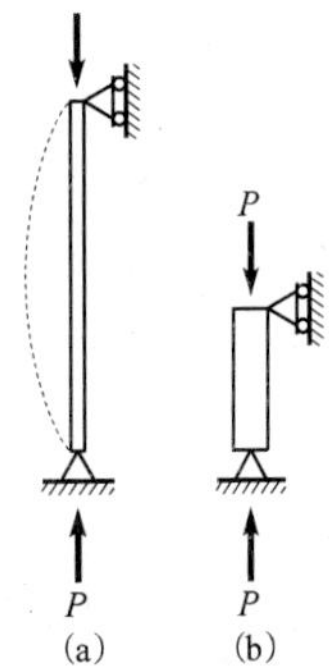

그림 3.3.1 긴 기둥과 짧은 기둥

그림 3.3.1(a) 에서 길이가 긴 세장한 압축부재를 고려해 보자. 만약 축력 P가 점점 증가하여 부재가 불안정 상태가 되면 점선과 같이 변형을 일으키는데 이때 부재는 좌굴이 일어났다고 하며 그때의 하중을 임계좌굴하중이라고 한다. 만약 부재가 그림 3.3.1(b)와 같이 짧고 굵은 부재일 경우에는 압축응력이 항복에 도달하여 파괴가 일어난다.

중심축 압축력을 받는 부재가 매우 세장한 경우에는 부재가 탄성상태에 있을 때 휨좌굴이 발생하며 이때의 탄성좌굴하중(임계좌굴하중)은 다음과 같다(본 교재 제 4장 4.2.2절 참조).

$$P_e = \frac{\pi^2 EI}{L^2} \tag{3.3.1}$$

그림 3.3.2 양단 핀 기둥

여기서 E는 재료의 탄성계수이며, I는 좌굴축에 대한 단면2차모멘트, L은 지지점간 부재의 길이이다. 부재가 탄성상태에 있고, 단부조건이 그림 3.3.2와 같이 힌지나 핀일 경우에만 식 3.3.1을 적용할 수 있다. 식 3.3.1은 1759년 Euler가 처음으로 발표하였으며 탄성좌굴하중(임계좌굴하중)은 오일러(Euler)하중 혹은 오일러좌굴하중이라고도 한다. 식 3.3.1은 수많은 실험에 의하여 입증되었다.

식 3.3.1의 유도는 제 4장 4.2.2절과 건설공학도를 위한 재료역학[박연수 외 저서, 구미서관]의 8장 기둥편에 소개되어 있으므로 여기서는 생략하기로 한다. 단, 미분방정식을 활용하여 유도한 최종식은 다음과 같이 쓸 수 있다.

$$P_e = \frac{n^2 \pi^2 EI}{L^2} \tag{3.3.2}$$

여기서 n은 좌굴모드를 나타낸다. $n=1$일 경우는 1차 모드를 $n=2$일 경우는 2차모드가 된다. $n=0$일 경우는 하중이 재하되지 않은 경우에 해당한다. 그림 3.3.3에 다양한 좌굴모드를 나타내었다. 여기서, 기둥의 좌굴모드형상은 $y = A\sin\frac{n\pi}{L}x$이다. 좌굴모드에 따른 임계하중 중 $n=1$일 때 최소임계하중 즉 탄성좌굴하중이 된다. 즉, 식 3.3.1을 다시 쓰면

$$P_e = \frac{\pi^2 EI}{L^2} = \frac{\pi^2 EAr^2}{L^2} = \frac{\pi^2 EA}{(L/r)^2} \tag{3.3.3}$$

여기서 A는 단면적, $r(=\sqrt{I/A})$은 좌굴 축에 대한 단면최소회전반경 및 L/r 은 세장비이다. 만일 탄성좌굴하중을 단면적으로 나누면 탄성좌굴응력은 다음 식과 같이 된다.

$$F_e = \frac{P_e}{A} = \frac{\pi^2 E}{(L/r)^2} \tag{3.3.4}$$

부재의 응력이 식 3.3.4에 도달할 때 좌굴이 발생하며 이때 좌굴은 세장비가 큰 축 즉 회전반경이 작은 축에 대하여 일어나게 된다.

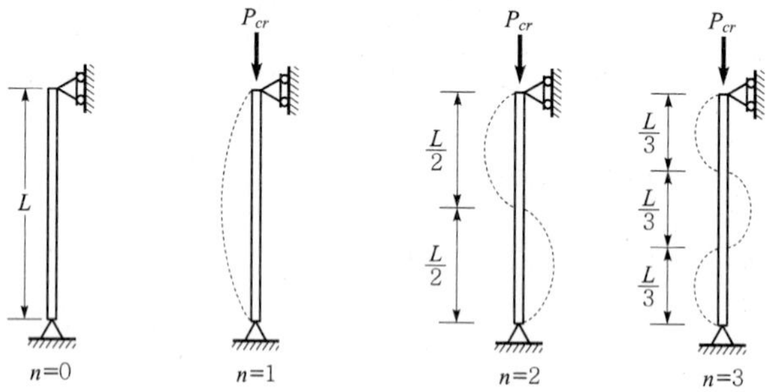

그림 3.3.3 양단 핀인 기둥의 좌굴모드

비탄성좌굴

식 3.3.4의 오일러좌굴식은 세장비가 작은 부재의 좌굴응력을 결정하는데는 사용할 수 없다. 그 이유는 세장비가 작은 부재의 경우에 식 3.3.4는 항복응력보다 큰 값을 주기 때문이다. 만약 좌굴이 발생할 때 단면의 응력이 재료의 응력-변형률 관계에서 비례한도를 초과하면 응력-변형률 관계는 선형이 아니며 탄성계수 E는 더 이상 사용할 수 없다. 이것은 기둥에서 좌굴이 일어나기 전에 단면의 일부분이 먼저 항복이 발생하는 현상으로, 이러한 형태의 좌굴을 비탄성좌굴이라고 한다. 그림 3.3.4는 좌굴응력(F_{cr})-세장비(λ)의 관계를 표시한 것이다. 식 3.3.4는 좌굴응력이 비례한계응력 이하가 되는($F_e \leq F_p$) 범위에서만 적용가능하며, $F_e = F_p$인 점을 경계로 탄성좌굴이 일어나는 장주와 비탄성좌굴이 일어나는 단주로 나누어진다.

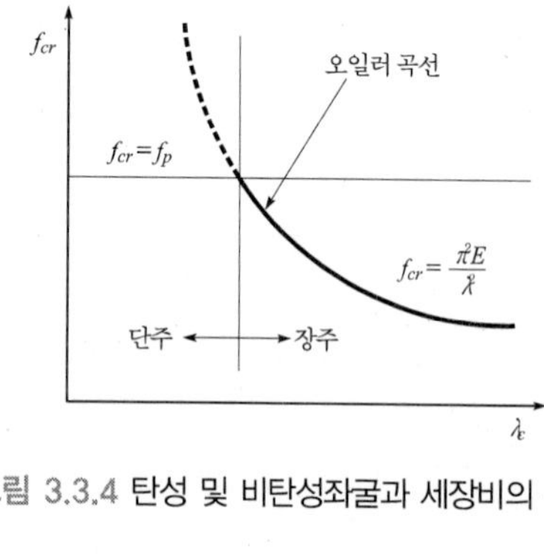

그림 3.3.4 탄성 및 비탄성좌굴과 세장비의 관계

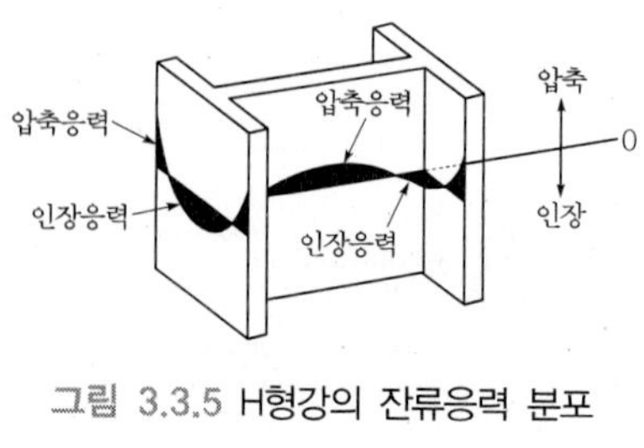

그림 3.3.5 H형강의 잔류응력 분포

강구조물의 용접부나 열간압연 강재가 균일하게 냉각하지 않으면 잔류응력이 발생한다. 열간압연 H형강의 경우, 플랜지 양단이 먼저 냉각 수축하고, 플랜지와 웨브의 연결부분은 서서히 냉각되므로, 그림 3.3.5와 같은 잔류응력의 분포형상이 생길 수 있다. 이러한 잔류응력을 가진 부재에 압축하중이 가해지게 되면 압축잔류응력에 압축응력이 더해지게 된다. 가력되는 하중이 증가되면 전(全)응력은 큰 압축잔류응력이 존재하는 플랜지의 양단으로부터 항복응력에 도달하고, 플랜지의 중앙쪽으로 그 항복응력의 분포 폭이 넓어지게 되며 그만큼 유효단면적이 작아지게 된다. 이처럼 축소된 유효단면적 때문에 단면2차모멘트가 부재의 강·약축에 따라 서로 다르게 되므로 강·약축에 관한 좌굴응력 역시 서로 달라지게 된다. 이와 같이 잔류응력의 존재영향에 따라 좌굴응력이 감소됨을 알 수 있다.

오일러 좌굴이론은 탄성좌굴응력 F_e가 재료의 비례한계응력 F_p 이하일 경우에 한하여 유효하다는 것을 언급하였다. $F_e \geq F_p$이 되는 영역에서의 좌굴, 즉 비탄성좌굴(inelastic buckling)영역에서의 좌굴하중 또는 좌굴응력을 계산하는 이론에는 Engesser의 접선계수이론, Shanley의 기둥이론 등 여러 가지가 제안되었으나, 근사적이지만 안전측 결과를 주는 대표적인 방법으로서는 접선계수이론(tangent modulus theory)을 들 수 있다. 접선계수이론은 1889년 F. Engesser에 의하여 제안된 것으로 비탄성응력영역에서는 비례한도 이상의 탄성계수를 응력-변형률 곡선의 접선경사(slope)로 취하여 오일러 좌굴하중 및 응력을 구할 수 있다는 이론으로서, 식 3.3.4에서 탄성계수 E 대신 그림 3.3.6과 같이 접선계수 $E_t = df/d\epsilon$를 도입하여 오일러공식의 적용범위를 비탄성영역까지 확장시킨 것으로 다음과 같이 주어진다. 따라서, 오일러탄성좌굴하중의 식 3.3.1은 다음 식과 같이 수정할 수 있다.

$$P_e = \frac{\pi^2 E_t I}{L^2} \tag{3.3.5}$$

식 3.3.5는 오일러탄성좌굴하중식과 같은 것이며 단지 E를 E_t로 바꾼 것이다. 식 3.3.5를 단면적 A로 나누고 정리하면

$$F_{e,t} = \frac{\pi^2 E_t}{(L_e/r)^2} = \frac{\pi^2 E_t}{\lambda_e^2} \tag{3.3.6}$$

이 방법이 의미하는 바를 나타내면 그림 3.3.6과 같다. 그러나 실제로 각국의 기둥의 설계시방서에서는 비탄성좌굴영역에서 이론적인 좌굴공식을 사용하지 않고 실제기둥의 제작 및 시공오차에 의한 초기결함, 용접잔류응력, 단면형상 등을 고려하여 실험에 바탕을 둔 다양한 실험곡선식을 사용하고 있다.

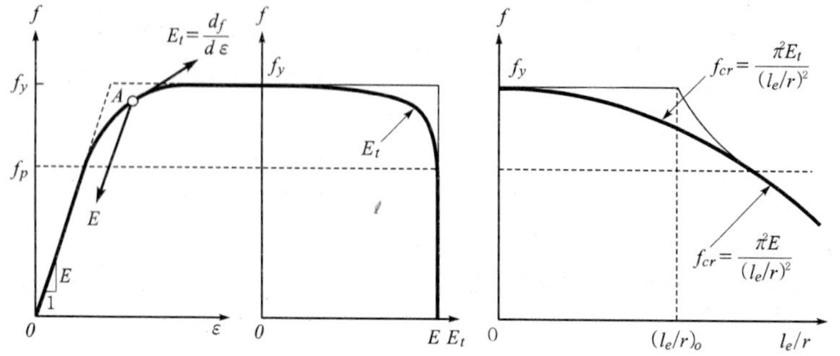

그림 3.3.6 비탄성좌굴에서 접선계수곡선

3.3.3 유효좌굴길이계수

오일러식이나 접선탄성계수식은 기둥의 양단이 핀이라는 가정에 기초하고 있기 때문에 단부조건이 상이하면 사용할 수 없다. 각기 다른 단부조건을 고려하기 위하여 유효좌굴길이계수 K를 도입하여야 하며 이때 탄성좌굴하중은 다음 식과 같이 쓸 수 있다.

$$P_e=\frac{\pi^2 EI}{(KL)^2} \tag{3.3.7}$$

여기서 KL은 유효좌굴길이라고 하며 기둥의 변곡점 사이의 거리이다. 예를 들어 양단이 핀인 기둥의 유효좌굴길이계수는 1.0이고, 양단이 고정인 기둥의 유효좌굴길이계수는 0.5이다. 여러 가지 단부조건에 대한 유효좌굴길이계수는 표 3.3.1과 같다. 다양한 단부조건에 대한 K값은 미분방정식으로부터 임계하중을 유도함으로써 구할 수 있다. 이상화한 기둥 양단의 단부조건은 실제와 상이하기 때문에 하중저항계수설계법에 의한 강구조설계기준(2014, 국토교통부)은 이론값과 추천값을 제시하고 있다. 즉 고정단의 경우에 완전 고정단은 실제로 존재하기 어렵기 때문에 이론값보다 좀 더 큰 K값을 추천하고 있다. 고정단은 없고 힌지단이 있는 경우에는 현실적으로 마찰이 없는 핀은 존재하기 어려우므로 K값을 감소시켜야 하나, 보수적으로 이론값과 동일한 K값을 추천하고 있다.

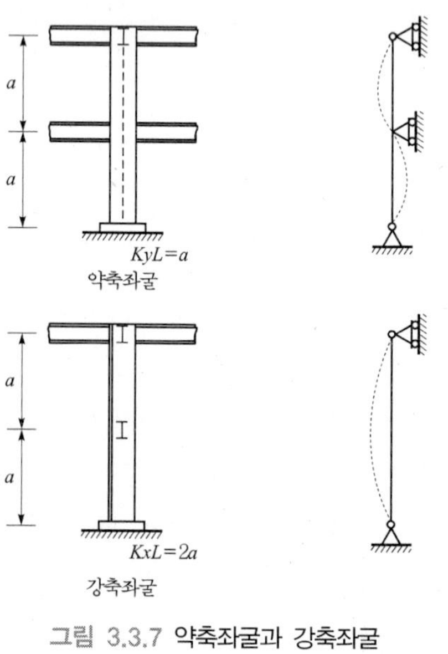

그림 3.3.7 약축좌굴과 강축좌굴

그림 3.3.7에서 보는 바와 같이 만약 기둥이 강축과 약축에 대하여 서로 다르게 횡지지가 되어 있다면 기둥의

유효좌굴길이는 두 주축방향으로 서로 상이하다. 그림 3.3.7에서 기둥의 약축방향으로 중간 높이에 횡지지되어 있으며 보 부재는 기둥에 힌지로 연결되어 있어서 횡변위는 억제하고 회전은 억제하지 못한다고 하자. 이 경우 강축에 대한 유효좌굴길이 K_yL는 약축에 대한 유효좌굴길이의 두배가 된다. 기둥의 강도는 세장비가 클수록 작아지므로 두 주축에 대한 세장비를 각각 구하여야 한다. 즉 K_xL/r_x와 K_yL/r_y를 비교하여 큰 세장비를 갖는 주축에 대하여 기둥은 좌굴한다.

표 3.3.1 유효좌굴길이계수

유효 길이 계수, K						
	(a)	(b)	(c)	(d)	(e)	(f)
점선은 좌굴 형상	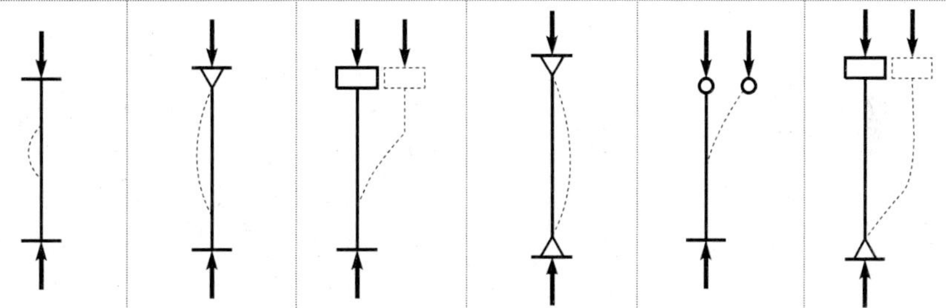					
K의 이론치	0.5	0.7	1.0	1.0	2.0	2.0
이상화된 지지조건이 근사적으로 성립할 경우 K의 설계치	0.65	0.80	1.2	1.0	2.1	2.0

3.3.4 국부좌굴에 대한 단면의 분류

압축부재에서 폭두께비(b/t)가 너무 크면 판의 휨국부좌굴 등이 발생하여 압축부재의 내하력이 떨어진다. 하중저항계수설계법에 의한 강구조설계기준(2014, 국토교통부) 5.1.1절에서는 압축력을 받는 판을 비세장판 단면과 국부좌굴이 발생하는 세장판 단면으로 폭두께비 한계값을 사용하여 구분하였다.

1) 비세장판 단면 : 압축 판요소의 폭두께비가 폭두께비 한계값을 초가하지 않는 단면, 즉

$$\frac{b}{t} \le k\sqrt{\frac{E}{F_y}} \tag{3.3.8}$$

2) 세장판 단면 : 압축 판요소의 폭두께비가 폭두께비 한계값을 초가하는 단면

$$\frac{b}{t} > k\sqrt{\frac{E}{F_y}} \tag{3.3.9}$$

여기서, k는 판의 좌굴계수로서 표 3.3.2에 그 값이 규정되어 있다. b는 표 3.3.2에 규정된 판이며 t는 판의 두께이다. 표 3.3.2의 각 경우를 그림 3.3.8에 나타내었다.

표 3.3.2 압축력을 받는 압축 판요소의 폭두께비의 한계값(세장/비세장)

자유돌출판 (한쪽 단이 지지된 판)	k	b
압연 H형강의 플랜지 서로 접한 쌍ㄱ형강의 돌출된 플레이트 ㄷ형강의 플랜지 T형강의 플랜지	0.56	H형 단면의 플랜지 폭의 반(그림 3.3.8 참조) ㄷ형 단면의 플랜지 전폭(그림 3.3.8 참조) 자유단과 판의 첫 번째 볼트 연결선 또는 용접간의 거리 맞대어진 두 ㄱ형강에서 맞대어지지 않은 한 ㄱ형강의 다리길이(그림 3.3.8 참조)
T형강의 웨브(스템)	0.75	T형강의 웨브(스템) 전체 공칭높이(그림 3.3.8 참조)
ㄱ형강의 다리	0.45	단일 ㄱ형강 또는 분리재를 갖는 이중 ㄱ형강에 있어서 돌출 다리의 전체폭(그림 3.3.8 참조)
양연지지판 (양단이 지지된 판)	k	b
균일한 두께를 갖는 각형강관과 박스의 플랜지 플랜지 커버플레이트	1.40	박스거더단면의 플랜지의 경우 웨브간 순간격에서 내부 모서리 반경을 뺀 거리 플랜지 커버플레이트의 용접선 또는 볼트선간 거리
2축 대칭 H형강의 웨브와 ㄷ형강의 웨브	1.49	압연보의 웨브의 경우 플랜지간 순 간격에서 필릿 반경을 뺀 거리(예제 3.3.1과 그림 3.3.8 참조)
그 외 양쪽이 모두 지지된 판요소	1.49	지지점간 순간격

강관단면의 두께는 다음을 만족하여야 한다.

$$\text{원형 강관 : } \frac{D}{t} \leq 0.11\frac{E}{F_y} \tag{3.3.10}$$

$$\text{사각형 강관 : } \frac{b}{t} \leq 1.40\sqrt{\frac{E}{F_y}} \tag{3.3.11}$$

여기서, D는 강관의 외경(mm)이고 t는 강관의 두께(mm)이다.

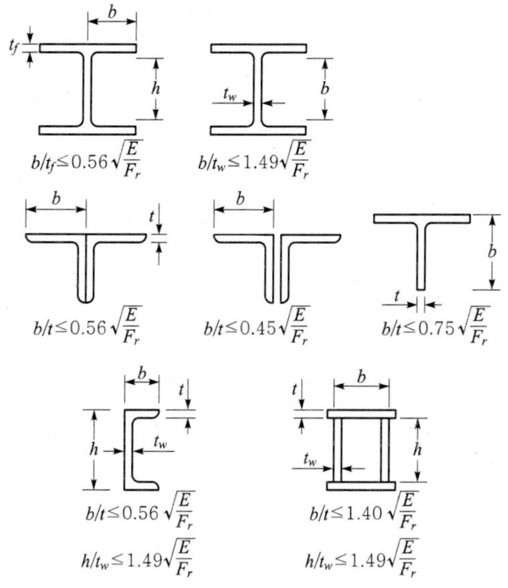

그림 3.3.8 국부좌굴에 대한 폭두께비 한계값

예제 3.3.1

H−294×302×12×12 압연형강부재의 국부좌굴 발생여부에 대하여 검사하라.
(단, 강재는 SS 275을 사용하며 $E = 2.1 \times 10^5\,\mathrm{MPa}$이다)

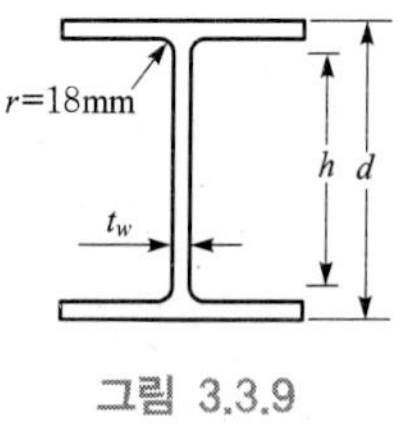

그림 3.3.9

풀 이

1) 플랜지 폭두께비 : $\dfrac{b}{t_f} = \dfrac{(302/2)}{12} = 12.58$

2) 플랜지 폭두께비의 한계값 :

$$k\sqrt{\frac{E}{F_y}} = 0.56\sqrt{\frac{2.1 \times 10^5}{275}} = 15.48 > 12.58 \qquad \therefore\ O.K$$

3) 웨브 폭두께비 :

$$\frac{h}{t_w} = \frac{d - 2t_f - 2r}{t_w} = \frac{294 - 2 \times 12 - 2 \times 18}{12} = 19.5$$

4) 웨브 폭두께비의 한계값 :

$$k\sqrt{\frac{E}{F_y}} = 1.49\sqrt{\frac{2.1 \times 10^5}{275}} = 41.17 > 19.5 \qquad \therefore\ O.K$$

따라서, 비세장판으로 국부좌굴이 발생하지 않음.

3.3.5 기둥의 압축강도

중심축 압축력을 받는 부재의 공칭압축강도 P_n은 휨좌굴, 비틀림좌굴, 휨비틀림좌굴에 대한 한계상태 중 가장 작은 값으로 아래와 같이 계산한다[하중저항계수설계법에 의한 강구조설계기준(2014, 국토교통부) 5.7].

$$P_n = F_{cr} A_g \tag{3.3.12}$$

여기서 F_{cr} : 좌굴응력

A_g : 압축력에 저항하는 단면의 총단면적

긴 기둥일 경우에 탄성좌굴하중 P_e은 다음과 같이 구할 수 있다.

$$P_e = \frac{\pi^2 EI}{(KL)^2} \tag{3.3.13}$$

식 3.3.13을 완전소성항복하중 $P_y = F_y A_g$로 나누면

$$\frac{P_e}{P_y} = \left(\frac{\pi r}{KL}\right)^2 \frac{E}{F_y} = \frac{1}{\lambda_c^2} = \frac{1}{\lambda} \tag{3.3.14}$$

즉, 여기서 λ_c는 기둥의 세장비모수로서, $\lambda_c = \left(\frac{KL}{\pi r}\right)\sqrt{\frac{F_y}{E}}$ 이다.

정규화한 항복 및 오일러 기둥곡선은 그림 3.3.10 중 가장 상부에 그려진다. 잔류응력에 의하여 기둥의 강도가 감소된 비탄성 기둥곡선은 그 아래에 그려진다. 잔류응력과 기하학적 불완전(geometric imperfection)을 모두 고려하면 기둥의 강도는 더욱 감소하여 강도곡선은 그림 3.3.10에서 가장 하단에 위치하게 되며 하중저항계수설계법에 의한 강구조설계기준(2014, 국토교통부)에서는 바로 이 곡선을 기준으로 설계식을 만든 것이다.

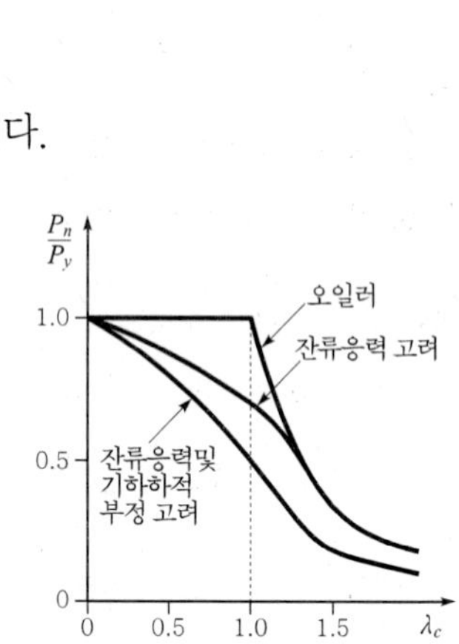

그림 3.3.10 기하학적 불완전이 있는 기둥을 정규화한 기둥곡선

세장비모수 $\lambda_c = \left(\frac{KL}{\pi r}\right)\sqrt{\frac{F_y}{E}}$ 에서 제곱근의 사용을 피하기 위하여 이하 기둥의 세장비모수 λ_c를 다시 정의하여 다음과 같은 λ를 이용한다. 즉, $\lambda = \lambda_c^2 = \left(\frac{KL}{\pi r_s}\right)^2 \frac{F_y}{E}$ 이다. 여기서 r_s는 좌굴휨이 발생하는 축에 대한 회전반경이고, 아래첨자 s를 붙인 것은 하중저항계수설계법에 의한 강구조설계기준(2014, 국토교통부) 기호와 일치시키기 위함이다.

비탄성좌굴 및 탄성좌굴 혹은 중간길이 기둥과 긴 기둥의 천이점을 $\lambda = 2.25(\lambda_c = \sqrt{\lambda} = 1.5$에 해당)로 하면 강재 긴 기둥($\lambda > 2.25$)에 대하여 공칭압축강도는 다음과 같다 [하중저항계수설계법에 의한 강구조설계기준(2014, 국토교통부) 5.7]. 즉,

$\frac{KL}{r} > 4.71\sqrt{\frac{E}{QF_y}}$ 또는 $\frac{QF_y}{F_e} > 2.25$일 경우

$$F_{cr} = 0.877F_e \qquad (3.3.15)$$

식 3.3.15는 식 3.3.13의 오일러 좌굴하중을 $L/1500$의 초기변형을 고려하여 0.877의 계수로 줄여준 값이다.

중간길이 이하의 기둥($\lambda \leq 2.25$)의 경우, 공칭압축강도 P_n은 접선탄성계수 E_t로부터 결정되며 P_y와 오일러 좌굴곡선 사이에서 부드럽게 변화하며, 공칭압축강도식은 다음과 같다. 즉,

$\frac{KL}{r} \leq 4.71\sqrt{\frac{E}{QF_y}}$ 또는 $\frac{QF_y}{F_e} \leq 2.25$일 경우

$$F_{cr} = Q\left[0.658^{\frac{QF_y}{F_e}}\right]F_y \qquad (3.3.16)$$

여기서, F_e는 탄성좌굴응력(MPa)으로, 2축대칭 부재는 $F_e = \frac{\pi^2 E}{(KL/r)^2}$ (탄성휨좌굴)과 $F_e = \left[\frac{\pi^2 EC_w}{(K_zL)^2} + GJ\right]\frac{1}{I_x + I_y}$ (탄성비틀림좌굴 및 탄성휨비틀림좌굴)을 사용하여 구한 것 중 가장 작은 값을 F_e로 한다. F_y는 항복강도(MPa), C_w는 뒴(뒤틀림)상수(mm^6), E는 탄성계수, G는 전단탄성계수, K_z는 z축에 대해서 비틀림좌굴에 대한 유효좌굴길이계수, J는 비틀림상수(mm^4), I_x와 I_y는 주축에 대한 단면2모멘트(mm^4)이다. Q는 모든 세장 압축요소를 고려하는 순감소계수로서, 균일압축을 받는 단면에 대해 3.3.4절에서 정의된 것처럼 세장판요소가 없는 부재는 $Q = 1.0$, 세장판요소를 갖는 부재는 $Q = Q_sQ_a$로 산정한다. 세장한 자유돌출판으로만 조합된 단면의 경우는 $Q_a = 1.0$으로 $Q = Q_s$이고, 세장한 양연지지판으로만 조합된 단면의 경우는 $Q_s = 1.0$으로 $Q = Q_a$이다. 세장한 양연지지판과 자유돌출판으로 조합된 단면의 경우는 $Q = Q_sQ_a$로 산정한다. 여러개의 세장한 자유돌출판으로 조합된 단면의 경우, 더 세장한 판으로 구해진 작은 Q_s를 사용하는 것이 보수적이다.

하중저항계수설계법에 의한 강구조설계기준(2014, 국토교통부) 5.7.1절에 의하면 세장한 자유돌출판의 Q_s는 다음과 같이 구한다.

1) 압연기둥 또는 다른 압축부재로부터 돌출된 플랜지, ㄱ형강 및 플레이트

- $\frac{b}{t} \le 0.56\sqrt{\frac{E}{F_y}}$ 일 경우

$$Q_s = 1.0 \tag{3.3.17}$$

- $0.56\sqrt{\frac{E}{F_y}} < \frac{b}{t} < 1.03\sqrt{\frac{E}{F_y}}$ 일 경우

$$Q_s = 1.415 - 0.74\left(\frac{b}{t}\right)\sqrt{\frac{F_y}{E}} \tag{3.3.18}$$

- $\frac{b}{t} \ge 1.03\sqrt{\frac{E}{F_y}}$ 일 경우

$$Q_s = \frac{0.69E}{(b/t)^2 F_y} \tag{3.3.19}$$

2) 조립된 H형강 기둥 또는 다른 압축부재로부터 돌출된 플랜지, ㄱ형강 및 플레이트

- $\frac{b}{t} \le 0.64\sqrt{\frac{Ek_c}{F_y}}$ 일 경우

$$Q_s = 1.0 \tag{3.3.20}$$

- $0.64\sqrt{\frac{Ek_c}{F_y}} < \frac{b}{t} < 1.17\sqrt{\frac{Ek_c}{F_y}}$ 일 경우

$$Q_s = 1.415 - 0.65\left(\frac{b}{t}\right)\sqrt{\frac{F_y}{Ek_c}} \tag{3.3.21}$$

- $\frac{b}{t} \ge 1.17\sqrt{\frac{Ek_c}{F_y}}$ 일 경우

$$Q_s = \frac{0.90Ek_c}{(b/t)^2 F_y} \tag{3.3.22}$$

여기서, b : 3.3.4절에서 정의된 자유돌출판의 폭(mm)

t : 부재의 두께(mm)

$$k_c = \frac{4}{\sqrt{h/t_w}}, \quad 0.35 < k_c < 0.76$$

h : 용접한 경우는 플랜지 간 순간격, 압연보 웨브의 경우는 플랜지간 순 간격에서 필릿 반경을 뺀 거리(예제 3.3.1과 그림 3.3.8 참조)(mm)

t_w : 웨브의 두께(mm)

한편, 세장한 양연지지판의 Q_a는 다음과 같이 산정한다[하중저항계수설계법에 의한 강구조 설계기준(2014, 국토교통부) 5.7.2].

$$Q_a = \frac{A_e}{A_g} \tag{3.3.23}$$

여기서 A_g : 부재의 총단면적(mm^2)

A_e : 감소된 유효폭 b_e를 고려하여 산정한 유효단면적의 합(mm^2)

감소된 유효폭 b_e는 다음과 같이 계산한다.

1) 균일한 두께를 갖는 정방형이나 장방형 단면의 플랜지를 제외하고, 균일압축을 받는 세장판 단면 $\left(\frac{b}{t} \geq 1.49\sqrt{\frac{E}{f}}\right)$

$$b_e = 1.92t\sqrt{\frac{E}{f}}\left[1 - \frac{0.34}{(b/t)}\sqrt{\frac{E}{f}}\right] \leq b \tag{3.3.24}$$

여기서, f는 $Q = 1.0$일 때의 F_{cr}값이다.

2) 균일한 두께를 갖는 정방형이나 장방형의 세장판 단면의 플랜지 $\left(\frac{b}{t} \geq 1.40\sqrt{\frac{E}{f}}\right)$

$$b_e = 1.92t\sqrt{\frac{E}{f}}\left[1 - \frac{0.38}{(b/t)}\sqrt{\frac{E}{f}}\right] \leq b \tag{3.3.25}$$

여기서, $f = \frac{P_n}{A_e}$으로서, 반복계산을 요하는 $f = \frac{P_n}{A_e}$을 구하는 대신에 f는 F_y와 같다고 할 수 있다.

3) 축력을 받는 원형단면 : $0.11\frac{E}{F_y} < \frac{D}{t} < 0.45\frac{E}{F_y}$ 일 경우

$$Q = Q_a = \frac{0.038E}{(D/t)F_y} + \frac{2}{3} \tag{3.3.26}$$

여기서 D : 원형강관의 외경(mm)

t : 부재의 두께(mm)

식 3.3.15 및 3.3.16을 그림 3.3.11에 세장비모수 λ_c의 항으로 나타내었다. 식 3.3.15 및 3.3.16의 비합성단면 강재기둥의 공칭압축강도는 AISC에서 처음으로 사용한 식으로서 미국의 AASHTO 및 우리나라 하중저항계수설계법에 의한 강구조설계기준(2014, 국토교통부)에서 그대로 받아들여 사용하고 있다. 참고로 그림 3.3.12에 AISC LRFD의 기둥강도 F_e와 ASD의 압축허용응력에 안전율 1.67을 곱한 값을 비교하였다. ASD에 대한 AISC의 LRFD의 기둥강도비는 0.979-1.035 로서 거의 일치함을 알 수 있다.

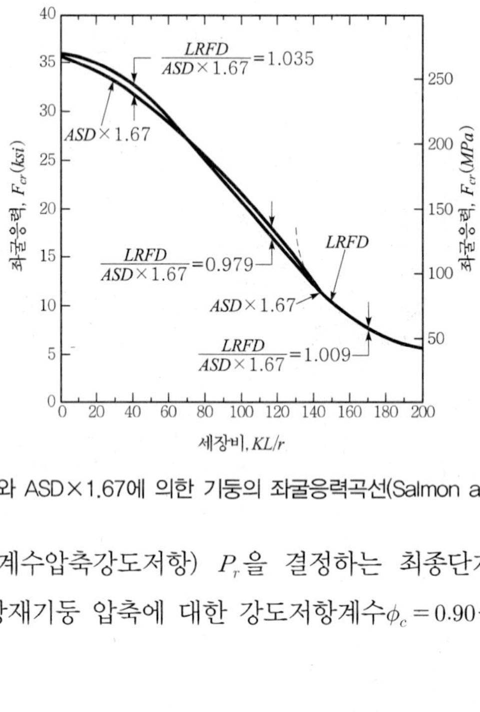

그림 3.3.12 LRFD와 ASD×1.67에 의한 기둥의 좌굴응력곡선(Salmon and Johnson, 1990)

기둥의 설계압축강도(계수압축강도저항) P_r을 결정하는 최종단계는 공칭압축강도 P_n에 3.1.4절의 비합성단면 강재기둥 압축에 대한 강도저항계수$\phi_c = 0.90$을 곱하는 것이다. 즉,

$$P_r = \phi_c P_n \tag{3.3.27}$$

만약 기둥이 너무 세장하면 강도가 매우 적고 경제적이지 못할 뿐만 아니라 운반 및 시공시에 손상 가능성이 커진다. 따라서 하중저항계수설계법에 의한 강구조설계기준(2014, 국토교통부) 5.2절에서는 압축 주부재의 세장비 KL/r는 120보다 크지 않도록 규정하고 있으며, 가새(브레이싱)의 세장비는 140보다 크지 않도록 규정하고 있다.

예제 3.3.2

중심축 압축력을 받는 길이 5m의 양단힌지 기둥의 하중저항계수설계법 강도한계상태에서 설계압축강도를 구하라. 단, 부재는 H−394×405×18×18 압연형강이며 강재는 SM 420($F_y = 410\,\mathrm{MPa}$)을 사용하고, $E = 2.1\times10^5\,\mathrm{MPa} = 210\mathrm{GPa}$이다.

풀 이

H−394×405×18×18 형강의 제원 : $A_s = 21{,}440\,\mathrm{mm}^2$, $r_y = 96.5\,\mathrm{mm}$

1) 최대 세장비(압축 주부재의 세장비는 120보다 크지 않도록 규정하고 있음) :

$$\frac{KL}{r} = \frac{KL}{r_y} = \frac{(1.0)(5000)}{96.5} = 51.81 < 120 \qquad \therefore\ O.K$$

2) 탄성좌굴응력 :

$$F_e = \frac{\pi^2 E}{(KL/r)^2} = \frac{\pi^2\times2.1\times10^5}{51.81^2} = 772.13\,\mathrm{MPa}$$

3) 폭두께비 한계값과 세장판의 순감소계수 Q의 산정 :

① 플랜지 폭두께비 : $\frac{b}{t_f} = \frac{(405/2)}{18} = 11.25$

② 플랜지 자유돌출판 폭두께비의 한계값 :

$$k\sqrt{\frac{E}{F_y}} = 0.56\sqrt{\frac{2.1\times10^5}{420}} = 12.52 > 11.25 \qquad \therefore\ O.K$$

③ 웨브 폭두께비 :

$$\frac{h}{t_w} = \frac{d-2t_f-2r}{t_w} = \frac{394-2\times18-2\times22}{18} = 17.44$$

④ 웨브 양연지지판 폭두께비의 한계값 :

$$k\sqrt{\frac{E}{F_y}} = 1.49\sqrt{\frac{2.1\times10^5}{410}} = 33.72 > 17.44 \qquad \therefore\ O.K$$

따라서, 국부좌굴이 발생하지 않는 비세장판이므로 $Q = 1.0$

4) 세장비 모수의 제곱 또는 $\frac{QF_y}{F_e}$의 산정 :

$$\lambda = \lambda_c^2 = \left(\frac{KL}{\pi r_s}\right)^2\cdot\frac{F_y}{E} = \left(\frac{51.81}{\pi}\right)^2\times\frac{410}{2.1\times10^5} = 0.53 \le 2.25$$

$$\frac{QF_y}{F_e} = \frac{1.0\times410}{772.13} = 0.53 \le 2.25$$

5) 공칭압축강도 : 식 3.3.16에 의해

$$P_n = F_{cr}A_g = Q\left[0.658^{\frac{QF_y}{F_e}}\right]F_y\,A_g = 1.0\times0.658^{\frac{1.0\times410}{772.13}}\times410\times21{,}440\times10^{-3} = 7{,}038.61\,\mathrm{kN}$$

하중저항계수설계법의 강도한계상태에서 강도저항계수 $\phi_c = 0.90$이다.
따라서, 설계압축강도(계수저항) P_r :
$P_r = \phi_c P_n = 0.90 \times 7{,}038.61 = 6{,}334.75\,\text{kN}$

예제 3.3.3

그림 3.3.13에 보인 바와 같은 양단이 힌지 지지된 길이 6m 기둥 주부재가 축방향 압축하중인 고정하중(DC) 300kN 및 활하중(LL) 400kN을 지지하고 있다. SS 275 압연강재로 된 가장 가벼운 H단면을 선정하라. 단, 하중저항계수설계법에 의한 강구조설계기준(2014, 국토교통부)을 따르고, 하중수정계수 $\eta_i = 1.0$이고 $E = 2.1 \times 10^5\,\text{MPa}$이다.
(부재는 중심축 압축력을 받고 있다고 가정하고, $F_u = 410\,\text{MPa}$, $F_y = 275\,\text{MPa}$, 하중계수 $\gamma_{DC} = 1.25$와 $\gamma_{LL} = 1.80$이다. 하중저항계수설계법의 강도한계상태 I 의 하중조합 $P_u = \sum \eta_i \gamma_i Q_i = 1.00 \times 1.25 \times DC + 1.00 \times 1.80 \times LL = 1.25DC + 1.80LL$을 사용하라.)

그림 3.3.13

풀 이

1) 강도한계상태 I 에서 하중조합으로 구한 소요압축강도(하중효과) P_u 계산

$$P_u = \sum \eta_i \gamma_i Q_i = 1.00 \times 1.25 \times DC + 1.00 \times 1.80 \times LL = 1.25DC + 1.80LL$$
$$= 1.25(300) + 1.80(400) = 1095\,\text{kN}$$

2) 세장비를 추정한 다음, 공칭압축강도 P_n을 계산

양단 핀기둥이므로 $K = 1.0$이다. $KL = 6\,\text{m}$는 기둥 길이로는 적당하게 긴 경우에 해당하고 중간길이 이하의 기둥 길이로 볼 수 있으므로 세장비는 100 정도로 추정할 수 있다. $KL/r = 100$일 경우, 국부좌굴이 발생하지 않는 압연 H형강이므로

순감소계수 $Q = 1.0$, 탄성좌굴응력 $F_e = \dfrac{\pi^2 E}{(KL/r)^2} = \dfrac{\pi^2 \times 2.1 \times 10^5}{100^2} = 207.26$,

세장비 모수의 제곱 $\lambda = \lambda_c^2 = \left(\dfrac{KL}{\pi r_s}\right)^2 \cdot \dfrac{F_y}{E} = \left(\dfrac{100}{\pi}\right)^2 \times \dfrac{275}{2.1 \times 10^5} = 1.33 \le 2.25$이며

비합성단면이므로 식 3.3.16을 사용하면,

공칭압축강도 P_n는 $P_n = F_{cr} A_g = Q\left[0.658^{\frac{QF_y}{F_e}}\right] F_y A_g = 1.0 \times 0.658^{\frac{1.0 \times 275}{207.26}} \times 275 \times A_g = 157.8 A_g$

따라서 하중저항계수설계법의 강도한계상태에서 강도저항계수 $\phi_c = 0.90$이므로, 소요단면적 A_g는 다음과 같다.

$$A_g = \frac{P_u}{\phi_c F_{cr}} = \frac{1{,}095 \times 10^3}{0.90 \times 157.8} = 7{,}710\,\text{mm}^2$$

3) 단면 선정

H형강 제원표로부터 소요단면적 $A_g = 7{,}710\,\text{mm}^2$보다 크고 가장 가벼운 H형강은 H-244×252

×11×11 단면이다. 초기가정 시 단면으로 H−244×252×11×11 단면을 사용한다.

4) H−244×252×11×11 단면의 검사

$$A_g = 8{,}206\,\mathrm{mm}^2$$

$$\frac{KL}{r_y} = \frac{(1.0)(6000)}{59.8} = 100,\quad \lambda = \lambda_c^2 = \left(\frac{100}{\pi}\right)^2 \times \frac{275}{2.1\times10^5} = 1.33 \le 2.25$$

따라서, $F_e = \dfrac{\pi^2 E}{(KL/r)^2} = \dfrac{\pi^2 \times 2.1\times10^5}{100^2} = 207.26$

$$P_n = F_{cr}A_g = Q\left[0.658^{\frac{QF_y}{F_e}}\right]F_y A_g = 1.0\times0.658^{\frac{1.0\times275}{207.26}}\times275\times8{,}206 = 1{,}295.03\,\mathrm{kN}$$

$$P_r = \phi_c P_n = 0.90\times1{,}295.03 = 1{,}165.5\mathrm{kN} > P_u = 1{,}165.5\,\mathrm{kN} \qquad \therefore\ O.K.$$

따라서, H−244×252×11×11 형강을 선정하면 최적설계가 된다.

예제 3.3.4

다음에 보인 바와 같이 중심축 압축력을 받는 기둥의 하중저항계수설계법 강도한계상태에서 설계압축강도를 구하라.
단, 부재는 H−300×300×10×15 압연형강이고, 강재는 SS 275 ($F_y = 275\,\mathrm{MPa}$)을 사용한다. $E = 2.1\times10^5\,\mathrm{MPa} = 210\mathrm{GPa}$이다.

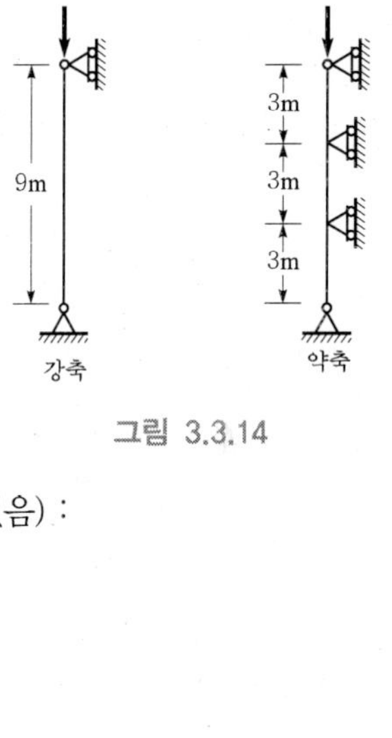

그림 3.3.14

풀 이

1) H−300×300×10×15 형강의 재원 :

$$A = 11{,}980\,\mathrm{mm}^2,\ r_x = 131.0\,\mathrm{mm},\ r_y = 75.1\,\mathrm{mm}$$

2) 세장비(압축 주부재의 세장비는 120보다 크지 않도록 규정하고 있음) :

$$\frac{K_x L}{r_x} = \frac{(1.0)(9.0)(1000)}{131.0} = 68.70 < 120 \qquad \therefore\ O.K.$$

$$\frac{K_y L}{r_y} = \frac{(1.0)(3.0)(1000)}{75.1} = 39.95 < 120 \qquad \therefore\ O.K.$$

$K_x L/r_x$이 $K_y L/r_y$ 보다 크므로 최소회전반경 값을 갖는 x축에 대하여 기둥이 좌굴한다.

3) 탄성좌굴응력 :

$$F_e = \frac{\pi^2 E}{(KL/r)^2} = \frac{\pi^2\times2.1\times10^5}{68.70^2} = 439.14\,\mathrm{MPa}$$

4) 폭두께비 한계값과 세장판 순감소계수 Q의 산정 :

① 플랜지 폭두께비 : $\dfrac{b}{t_f} = \dfrac{(300/2)}{15} = 10.0$

② 플랜지 자유돌출판 폭두께비의 한계값 :

$$k\sqrt{\frac{E}{F_y}} = 0.56\sqrt{\frac{2.1\times10^5}{275}} = 15.48 > 10.0 \qquad \therefore\ O.K.$$

③ 웨브 폭두께비 :

$$\frac{h}{t_w} = \frac{d-2t_f-2r}{t_w} = \frac{300-2\times15-2\times18}{10} = 23.4$$

④ 웨브 양연지지판 폭두께비의 한계값 :

$$k\sqrt{\frac{E}{F_y}} = 1.49\sqrt{\frac{2.1\times10^5}{275}} = 41.17 > 23.4 \qquad \therefore\ O.K.$$

따라서, 국부좌굴이 발생하지 않는 비세장판이므로 $Q = 1.0$

5) 세장비 모수의 제곱 또는 $\frac{QF_y}{F_e}$ 의 산정 :

$$\lambda = \lambda_c^2 = \left(\frac{KL}{\pi r_s}\right)^2 \cdot \frac{F_y}{E} = \left(\frac{68.70}{\pi}\right)^2 \times \frac{275}{2.1\times10^5} = 0.63 \le 2.25$$

$$\frac{QF_y}{F_e} = \frac{1.0F_y}{F_e} = \frac{1.0\times275}{439.14} = 0.63 \le 2.25$$

6) 공칭압축강도 : 식 3.3.16에 의해

$$P_n = F_{cr}A_g = Q\left[0.658^{\frac{QF_y}{F_e}}\right]F_yA_g = 1.0\times0.658^{\frac{1.0\times275}{439.14}}\times275\times11{,}980\times10^{-3} = 2{,}534.89\,\mathrm{kN}$$

7) 하중저항계수설계법의 강도한계상태에서 강도저항계수 $\phi_c = 0.90$이다.

따라서, 설계압축강도 P_r : $P_r = \phi_c P_n = 0.90\times2{,}534.89 = 2{,}281.40\,\mathrm{kN}$

3.3.6 합성단면의 공칭압축강도

지금까지는 비합성단면인 강재 기둥에 대하여 살펴보았지만, 현장에서는 강재와 콘크리트의 합성단면이 많이 사용된다. 매입형 합성단면의 강도한계상태에서 강도저항계수는 $\phi_c = 0.75$이다. 하중저항계수설계법에 의한 강구조설계기준(2014, 국토교통부) 5.8.2.1.2절에 규정된 강재와 콘크리트의 매입형 합성단면 기둥의 공칭압축강도는 기둥세장비에 따라 다음과 같이 산정한다.

$\frac{P_{no}}{P_e} > 2.25$일 경우 :

$$P_n = 0.877P_e \tag{3.3.28}$$

$\frac{P_{no}}{P_e} \leqq 2.25$일 경우 :

$$P_n = P_{no}\left[0.658^{\frac{P_{no}}{P_e}}\right] \quad (3.3.29)$$

여기서,

$$P_{no} = F_y A_s + F_{ysr} A_{sr} + 0.85 f_{ck} A_c \quad (3.3.30)$$

$$EI_{eff} = E_s I_s + 0.5 E_{sr} I_{sr} + C_1 E_c I_c \quad (3.3.31)$$

$$C_1 = 0.1 + 2\left(\frac{A_s}{A_c + A_s}\right) \leq 0.3 \quad (3.3.32)$$

$P_e = \frac{\pi^2 EI_{eff}}{(KL)^2}$는 탄성임계좌굴하중, A_s는 강재 단면적(mm2), A_c는 콘크리트의 단면적, A_r은 종방향 철근의 총단면적, F_y은 강재의 최소항복응력(MPa), F_{ysr}은 종방향 철근의 최소항복응력, f_{ck}는 콘크리트의 28일 기준압축강도, K는 부재의 유효좌굴길이계수, E_c는 콘크리트의 탄성계수(MPa), E_s는 강재의 탄성계수, E_{sr}는 철근의 탄성계수, I_c는 콘크리트 단면2차모멘트(mm^4), I_s는 강재 단면2차모멘트, EI_{eff}는 매입형 합성압축부재 단면의 유효강성이다.

식 3.3.28 및 3.3.29는 AISC에서 처음 사용한 식으로 미국의 AASHTO 및 우리나라 하중저항계수설계법에 의한 강구조설계기준(2014, 국토교통부)에서 그대로 받아들여 사용하고 있다. 식 3.3.28 및 3.3.29는 휨을 받지 않는 합성단면 기둥에 적용한다.

참고로, 식 3.3.28 및 3.3.29는 축방향 압축력를 받는 충전형 합성부재의 설계강도 계산 시도 사용하지만, 이 경우 강판의 국부좌굴효과를 고려하여 P_{no}를 구해야 하고, EI_{eff}는 충전형 합성압축부재의 유효강성을 사용해야 한다. 자세한 충전형 합성부재의 설계강도는 하중저항계수설계법에 의한 강구조설계기준(2014, 국토교통부) 5.8.2.2절의 충전형 합성단면기둥에 대한 공칭강도 연관식을 사용하면 계산할 수 있다.

연습문제

3.3.1 다음 기둥들의 국부좌굴 여부를 검토하고 하중저항계수설계법 강도한계상태 설계압축강도를 구하라. 단, SM 275 강재를 사용할 것.

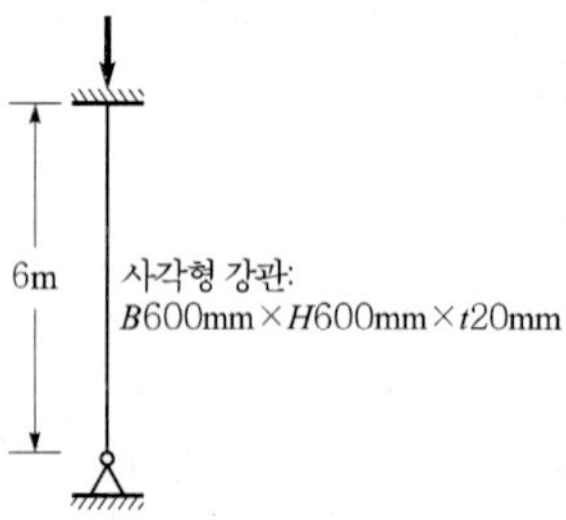

문제 3.3.1(a)

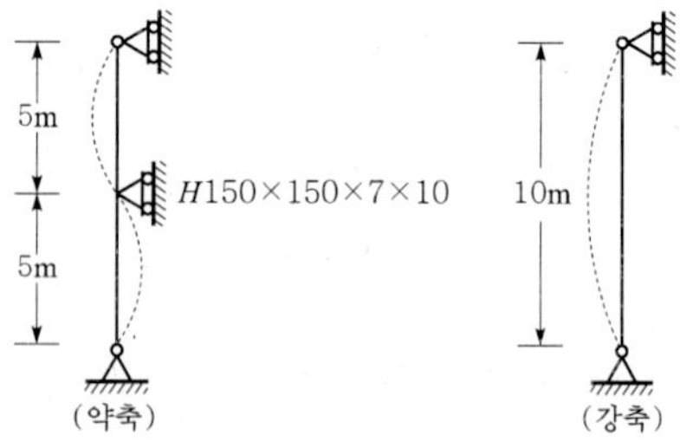

문제 3.3.1(b)

3.3.2 다음과 같은 기둥에 한계상태계수하중 $P_u = 1200\,\mathrm{kN}$이 작용할 때 이 하중을 지지할 수 있는 최적 H-형강을 선정하라. 단, 사용강재는 SM 275($F_y = 275\,\mathrm{MPa}$)이다.

3.4 휨부재

3.4.1 개설

구조물에서 부재들의 종방향 축에 직각으로 작용하는 가로방향 하중들을 지탱하는 구조부재를 휨부재라고 한다. 일반적으로 상부의 압축플랜지와 하부의 인장플랜지, 이 둘을 연결하는 웨브요소로 구성된다. 휨부재는 대부분 작용하중으로 인하여 생기는 휨모멘트와 전단력에 저항하며, 대표적인 휨부재인 교량의 보에 있어서 축방향력은 거의 미미하므로 설계 시 종종 고려하지 않고 있다. 본 절은 하중이 단면의 주축과 전단중심을 통과하여 비틀림이 발생하지 않는 형강 및 조립부재의 단면을 갖는 휨부재에 대한 것이다.

일반적인 휨부재의 경우, 사용하중하에서의 단면 내 휨응력의 분포는 그림 3.4.1과 같다. 작용하중이 증가함에 따라 단면 내 휨응력은 증가하게 되는데, 중립축으로부터 가장 멀리 위치하는 부위가 항복응력(F_y)에 도달할 때까지는 변형률과 응력은 선형적으로 비례하여 응력분포를 보이게 된다. 그러나 작용하중이 이 단계 이상으로 증가하게 되면 항복점을 초과한 부분에서는 소성거동을 하여 변형률은 계속 증가하지만, 응력은 항복응력을 유지하게 되어 그림 3.4.2와 같은 응력분포를 가진다. 작용하중이 지속적으로 증가하게 되면 소성거동을 하던 부위는 변형률 경화단계로 바뀌어 응력이 항복응력보다 커지게 된다. 그러나 일반적인 구조해석 모형에서는 이상화된 응력-변형률 관계를 적용하여 휨부재 단면이 그림 3.4.3과 같은 사각형 응력분포를 갖는 것으로 가정하고, 이 상태에서의 단면모멘트를 소성모멘트(plastic moment) M_p라고 하며 휨부재의 일반적인 저항한계상태가 된다. 이러한 한계상태를 고려한 것이 하중저항계수설계법에 의한 휨부재 설계이다

본 절에서는 먼저 부재가 횡방향으로 지지되어 있어 안정적인 단면을 대상으로 휨부재의 하중저항계수설계 개념을 소개한다. 그러나 실제로 보는 완전한 직선 및 균질성이 아니며, 일반적으로 설계 및 해석 시에 가정된 평면에 정확하게 하중이 작용하지 않는다. 보의 압축플랜지가 강축휨에 의해 횡방향으로 급작스럽게 좌굴하는 것을 횡비틀림좌굴(횡좌굴)이라 한다. 이러한 횡비틀림좌굴을 고려한 강재보의 한계상태휨설계에 대해 별도로 설명하였으며, 마지막 절에서 처짐을 고려하여 사용성 문제에 대해서도 기술하였다.

3.4.2 휨부재의 거동

탄성상태의 거동

휨모멘트를 받고 있는 보의 탄성상태 거동을 그림 3.4.1에 나타내었다. 여기서, 탄성상태에서의 응력과 곡률의 관계는 다음과 같이 나타낼 수 있다.

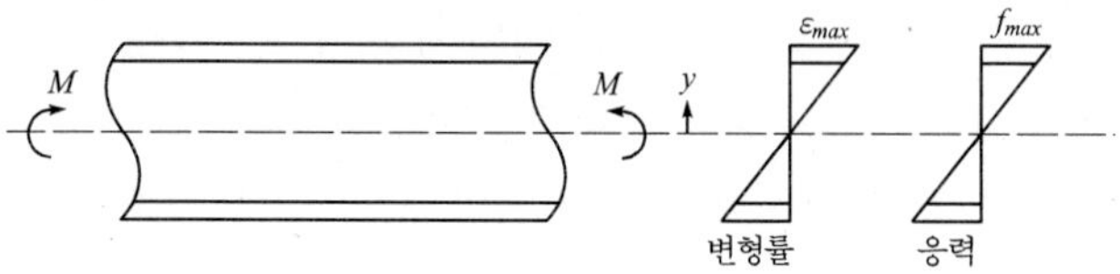

그림 3.4.1 보의 탄성상태 거동

$$f = E\epsilon = Ey\,\phi \tag{3.4.1}$$

재료역학 이론에 의하면, 곡률과 휨모멘트의 관계식은 다음과 같다.

$$\kappa = \frac{M}{EI} \tag{3.4.2}$$

식 3.4.1과 식 3.4.2를 결합하면 다음 식을 얻을 수 있다.

$$f = \frac{My}{I} \tag{3.4.3}$$

최대휨응력은 다음과 같이 규정된다.

$$f_{\max} = \frac{Mc}{I} = \frac{M}{S} \tag{3.4.4}$$

여기서 S는 탄성단면계수(elastic section modulus)를 의미한다.

잔류응력이 없는 상태하에서 탄성거동의 한계는 최대휨응력이 재료의 항복응력과 같을 때 ($f_{\max} = F_y$) 발생한다. 단면에 최초의 항복이 발생했을 때의 모멘트는 항복모멘트 M_y 로 규정된다.

$$M_y = SF_y \tag{3.4.5}$$

최대변형률과 곡률은 다음과 같다.

$$\epsilon_{\max} = \epsilon_y = \frac{F_y}{E} \tag{3.4.6}$$

$$\kappa = \kappa_y = \frac{M_y}{EI} \tag{3.4.7}$$

비탄성 거동

그림 3.4.2는 보의 비탄성상태 거동을 보여주고 있다. 단면 내에서 변형률 양에 따라 탄성인 부분과 항복한 부분이 같이 존재하고 있다. 즉, 항복모멘트에 도달한 이후에 하중을 더 증가시키면 변형률은 비례적으로 증가하지만 단면의 항복 영역은 단면의 중립축 방향으로 증가한다. 이 단면의 변형상태를 식으로 나타내면 다음과 같다.

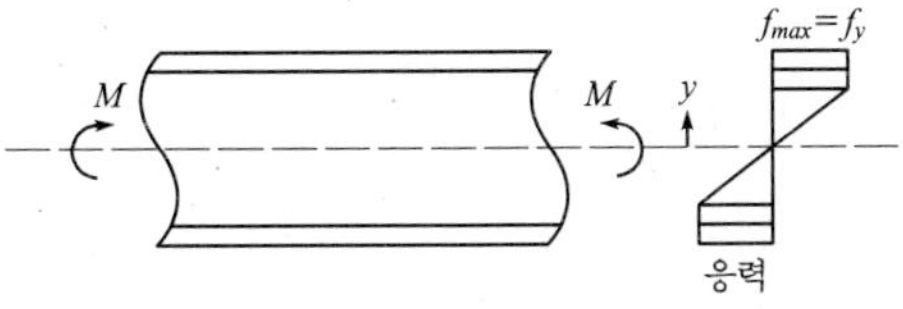

그림 3.4.2 보의 비탄성상태 거동

$$\epsilon \geq \epsilon_y \text{ 일 경우, } f = F_y \tag{3.4.8}$$

소성모멘트

보에 하중이 더 가해지면, 전체단면이 항복상태에 도달하여 소성상태가 된다. 이때의 모멘트를 소성모멘트 M_p 로 정의한다. 하중을 더 이상 증가시켜도 모멘트 강도는 증가하지 않고 변형량만 증가한다. 그러므로 소성모멘트는 보가 견딜 수 있는 최대모멘트를 의미한다.

소성모멘트를 계산하기 위해서는 우선 소성중립축(PNA, plastic neutral axis) 위치의 결정이 필요하다.(그림 3.4.3)

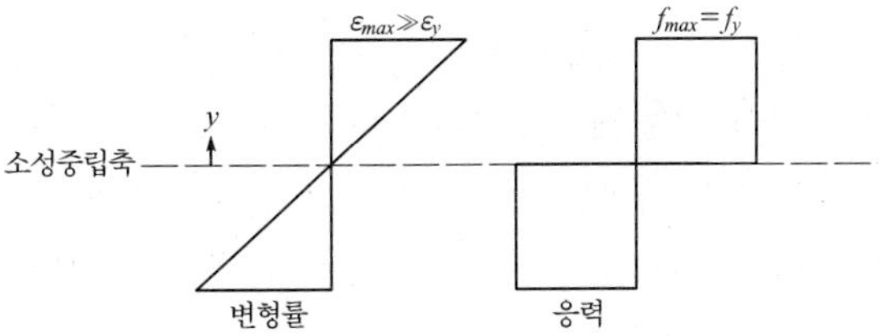

그림 3.4.3 보의 소성거동

소성중립축은 단면의 도심과 다를 수 있다. 소성중립축은 단면력의 평형조건, $P=0$으로부터 결정된다.

$$P = \int_A f\,dA = \int_{A_{comp}} f_{comp}\,dA + \int_{A_{ten}} f_{ten}\,dA = 0 \tag{3.4.9}$$

완전소성상태에 달한 단면에서는

$$f_{comp} = -F_y, \quad f_{ten} = +F_y \tag{3.4.10}$$

만약 F_y 가 전체단면에서 같다면 위 식 3.4.10은 다음과 같이 단순화 될 수 있다.

$$P = -F_y \int_{A_{comp}} dA + F_y \int_{A_{ten}} dA = 0 \tag{3.4.11}$$

그러므로

$$A_{comp} = A_{ten}$$

이 결과는 소성중립축이 단면을 균등하게 나누는 축에 있다는 것을 의미한다. 또한 소성모멘트 M_p 는 소성중립축을 이용하여 다음과 같이 구한다.

$$M_p = \int_A F_y y dA = F_y \int_A y dA \tag{3.4.12}$$

소성단면계수(plastic section modulus) Z 를 $\int_A y dA$ 로 정의하면,

$$M_p = ZF_y \tag{3.4.13}$$

소성모멘트의 계산은 식 3.4.13과 같이 단순화 된다.

단면의 분류

단면형상은 압축요소의 폭두께비 및 횡지지조건에 따라 조밀(compact), 비조밀(noncompact), 세장(slender) 단면으로 분류된다. 조밀단면은 횡비틀림 좌굴(lateral-torsional buckling)이나 플랜지 또는 웨브의 국부좌굴에 앞서 소성모멘트를 확보할 수 있는 단면이다. 비조밀단면은 압축요소의 국부좌굴에 앞서 단면의 소성모멘트보다는 작지만 항복모멘트 M_y 이상인 모멘트 강도를 갖는 단면을 의미한다. 세장판 단면은 압축요소들이 너무 가늘어서(slender), 항복모멘트 M_y 에 도달하기 전에 압축요소들이 국부적인 좌굴을 일으키는 단면을 말한다.

단면은 합성과 비합성으로도 분류된다. 합성단면은 콘크리트 상판과 강재 보 사이에 적절히 설계된 전단연결재가 존재하는 단면을 의미한다. 콘크리트 상판이 강재 보에 연결되어 있지 않으면 비합성단면으로 간주된다.

3.4.3 한계상태

부재의 구조적 거동은 건설 중, 이동운반 중, 또는 가설 시 뿐만 아니라 그 구조물의 공용수명 기간 동안 가장 큰 응력이 발생될 수 있는 모든 단계에 대해 검토되어야 한다. 이를 위해 시방서에서 규정한 한계상태 즉, 사용한계상태, 피로 및 파단한계상태, 강도한계상태, 극한하중한계상태를 위한 하중조합들에 대해 알아보도록 한다.

‖ 사용한계상태

처짐 또는 변형은 구조적인 측면뿐만 아니라 미적 또는 심미적인 측면에서 제어해야 한다. 본 교재의 표 3.1.1 및 3.1.2의 "하중조합과 하중계수"에 규정된 사용한계상태 조합 I, II가 사용한계상태를 확인하기 위하여 적용되어야 한다. 이 하중조합은 강재의 탄성처짐과 항복을 조절하고 주행감(ride ability)을 떨어뜨리는 영구처짐을 방지하기 위한 것이다. 탄성처짐을 고려할 경우에는 해당 설계기준을 적용해야 한다. 또한 필요 시 사용성 측면에서 균열, 진동, 주행편의성에 대하여 검토해야 한다.

‖ 피로 및 파단한계상태

일반적인 피로의 문제는 반복하중에 의한 응력범위가 허용된 응력범위보다 과다한가를 검토하는 것이나, 여기서는 반복하중에 의한 웨브의 면외 휨을 조절하는 것이다. 즉, 반복활하중 하에서 발생하는 휨이나 전단으로 인한 웨브의 최대 좌굴응력에 대해 검토한다[3.7절과 하중저항계수설계법에 의한 강구조설계기준(2014, 국토교통부) 제10장 참조 요망]. 각 구조부재 및 상세는 본 교재의 표 3.1.1 및 3.1.2의 피로 및 파단한계상태조합에 의한 하중 적용 시 규정된 피로에 대한 검토가 필요하다.

‖ 강도와 극한하중한계상태

강도한계상태와 극한하중한계상태는 재료의 고유 강도와 주어진 단면의 안정도에 의해 지배된다. 강도 및 안정성에 대한 검토는 본 교재의 표 3.1.1 및 3.1.2에 규정된 적합한 강도한계상태 또는 극한하중한계상태 하중조합과 3.1.4절 및 3.4.5절에 주어진 각각의 경우에 대한 강도저항계수를 이용한다.

3.4.4 횡방향지지된 보의 설계

▎휨모멘트에 대한 설계

대부분의 압연형강 보는 횡방향으로 충분히 지지되어 있다면 강도저항계수설계규준에 의해 다음의 조건으로 설계할 수 있다.

$$M_r = \phi_f M_n \geq M_u \quad (3.4.14)$$

여기서 M_r : 단면의 설계휨강도

ϕ_f : 휨에 대한 강도저항계수(3.1.4절의 강도한계상태 저항계수)

M_n : 단면의 공칭휨강도

M_u : 하중조합으로 구한 소요휨강도(설계하중에 의한 휨모멘트)

3.1.4절 저항계수에서는 휨에 대한 강도한계상태의 강도저항계수를 $\phi_f = 0.90$로 규정하고 있다. 각 단면의 종류에 따라 구체적으로 윗 식을 적용한 설계방법에 대해 알아본다.

1) 조밀단면(compact section)

하중저항계수설계법의 강구조설계기준에 의해 횡방향으로 지지되어 횡비틀림좌굴이 발생하지 않는 조밀단면의 공칭휨강도 M_n은 국부좌굴이 발생하지 않으므로 다음과 같다.

$$M_n = M_p \quad (3.4.15)$$

여기서 M_p : 소성모멘트$= ZF_y$

Z : 소성단면계수

F_y : 항복응력

설계에서는 압축플랜지의 국부좌굴 혹은 웨브의 국부좌굴이 M_p에 이르는데 필요한 고압축 변형률에 다다르기 이전에 일어날 수 있다는 사실을 고려해야 한다. 조밀단면 폭두께비 제한 값 λ_p가 만족될 때, 소성휨강도 M_p에 이르는 것이 보증되며(즉, F_y보다 작은 응력에서의 국부좌굴이 방지됨), 보에서의 국부좌굴을 막기위한 조밀단면의 폭두께비 제한 값은 표 3.4.1에 주어져 있다. 극한부재변형률은 $\epsilon_y = F_y/E_s$에 다다를 때 일어나며, 더 큰 변형률이 일어나기 위해서는 폭두께비$(\lambda = b/t)$가 더 제한되어야 한다. 더 큰 소성변형을 위해서는 표 3.4.1에 주어졌듯이 조밀단면에 대해 규정된 더 엄격한 폭두께비의 제한이 만족되어야 한다.

예를 들면 2축대칭 압연 H형강 웨브과 ㄷ형강의 경우, 표 3.3.2와 그림 3.3.8에 명기한 값에 따라 계산한 폭두께비가 표 3.4.1에서 웨브 폭두께비 규정식 $\frac{b}{t_w} \leq 3.76\sqrt{\frac{E}{F_y}}$ 를 만족하면 조밀단면인 것으로 본다. 이때 b는 압연보의 웨브에서 플랜지간 순 간격에서 필릿 반경을 뺀 거리(표 3.3.2와 그림 3.3.8에 명기한 값)(mm), t_w 는 웨브의 두께(mm), E는 강재의 탄성계수(MPa), F_y는 항복강도(MPa)를 나타낸다. 압축플랜지의 경우 폭두께비 규준식 $\frac{b}{t_f} \leq 0.38\sqrt{\frac{E}{F_y}}$ 를 만족하면 조밀한 것으로 본다. 여기서, b는 H형 단면의 플랜지 폭의 반(표 3.3.2와 그림 3.3.8에 명기한 값)(mm)을, t_f(mm)는 플랜지의 두께를 나타낸다.

표 3.4.1 휨재 조밀단면의 폭두께비 제한 값(λ_p) 규정(조밀/비조밀)

자유돌출판 (한쪽 단이 지지된 판)	폭두께비(b/t) 제한 값 λ_p (조밀/비조밀)	b
압연 H형강의 플랜지 ㄷ형강과 T형강의 플랜지	$0.38\sqrt{\frac{E}{F_y}}$	H형 단면의 플랜지 폭의 반(그림 3.3.8) ㄷ형 단면의 플랜지 전폭(그림 3.3.8) T형 단면의 플랜지 폭의 반(그림 3.3.8)
단일 ㄱ형강의 다리	$0.54\sqrt{\frac{E}{F_y}}$	단일 ㄱ형강에 있어서 돌출 다리의 전체 폭(그림 3.3.8)
양연지지판 (양단이 지지된 판)	**폭두께비(b/t) 제한 값 λ_p (조밀/비조밀)**	**b**
2축 대칭 H형강의 웨브 ㄷ형강의 웨브	$3.76\sqrt{\frac{E}{F_y}}$	웨브의 경우 플랜지간 순 간격에서 필릿 반경을 뺀 거리(그림 3.3.8 참조)
균일한 두께를 갖는 각형강관과 박스의 플랜지	$1.12\sqrt{\frac{E}{F_y}}$	플랜지의 경우 웨브간 순 간격에서 필릿 반경을 뺀 거리
각형강관과 박스의 웨브	$2.42\sqrt{\frac{E}{F_y}}$	박스거더단면 웨브의 경우 플랜지간 순 간격에서 내부 모서리 반경을 뺀 거리

2) 비조밀단면(noncompact section)

표 3.4.2는 휨재 비조밀단면과 세장판 단면의 판별 기준이 되는 폭두께비 제한 값(λ_r)을 보여주고 있다. 예를 들어 2축대칭 압연 H형강과 ㄷ형강에서 비조밀단면과 세장판 단면의 경우, 압축플랜지의 폭두께비가 $0.38\sqrt{\frac{E}{F_y}} < \frac{b}{t_f} \leq 1.00\sqrt{\frac{E}{F_y}}$ 를 만족하면 압축플랜지는 비조밀단면인 것으로 본다. 자세한 휨재 단면의 폭두께비 제한 값과 관련 판요소에 대한 설명은 하중저항계수설계법에 의한 강구조설계기준(2014, 국토교통부) 표 6.2.1.1.1-2를 참조하길 바란다.

표 3.4.2 휨재 비조밀단면의 폭두께비 제한 값(λ_p) 규정(비조밀/세장)

자유돌출판 (한쪽 단이 지지된 판)	폭두께비(b/t) 제한 값 λ_r (비조밀/세장)	b
압연 H형강의 플랜지 ㄷ형강과 T형강의 플랜지	$1.00\sqrt{\dfrac{E}{F_y}}$	H형 단면의 플랜지 폭의 반(그림 3.3.8) ㄷ형 단면의 플랜지 전폭(그림 3.3.8) T형 단면의 플랜지 폭의 반(그림 3.3.8)
단일 ㄱ형강의 다리	$0.91\sqrt{\dfrac{E}{F_y}}$	단일 ㄱ형강에 있어서 돌출 다리의 전체 폭(그림 3.3.8)
양연지지판 (양단이 지지된 판)	**폭두께비(b/t) 제한 값 λ_r (비조밀/세장)**	**b**
2축 대칭 H형강의 웨브 ㄷ형강의 웨브	$5.70\sqrt{\dfrac{E}{F_y}}$	웨브의 경우 플랜지간 순 간격에서 필릿 반경을 뺀 거리(그림 3.3.8 참조)
균일한 두께를 갖는 각형강관과 박스의 플랜지	$1.40\sqrt{\dfrac{E}{F_y}}$	플랜지의 경우 웨브간 순 간격에서 필릿 반경을 뺀 거리
각형강관과 박스의 웨브	$5.70\sqrt{\dfrac{E}{F_y}}$	박스거더단면 웨브의 경우 플랜지간 순 간격에서 내부 모서리 반경을 뺀 거리

그림 3.4.4는 폭두께비 $\lambda = b/t$ 와 공칭휨강도와의 관계이다. 물론, 판요소 (웨브나 플랜지)의 폭두께비 $\lambda = b/t$가 큰 경우 국부좌굴이 발생하여 공칭휨강도 M_n을 저하시킬 수 있다. 폭두께비 λ가 λ_p와 λ_r사이의 값을 취할 때, 폭두께비에 대한 압축플랜지 공칭휨강도의 관계는 선형이 된다.

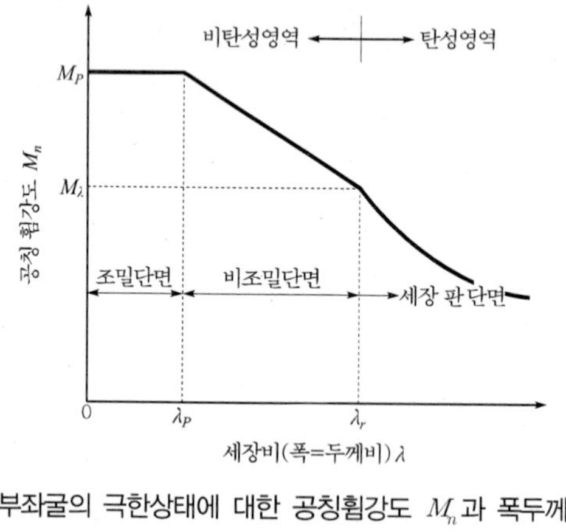

그림 3.4.4 국부좌굴의 극한상태에 대한 공칭휨강도 M_n과 폭두께비 λ의 관계

즉, 폭두께비 $\lambda = b/t$가 조밀단면 폭두께비 제한 값 λ_p와 비조밀단면 폭두께비 제한 값 λ_r

사이의 값 즉, $\lambda_p < \lambda \le \lambda_r$을 가지고 있고 횡지지되어 횡비틀림좌굴이 발생하지 않는 비조밀단면 부재의 공칭휨강도 M_n은 압축플랜지의 비탄성국부좌굴강도에 의해 다음과 같이 표현된다.

$$M_n = \left[M_p - (M_p - 0.7F_y S_x)\left(\frac{\lambda - \lambda_{pf}}{\lambda_{rf} - \lambda_{pf}} \right) \right] \quad (3.4.16)$$

여기서, S_x : 강축에 대한 탄성단면계수

$\lambda = b/t_f$: 플랜지의 폭두께비, b는 그림 3.3.8에 명기한 값, t_f는 압축플랜지의 두께

$\lambda_{pf} = \lambda_p$: 표 3.4.1에 제시된 조밀단면 플랜지의 폭두께비 제한 값

$\lambda_{rf} = \lambda_r$: 표 3.4.2에 제시된 비조밀단면 플랜지의 폭두께비 제한 값

위 식 3.4.16은 강축 휨을 받는 2축대칭 H형강(웨브 조밀단면, 플랜지 비조밀 단면) 부재에 적용한다[하중저항계수설계법에 의한 강구조설계기준(2014, 국토교통부) 6.2.1.1.3].

3) 세장판 단면(slender section)

폭두께비 $\lambda = b/t$가 비조밀단면 폭두께비 제한 값 λ_r 값을 초과하여 항복모멘트 M_y에 도달하기 전에 압축요소들이 국부적인 좌굴을 일으키는 세장판 단면은 부재를 유효하게 활용할 수 없으므로 일반적인 설계에서 피해야 한다. 횡지지되어 횡비틀림좌굴이 발생하지 않는 세장판 단면 플랜지를 갖는 2축 대칭 H형강(웨브 조밀단면) 부재의 공칭휨강도 M_n 은 압축플랜지의 탄성 국부좌굴강도에 의해 다음과 같이 표현된다[하중저항계수설계법에 의한 강구조설계기준(2014, 국토교통부) 6.2.1.1.3].

$$M_n = \frac{0.9 k_c S_x}{\lambda^2} \quad (3.4.17)$$

여기서, $k_c = \dfrac{4}{\sqrt{h/t_w}}$

t_w : 웨브의 두께

h : 그림 3.3.8에 명시된 값

$\lambda = b/t_f$: 플랜지의 폭두께비, b는 그림 3.3.8에 명기한 값, t_f는 압축플랜지의 두께

S_x : 강축에 대한 탄성단면계수

예제 3.4.1

$3\,\text{kN/m}$의 등분포 비구조적 부착물의 중량에 대한 고정하중(DC, 보의 자중 제외)과 $7\,\text{kN/m}$의 활하중(LL)을 견딜 수 있는 가장 가벼운 H형강을 결정하라. 단순지지보(그림 3.4.5)의 경간은 $5\,\text{m}$이고, 보의 압축플랜지는 횡방향으로 충분히 구속되어 횡비틀림좌굴이 발생하지 않는다. 단, 하중저항계수설계법에 의한 강구조설계기준(2014, 국토교통부)을 따르고, 하중수정계수 η_i은 1.0을 적용하라. 또한, 강재는 SM 275을 사용하라.
($F_u = 410\,\text{MPa}$, $F_y = 275\,\text{MPa}$, 하중계수 $\gamma_{DC} = 1.25$와 $\gamma_{LL} = 1.80$이고 하중조합은 강도한계상태 I로 $P_u = \sum \eta_i \gamma_i Q_i = 1.00 \times 1.25 \times DC + 1.00 \times 1.80 \times LL = 1.25DC + 1.80LL$을 사용하라. 강도한계상태 강도저항계수 $\phi_f = 0.90$, 탄성계수 $E = 2.1 \times 10^5\,\text{MPa}$이다.

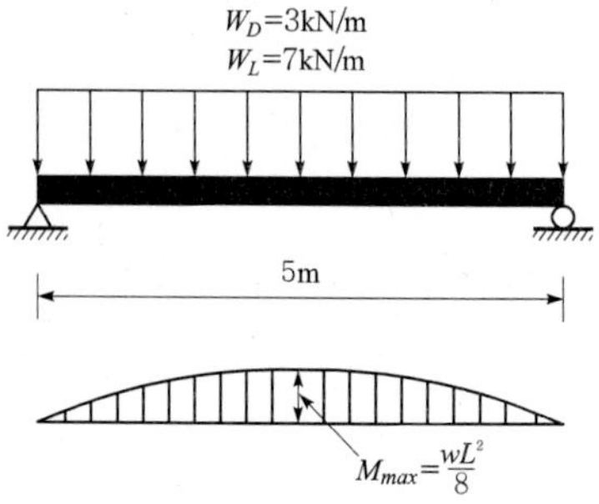

그림 3.4.5

풀 이

1) 강도한계상태 I에서 하중조합으로 구한 소요휨강도(계수하중효과 모멘트) M_u을 계산한다.

$$w_u = \sum \eta_i \gamma_i Q_i = 1.25DC + 1.80LL = 1.25\,W_D + 1.80\,W_L$$
$$= 1.25(3) + 1.80(7) = 16.35\,\text{kN/m}$$
$$M_u = w_u L^2/8 = 16.35(5)^2/8 = 50.1\,\text{kN}\cdot\text{m} \quad (\text{보의 자중 제외})$$

2) SM 275 강재 결정.

압연단면의 대부분이 플랜지와 웨브에 대해 $\lambda < \lambda_p$를 만족하기 때문에 조밀단면으로 가정한다.

강도한계상태 I의 설계휨강도 식은 다음과 같다.

$$M_r = \phi_f M_n = \phi_f M_p = \phi_f Z_x F_y$$

설계조건은 다음과 같다.

$$\text{소요 } M_r = \phi_f M_n = M_u$$

$$\text{소요 } Z_x = \frac{M_u}{\phi_f F_y} = \frac{50.1 \times 10^6}{0.90(275)} = 202{,}424\,\text{mm}^3$$

H-200×100×5.5×8 단면을 선택 : $Z_x = 209 \times 10^3\,\text{mm}^3$

조밀단면 규정 λ_p를 검토(표 3.4.1)

$$\lambda = \frac{b}{t_f} = \frac{100/2}{8} = 6.25 < \lambda_p = 0.38\sqrt{\frac{E}{F_{yc}}} = 10.5 \qquad \therefore\ O.K.$$

$$\lambda = \frac{b}{t_w} = \frac{200 - 2 \times 8 - 11 \times 2}{5.5} = 29.45 < \lambda_p = 3.76\sqrt{\frac{E}{F_y}} = 103.9 \qquad \therefore\ O.K.$$

설계휨강도 검토 : 보의 자중($0.21\,\text{kN/m}$)을 포함하도록 극한하중모멘트를 수정한다.

$$w_u = \sum \eta_i \gamma_i Q_i = 1.25DC + 1.80LL + 1.25DC_{self}$$
$$= 1.25(W_D + 0.21) + 1.80W_L = 1.25(3.21) + 1.80(7) = 16.61\,\text{kN/m}$$
$$M_u = 50.1(16.61/16.35) = 50.9\,\text{kN}\cdot\text{m}$$
$$M_n = M_p = Z_x F_y = 209\times 10^3(275) = 57{,}475{,}000\,\text{N}\cdot\text{mm} = 57.48\,\text{kN}\cdot\text{m}$$
$$M_r = \phi_f M_n = \phi_f(57.48) = 0.90(57.48) = 51.73\,\text{kN}\cdot\text{m} > \text{M}_\text{u} \quad \therefore\ O.K$$

∴ H-200×100×5.5×8 형강을 사용

전단강도에 대한 설계

1) 공칭전단강도

휨부재에서 웨브 요소는 주로 전단에 저항한다. 후좌굴강도를 이용하지 않고 웨브의 전단력을 받는 1축 또는 2축대칭 단면, 단일 ㄱ형강과 강관, 약축방향 단면에 대한 공칭전단강도 V_n은 전단항복과 전단좌굴의 한계상태에 따라 다음과 같이 구한다.[하중저항계수설계법에 의한 강구조설계기준(2014, 국토교통부) 6.2.1.2].

$$V_n = C_v \cdot F_{vy} \cdot A_w = 0.6F_y A_w C_v \tag{3.4.18}$$

여기서 A_w :웨브단면적($= D\cdot t_w$, mm^2)

F_{vy} :웨브강재의 전단항복응력(MPa)

D :웨브 전체높이(mm)

t_w :웨브의 두께(mm)

C_v :전단항복에 대한 전단좌굴응력의 비

(1) $\dfrac{h}{t_w} \le 2.24\sqrt{\dfrac{E}{F_y}}$ 인 경우,

압연 H형강 웨브는 강도감소계수 $\phi_v = 1.0$ 및 $C_v = 1.0$을 적용한다.

(2) 원형강관을 제외한 모든 1축 또는 2축대칭 단면 및 ㄷ형강의 C_v

① $\dfrac{h}{t_w} \le 1.10\sqrt{\dfrac{Ek_v}{F_y}}$ 일 경우, $C_v = 1.0$

② $1.10\sqrt{\dfrac{Ek_v}{F_y}} < \dfrac{h}{t_w} \le 1.37\sqrt{\dfrac{Ek_v}{F_y}}$ 일 경우, $C_v = \dfrac{1.10\sqrt{Ek_v/F_y}}{h/t_w}$

③ $\frac{h}{t_w} > 1.37\sqrt{\frac{Ek_v}{F_y}}$ 일 경우, $C_v = \frac{1.51Ek_v}{(h/t_w)^2 F_y}$

여기서 h : 그림 3.3.8에 명시된 값

웨브 판 좌굴계수 k_c는 아래와 같이 구한다.

㉠ T형강의 스템을 제외한 $h/t_w < 260$인 비구속지지된 판요소 웨브

$k_v = 5$

㉡ $h/t_w < 260$인 T형강의 스템

$k_v = 1.2$

㉢ 구속판 요소 웨브

$$k_v = 5 + \frac{5}{(a/h)^2}$$

- $a/h > 3.0$ 또는 $a/h > \left[\frac{260}{(h/t_w)^2}\right]^2$일 경우

$k_v = 5$

여기서 a : 수직보강재의 순간격(mm)

2) 전단에 대한 설계식

설계전단강도는 다음과 같이 나타낼 수 있다.

$$V_r = \phi_v V_n \geq V_u \quad (3.4.19)$$

여기서 ϕ_v : 전단에 대한 강도저항계수(강도한계상태의 경우 0.90)

V_n : 공칭전단강도($= C_v \cdot 0.6F_y \cdot A_w$)

V_u : 하중조합으로 구한 소요전단강도(설계하중에 의한 전단력)

예제 3.4.2

활하중(LL) $50\,\mathrm{kN/m}$, 비구조적 부착물의 중량에 대한 고정하중(DC, 자중은 제외) $25\,\mathrm{kN/m}$을 지탱하는 SS 355의 가장 가벼운 H형강 단면을 고르시오. 이 단순보(그림 3.4.6)의 경간은 $1.8\,\mathrm{m}$이며, 횡방향의 브레이싱은 횡방향을 구속하기에 충분하여 횡비틀림좌굴이 발생하지 않는다. 하중저항계수설계법으로 설계하여라. 단, 하중저항계수설계법에 의한 강구조설계기준(2014, 국토교통부)을 따르고, 하중수정계수 η_i은 1.0을 적용하라. 또한, 전단항복에 대한 전단좌굴응력의 비 $C_v = 1.0$이다.

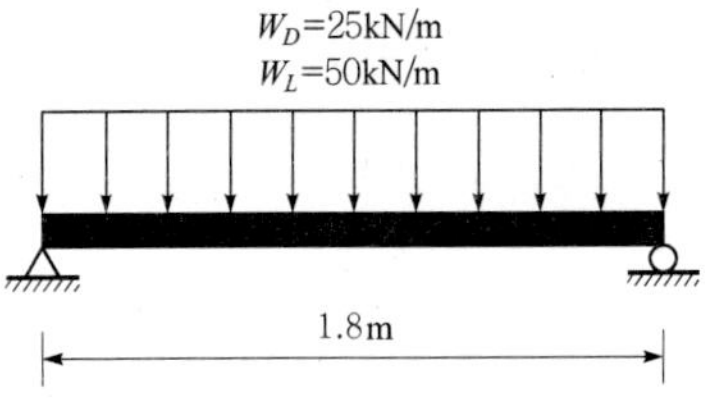

그림 3.4.6

($F_u = 490\,\text{MPa}$, $F_y = 355\,\text{MPa}$, 하중계수 $\gamma_{DC} = 1.25$와 $\gamma_{LL} = 1.80$이고 하중조합은 강도한계상태 I 로 $P_u = \sum \eta_i \gamma_i Q_i = 1.00 \times 1.25 \times DC + 1.00 \times 1.80 \times LL = 1.25DC + 1.80LL$을 사용하라. 하중저항계수설계법의 강도한계상태 강도저항계수 $\phi_f = 0.90$, $\phi_v = 1.0$, 탄성계수 $E = 2.1 \times 10^5\,\text{MPa} = 200\text{GPa}$이다.

풀 이

하중이 크고 경간길이가 짧기 때문에 설계자는 휨과 전단에 대한 고려를 해야 한다.

1) M_u, V_u를 계산

$$w_u = \sum \eta_i \gamma_i Q_i = 1.25DC + 1.80LL = 1.25\,W_D + 1.80\,W_L$$
$$= 1.25(25) + 1.80(50) = 121.25\,\text{kN/m}$$
$$M_u = wL^2/8 = 121.25(1.8)^2/8 = 49.1\,\text{kN}\cdot\text{m}$$
$$V_u = wL/2 = 121.25(1.8)/2 = 109.1\,\text{kN}$$

보에 작용하는 하중이 크므로 보의 자중은 무시한다.

2) 휨에 대한 단면을 설계 (조밀단면으로 가정)

$$M_r = \phi_f M_n = \phi_f M_p = \phi_f Z_x F_y$$

설계조건은 $\phi_f M_n = M_u$이므로

$$\text{소요 } Z_x = \frac{M_u}{\phi_f \cdot F_y} = \frac{49.1 \times 10^6}{0.90(355)} = 153{,}678\,\text{mm}^3$$

강재제원표에서, $Z_x \geq 153{,}678\text{mm}^3$을 만족하는 최경량 단면인

H−198×99×4.5×7 형강을 선택

3) 전단에 대해 검토

$$V_r = \phi_v C_v V_n = \phi_v C_v (0.6F_y) A_w$$
$$= 1.0 \times 1.0 \times (0.6 \times 355) \times (4.5) \times (184) = 176{,}364\,\text{N} = 176.4\,\text{kN}$$

$V_u = 109.1\,\text{kN}$은 H−198×99×4.5×7 단면의 전단강도를 초과하지 않으므로 이 단면은 적합하다. 전단에 있어서 필요한 웨브의 단면적 A_w는 다음과 같다.

$$A_w = \frac{V_u}{\phi_v C(0.6F_y)} = \frac{109.1 \times 10^3}{1.0(1.0)(0.6)(355)} = 512.21\,\text{mm}^2$$

b/t_w값은 $3.76\sqrt{\dfrac{E}{F_{yc}}}$의 값을 초과할 수 없다. 폭두께비는

$$\frac{b}{t_w} = \frac{198 - 2\times 7 - 2 \times 11}{4.5} = 36 < 3.76\sqrt{\frac{E}{F_{yc}}} = 91.45 \qquad \therefore\ O.K.$$

∴ H−198×99×4.5×7 형강을 사용

3.4.5 보의 횡비틀림좌굴에 대한 설계

▎기둥과의 이론적인 유사성

이 절에서는 단면의 휨에 대한 횡방향 안전성을 고려한다. 그림 3.4.7과 같이 횡방향지지가 없는 보의 압축부를 생각해 보자. 보의 압축플랜지는 정성적으로 볼 때 기둥으로 간주될 수 있다. 더 큰 압축하중 하에서 압축플랜지는 일반적으로 그림 3.4.7과 같이 휨에 의해 약한 방향으로 좌굴이 일어난다. 이와 같이 보의 압축플랜지와 기둥과의 유사성을 통해 횡비틀림좌굴(횡좌굴)의 기초개념을 알 수 있다. 그림 3.4.7에 보여준 것처럼 웨브는 압축플랜지를 안정된 인장플랜지에 부착시키고 접합부에서 연속적인 회전 및 횡방향 변형을 구속하고 있으므로, 웨브의 휨강성의 크기가 보의 횡방향 거동에 많은 영향을 미치게 된다.

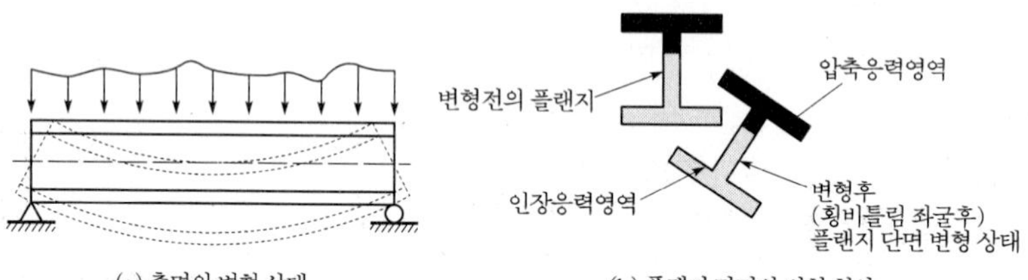

(a) 측면의 변형 상태 (b) 플랜지 단면의 변형 형상

그림 3.4.7 횡방향 비지지된(양 끝단에서만 횡지지된) 보

▎일반적인 보의 하중저항계수설계

여기서는 횡안정보에서 부터 횡비틀림좌굴(횡좌굴)에 의해 상당한 강도감소를 초래하는 경우까지 모든 유형의 보들에 대해 고려한다. 하중은 웨브평면에 작용하는 것으로 가정한다.

하중저항계수설계법의 강도요구사항은 3.4.4절 휨모멘트에 대한 설계에서 나타낸 식 3.4.14과 같다. 즉,

$$M_r = \phi_f\, M_n \geq M_u$$

여기서 M_r : 단면의 설계휨강도

ϕ_f : 휨에 대한 강도저항계수(강도한계상태 $\phi_f = 0.90$)

M_n : 단면의 공칭휨강도

M_u : 하중조합으로 구한 소요휨강도(하중에 의한 계수휨모멘트)

그림 3.4.7은 횡방향 비지지길이(L_b)와 횡비틀림좌굴강도의 관계를 나타낸 것이다. 하중저항계수설계법에 의한 강구조설계기준(2014, 국토교통부) 6.2.1.1.2-3절에서는 그림 3.4.8과

같은 횡비틀림좌굴을 고려하여 강축 휨을 받는 2축대칭 H형강(웨브와 플랜지 모두 조밀단면, 웨브는 조밀단면이고 플랜지는 비조밀단면 또는 세장판 단면) 부재의 공칭휨강도를 압축플랜지 비지지길이와 연계시켜 다음과 같이 유형별로 나누어 제시하고 있다.

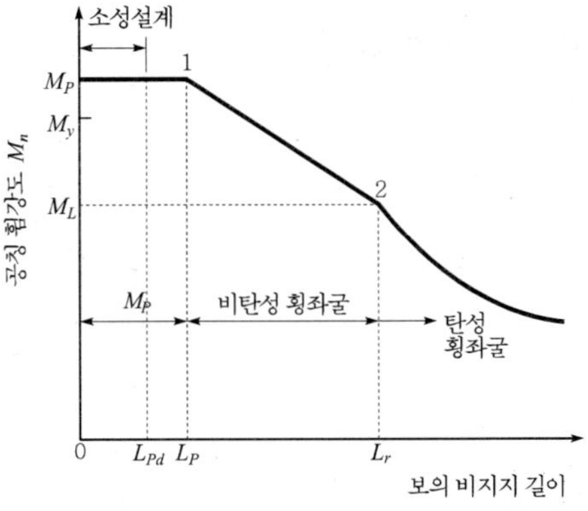

그림 3.4.8 횡비틀림좌굴의 영향을 받는 공칭휨강도

- **유형 1** : 횡비틀림좌굴(횡좌굴)이 발생하지 않는 압축플랜지 비지지길이 영역(그림 3.4.8의 0-1구간)

  횡비틀림좌굴을 고려하지 않아도 된다. 이 경우, 공칭휨강도는 횡비틀림좌굴이 발생하지 않으므로 3.4.4절의 판요소(웨브나 플랜지)의 폭두께비 $\lambda = b/t$ 와 공칭휨강도와의 관계 즉, 국부좌굴의 발생여부에 따른 압축플랜지 공칭휨강도 규정을 적용해서 구한다. 횡브레이싱은 보의 비지지길이 L_b가 다음 식을 만족하도록 설치되어야 하고 휨부재에서 횡비틀림좌굴이 발생하지 않는다.

$$L_b \le L_p = 1.76 r_y \sqrt{\frac{E}{F_y}} \tag{3.4.20}$$

여기서 L_p : 소성한계 비지지길이

r_y : 지지점 사이에서 연직축에 대한 강재단면의 최소회전반경

F_y : 압축플랜지의 항복응력

- **유형 2** : 비탄성 횡비틀림좌굴(횡좌굴)이 발생하는 압축플랜지 비지지길이 영역(그림 3.4.8의 1-2구간)

  압축플랜지 비지지길이가 식 3.4.20을 만족하지 못하면 단면의 휨강도는 비탄성 횡비틀림좌굴을 고려한 부재의 공칭휨강도 규정을 적용하여 구한다. 즉, 비탄성거동 영역

($M_p > M_n \geq M_L$, $L_p < L_b \leq L_r$)에서 횡비틀림좌굴이 일어날 수 있는 경우이다. 이 경우 공칭휨강도 M_n은 그림 3.4.8의 1(L_p에서의 M_p)과 2(비탄성한계 비지지길이 L_r에서의 M_L)의 선형적인 관계에서 근사적으로 구할 수 있다. 즉, 공칭휨강도 M_n은 횡비틀림좌굴 강도의 선형함수이다.

$$M_n = C_b\left[M_p - (M_p - 0.7F_yS_x)\left(\frac{L_b - L_p}{L_r - L_p}\right)\right] \leq M_p \tag{3.4.21}$$

여기서, S_x : 강축에 대한 탄성단면계수

$$L_r = 1.95\, r_{ts}\frac{E}{0.7F_y}\sqrt{\frac{Jc}{S_xh_o}}\sqrt{1+\sqrt{1+6.76\left(\frac{0.7F_y}{E}\frac{S_xh_o}{Jc}\right)^2}} \tag{3.4.22}$$

E : 강재의 탄성계수

J : 단면비틀림상수

$r_{ts}^2 = \dfrac{\sqrt{I_yC_w}}{S_x}$

$c=1$: 2축대칭 H형강의 경우

$c = \dfrac{h_o}{2}\sqrt{\dfrac{I_y}{C_w}}$: ㄷ형강의 경우

h_o : 상하부 플랜지 간 중심거리

I_y : 약축에 대한 단면2차모멘트

C_w : 뒴(뒤틀림)상수

C_b : 모멘트 변화를 고려한 보정계수

- 브레이싱이 없는 캔틸레버나 브레이싱 사이에서 발생하는 휨모멘트가 부재 양단의 모멘트 중 큰 값을 초과하는 경우 :

$$C_b = 1.0 \tag{3.4.23}$$

- 그 밖의 경우 :

$$C_b = 1.75 - 1.05\left(\frac{P_l}{P_h}\right) + 0.3\left(\frac{P_l}{P_h}\right)^2 \leq K_b \tag{3.4.24}$$

여기서 P_l : 설계하중 하에서 양 브레이싱점에서 발생하는 압축플랜지 단면력 중 작은 값(N)

P_h : 설계하중 하에서 양 브레이싱점에서 발생하는 압축플랜지 단면력 중 큰 값(N)

K_b : 1.75, P_l/P_h의 계산 시 P_l과 P_h의 값으로 양 브레이싱점에서 각각 발생 가능한 최대 모멘트를 사용한 경우

K_b : 2.3, P_l/P_h의 계산 시 P_h를 발생시키는 설계하중과 동일한 하중 상태에서 다른 쪽 브레이싱점에서 발생하는 하부(압축)플랜지 축력을 P_l로 사용한 경우 (P_l/P_h)는 P_l이 인장력이면 음의 값을 취한다.

압축플랜지 비지지길이가 식 3.4.20을 만족하지 못하면 단면 또는 단면의 시공 중 공칭휨강도는 비탄성 횡비틀림좌굴을 고려한 부재 휨강도 규정을 적용하여 구한다. 즉, 비탄성 횡비틀림좌굴영역($M_p > M_n \geq M_L$)에서 공칭휨강도 M_n에 도달하는 일반적인 극한상태이다.

- **유형 3** : 탄성 횡비틀림좌굴(횡좌굴)이 발생하는 압축플랜지 비지지길이 영역
  공칭휨강도 M_n이 탄성좌굴강도 M_{cr}(즉, $M_n < M_L$, $L_b > L_r$)과 같은 일반적인 극한상태이다, 이 유형에서는 그림 3.4.8에 보여준 탄성횡좌굴이 발생하는 영역에 해당하며, 부재의 공칭휨강도는 다음 식과 같이 나타낼 수 있다.

$$M_n = M_{cr} = S_x F_{cr} = S_x \frac{C_b \pi^2 E}{(L_b/r_{ts})^2} \sqrt{1 + 0.078 \frac{Jc}{S_x h_o} \left(\frac{L_b}{r_{ts}} \right)^2} \leq M_p \quad (3.4.25)$$

여기서, S_x는 강축에 대한 탄성단면계수이고, M_{cr}은 $C_b M_L$이나 M_p보다 작다. 따라서 식 3.4.25는 의미 있는 상한치를 갖는다.

최종적인 공칭휨강도 M_n은 위에서 각각 계산한 항복강도(소성모멘트), 횡비틀림 좌굴강도 및 압축플랜지 국부좌굴강도의 한계상태 중 최소값으로 한다.

예제 3.4.3

그림 3.4.9와 같이 하중을 받는 단순보가 있다. 등분포하중은 20%의 고정하중(DC)과 80%의 활하중(LL)으로 이루어져 있으며, 집중하중은 40%의 고정하중과 60%의 활하중으로 이루어져 있다. 보는 양단과 매 경간 2 m 마다 가로방향으로 횡지지되어 있다. 하중저항계수설계법에 의해 SS 355 강재를 사용하여 가장 가벼운 H형강 단면을 선택하여라. 단, 하중저항계수설계법에 의한 강구조설계기준(2014, 국토교통부)을 따르고, 하중수정계수 η_i은 1.0을 적용하라.

($F_u = 490\,\text{MPa}$, $F_y = 355\,\text{MPa}$, 하중계수 $\gamma_{DC} = 1.25$와 $\gamma_{LL} = 1.80$이고 하중조합은 강도한계상태 I 로 $P_u = \sum \eta_i \gamma_i Q_i = 1.00 \times 1.25 \times DC + 1.00 \times 1.80 \times LL = 1.25DC + 1.80LL$을 사용하라. 강도한계상태 휨강도저항계수 $\phi_f = 0.90$, 탄성계수 $E = 2.1 \times 10^5\,\text{MPa}$이다.)

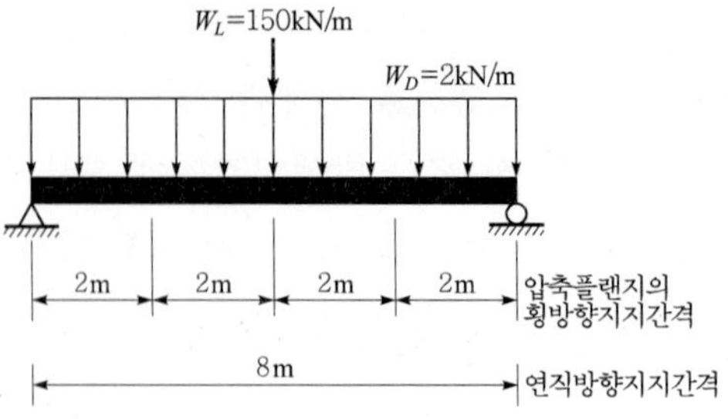

그림 3.4.9

풀 이

1) 보의 중간 지점에서의 하중조합으로 구한 최대 소요휨강도 M_u와 공칭휨강도 M_n을 결정한다.

$$w_u = \Sigma\,\eta_i\gamma_i Q_i = 1.25DC + 1.80LL = 1.25\,W_D + 1.80\,W_L$$
$$= 1.25(0.2)(2) + 1.80(0.8)(2) = 3.38\,\text{kN/m}$$
$$P_u = \Sigma\,\eta_i\gamma_i Q_i = 1.25DC + 1.80LL = 1.25P_D + 1.80P_L$$
$$= 1.25(0.4)(150) + 1.80(0.6)(150) = 237\,\text{kN}$$
$$M_u = \frac{1}{8}(3.38)(8)^2 + \frac{237(8)}{4} = 501.0\,\text{kN}\cdot\text{m}$$

하중저항계수설계법의 요구사항은

$$M_r = \phi_f\,M_n \geq M_u$$

하중저항계수설계법에 의한 강구조설계기준(2014, 국토교통부)규정에 의한 휨의 강도저항계수 $\phi_f = 0.90$이므로, 필요한 공칭휨강도 M_n 은 다음과 같다. 즉,

$$\phi_f\,M_n \geq M_u \;\rightarrow\; \text{필요한 } M_n \geq \frac{M_u}{\phi_f} = \frac{501.0}{0.90} = 556.7\,\text{kN}\cdot\text{m}$$

2) 소성설계하거나, 소성설계을 하지 않고 최대 소성모멘트강도 M_p를 이용하기 위하여, 횡지지점들이 충분히 근접해 있는지를 추정한다. 이 규정을 이용하기 위해서는 부재가 조밀단면이어야 한다. 보가 단순지지 되었으므로 소성해석은 적용될 수 없다. 보가 유형 1에 해당된다고 가정하면 $M_n = M_p = Z_x F_y$이다. 최대 횡방향소성한계 비지지길이 L_p는 식 3.4.20에 의해 다음과 같다.

$$L_b \leq L_p = 1.76\,r_y\sqrt{\frac{E}{F_y}}$$

$r_y \approx 0.22b_f$라 가정하면, $L_b \leq L_p = 1.76\,r_y\sqrt{\dfrac{E}{F_y}} = (1.76)(0.22b_f)\sqrt{\dfrac{2.1\times10^5}{355}} = 9.42b_f$

$L_p = 2000\,\text{mm}$ 이면, $\quad \text{min. } b_f = \dfrac{L_p}{9.42} = \dfrac{2000}{9.42} = 212\,\text{mm}$

플랜지폭이 적어도 300mm 라고 가정하면, 공칭휨강도 M_n 은 소성모멘트 $M_p = Z_x F_y$에 도달할 수 있다.

3) 단면을 선택한다.

필요한 소성단면계수 Z_x는 다음과 같다.

필요한 $M_n = M_p = Z_x F_y \geq 556.7\,\text{kN}\cdot\text{m}$

$$\therefore \text{ 필요한 } Z_x = \frac{M_p}{F_y} \geq \frac{556.7\times10^6}{355} = 1{,}568{,}169\,\text{mm}^3$$

$Z_x \geq 1{,}568{,}169\,\text{mm}^3$이면서 가장 가벼운 단면은 H−338×351×13×13

$(Z_x = 1{,}850{,}000\,\text{mm}^3)$

4) 단면을 검토한다.

보의 자중은 반드시 포함되어야 한다. 이는 설계의 시작단계에서 가정한다. 하중조합으로 구한 소요휨강도 M_u(고정하중)$= 1.25(1.04)(8)^2/8 = 10.4\,\text{kN}\cdot\text{m}$

$$M_u = 510.0 + 10.4 = 520.4\,\text{kN}\cdot\text{m}$$

$$M_n = M_p = Z_x F_y = 1{,}850\times10^3\times355 = 6.5675\times10^8\,\text{N}\cdot\text{mm} = 656.75\,\text{kN}\cdot\text{m}$$

$$L_p = 1.76\,r_y\sqrt{\frac{E}{F_y}} = (1.76)(83.3)\sqrt{\frac{2.1\times10^5}{355}} = 3566 > L_b(=2000\,\text{mm}) \qquad \therefore\ O.K.$$

다른 요구사항(표 3.4.1)으로서는 단면이 조밀단면이어야 한다는 것이다.

$$M_r = \phi_f M_n = 0.90(656.75) = 591.08\,\text{kN}\cdot\text{m} > \text{M}_\text{u}(=520.4\,\text{kN}\cdot\text{m}) \qquad \therefore\ O.K.$$

∴ H−338×351×13×13이 요구사항을 만족시키는 가장 가벼운 단면이다.

예제 3.4.4

그림 3.4.10에 용접된 I형 단면이 주어져 있으며, 13.8m 단순보가 있다. 자중을 포함한 고정하중(DC)이 2kN/m일 때 보가 받을 수 있는 분포 사용활하중(LL) w를 결정하여라. 단, 하중저항계수설계법에 의한 강구조설계기준(2014, 국토교통부)을 따르고, 하중수정계수 η_i은 1.0을 적용하라. $C_b = 1.0$이고, 수평 및 수직보강재를 사용하여 조밀단면으로 만들었고, 횡지지되어 있지 않아 탄성 횡비틀림좌굴이 발생하는 영역에 해당한다.

($F_u = 570\,\text{MPa}$, $F_y = 460\,\text{MPa}$, 하중계수 $\gamma_{DC} = 1.25$와 $\gamma_{LL} = 1.80$이고 하중조합은 강도한계상태 I 로 $P_u = \sum \eta_i \gamma_i Q_i = 1.00\times1.25\times DC + 1.00\times1.80\times LL = 1.25DC + 1.80LL$을 사용하라. 강도한계상태 휨강도저항계수 $\phi_f = 0.90$, 탄성계수 $E = 2.1\times10^5\,\text{MPa}$, 전단탄성계수 $G = 0.81\times10^5\,\text{MPa}$이다.)

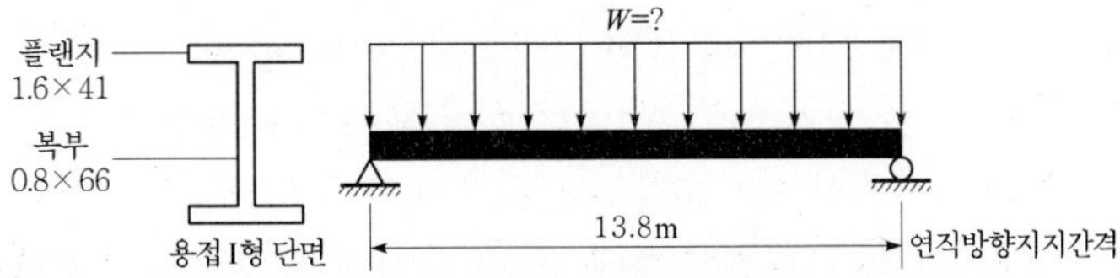

그림 3.4.10

풀 이

1) 단면의 성질을 계산한다.

$$A = 11{,}840\,\mathrm{mm}^2$$

$$I_x = \frac{1}{12}\left[(660+16+16)^3(410) - (660)^3(410-8)\right] = 169{,}083 \times 10^4\,\mathrm{mm}^4$$

$$S_x = \frac{I_x}{d/2} = \frac{169{,}083 \times 10^4}{346} = 4{,}887 \times 10^3\,\mathrm{mm}^3$$

$$Z_x = \frac{410(660+16+16)^2}{4} - \frac{(410-8)660^2}{4} = 5{,}306 \times 10^3\,\mathrm{mm}^3$$

$$I_y = \frac{660 \times 8^3}{12} + 2 \times \frac{16 \times 410^3}{12} = 18{,}382 \times 10^4\,\mathrm{mm}^4$$

$$C_w = \frac{I_y h^2}{4} = \frac{18{,}382 \times 10^4(660+16 \times 2)^2}{4} = 22{,}006{,}200 \times 10^6\,\mathrm{mm}^6$$

$$r_{ts}^2 = \frac{\sqrt{I_y C_w}}{S_x} \rightarrow r_{ts} = \sqrt{\frac{\sqrt{18{,}382 \times 10^4 \times 22{,}006{,}200 \times 10^6}}{4{,}887 \times 10^3}} = 114\,\mathrm{mm}$$

$$J = \frac{1}{3}[2(410)(16)^3 + 660(8)^3] = 123 \times 10^4\,\mathrm{mm}^4$$

2) 플랜지와 웨브의 국부좌굴 한계상태에 대하여 검토한다. 즉, $\lambda \leq \lambda_p$ 및 $\lambda \leq \lambda_r$ 인지를 검토한다. 한계치들은 본 교재의 표 3.4.1과 표 3.4.2, 그리고 하중저항계수설계법에 의한 강구조설계기준(2014, 국토교통부) 표 6.2.1.1.1-2에 주어져 있다. 웨브나 플랜지가 세장한 요소(slender) 인지를 표 3.4.1과 표 3.4.2 등을 사용하여 강재단면이 조밀단면인지 비조밀단면지를 검토한다. 이는 $\lambda \leq \lambda_p$ 또는 $\lambda \leq \lambda_r$ 을 만족하는지 여부를 결정하기 위한 것이다. 이 경우는 문제에서 이미 수평 및 수직보강재를 사용하여 조밀단면으로 만들었다고 하였으므로, 단면은 웨브와 플랜지 모두에 대하여 조밀단면이다.

3) 소성휨강도를 계산한다(그림 3.4.4 참조).

$$M_p = Z_x F_y = (5{,}306 \times 10^3)(460)(10^{-6}) = 2{,}440.8\,\mathrm{kN \cdot m}$$

4) 플랜지 국부좌굴 한계상태에 의한 공칭휨강도를 계산한다. 조밀단면이므로 식 3.4.15를 사용하면,

$$M_n = M_p = Z_x F_y = (5{,}306 \times 10^3)(460)(10^{-6}) = 2{,}440.8\,\mathrm{kN \cdot m}$$

5) 웨브 국부좌굴 한계상태에 의한 공칭휨강도를 계산한다. 조밀단면이므로 식 3.4.15를 사용하면,

$$M_n = M_p = Z_x F_y = (5{,}306 \times 10^3)(460)(10^{-6}) = 2{,}440.8\,\mathrm{kN \cdot m}$$

6) 횡비틀림좌굴의 발생여부를 검토하여 공칭휨강도를 계산한다(그림 3.4.8).
압축플랜지 비지지길이 L_b가 식 3.4.20과 3.4.22의 만족여부를 검토한 후, 3.4.5절에서 기술한 어떤 유형에 해당하는가를 판정하여 그에 상당하는 식을 사용하여 공칭휨강도를 계산한다. 문제에서 이미 횡지지되어 있지 않아 탄성 횡비틀림좌굴이 발생하는 영역(유형 3)에 해당한다

고 주어졌으므로, 공칭휨강도는 탄성 횡비틀림좌굴에 대한 공칭휨강도 M_n은 식 3.4.25를 사용하여 구해질 수 있다.

$$M_n = M_{cr} = S_x F_{cr} = S_x \frac{C_b \pi^2 E}{(L_b/r_{ts})^2} \sqrt{1+0.078 \frac{Jc}{S_x h_o}\left(\frac{L_b}{r_{ts}}\right)^2} \le M_p$$

$$= 4{,}887 \times 10^3 \times \frac{1.0 \times \pi^2 \times 2.1 \times 10^5}{(13800/114)^2} \times \sqrt{1+0.078 \times \frac{123 \times 10^4 \times 1.0}{4{,}887 \times 10^3 \times 676} \times \left(\frac{13800}{114}\right)^2}$$

$$= 825\,\text{kN} \cdot \text{m}$$

7) 최종단계 : 공칭휨강도 M_n은 가능한 지배한계상태 중에서 가장 낮은 값이다. 플랜지 국부좌굴에 대하여 2,440.8 kN · m, 웨브국부좌굴에 대하여 2,440.8 kN · m, 횡비틀림좌굴에 대하여 825 kN · m이다. 따라서,

$$M_n = 825\,\text{kN} \cdot \text{m}$$

$$M_r = \phi_f M_n = 0.90 \times 825 = 743\,\text{kN} \cdot \text{m}$$

최대 $M_u = \phi_f M_n = 743\,\text{kN} \cdot \text{m}$

$$M_u = \sum \eta_i \gamma_i Q_i = 1.00 \times 1.25 \times M_{DC} + 1.00 \times 1.80 \times M_{LL} = 1.25 M_{DC} + 1.80 M_{LL}$$

$$M_{DC} = 2(13.8)^2/8 = 47.61\,\text{kN} \cdot \text{m}$$

$$M_{LL} = \frac{M_u - 1.25 M_{DC}}{1.80} = \frac{743 - 1.25(47.61)}{1.80} = 379.7\,\text{kN} \cdot \text{m}$$

$$\therefore \ w(=w_{LL}) = \frac{8 M_{LL}}{L^2} = \frac{8(379.7)}{(13.8)^2} = 16.0\,\text{kN} \cdot \text{m}$$

3.4.6 처짐설계

보의 설계 시 강도 및 극한하중 한계상태에 대한 설계와 함께 사용한계상태에 대한 검토를 수행하여야 한다. 사용한계상태는 사용하중 하에서 보가 너무 크게 처지거나 또는 상당히 진동하는 경우 설계자는 처짐 제한을 신중히 선택하고 적합한 바닥진동을 검토하는 것으로 보의 과도한 유연성과 관련된 것이다 따라서 적당한 제한을 선택하는 것은 설계자의 경험적 판단에 달려있다. 충격하중을 포함한 사용 활하중에 의한 교량의 주거더 및 가로보의 탄성 최대처짐값은 표 3.4.3의 허용처짐값 이하라야 한다.

표 3.4.3 허용처짐값[도로교 설계기준(2010) 표 3.2.1]

교 량 형 식			최 대 처 짐	
	종 류	지 간	단순지지거더 및 연속거더	게르버거더의 캔틸레버부
플레이트거더 형식	철근콘크리트 슬래브가 있는 플레이트거더	$L \leq 10\text{m}$	$L/2,000$	$L/1,200$
		$10 < L \leq 40\text{m}$	$\dfrac{L}{20,000/L}$	$\dfrac{L}{12,000/L}$
		$L > 40\text{m}$	$L/500$	$L/300$
	기타의 슬래브가 있는 플레이트거더		$L/500$	$L/300$
현 수 교 형 식			$L/350$	
사 장 교 형 식			$L/400$	
기 타 형 식			$L/600$	$L/400$

한편, 도로교 설계기준에서는 콘크리트 교량구조물과 그 부대 시설을 구성하고 있는 부재가 충분한 기능을 발휘할 수 있도록 사용 중의 응력한계, 균열폭 제한 및 처짐 제한에 관련된 사용한계상태의 검증에 관한 규정을 다루고 있다. 그리고 하중저항계수설계법에 의한 강구조설계기준(2014, 국토교통부) 6.3.1.4절에서는 휨을 받는 I형 플레이트거다 단면의 사용한계에 따른 처짐 및 응력 제한사항을 규정하고 있다. 이 경우 하중은 표 3.1.1에 있는 사용한계상태 조합을 적용해야 한다.

강도한계상태나 영구처짐에 대한 검토 시에도 탄성 또는 비탄성해석으로 수행할 수 있으나 일관성 있는 해석방법을 적용해야 한다. 플랜지들의 응력을 조사할 때, 부모멘트 영역의 단면이 조밀단면일 경우 모멘트 재분배가 고려될 수 있다 . 사용한계상태에 따른 영구처짐의 제한을 위하여, 합성단면의 상부플랜지 응력 값들은 다음 값을 초과하지 않아야 한다 [하중저항계수설계법에 의한 강구조설계기준(2014, 국토교통부) 6.3.1.4.2]. 즉,

$$f_f \leqq 0.95 R_h F_{yf} \tag{3.4.26}$$

비합성단면의 상하부플랜지 경우에는

$$f_f + \frac{f_l}{2} \leqq 0.80 R_h F_{yf} \tag{3.4.27}$$

여기서, f_f는 플랜지의 횡방향 휨을 고려하지 않는 사용한계상태조합에 의한 플랜지의 응력(MPa)이고, f_l은 사용한계상태조합에 의한 플랜지의 횡방향 휨응력(MPa)이고, F_{yf}는 플랜지의 항복강도(MPa), R_h는 하중저항계수설계법에 의한 강구조설계기준(2014, 국토교통부) 6.3.1.1.10(1)에 규정된 하이브리드 단면의 플랜지 응력감소계수이다.

또한, 도로교 설계기준에서는 바닥판과 바닥틀의 사용한계상태에 대하여 규정하고 있다. 즉, 사용한계상태에서는 바닥구조와 바닥틀을 전체 탄성구조로 해석해야 하고 바닥판의 과도한 변형과 처짐을 설계 시 고려하도록 하고 있다. 충격계수를 고려한 설계트럭하중 작용 시 바닥판의 허용처짐량은 다음과 같다.

- $L/800$: 보도부가 없는 바닥판(사람의 통행이 없는 바닥판)
- $L/1000$: 보도부가 있는 바닥판(제한된 수의 사람이 통행하는 바닥판)
- $L/1200$: 보도부가 매우 중요한 바닥판(많은 사람이 통행하는 바닥판)

여기서, L은 바닥판 받침부의 중심 간의 거리이다. 고정하중에 의한 처짐의 보정 및 현장에서의 원활한 부재조립을 위하여 보통 고정하중이 재하되면서 바닥구조가 수평이 되도록 부재의 제작 시 처짐의 역방향으로 솟음을 설치하고 있다.

예제 3.4.5

그림 3.4.11과 같이 단순지지된 강재바닥틀의 경간이 10 m 이고, 등분포 고정하중(DC)이 8 kN/m 이고 충격하중이 고려된 활하중(LL)이 14 kN/m 인 강재바닥틀을 H형강 단면으로 설계하였다. 강재바닥틀은 고정하중이 재하되면서 바닥구조가 수평이 되도록 부재의 제작 시 처짐의 역방향으로 솟음을 설치되어있고, 활하중(LL)에 의한 처짐은 보도부가 있는 바닥판으로 $L/1000$로 제한되어있다. H-700×300×13×24 단면과 SM 355을 사용하였다. 사용한계상태 II 의 하중조합에 따라 사용성에 대하여 검토하라. 단, 하중수정계수 η_i은 1.0을 적용하라.
($F_u = 490\,\text{MPa}$, $F_y = 355\,\text{MPa}$, 하중계수 $\gamma_{DC} = 1.00$와 $\gamma_{LL} = 1.30$이고 하중조합은 사용한계상태 II 로 $P_u = \sum \eta_i \gamma_i Q_i = 1.00 \times 1.00 \times DC + 1.00 \times 1.30 \times LL = 1.00DC + 1.30LL$를 사용하라.
탄성계수 $E = 2.1 \times 10^5\,\text{MPa} = 210\text{GPa}$이다.)

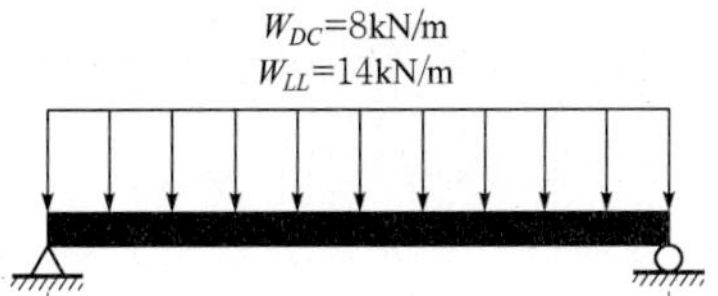

그림 3.4.11

풀 이

주된 관심사는 파괴가 일어날 때가 아니라 구조물이 사용 중일 때의 처짐이므로 하중은 극한하중 대신 표 3.1.1에 있는 사용한계상태Ⅱ하중을 사용한다. 강재바닥틀은 고정하중이 재하되면서 바닥구조가 수평이 되도록 부재의 제작 시 처짐의 역방향으로 솟음을 설치되어 있으므로, 활하중(LL)에 의한 처짐의 사용성만 검토하면 된다. 사용한계상태Ⅱ에서 최대 처짐 $\Delta_{\max}$는 아래와 같다.

$$w_{LL} = 1.30(14) = 18.2\,\text{kN/m}$$

$$\varDelta_{\max} = \frac{5w_{LL}L^4}{384EI}$$

강재제원표에서 찾아보면, H−700×300×13×24, $I_x = 201{,}000 \times 10^4\,\mathrm{mm}^4$

$$\therefore \ \varDelta_{\max} = \frac{5w_{LL}L^4}{384EI} = \frac{(5)(18.2)(10{,}000)^4}{(384)(210{,}000)(2{,}010{,}000{,}000)} = 5.6\,\mathrm{mm}$$

$$< \left(\frac{L}{1000} = 10\mathrm{mm}\right) \qquad \therefore \ O.K.$$

3.4.7 플레이트거더

플레이트거더(판형)는 조립이나 용접된 강재보의 일종으로서, 압연형강보다 더 큰 단면계수가 요구되는 경우에 사용되는 부재형식이다. 과거에는 리벳 및 볼트연결에 의해 단면을 구성하는 플레이트거더가 사용되었으나 오늘날은 공장제작기술의 고도화과 용접기술의 발달로 대체적으로 용접플레이트거더로 제작되고 있다.

플레이트거더의 가장 일반적인 형태는 그림 3.4.12와 같이 두 장의 플랜지판 사이에 비교적 얇은 웨브(복부판)를 용접한 것이 된다. 이러한 웨브는 3가지 종류의 보강재를 사용함으로써 플레이트거더의 효율성을 증대시킬 수 있다. 즉, 집중하중 또는 지점부에서 국부적인 집중력을 웨브에 분산시키기 위해서 지지보강재로써 보강하며, 중간보강재는 좌굴강도 향상과 전단 및 모멘트 그리고 이들의 합성응력에 저항하는 웨브의 효율성을 높이는 역할을 한다. 또한 이러한 보강재는 웨브의 후좌굴강도를 증대시키는 인장역작용(tension−field action)개념을 사용하여 웨브의 두께를 감소시킬 수 있다.

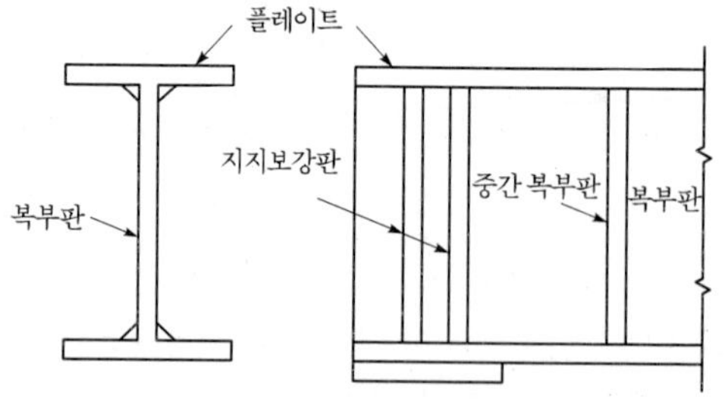

그림 3.4.12 판형의 일반적인 형태

오늘날 이러한 플레이트거더의 거동, 고강도강 및 향상된 용접기술 등으로 인하여 과거 트러스가 적합하다고 생각되어 왔던 구조물에 대해 플레이트거더의 적용사례가 많아지고 있다.

즉, 과거에는 단순플레이트거더의 경우, 사용 지간이 20~50m 정도였으나, 현재에는 연속플레이트거더의 경우 100m 이상까지도 시공되고 있다. 또한 플레이트거더는 입체교차로와 복잡한 여러 층의 고가도로에서 높이로 인한 문제를 최소화 시켜준다.

압연보와 플레이트거더의 차이는 다음과 같다. 즉, 압연보의 경우, 주로 조밀표준압연단면으로 제작되고 플레이트거더는 플랜지와 웨브를 세장한 강판을 용접하여 제작하기 때문에 거동 및 응력분포의 특성이 서로 다르지만 플레이트거더는 실제적으로 깊은 보로써 보의 일종이기 때문에 압연보의 한계특성을 그대로 적용한다. 이러한 플레이트거더에 적용될 수 있는 압연보의 일반적인 한계특성은 국부좌굴과 전체좌굴의 검토를 통해 얻어진다.

전체좌굴은 휨을 받는 단면의 압축플랜지가 횡방향으로 지지되어 있지 않은 경우 일어날 수 있다. 횡방향으로 지지되지 않은 압축플랜지는 기둥과 같은 거동을 보여, 횡방향 지지점 사이에서 면외방향으로 좌굴을 일으킬 수 있다. 또한 압축플랜지는 보 단면의 일부로 인장플랜지와의 상호작용에 의해 횡방향으로 비틀리게 되는데, 이를 횡비틀림좌굴(lateral tortional buckling)이라고 한다.

국부좌굴은 압축을 받고 있는 단면의 폭두께비(width-thickness ratio)가 너무 큰 경우에 발생한다. 압축플랜지에 좌굴이 발생하는 것을 플랜지국부 좌굴(flange local buckling)이라 하고 웨브의 압축영역에서 좌굴이 발생하는 것을 웨브의 국부좌굴(web local buckling)이라 한다.

대부분의 규격화된 압연보의 경우, 국부적인 안정문제는 거의 없으나, 플레이트거더의 경우 국부적 안정성에 대한 갖가지 경우를 고려하여야 한다. 이 중에서 높고 얇은 웨브는 플레이트거더의 휨강도와 전단강도에 미치는 영향이 크다. 이로 인한 문제점으로는, 웨브의 면내 휨좌굴로 인해 웨브의 탄성모멘트 저항내력의 효율성 감소, 웨브의 부적절한 보강으로 인한 압축플랜지의 좌굴, 전단으로 인한 좌굴 등이 그것이다.

이러한 문제점의 대안으로는 앞에서 언급한 보강재를 사용하여야 한다. 보강재는 웨브의 전단저항내력을 증가시켜 주고, 웨브의 좌굴 후에 상당한 크기의 후좌굴강도(post-buckling strength)를 발휘하도록 한다. 즉, 플레이트거더의 사인장 방향으로 웨브의 일부가 인장력에 저항하고 보강재가 연직압축력에 저항하는 인장역작용(tension-field action)이 전단강도를 향상시킨다. 이에 대해서는 본 절의 마지막 부분에서 다룰 것이다.

그리고 앞에서 서술한 바와 같이, 플레이트거더 자체만의 단면분류는 의미가 없다. 따라서 강구조설계기준에서도 I형 단면의 합성과 비합성에 대한 임계강도 기준만을 다루고 있다.

한계상태

위에서 서술한 바와 같이 플레이트거더와 합성거더를 포괄한 휨을 받는 I형 단면에 대한 한계상태는 강도한계상태, 사용한계상태, 피로 및 파단한계상태, 극한하중한계상태로 구분할 수 있다.

1) 강도한계상태[하중저항계수설계법에 의한 강구조설계기준(2014, 국토교통부) 6.3.1.7]

정모멘트부 조밀단면의 설계휨강도는 모멘트 항으로 규정된다.

$$M_r = \phi_f M_n \quad (3.4.28)$$

여기서 ϕ_f는 휨에 대한 강도저항계수이며 0.90의 값을 갖고, M_n은 공칭휨강도 (N·mm)이다.

비조밀단면의 설계휨강도는 응력의 항으로 규정된다.

$$f_r = \phi_f F_n \quad (3.4.29)$$

여기서 F_n은 비조밀단면에 대한 공칭휨강도(MPa)이다.

설계전단저항강도는 다음과 같은 식으로 표현된다.

$$V_r = \phi_v V_n \quad (3.4.30)$$

여기서 ϕ_v는 전단에 대한 강도저항계수로써 0.90의 값을 갖고, V_n은 공칭전단강도(N)이다.

2) 사용한계상태[하중저항계수설계법에 의한 강구조설계기준(2014, 국토교통부) 6.3.1.4]

탄성처짐을 고려할 경우에는 해당 설계기준을 적용해야 한다. 표 3.1.1에 규정된 사용한계상태하중 및 하중조합이 사용한계 결정에 적용되어야 한다. 이러한 하중조합은 하중이 플레이트거더부재에 작용할 때, 강재의 항복을 조절하고, 주행감을 떨어뜨리는 영구처짐을 방지하기 위한 것이다

사용한계상태에 따른 영구처짐의 제한을 위하여, 합성단면의 상부플랜지응력값들은 다음 값을 초과하지 않아야 한다.

$$f_f \leq 0.95 R_h F_{yf} \quad (3.4.31)$$

비합성단면의 상하부플랜지 경우에는

$$f_f + \frac{f_l}{2} \leq 0.80 R_h F_{yf} \quad (3.4.32)$$

여기서, f_f는 플랜지의 횡방향 휨을 고려하지 않는 사용한계상태조합에 의한 플랜지의 응력(MPa)이고, f_l은 사용한계상태조합에 의한 플랜지의 횡방향 휨응력(MPa)이고, F_{yf}는 플랜지

의 항복강도(MPa), R_h는 하중저항계수설계법에 의한 강구조설계기준(2014, 국토교통부) 6.3.1.1.10(1)에 규정된 하이브리드 단면의 플랜지 응력감소계수이다.

3) 피로 및 파단한계상태[하중저항계수설계법에 의한 강구조설계기준(2014, 국토교통부) 6.3.1.5]

일반적인 피로의 문제는 4.7절의 피로설계 규정에 따라 검토해야 한다.

국부좌굴 – 웨브 및 압축플랜지의 좌굴에 대하여

플레이트거더에 하중이 작용되었을 때, 웨브 및 압축플랜지는 면내응력을 받는 평판의 거동과 같다. 이러한 평판의 한계상태가 바로 웨브 및 플랜지의 좌굴이나 항복으로 나타나는 것이다. 여기서는 평판좌굴이론을 간단히 소개하고, 이를 웨브 및 플랜지의 국부좌굴의 한계상태에 적용한다.

1) 판의 좌굴이론

그림 3.4.13의 평판의 거동은 미소처짐이론을 적용하여 다음과 같은 4차 편미분 방정식으로 표현할 수 있다.

$$D\left(\frac{\partial^4 w}{\partial X^4}+2\ \frac{\partial^4 w}{\partial X^2 \partial Y^2}+\frac{\partial^4 w}{\partial Y^4}\right)+f_x t\frac{\partial^2 w}{\partial X^2}=0 \tag{3.4.33}$$

여기서 $D\left(=\dfrac{Et^3}{12(1-\nu^2)}\right)$는 휨강성이며, w는 판에 대한 직각방향의 면외 처짐, t는 판의 두께, f_x는 양단에 작용하는 축방향응력을 의미한다.

식 3.4.33의 자세한 풀이과정은 생략하고, 좌굴계수 k및 포아송 비 ν를 사용하여, 평판의 국부좌굴응력을 나타내면 다음과 같다.

$$F_{cr}=\frac{\pi^2 E}{12(1-\nu^2)}\left(\frac{t}{b}\right)^2 k \tag{3.4.34}$$

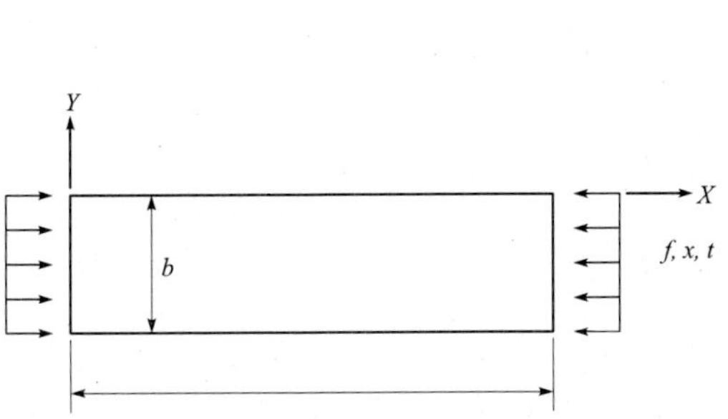

그림 3.4.13 압축응력을 받는 평판

2) 웨브의 폭두께비

웨브 단면은 전단력에 저항하는 것 이외에, 플랜지에 발생하는 응력도 지지하여야 한다. 즉, 그림 3.4.14에 나타난 바와 같이 플레이트거더 단면이 휨을 받으면, 웨브에는 두 개의 파괴메카니즘이 존재한다. 즉, 웨브가 플랜지들로부터 압축력을 받아서 수직기둥으로 좌굴하거나, 평면상의 평면 휨응력에 의한 판좌굴이 그것이다. 이들 파괴메카니즘은 웨브의 폭두께비에 임계상태를 설정하며, 두 번째의 메카니즘 즉, 웨브의 휨국부좌굴이 웨브의 폭두께비에 더 큰 영향을 미친다.

(1) 웨브의 수직좌굴

일반 압연보의 경우, 웨브는 주로 전단에 대한 저항이 고려되지만, 플레이트거더는 이 외에도 웨브의 높이가 커짐에 따라 발생할 수 있는 여러 가지 문제점 중에서, 웨브의 압축좌굴이 설계시 고려되어야 한다. 웨브의 압축좌굴에 관한 일반적인 거동은 다음과 같다. 그림 3.4.14와 같이 외력이 작용하여 플레이트거더에 휨을 발생시켰을 때, 압축측 플랜지응력의 하향성분과 인장측 플랜지의 상향성분에 의해 웨브는 수직압축을 받고, 웨브의 수직좌굴강도가 이와 같은 압축작용에 저항하는 것이다.

플레이트거더가 휨을 받을 때 플레이트거더에 생기는 미소변형을 확대하여 나타낸 그림이 그림 3.4.15이다. 작용외력인 휨의 결과로 플랜지와 웨브의 접합부에 압축응력을 야기시키는데, 이때 압축플랜지의 힘성분에 대해 웨브가 안정하다면 플랜지는 수직좌굴이 발생하지 않는다. 우선 플랜지의 수직좌굴에 대한 강성이 없는 것으로 가정하면, 그림 3.4.15에서 미소요소의 변형은 다음과 같이 표현된다.

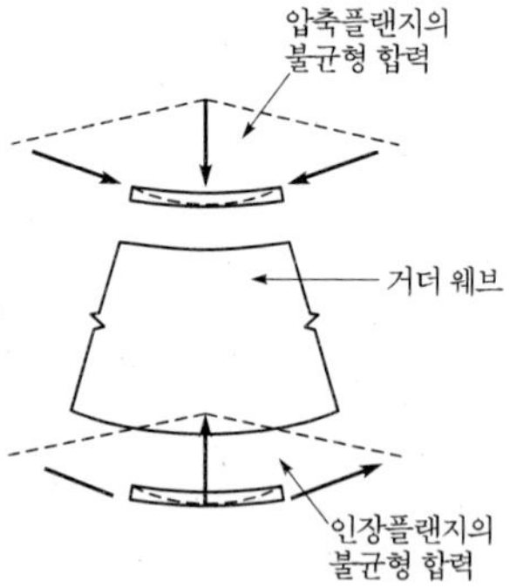

그림 3.4.14 휨에 의한 플레이트거더의 거동

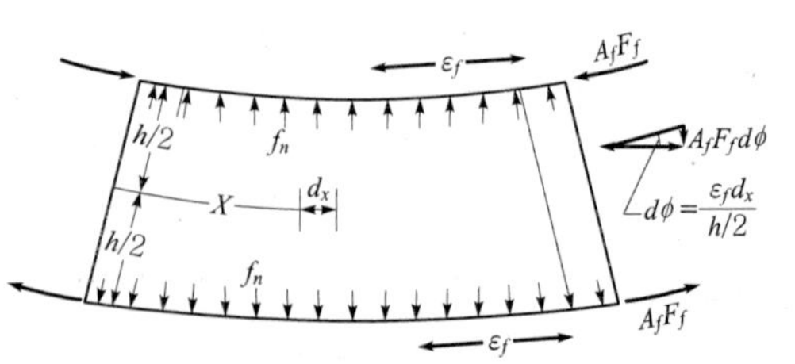

그림 3.4.15 플랜지의 수직좌굴

$$\epsilon_f dx = d\phi \frac{D}{2} \tag{3.4.35}$$

$$d\phi = 2\frac{\epsilon_f}{D}dx \tag{3.4.36}$$

그림 3.4.15에서와 같이 압축플랜지에 작용되는 응력의 수직방향성분은 $f_f\ A_f\ d\,\phi$이고, 이를 웨브의 면적 $A_w(=Dt_w)$로 나누면, 웨브에 작용하는 압축응력 f_{wc}를 얻을 수 있다.

$$f_{wc} = \frac{f_f A_f d\,\phi}{t_w\,d\,x} = \frac{2\,A_f\,f_f\,\epsilon_f}{D\,t_w\,(=A_w)} \tag{3.4.37}$$

그러나 플레이트거더는 일반적으로 용접에 의해 제작되는 경우가 많으므로 잔류응력 f_{rs}이 부재내에 존재하게 된다. 단, 아래의 잔류응력을 고려한 변형률 식은 부재의 소성변형이 다루어져야 하므로 유도과정은 생략한다.

$$\epsilon_f = \frac{(f_c + f_{rs})}{E} \tag{3.4.38}$$

식 3.4.38을 식 3.4.37에 대입하여 정리하면, 다음과 같다.

$$f_{wc} = \frac{2A_f}{EA_w} f_c(f_c + f_{rs}) \tag{3.4.39}$$

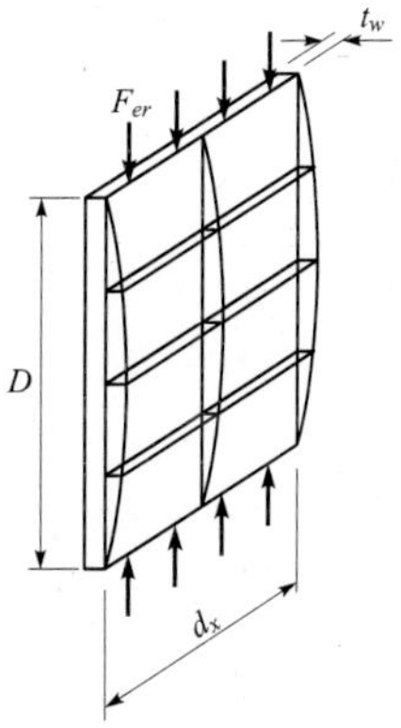

그림 3.4.16 웨브의 수직좌굴

그림 3.4.16은 무한한 웨브로부터 분리된 요소이며, 이의 경계조건은 웨브의 윗부분과 아랫부분의 가장자리만이 단순지지된 것이다. 웨브의 수직기둥거동에 대한 임계좌굴하중(오일러하중) 및 단면2차모멘트 I는 다음과 같다.

$$P_{cr} = \frac{\pi^2 EI}{D^2} \tag{3.4.40}$$

$$I = \frac{t_w^3\,dx}{12(1\,-\,\nu^2)} \tag{3.4.41}$$

식 3.4.41를 식 3.4.40에 대입한 후, P_{cr}의 작용방향에 대한 웨브의 면적으로 나누어 정리하면, 다음과 같이 표현된다.

$$F_{cr} = \frac{\pi^2 E t_w^3\,dx}{12(1-\nu^2)D^2 t_w dx} = \frac{\pi^2 E}{12(1-\nu^2)}\left(\frac{t_w}{D}\right)^2 \tag{3.4.42}$$

따라서 웨브의 수직좌굴에 대한 임계조건은 식 3.4.39와 식 3.4.42가 같을 경우이며, 이를 정리하여 웨브의 폭두께비로 나타내면 다음과 같다.

$$\left(\frac{D}{t_w}\right)^2 = \frac{A_w}{A_f}\frac{\pi^2 E^2}{24(1-\nu^2)}\frac{1}{f_c(f_c+f_{rs})} \tag{3.4.43}$$

일반적으로, $\dfrac{A_w}{A_f}=0.5$, $\nu=0.3$, $f_{rs}=0.3f_c$이며, 웨브의 수직좌굴은 플랜지의 항복응력상태에서 일어나므로, $f_c=F_{yc}$를 윗 식에 적용하면, 웨브의 수직좌굴에 대한 임계조건을 얻을 수 있다.

$$\left(\frac{D}{t_w}\right) = 0.38\frac{E}{F_{yc}} \tag{3.4.44}$$

위의 웨브의 수직좌굴에 대한 임계폭두께비는 국내 강구조설계기준에서는 그 영향이 미미하여 다루지 않고 있다.

(2) 웨브의 휨국부좌굴

그림 3.4.17과 같이, 플레이트거더가 휨을 받으면, 웨브의 일정깊이까지 압축응력을 야기시키며, 이로 인해 웨브에 면외좌굴을 발생시킨다.

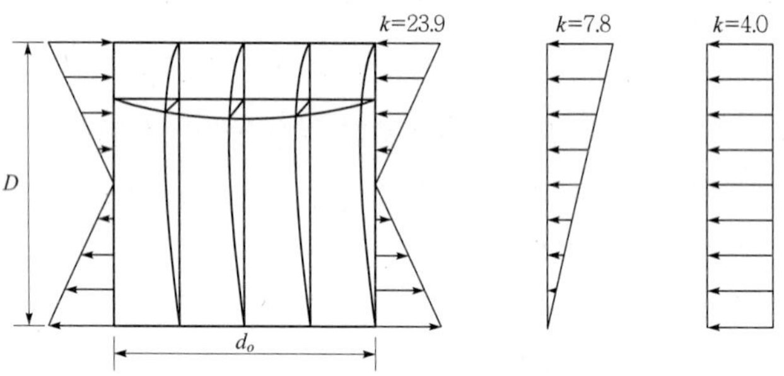

그림 3.4.17 웨브의 휨국부좌굴

4개의 가장자리가 단순지지되어 있고, 형상비가 1.0보다 큰 경우, 응력분포에 따른 k값이 그림 3.4.17에 도시되어 있으며, $k=23.9$일 경우가 순수휨의 경우이다. 식 3.4.34를 웨브의 폭두께비에 대해 정리하면 다음과 같다.

$$\left(\frac{D}{t_w}\right)^2 = \frac{k\pi^2}{12(1-\nu^2)}\frac{E}{F_{cr}} \tag{3.4.45}$$

윗 식의 웨브 휨국부좌굴에 대한 임계조건은 웨브의 국부좌굴응력 F_{cr}이 압축플랜지의 항복강도 F_{yc}와 같을 경우이고, 이를 $\nu=0.3$과 순수휨$(k=23.9)$의 조건에 대해 웨브의 폭두께비로 표현하면 다음과 같다.

$$\frac{D}{t_w} \leqq 0.95\sqrt{23.9}\sqrt{\frac{E}{F_{yc}}} = 4.64\sqrt{\frac{E}{F_{yc}}} \quad (3.4.46)$$

윗 식은 웨브의 후좌굴강도를 무시하여 실제보다 낮은 좌굴강도를 산정한 것으로 여러 실험에서 입증되었다. 따라서 국내 강구조설계기준은 약간 다른 표현으로 웨브의 폭두께비를 규정하고 있다. 즉, 비대칭플레이트거더에서의 적용을 위해서, 압축을 받는 웨브의 높이 D_c가 D를 대체하여 다음과 같이 적용된다.

$$\frac{D}{t_w} = \frac{2D_c}{t_w} \quad (3.4.47)$$

그림 3.4.18은 $R_h=1.0$, $E=2.1\times10^5$MPa, $F_{yc}=240$MPa에 대해서 웨브의 폭두께비와 국부좌굴의 한계에 대한 관계를 나타낸 것이다.

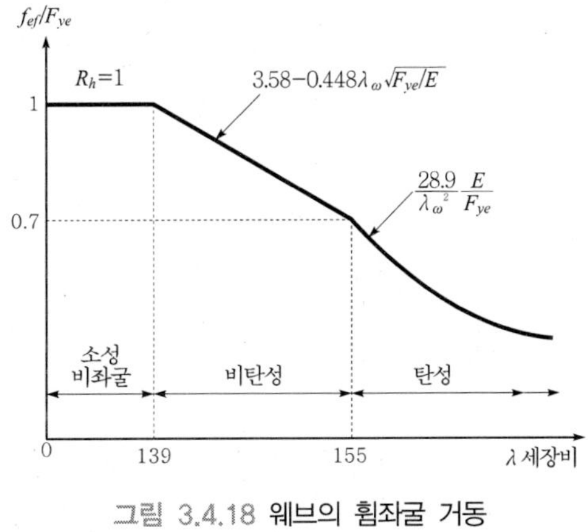

그림 3.4.18 웨브의 휨좌굴 거동

한편 조밀단면의 휨국부좌굴에 대한 웨브의 폭두께비 임계조건을 살펴보면 다음과 같다. 조밀단면에 있어서는, 휨을 받는 플레이트거더의 플랜지뿐만 아니라, 웨브도 소성적인 거동을 해야 하는데, 이를 위해서는(웨브가 소성거동을 하기 위해서는) 플랜지와 웨브의 접합부에서 큰 변형이 일어나야 한다. 이때 충분한 회전이 일어나기에 앞서 웨브가 좌굴되는 것을 방지하기 위해서 좌굴계수는 16으로 설정하며, 소성중립축에 근거한 웨브의 압축력 측 높이 D_{cp}가 기존 식의 D_c를 대체한다. 즉, 이를 종합한 플레이트거더 조밀단면의 휨국부좌굴에 대한 웨브의 폭두께비는

$$\frac{2D_{cp}}{t_w} \leq 3.76\sqrt{\frac{E}{F_{yc}}} \quad (3.4.48)$$

이 된다.

3) 압축플랜지의 폭두께비

플레이트거더 플랜지의 국부좌굴 메카니즘은 다음과 같다. 보강된 웨브의 후좌굴강도로 인해, 웨브의 좌굴하중 수준의 하중이 재하 되어도 플레이트거더는 붕괴되지 않는다. 그러나 단부의 웨브 패널중 하나라도 붕괴된다면, 이는 압축플랜지의 전체 혹은 국부좌굴에 의한 파괴를 야기 시켜, 플랜지와 웨브의 접합부에서의 두 부재사이의 처짐 구속효과가 없어지게 되므로 웨브는 더 이상 휨에 저항할 수 없으며, 플레이트거더는 붕괴된다. 이러한 웨브와 압축플랜지간의 접합부형상을 고려하여 모델화한 것이 그림 3.4.19이다. 즉, 압축플랜지는 그 절반에 해당되는 부분의 가장자리는 자유단이고, 반대편 가장자리는 단순지지 되어 있으며, 등분포압축력에 저항하는 긴 평판이다. 등분포압축력에 대한 평판의 좌굴계수는 0.425의 값을 갖는다.

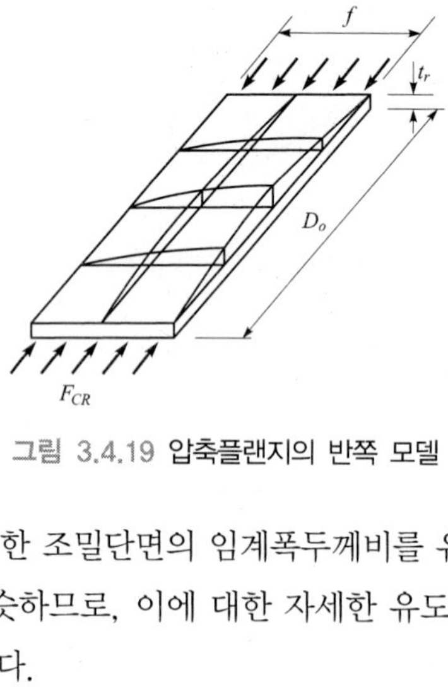

그림 3.4.19 압축플랜지의 반쪽 모델

압축플랜지의 국부좌굴에 대한 조밀단면의 임계폭두께비를 유도하는 과정은 웨브의 폭두께비 임계조건의 유도과정과 비슷하므로, 이에 대한 자세한 유도과정은 생략하고 간단히 그 임계조건을 나타내면 다음과 같다.

$$\frac{b_f}{2t_f} \leq 0.95\sqrt{\frac{Ek}{F_{yc}}} \quad (3.4.49)$$

여기서 b_f는 플랜지의 폭이고 t_f는 플랜지의 두께이다. 플레이트거더가 소성모멘트에 이르러 파괴되기 위해서는 임계좌굴 응력F_{cr}이 압축플랜지의 항복강도 F_{yc}와 같아야 하고, 이는 식 3.4.50과 같이 조밀단면에 대한 압축플랜지의 폭두께비 조건을 표현할 수 있다(표 3.4.1 참조).

$$\frac{b_f}{2t_f}(=b/t) \leq 0.38\sqrt{\frac{E}{F_{yc}}} \quad (3.4.50)$$

또한 압축플랜지의 국부좌굴에 대한 비조밀단면의 임계폭두께비 조건은 플레이트거더의 비탄성 거동을 고려하여 다음과 같이 표현할 수 있다(표 3.4.2 참조).

$$\frac{b_f}{2t_f}(=b/t) \leq 1.0\sqrt{\frac{E}{F_{yc}}} \quad (3.4.51)$$

압축플랜지의 전체횡비틀림좌굴

앞의 서술 내용은 플레이트거더의 압축영역에서의 국부적인 임계폭두께비 조건을 설명하였다. 그러나 압축영역의 전체횡비틀림좌굴(지지점들 사이에서 기둥으로서의 좌굴)에 대한 문제도 고려되어야 하므로, 이러한 거동특성을 살펴보기로 한다.

일반적으로 비지지된 압축플랜지는 횡방향으로 이동하고 비틀리는 횡비틀림좌굴로 파괴된다. 압축플랜지가 조밀한 간격 L_p이하로 지지되어 있으면 플랜지의 좌굴은 일어나지 않고 소성거동을 한 뒤, 소성모멘트에 의해 파괴되며, 비지지길이 L_b가 L_p와 L_r 사이에 있으면 비탄성 횡비틀림좌굴을 하며, L_r보다 크면, 감소된 모멘트강도에서 탄성적으로 좌굴된다. 즉, 압축플랜지의 전체좌굴을 고려할 때는 플랜지의 폭두께비보다는 비지지길이 L_b가 중요한 매개변수의 의미를 갖는다.

비지지길이에 따른 압축플랜지의 공칭휨강도 M_n을 살펴보면 다음과 같다. 즉, $L_b \leq L_p$이면, $M_n = M_p$의 관계가 있고, $L_b \geq L_r$이면, 압축플랜지는 탄성횡비틀림좌굴에 의해 파괴된다. Timoshenko가 제시한 탄성해에 의해 압축플랜지의 휨강도는 비틀림좌굴강도와 횡방향좌굴강도로 구성된다. 즉

$$M_n^{\ 2} = M_{n.v}^{\ 2} + M_{n.w}^{\ 2} \quad (3.4.52)$$

여기서 $M_{n,v}$은 St. Venant 비틀림좌굴강도이며, $M_{n,w}$은 횡방향좌굴강도이다.

지지점들 사이에서 일정한 모멘트를 받는 경우, 식 3.4.52는 다음과 같이 표현된다.

$$M_{n.v}^{\ 2} = \frac{\pi^2}{L_b^{\ 2}} EI_y GJ \quad (3.4.53)$$

$$M_{n.w}^{\ 2} = \frac{\pi^4}{L_b^{\ 4}} EI_y EC_w \quad (3.4.54)$$

I_y는 웨브 단면에 대한 2차모멘트, G는 전단탄성계수, J는 비틀림좌굴 강성계수, $C_w(=I_y h^2/4)$는 횡방향좌굴강성계수를 의미한다. 플레이트거더의 경우, 주로 횡방향 좌굴 강성이 지배한다. $L_p < L_b \leq L_r$에 있을 경우, 압축플랜지는 비탄성 횡비틀림좌굴에 의해 파괴된다. 비탄성 횡비틀림좌굴영역 $(M_p > M_n \geq M_L)$에서 공칭휨강도 M_n에 도달하는 일반적인 극한상태이다. M_L은 플랜지의 최단부가 항복응력 F_{yf}(잔류응력 포함)에 도달했을 때, 사용하중하에서 가용한 공칭휨강도를 나타내며, $M_L=(F_{yt}-f_{rs})S_x$이다. 여기서, f_{rs}는 플랜지의 잔류응력이며 $f_{rs}=0.3F_y$이고, S_x는 탄성단면계수이다. 일반적으로 이러한 비탄성 좌굴거동은 실험결과로부터의 추정식을 사용하여 직선으로 근사시켜 공칭휨강도를 표현한다. 자세한 플레이트거더의 휨강도는 하중저항계수설계법에 의한 강구조설계기준(2014, 국토교통부) 6.3.1.7~8절의 수식을 참조하면 계산할 수 있다.

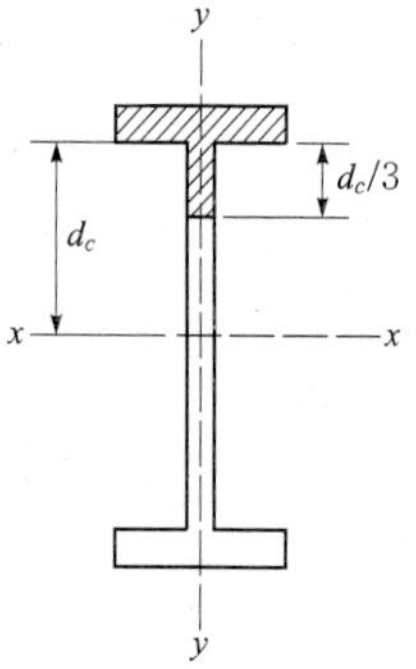

그림 3.4.20 플레이트거더의 약축에 대한 회전반경 단면

공칭전단강도

일반적인 I형 단면의 경우, 대부분의 전단을 웨브가 수용한다. 따라서 플레이트거더는 원래 세장한 폭두께비를 갖고 있으므로 전단에 의한 웨브의 안정성 문제를 더욱 신중히 고려하여야 한다. 플레이트거더의 공칭전단강도는 웨브의 폭두께비와 중간수직보강재 설치간격의 함수로 구성되며, 중간보강재의 유무에 따라 전단에 저항하는 메카니즘이 확연히 달라진다. 즉, 중간보강재가 없을 경우, 미소처짐의 보이론을 적용함으로써 전단의 임계조건을 추정할 수 있고, 웨브를 중간보강재로 보강할 경우, 웨브의 좌굴 후 항복이 일어나기 전까지 인장역작용(tension-field action)에 의한 후좌굴강도가 존재하게 된다. 다시 말하면 전단저항능력은 좌굴강도와 후좌굴강도로 구성되는데 이 후좌굴강도는 인장역작용에 의존하며, 이 인장역작용은 중간보강재가 있을 경우에만 존재하게 된다. 또한 만약 중간보강재가 설치되지 않거나 설치간격이 너무 클 경우, 인장역작용은 존재치 않으며, 전단저항도는 단지 좌굴강도만으로 구성된다. 수식적으로 공칭전단강도를 표현하면 다음과 같다.

$$V_n = V_\tau + V_f \tag{3.4.55}$$

여기서 V_τ은 보 작용에 의한 좌굴전단강도이고, V_f는 인장역작용에 의한 후좌굴전단강도이다.

1) 순수전단을 받는 탄성좌굴

그림 3.4.21에 나타낸 것처럼, I형 단면 웨브 중립축에 있는 응력블록은 휨응력이 0이므로, 순수 전단 상태에 있다. 이 경우에 주응력은 양의 전단력과 같고, 주응력의 방향은 수평면으로부터 45°경사지게 된다. 보이론에 따라 전단력 V는 웨브에 의해 저항되는 것으로 일반적으로 가정되므로 웨브의 좌굴임계조건에 대해 살펴볼 필요가 있다. 다시 말하면, 전단을 최대로 받고, 휨은 가능한 적게 받는 상태에서의 좌굴검토를 말하는 것이다.

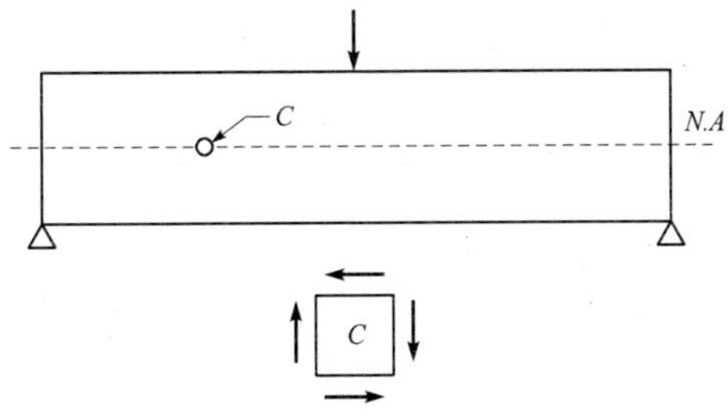

그림 3.4.21 순수전단

이와 같은 보이론에 따르면, 전단력 V는 다음과 같이 표현된다.

$$f_v = \frac{V}{D\ t_w} \tag{3.4.56}$$

여기서 D는 웨브의 높이, t_w는 웨브의 두께를 의미한다. 좌굴이 발생하지 않으면, 전단응력은 전단항복강도 F_{vy}에 도달하고 소성전단력 V_p를 얻을 수 있다. 식 3.4.56을 다시 쓰면,

$$V_p = F_{vy} D t_w \tag{3.4.57}$$

이 되고, 일반적으로 적용되는 전단항복강도는 von Mises 전단파괴기준이므로, 이 기준에 따라 전단항복강도는 웨브의 인장강도 F_y에 연관된다.

$$F_{vy} = \frac{F_y}{\sqrt{3}} = 0.58 F_y \tag{3.4.58}$$

다음은 웨브의 국부전단좌굴응력에 대한 검토이다. 그림 3.4.22에서처럼 강도향상을 위해, 수직보강재가 d_0의 간격으로 부착되어 웨브의 형상비 a를 갖는 연속적인 사각형 패널에 대해 고려한다.

$$a = \frac{d_0}{D} \tag{3.4.59}$$

웨브의 임계국부전단좌굴응력 F_{cr}은 웨브의 폭두께비 D/t_w의 함수이며, 전단항복강도 F_{yv}와의 비(C)로 표시된다.

$$F_{cr} = CF_{yv} = 0.58CF_{yw} \quad (3.4.60)$$

여기서 F_{yw}는 웨브의 전단항복강도이며, 웨브의 최대탄성전단응력 V_{cf}은 F_{cr}을 초과하지 않아야 한다.

$$V_{cf} \leqq 0.58CF_{yw} \quad (3.4.61)$$

그림 3.4.23는 웨브의 폭두께비에 따른 국부전단좌굴한계를 도시한 것이며, 적용된 재료상수는 $E = 2.01 \times 10^5$MPa, $F_{yw} = 235$MPa, $d_0 = D$이다.

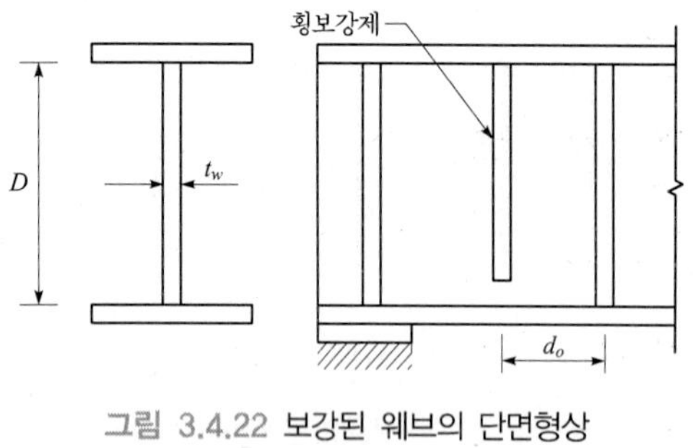

그림 3.4.22 보강된 웨브의 단면형상

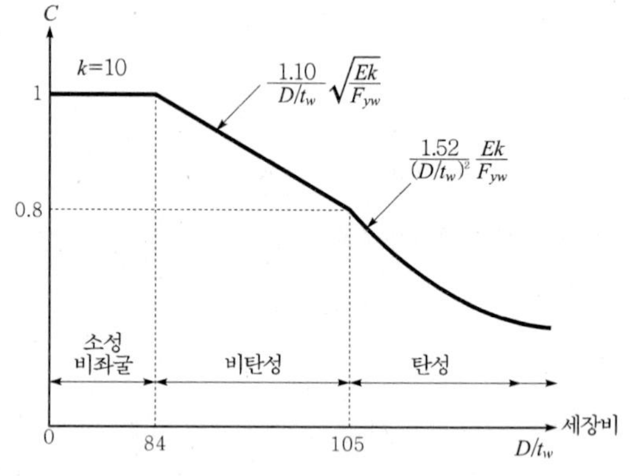

그림 3.4.23 웨브의 전단좌굴

좌굴이 발생하면, 웨브의 탄성좌굴응력은 식 3.4.62과 같이 표현된다.

$$F_{cr} = \frac{k\pi^2 E}{12(1-\nu^2)(b/t)^2} \quad (3.4.62)$$

F_{cr}을 F_{vcr}로 대치하면, 다음과 같은 전단응력에 의한 판의 좌굴식이 얻어진다.

$$F_{vcr} = \frac{k\pi^2 E}{12(1-\nu^2)(D/t_w)^2} \quad (3.4.63)$$

그리고 전단좌굴계수(k)는 다음과 같이 정의된다.

$$k = 5 + 5\left(\frac{D}{d_0}\right)^2 \quad (3.4.64)$$

여기서 d_0는 수직보강재의 간격이고, 위 식은 판의 양끝이 단순지지되어 있는 경우에 대한 식이다.

전단력이 F_{vcr}까지 증가한 뒤, 일정하다면 V_τ는 V_p의 일부로 다음과 같이 표현할 수 있다.

$$V_\tau = \frac{F_{vcr}}{F_{vy}} V_p \tag{3.4.65}$$

2) 인장역작용을 고려한 전단강도

일반적으로 중간보강재가 설치된 웨브의 경우 외부작용하중에 의해 웨브가 좌굴된 후에도 외부작용하중에 대해 좌굴강성이 거의 항복강도수준까지 유지가 된다. 이러한 후좌굴강도의 유발은 앞에서 기술한 것처럼, 중간보강재의 설치에 따른 인장역작용(tension-field action)의 결과이다.

그림 3.4.24처럼 플레이트거더의 웨브에 중간보강재를 설치하면 전단하중을 받는 사각형의 웨브패널이 4개의 가장자리에 지지되어 대각선으로 인장역이 유발된다. 여기서 I 형단면의 웨브는 경계중 두 개의 가장자리가 플랜지들이고, 나머지 두 개의 가장자리는 수직보강재들이다. 이 두쌍의 경계는 매우 다른 성질을 갖는다. 플랜지들은 수직방향으로 비교적 연성이어서 웨브에 발생하는 인장역의 응력을 전달할 수 없으며, 수직(중간)보강재들은 인장역의 정착부 역할을 한다. 그러므로 플랜지와의 접합점에 인접한 웨브의 영역은 유효하지 않게 되고 그림 3.4.24와 같이 트러스와 유사하게 하중을 지탱하는 메카니즘이 발생된다. 이러한 인장역이 유발된 구조적 거동을 트러스와 비교 검토해 보면, 플랜지들은 상하현재가 되고, 수직보강재는 압축재, 웨브는 인장사재가 된다.

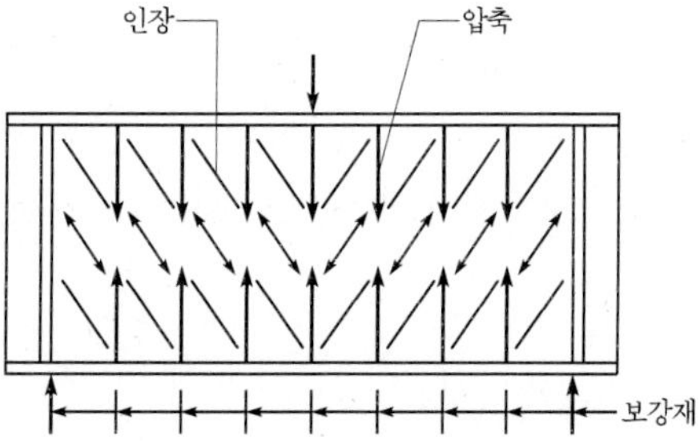

그림 3.4.24 인장역작용

이러한 인장역작용을 고려한 플레이트거더의 공칭전단강도는 다음과 같이 표현될 수 있다.

$$V_n = V_\tau + V_f \tag{3.4.66}$$

이에 대한 하중저항 메카니즘은 우선, 작용하중에 의해 웨브가 먼저 좌굴되고난 후, 중간보강재로 보강된 웨브에 사인장방향으로 막작용이 발생하여 좌굴 후 웨브에 항복응력(F_{yw})이 발생될 때까지 작용되는 하중을 정착부 (중간보강재와 플랜지의 접합점)로 전달하여 중간보강재가 이 응력성분 중 수직응력에 저항하고 플랜지가 수평성분을 바로 옆의 패널로 전달하도록 하는 시스템이다. 이는 Pratt-Truss와 유사한 거동이 된다. 이러한 인장역작용은 웨브의 전단좌굴-전단항복점에 근처에서 후좌굴강도에 상당한 효과가 있는 것이다. 다시 말하면 웨브의 좌굴이 발생하지 않으면, 인장역작용은 발생하지 않는다.

그림 3.4.25에서 인장역의 최적 방향 γ (즉, 최대강성을 발휘하는 인장역 발생각도를 의미하며, 이에 대한 유도과정은 생략함)는 구해질 수 있으며, ΔV_f값의 최대값은 식 3.4.67과 같이 주어진다.

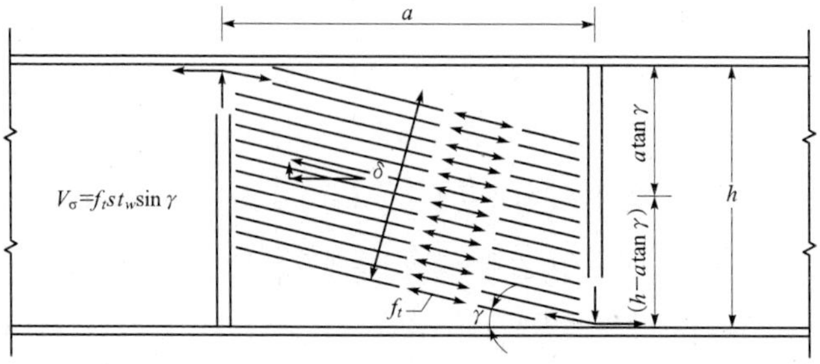

그림 3.4.25 웨브의 인장역

$$\Delta V_f = f_t\, s\, t_w \sin\gamma = \frac{f_t\, h\, t_w}{2}[\sqrt{1+(a/h)^2} - a/h] \tag{3.4.67}$$

여기서 s는 인장역의 폭이며 t_w는 웨브의 두께, f_t는 웨브의 좌굴후에 발생되는 막응력(인장응력)이다. 그러나 윗식은 실용적인 식이 아니다. 왜냐하면 인장역작용범위를 넘어선 부분(삼각형부분)에서의 응력상태를 명확히 알 수 가 없으므로 이 부분에 대한 자유물체도의 정역학적 평형조건으로부터 구한 ΔV_f(인장역작용에 의한 전단좌굴강도의 증가량)를 나타내면 다음과 같다.

$$V_f = \frac{f_t\, h\, t_w}{2}\left[\frac{1}{\sqrt{1+(a/h)^2}}\right] \tag{3.4.68}$$

여기서 V_f를 V_p에 대해 정리하기 위해, $a/h = \alpha$로 대체하고, von Mises 전단파괴기준을 적용하여 나타내면 다음과 같다($ht_w = \sqrt{3}\, V_p/F_y$).

$$V_f = \frac{\sqrt{3}}{2}\frac{f_t}{F_y}\frac{1}{\sqrt{1+\alpha^2}}V_p \quad (3.4.69)$$

3) 전단강도

(1) 합성전단강도

보 작용에 의한 전단강도 식 3.4.65와 인장역작용에 의한 전단강도식 3.4.69을 합하여, 플레이트거더의 웨브에 대한 일반적인 전단강도식을 얻을 수 있다.

$$V_n = V_p\left[\frac{F_{vcr}}{F_{vy}} + \frac{\sqrt{3}}{2}\frac{f_t}{F_y}\frac{1}{\sqrt{1+\alpha^2}}\right] \quad (3.4.70)$$

여기서 우항 괄호 안의 첫 번째 항은 보 작용에 의한 것이고, 두 번째 항은 인장역작용에 의한 것이다.

(2) 보강되지 않는 웨브의 공칭전단강도[하중저항계수설계법에 의한 강구조설계기준(2014, 국토교통부) 6.3.1.9.2]

이를 강구조설계기준은 다음과 같이 비보강 웨브의 공칭전단강도 V_n을 표현하고 있다. 여기서 전단항복응력은 von Mises의 전단파괴기준에 의해 결정된다.

$$V_n = V_{cr} = C\,V_p \quad (3.4.71)$$

여기서 V_p : 소성전단력$(=0.58F_{yw}Dt_w)$

C : 전단항복강도에 대한 전단좌굴응력의 비로서, 전단좌굴계수 k는 5.0으로 함

F_{yw} : 웨브의 항복강도(MPa)

D : 웨브의 전체높이(mm)

t_w : 웨브의 두께(mm).

(3) 보강된 웨브의 공칭전단강도[하중저항계수설계법에 의한 강구조설계기준(2014, 국토교통부) 6.3.1.9.3]

한편, 강구조설계기준은 아래와 같이 보강된 웨브의 공칭전단강도 V_n을 표현하고 있다.

① 일반사항

수직보강재나 수평보강재가 있는 내측 패널 및 단부 패널 공칭전단강도는 각각 아래의 ②와 ③항의 규정과 같다. 수평보강재가 있는 웨브 패널의 공칭전단강도를 구하는데 있어서는 웨브의 전체높이 D를 사용한다. 수직보강재는 패널에 작용하는 최대전단력을 고려하여 간격을 정

한다. 보강재는 하중저항계수설계법에 의한 강구조설계기준(2014, 국토교통부) 6.3.1.11절에서 규정한 요구사항을 만족해야 한다.

② 내측 패널

휨부재에서 내측 패널 단면이 아래의 단면비를 만족하는 경우에는

$$\frac{2Dt_w}{(b_{fc}t_{fc}+b_{ft}t_{ft})} \leq 2.5 \tag{3.4.72}$$

공칭전단강도 V_n은 다음과 같이 구한다.

$$V_n = V_p\left[C+\frac{0.87(1-C)}{\sqrt{1+\left(\frac{d_0}{D}\right)^2}}\right] \tag{3.4.73}$$

여기서 V_p : 소성전단력($=0.58F_{yw}Dt_w$)

C : 전단항복강도에 대한 전단좌굴응력의 비

D : 웨브의 전체높이(mm)

d_0 : 수직보강재의 간격(mm)

전단좌굴응력비 C는 아래와 같이 계산한다.

$$\frac{D}{t_w} < 1.12\sqrt{\frac{Ek}{F_{yw}}} \text{ 이면, } C=1.0 \tag{3.4.74}$$

$$1.12\sqrt{\frac{Ek}{F_{yw}}} \leq \frac{D}{t_w} \leq 1.40\sqrt{\frac{Ek}{F_{yw}}} \text{ 이면, } C=\frac{1.12}{(D/t_w)}\sqrt{\frac{Ek}{F_{yw}}} \tag{3.4.75}$$

$$\frac{D}{t_w} > 1.40\sqrt{\frac{Ek}{F_{yw}}} \text{ 이면, } C=\frac{1.57}{(D/t_w)^2}\sqrt{\frac{Ek}{F_{yw}}} \tag{3.4.76}$$

여기서, $k=5+\dfrac{5}{(d_0/D)^2}$ (3.4.77)

그 밖의 경우 공칭전단강도 V_n은 다음과 같이 구한다

$$V_n = V_p\left[C+\frac{0.87(1-C)}{\left(\sqrt{1+\left(\frac{d_0}{D}\right)^2}+\frac{d_0}{D}\right)}\right] \tag{3.4.78}$$

③ 단부 패널

중간 또는 단부 웨브의 공칭전단강도는 전단좌굴강도 또는 전단항복강도 이하이어야 한다.

즉, $V_n = CV_p$이다.

단부 패널의 공칭전단강도는 다음과 같이 산정한다.

$$V_n = V_{cr} = CV_p \tag{3.4.79}$$

여기서 V_p : 소성전단력(N)[$= 0.58F_{yw}Dt_w$]

D : 웨브 높이(mm)

t_w : 웨브의 두께(mm)

V_{cr} : 전단좌굴강도(N)

C : 전단항복에 대한 전단좌굴응력의 비

수평보강재의 유무에 관계없이 단부 패널에서의 수직보강재 간격은 $1.5D$를 초과할 수 없다.

예제 3.4.6

다음 그림 3.4.26의 플레이트거더를 휨과 전단에 대해 설계하라. 단, 하중저항계수설계법에 의한 강구조설계기준(2014, 국토교통부)을 따른다.

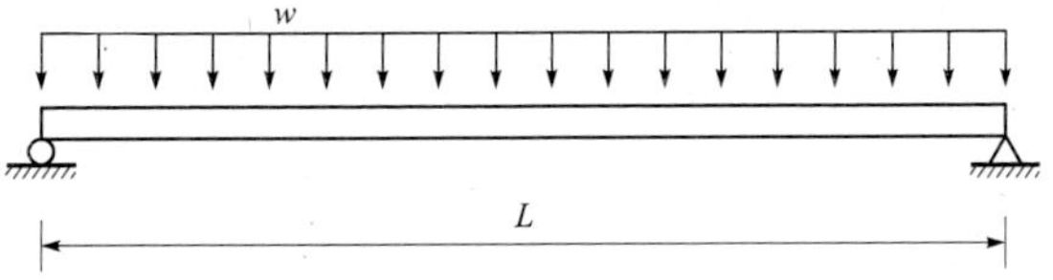

그림 3.4.26

[주어진 조건]

1) 고정하중(DC) = 130 kN/m
2) 플레이트거더자중(DC) = 4.0 kN/m
3) 적재하중(LL) = 32.5 kN/m
4) 지간 $L = 18\text{m}$이고, 플랜지 상부에서 길이방향으로 4.5m 간격으로 횡지지되어 있다. 즉, 압축플랜지 비지지길이 $L_b = 4.5\text{m}$이다.
5) $F_u = 520\text{MPa}$, SM 420, 하중계수 $\gamma_{DC} = 1.25$와 $\gamma_{LL} = 1.80$이고 하중조합은 강도한계상태 I 로 $P_u = \sum \eta_i \gamma_i Q_i = 1.00 \times 1.25 \times DC + 1.00 \times 1.80 \times LL = 1.25DC + 1.80LL$을 사용하라.
6) 강도한계상태 휨강도저항계수 $\phi_f = 0.90$, 전단강도저항계수 $\phi_v = 0.90$,
   탄성계수 $E = 2.1 \times 10^5\text{MPa}$, 전단탄성계수 $G = 0.81 \times 10^5\text{MPa}$이다.
7) 웨브는 수평 및 수직보강재를 사용하여 조밀단면으로 만들었고, $C = 1.0$ 그리고 $R_b = R_h = 1.0$을 적용하라.

풀 이

$P_u = \Sigma \eta_i \gamma_i Q_i = 1.00 \times 1.25 \times DC + 1.00 \times 1.80 \times LL = 1.25DC + 1.80LL$

$w_{DC} = 134\,\text{kN/m}$, $w_{LL} = 32.5\,\text{kN/m}$, $L = 18\,\text{m}$

$w_u = 1.25 w_{DC} + 1.8 w_{LL} = 226\,\text{kN/m}$

$$M_u = \frac{w_u L^2}{8} = 9{,}153\,\text{kN}\cdot\text{m}$$

1) 휨에 대한 설계 : 압축플랜지 비지지길이 $L_b = 4.5\,\text{m}$ (주어진 조건)

2) 단면 가정 : $t_w = 13\,\text{mm}$, $h = 1{,}800\,\text{mm}$, $t_f = 31\,\text{mm}$, $b_f = 550\,\text{mm}$

3) 재료특성 : SM 420, $E = 210{,}000\,\text{MPa}$

4) 단면특성 :

- 웨브의 단면적 : $A_w = ht_w = 23{,}400\,\text{mm}^2$
- 플랜지의 단면적 : $A_f = b_f t_f = 13{,}750\,\text{mm}^2$
- 웨브의 폭두께비 : $\lambda_w = \dfrac{h}{t_w} = 138$
- 플랜지의 폭두께비 : $\lambda_f = \dfrac{b_f}{2t_f} = 11$

주어진 조건에 의해 웨브는 조밀단면

$$12 > \frac{b_f}{2t_f} = \frac{550}{2 \times 25} = 8.9 < 0.38\sqrt{\frac{E}{F_{yc}}} = 0.38 \times \sqrt{\frac{210{,}000}{410}} = 8.6$$

→ 플랜지 조밀단면

5) x축에 관한 단면2차모멘트

$$I_x = 2b_f \frac{t_f^3}{12} + 2A_f\left(\frac{h}{2} + \frac{t_f}{2}\right)^2 + \frac{h^3 t_w}{12} = 3.5 \times 10^{10}\,\text{mm}^4$$

6) 탄성단면계수 :

$$S_x = \frac{I_x}{h/2 + t_f} = 3.9 \times 10^7\,\text{mm}^3$$

7) 소성단면계수 :

$$Z_x = \int_A y\,dA = 2 \times A_f \times \left(\frac{h}{2} + \frac{t_f}{2}\right) + 2 \times \frac{A_w}{2} \times \frac{h}{4} = 4.17 \times 10^7\,\text{mm}^3$$

8) 설계휨강도 계산 :

- 압축플랜지 비지지길이는 $L_b = 4.5\text{m}$ 이다.

$$r_T = \sqrt{\frac{t_f \cdot b_f^3}{12\left(A_f + \dfrac{A_w}{6}\right)}} = 143.23\,\text{mm}$$

$$L_p = 1.76\sqrt{\frac{E}{F_y}}\,r_T = 6\,\text{m} > 4.5\,\text{m}$$

거더가 연속적으로 횡지지되었기 때문에 횡비틀림좌굴 필요 없음.

따라서, 강도한계상태에 의한 공칭휨강도를 계산하면,

$$M_n = M_p = Z_x F_y = (4.17\times10^7)(410)(10^{-6}) = 17{,}097\,\text{kN}\cdot\text{m}$$

- 조밀단면이므로 국부좌굴은 발생하지 않는다.
- 공칭휨강도 M_n은 가능한 지배한계상태 중에서 가장 낮은 값이다.
  따라서, 소성모멘트에 의해 공칭휨강도 M_n이 결정된다.
  $$M_n = M_p = 17{,}097\,\text{kN}\cdot\text{m}$$
- 휨강도저항계수
  $$\phi_f = 0.90$$
- 설계휨강도 M_r
  $$M_r = \phi_f M_n = 0.90\times17{,}097 = 15{,}387\,\text{kN}\cdot\text{m} > M_u = 9{,}153\,\text{kN}\cdot\text{m}$$: 적합.

9) 전단설계-지점의 단부 패널

$$V_n = C\,V_p = 1.0\times0.58\,F_{yw}Dt_w = 1.0\times0.58\times420\times1800\times13 = 5{,}700\,\text{kN}$$

$$\phi_v V_n = 0.90\times5{,}700 = 5{,}130\,\text{kN} > w_u L/2 = 2{,}034\,\text{kN}$$: 적합

예제 3.4.7

전단 연결재가 강재보의 상부플랜지에 용접되고 콘크리트 바닥판에 매몰시켜 콘크리트와 강재를 일체로 결합시킨 합성거더 그림 3.4.27의 단면이 부모멘트를 받고 있다. 소성 중립축의 위치와 소성모멘트를 구하라. 콘크리트의 F_{ck}는 30MPa이고, 강재의 항복응력 F_y는 345MPa이다. 2층으로 배근되어 있는 바닥판의 종방향 철근은 소성력을 발휘한다. 상부철근은 9−NO.10(단면적 : $100\,\text{mm}^2$)이고 하부철근은 7−NO.15(단면적 : $200\,\text{mm}^2$)이다. 철근의 최소항복강도 F_{yr}은 400MPa이다.

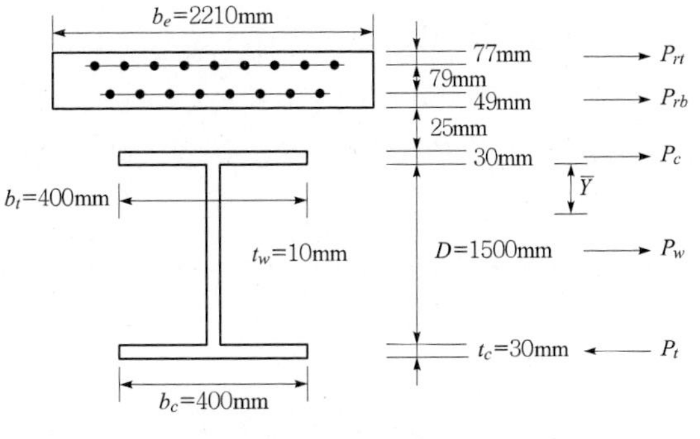

그림 3.4.27

풀 이

그림 3.4.27에는 일반적인 치수와 단면에 작용하는 소성력들이 나타나 있다. 콘크리트 바닥판은 인장력을 받으므로 고려하지 않는다. 소성력은

- 상부 철근 : $P_{rt} = A_{rt}F_{yrt} = 9(100)(400)(10^{-3}) = 360\,\text{kN}$
- 하부 철근 : $P_{rb} = A_{rb}F_{yrb} = 7(200)(400)(10^{-3}) = 560\,\text{kN}$
- 인장플랜지 : $P_t = F_{yt}\, b_t\, t_t = 345(400)(30)(10^{-3}) = 4{,}140\,\text{kN}$
- 웨브 : $P_w = F_{yw}\, D t_w = 345(1{,}500)(10)(10^{-3}) = 5{,}175\,\text{kN}$
- 압축플랜지 : $P_c = F_{yc}\, b_c\, t_c = 345(400)(30)(10^{-3}) = 4{,}140\,\text{kN}$

소성력들간의 관계는 다음과 같다.

$$P_c + P_w > P_t + P_{rb} + P_{rt}$$

따라서 이는 소성 중립축이 단면의 웨브에 위치한다는 것을 나타낸다. 웨브에 있는 소성력은 평형조건을 만족시키기 위하여 압축소성력과 인장소성력으로 분리되어야 한다. 즉

$$P_c + P_w\left(1 - \frac{\overline{Y}}{D}\right) = P_w\left(\frac{\overline{Y}}{D}\right) + P_t + P_{rb} + P_{rt}$$

여기서 $\overline{Y}$는 웨브의 상부에서부터 소성중립축까지의 거리이다. 위의 식을 $\overline{Y}$에 대해서 풀면,

$$\overline{Y} = \frac{D}{2}\frac{P_c + P_w - P_t - P_{rb} - P_{rt}}{P_w} = 616.7\,\text{mm}$$

소성 중립축를 이용하여 각 소성력들을 위한 모멘트 작용점을 결정할 수 있고, 소성모멘트는 소성중립축에 대한 소성력들의 모멘트 합이 되므로 소성모멘트는 다음과 같이 계산된다.

$$\begin{aligned}
M_p &= P_{rt}\, d_{rt} + P_{rb}\, d_{rb} + P_t\, d_t + \frac{\overline{Y}}{D} P_w\, d_{wt} + \frac{(D - \overline{Y})}{D} P_w\, d_{wc} + P_c d_c \\
&= 360\,(799.7) + 560(720.7) + 4{,}140(631.7) + \frac{616.7}{1500}(5{,}175)(308.4) \\
&\quad + \frac{(1500 - 616.7)}{1500}(5{,}175)(441.7) + 4{,}140(898.3) \\
&= 9{,}027{,}870\,\text{kN}\cdot\text{mm} = 9{,}027.87\,\text{kN}\cdot\text{m}
\end{aligned}$$

이와 같이 콘크리트와 강재를 일체거동을 하도록 결합시킨 합성보 단면의 설계휨강도는 하중저항계수설계법에 의한 강구조설계기준(2014, 국토교통부) 6.3.1.7~8 및 B6.1의 합성단면에 대한 공칭강도 연관식을 적용하면 구할 수 있으므로 이들 부분을 참조하길 바란다.

연습문제

3.4.1 단순보가 그림과 같은 하중(LL)을 받고 있다. 이 보를 SM 355 강재를 사용하여 용접대칭 I형강으로 설계하라. [하중저항계수설계법에 의한 강구조설계기준(2014, 국토교통부)을 따르고, 보의 자중은 4.5 kN/m 이다.]

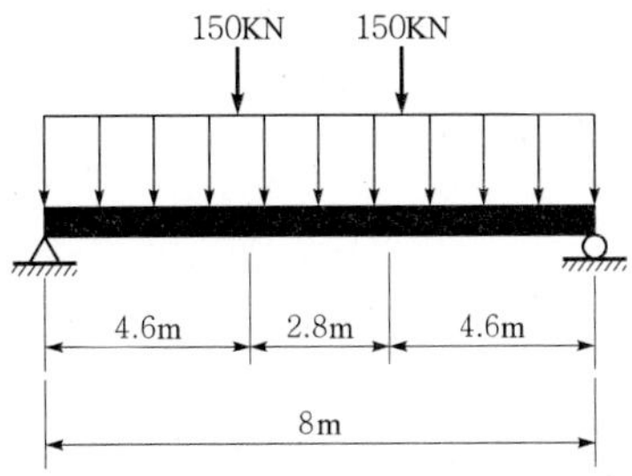

문제 3.4.1

3.4.2 그림과 같이 지간이 8 m 인 단순보가 극한 등분포하중(LL) 70 kN/m 와 한쪽 단부로부터 2 m 떨어진 곳에 극한집중하중(LL) 200 kN을 받고 있을 때, 이 보를 SM 275 강재를 사용하여 설계하라. 중간 횡지지점은 2 m 간격으로 되어 있다.
[하중저항계수설계법에 의한 강구조설계기준(2014, 국토교통부)을 따른다.]

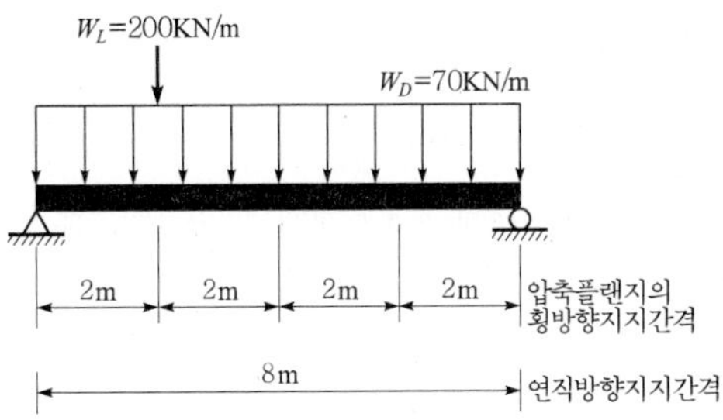

문제 3.4.2

3.4.3 예제 3.4.2를 SS 355 강재를 사용하여 다시 풀어라.

3.4.4 완전 횡지지가 되어 있다고 가정하고, 다음 각각의 경우에 대하여 최대모멘트와 전단력을 결정하고 가장 경제적인 단면을 선택하라. 최초에는 보의 자중을 무시하여 선택하고, 그리고 나서 자중을 포함하여 검토한다. 지간은 각 경우에 대해 8m이다. 보는 양단에서 단순지지되어 있으며, 사용강재는 SM 355 강재이고, 하중저항계수설계법에 의한 강구조설계기준(2014, 국토교통부)을 따른다.

(1) 등분포하중으로 15kN/m의 고정하중(DC)과 30kN/m의 활하중(LL)을 받는 경우
(2) 중앙집중하중으로 고정하중(DC) 200kN과 활하중(LL) 300kN을 받는 경우
(3) 4등분점에 3개의 집중하중으로부터 고정하중(DC) 150kN과 활하중(LL) 100kN을 받는 경우

3.4.5 연습문제 3.4.4에서 보의 중앙에 단 하나의 횡지지가 있을 경우에 대하여 다시 풀어라.

3.4.6 연습문제 3.4.4에서 보의 양단 사이에 횡지지가 없을 경우에 대하여 다시 풀어라.

3.4.7 단순지지된 크레인 주행보가 그림과 같이 충격을 포함하여 260kN의 두 바퀴에 의해 전달되는 이동하중을 지지하고 있다. 그림과 같은 거더의 비대칭단면을 사용하여 필요한 강판의 크기를 결정하라. SM 275 강재를 사용하고, 하중저항계수설계법에 의한 강구조설계기준(2014, 국토교통부)을 따른다.

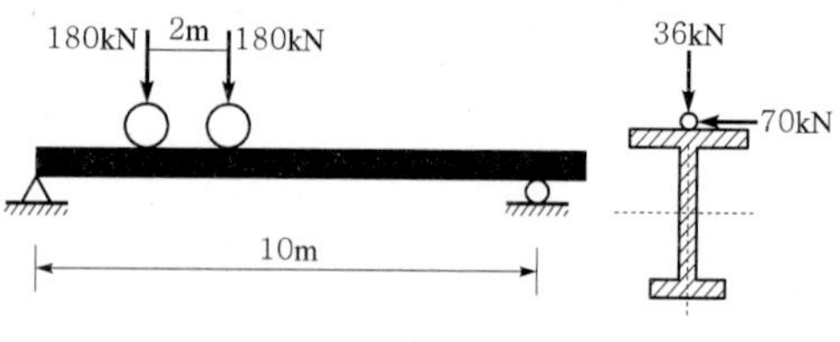

문제 3.4.7

3.4.8 6m 지간을 갖는 단순보가 등분포의 고정하중 DC (자중 포함) 15kN/m와 같은 형태의 활하중(LL) 20kN/m을 지지하고 있다. 이 보는 압축플랜지가 횡방향으로 충분히 지지하고 있다. SM 275 강재를 이용하여 가장 경제적인 H형강을 선택하라. 활하중에 의한 처짐은 하중저항계수설계법에 의한 강구조설계기준(2014, 국토교통부)을 따른다.

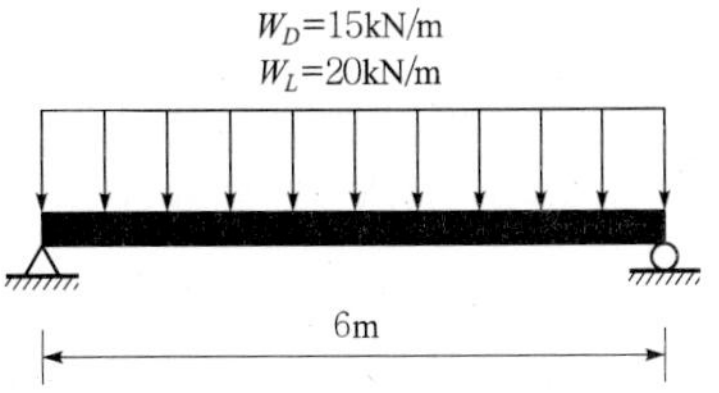

문제 3.4.8

3.4.9 횡방향지지가 전혀 없는 경우에 대하여, 연습문제 3.4.8을 다시 풀어라.

3.4.10 다음 그림과 같은 플레이트거더를 설계하라. 단, 하중저항계수설계법에 의한 강구조설계기준(2014, 국토교통부)을 따른다.
(w_{DC} = 297.6N/m , w_{LL} = 148.8N/m , P_{DC} = 23kN , P_{LL} = 90kN 의 하중조건과 SM 355 강재를 사용할 것)

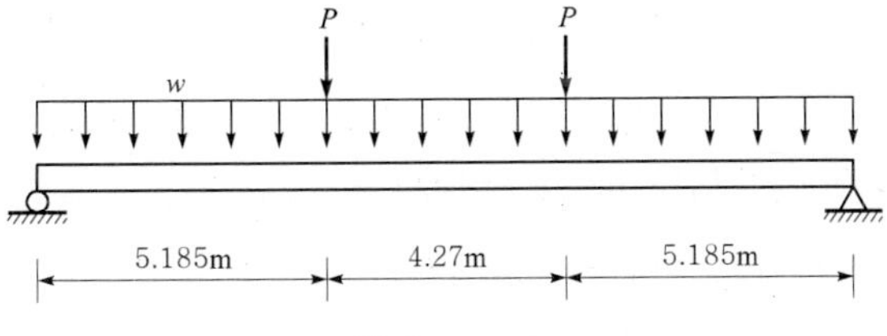

문제 3.4.10

3.5 연결

3.5.1 개설

연결[connection, 이음(joint)]은 각각의 부재들을 결합하여 하중을 지지할 수 있는 구조체를 조립하는 작업을 말하며, 접합이라고도 한다. 일반적으로 널리 쓰이는 구조체의 연결방법은 연결재를 이용한 리벳연결(riveted connection, 이음)과 볼트연결(bolted connection, 이음), 금속을 용융시켜 서로 접합하는 용접접합(welded joint, 연결)등으로 구분할 수 있다. 과거 1960년대초 까지는 주로 리벳연결(이음)이 가장 많이 사용되었으나 리벳 냉각시의 인장강도저하의 문제점 등으로 최근에는 고장력볼트에 의한 연결(이음)과 용접이음(연결)이 널리 사용되고 있다.

볼트연결의 경우 지압연결이나 인장연결 등을 사용하는 경우도 있으나, 대부분의 경우 고장력볼트의 체결로 인한 마찰력에 의해 힘을 전달하는 마찰연결을 사용한다. 용접이음의 경우는 인장이나 압축 또는 전단력 등으로 힘을 전달하게 되며, 모재의 변형 이외에는 연결부 자체의 변형은 없다고 가정한다. 이와 같은 부재의 연결은 설계하중에 의한 작용응력에 대하여 설계하는 것을 원칙으로 하고 있으나 적어도 접합부의 설계강도는 45kN이상의 강도를 갖도록 설계하여야 한다. 그러나 연결재, 새그로드 또는 띠장은 작용응력만으로 설계하여도 무방하다.

연결부의 구조는 단순한 형태로 응력전달이 확실해야 하며 가급적 편심이나 응력집중, 그리고 잔류응력 등이 발생하지 않도록 해야 한다. 또한 연결부에서 단면이 변하는 경우 작은 단면을 기준으로 연결의 제 규정을 적용하여야 한다. 접합부의 소요강도는 명시된 설계하중에 대한 구조해석을 실시하여 결정되어 진다. 연결부는 재료비와 더불어 시공비용의 많은 비중을 차지함과 동시에, 용접부의 취성파괴나 고장력볼트의 피로파괴 등 일반구조용 강재보다 취약점을 많이 가지고 있어 합리적인 연결부의 설계는 구조물의 경제성과 안전성에 직결된다고 할 수 있다.

이 절에서는 하중저항계수설계법에 의한 강구조설계기준(2014, 국토교통부)에 따라 고장력볼트연결을 중심으로 용접이음, 핀연결에 대해 서술하고 보-기둥연결에 대하여 설명하였다.

3.5.2 볼트연결

볼트연결부는 도장을 할 수도 있고 안 할 수도 있으며, 볼트를 체결한 뒤에는 볼트길이에 수직한 방향으로 견고하게 서로 맞아야 한다. 볼트 연결면의 먼지, 이물질 또는 느슨한 흑피 등은 제거해야 한다. 고장력볼트에 의한 연결은 마찰연결 또는 지압연결로 설계하고, 이러한 연결은 하중저항계수설계법에 의한 강구조설계기준(2014, 국토교통부) 9.1.3절에 따른다.

▌고장력볼트연결의 종류

고장력볼트는 담금질(quenching)과 뜨임(tempering) 등 열처리한 800~1,300N/mm^{2}의 높은 인장강도의 재질로 구성되어 있다. 고장력볼트연결은 볼트체결로 인한 인장력에 의해 연결부재간에 일정한 압축력이 발생되도록 하는 연결방법이며, 그 하중전달 방법에 따라 마찰연결, 지압연결, 인장연결로 분류된다. 마찰연결은 그림 3.5.1(a)처럼 연결부재간의 미끄러짐에 따른 볼트의 지압응력이 생기지 않고 볼트체결에 의해 생기는 연결부재간의 마찰에 의해서만 하중 전달이 이루어지는 연결형식을 말한다. 이와 반대로 지압연결에서는 그림 3.5.1(b)처럼 연결부재간의 미끄러짐이 발생하고 연결부재와 볼트 사이에 지압을 발생시켜 하중 전달이 이루어지는 연결형식이다. 대개의 경우 고장력볼트연결은 마찰형 연결에 속하고, 주요부재의 연결은 마찰이음을 원칙으로 한다. 마찰연결과 지압연결에서는 연결부재간의 전달 하중이 볼트에 전단력으로 작용하게 된다. 그러나 인장연결은 그림 3.5.1(c)에 보여준 것처럼 볼트의 인장력으로 연결재간의 하중을 전달한다.

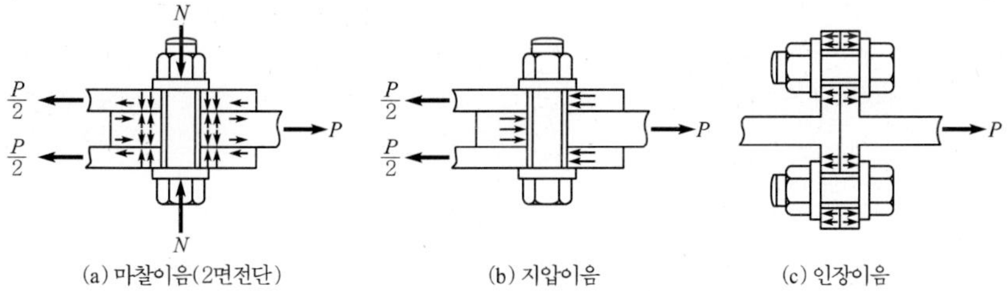

그림 3.5.1 고장력볼트연결의 종류

고장력볼트의 마찰연결용 볼트로는 F8T, F10T, F13T, S10T, S13T가 있고 일반적으로 F10T가 널리 사용되고 있으며, 지압연결용 볼트 종류에는 B8T, B10T, B13T가 있다. S10T 및 S13T는 T/S 볼트의 역학적 성질에 따른 등급을 나타내는 기호이다. 표 3.5.1은 이들 고장력볼트와 지압연결용 볼트의 역학적 성질을 나타낸 것이다. 고장력볼트에는 볼트 나사부의 바깥지름(mm)에 따라 M16, M20, M22, M24 M27 및 M30이 있다.

표 3.5.1 고장력볼트의 공칭강도(MPa)

종 류	공칭인장강도(인장강도의 0.75배) F_{nt}	지압접합의 공칭전단강도 F_{nv}	
		나사부가 전단면에 포함될 경우 (인장강도의 0.4배)	나사부가 전단면에 포함되지 않을 경우 (인장강도의 0.5배)
F8T B8T	600(=0.75×800)	320	400
F10T B10T S10T	750(=0.75×1,000)	400	500
F13T B13T S13T	975(=0.75×1,300)	520	650

참고로, 일반볼트의 공칭강도는 표 3.5.2와 같으며, 표에서 규정한 것 이외의 일반볼트는 KS B 1002에서 규정한 인장강도의 최소값를 사용한다. 일반볼트는 가체결용으로만 사용하고, 영구적인 구조물에 구조용으로는 사용할 수 없다.

강구조물의 현장연결에는 고장력볼트의 마찰연결이 널리 사용되고 있다. 고장력볼트 인장이음을 채용하는 경우에는 볼트의 공칭강도, 체결력, 이음부의 강성 및 응력상태 등에 대한 충분한 검토를 하여야 한다. 고장력볼트 지압이음을 채용하는 경우에는 그 적용할 곳의 시공성 등에 대한 충분한 검토를 하여야 하며 압축부재 및 2차부재 연결 등 부득이한 경우에 한한다.

표 3.5.2 일반볼트의 인장강도(MPa)

강도 구분	공칭인장강도 (인장강도의 0.75배) F_{nt}	지압접합의 공칭전단강도 F_{nv}	
		나사부가 전단면에 포함될 경우 (인장강도의 0.4배)	나사부가 전단면에 포함되지 않을 경우 (인장강도의 0.5배)
4.6	300(=0.75×400)	160	200

연결부 형식 및 파괴형태

연결부의 형식은 연결판의 사용 유무와 작용하중의 형태에 따라 1면전단과 2면전단 형식으로 분류할 수 있다. 겹연결(lap joint)과 연결판을 사용하는 맞대기연결(butt joint)에는 1면전단[그림 3.5.2(a) 참조]과 2면전단[그림 3.5.1(a), (b)참조] 형식이 있으며, 각각의 연결부 형식에서 볼트의 체결에 의한 연결부재의 마찰력에 의해서 하중이 전달되는 형식을 마찰형(friction-type)연결, 볼트와 연결부재의 지압저항력에 의해 하중을 전달하는 형식을 지압형

(bearing-type)연결이라고 한다

연결부의 강도를 결정하는 데는 그 파괴형태가 크게 영향을 미친다. 연결부에서의 파괴형태는 대개 그림 3.5.2와 같이 4가지 형태로 분류할 수 있다.

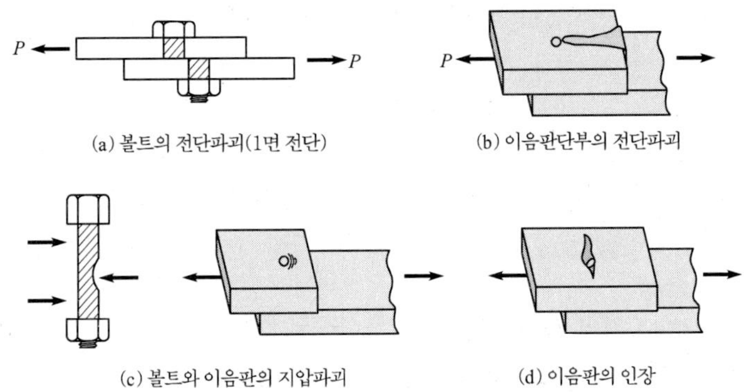

(a) 볼트의 전단파괴(1면 전단)　(b) 이음판단부의 전단파괴

(c) 볼트와 이음판의 지압파괴　(d) 이음판의 인장

그림 3.5.2 볼트연결의 파괴형태

고장력볼트의 공칭강도[하중저항계수설계법에 의한 강구조설계기준(2014, 국토교통부) 9.1.3]

한계상태에서 볼트연결부의 설계강도는 R_r은 다음과 같이 산정한다.

$$R_r = \phi R_n \qquad (3.5.1)$$

여기서 R_n : 볼트 연결부의 인장, 전단 및 지압에 대한 공칭강도

ϕ : 3.1.4절에 규정된 볼트의 강도저항계수

1) 공칭인장강도

그림 3.5.1(c)와 같이, 볼트의 인장파괴 시의 볼트의 공칭인장강도 R_n은 초기에 도입된 힘과는 무관하게 다음과 같다.

$$R_n = F_{nt} A_b \qquad (3.5.2)$$

여기서 F_{nt} : 표 3.5.1, 표 3.5.2에 규정된 볼트의 공칭인장강도 F_{nt}(MPa)

A_b : 볼트 또는 나사 강봉의 나사가 없는 부분의 공칭단면적(mm^2)

ϕ : 강도저항계수($\phi = 0.75$)

소요인장강도는 연결부의 변형에 의한 지레작용을 고려한 인장력으로 한다.

2) 지압접합의 공칭전단강도

힘 작용방향으로 볼트접합부의 첫 번째 볼트와 맨 끝 볼트 중심 거리가 800mm 이하인 연결부에서 한계상태의 볼트의 지압접합 공칭전단강도 R_n 은 전단 단면에 나사산이 있는 경우와 나사산이 없는 경우로 구분하여 다음 식과 같이 나타낼 수 있다.

$$R_n = N_s F_{nv} A_b \tag{3.5.3}$$

여기서 F_{nv} : 표 3.5.1, 표 3.5.2에 규정된 볼트의 지압접합 공칭전단강도

N_s : 전단 단면수(1면 전단 : $N_s = 1$, 2면 전단 : $N_s = 2$)

ϕ : 강도저항계수($\phi = 0.75$)

중심 거리가 800mm 초과하는 연결부에서 연결부에서의 볼트 1개당의 지압접합 공칭전단강도는 식 3.5.3의 값에 0.85배한 것이다.

3) 마찰접합의 공칭미끄럼강도

마찰접합은 미끄럼을 방지해야 하고 지압접합에 의한 한계상태도 검토해야 한다. 마찰연결에서 볼트의 미끄럼 한계상태에 대한 마찰접합의 공칭미끄럼강도 R_n 은 다음 식과 같이 나타낼 수 있다.

$$R_n = \mu h_f T_o N_s \tag{3.5.4}$$

여기서 μ : 미끄럼계수

$\mu = 0.5$(무도장 블라스트 처리한 마찰면),

$\mu = 0.45$(무기질 아연말 프라이머 도장한 마찰면)

h_f : 끼움재계수

($h_f = 1.0$: 끼움재를 사용하지 않는 경우와 끼움재 내 하중의 분산을 위하여 볼트를 추가한 경우 또는 끼움재 내 하중의 분산을 위해 볼트를 추가하지 않는 경우로서 접합되는 재료 사이에 1개의 끼움재가 있는 경우,
$h_f = 0.85$: 끼움재 내 하중의 분산을 위하여 볼트를 추가하지 않는 경우로서 접합되는 재료 사이에 2개 이상의 끼움재가 있는 경우)

T_o : 표 3.5.3에 규정된 고장력볼트의 설계볼트장력(kN)

N_s : 전단 단면수(1면 전단 : $N_s = 1$, 2면 전단 : $N_s = 2$)

ϕ : 강도저항계수

(표준구멍 또는 하중방향에 수직인 단슬롯에 대하여 : $\phi = 1.00$, 과대구멍 또는 하중방향에 평행인 단슬롯에 대하여 : $\phi = 0.85$, 장슬롯구멍에 대하여 : $\phi = 0.70$)

표 3.5.3 고장력볼트의 설계볼트장력(kN)

볼트 등급	볼트 직경	최소인장하중(kN)	설계볼트장력 (=최소인장하중×0.67)
F8T	M16	125.4	84
	M20	195.8	131
	M22	242.7	163
	M24	282.0	189
F10T	M16	156.7	105
	M20	244.8	164
	M22	303.4	203
	M24	352.5	236
	M27	458.8	307
	M30	561.3	376
F13T	M16	203.7	136
	M20	318.2	213
	M22	394.4	264
	M24	458.3	307

모든 고장력볼트는 너트회전법, 토크관리법, 직접인장측정법, T/S볼트 등을 사용하여 표 3.5.3에 주어진 설계볼트장력 이상으로 체결하여야 한다. 마찰접합에서 하중이 연결부의 단부를 향할 때는 적절한 지압강도를 갖도록 해야 한다.

4) 볼트구멍의 공칭지압강도

그림 3.5.2(c)와 보여준 것과 같이 볼트구멍의 공칭지압강도는 연결판의 볼트구멍이 찢어지는 것에 대항하는 힘과 같으며, 볼트의 유효지압면적은 볼트의 지름에 연결부재의 두께를 곱한 것과 같다. 원추형 구멍을 갖는 연결부재의 유효두께는 연결부재의 두께에서 원추부 높이의 차의 절반을 뺀 값과 같다. 볼트구멍의 크기는 표 3.5.4에 주어진 값을 초과해서는 안 된다. 별도의 규정이 없으면 고장력볼트를 이용한 연결에는 표준구멍의 직경을 사용한다. 마찰연결부에는 과대볼트구멍을 사용할 수 있으나 지압연결부에서는 사용하지 않는다. 단슬롯은 마찰연결부 또는 지압연결부에 사용할 수 있다. 마찰연결은 슬롯의 길이방향과 하중작용방향에 관계없이 사용할 수 있으나, 지압연결부의 경우에는 슬롯의 길이방향과 하중작용방향이 직

각이 되어야 한다. 지압접합과 마찰접합 모두에 대하여 다음과 같이 볼트구멍의 지압강도를 검토해야 한다.

표 3.5.4 고장력볼트의 공칭구멍직경(mm)[하중저항계수설계법에 의한 강구조설계기준(2014, 국토교통부) 표 9.1.1.10-1]

볼트 직경(d)	표준구멍의 직경	과대구멍의 직경	단슬롯 폭 × 길이	장슬롯 폭 × 길이
M16	18.0	20.0	18.0 × 22.0	18.0 × 40.0
M20	22.0	24.0	22.0 × 26.0	22.0 × 50.0
M22	24.0	28.0	24.0 × 30.0	24.0 × 55.0
M24	27.0	30.0	27.0 × 32.0	27.0 × 60.0
M27	30.0	35.0	30.0 × 37.0	30.0 × 67.0
M30	33.0	38.0	33.0 × 40.0	33.0 × 75.0

볼트구멍의 공칭지압강도 R_n은 한계상태에서 다음과 같이 나타낼 수 있다.

(1) 표준구멍, 과대구멍, 단슬롯의 모든 방향에 대한 지압력 또는 장슬롯이 지압방향에 평행한 경우

사용하중상태에서 볼트구멍의 변형을 설계에 고려할 경우

$$R_n = 1.2 L_c t F_u \le 2.4 d t F_u \tag{3.5.5}$$

사용하중상태에서 볼트구멍의 변형을 설계에 고려하지 않을 경우

$$R_n = 1.5 L_c t F_u \le 3.0 d t F_u \tag{3.5.6}$$

(2) 장슬롯에 대해 구멍의 방향에 직각으로 지압력을 받을 경우

$$R_n = 1.0 L_c t F_u \le 2.0 d t F_u \tag{3.5.7}$$

여기서 F_u : 연결부재(피접합재)의 공칭인장강도(MPa)

d : 볼트 공칭직경(mm)

t : 연결부재 두께(mm)

L_c : 구멍간 순간격 또는 구멍과 부재의 하중방향의 순연단거리 (그림 3.5.3참조, mm)

ϕ : 강도저항계수($\phi = 0.75$)

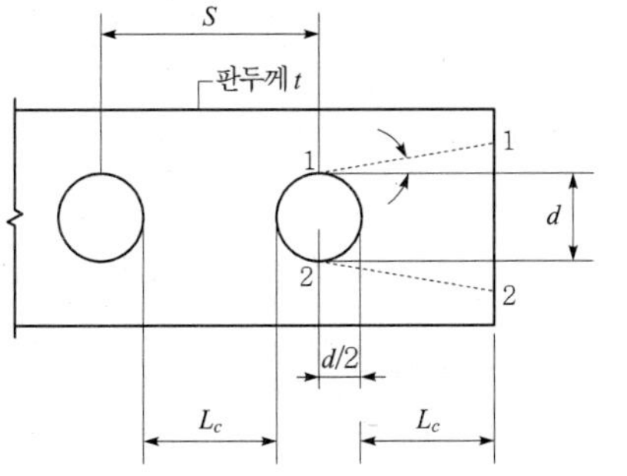

그림 3.5.3 연단거리와 관계된 지압강도

5) 인장력과 전단력의 조합

지압접합에서 인장과 전단을 동시에 받는 볼트의 공칭강도 R_n 은 다음과 같다.

$$R_n = F_{nt}' A_b \tag{3.5.8}$$

$$F_{nt}' = 1.3F_{nt} - \frac{F_{nt}}{\phi F_{nv}} f_v \le F_{nt} \tag{3.5.9}$$

여기서 F_{nt}' : 전단응력 효과를 고려한 공칭인장강도(MPa)

A_b : 공칭직경에 대한 볼트의 단면적(mm^2)

F_{nt} : 표 3.5.1, 표 3.5.2에 의한 볼트의 공칭인장강도(MPa)

F_{nv} : 표 3.5.1, 표 3.5.2에 의한 볼트의 공칭전단강도(MPa)

f_v : 소요전단응력(MPa)

ϕ : 강도저항계수($\phi = 0.75$)

볼트의 설계전단응력이 소요전단응력 f_v 이상이어야 하고, 인장 또는 전단에 의한 소요응력 f가 설계응력의 20% 이하이면 조합응력의 효과를 무시해도 된다.

마찰접합이 인장하중을 받아 장력이 감소할 때의 마찰접합의 공칭미끄럼강도는 식 3.5.4의 공칭미끄럼강도에 다음의 계수를 곱한 값을 사용하여야 한다.

$$k_s = 1 - \frac{T_u}{T_o N_b} \tag{3.5.10}$$

여기서 T_u : 소요인장력(kN)

T_o : 표 3.5.3에 의한 볼트설계장력

N_b : 인장력을 받는 볼트의 수

고장력볼트의 설계

1) 고장력볼트의 설계강도

고장력볼트의 설계강도 $R_r = \phi R_n$은 하중조합으로 구한 소요강도 $P_u = \Sigma \eta_i \gamma_i Q_i$ 와 같거나 커야하므로, 기본적인 하중저항계수설계법의 표현은 다음과 같다.

$$R_r = \phi R_n \geq P_u \tag{3.5.11}$$

여기서 ϕ : 강도저항계수

R_n : 식 3.5.2~식 3.5.10을 사용해 구한 볼트 한 개의 공칭강도

P_u : 하중조합으로 구한 소요강도(볼트 한 개에 대한 계수화된 하중)

2) 볼트 간격[하중저항계수설계법에 의한 강구조설계기준(2014, 국토교통부) 9.1.1.10]

(1) 표준간격과 최소거리

볼트의 구멍 중심 간의 표준거리는 볼트 공칭직경의 3배이고, 인접 구멍 간 최소 거리는 볼트 공칭직경의 2.5배 이다.

(2) 연단거리

모든 형태의 볼트구멍에 대해서 볼트중심으로부터 피접합재 연단까지의 최소거리는 표 3.5.5에 규정된 거리이어야 한다. 볼트중심으로부터 볼트머리 또는 너트가 접하는 연단까지의 최대거리는 판 두께의 12배 이하 또는 150mm 이하이어야 한다.

표 3.5.5 볼트중심에서 연단까지 최소거리 [하중저항계수설계법에 의한 강구조설계기준(2014, 국토교통부) 표 9.1.1.10-2]

볼트의 공칭직경(mm)	연단부의 가공방법	
	전단절단, 수동가스절단(mm)	압연형강, 기계가공마감, 자동가스절단(mm)
16	28	22
20	34	26
22	38	28
24	42	30
27	48	34
30	52	38
30 초과	$1.75d$	$1.25d$

접합부재의 설계강도[하중저항계수설계법에 의한 강구조설계기준(2014, 국토교통부) 6.1.4]

1) 설계인장강도

접합부재의 설계인장강도 $R_r = \phi R_n$은 인장항복과 인장파단의 한계상태 중 작은 값으로 한다. 즉,

(1) 접합부재의 인장항복 시의 공칭강도 $R_n(\phi = 0.90)$

$$R_n = F_y A_g \tag{3.5.12}$$

여기서 F_y : 접합재의 항복강도(MPa)

A_g : 인장력에 저항하는 접합재의 총단면적($\mathrm{mm^2}$)

(2) 접합부재의 인장파단 시의 공칭강도 $R_n(\phi = 0.75)$

$$R_n = F_u A_e \tag{3.5.13}$$

여기서 F_u : 접합재의 인장강도(MPa)

A_e : 유효단면적($\mathrm{mm^2}$), 볼트접합부의 경우 $A_e = A_n \le 0.85 A_g$

2) 설계전단강도

접합부재의 설계전단강도 $R_r = \phi R_n$은 전단항복과 전단파단의 한계상태 중 작은 값으로 한다. 즉,

(1) 접합부재의 전단항복 시의 공칭강도 $R_n(\phi = 1.00)$

$$R_n = 0.60 F_y A_{gv} \tag{3.5.14}$$

여기서 A_{gv} : 전단력에 저항하는 접합재의 총단면적($\mathrm{mm^2}$)

(2) 접합부재의 전단파단 시의 공칭강도 $R_n(\phi = 0.75)$

$$R_n = 0.60 F_u A_{nv} \tag{3.5.15}$$

여기서 A_{nv} : 유효전단단면적($\mathrm{mm^2}$)

3) 블록전단강도

3.2.4절에 따라 산정한다.

4) 설계압축강도

접합부재의 설계압축강도 $R_r = \phi R_n$은 다음과 같이 계산한다.

(1) $KL/r \le 25$ 시의 공칭강도 $R_n(\phi = 0.90)$

$$R_n = F_y A_g \tag{3.5.16}$$

여기서 F_y : 접합재의 항복강도(MPa)

A_g : 압축력에 저항하는 접합재의 총단면적(mm^2)

(2) $KL/r > 25$ 시의 공칭강도 R_n

3.3절의 압축부재를 적용하여 산정한다.

예제 3.5.1

그림 3.5.4와 같은 두 부재의 전단평면에 나사산이 없는 경우 지압이음에 대한 최대사용하중을 구하라. 사용활하중(LL)은 고정하중(DC)의 3배로 계산하며, M22(F10T) 볼트와 SM 275 강판을 이용하여 계산한다. F10T 볼트는 $F_{ub} = 1{,}000\,\text{MPa}$ 이고, 모재(접합부재)는 SM 275 강판이다. 단, 하중저항계수설계법에 의한 강구조설계기준(2014, 국토교통부)을 따르고, 하중수정계수 η_i은 1.0 그리고 인장응력이 균일하고 감소계수 $U = 1.0$이다. M22 볼트의 표준구멍의 직경 $24\,\text{mm}$를 순단면 계산시 사용하라.

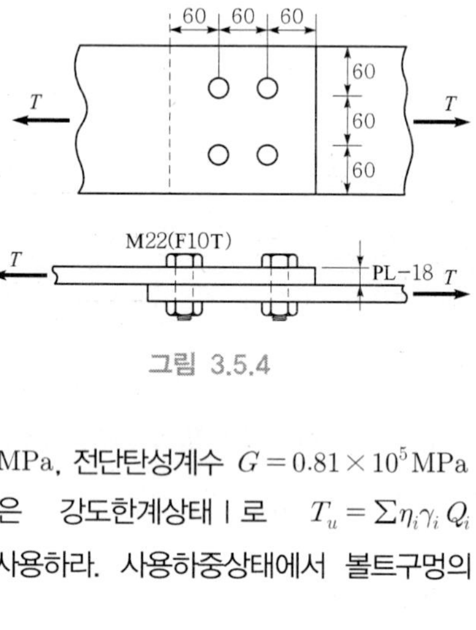

그림 3.5.4

(모재의 $F_u = 410\,\text{MPa}$, $F_y = 265\,\text{MPa}$, 탄성계수 $E = 2.1 \times 10^5\,\text{MPa}$, 전단탄성계수 $G = 0.81 \times 10^5\,\text{MPa}$이다. 하중계수 $\gamma_{DC} = 1.25$와 $\gamma_{LL} = 1.80$이고 하중조합은 강도한계상태 I 로 $T_u = \Sigma \eta_i \gamma_i Q_i = 1.00 \times 1.25 \times DC + 1.00 \times 1.80 \times LL = 1.25DC + 1.80LL$을 사용하라. 사용하중상태에서 볼트구멍의 변형을 설계에 고려한다.)

풀 이

1) 먼저 인장부재로서 접합부재 판의 설계강도 R_r를 계산한다.

$$A_g = 180(18) = 3{,}240\,\text{mm}^2$$

$$A_n = [180 - 2 \times 24]\,18 = 2{,}376\,\text{mm}^2$$

$$A_e = A_n U = A_n = 2{,}376\,mm^2$$

$$\phi R_n = \phi F_y A_g = 0.90(265)(3{,}240) \times 10^{-3} = 772.24\,\text{kN}$$

$$\phi R_n = \phi F_u A_e = 0.75(410)(2{,}376) \times 1.00 \times 10^{-3} = 730.62\,\text{kN}$$

여기서 $R_n =$ 접합부재인 모재의 공칭인장강도, $F_y =$ 모재의 최소항복응력, $F_u =$ 모재의 최소 인장강도

따라서 접합부재의 설계인장강도는 작은 값인 유효순단면의 파단 시의

$R_r = \phi R_n = 730.62\,\text{kN}$이 된다.

2) 전단과 지압에 있어서 공칭강도 R_n은 식 3.5.3과 식 3.5.5을 사용하면 계산된다. 그러므로 F10T볼트에 대한 1면 전단에서 볼트 1개당 설계강도 ϕR_n은 다음과 같다.

$$\phi R_n = \phi N_s F_{nv} A_b = 0.75(1)(500)(\frac{\pi \times 22^2}{4}) \times 10^{-3} = 142.55\ \text{kN}$$

또한 사용하중상태에서 볼트구멍의 변형을 설계에 고려할 경우, 볼트 1개당 볼트구멍의 설계 지압강도 ϕR_n은 다음과 같다.

$$\phi R_n = \phi(1.2 L_c t F_u) = 0.75(1.2)(60-24)(18)(410) \times 10^{-3} = 239.11\,\text{kN}$$

$$\le \phi(2.4 d t F_u) = 0.75(2.4)(22)(18)(410) \times 10^{-3} = 292.25\,\text{kN}$$

따라서 연결부 전체의 설계강도 R_r은 다음과 같다.

$R_r =$ (볼트개수)$(\phi R_n) = 4(142.55) = 570.2kN$

볼트의 설계강도(570.2kN)가 인장부재로서 접합부재 강판의 설계강도(730.62kN)보다 작기 때문에 설계강도는 다음과 같이 결정된다.

$R_r = 570.2\,\text{kN}$

3) 설계강도 R_r과 하중조합으로 구한 소요강도 T_u와의 관계는 다음과 같다.

$R_r \geq T_u$

하중조합으로 구한 소요강도(계수화된 하중) T_u를 설계강도 R_r과 같게 놓으므로써 최대허용하중을 얻을 수 있다.

고정하중(DC)과 활하중(LL)을 고려한 하중조합은 주어진 강도한계상태 I 로

$T_u = \sum \eta_i \gamma_i Q_i = 1.00 \times 1.25 \times DC + 1.00 \times 1.80 \times LL = 1.25DC + 1.80LL$를 사용하여 계산하면 다음과 같다.

$R_r = T_u$

$570.2 = 1.25DC + 1.80(3DC) = 6.65DC$

$DC = 85.74\text{kN}$

$LL = 3DC = 257.22\,\text{kN}$

4) 따라서 최대허용사용하중 T는 다음과 같다.

$T = DC + LL = 85.74 + 257.22 = 342.96\,\text{kN}$

예제 3.5.2

그림 3.5.5와 같은 전단단면의 마찰이음에 대해 SM 355강판이 완전한 강도를 발휘하는데 필요한 M20(F8T) 볼트의 개수를 강구조설계기준의 하중저항계수설계법을 사용하여 결정하라. 용융아연도금을 하여 미끄럼계수 $\mu = 0.45$이고, 끼움재를 2개 사용하여 끼움재계수 $h_f = 0.85$이다. 압연형강이며 M20 볼트의 표준볼트 구멍직경 22 mm를 순단면 계산시 사용하고, 볼트 중심간의 거리는 60mm이다..

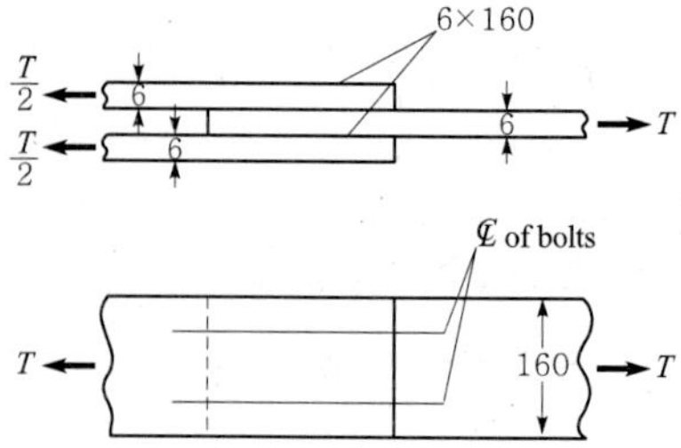

그림 3.5.5

(단, 볼트는 2면전단이며, M20(F8T) 볼트의 설계볼트장력은 $T_o = 131$ kN이고, SM 355 강판은 $F_y = 355$ MPa, $F_u = 490$ MPa 이다. 사용하중상태에서 볼트구멍의 변형을 설계에 고려한다.)

풀 이

접합부재 중앙판의 교차면적이 외부의 두 판면적의 합보다 작으므로 이 경우에는 중앙판의 강도만 고려하면 된다.

$$A_n = [160 - 2 \times 22] \times 6 = 696\ \mathrm{mm}^2$$

$$A_e = A_n U = A_n = 696\ \mathrm{mm}^2$$

$$\phi R_n = \phi F_y A_g = 0.90(355)(160)(6)(10^{-3}) = 306.72\ \mathrm{kN}$$

$$\phi R_n = \phi F_u A_e = 0.75(490)(696)(10^{-3}) = 255.78\ \mathrm{kN}$$

여기서 R_n = 인장부재의 공칭강도, F_y = 최소항복응력, F_u = 최소인장강도

따라서 인장을 받는 접합부재 판의 설계강도는 255.78kN이다.

2면 전단에서 마찰이음 볼트당 설계강도는 다음과 같다.

$$\phi R_n = \phi(\mu h_f T_o N_s) = 1.0(0.45)(0.85)(131)(2) = 100.22 kN/\text{볼트}$$

접합부재 중앙판 볼트구멍의 설계지압강도는 다음과 같다.

$$\phi R_n = \phi(1.2 L_c t F_u) = 0.75(1.2)(60 - 22)(6)(490) \times 10^{-3} = 100.55\ \mathrm{kN}/\text{볼트}$$

$$\leq \phi(2.4 d t F_u) = 0.75(2.4)(20)(6)(490) \times 10^{-3} = 105.84\ \mathrm{kN}/\text{볼트}$$

$$\text{볼트개수} = \frac{255.78}{100.22} = 2.55$$

따라서 연단거리 50 mm 를 갖는 4개의 M20(F8T) 볼트를 그림 3.5.5의 볼트중심선(center line of bolts)에 맞추어 2열로 배열하면, 접합부재 강판이 완전한 강도를 발휘한다.

3.5.3 용접연결

용접의 종류

용접법은 전기적 에너지를 이용하는 아크용접(arc welding)과 화학적 에너지를 이용하는 가스용접(gas welding)으로 나눌 수 있다. 강교량의 공장제작에는 주로 아크용접법이 사용되며 피복아크용접(shielded metal arc welding, SMAW)과 서브머지드아크용접(submerged arc welding, SAW) 그리고 가스실드아크용접(gas shielded arc welding, GTAW 및 GMAW)등이 대부분을 차지하고 있다. 이러한 종류의 용접법은 자동화정도가 각기 다르므로 이들 각각을 수동용접, 반자동용접, 자동용접으로 분류한다.

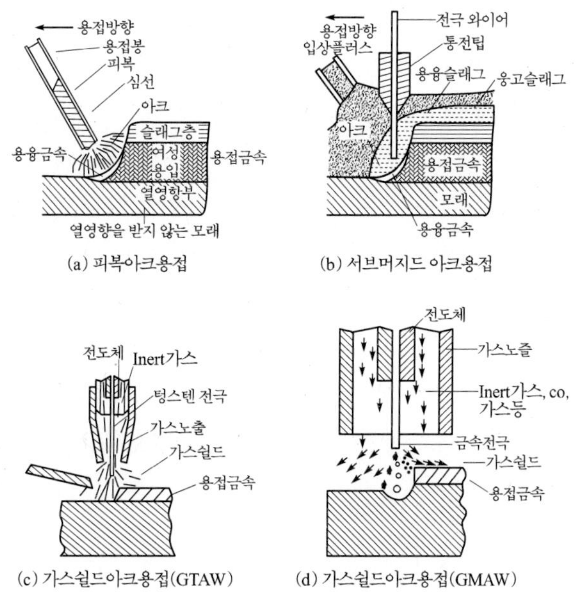

그림 3.5.6 아크용접법

피복아크용접은 그림 3.5.6(a)와 같이 용접봉에 입힌 피복제가 아크에 의해 가스화하여 용융금속 주변에 가스 또는 슬래그 등을 형성하게 된다. 이 방법은 작업자의 숙련도를 필요로 하지만, 어떠한 방향 또는 자세로서도 작업이 가능하며, 여러 가지 작업조건에 대응할 수 있는 장점이 있다.

서브머지드 아크용접은 그림 3.5.6(b)에 나타낸 바와 같이 피복제 역할을 하는 미세분말의 플럭스(flux)를 용접부분의 표면에 미리 공급하고 그 속에 용접봉을 설치하여 플럭스 공급관과 용접봉을 일정속도로 이동시켜 가면서 하는 용접방법이다. 서브머지드 아크용접은 용접부의 연성, 충격강도, 내식성 등에서 모두 우수하며 용접속도가 빠르고 품질이 일정한 장점이 있으나, 상향용접이 곤란하고 고압전류로 인한 열 영향을 받기 쉬운 단점이 있다.

가스실드아크용접은 용접 시 가스노즐을 이용해 직접가스를 분출하여 용융금속 주변에 보호실드를 형성하면서 하는 용접방법이다. 가스실드아크용접은 피복제를 사용하지 않으므로 슬래그를 제거할 필요가 없고, 작업속도가 빠른 장점이 있으나, 바람의 영향을 받기 쉽고 용접자세에 제한을 받는 단점이 있다. 따라서 용접법의 선택에 있어서는 강종에 따른 모재의 특성, 용접자세, 작업환경, 경제성을 고려하여 결정하여야 한다.

용접연결의 형태

용접연결의 형태는 그림 3.5.7에 나타낸 바와 같이 용접부의 형상에 따라 필릿용접(fillet welding)과 용입(熔入)그루브용접(groove welding)으로 나뉘어 진다. 용입그루브용접은 맞대기용접이라고도 하며 접합면을 적당한 형태로 절삭가공한 후 용융금속을 융착시키는 것으로서 그림 3.5.7(b)에 나타낸 바와 같이 용입형태에 따라 완전용입과 부분용입 그루브용접 등으로 분류할 수 있으며, 인장응력을 받는 경우에는 완전용입 그루브용접으로 하는 것을 원칙으로 한다. 또한 접합면의 절삭형태에는 그림 3.5.8과 같으며 얇은 판의 경우에는 I형 또는 V형, 두꺼운 판의 경우에는 K형 또는 X형으로 한다. 한편 대표적인 용접기호를 나타내면 그림 3.5.9와 같다. 용접연결의 장점으로는 구조를 단순, 경량화 할 수 있으며 연속접합으로 응력전달이 원활하고 소음이나 오염이 적다. 단점으로는 용접 후 부재의 변형이나 잔류응력 등이 발생하며 응력집중으로 피로파괴에 불리할 수 있고 숙련도에 따라 품질의 차이가 있을 수 있다.

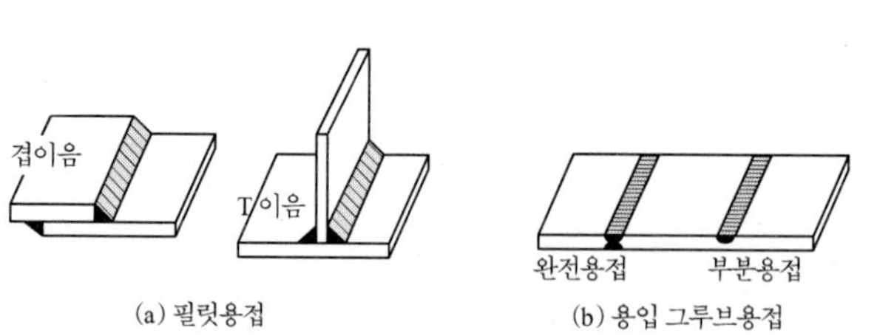

그림 3.5.7 용접연결의 종류

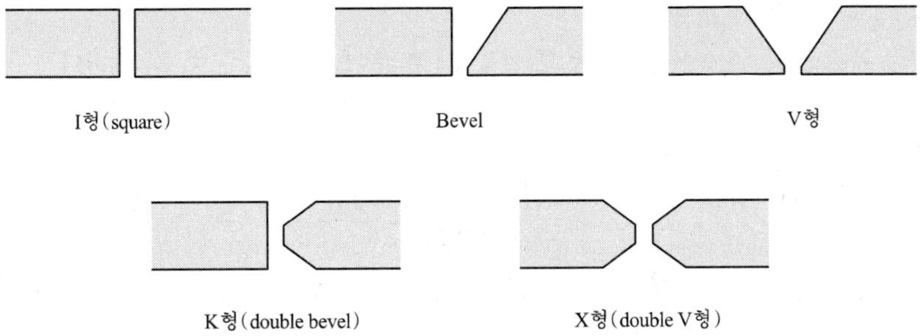

그림 3.5.8 절삭형태의 종류

필릿용접	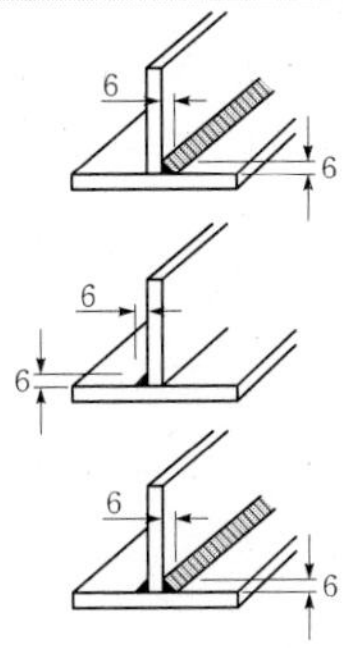	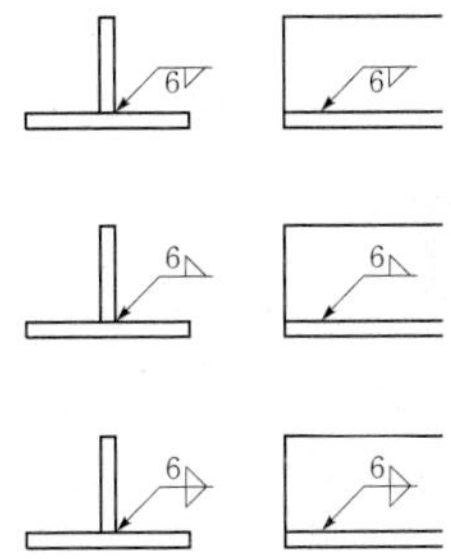
I형용접	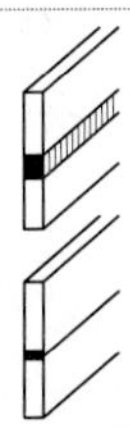	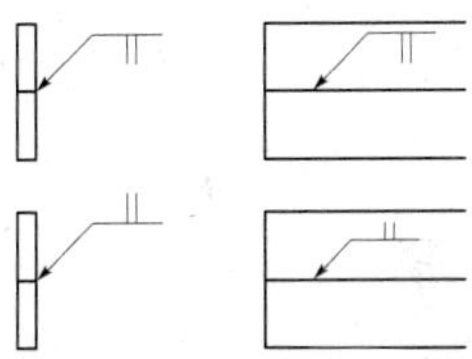
V형용접	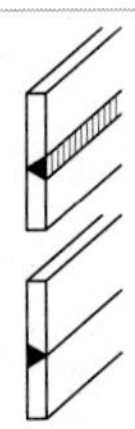	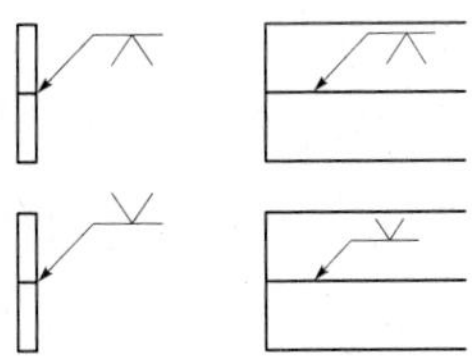
X형용접	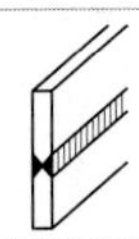	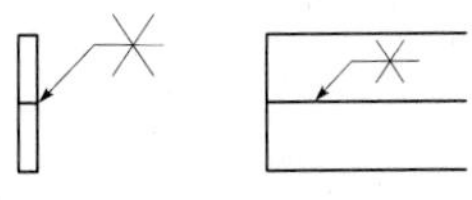
K형용접	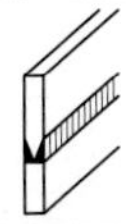	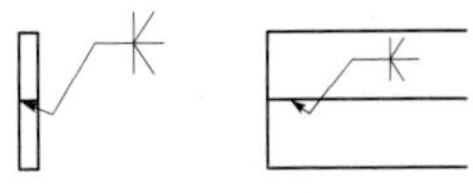

그림 3.5.9 용접기호

용접연결의 유효면적

용접연결의 유효면적 A_e는 유효목두께 a와 유효길이 l의 곱으로 나타낸다.

$$A_e = a \times l \tag{3.5.17}$$

여기서 유효목두께는 힘을 전달하는 최소단면의 두께를 말하며, 완전용입 그루브용접의 경우에는 그림 3.5.10(a)에 나타낸 바와 같이 살붙임 두께는 무시하고 접합된 부재중 얇은 쪽의 두께로 한다. 부분용입 그루브용접의 유효목두께는 그림 3.5.10(b)와 같이 그루브깊이 또는 양측 그루브깊이의 합이 된다. 단, 그루브의 형상이 $45°$ 베벨(bevel)인 SMAW(모든 용접자세), GMAW 및 FCAW(수직 용접자세, 위보기 용접자세) 부분용입 그루브용접에서는 그루브 깊이에서 3mm 공제한 값을 유효목두께로 한다. 또한 필릿용접의 유효목두께 경우에는 부재 접합부 루트에서 용접면까지의 최단거리이며, 따라서 그림 3.5.10(c)의 유효목두께 a는 용접치수 s를 기준으로 하여 이음부 루트를 꼭지점으로 하는 이등변삼각형의 높이인 $\cos 45°$를 곱한 값이 된다. 즉,

$$a = \cos 45° \times s = 0.7\, s \tag{3.5.18}$$

여기서 s : 용접치수

연결하는 두 부재사이의 각도가 $90°$가 아닌 경우 또는 용접다리의 크기가 서로 다른 경우의 필릿용접의 유효목두께는 용접루트를 꼭지점으로 하고 용접 외측면을 밑변으로 하는 용접단면 내접 삼각형의 높이로 한다.

필릿용접부의 유효길이는 그림 3.5.11에 나타낸 바와 같이 용접 시점과 종점 부근의 크레이터의 영향을 고려하여 총용접길이에서 $2s$만큼을 뺀 값으로 한다. 다만 그루브용접에서 보조판을 사용하거나, 끝돌림을 한 필릿용접의 경우에는 총용접길이를 유효용접길이로 한다. 필릿용접 단부의 끝돌림이 이루어 질 수 있는 곳에서는 같은 용접치수로 모퉁이를 돌아 용접치수의 2배의 길이($2s$) 만큼 연속해서 용접을 해야 한다. 플러그용접과 슬롯용접의 유효길이는 목두께의 중심을 잇는 용접중심선의 길이로 한다[하중저항계수설계법에 의한 강구조설계기준(2014, 국토교통부) 9.1.2].

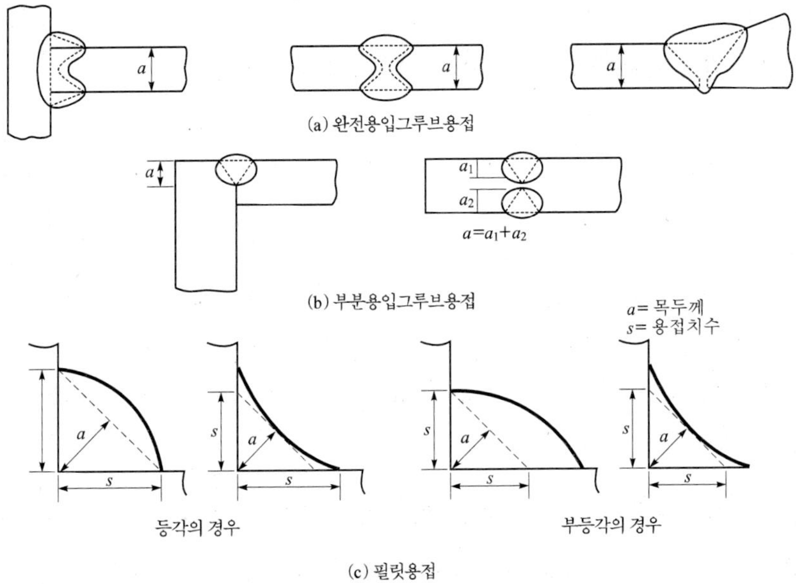

그림 3.5.10 용접연결의 유효 목두께

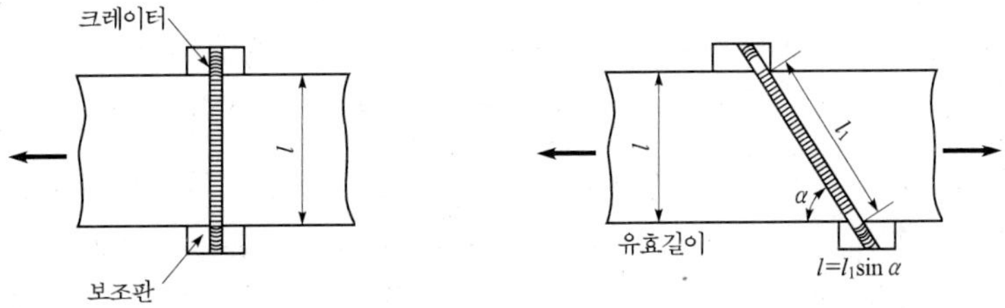

그림 3.5.11 용접부의 유효길이

▮ 용접의 설계

1) 필릿용접과 부분용입 그루브용접의 제한사항[하중저항계수설계법에 의한 강구조설계기준 (2014, 국토교통부) 9.1.2.2.2]

연결부의 설계 시 가정하는 필릿용접의 치수는 설계하중이 설계강도를 초과하지 않도록 정한다. 유효목두께를 가지는 필릿용접에 대한 최소용접치수는 표 3.5.6과 같다.

또한 필릿용접의 최대치수는 용접부에서 다음과 같이 요약될 수 있다.

- 두께가 6mm 미만일 경우 겹침이음의 필릿용접 최대치수 s는 연결판 부재두께 t와 같아야 한다.
- 두께가 6mm 이상일 경우 겹침이음의의 필릿용접 최대치수 s는 $t-2$ mm이어야 한다.

표 3.5.6 필릿용접의 최소치수(mm)

연결부의 얇은 쪽 소재의 두께(t)	필릿용접의 최소치수
$t < 6$mm	3mm
$6 \le t < 13$mm	5mm
$13 \le t < 20$mm	6mm
$20 \le t$mm	8mm

그리고 필릿용접의 용접 크기는 연결부의 얇은 부재의 두께를 초과할 필요는 없다. 필릿용접의 최소유효길이는 용접치수의 4배 그리고 어떤 경우에도 40mm보다 길어야 한다.

부분용입 그루브용접의 유효목두께는 $2\sqrt{t}$ (mm) 이상으로 해야 한다. 여기서, t는 연결부의 얇은 쪽의 두께이다.

2) 용접의 설계강도[하중저항계수설계법에 의한 강구조설계기준(2014, 국토교통부) 9.1.2.4]]

용접은 한 부재에서 다른 부재로 전체하중을 전달하기 때문에 용접금속은 용접되는 부재의 특성과 부합되어야 한다. 필릿용접에서는 연결의 방향에 상관없이 유효면적(유효길이×유효목두께)에 작용하는 전단응력을 통해 하중이 전달되는 것으로 가정한다. 모든 필릿용접의 강도는 하중이 용접축에 평행하게 작용한다고 가정한다. 하중이 용접축에 수직으로 작용할 때는 파괴면이 45° 이외의 각도로 발생하여 저항면적이 증가하기 때문이다. 모재의 규정 항복강도와 인장강도 이상이 되도록 용접된 완전용입 그루브용접의 공칭강도는 연결되는 모재 중 공칭강도가 작은 쪽으로 한다. 인장강도 600MPa 이상의 강종에 대해서 언더매칭 용접을 한 경우에는 용접금속의 인장강도를 기준으로 공칭강도를 정한다. 용접접합재료의 강도는 기본적으로 강재의 용접 후 모재의 재료강도 이상을 확보하도록 하여야 한다.

(1) 설계강도

용접부의 설계강도 $R_r = \phi R_n$은 다음의 식을 사용해서 구한다.

$$R_r = \phi R_n = \phi_t F_{nw} A_w \tag{3.5.19}$$

여기서 F_{nw} : 표 3.5.7에 규정된 공칭강도(MPa)

ϕ : 표 3.5.7에 규정된 강도저항계수

A_w : 용접부의 유효면적

(2) 소요강도

접합부의 소요강도는 명시된 설계하중에 대해 구조해석을 실시하여 결정되어 진다. 필릿용접에서 하중조합으로 구한 소요강도 P_u는 모든 방향의 힘들의 합력의 크기이다. 여기서 합력의 크기는 임의의 방향으로 작용하는 힘들의 벡터 합으로 구할 수 있으며, 작용하는 힘을 용접의 유효면에서 서로 직각인 3방향으로 구분하였을 때 다음의 식을 사용해서 구한다.

$$P_u = \sqrt{P_v^2 + V_v^2 + V_h^2} \tag{3.5.20}$$

여기서 P_v : 필릿용접의 유효면에 작용하는 수직력

V_v : 필릿용접 유효면에서 용접축에 직각방향으로 작용하는 전단력

V_h : 필릿용접 유효면에서 용접축에 평형으로 작용하는 전단력

(3) 용접연결부의 설계

설계강도 $R_r = \phi R_n$은 하중조합으로 구한 소요강도 $P_u = \Sigma \eta_i \gamma_i Q_i$ 과 같거나 커야하므로 기본적인 설계의 표현은 다음과 같이 쓸 수 있다.

$$R_r = \phi R_n = \phi F_{nw} A_w \geq P_u \tag{3.5.21}$$

여기서 ϕ : 표 3.5.7에 규정된 용접에 대한 저항계수

F_{nw} : 표 3.5.7에 규정된 용접에 대한 공칭강도 (모재인 연결부재의 공칭강도를 초과하지 않음)

P_u : 소요강도

하중저항계수설계법에 의한 강구조설계기준(2014, 국토교통부)에서 규정하는 용접에 대한 강도한계상태조합의 강도저항계수와 공칭강도를 정리하면 표 3.5.7과 같다.

표 3.5.7 용접별 공칭강도(MPa)와 저항계수

용접종류	응력구분	공칭강도 F_{nw}	저항계수 ϕ
완전용입 그루브용접	용접축에 직각인 인장	모재와 동일함	
	용접축에 직각인 압축	모재와 동일함	
	용접축에 평행한 인장, 압축	별도로 검토하지 않음	
	전단	$0.6F_u^{1)}$	0.8
부분용입 그루브용접	용접축에 직각인 인장	$0.6F_u^{1),2)}$	0.8
	용접축에 평행한 인장, 압축	별도로 검토하지 않음	
	전단	$0.6F_u^{1),2)}$	0.75
필릿용접	전단	$0.6F_u^{1),2)}$	0.75
	용접축에 평행한 인장, 압축	별도로 검토하지 않음	
플러그, 슬롯용접	접합면에 평행한 전단	$0.6F_u^{1),2)}$	0.75

주 1) 용접부 모재의 인장강도이고, 언더매칭 용접을 한 경우에는 용접재의 인장강도를 적용한다.

주 2) 인장강도 600MPa의 강종(HSB600)은 $0.56F_u$, 800MPa의 강종(HSA800, HSB800)은 $0.45F_u$를 사용하며, 인장강도가 이들 사이의 강종의 경우에는 보간법을 적용한다.

예제 3.5.3

그림 3.5.12에서와 같이 300kN의 활하중(LL)과 100kN의 고정하중(DC)을 받는 인장부재에 대하여 완전용입 그루브용접 시에 필요한 SM 275 연결판 모재의 두께를 결정하라. 단, 하중저항계수설계법에 의한 강구조설계기준(2014, 국토교통부)을 따르고, 하중수정계수 η_i은 1.0 그리고 감소계수 $U=1.0$을 적용하라. ($F_u = 410\,\mathrm{MPa}$, $F_y = 275\,\mathrm{MPa}$, 하중계수 $\gamma_{DC} = 1.25$와 $\gamma_{LL} = 1.80$이고 하중조합은 강도한계상태 I 로 $P_u = \sum \eta_i \gamma_i Q_i = 1.00 \times 1.25 \times DC + 1.00 \times 1.80 \times LL = 1.25DC + 1.80LL$을 사용하라. 탄성계수 $E = 2.1 \times 10^5\,\mathrm{MPa}$, 전단탄성계수 $G = 0.81 \times 10^5\,\mathrm{MPa}$이다.)

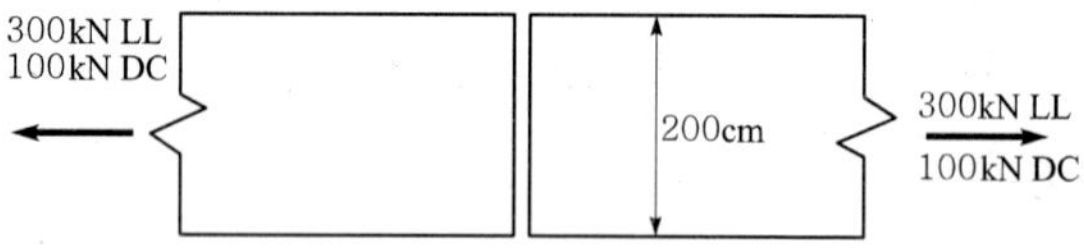

그림 3.5.12

풀 이

하중조합으로 구한 소요강도P_u를 결정하면, 주어진 하중조합은 강도한계상태 I 로

$$P_u = \sum \eta_i \gamma_i Q_i = 1.00 \times 1.25 \times DC + 1.00 \times 1.80 \times LL = 1.25DC + 1.80LL$$

$$P_u = 1.25(100) + 1.8(300) = 665\,\mathrm{kN}$$

필요한 판의 두께 t 결정

표 3.5.7에서 용접축에 직각인 인장을 받는 완전용입 그루브용접의 경우는 용접부의 공칭강도가 모재와 동일하므로 설계강도를 구하면 다음과 같다.

$$\phi R_n = \phi F_y A_g = 0.90(275) A_g \text{ (항복한계상태)}$$

$$\phi R_n = \phi F_u A_e = 0.75(410) A_e = \phi F_u A_n U = 0.75(410)(1.0) A_n \text{ (파괴한계상태)}$$

여기서 F_y = 연결판의 최소항복응력, F_u = 연결판의 최소인장응력

하중의 편심과 연결판에 구멍이 없으므로, 유효순단면적 A_e는 총단면적 A_g와 같다. 따라서 위의 두 식으로부터 $0.90(275) = 247.5 < 0.75(410) = 307.5$이므로, 필요한 총단면적 A_g로부터 필요한 판의 두께를 구하면 다음과 같다.

$$A_g = \frac{P_u}{0.90(275)} = \frac{665 \times 10^3}{247.5} = 2{,}686.9\,\mathrm{mm}^2$$

$$A_g = 200 \times t \quad \rightarrow \quad t = \frac{2{,}686.9}{200} = 13.4\,\mathrm{mm}$$

따라서, $14\,\mathrm{mm} \times 200\,\mathrm{mm}$ SM 275 연결판 모재를 사용함

예제 3.5.4

그림 3.5.13에서와 같은 T형이음에 대해서, 사용하중의 70%는 활하중(LL)이고 30%는 고정하중(DC)이라고 가정할 때 작용할 수 있는 하중을 결정하라. 단, 하중저항계수설계법에 의한 강구조설계기준(2014, 국토교통부)을 따르고, 하중수정계수 η_i은 1.0 그리고 감소계수 $U=1.0$을 적용하라. 연결판 $22\text{mm}\times 300\text{mm}$인 SM 275 강판이다. ($F_u=410\text{MPa}$, $F_y=265\text{MPa}$, 하중계수 $\gamma_{DC}=1.25$와 $\gamma_{LL}=1.80$이고 하중조합은 강도한계상태 I로 $P_u=\Sigma\eta_i\gamma_i Q_i=1.00\times1.25\times DC+1.00\times1.80\times LL$ $=1.25DC+1.80LL$을 사용하라. 탄성계수 $E=2.1\times10^5\text{MPa}$, 전단탄성계수 $G=0.81\times10^5\text{MPa}$이다.)

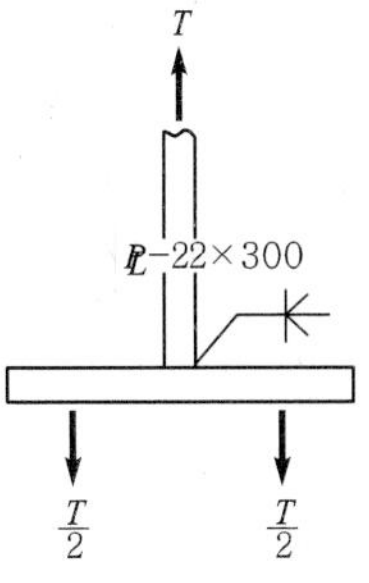

그림 3.5.13

풀 이

1) 용접부와 $22\text{mm}\times300\text{mm}$ 연결판의 설계강도 R_r 계산

표 3.5.7에서 용접축에 직각인 인장을 받는 완전용입 K형그루브용접의 경우는 용접부의 공칭강도가 모재와 동일하므로 설계강도를 구하면 다음과 같다.

$$R_r=\phi R_n=\phi F_u A_e=\phi F_u(UA_n)=0.75(410)(1.0)(22)(300)(10^{-3})=2029.5\text{kN}$$

$$R_r=\phi R_n=\phi F_y A_g=0.90(265)(22)(300)(10^{-3})=1574.1\text{kN} \rightarrow \text{설계강도}$$

$$P_u=\Sigma\eta_i\gamma_i Q_i=1.25DC+1.80LL=1.25(0.3Q)+1.80(0.7Q)=1.635Q$$

2) 작용하중 Q의 계산

$$R_r=\phi R_n=P_u=1.635Q$$

따라서, 작용할 수 있는 하중 $Q=\dfrac{R_r}{1.635}=\dfrac{1574.1}{1.635}=962.8\text{ kN}$

3.5.4 전단연결

전단연결된 부재의 끝은 회전에 대해 불구속된 것으로 가정한다. 볼트와 용접에 의한 전단연결의 예는 그림 3.5.14와 같으며, 이러한 연결들은 가능한 한 유연성을 가지도록 설계된다. 볼트연결은 용접과 조합해서 하중을 부담시킬 수 없으며 이 경우 용접이 모든 하중을 부담한다. 그러나 전단연결에는 용접과 볼트의 병용이 허용된다. 표준구멍과 하중방향에 직각인 단슬롯의 경우 볼트연결과 하중방향에 평행한 필릿용접이 하중을 각각 분담할 수 있다. 이 경우 볼트의 설계강도는 지압볼트연결 설계강도의 50%를 넘지 않도록 해야 한다[하중저항계수설계법에 의한 강구조설계기준(2014, 국토교통부) 9.1.1.8].

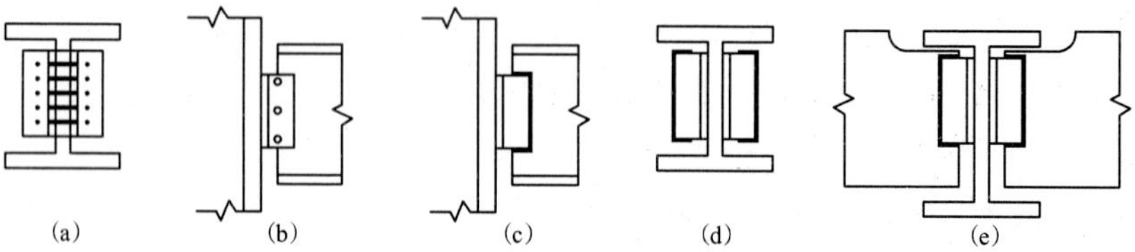

그림 3.5.14 전단연결의 예

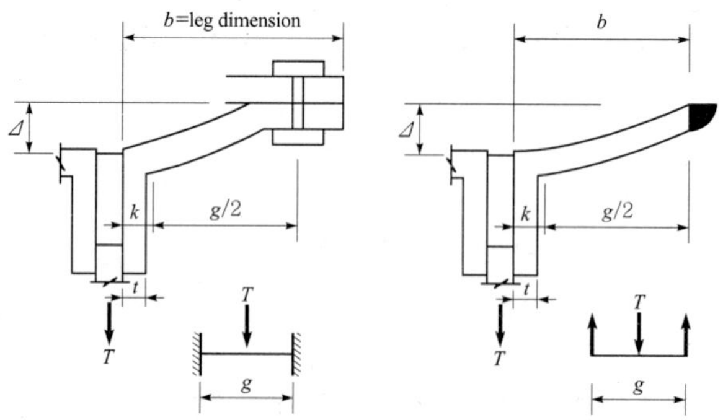

그림 3.5.15 앵글 인장끝단의 거동

전단연결에 사용되는 ㄱ형강의 변형과 강도에 대해서 알아보면, 그림 3.5.15에서와 같이 끝단에 모멘트가 작용했을 때, 단위길이당 인장력 T는 길이 L을 가진 ㄱ형강 상부에 작용한다. 이러한 끝단모멘트는 작용하중점에서 볼트나 용접의 중심선 A까지 측정된 편심거리 e와 작용하는 반력 P의 곱에 의해 발생된다. ㄱ형강에 작용하는 집중하중 T는, 높은 구속을 갖는 고장력볼트의 경우에는 끝단 고정보에, 용접의 경우에는 단순지지보에 작용하는 것으로 간주한다. 따라서 ㄱ형강의 인장 끝점에서의 처짐 Δ는 지간 g의 중앙점에서 다음과 같이 된다.

$$\Delta = \frac{Tg^3}{192EI} \text{ (고장력볼트)} \qquad (3.5.22)$$

$$\Delta = \frac{Tg^3}{48EI} \text{ (용접)} \qquad (3.5.23)$$

이때 최대힘 T는 앵글의 상부가 항복할 때 발생하며 $T = F_y t$, $I = \frac{t^3}{12}$을 위 식에 대입하면 다음과 같이 된다.

$$\Delta = \frac{2F_y t g^3}{192E(t^3/12)} = \frac{F_y g^3}{8Et^2} \text{ (고장력볼트)} \qquad (3.5.24)$$

$$\Delta = \frac{2F_y t g^3}{48E(t^3/12)} = \frac{F_y g^3}{2Et^2} \quad (\text{용접}) \tag{3.5.25}$$

3.5.5 보-기둥 연결

모멘트연결부는 모멘트를 전달한다. 연결부의 회전이 무시할 정도로 작은 완전 모멘트연결부와 무시하지 못할 정도인 부분 모멘트연결부가 있다. 완전 모멘트연결부는 강도한계상태에서 접합되는 부재들 사이의 각도가 원상태로 유지될 수 있도록 충분한 강성과 강도를 갖고 있어 구조해석 시 연결부에서 회전이 발생하지 않도록 해야 한다. 부분 모멘트연결부는 접합되는 부재들이 충분한 강도와 변형용량을 갖고 있어야 하고, 구조해석 시 연결부의 하중-회전각 관계를 포함시켜야 한다. 참고로 단순연결부는 무시할 정도로 작은 모멘트를 전달하는 것으로, 구조해석 시 회전이 구속되지 않는 것으로 가정하고 전달되는 축력과 전단력에 대해서만 설계하는 것이 허용된다[하중저항계수설계법에 의한 강구조설계기준(2014, 국토교통부) 9.1.1.2~3].

그림 3.5.16과 같은 보-기둥 연결은 강절연결로서 모든 강절부는 강도한계상태에서 설계하중으로 인한 모멘트, 전단력, 그리고 축방향력에 저항하도록 설계한다, 이 연결에서는 대부분의 모멘트를 보의 플랜지가 전달하게 되고, 대부분의 전단력을 웨브가 전달하게 되며, 보는 기둥의 플랜지에 강절되어 부착되어게 된다. 플랜지에 전달되는 힘을 저항하기 위해서 기둥의 웨브를 보강재로 보강한다.

압축영역 연결부의 수평보강

그림 3.5.16(a)에서와 같이 보 플랜지의 압축력을 기둥 플랜지에 전달하고 플랜지의 압축좌굴, 국부좌굴, 웨브의 국부항복, 그리고 국부굽힘, 등을 방지하기 위하여 수평보강재가 필요하게 된다.

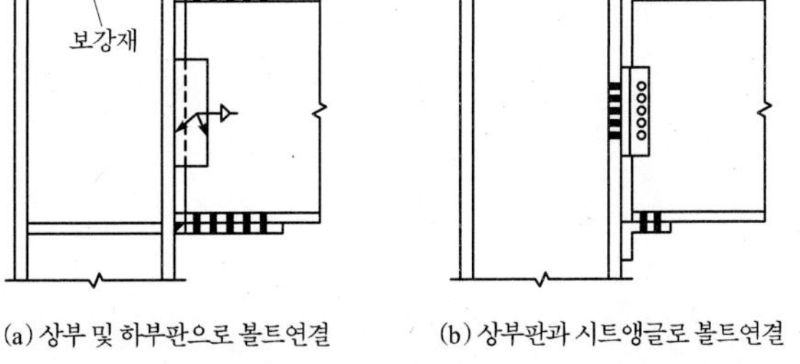

(a) 상부 및 하부판으로 볼트연결 (b) 상부판과 시트앵글로 볼트연결

그림 3.5.16 볼트와 용접에 의한 보-기둥 연결의 예

웨브

보강재를 갖는 보의 웨브의 두께는 다음과 같아야 한다.

$$t_w \geq \sqrt{3}\left(\frac{M_c}{\phi F_y d_b d_c}\right) \tag{3.5.26}$$

여기서 F_y : 웨브의 항복강도(MPa)

M_c : 설계하중에 의한 기둥의 모멘트(N · mm)

d_b : 보의 높이(mm)

d_c : 기둥단면의 높이(mm)

ϕ_c : 3.1.4절에 규정된 전단에 대한 강도저항계수

연결 웨브의 두께가 위 식 3.5.26 보다 작을 때에는 웨브를 연결면적 전체에 걸쳐 웨브와 접촉하는 보강판으로 보강하여야 한다.

연습문제

3.5.1 아래 그림의 마찰연결 접합부에 대한 볼트피치, 연단거리, 그리고 설계강도를 검토하라. 단, 하중저항계수설계법에 의한 강구조설계기준(2014, 국토교통부)을 따르고, 하중조합은 강도한계상태Ⅱ를 사용하라.

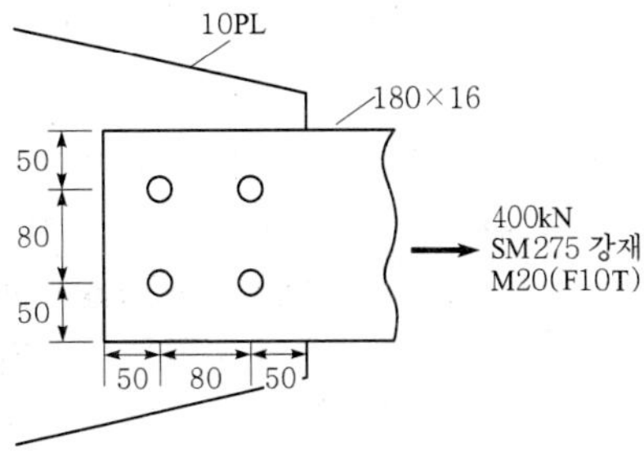

문제 3.5.1

3.5.2 아래 그림의 마찰연결 접합부에 대한 설계강도를 결정하라. 단. 연결볼트는 M22(F13T)이며 연결부강판은 SM 355이다. 단, 하중저항계수설계법에 의한 강구조설계기준(2014, 국토교통부)을 따르고, 하중조합은 강도한계상태Ⅱ를 사용하라.

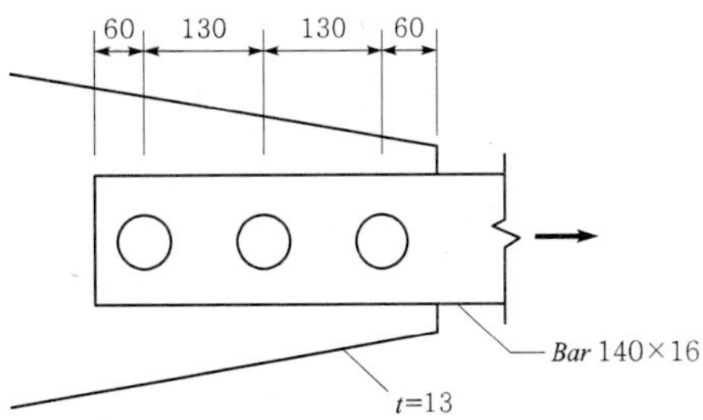

문제 3.5.2

3.5.3 아래 그림의 마찰연결 접합부에서 SM 460의 강재를 사용한다면 고정하중(DC) 100 kN과 활하중(LL) 50 kN을 지지하기 위해 필요한 연결볼트 M30(F10T)의 개수를 구하라. 단, 하중저항계수설계법에 의한 강구조설계기준(2014, 국토교통부)을 따르고, 하중조합은 강도한계상태Ⅱ를 사용하라.

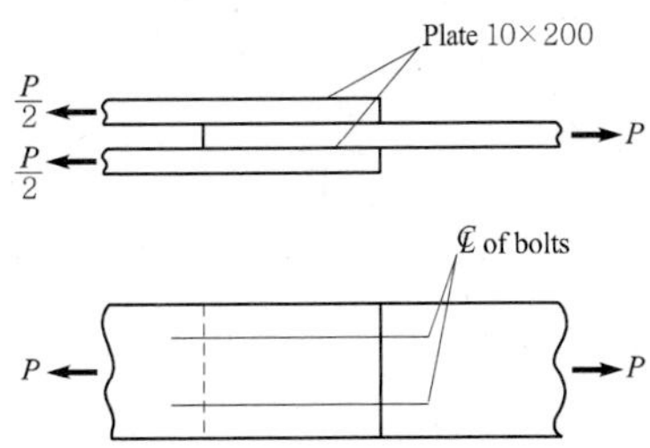

문제 3.5.3

3.5.4 아래 그림의 2면 전단형 접합으로 이음의 양쪽 각각에 필요한 볼트의 수를 계산하라. 단, 1) 총단면에 볼트 나사부가 포함되어 있지 않을 경우와 2) 총단면에 볼트 나사부가 포함되어 있는 경우에 대해 검토하라. 사용볼트는 M20(F8T) 볼트이며, 표준구멍의 직경을 사용하고 사용강재는 SM 420이다. 단, 하중저항계수설계법에 의한 강구조 설계기준(2014, 국토교통부)을 따르고, 하중조합은 강도한계상태Ⅱ를 사용하라.

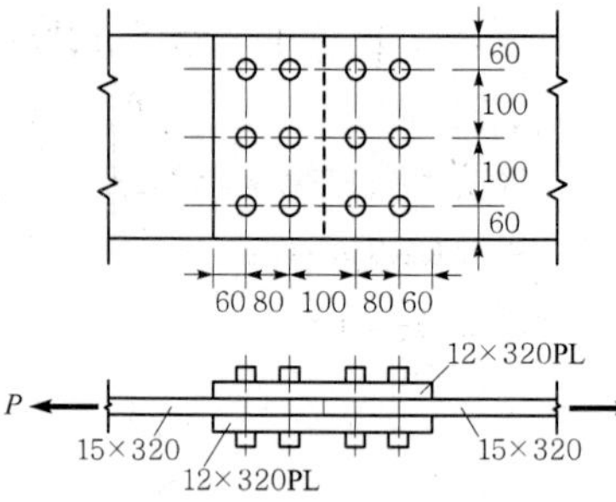

문제 3.5.4

3.5.5 아래 그림과 같이 편심하중을 받고 있는 볼트의 최대볼트반력을 계산하라.

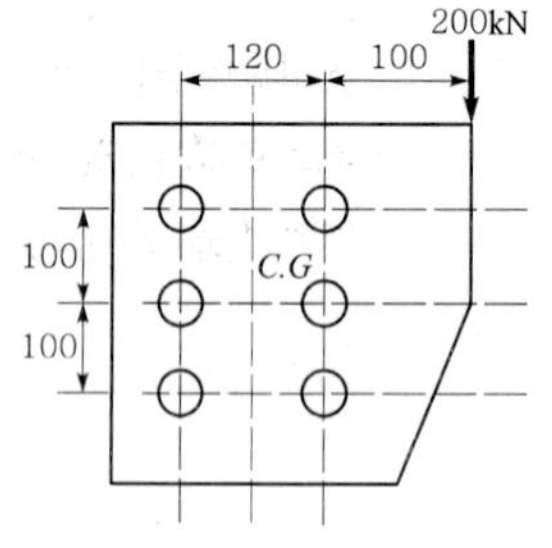

문제 3.5.5

3.5.6 아래 그림과 같이 편심하중을 받고 있는 볼트접합부에서 오른편 상단 볼트의 분담력을 계산하라.

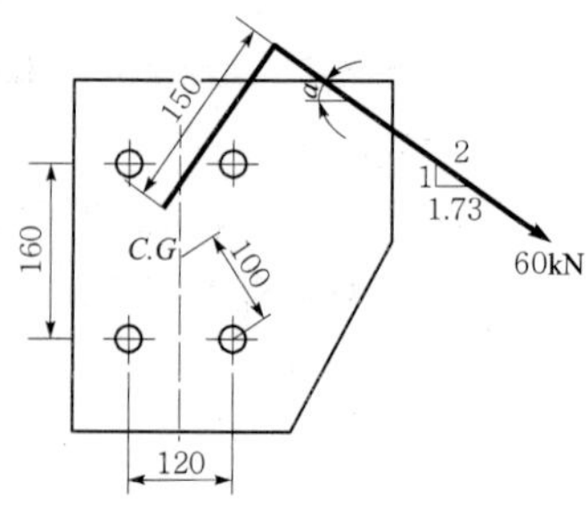

문제 3.5.6

3.5.7 아래 그림과 같이 30kN의 사용고정하중(DC)과 80kN의 사용활하중(LL)을 지지하는 인장부재로 사용된 폭 100mm, 두께 13mm의 SS 275 강재가 연결판(거셋 플레이트)에 부착되어 있을 때 용접이음을 설계하라. 단, 하중저항계수설계법에 의한 강구조설계기준(2014, 국토교통부)을 따르고, 하중조합은 극한하중한계상태Ⅱ를 사용하라.

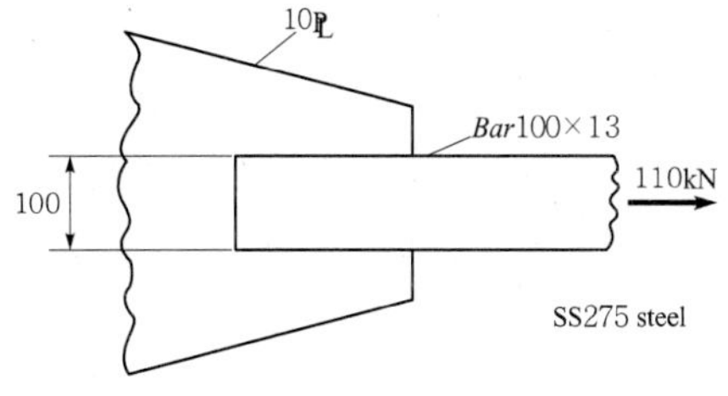

문제 3.5.7

3.5.8 아래 그림에서와 같이, SM 275강판과 피복아크용접법을 사용할 경우에 필릿용접의 치수와 길이를 결정하라. 단, 하중저항계수설계법에 의한 강구조설계기준(2014, 국토교통부)을 따르고, 하중조합은 극한하중한계상태Ⅱ를 사용하라. 또한, $F_{exx} = 450\,\text{MPa}$, $F_u = 410\,\text{MPa}$이다.

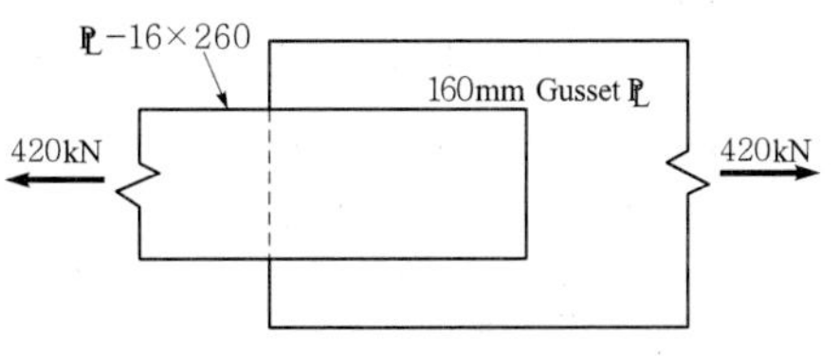

문제 3.5.8

3.6 조합력과 비틀림부재

3.6.1 개설

여기서는 축방향력(축력)과 휨모멘트, 전단력의 조합상태에서 비틀림응력이 작용하거나 작용하지 않는 부재 또는 비틀림응력만을 받는 부재에 대하여 설명한다. 축방향력과 휨모멘트을 동시에 받는 부재를 보-기둥이라 칭하며, 엄밀히 보면 골조(뼈대) 구조물의 거의 대부분이 보-기둥 부재로 이루어져 있다.

우선 보-기둥의 설계에 있어서 허용응력설계와 하중저항계수설계의 차이점을 알아보자. 허용응력설계나 하중저항계수설계 모두 보-기둥의 강도를 검토할 때 상관관계식을 사용하는 것은 동일하다. 허용응력설계에서 상관관계식의 분모에는 허용축응력 및 허용휨응력이 사용되고 분자에는 축방향력 및 휨모멘트에 의한 부재응력이 사용된다. 단, 부재의 허용응력은 부재의 좌굴영향을 고려하여 감소시킨다. 허용응력설계에서 부재응력은 선형해석으로 구한 응력이다.

하중저항계수설계에서 상관관계식의 분모에는 부재의 축방향력설계강도(설계축강도) 및 휨모멘트설계강도(설계휨강도)이 사용되고 분자에는 구조해석으로부터 구한 부재의 축방향력 및 휨모멘트를 사용한다. 여기서 구조해석으로부터 구한 부재의 축방향력 및 휨모멘트는 선형해석 또는 비선형해석으로 구한 소요강도 값을 사용해야 하는데, 이 점이 허용응력설계와 가장 큰 차이점이라고 할 수 있다. 비선형이 고려된 유한요소법 구조해석 프로그램에 의해 직접 소요강도를 구할 수 도 있고, 대체 해석법으로 비선형 축방향력 및 휨모멘트를 선형해석으로 구한 축방향력 및 휨모멘트에 근사2차해석의 축방향력 및 휨모멘트를 더한 소요강도 값으로 산정할 수 도 있다. 1차해석으로 구한 소요강도를 증폭하여 구조물에 대한 2차효과를 산정하는 근사2차해석의 2차휨모멘트는 축압축력과 부재의 변위와의 곱으로써 표현된다. 2차휨모멘트는 부재효과(member effect, $P-\delta$ 효과) 및 골조(뼈대)효과(frame effect, $P-\Delta$ 효과)에 의해 발생하는 휨모멘트이다. 부재효과($P-\delta$ 효과) 는 횡변위(가로흔들이, sidesway)가 발생하지 않는 상황에서 휨모멘트가 증폭된 2차휨모멘트를 나타낸다. 여기서 횡변위(가로흔들이, sidesway)가 발생하지 않는 상황은 보-기둥의 상단과 하단의 상대변위가 없는 부재를 지칭한다. 골조(뼈대)효과($P-\Delta$ 효과)는 횡변위(가로흔들이)가 발생하는 상황을 고려하여 휨모멘트가 증폭된 2차휨모멘트를 나타낸 것이다. 일반 설계자의 경우 비선형해석이 익숙한 방법이 아니므로 하중저항계수설계법에 의한 강구조설계기준(2014, 국토교통부) 제 3장에서는 선형탄성해석을 수행한 값을 사용하여 비선형모멘트 즉, 증폭된 근사2차해석의 축방향력력 및 휨모멘트를 구할 수 있는 방법을 제시하고 있으며, 다음 3.6.2절과 3.6.4절에서 설명한다.

보-기둥을 설계하려면 축방향력과 휨모멘트를 모두 고려하기 때문에 이미 앞에서 기술한 기둥의 좌굴에 관련된 설계계수와 보의 횡비틀림좌굴 및 국부좌굴에 관련된 설계계수는 부재의 설계축강도(3.2, 3.3절) 및 설계휨강도(3.4절)를 구하는데 그대로 활용된다. 여기서는 횡변위(가로흔들이)가 없는 보-기둥과 횡변위(가로흔들이)가 있는 보-기둥의 설계방법에 대하여 먼저 서술한 후, 횡변위(가로흔들이)가 있는 골조(뼈대)구조의 설계에 대하여 기술한다.

3.6.2 보-기둥의 상관관계식과 축방향력 및 휨이 작용하는 부재

일반적인 보-기둥의 상관관계식

하중저항계수설계법의 설계개념은 다음 식으로 나타낼 수 있다.

$$\Sigma \eta_i \gamma_i Q_i \leq \phi R_n \tag{3.6.1}$$

식 3.6.1은 다음 식과 같이 쓸 수 있다.

$$\frac{\Sigma \eta_i \gamma_i Q_i}{\phi R_n} \leq 1.0 \tag{3.6.2}$$

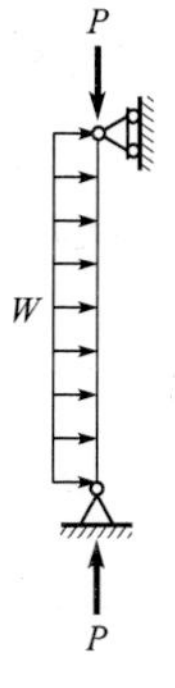

그림 3.6.1

축력효과를 부재의 강도로 나눈 것이 1보다 작으면 설계조건을 만족하게 된다. 그런데 보-기둥은 그림 3.6.1과 같이 축방향력과 휨모멘트를 동시에 받으므로 식 3.6.2는 상관관계식으로 표현되어야 한다. 축압축과 2축휨모멘트를 받는 부재의 상관관계를 일반식으로 쓰면 다음과 같이 나타낼 수 있다.

$$\alpha \frac{P_u}{P_r} + \beta \left(\frac{M_{ux}}{M_{rx}} + \frac{M_{uy}}{M_{ry}} \right) \leq 1.0 \tag{3.6.3}$$

여기서 α 및 β는 상수이다.

압축력과 휨을 받는 1축 및 2축 대칭단면 부재[하중저항계수설계법에 의한 강구조설계기준(2014, 국토교통부) 7.1.1]

2축 대칭단면 부재와 I_{yc}/I_y의 값이 0.1 이상 0.9 이하로서 x축 또는/과 y축으로만 휨이 발생하도록 구속된 1축 및 2축 대칭단면 부재에 있어서 휨모멘트와 압축력의 상관관계는 다음과 같이 제한한다. 여기서 I_{yc}는 압축력을 받는 플랜지의 y축에 대한 단면2차모멘트이다.

■ $P_u/P_r < 0.2$일 경우

$$\frac{P_u}{2.0P_r} + \left(\frac{M_{ux}}{M_{rx}} + \frac{M_{uy}}{M_{ry}}\right) \leq 1.0 \tag{3.6.4}$$

■ $P_u/P_r \geq 0.2$ 일 경우

$$\frac{P_u}{P_r} + \frac{8.0}{9.0}\left(\frac{M_{ux}}{M_{rx}} + \frac{M_{uy}}{M_{ry}}\right) \leq 1.0 \tag{3.6.5}$$

여기서 P_u : 하중조합으로 구한 소요압축강도(N)

P_r : 3.3절에 따라 구한 설계압축강도($=\phi_c P_n$)(N)

M_{ux}, M_{uy} : 하중조합으로 구한 x, y축에 대한 소요휨강도(N·mm)

M_r : 3.4절에 따라 구한 설계휨강도($=\phi_b M_n$)(N·mm)

x : 강축 휨을 나타내는 첨자

y : 약축 휨을 나타내는 첨자

ϕ_c : 3.1.4절에 규정된 압축에 대한 강도저항계수($\phi_c = 0.90$)

ϕ_b : 3.1.4절에 규정된 휨에 대한 강도저항계수($\phi_b = 0.90$)

인장력과 휨을 받는 1축 및 2축 대칭단면 부재[하중저항계수설계법에 의한 강구조설계기준(2014, 국토교통부) 7.1.2]

축인장과 x축 또는/과 y축으로만 휨이 발생하도록 구속된 1축 및 2축 대칭단면 부재에 있어서 휨모멘트와 인장력의 상관관계는 다음과 같이 제한한다.

■ $P_u/P_r < 0.2$일 경우

$$\frac{P_u}{2.0P_r} + \left(\frac{M_{ux}}{M_{rx}} + \frac{M_{uy}}{M_{ry}}\right) \leq 1.0 \tag{3.6.6}$$

■ $P_u/P_r \geq 0.2$일 경우

$$\frac{P_u}{P_r} + \frac{8.0}{9.0}\left(\frac{M_{ux}}{M_{rx}} + \frac{M_{uy}}{M_{ry}}\right) \leq 1.0 \tag{3.6.7}$$

여기서 P_u : 하중조합으로 구한 소요인장강도(N)

P_r : 3.2절에 따라 구한 설계인장강도($=\phi_t P_n$)(N)

M_{ux}, M_{uy} : 하중조합으로 구한 x, y축에 대한 소요휨강도(N·mm)

M_r : 구3.4절에 따라 한 설계휨강도($=\phi_b M_n$)(N·mm)

x : 강축 휨을 나타내는 첨자

y : 약축 휨을 나타내는 첨자

ϕ_t : 인장에 대한 강도저항계수(3.2절 참조)

ϕ_b : 3.1.4절에 규정된 휨에 대한 강도저항계수($\phi_b = 0.90$)

2축 대칭단면 부재에서 축인장과 휨모멘트가 동시에 작용할 때, 3.4절의 C_b의 값은 $\sqrt{1+\dfrac{P_u}{P_{ey}}}$ 를 곱하여 증가시킬 수 있다. 여기서 $P_{ey} = \dfrac{\pi^2 EI_y}{L_b^2}$ 이다.

축방향력과 휨을 받는 비대칭 단면 부재 및 기타 부재[하중저항계수설계법에 의한 강구조설계기준(2014, 국토교통부) 7.2]

위의 식 3.6.4~3.6.7에서 다루지 않는 형강에 대한 축응력과 휨응력의 상관관계는 다음과 같이 제한한다.

$$\left|\frac{f_{ua}}{F_{ra}}+\frac{f_{ubw}}{F_{rbw}}+\frac{f_{ubz}}{F_{rbz}}\right| \le 1.0 \qquad (3.6.8)$$

여기서 f_{ua} : 하중조합으로 구한 소요축방향응력(MPa)

F_{ra} : 설계축방향응력(MPa) 3.2절(인장) 3.3절(압축)에 의해 산정

f_{ubw}, f_{ubz} : 하중조합으로 구한 w, z축에 대한 소요휨응력(MPa)

F_{rbw}, F_{rbz} : w, z축에 대한 설계휨응력($=\dfrac{\phi M_n}{S}$)(N · mm)

w : 강주축 휨을 나타내는 첨자

z : 약주축 휨을 나타내는 첨자

ϕ_c : 3.1.4절에 규정된 압축에 대한 강도저항계수($\phi_c = 0.90$)

ϕ_t : 인장에 대한 강도저항계수(3.2절 참조)

ϕ_b : 3.1.4절에 규정된 휨에 대한 강도저항계수($\phi_b = 0.90$)

위 식은 가장 불리한 단면 부분에서의 응력 부호를 고려하여 주축에 대해 적용한다. 휨응력은 부호에 따라 축력에 의한 응력에 적절히 가감되어야 한다.

근사2차해석에 의한 2차효과 ($P-\delta$와 $P-\Delta$ 효과) 계산

보-기둥 부재를 설계하려면 축방향력과 휨모멘트를 모두 고려하기 때문에 위에서 기술한 상관관계 식 3.6.4~ 3.6.8의 만족여부를 다음의 예제 3.6.1~ 3.6.4처럼 증폭된 2차 휨모멘트 및 축력 계산하여 검토하면 된다. 다음은 보-기둥의 상관관계식의 유도배경과 근사2차해석에 의한 $P-\delta$ 및 $P-\Delta$ 증폭계수의 계산, 그리고 증폭된 소요휨강도와 소요축강도에 대하여 설명하고 있다.

식 3.6.4 및 3.6.5는 Kanchanalai(1977)가 82개의 횡변위(가로흔들이)가 있는 골조(뼈대) 구조물(sideway uninhibited frame, unbraced frame)에 대하여 비탄성, 비선형해석인 소성영역해석(plastic-zone analysis)을 수행하여 그 결과를 바탕으로 개발한 식이다. 이 식은 AISC(1993)에서 처음 채택하였으며 미국 AASHTO 시방서(1994) 및 우리나라 하중저항계수설계법에 의한 강구조설계기준(2014, 국토교통부)에서도 그대로 도입하여 사용하고 있다.

M_{ux} 및 M_{uy} (이하 M_u)는 부재의 설계하중에 의한 부재의 휨모멘트로서 선형해석에 의한 1차 휨모멘트(primary moment)에 2차 휨모멘트(secondary moment)를 합한 값이다. 여기서 2차 휨모멘트라 함은 기둥의 축력에 대한 기둥의 변위를 곱한 값이다. 이러한 2차 모멘트를 정확히 구하기 위해서는 비선형해석(nonlinear analysis)을 수행하여야 한다. 그러나 비선형해석법은 설계자에게 익숙한 방법이 아니므로 강구조설계기준에서는 선형해석을 수행한 후 $P-\delta$ 증폭계수(B_1) 및 $P-\Delta$ 증폭계수(B_2)를 활용하여 증폭된 비선형모멘트 및 축력인 소요 2차휨강도 M_u와 소요 2차축강도 P_u을 구하는 방법을 다음과 같이 제시하고 있다[하중저항계수설계법에 의한 강구조설계기준(2014, 국토교통부) 3.5.2].

$$M_u = B_1 M_{nt} + B_2 M_{lt} \tag{3.6.9}$$

$$P_u = P_{nt} + B_2 P_{lt} \tag{3.6.10}$$

여기서 M_{nt} : 횡변위가 억제된 골조에서 하중조합으로 구한 소요 1차모멘트(N · mm)
M_{lt} : 횡변위가 허용된 골조에서 하중조합으로 구한 소요 1차모멘트(N · mm)
P_{nt} : 횡변위가 억제된 골조에서 하중조합으로 구한 소요 1차축강도(N)
P_{lt} : 횡변위가 허용된 골조에서 하중조합으로 구한 소요 1차축강도(N)

식 3.6.9에서 제시한 방법으로 비선형휨모멘트인 소요 2차휨강도 M_u를 구하면 비선형해석으로 구한 휨모멘트보다 다소 보수적인 큰 값을 준다. 그림 3.6.2를 참고하면 B_1($P-\delta$ 증폭계수)과 B_2($P-\Delta$ 증폭계수)에 대하여 쉽게 이해할 수 있다. 그림 3.6.2(a)는 횡변위(가로흔들이)가 억제된 보-기둥을 나타내고, 그림 3.6.2(b)는 횡변위(가로흔들이)가 있는 보-기둥을 나타낸다. 그림 3.6.2(a)의 경우 축력과 부재내 변위가 조합되어 추가 모멘트 $P-\delta$가 발생함을 알 수 있다. 마찬가지로 그림 3.6.2(b)의 경우 축력과 부재 양단의 변위가 조합되어 추가모멘트 $P-\Delta$가 발생함을 알 수 있다. 여기서 $P-\delta$ 및 $P-\Delta$를 2차 모멘트라고 하며, B_1 및 B_2로 각각 고려한다.

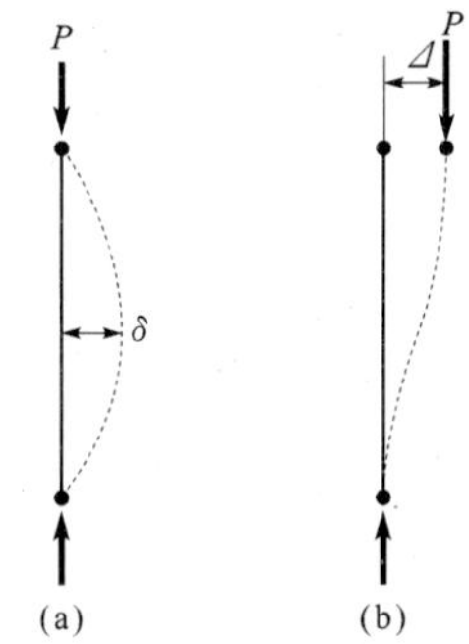

그림 3.6.2

압축과 휨을 받는 부재와 각 부재의 휨방향에 대한 $P-\delta$ 증폭계수 B_1은 다음 식으로 구하며, 압축을 받지 않는 부재의 B_1은 1이다.

$$B_1 = \frac{C_m}{1-\dfrac{P_u}{P_{e1}}} \geq 1 \tag{3.6.11}$$

여기서 P_{e1} : 휨평면상에서 횡방향으로 단부가 구속된 부재의 탄성좌굴강도

$(P_{e1} = \dfrac{\pi^2 EI^*}{(KL)^2})$

P_u : 하중조합으로 구한 소요축강도

EI^* : 해석에서 사용하는 휨강성

(직접해석법 : $0.8\tau_b EI$, 1차해석법과 유효좌굴길이법 : EI)

I : 휨평면에 대한 단면2차모멘트(mm4)

L : 층고(mm)

K : 횡방향으로 구속된 골조에 대해 계산한 휨평면에 대한 유효좌굴길이계수

C_m : 골조에 횡변위가 발생하지 않는 것으로 가정 했을 경우의 계수

$[C_m = 0.6 - 0.4(M_1/M_2)]$

M_1, M_2 : 휨평면 상에서 비지지된 부분의 양끝에서 발생하는 모멘트로서 절대값이 작은 것과 큰 것

M_1/M_2 : 단일곡률일 경우는 양(−), 복(이중)곡률일경우는 음(+)

각 층에 대한 $P-\Delta$효과 증폭계수 B_2는 다음 식으로 구한다.

$$B_2 = \frac{1}{1-\dfrac{\Sigma P_u}{\Sigma P_{e2}}} \geq 1 \tag{3.6.12}$$

여기서 $\sum P_u$: 층에 의해 지지되는 전체 수직하중

$\sum P_{e2}$: 고려하는 변위 방향으로의 층에 대한 탄성좌굴하중
($P_{e2} = \sum [\pi^2 EI/(KL)^2]$)

위에서 P_{e1}은 횡변위(가로흔들이)가 억제된 구조에서의 유효좌굴길이계수 K를 사용하여 산정하여야 하고, P_{e2}는 횡변위(가로흔들이)가 허용된 구조에서의 K를 사용하여 구하여야 한다.

등가 축력법에 의한 기둥설계

보-기둥의 설계는 상관관계식의 많은 변수 때문에 본질적으로 시행착오법을 사용하여야 한다. 초기 가정단면을 선택하고 상관관계식 적용의 적절함에 대해 살펴보아야 한다. 초기 가정단면 선택의 가장 효과적인 과정은 휨모멘트를 등가축력으로 변환하는 것이다. 이들 가상축력은 실제축력에 추가되고 단면은 전체하중을 바탕으로 기둥설계와 같은 방법으로 선택된다.

총유효축력은 다음과 같이 계산할 수 있다.

$$P_{u,eq} = P_u + M_{ux}m + M_{uy}\mu \tag{3.6.13}$$

여기서 P_u : 하중조합으로 구한 소요축강도(kips)
M_{ux} : x축에 대한 하중조합으로 구한 소요휨강도(ft-kips)
M_{uy} : y축에 대한 하중조합으로 구한 소요휨강도(ft-kips)
m : 표 3.6.1의 상수
u : 단면에 대하여 결정되는 상수

식 3.6.13은 다음 식 3.6.14로부터 다음과 같이 유도된다.

$$\frac{P_u}{P_r} + \left(\frac{M_{ux}}{M_{rx}} + \frac{M_{uy}}{M_{ry}}\right) \leq 1.0 \tag{3.6.14}$$

식 3.6.14에 $P_r = \phi_c P_n$을 양변에 곱하면

$$P_u + \frac{\phi_c P_n M_{ux}}{\phi_b M_{nx}} + \frac{\phi_c P_n M_{uy}}{\phi_b M_{ny}} \leq \phi_c P_n \tag{3.6.15}$$

이를 정리하면

$$P_u + (M_{ux} \times \text{상수}) + (M_{uy} \times \text{상수}) \leq \phi_c P_n \tag{3.6.16}$$

이 부등식의 우변은 고려하는 부재에서의 설계강도이고, 좌변은 작용하중이라고 생각할 수 있다. 좌변의 세 항은 각각 힘의 단위이며 상수들은 휨모멘트 M_{ux}와 M_{uy}가 축하중 성분으로 변환된 것이다.

상수 m의 평균값은 H형강의 각 그룹에 대해서 계산되어지며 표 3.6.1에 주어져 있다. u의 값은 각각의 단면에 대하여 각기 다른 값을 가지나, $u=2$로 가정해도 좋다. 시행착오법을 기본으로 한 기둥의 단면설계과정은 다음과 같다.

1) 유효좌굴길이 KL에 대응하는 m을 선택하고, $u=2$로 놓는다.
2) 등가 축압축하중 $P_{u,eq} = P_u + M_{ux}m + M_{uy}\mu$를 계산한다.
3) 계산된 등가 축압축하중을 바탕으로 3.3절의 기둥설계과정을 따라 단면을 결정한다.
4) 결정된 단면에 대해 상관관계식을 활용하여 검토한다.

표 3.6.1은 AISC 시방서에 제시되어 있는 값이며 lb-ft 단위계를 사용하고 있는 점에 주의하여야 한다. 그리고, Yura는 식 3.6.11과 비교하여 초기부재의 크기 결정에 대한 좀 더 간단한 등가축력식을 다음과 같이 제안하였다.

표 3.6.1 예비 보-기둥의 설계에 대한 m의 값

F_y	36 ksi							50 ksi						
$KL(ft)$	10	12	14	16	18	20	22이상	10	12	14	16	18	20	22이상
m	2.0	1.9	1.8	1.7	1.6	1.5	1.3	1.9	1.8	1.7	1.6	1.4	1.3	1.2

$$P_{u,eq} = P_u + \frac{2M_{ux}}{d} + \frac{7.5M_{uy}}{b} \quad (3.6.17)$$

여기서 d : 단면의 깊이
b : 단면의 폭

식 3.6.13과 식 3.6.17로 주어지는 등가 축력접근법은 수직하중조합하의 부재의 예비 크기를 결정하는 데에 유용하다. 그러나 휨모멘트가 지배적일 때 이 식은 부정확하게 된다. 이 경우에 등가 축력접근법보다는 등가모멘트 접근법이 더 정확하다. Yura는 등가모멘트 추정에 대해 다음과 같은 식을 제안하였다.

$$M_{u,eq} = M_{ux} + \frac{P_u d}{2} \quad (3.6.18)$$

이 식은 수평하중 조합하의 횡변위(가로흔들이)가 있는 골조(뼈대)구조물에서 초기 기둥의 크기를 결정하는데 적당하다.

예제 3.6.1

그림 3.6.3과 같이 하중조합으로 구한 소요 축력과 1축 휨을 받는 보-기둥의 형강단면이 하중저항계수설계법의 강도한계상태에서 적절한가를 검토하라. 단, 단면은 H-200×200×8×12이고, 기둥은 횡변위가 억제되어 있으며, 약축방향에 대해서는 연속적으로 횡변위가 없는 것으로 한다. 사용강재는 SS 275($F_y = 275\,\text{MPa}$)이고, $K = 1.0$의 값을 사용하라.

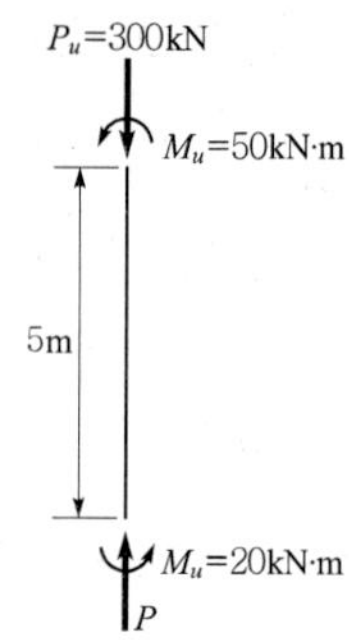

그림 3.6.3

풀 이

1) 설계압축강도

단면 제원 : $A_s = 6{,}353\,\text{mm}^2$, $r_x = 86.2\,\text{mm}$, $r_y = 50.2\,\text{mm}$

최대세장비 : 약축에 대해서는 연속적으로 횡변위가 없으므로 강축에 대해서만 구하면 된다.

$$\frac{K_x L}{r_s} = \frac{K_x L}{r_x} = \frac{(1)(5{,}000)}{86.2} = 58 < 120 \qquad \therefore\ O.K$$

탄성좌굴응력 :

$$F_e = \frac{\pi^2 E}{(KL/r_s)^2} = \frac{\pi^2 \times 2.1 \times 10^5}{58^2} = 616.12\,\text{MPa}$$

세장비 모수의 제곱 또는 $\dfrac{QF_y}{F_e}$의 산정 :

$$\lambda = \left(\frac{KL}{r_s \pi}\right)^2 \cdot \frac{F_y}{E} = \left(\frac{58}{\pi}\right)^2 \times \frac{275}{2.1 \times 10^5} = 0.4 < 2.25$$

$$\frac{QF_y}{F_e} = \frac{1.0 \times 275}{616.12} = 0.4 < 2.25$$

공칭압축강도 : 식 3.3.16에 의해

$$P_n = F_{cr} A_g = Q\left[0.658^{\frac{QF_y}{F_e}}\right] F_y A_g = 1.0 \times 0.658^{\frac{1.0\times 275}{616.12}} \times 275 \times 6{,}353 \times 10^{-3} = 1{,}449.37\,\text{kN}$$

설계압축강도 :

$$P_r = \phi_c P_n = 0.90 \times 1{,}449.37 = 1{,}304.4\,\text{kN}$$

2) 설계휨강도

약축에 대해서 연속적으로 횡변위가 없으므로 공칭휨강도는 소성모휨멘트가 된다. 횡지지가 충분치 않을 경우에는 3.4절의 휨부재를 참고하여 휨강도를 구해야 한다.

공칭휨강도 : $M_n = Z \cdot F_y = (525 \times 10^3)(275)(10^{-6}) = 144.4\,\text{kN}\cdot\text{m}$

설계휨강도 : $M_r = M_{rx} = \phi_f M_n = (0.90)(144.4) = 130.0\,\text{kN}\cdot\text{m}$

3) 증폭된 소요 2차휨강도와 소요 2차축강도

횡변위가 구속된 구조이므로 $P-\Delta$효과 증폭계수 $B_2 = 0$이고, B_1(강축에 대한 $P-\delta$ 증폭계수)는 다음 식과 같다.

$$B_1 = \frac{C_m}{1-\dfrac{P_u}{P_{e1}}} = \frac{0.44}{1-\dfrac{300}{3{,}913.1}} = 0.48$$

여기서 $C_m = 0.6 - 0.4(M_1/M_2) = 0.6 - 0.4 \times (\frac{20}{50}) = 0.44$

$P_u = 300\,\text{kN}$

$$P_{e1} = \frac{\pi^2 EI_x}{(KL)^2} = \frac{\pi^2 \times 2.1 \times 10^5 \times 4{,}720 \times 10^4}{(1.0 \times 5{,}000)^2} \times 10^{-3} = 3{,}913.1\,\text{kN}$$

B_1이 1.0보다 작으므로 1.0을 선택한다.

증폭된 소요 2차휨강도 M_{ux}

$M_{ux} = B_1 M_{nt} + B_2 M_{lt} = (1.0)(50\,\text{kN}\cdot\text{m}) = 50\,\text{kN}\cdot\text{m}$

증폭된 소요 2차축강도 P_u

$P_u = P_{nt} + B_2 P_{lt} = 300\,\text{kN}$

4) 상관관계식 검토

$$\frac{P_u}{P_r} = \frac{300}{1{,}304.4} = 0.23 > 0.2$$

$$\frac{P_u}{P_r} + \frac{8.0}{9.0} \cdot \frac{M_{ux}}{M_{rx}} = 0.23 + \frac{8}{9} \times \frac{50}{130.0} = 0.57 < 1.0$$

따라서 설계 시 가정한 H-200×200×8×12 형강부재는 타당하다.

예제 3.6.2

그림 3.6.4와 같이 하중조합으로 구한 소요 축력과 2축 휨을 받는 보-기둥의 단면이 하중저항계수설계법의 강도한계상태에서 적절한가를 검토하라. 단, 단면은 H-200×200×8×12이고, 강재는 SS 275($F_y = 275\,\text{MPa}$)이고, 기둥은 횡변위가 구속되어 있으며 약축방향에 대해서는 연속적으로 횡지지되어 있다. $K = 1.0$의 값을 사용하라.

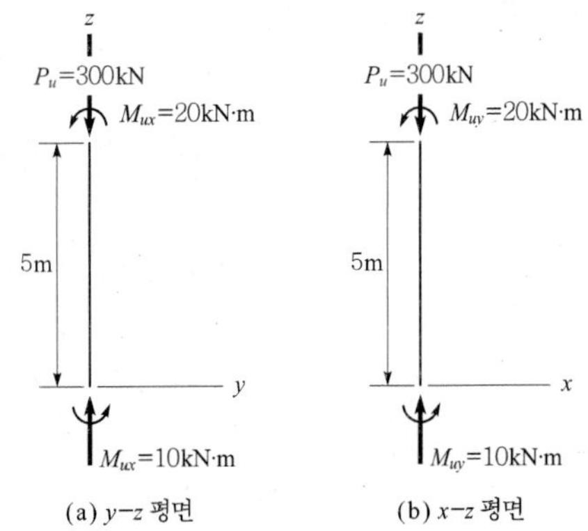

그림 3.6.4

풀 이

1) 설계압축강도

단면 제원 : $A_s = 6{,}353\,\text{mm}^2$, $r_x = 86.2\,\text{mm}$,

$r_y = 50.2\,\text{mm}$

최대세장비 : 약축에 대해서는 횡지지되어 있으므로 강축에 대해서만 구하면 된다.

$$\frac{KL}{r_s} = \frac{K_x L}{r_x} = \frac{(1)(5{,}000)}{86.2} = 58 < 120 \qquad \therefore\ O.K$$

탄성좌굴응력 :

$$F_e = \frac{\pi^2 E}{(KL/r_s)^2} = \frac{\pi^2 \times 2.1 \times 10^5}{58^2} = 616.12\,\text{MPa}$$

세장비 모수의 제곱 또는 $\frac{QF_y}{F_e}$의 산정 :

세장비 모수 : $\lambda = \left(\frac{KL}{r_s \pi}\right)^2 \cdot \frac{F_y}{E} = \left(\frac{58}{\pi}\right)^2 \times \frac{275}{2.1 \times 10^5} = 0.4 < 2.25$

$$\frac{QF_y}{F_e} = \frac{1.0 \times 275}{616.12} = 0.4 < 2.25$$

공칭압축강도 : 식 3.3.16에 의해

$$P_n = F_{cr} A_g = Q\left[0.658^{\frac{QF_y}{F_e}}\right] F_y A_g = 1.0 \times 0.658^{\frac{1.0 \times 275}{616.12}} \times 275 \times 6{,}353 \times 10^{-3} = 1{,}449.37\,\text{kN}$$

설계압축강도 :

$$P_r = \phi_c P_n = 0.90 \times 1{,}449.37 = 1{,}304.4\,\text{kN}$$

2) 설계휨강도

약축에 대해서는 연속적으로 횡지지되어 있으므로 휨강도는 소성휨모멘트가 된다. 횡지지가 충분치 않을 경우에는 3.4절 휨부재를 참고하여 휨강도를 구하여야 한다.

공칭휨강도 : $M_{nx} = Z_x \cdot F_y = (525 \times 10^3)(275)(10^{-6}) = 144.4\,\text{kN} \cdot \text{m}$

$$M_{ny} = Z_y \cdot F_y = (244 \times 10^3)(275)(10^{-6}) = 67.1\,\text{kN} \cdot \text{m}$$

설계휨강도 : $M_{rx} = \phi_f\, M_{nx} = (0.90)(144.4) = 130.0\,\text{kN} \cdot \text{m}$

$$M_{ry} = \phi_f\, M_{ny} = (0.90)(67.1) = 60.4\,\text{kN} \cdot \text{m}$$

3) 증폭된 소요 2차휨강도와 소요 2차축강도

횡변위가 구속된 구조이므로 $P-\Delta$효과 증폭계수 $B_2 = 0$이고, B_{1x}(강축에 대한 $P-\delta$ 증폭계수)는 다음 식과 같다.

$$B_{1x} = \frac{C_m}{1 - \frac{P_u}{P_{e1x}}} = \frac{0.40}{1 - \frac{300}{3{,}913.1}} = 0.43$$

여기서 $C_m = 0.6 - 0.4(M_1/M_2) = 0.6 - 0.4 \times (\frac{10}{20}) = 0.40$

$$P_u = 300\,\text{kN}$$

$$P_{e1x} = \frac{\pi^2 EI_x}{(KL)^2} = \frac{\pi^2 \times 2.1 \times 10^5 \times 4{,}720 \times 10^4}{(1.0 \times 5{,}000)^2} \times 10^{-3} = 3{,}913.1\,\text{kN}$$

B_{1x}이 1.0보다 작으므로 1.0을 선택한다.

증폭된 소요 2차휨강도 M_{ux}, M_{uy}

$$M_{ux} = B_{1x} M_{ntx} + B_2 M_{ltx} = (1.0)(20\,\text{kN} \cdot \text{m}) = 20\,\text{kN} \cdot \text{m}$$

약축방향으로는 연속적으로 횡지지되어 있으므로 휨모멘트가 확대되지 않는다. 따라서 $B_{1y} = 1.0$이 된다. 그러므로

$$M_{uy} = B_{1y} M_{nty} + B_2 M_{lty} = (1.0)(20\,\mathrm{kN \cdot m}) = 20\,\mathrm{kN \cdot m}$$

증폭된 소요 2차축강도 P_u

$$P_u = P_{nt} + B_2 P_{lt} = 300\,\mathrm{kN}$$

4) 상관관계식 검토

$$\frac{P_u}{P_r} = \frac{300}{1{,}304.4} = 0.23 > 0.2$$

$$\frac{P_u}{P_r} + \frac{8.0}{9.0}\left(\frac{M_{ux}}{M_{rx}} + \frac{M_{uy}}{M_{ry}}\right) \le 1.0$$

$$\frac{P_u}{P_r} + \frac{8.0}{9.0}\left(\frac{M_{ux}}{M_{rx}} + \frac{M_{uy}}{M_{ry}}\right) = 0.23 + \frac{8}{9} \times \left(\frac{20}{130.0} + \frac{20}{60.4}\right) = 0.66 < 1.0$$

따라서 H-200×200×8×12 형강부재는 타당하다.

예제 3.6.3

그림 3.6.5와 같이 소요 축력과 수평력을 받는 보-기둥의 단면이 하중저항계수설계법의 강도한계상태에서 적절한가를 검토하라. 기둥은 횡변위가 있으며, 약축방향에 대해서는 연속적으로 횡지지되어 있다. 단면은 H-200×200×8×12이고 사용강재는 SM 275 ($F_y = 275\,\mathrm{MPa}$)이다. 단, 그림 3.6.5와 같이 소요 축력과 수평력을 받는 보-기둥 구조물을 해석하기 위해서 구조물의 횡변위를 구속한 경우($K = 0.8$)와 구속하지 않은 경우 ($K = 2.1$)로 나누어 수행하였다. 구조해석 결과, 횡변위를 구속하였을 때 생긴 보-기둥의 하중조합으로 구한 소요 축력과 휨모멘트는 각각 150kN과 1N·m이였다. 그리고 횡변위를 허용하였을 때 보-기둥에 생긴 소요 축력과 휨모멘트는 0kN과 19kN·m를 각각 보여 주었다.

그림 3.6.5

풀 이

1) 설계압축강도

단면 제원 : $A_s = 6{,}353\,\mathrm{mm}^2$, $r_x = 86.2\,\mathrm{mm}$, $r_y = 50.2\,\mathrm{mm}$

최대세장비 : 약축에 대해서는 연속적으로 횡변위가 없으므로 강축에 대해서만 구하면 된다.

$$\frac{K_x L}{r_s} = \frac{K_x L}{r_x} = \frac{(2.1)(4{,}000)}{86.2} = 97.5 < 120 \qquad \therefore\ O.K$$

탄성좌굴응력 :

$$F_e = \frac{\pi^2 E}{(KL/r_s)^2} = \frac{\pi^2 \times 2.1 \times 10^5}{97.5^2} = 218.03\,\mathrm{MPa}$$

세장비 모수의 제곱 또는 $\frac{QF_y}{F_e}$의 산정 :

$$\lambda = \left(\frac{KL}{r_s \pi}\right)^2 \cdot \frac{F_y}{E} = \left(\frac{97.5}{\pi}\right)^2 \times \frac{275}{2.1\times 10^5} = 1.3 < 2.25$$

$$\frac{QF_y}{F_e} = \frac{1.0\times 275}{218.03} = 1.3 < 2.25$$

공칭압축강도 : 식 3.3.16에 의해

$$P_n = F_{cr}A_g = Q\left[0.658^{\frac{QF_y}{F_e}}\right]F_y A_g = 1.0\times 0.658^{\frac{1.0\times 275}{218.03}} \times 275\times 6{,}353\times 10^{-3} = 1{,}030.48\,\mathrm{kN}$$

설계압축강도 :

$$P_r = \phi_c P_n = 0.90\times 1{,}030.48 = 927.4\,\mathrm{kN}$$

2) 설계휨강도

약축에 대해서는 연속적으로 횡지지되어 있으므로 휨저항강도는 소성휨모멘트가 된다. 횡지지가 충분치 않을 경우에는 3.4절의 휨부재를 참고하여 휨강도를 구해야 한다.

공칭휨강도 : $M_n = Z\cdot F_y = (525)(275)(10^{-3}) = 144.4\,\mathrm{kN\cdot m}$

설계휨강도 : $M_r = M_{rx} = \phi_f M_n = (0.90)(144.4) = 130.0\,\mathrm{kN\cdot m}$

3) 증폭된 소요 2차휨강도와 소요 2차축강도

B_1(강축에 대한 $P-\delta$ 증폭계수)는 다음 식과 같다.

$$B_1 = \frac{C_m}{1-\frac{P_u}{P_{e1}}} = \frac{0.6}{1-\frac{150}{9{,}098.5}} = 0.61$$

여기서 $C_m = 0.6 - 0.4(M_1/M_2) = 0.6 - 0.4\times(\frac{0}{1}) = 0.6$

$P_u = 150\,\mathrm{kN}$

$$P_{e1} = \frac{\pi^2 EI_x}{(KL)^2} = \frac{\pi^2\times 2.1\times 10^5\times 4{,}720\times 10^4}{(0.8\times 4{,}000)^2}\times 10^{-3} = 9{,}553.5\,\mathrm{kN}$$

B_1이 1.0보다 작으므로 1.0을 선택한다.

B_2($P-\Delta$효과 증폭계수)는 다음 식과 같다.

$$B_2 = \frac{1}{1-\frac{\sum P_u}{\sum P_{e2}}} = \frac{1}{1-\frac{150}{1{,}386.4}} = 1.12$$

여기서 $\Sigma P_u = 150\,\mathrm{kN}$ (∵ 보-기둥이 하나임.)

$$\Sigma P_{e2} = \frac{\pi^2 EI}{(KL)^2} = \frac{\pi^2\times 2.1\times 10^5\times 4{,}720\times 10^4}{(2.1\times 4{,}000)^2}(10^{-3}) = 1{,}386.4\,\mathrm{kN}$$

따라서 증폭된 소요 2차휨강도 M_{ux}

$$M_{ux} = B_1 M_{nt} + B_2 M_{lt} = (1.0)(1) + (1.12)(19) = 22.3\,\text{kN} \cdot \text{m}$$

증폭된 소요 2차축강도 P_u

$$P_u = P_{nt} + B_2 P_{lt} = 150 + 1.13(0) = 150\,\text{kN}$$

4) 상관관계식 검토

$$\frac{P_u}{P_r} = \frac{150}{927.4} = 0.16 < 0.2$$

$$\frac{P_u}{2.0P_r} + \frac{M_{ux}}{M_{rx}} = \frac{150}{2 \times 927.4} + \frac{22.3}{130.0} = 0.25 < 1.0 \quad \therefore\ O.K$$

상관관계식에 의한 값이 0.25로서 1.0에 크게 못 미치므로 작은 단면을 사용하여 강도검토를 재수행하는 것이 바람직하나 여기서는 생략하기로 한다.

예제 3.6.4

그림 3.6.6과 같이 하중조합으로 구한 소요 축력과 1축 휨을 받는 구조물을 해석하기 위해서 구조물의 횡변위를 구속한 경우($K = 1.2$)와 구속하지 않은 경우($K = 1.9$)로 나누어 수행하였다. 그림 3.6.6은 횡변위를 구속하였을 때 생긴 보-기둥의 축력 및 휨모멘트(M_{1b}, M_{2b}) 그리고 횡변위를 허용하였을 때 생긴 보-기둥에 생김 휨모멘트(M_{1s}, M_{2s})를 각각 보여주고 있다. 보-기둥의 강도를 하중저항계수설계법의 강도한계상태에서 검토하라. 단면은 H-200×200×8×12이고, 기둥은 횡방향변위가 있으며, 약축방향에 대해서는 연속적으로 횡변위가 없는 것으로 한다. 사용강재는 SS 275 ($F_y = 275\,\text{MPa}$)이다.

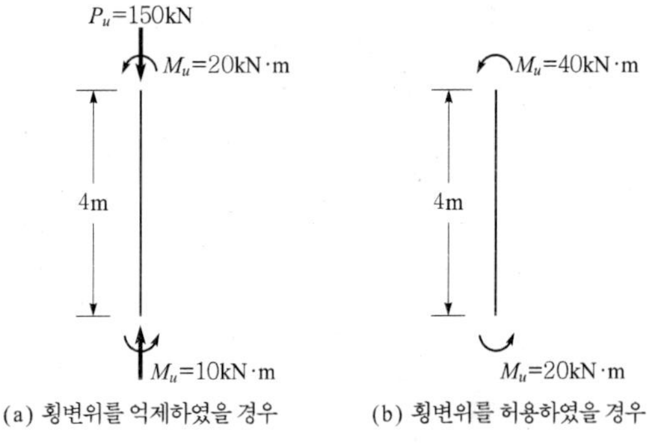

그림 3.6.6

풀 이

1) 설계압축강도

단면 제원 : $A_s = 6{,}353\,\text{mm}^2$, $r_x = 86.2\,\text{mm}$, $r_y = 50.2\,\text{mm}$

최대세장비 : 약축에 대해서는 연속적으로 횡지지되어 있으므로

$$\frac{K_x L}{r_s} = \frac{K_x L}{r_x} = \frac{(1.9)(4{,}000)}{86.2} = 88.17 < 120 \qquad \therefore\ O.K$$

탄성좌굴응력 :

$$F_e = \frac{\pi^2 E}{(KL/r_s)^2} = \frac{\pi^2 \times 2.1 \times 10^5}{88.17^2} = 266.61\,\text{MPa}$$

세장비 모수 : $\lambda = \left(\frac{KL}{r_s \pi}\right)^2 \cdot \frac{F_y}{E} = \left(\frac{88.17}{\pi}\right)^2 \times \frac{275}{2.1 \times 10^5} = 1.03 < 2.25$

$\frac{QF_y}{F_e} = \frac{1.0 \times 275}{266.61} = 1.03 < 2.25$

공칭압축강도 : 식 3.3.16에 의해

$$P_n = F_{cr} A_g = Q\left[0.658^{\frac{QF_y}{F_e}}\right] F_y A_g = 1.0 \times 0.658^{\frac{1.0 \times 275}{266.61}} \times 275 \times 6{,}353 \times 10^{-3} = 1{,}134.53\,\mathrm{kN}$$

설계압축강도 :

$$P_r = \phi_c P_n = 0.90 \times 1{,}134.53 = 1{,}021.08\,\mathrm{kN}$$

2) 설계휨강도

약축에 대해서는 연속적으로 횡변위가 없으므로 설계휨강도는 소성휨모멘트가 된다. 횡지지가 충분치 않을 경우에는 3.4절의 휨부재를 참고하여 휨강도를 구해야 한다.

공칭휨강도 : $M_n = Z \cdot F_y = (525 \times 10^3)(275) = 144.4\,\mathrm{kN \cdot m}$

설계휨강도 : $M_r = M_{rx} = \phi_f M_n = (0.90)(144.4) = 130.0\,\mathrm{kN \cdot m}$

3) 증폭된 소요 2차휨강도와 소요 2차축강도

B_1(강축에 대한 $P-\delta$ 증폭계수)는 다음 식과 같다.

$$B_1 = \frac{C_m}{1 - \frac{P_u}{P_{e1}}} = \frac{0.4}{1 - \frac{150}{4{,}246}} = 0.41$$

여기서 $C_m = 0.6 - 0.4(M_1/M_2) = 0.6 - 0.4 \times \left(\frac{10}{20}\right) = 0.4$

$P_u = 150\,\mathrm{kN}$

$$P_{e1} = \frac{\pi^2 EI_x}{(KL)^2} = \frac{\pi^2 \times 2.1 \times 10^5 \times 4{,}720 \times 10^4}{(1.2 \times 4{,}000)^2} \times 10^{-3} = 4{,}246\,\mathrm{kN}$$

B_1이 1.0보다 작으므로 1.0을 선택한다.

B_2($P-\Delta$효과 증폭계수)는 다음 식과 같다.

$$B_2 = \frac{1}{1 - \frac{\sum P_u}{\sum P_{e2}}} = \frac{1}{1 - \frac{150}{1{,}694}} = 1.1$$

여기서 $\Sigma P_u = 150\,\mathrm{kN}$ (∵ 보-기둥이 하나임.)

$$\Sigma P_{e2} = \frac{\pi^2 EI}{(KL)^2} = \frac{\pi^2 \times 2.1 \times 10^5 \times 4{,}720 \times 10^4}{(1.9 \times 4{,}000)^2}(10^{-3}) = 1{,}694\,\mathrm{kN}$$

따라서 증폭된 소요 2차휨강도 M_{ux}

$$M_{ux} = B_1 M_{nt} + B_2 M_{lt} = (1.0)(20) + (1.1)(40) = 64\,\mathrm{kN \cdot m}$$

증폭된 소요 2차축강도 P_u

$$P_u = P_{nt} + B_2 P_{lt} = 150 + 1.1(0) = 150\,\mathrm{kN}$$

4) 상관관계식 검토

$$\frac{P_u}{P_r} = \frac{150}{1{,}021.08} = 0.15 < 0.2$$

$$\frac{P_u}{2.0P_r} + \left(\frac{M_{ux}}{M_{rx}}\right) = \frac{0.15}{2} + \frac{64}{130.0} = 0.57 < 1.0$$

따라서 설계시 가정한 H−200×200×8×12 형강부재는 타당하다.

예제 3.6.5

휨에 저항되는 단면의 높이가 400mm로 정해져 있고 사용될 강재는 $F_y = 235\,\text{MPa}$ 이라고 할 때, 부재에 하중조합으로 구한 소요강도인 축방향 압축력 1,800kN과 양단에 휨모멘트(M_{ux})가 각각 165, 190kN·m를 받는 보−기둥을 강도한계상태에서 설계하려고 한다. 부재의 길이가 4.5m라고 할 때 사용에 적절한 형강을 선택하라. 다만 문제의 부재에 대한 유효좌굴길이계수가 K는 1.0, 그리고 $E = 2.0\times10^{-5}\,\text{MPa}$을 적용하라.

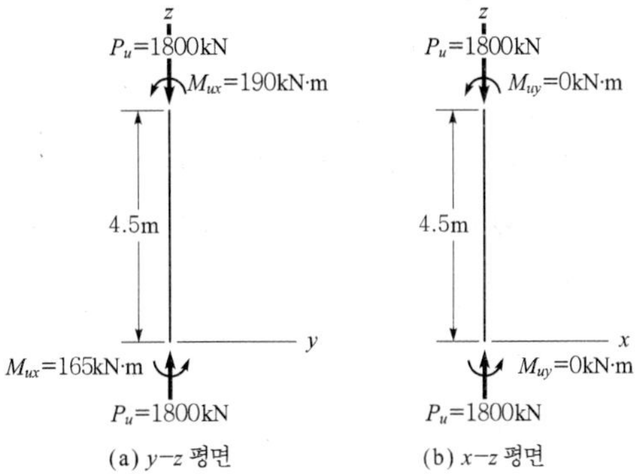

그림 3.6.7

풀 이

단면을 설계하는 과정은 다음과 같다.

1) 표 3.6.1을 사용하려면 SI 단위계를 lb−ft 단위계로 변환하여야 한다. 그러므로 $F_y = 235\,\text{MPa} = 34.8\,\text{ksi}$, $KL = 1.0\times4.5\,\text{m} = 4.5\,\text{m} = 14.8\,\text{ft}$에 대해서 표 3.6.1로부터 m = 1.8을 선택하고 u = 2로 놓는다.

2) $P_u = 1{,}800\,\text{kN} = 404.49\,\text{kip}$

$M_{ux} = 190\,\text{kN}\cdot\text{m} = 139.7\,\text{ft}\cdot\text{kips}$

$M_{uy} = 0$

$$P_{u,eq} = P_u + M_{ux}m + M_{uy}mu$$
$$= 404.49 + (139.7)\times(1.8) = 655.95\,\text{kips} = 2{,}919\,\text{kN}$$

3) 세장비를 추정한 다음 추정 F_{cr}을 계산

$KL = 4.5\,\text{m}$는 기둥 길이로는 적당하게 긴 길이로 볼 수 있으므로, 세장비는 80 ~ 100정도로 추정한다. $KL/r = 100$일 경우

탄성좌굴응력 :

$$F_e = \frac{\pi^2 E}{(KL/r_s)^2} = \frac{\pi^2\times2.0\times10^5}{100^2} = 197.39\,\text{MPa}$$

$$\lambda = \lambda_c^2 = \left(\frac{KL}{\pi r_s}\right)^2 \frac{F_y}{E} = \left(\frac{100}{\pi}\right)^2 \times \frac{235}{2.0\times 10^5} = 1.19$$

공칭압축강도 식 3.3.16을 활용하면

$$F_{cr} = Q\left[0.658^{\frac{QF_y}{F_e}}\right]F_y = 1.0\times 0.658^{\frac{1.0\times 235}{197.39}} \times 235 = 142.78\,\text{kN}$$

따라서 소요 단면적은 다음과 같이 계산된다.

$$\text{소요}\ A_s = \frac{P_{u,eq}}{\phi_c F_{cr}} = \frac{2{,}919\times 10^3}{0.90(142.78)} = 22{,}716\,\text{mm}^2$$

4) 단면선정

초기 가정단면으로 $A_s = 25{,}070\,\text{mm}^2$인 H−400×408×21×21단면을 선택한다.

5) 단면검토

선택한 H−400×408×21×21단면이 축하중과 휨모멘트에 대하여 적절한 단면인가를 알아보는 단면의 검토 과정은 예제 3.6.1과 같은 과정을 따른다.

3.6.3 비틀림 또는 비틀림, 휨, 전단력, 축방향력을 동시에 받는 부재

원형과 각형강관의 비틀림강도[하중저항계수설계법에 의한 강구조설계기준(2014, 국토교통부) 7.3.1]

비틀림항복과 비틀림좌굴의 한계상태를 고려한 원형과 직사각형 강관의 설계비틀림강도 $T_r = \phi_T T_n = 0.90\,T_n$은 다음과 같이 계산한다.

$$T_n = CF_{cr} \tag{3.6.19}$$

여기서 C : 강관의 비틀림상수

F_{cr} : 임계좌굴응력으로 다음과 같이 구한다.

1) 원형강관 F_{cr}

식 3.6.20과 식 3.6.21중에 큰 값을 사용한다.

$$F_{cr} = \frac{1.23E}{\sqrt{\frac{L}{D}}\left(\frac{D}{t}\right)^{\frac{5}{4}}} \tag{3.6.20}$$

$$F_{cr} = \frac{0.6E}{\left(\frac{D}{t}\right)^{\frac{3}{2}}} \tag{3.6.21}$$

여기서 L : 부재 길이(mm)

D : 외경(mm)

2) 각형강관 F_{cr}

① $\frac{h}{t} \le 2.45\sqrt{\frac{E}{F_y}}$ 인 경우

$$F_{cr} = 0.6F_y \tag{3.6.22}$$

② $2.45\sqrt{\frac{E}{F_y}} \le \frac{h}{t} < 3.07\sqrt{\frac{E}{F_y}}$ 인 경우

$$F_{cr} = \left[\frac{2.45\sqrt{E/F_y}}{(h/t)}\right](0.6F_y) \tag{3.6.23}$$

③ $3.07\sqrt{\frac{E}{F_y}} \le \frac{h}{t} < 260$ 인 경우

$$F_{cr} = \frac{0.458\pi^2 E}{(h/t)^2} \tag{3.6.24}$$

여기서 h : 필릿이나 내측 모서리 반경을 감한 플랜지 사이 순간격(mm)

t : 벽두께(mm)

비틀림, 전단, 휨, 축방향력을 동시에 받는 강관[하중저항계수설계법에 의한 강구조설계기준(2014, 국토교통부) 7.3.2]

하중조합으로 구한 소요비틀림강도 T_u가 설계비틀림강도 T_r의 20% 이하이면 비틀림 효과를 무시하고 식 3.6.4~3.6.7에 따라 산정한다. T_u가 T_r의 20%를 초과하면 다음 식에 따라 제한한다.

$$\left(\frac{P_u}{P_r}+\frac{M_u}{M_r}\right)+\left(\frac{V_u}{V_r}+\frac{T_u}{T_r}\right)^2 \le 1.0 \tag{3.6.25}$$

여기서 P_u : 하중조합으로 구한 소요축강도(N)

P_r : 3.2절 3.3절에 따라 구한 설계인장강도 또는 설계압축강도(N)

M_u : 하중조합으로 구한 소요휨강도(N · mm)

M_r : 3.4절에 따라 구한 설계휨강도(N · mm)

V_u : 하중조합으로 구한 소요전단강도(N)

V_r : 3.4.4절에 따라 구한 설계전단강도(N)

T_u : 하중조합으로 구한 소요비틀림강도(N · mm)

T_r : 식 3.6.19에 따라 구한 설계비틀림강도(N · mm)

비틀림과 조합응력을 받는 비강관 부재강도[하중저항계수설계법에 의한 강구조설계기준(2014, 국토교통부) 7.3.3]

공칭비틀림강도 T_n은 다음과 같이 수직응력항복 한계상태, 전단응력항복 한계상태, 좌굴 한계상태에 따라 계산된 값들 중 가장 작은 값을 사용한다.

1) 수직응력항복 한계상태

$$F_n = F_y \tag{3.6.26}$$

2) 전단응력항복 한계상태

$$F_n = 0.6F_y \tag{3.6.27}$$

3) 좌굴 한계상태

$$F_n = F_{cr} \tag{3.6.28}$$

여기서 F_{cr} : 해석에 의해 결정된 단면의 좌굴응력(MPa)

3.6.4 골조의 거동

골조(뼈대)구조의 좌굴

그림 3.6.8에 횡변위가 없는 골조(뼈대)구조물을 예시하고 있다. 이중 그림 3.6.8(a)의 경우 기둥 상단에 수직하중이 작용하므로 기둥에는 축력이 발생하나 휨모멘트는 발생하지 않는다. 축력이 증가하되 좌굴하중보다 작으면 기둥에 휨모멘트가 발생하지 않는다. 수직하중이 증가하여 어느 한도에 도달하면 기둥에 갑작스런 횡변위가 과대하게 발생하여 구조물은 불안정 상태가 되며, 이 때의 하중을 좌굴하중이라 한다. 좌굴하중은 구조물의 제원이 결정되면 유일하게 결정되므로 좌굴하중을 구하는 것을 고유값해석(eigenvalue analysis)이라고 한다.

그림 3.6.8(b)의 경우에는 거더에 수직하중이 재하되어 1차 모멘트가 발생하며 이 모멘트는 기둥에 전달되어 횡변위(δ)를 유발한다. 기둥 부재의 축력은 변위와 곱해져 2차 모멘트가 발

생하며 이는 기둥의 1차 모멘트에 추가된다. 수직하중이 점차 증가함에 따라 변위도 증가하며 2차 모멘트도 증가하여 일정한 값에 도달하면 평형을 이루지 못하고 불안정 상태가 된다. 이와 같은 경우에는 그림 3.6.8(a)와는 달리 하중이 증가함에 따라 기둥의 변위도 점차 증가하므로 이러한 해석을 하중-변위해석이라고 한다.

그림 3.6.8(c)에서 1차 모멘트가 충분히 큰 경우에는 구조물이 불안정 상태에 이르기 전에 충분한 수의 소성힌지가 발생하여 소성기구(plastic mechanism)가 형성된다. 이 경우 골조(뼈대)구조물의 강도는 소성강도가 된다.

횡변위가 있는 골조(뼈대)구조물의 강도도 그림 3.6.9와 같이 세 가지로 분류할 수 있다. 아래의 그림 3.6.9(a)의 1차 모멘트가 없는 경우의 좌굴, 그림 3.6.9(b)의 1차 모멘트가 있는 경우의 좌굴 및 그림 3.6.9(c)의 소성기구 형성에 의한 불안정 등이다.

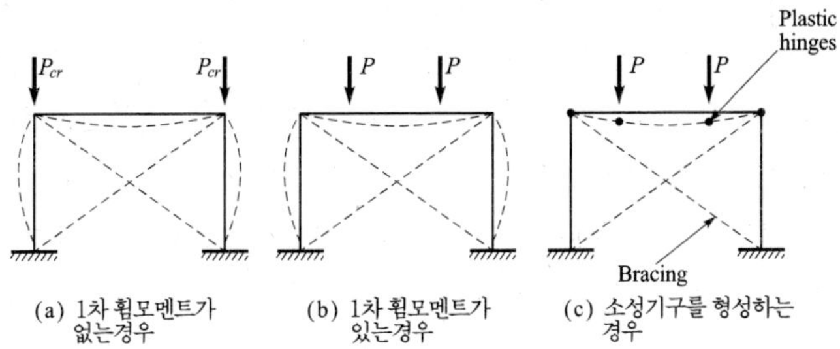

그림 3.6.8 횡변위가 없는 골조(뼈대)구조물

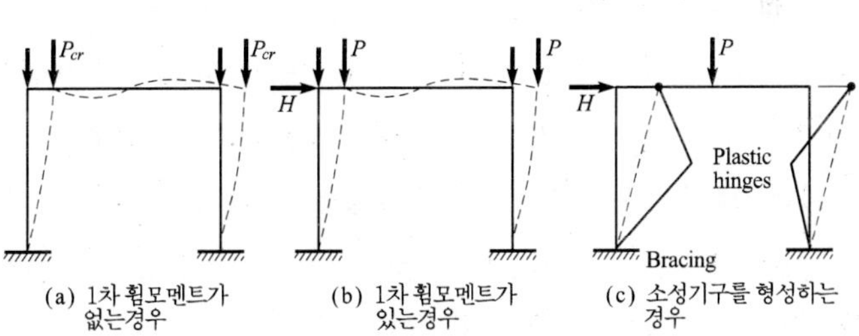

그림 3.6.9 횡변위가 있는 골조(뼈대)구조물

간단한 골조(뼈대)구조물의 고유값해석이나 하중-변위해석은 미분방정식이나 처짐각법 등을 사용하여 해석적으로 해를 구할 수 있다. 구조물이 복잡해지면 해석적으로 해를 구하기 어렵고 유한요소법 등의 전산프로그램을 사용하여 수치적으로 해를 구하여야 한다.

설계 실무에서는 좌굴과 소성힌지를 고려하는 해석을 수행하기 어렵기 때문에 설계자가 익숙한 탄성해석을 수행하도록 하고 설계식에서 기하학적 비선형과 재료적 비탄성을 고려하도록 하고 있다. 탄성해석을 수행한 후에 설계식에서 비선형, 비탄성 효과를 고려하는 수단으로 다음에서 설명할 유효좌굴길이계수를 사용한다. 따라서 중력하중을 주로 수직기둥, 벽 또는 골조를 통해 지지되는 구조물의 설계에 있어서 가장 중요한 요소는 유효좌굴길이법이라고 해도 과언이 아니다.

골조(뼈대)구조의 유효좌굴길이법

골조(뼈대)구조의 설계에 있어서 해석은 전체구조물에 대하여 수행하고, 설계는 전 절에서 기술한 보-기둥 상관관계식을 사용하여 개별부재 단위로 수행하는 것이 일반적인 방법이다. 골조(뼈대)구조에 속한 개별부재는 인접한 부재에 의하여 영향을 받으므로 부재에 미치는 인접부재의 영향을 설계에 고려하여야 한다. 이러한 상호작용의 효과는 유효좌굴길이계수 K를 사용하여 고려하여야 하므로 골조(뼈대)구조의 부재에 대한 유효좌굴길이계수를 구하는 것은 개별부재의 K를 구하는 것보다 복잡하다. 즉, 모든 인접부재의 강성과 접합부의 강성을 구하고자 하는 부재의 회전강성을 산정하는데 고려하여야 하기 때문이다. 이론적으로 골조(뼈대)구조에 속한 기둥의 유효좌굴길이계수는 전체구조물의 안정해석으로부터 결정되어야 한다. 그러나 설계자가 이러한 안정해석을 매번 수행하는 것은 불가능하다. 따라서, 세계적으로 널리 사용되고 있는 방법은 그래프를 활용하여 K를 구하는 것이다. 따라서 여기에서는 횡변위가 없는 구조물과 횡변위가 있는 구조물로 구분하여 그 개념과 절차를 기술한다.

1) 횡변위가 없는 골조(뼈대)구조

횡변위가 없는 골조(뼈대)구조 기둥의 K를 결정하기 위하여 사용된 모델은 그림 3.6.10(a)와 같다. 이 모델에 사용된 가정은 다음과 같다(AISC 1993).

- 구조시스템은 탄성거동을 하고, 모든 부재는 일정한 단면을 가지고 있다.
- 부재접속부는 강절이고, 거더 양단, 회전각의 크기는 같고 방향은 반대이다.
- 모든 기둥의 강성인자 $L\sqrt{P/EI}$는 동일하다.
- 절점의 구속력은 절점의 상부 및 하부 기둥의 강성비에 따라 분포된다.
- 모든 기둥은 동시에 좌굴하고, 거더에 작용하는 압축력은 크지 않다.

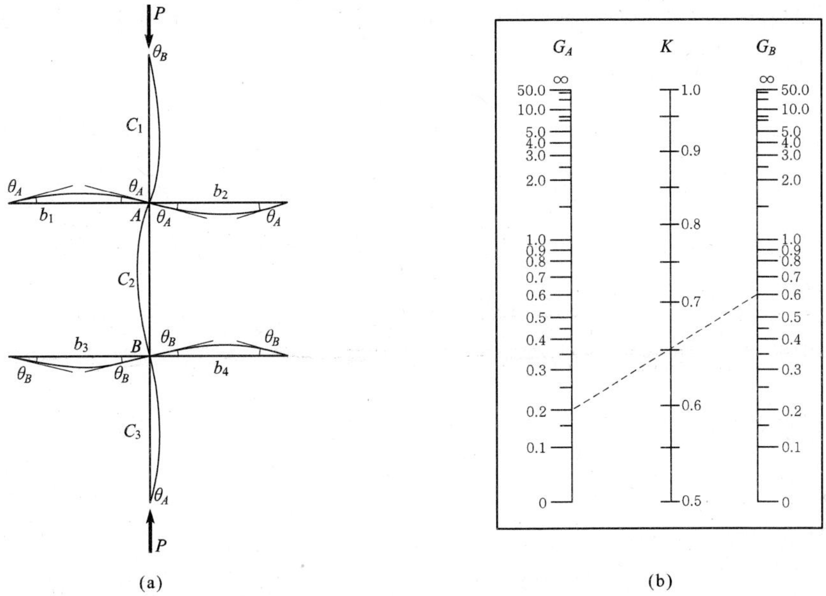

그림 3.6.10 횡변위가 없는 골조(뼈대)구조의 K 산정 모델 및 그래프

그림에서 기둥 C_2의 K를 구하고자 하는 경우 거더와 기둥에 대한 처짐각방정식을 세워 이를 정리하면 다음과 같은 관계식을 얻는다.

$$\frac{G_A G_B}{4}\left(\frac{\pi}{K}\right)^2+\left(\frac{G_A+G_B}{2}\right)\left(1-\frac{\pi/K}{\tan(\pi/K)}\right)+\frac{2\tan(\pi/2K)}{\pi/K}-1=0 \tag{3.6.29}$$

여기서 $G_A=\dfrac{\sum_A\left(\dfrac{EI}{L}\right)_c}{\sum_A\left(\dfrac{EI}{L}\right)_g}$, $G_B=\dfrac{\sum_B\left(\dfrac{EI}{L}\right)_c}{\sum_B\left(\dfrac{EI}{L}\right)_g}$ (3.6.30)

식에 나타나는 첨자 c, g는 각각 기둥과 보에 관계되는 것임을 나타낸다. G_A는 점 A에서 상대강성비로서 A점에 연결되어 있는 기둥의 강성의 합계를 거더의 강성의 합계로 나눈 값이다. 식 3.6.29를 그림으로 나타내면 그림 3.6.10(b)와 같이 나타낼 수 있다. 기둥 AB의 유효좌굴길이계수 K를 구하기 위하여 상대강성비 G_A 및 G_B를 먼저 구한다. 그림 3.6.10(b)에서 G_A 및 G_B 값을 연결하면 K값을 구할 수 있다. 예를 들어 만약 $G_A=0.2$, $G_B=0.6$이면 K값은 그림 3.6.10(b)에서 0.65가 된다. 일반적으로 횡변위가 없는 구조물의 K값은 1보다 작고 0.5보다는 큰 값을 갖는 것으로 알려져 있다.

기둥의 단부가 힌지일 경우의 G값은 이론적으로 무한히 큰 값을 갖지만, 마찰이 없는 힌지로 설계된 경우를 제외하고는 G값을 10으로 취할 수 있다. 만약 기둥의 단부가 고정된 경우에는 이론적으로 G값은 영이지만, 현실적으로 이상적인 고정단은 존재하기 어려우므로 G값을 1로 선택한다.

2) 횡변위가 있는 골조(뼈대)구조

횡변위가 있는 골조(뼈대)구조의 K를 결정하기 위하여 사용된 모델은 그림 3.6.11(a)와 같다. 이 모델에 사용된 가정은 횡변위가 없는 경우의 가정과 동일하나 그 중에서 두 번째 가정에서 회전각의 방향이 다음과 같이 변경된다. 즉,

- 거더 양단, 회전각의 크기와 방향은 같다. 즉, 거더는 이중곡률을 나타내는 휨이 발생한다.

그림에서 기둥 C_2의 K를 구하고자 하는 경우 기둥과 거더에 대한 처짐각방정식을 사용하면 다음과 같은 식을 얻는다.

$$\frac{G_A G_B(\pi/K)^2-36}{6(G_A+G_B)}-\frac{(\pi/K)}{\tan(\pi/K)}=0 \tag{3.6.31}$$

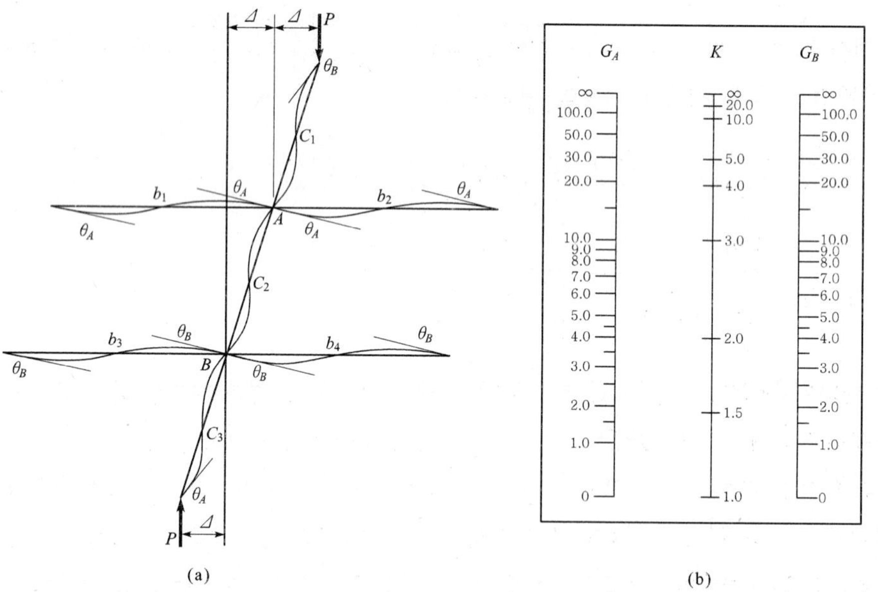

그림 3.6.11 횡변위가 있는 골조(뼈대)구조의 K 산정모델 및 그래프

식 3.6.31를 그림 3.6.11(b)에 그래프로 나타내었다. 여기서 K는 일반적으로 1.0보다 큰 값을 갖는다.

3) 유효좌굴길이법의 수정

(1) 거더길이 수정

그림 3.6.10 및 그림 3.6.11의 도표를 활용하여 K를 구할 경우, 모든 절점들은 강결되어 있다는 가정을 전제로 한다. 만약 거더의 원단(far end)에서 가정과 다른 경계조건일 경우, 거더길이는 다음 표 3.6.2와 같이 수정되어야 한다.

표 3.6.2 거더의 수정길이 L_g'

원단의 경계조건	횡변위가 없는 골조(뼈대)구조	횡변위가 있는 골조(뼈대)구조
고정(fix)	Lg/2	1.5Lg
힌지(hinge)	Lg/1.5	2.0Lg

횡변위가 있는 골조(뼈대)구조에서 상대강성비 G를 보다 정확하게 구하려면 거더길이는 다음 식을 사용하여 수정하여야 한다.

$$L_g' = L_g\left(2 - \frac{M_F}{M_N}\right) \tag{3.6.32}$$

여기서 M_F : 횡하중으로 인한 거더의 원단, 모멘트

M_N : 횡하중으로 인한 거더의 근단, 모멘트

M_F/M_N : 이중곡률 휨의 경우 양수(+)

즉, G_A 및 G_B를 구함에 있어서 식의 L_g 대신 수정 거더길이 L_g'를 대입하여 계산하면 보다 정확한 상대강성비를 구할 수 있다.

(2) 기둥의 비탄성효과 고려

하중저항계수설계에서는 허용응력설계와 달리 기둥의 비탄성 거동과 관련하여 상대강성비를 수정해 주어야 한다. 하중저항계수설계에서는 하중계수를 곱한 하중을 사용하게 됨에 따라 기둥에 큰 축력이 작용하고 기둥은 비탄성 거동을 하게 된다. 기둥이 비탄성 상태에 있고 거더가 탄성상태를 유지한다면, 거더는 기둥의 좌굴을 억제하는데 더 효과적이 된다. 결론적으로 상대강비가 작아지고 기둥의 유효좌굴길이계수가 작아진다. 이러한 효과는 비탄성 보정계수 τ를 사용하여 고려하는 것이 일반적이다. AISC(1993) 시방서에서 τ는 다음 식으로 정의된다.

$\dfrac{P_u}{P_y} > \dfrac{1}{3}$인 경우

$$\tau = -3.205\left(\frac{P_u}{P_y}\right)\ln\left(\frac{P_u/P_y}{0.85}\right) \tag{3.6.33}$$

$\dfrac{P_u}{P_y} \le \dfrac{1}{3}$인 경우

$$\tau = 1.0 \tag{3.6.34}$$

여기서 P_u : 기둥에 작용하는 축하중

P_y : 기둥의 항복축하중

이상에서 구한 τ를 G를 구하는 식에 대입하여 정리하면 수정된 상대강성비를 구하는 식이 다음과 같이 된다.

$$G = \frac{\Sigma\left(\frac{\tau I_c}{L_c}\right)}{\Sigma\left(\frac{I_g}{L_g'}\right)} \tag{3.6.35}$$

(3) 기댄기둥의 고려

그림 3.6.12는 간단한 골조(뼈대)구조로서 그림의 기둥 CD는 상하단의 경계조건이 힌지이기 때문에 횡하중에 저항하지 못한다. 이와 같은 기둥을 특별히 기댄 기둥(leaning column)이라고 한다. 기댄기둥 CD는 횡변위에 저항하지 못하고 기둥 AB만이 횡변위에 저항하므로 기둥 AB의 강도는 상대적으로 약화된다. 이러한 효과는 유효좌굴길이계수 K를 다음 식과 같이 수정하여 고려할 수 있다.

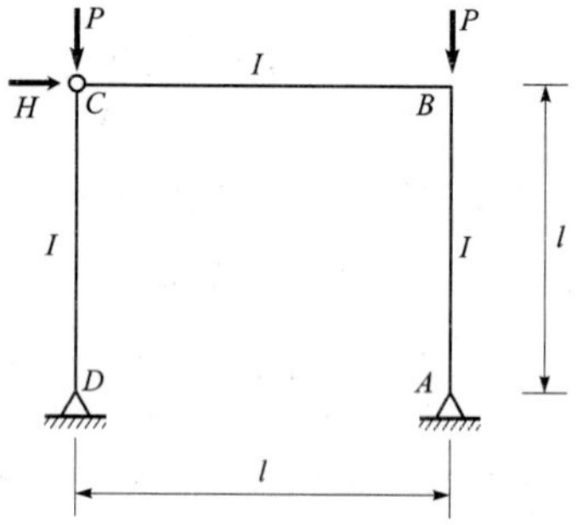

그림 3.6.12 기댄기둥이 있는 골조(뼈대)구조

$$K_i' = \sqrt{\frac{I_i}{P_{ui}}\frac{\Sigma P_u}{\Sigma(I_i/K_i^2)}},\ P_{ui} > 0 \tag{3.6.36}$$

여기서 I_i : i번째 강결기둥의 단면2차모멘트

P_{ui} : i번째 강결기둥의 축력

ΣP_u : 모든 기둥의 축력의 합

K_i : i번째 기둥의 K값

기댄기둥이 있는 골조(뼈대)구조를 설계할 경우에는 위와 같이 수정한 유효좌굴길이계수 K'를 이용하여 부재를 설계하여야 한다.

예제 3.6.6

그림 3.6.13은 횡변위가 없는 골조(뼈대)구조를 나타내며 기둥의 상단에 1,100 kN의 소요 수직하중이 가해지고 있다. 골조(뼈대)구조는 면외 방향으로 지지되어 있는 것으로 가정하고 강재는 SM 275를 사용하는 것으로 한다.

기둥 및 보 부재는 H−200×200×8×12 ($A = 6350\,\text{mm}^2$, $I_x = 4{,}720\times 10^4\,\text{mm}^4$, $Z_x = 513\times 10^3\,\text{mm}^3$, $r_x = 86.2\,\text{mm}$) 형강을 사용할 때 기둥 AB의 강도를 강도한계상태에서 검토하라.

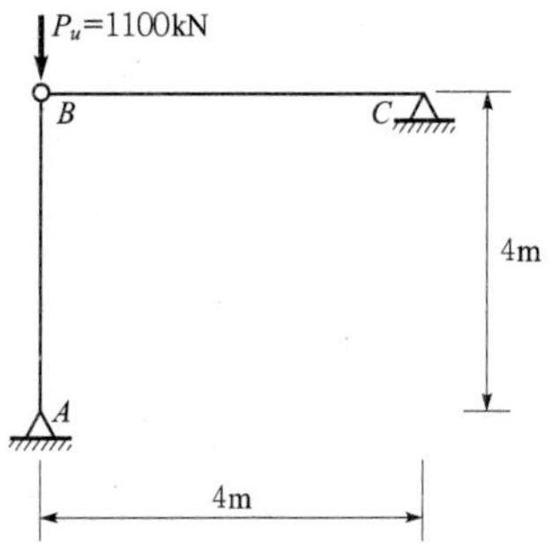

그림 3.6.13

풀 이

지점 A는 힌지이므로, $G_A = \infty$

그러나 실제로 완전한 힌지는 있을 수 없으므로 이를 고려하여 $G_A' = 10$을 선택한다.

G_B는 식 3.6.19에 의해 다음과 같이 계산된다.

$$G_B = \frac{\Sigma(EI/L)_c}{\Sigma(EI/L)_g} = \frac{(EI)_{AB}/L_{AB}}{(EI)_{BC}/L_{BC}} = 1.0$$

비탄성 강도저항계수는 다음과 같이 계산된다.

$$P_u = 1{,}100\,\text{KN},\ \frac{P_u}{P_y} = \frac{1{,}100\times 10^3}{275\times 63.5\times 10^2} = 0.63 > \frac{1}{3}$$

따라서 식 3.6.21에 의해, $\tau = -3.205\times(0.63)\times \ln(\frac{0.63}{0.85}) = 0.6$

보의 원단이 힌지에 의해 지지되어 있으므로 표 3.6.2에 의거 G_B를 수정하면

$$G_B' = \frac{\tau(G_B)}{1.5} = \frac{0.6\times(1)}{1.5} = 0.4$$

G_A'와 G_B'를 이용하여 횡변위가 없는 K산정도표(그림 3.6.10(b))로부터 $K_x = 0.79$

탄성좌굴응력 : $F_e = \dfrac{\pi^2 E}{(KL/r_s)^2} = \dfrac{\pi^2\times 2.1\times 10^5}{(0.79\times 4{,}000/86.2)^2} = 1{,}542.27\,\text{MPa}$

세장비 모수 : $\lambda_x = \left(\dfrac{KL}{r_s\pi}\right)^2 \dfrac{F_y}{E} = \left(\dfrac{0.79\times 4{,}000}{\pi\times 86.2}\right)^2 \times \dfrac{275}{2.1\times 10^5} = 0.18 < 2.25$

$$\frac{QF_y}{F_e} = \frac{1.0\times 275}{1{,}542.27} = 0.18 < 2.25$$

공칭압축강도 : 식 3.3.16에 의해

$$P_n = F_{cr}A_g = Q\left[0.658^{\frac{QF_y}{F_e}}\right]F_y A_g = 1.0\times 0.658^{\frac{1.0\times 275}{1{,}542.27}} \times 275\times 6{,}353\times 10^{-3} = 1{,}621.44\,\text{kN}$$

설계압축강도 : $P_r = \phi_c P_n = 0.90\times 1{,}621.44 = 1{,}459.3\,\text{kN} > 1{,}100\,\text{kN}$

부재의 설계압축강도 P_r이 소요하중 P_u보다 크므로 부재 H−200×200×8×12 는 적절하다.

예제 3.6.7

그림 3.6.14의 소요 수직 및 수평하중을 받는 횡변위가 있는 골조(뼈대)구조이다. 골조(뼈대)구조는 면외방향으로 지지되어 있는 것으로 가정하고, 강재는 SM 275을 사용한다. 기둥 CF의 강도를 강도한계상태에서 검토하시오. 단, 기둥은 H−344×348×10×16(A = 14,600 mm^2, I_x = 33,300×10^{4}mm^4, Z_x = 2,120×10^3 mm^3)이고, 거더는 H−400×400×13×21(A =21870 mm^2, I_x = 66,600×10^{4}mm^4, Z_x = 3,670×10^{3}mm^3)이다.

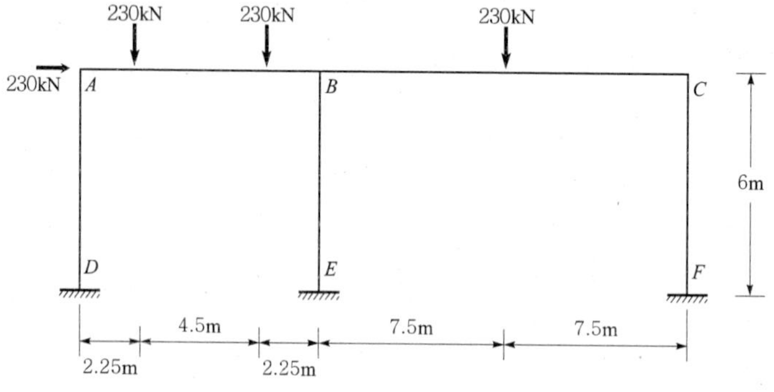

그림 3.6.14

풀 이

1) 선형해석

선형해석을 수행하기 위하여 그림 3.6.15(a) 및 3.6.15(b)와 같이 대상구조물을 횡변위가 억제된 구조와 허용된 구조로 분리한다. 그림 3.6.15(a)의 경우 횡변위를 억제하기 위하여 점 C에 횡방향의 자유도를 구속한 후, 수평 및 수직하중을 재하하여 탄성해석을 한다. 그림 3.6.15(b)의 경우 점 C의 횡방향 반력을 하중으로 전환하여 재하한 후 해석을 수행한다.

2) 부재의 강도 검토

기둥 CF의 강도검토 절차는 다음과 같다.

(1) 설계압축강도

정확한 K값을 구하기 위하여 비탄성 강도저항계수 τ를 먼저 계산한다.

$$P_u = 96.8 + 15.7 = 112.5\,\text{kN}$$

$$\frac{P_u}{P_y} = \frac{112.5 \times 10^3}{(275) \times (146 \times 10^2)} = 0.03 < \frac{1}{3}$$

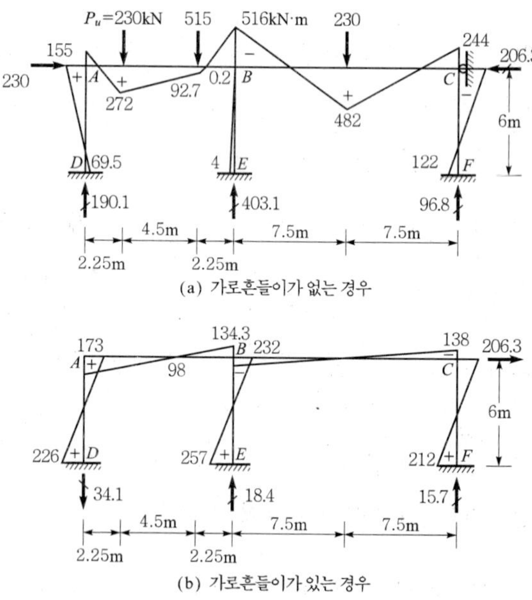

그림 3.6.15

P_u / P_y가 1/3보다 작으므로 기둥 CF는 탄성상태에 있어 $\tau = 1.0$이 된다.

수정길이 식을 사용하여 거더길이를 수정하면

$$L_g' = L_g\left(2 - \frac{M_F}{M_N}\right) = 15\left(2 - \frac{98}{138}\right) = 19.3\,\mathrm{m}$$

상대강성비를 구하면

$$G_C = \frac{I_c / L_c}{I_g / L_g} = \frac{33{,}300 / 6}{66{,}600 / 19.3} = 1.61, \quad G_F = 0.0$$

완전 고정단은 실제로 있을 수 없으므로 이를 고려하여 G_F는 $G_F' = 1.0$로 수정된다.

횡변위가 있는 K 산정도표(그림 3.6.11(b))로부터 $K_x = 1.40$이고

탄성좌굴응력 : $F_e = \dfrac{\pi^2 E}{(KL/r_s)^2} = \dfrac{\pi^2 \times 2.1 \times 10^5}{(1.4 \times 6{,}000/151.0)^2} = 669.75\,\mathrm{MPa}$

세장비 모수 : $\lambda_x = \left(\dfrac{KL}{r_s \pi}\right)^2 \dfrac{F_y}{E} = \left(\dfrac{1.40 \times 6{,}000}{\pi \times 151.0}\right)^2 \dfrac{275}{2.1 \times 10^5} = 0.41 < 2.25$

$$\frac{QF_y}{F_e} = \frac{1.0 \times 275}{669.75} = 0.41 < 2.25$$

약축에 대하여도 K_y를 계산하여 λ_y를 산정하여야 한다. λ_x 와 λ_y를 비교하여 이중 큰 값으로 P_n을 계산하여야 한다. 본 예제에서는 면외방향으로 지지되어 있는 것으로 가정하였기 때문에 약축에 대한 계산은 생략한다.

그러므로 P_n은

공칭압축강도 : 식 3.3.16에 의해

$$P_n = F_{cr} A_g = Q\left[0.658^{\frac{QF_y}{F_e}}\right] F_y A_g = 1.0 \times 0.658^{\frac{1.0 \times 275}{669.75}} \times 275 \times 14{,}600 \times 10^{-3} = 3{,}381.03$$

설계압축강도 : $P_r = \phi_c P_n = 0.90 \times 3{,}381.03 = 3{,}042.9\,\mathrm{kN}$

(2) 설계휨강도

면외방향으로 지지되어 있으므로 기둥의 M_n은 소성모멘트이다. 즉,

$$M_n = M_p = F_y Z_x = 275 \times 2{,}120 \times 10^3 \times 10^{-6} = 583\,\mathrm{kN \cdot m}$$

$$M_r = \phi_f M_n = 0.90 \times 583 = 524.7\,\mathrm{kN \cdot m}$$

(3) 증폭된 소요 2차휨강도와 소요 2차축강도

우선 B_1 및 B_2를 산정하여야 한다. B_1을 산정하기 위하여 C_m을 계산하면

$$C_m = 0.6 - 0.4\frac{M_1}{M_2} = 0.6 - 0.4\left(\frac{122}{244}\right) = 0.40$$

상대강성비는 $G_C = \dfrac{I_c / L_c}{I_g / L_g} = \dfrac{33{,}300/6}{66{,}600/15} = 1.25, \quad G_F' = 1.0$

그림 3.6.10(b)에서 횡변위가 억제된 구조물의 K를 구하면

$K_x = 0.78$

$$P_{e1} = \frac{\pi^2 EI}{(K_x L)^2} = \frac{\pi^2 \times 2.1 \times 10^5 \times 33{,}300 \times 10^4 \times 10^{-3}}{(0.78 \times 6{,}000)^2} = 31{,}512\,\mathrm{kN}$$

$$B_1 = \frac{C_m}{1-\dfrac{P_u}{P_{e1}}} = \frac{0.4}{1-\dfrac{96.8}{31{,}512}} = 0.40$$

여기서 P_u는 횡변위가 억제된 구조의 탄성해석 결과인 96.8을 사용하는 것에 유의하여야 한다. B_1가 1.0보다 작기 때문에 $B_1 = 1.0$을 사용한다.

B_2는 층좌굴에 대한 모멘트증폭계수이므로, 기둥 AD, BE 및 CF에 재하되는 축력의 합과 오일러좌굴하중의 합을 구하여야 하는데 주의하여야 한다.

$\Sigma P_u = (230)(3) = 690\,\mathrm{kN}$

$K_{CF} = 1.40$

$K_{AD} \approx 1.28\ ;\left[G_A = \dfrac{33{,}300/6}{66{,}600/9} = 0.75,\ \ G_D = 0,\ \ (G_D)_{adjust} = 1.0\right]$

$K_{BE} \approx 1.24\,;\left[G_B = \dfrac{33{,}300/6}{66{,}600/9 + 66{,}600/15} = 0.469,\ \ (G_E)_{adjust} = 1.0\right]$

$$\Sigma P_{e2} = \Sigma \frac{\pi^2 EI}{(K_x L)^2} = \frac{\pi^2 \times (2.04 \times 10^5) \times 33{,}300 \times 10^4}{6{,}000^2}\left(\frac{1}{1.40^2} + \frac{1}{1.28^2} + \frac{1}{1.24^2}\right)$$

$$= 33{,}952\,\mathrm{kN}$$

$$B_1 = \frac{1}{1-\dfrac{\Sigma P_u}{\Sigma P_{e2}}} = \frac{1}{1-\dfrac{690}{33{,}952}} = 1.02$$

기둥 상단에서 증폭된 소요 2차휨강도 M_{ux}

$M_{ux} = B_1 M_{nt} + B_2 M_{lt} = (1)(-244) + (1.02)(-138) = -384.76\,\mathrm{kN \cdot m}$

기둥 하단에서 증폭된 소요 2차휨강도 M_{ux}

$M_{ux} = B_1 M_{nt} + B_2 M_{lt} = (1)(122) + (1.02)(212) = 338.24\,\mathrm{kN \cdot m}$

증폭된 소요 2차축강도 P_u

$P_u = P_{nt} + B_2 P_{lt} = 112.5 + 1.02(0) = 112.5\,\mathrm{kN}$

(4) 상관관계식 검토

기둥상단의 휨모멘트가 더 크므로 이에 대하여 검토한다.

$$\frac{P_u}{P_r} = \frac{112.5}{3{,}042.9} = 0.04 < 0.2$$

$$\frac{P_u}{2P_r} + \frac{M_{ux}}{M_{nx}} = \frac{0.04}{2} + \frac{384.76}{524.7} = 0.76 < 1.0$$

그러므로 기둥 H-344×348×10×16 형강부재는 적절하다.

연습문제

3.6.1 다음 횡변위(가로흔들이)가 구속된 보-기둥의 단면이 하중저항계수설계법의 강도한계상태에서 적절한가를 검토하라.
단, 단면은 H-298×200×8×12이고 사용강재는 SM 275($F_y = 275\,\text{MPa}$)이다. 약축방향에 대해서는 횡변위(가로흔들이)가 없는 것으로 한다.

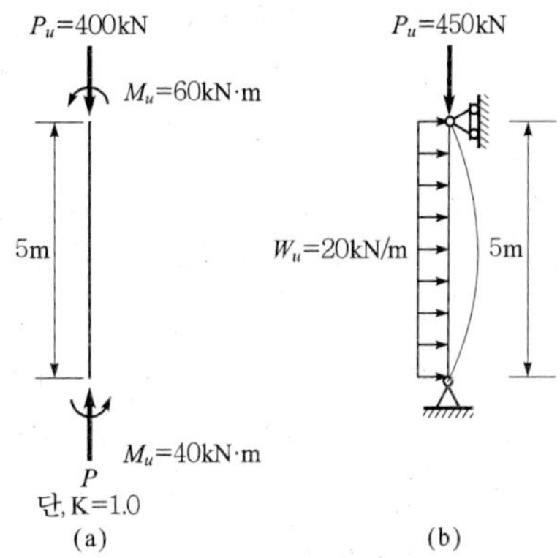

문제 3.6.1

3.6.2 다음 보-기둥이 받을 수 있는 최대 P_u를 강도한계상태에서 구하라. 단, 단면은 H-298×200×8×12이고, 강재는 사용강재는 SM 275 ($F_y = 275\,\text{MPa}$)이다. 약축방향에 대해서는 횡변위(가로흔들이)가 없는 것으로 한다.

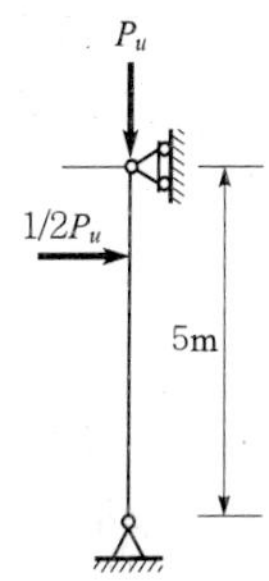

문제 3.6.2

3.6.3 다음 횡변위(가로흔들이)가 있는 보-기둥의 단면이 적절한가를 하중저항계수설계법의 강도한계상태에서 검토하라. 단, 단면은 H-294×200×8×12이고 사용강재는 SS 275($F_y = 275\,\text{MPa}$)이다. 약축방향에 대하여 횡변위(가로흔들이)가 없는 것으로 한다.

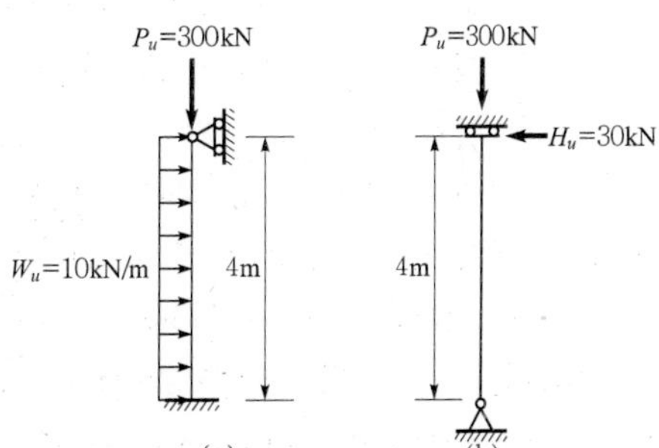

문제 3.6.3

3.6.4 횡변위(가로흔들이)가 허용된 구조물을 해석하기 위하여 구조물의 횡변위를 구속한 경우와 구속하지 않은 경우로 나누었다. 횡변위를 구속한 경우에 발생한 보-기둥의 모멘트와 횡지지를 허용한 경우에 보-기둥에 발생한 하중조합으로 구한 휨모멘트를 다음 그림에 나타내었다. 보-기둥의 강도를 강도한계상태에서 검토하라. 단, 단면은 H-298×200×8×12이고, 사용강재는 SS 275($F_y = 275\,\text{MPa}$)이다. 약축 방향에 대하여 횡변위(가로흔들이)가 없는 것으로 한다. 횡지지 되었을 경우에 K값은 1.5, 횡지지 되지 않았을 경우에 K값은 2.2이다.

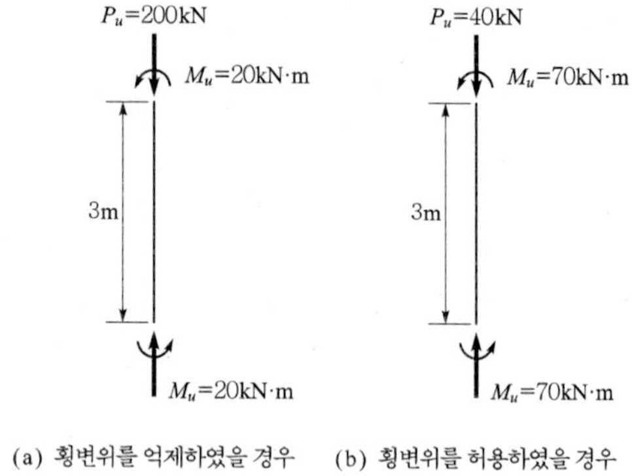

문제 3.6.4

3.6.5 그림과 같이 소요 축력과 1축 휨을 받는 구조물을 해석하기 위하여 구조물의 횡변위를 구속한 경우와 구속하지 않은 경우로 나누었다. 횡변위를 구속하였을 경우에 발생한 보-기둥의 휨모멘트와 횡변위를 허용하였을 경우에 보-기둥에 발생한 휨모멘트를 다음 그림에 나타내었다. 보-기둥의 강도를 강도한계상태에서 검토하라. 단, 단면은 H-298×200×8×12이고 사용강재는 SS 275($F_y = 275\,\text{MPa}$)이다. 기둥은 횡변위(가로흔들이)가 있으며 약축 방향에 대하여 연속적으로 횡변위(가로흔들이)가 없는 것으로 한다. 횡지지 되었을 경우에 K값은 1.3, 횡지지 되지 않았을 경우에 K값은 1.8이다.

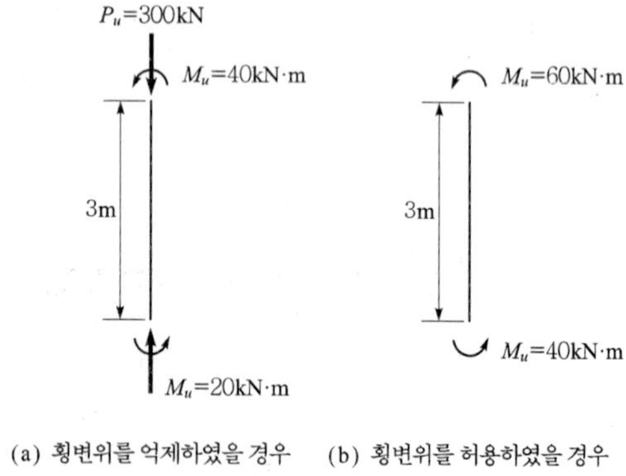

문제 3.6.5

3.6.6 그림과 같이 축력과 2축 휨을 받는 보-기둥의 단면을 H형 단면으로 강도한계상태에서 설계하라. 단, 단면은 아래의 조건을 만족해야 한다. 사용강재는 SS 275($F_y = 275\,\text{MPa}$)이다. $P_u = 600\,\text{kN}$, $M_{ux} = 40\,\text{kN}\cdot\text{m}$, $M_{uy} = 20\,\text{kN}\cdot\text{m}$ 이고 기둥은 횡변위(가로흔들이)가 구속되어 있으며 약축방향에 대해서는 횡변위(가로흔들이)가 없는 것으로 한다. $K = 1.2$의 값을 사용하라.

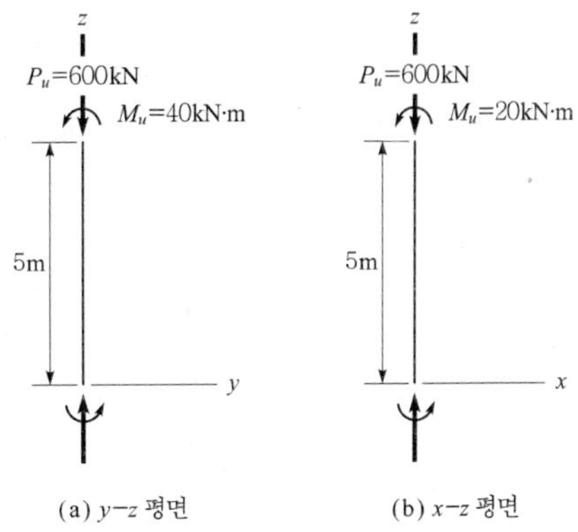

문제 3.6.6

3.6.7 그림의 횡변위(가로흔들이)가 구속된 골조(뼈대)구조의 기둥 AB의 유효좌굴길이계수를 구하시오.

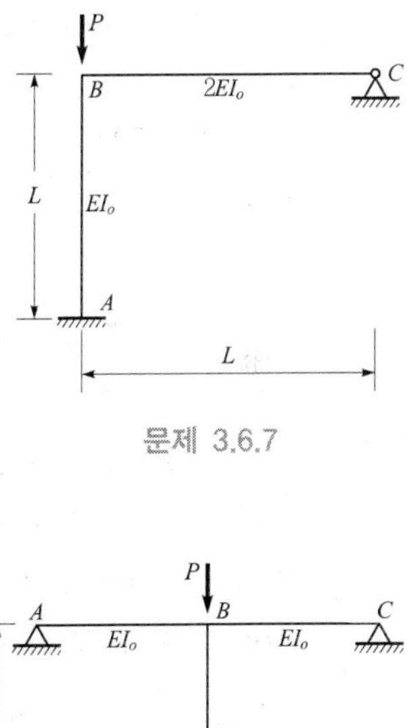

문제 3.6.7

3.6.8 그림의 횡변위(가로흔들이)가 억제된 골조(뼈대)구조의 기둥 BE의 유효좌굴길이계수를 구하시오.

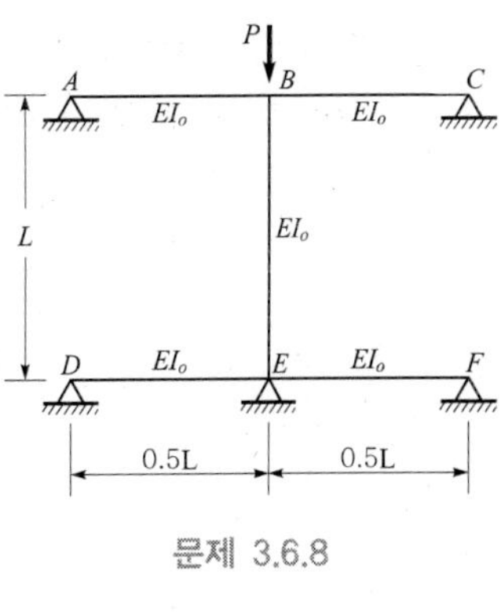

문제 3.6.8

3.6.9 그림의 횡변위(가로흔들이)가 허용된 골조(뼈대)구조의 기둥 AB의 유효좌굴길이계수를 구하시오.

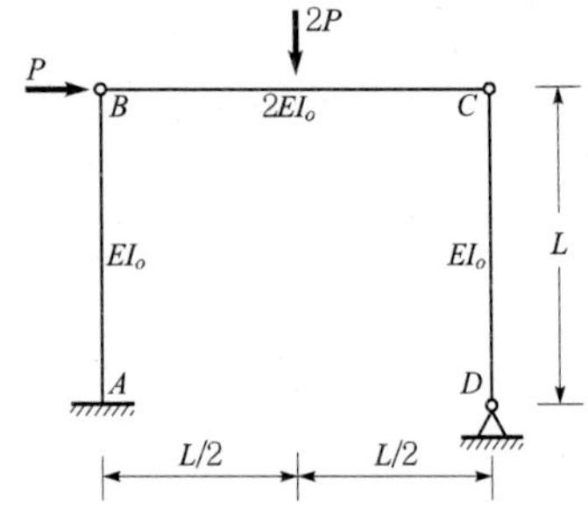

문제 3.6.9

3.6.10 그림 골조(뼈대)구조의 기둥 AB의 강도를 강도한계상태에서 검토하시오.
단, 기둥과 보는 H−250×250×9×14 형강이며, 강재는 SM 275이다. 구조물의 약축방향으로 지지되어 있는 것으로 가정한다.

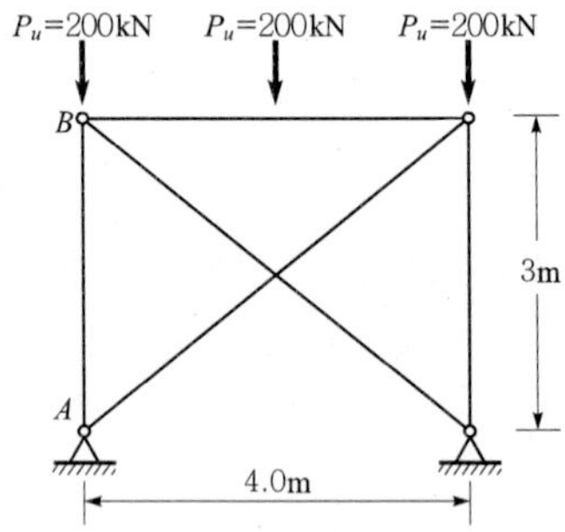

문제 3.6.10

3.6.11 그림 골조(뼈대)구조의 기둥의 강도를 강도한계상태에서 검토하시오. 단, 기둥 및 보 단면은 H−400×400×13×21 형강이며, 강재는 SM 275이다. 구조물의 약축방향으로 지지되어 있는 것으로 가정한다.

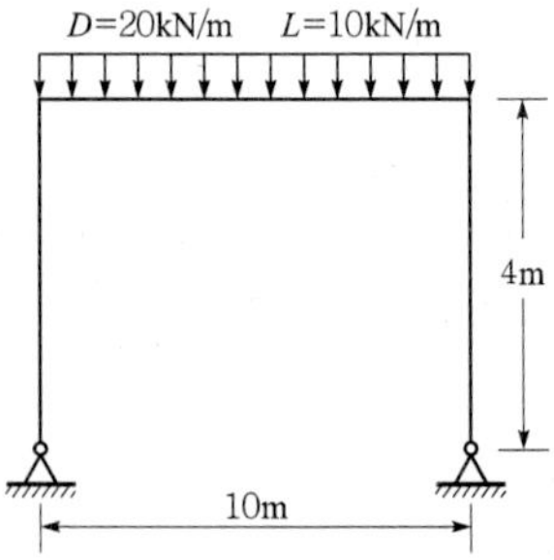

문제 3.6.11

3.6.12 그림 골조(뼈대)구조의 기둥 AB의 강도를 강도한계상태에서 검토하시오.
단, 기둥은 H−400×400×13×21이며, 보는 H−600× 200×11×17 형강이다. 강재는 SM 275이다. 구조물의 약축방향으로 지지되어 있는 것으로 가정한다.

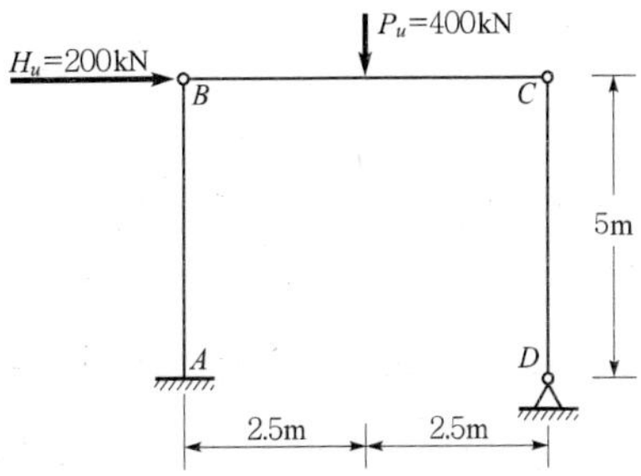

문제 3.6.12

3.7 피로설계

3.7.1 개설

피로설계는 일반적으로 공칭응력을 기준으로 하며, 설계대상 부재의 연결상세, 작용차량에 의해 해당 부위에 발생되는 최대, 최소 응력의 차이로 얻어지는 응력범위와 작용차량의 교통량 등의 반복횟수에 따라 결정되는 허용피로응력범위를 비교함으로서 행해진다. 여기서 응력범위는 구조부재의 1차적 거동에 의한 응력 뿐만 아니라 부재의 면외변형으로 인해 발생되는 2차응력도 포함되며, 하중저항계수설계법에서의 허용피로응력범위는 공칭피로강도로서 강재의 종류에 관계없이 교통량을 고려하여 구조부재의 연결상세에 따라 결정되는 것이 일반적이다.

피로설계에 대한 강구조설계기준 규정의 변천을 살펴보면, 1985년 7월에 개정된 시방서에서는 "일반도로교에서는 교번응력에 의한 피로의 영향을 고려하지 않아도 좋다. 그러나 도로교에 궤도 혹은 철도를 병용하는 것과 같은 특수한 경우에는 응력, 강재의 종류, 이음의 종류, 최소응력과 최대응력의 비, 반복횟수 등의 영향을 고려하고 필요에 따라서 허용피로응력을 감소시키도록 한다"고 규정하였으나 허용피로응력에 대한 별도의 규정은 제시하고 있지 않다. 1992년 11월 다시 도로교시방서를 개정하면서 "피로설계를 할 필요가 있는 경우에는 부록 C의 허용피로응력을 참고하여 설계할 수 있다"라고 언급하면서 구체적인 피로설계규정은 부록 C에 수록하였다. 부록 C의 내용은 AASHTO의 피로설계규정을 그대로 옮겨놓은 것으로 실제적인 피로설계방안을 제시하지 못하였다. 또한 1996년 4월에 개정된 도로교시방서에서는 비로소 본 조항에 허용피로응력에 대한 규정을 제시하고 있지만 1992년 개정판의 부록 C를 그대로 적용한 것이었다.

미국 AASHTO에서는 1994년 Bridge Design Specifications를 발간하면서 새롭고 발전된 피로설계기법을 제시하였으며, 국내에서도 이를 기초로 하여 1996년에 도로교시방서의 피로설계편을 제정하게 되었다. 2014년에는 신뢰도기반에 근거하여 강구조물에 대해 피로설계기준을 하중유발피로와 변형유발피로의 하중저항계수설계법으로 분류・개선하였다.

3.7.2 하중저항계수설계법의 하중유발피로설계 개념

강구조물에 대한 피로설계 시 고려해야 할 응력은 활하중에 의한 응력범위이고, 잔류응력은 피로설계 시 고려하지 않는다, 이 규정은 일반적으로 순인장을 받는 구조 상세범주에만 적용한다. 하중저항계수설계법에 의한 강구조설계기준(2014, 국토교통부) 제10장에서 제시하고 있는 설계기준은 기본식을 피로하중 및 피로강도에 관한 표현으로 바꿈으로써 다음과 같이 나타낼 수 있으며, 각 구조상세는 하중유발피로에 대하여 이 식을 만족시키도록 하고 있다.

$$\phi(\Delta F)_n \geq \eta\gamma(\Delta f) \tag{3.7.1}$$

여기서 $(\Delta F)_n$: 공칭피로강도

γ : 표 3.1.1의 피로한계상태조합에 대한 하중계수

(Δf) : 피로하중통과시 발생되는 활하중의 응력범위(하중효과)

ϕ : 저항계수

η : 연성, 여용성, 구조물의 중요도에 관련된 하중수정계수

그러나 피로 및 파단한계상태에 대해서 $\eta = 1.0$, $\phi = 1.0$ 이므로 식 3.7.1은 다음과 같이 표현될 수 있다.

$$(\Delta F)_n \geq \gamma(\Delta f) \tag{3.7.2}$$

여기서 공칭피로강도 $(\Delta F)_n$은 다음과 같다.

일정진폭응력의 경우

$$(\Delta F)_n = \left(\frac{N_{TH}}{N}\right)^{1/3}(\Delta F)_{TH}, \quad N \leq N_{TH} \tag{3.7.3}$$

다양한 응력진폭응력의 경우

$$\begin{aligned}(\Delta F)_n &= \left(\frac{N_{TH}}{N}\right)^{1/3}(\Delta F)_{TH}, \qquad N \leq N_{TH} \\ &= \left(\frac{N_{TH}}{N}\right)^{1/5}(\Delta F)_{TH}, \quad N_{TH} < N \leq N_{CL}\end{aligned} \tag{3.7.4}$$

여기서 N : 대상 구조상세가 설계수명 동안 받을 것으로 예상되는 응력범위의 반복횟수

$(\Delta F)_{TH}$: 표 3.7.1에 주어진 일정진폭 피로한계값

$(\Delta F)_{CL}$: 표 3.7.2에 주어진 무한수명 공칭피로강도

$(N)_{TH}$: 일정진폭 피로한계값에 해당하는 응력범위의 반복횟수

$(N)_{CL}$: 무한수명 공칭피로강도에 해당하는 응력범위의 반복횟수

N이 N_{CL}을 초과하거나 트럭 교통량을 명확히 계산할 수 없는 경우는 표 3.7.2에 주어진 무한수명에 해당하는 공칭피로강도를 적용할 수 있다. 부재와 이음부의 구조상세는 하중저항계

수설계법에 의한 강구조설계기준(2014, 국토교통부) 표 10.1.2.3-1에 요약되어 있는 각 상세범주의 요구조건을 만족해야 한다.

또한 하중저항계수설계법에서 피로하중은 한 대의 설계트럭하중 또는 축하중으로 규정하고 있으며, 이때 세 개의 축으로 이루어져 있으며, 총중량은 351kN(전륜축하중 39kN, 중륜축하중 156kN, 후륜축하중 156kN), 각각의 축하중 간격은 4.2m로 일정하게 적용하고 있다. 이러한 피로하중의 통과에 따른 응력범위는 설계수명내에 교량을 통과할것으로 예상되는 중차량들에 의해 발생하는 평균응력범위의 수준이며, 변동진폭 피로한계는 일정진폭 피로한계의 약 1/2이라고 추정되므로 식 3.7.3~4에 나타낸 것과 같이 일정진폭 피로한계값의 1/2보다 작게 되면 이론적으로는 무한 피로수명이 된다. 또한 도로교설계기준의 허용응력설계법에서는 구조물 파손이 발생할 경우 단재하경로구조를 갖는 구조물이 다재하경로구조를 갖는 구조물에 비해 더 심각한 결과를 초래한다고 보아, 단재하경로구조에 대해 더 낮은 허용피로응력범위를 적용하고 있다. 그러나 하중저항계수설계법에서는 다재하경로구조와 단재하경로구조에 대해 동일하게 식 3.7.3~4를 적용하도록 규정하고 있다. 이는 단재하경로구조에 대해서는 더 큰 파괴인성이 요구되도록 규정되고 있으므로 단재하경로구조에 대해 허용응력설계법에서처럼 부가적으로 허용피로응력범위를 감소시키는 것이 필요하지 않다고 판단했기 때문이다.

표 3.7.1 하중유발피로에 대한 구조 상세범주, 일정진폭 피로한계값 $(\Delta F)_{TH}$ 및 반복횟수[하중저항계수설계법에 의한 강구조설계기준(2014, 국토교통부) 표 10.1.2.5-1]

상세범주	일정진폭 피로한계값 $(\Delta F)_{TH}$(MPa)	반복횟수 $N_{TH}(\times 10^6)$
A	165.0	1.83
B	110.0	2.95
B'	82.7	3.54
C	69.0	4.38
C'	82.7	2.55
D	48.3	6.40
E	31.0	12.12
E'	17.9	22.32
축방향 인장을 받는 F8T 볼트	100.0	0.84
축방향 인장을 받는 F10T(S10T) 볼트	110.0	0.77
축방향 인장을받는 F13T(S13T) 볼트	80.0	0.84

표 3.7.2 하중유발피로에 대한 구조 상세범주, 무한수명 공칭피로강도 $(\Delta F)_{CL}$ 및 반복횟수[하중저항계수설계법에 의한 강구조설계기준(2014, 국토교통부) 표 10.1.2.5-2]

상세범주	무한수명 공칭피로강도 $(\Delta F)_{CL}$ (MPa)	반복횟수 $N_{CL}(\times 10^6)$
A	82.5	58.41
B	55.0	94.49
B'	41.4	113.11
C	34.5	140.27
C'	41.4	81.47
D	24.2	204.76
E	15.5	387.77
E'	9.0	714.17
축방향 인장을 받는 F8T 볼트	50.0	6.75
축방향 인장을 받는 F10T(S10T) 볼트	55.0	6.13
축방향 인장을 받는 F13T(S13T) 볼트	40.0	6.75

3.7.3 하중저항계수설계법의 변형유발피로설계 개념

모든 횡방향 부재를 종방향 부재의 단면을 포함하는 적절한 구조요소에 연결해 줌으로서 예상하였거나 예상치 못한 하중을 전달하기에 충분한 하중경로를 제공해 주어야 한다. 이러한 하중경로는 여러 구조요소를 용접 또는 볼트로 연결하여 확보할 수 있다[하중저항계수설계법에 의한 강구조설계기준(2014, 국토교통부) 10.1.3].

3.7.4 피로설계

하중저항계수설계법에서 제시하고 있는 기준에 따른 피로설계는 일반적으로 다음과 같은 절차를 통하여 수행된다.

(1) 대상교량의 설계수명동안 통과할 것으로 예상되는 설계하중에 대한 응력반복횟수를 결정한다.
(2) 대상구조부재의 상세범주를 정하고 이에 해당하는 상세범주와 응력반복횟수에 대한 허용피로응력범위(공칭피로강도)를 결정한다.
(3) 각 부재단면에서 충격계수를 고려한 설계활하중에 의해 발생되는 최대응력범위를 구한다.
(4) (3)에서 구한 최대설계응력범위가 (2)에서 구한 허용피로응력범위(공칭피로강도)내에 있는지 검토한다.

하중저항계수설계법에 의한 강구조설계기준(2014, 국토교통부)의 하중저항계수설계법에서는 식 3.7.3~4와 같이 구조 상세범주에 따른 상수와 설계수명동안의 응력범위 반복횟수로부터 직접 허용피로응력범위(공칭피로강도)을 결정하도록 규정하고 있다. 그림 3.7.1은 하중저항계수설계법에 의한 피로설계 흐름도이며, 각 단계별로 아래에서 상세히 설명한다.

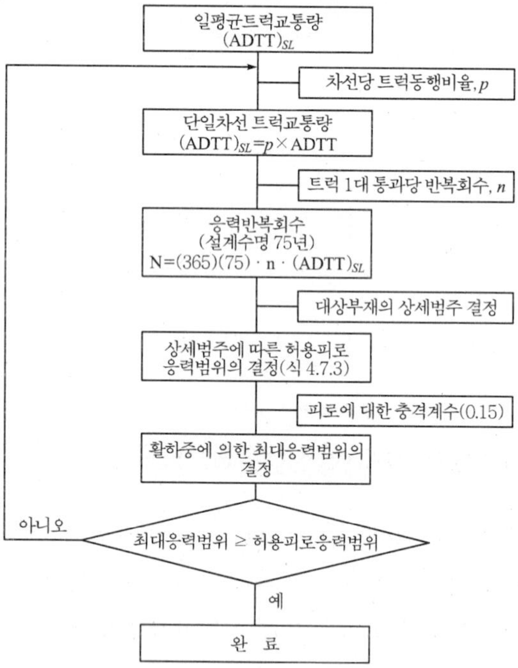

그림 3.7.1 피로설계 흐름도

피로설계응력범위의 반복횟수 결정

피로하중의 반복횟수를 결정하기 위하여 일반적으로 단일차로 일평균트럭교통량$(ADTT)_{SL}$을 사용한다. 피로하중의 반복횟수는 교량의 모든 부재에 적용가능하며, 통행차량수가 적은 경우에도 적용할 수 있다. 단일차로의 일평균트럭교통량에 대한 정확한 정보가 없는 경우에는 일평균트럭교통량과 차로당 트럭통행비율을 이용하여 다음과 같이 결정한다.

$$(ADTT)_{SL} = p \times ADTT \quad (3.7.5)$$

여기서 p는 한 차로에서의 트럭교통량 비율로서 1차로의 경우에는 1.0, 2차로일 경우에는 0.85, 3차로이상일 경우에는 0.80이다. 따라서 설계피로수명 100년에 대한 총 반복횟수는 다음과 같다.

$$N = (100\,\text{years}) \cdot (365\,\text{days}) \cdot n \cdot (\text{ADTT})_{SL} \quad (3.7.6)$$

여기서 n은 트럭 한대 통과시 발생하는 응력범위의 반복횟수이다(표 3.7.3).

구 분		경간길이	
		> 12m	≤ 12m
종방향 부재	단순경간 거더	1.0	1.0
	연속 주형 1) 내측지점부근 2) 기타	 1.5 1.0	 2.0 2.0
	캔틸레버주형	5.0	
	트러스	1.0	
횡방향부재		간 격	
		> 6m	≤ 6m
		1.0	2.0

부재에 관련된 구조상세의 상세범주 및 공칭피로강도 결정

하중저항계수설계법에 의한 강구조설계기준(2014, 국토교통부) 표 10.1.2.3-1로부터 상세범주를 결정하고, 상세범주에 따른 공칭피로강도는 표 3.7.1~2와 식 3.7.4를 이용하여 구할 수 있다. 식 3.7.4로부터 구한 단일차로 트럭교통량에 따른 허용피로응력범위(공칭피로강도)는 그림 3.7.2와 같다. 그림에서 점선은 일정진폭하중에 대한 피로한계값이다.

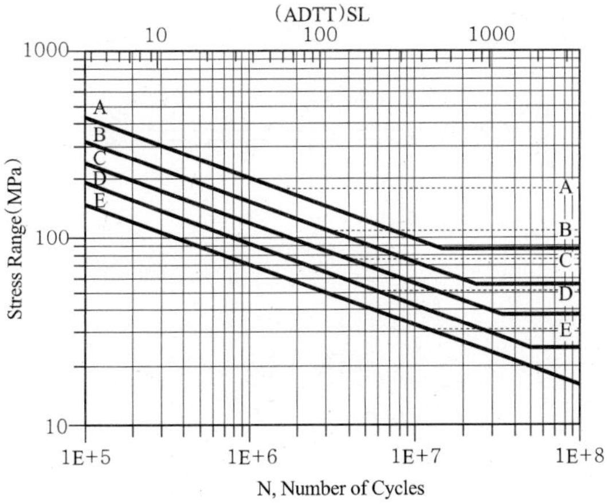

그림 3.7.2 반복 횟수에 따른 허용피로응력범위(공칭피로강도)

▎설계피로하중에 의해 발생되는 피로설계응력범위 결정

하중저항계수설계법에는 피로설계트럭하중(각각의 축간 거리 4.2 m)을 설계피로하중으로 규정하고 있으며, 설계차로수에 관계없이 횡방향, 종방향으로 1대 재하를 원칙으로 하고 있다. 따라서 설계피로하중에 의한 피로설계응력범위는 설계차로수에 관계없이 대상부재의 상세부위에 가장 불리한 위치에 피로설계트럭하중 1대의 주행에 의해 발생되는 최대응력범위가 된다. 또한 피로 및 파단한계상태에 대한 하중저항계수설계법의 충격계수는 부재의 종류에 관계없이 0.15를 사용하도록 규정하고 있다.

▎공칭피로강도$(\Delta F)_n$ 와 설계활하중에 의한 최대응력범위 $\gamma(\Delta f)$의 비교

피로설계 시에는 설계피로하중에 의한 최대응력범위가 공칭피로강도를 초과하지 않도록 설계한다.

예제 3.7.1

지간장 $49\,\mathrm{m}$의 콘크리트 바닥판을 갖는 단순 I형 합성플레이트거더교로 단면 형상과 상세는 그림 3.7.3과 같다. 이 교량에 대해 피로응력을 강구조설계기준(2014)의 하중저항계수설계법을 사용하여 검토하시오. (단, 1등교로 설계하고, 일평균트럭교통량(ADTT)은 2500대며 설계피로수명은 75년으로 한다. 한 차로에서의 트럭교통량 비율 p는 1.0을 사용하라. 대상부재 구조상세는 웨브에 용접된 수직보강재의 용접단부이다.)

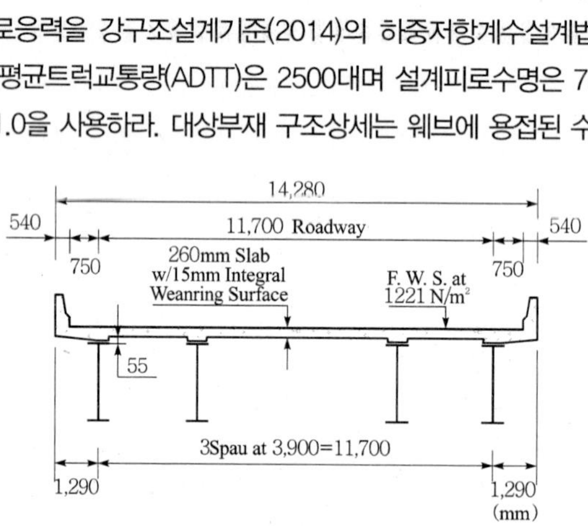

그림 3.7.3

풀 이

1) 해석단면의 가정

내측거더와 외측거더에 대한 해석단면은 동일한 단면을 갖는 것으로 가정한다. $(I_g = 104.2 \times 10^9 \mathrm{mm}^4)$

2) 피로트럭하중에 의한 휨모멘트 해석

피로트럭하중에 의한 최대응력범위를 결정하기 위하여 먼저 피로트럭하중에 의한 대상부위의 최대휨모멘트를 구하여야 한다.

피로트럭하중은 설계차로수에 관계없이 횡방향, 종방향으로 설계대상부재에 가장 불리한 위치에 1대만을 재하시키는 것으로 하중저항계수설계법에서 규정되어 있으므로 본 예제에서는 하중저항계수설계법의 피로설계트럭하중을 그림 3.7.5에 나타난 바와 같이 횡방향으로 내측거더(G3)에 피로트럭하중을 재하하는 것으로 가정한다.

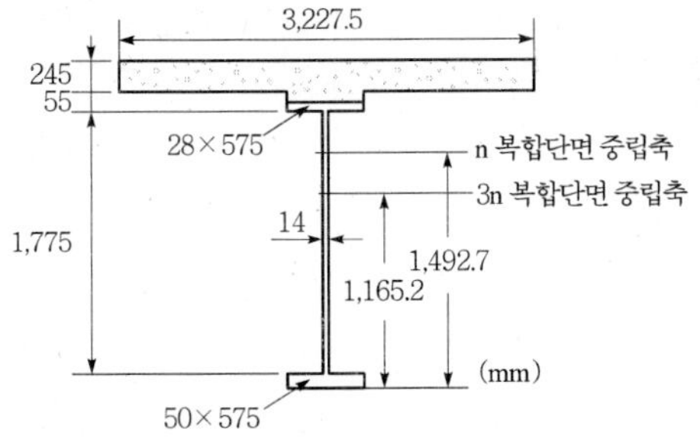

그림 3.7.4

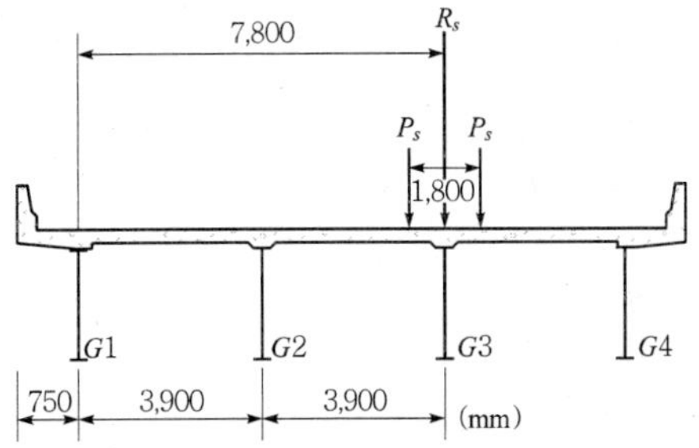

그림 3.7.5

(1) 모멘트 포락선도

피로트럭하중에 의한 내측거더(G3)의 최대휨모멘트를 구하기 위하여 피로트럭하중의 종방향 진행에 의한 최대휨모멘트의 포락선도를 그림 3.7.6과 같이 작성한다.

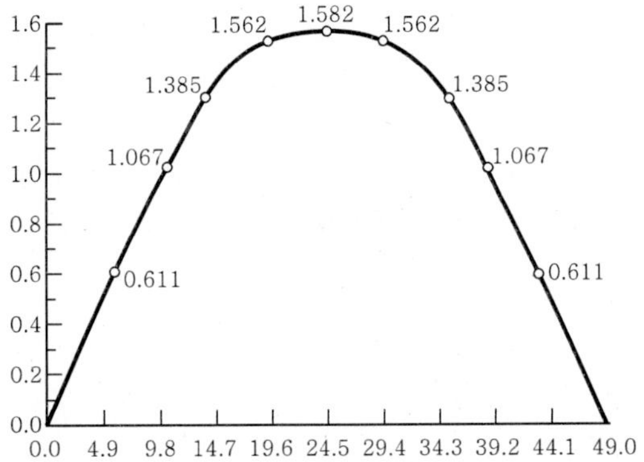

그림 3.7.6 포락선도

(2) 피로하중상태에서의 휨모멘트

설계피로하중에 의해 발생되는 최대 응력범위는 피로트럭하중에 의한 모멘트(LL)에 피로 및 파단한계상태에 대한 충격계수(IM), 분배계수(DF), 하중계수(γ)를 적용하여 구할 수 있다. 피로 및 파단한계상태에서의 충격계수는 부재의 종류와 관계없이 0.15를 사용하도록 하중저항계수설계법에 규정되어 있고, 피로 및 파단한계상태에 대한 분배계수는 한 개의 설계차로재하에 따른 활하중 분배계수를 설계차로수에 따른 하중효과 m = 1.20으로 나누어서 구할 수 있다. 또한 피로 및 파단한계상태에 대한 하중계수는 표 3.1.1에서 0.75로 규정하고 있다. 이와 같이 계산된 설계피로하중에 의한 최대응력범위는 아래의 표 3.7.4와 같다.

표 3.7.4 피로하중상태에서의 모멘트와 응력범위 $(N \cdot mm \times 10^6)$

위치(x/L)	LL(1+IM)		DF[LL(1+IM)]			γ · DF[LL(1+IM)]	
	M+	M−	DF	M+	M−	M+	M−
0.0	0	0	0.444	0	0	0	0
0.1	1444	0	0.444	641	0	481	0
0.2	2523	0	0.444	1120	0	840	0
0.3	3275	0	0.444	1454	0	1091	0
0.4	3692	0	0.444	1639	0	1229	0
0.5	3741	0	0.444	1661	0	1246	0
0.6	3692	0	0.444	1639	0	1229	0
0.7	3275	0	0.444	1454	0	1091	0
0.8	2523	0	0.444	1120	0	840	0
0.9	1444	0	0.444	641	0	481	0
1.0	0	0	0.444	0	0	0	0

3) 피로 및 파단한계상태 해석

(1) STEP 1. 피로설계응력범위의 반복횟수 결정

- 단일차로 일평균트럭교통량$(ADTT)_{SL}$의 결정

$(ADTT)_{SL} = p \times ADTT$

p = 한 차로에서의 트럭교통량 비율 = 1.0

$\therefore \ (ADTT)_{SL} = 1.0 \times 2500 = 2500$ trucks/day

- 설계피로수명 75년에 대한 총 반복횟수, N

$N = 365(75)(1)(2500) = 68{,}437{,}500$회

(2) STEP 2. 대상부재에 관련된 구조상세의 범주 및 공칭피로강도 결정

- 대상부재의 구조상세

대상부재의 구조상세는 수직보강재를 웨브에 용접보강한 경우의 용접단부로 하중유발피로 하중저항계수설계법에 의한 강구조설계기준(2014, 국토교통부) 표 10.1.2.3-1의 규정에 따라 C'등급으로 분류된다.

- 공칭피로강도

$$(\Delta F)_n = \left(\frac{N_{TH}}{N}\right)^{1/3} (\Delta F)_{TH}, \qquad N \le N_{TH}$$
$$= \left(\frac{N_{TH}}{N}\right)^{1/5} (\Delta F)_{TH}, \quad N_{TH} < N \le N_{CL}$$

여기서, $N_{TH} = 2.55 \times 10^6$, $N_{CL} = 81.47 \times 10^6$, $(\Delta \mathrm{F})_{\mathrm{TH}} = 82.7\,\mathrm{MPa}$

$$\therefore\ (\Delta F)_n = \left(\frac{2.55 \times 10^6}{68{,}437{,}500}\right)^{1/5} \times 82.7 = 42.83\,\mathrm{MPa}$$

(3) STEP 3. 설계피로하중에 의해 발생되는 최대피로설계응력범위 결정

$$\gamma(\Delta f) = \frac{\gamma \cdot DF[LL(1+IM)]}{I_g} y$$
$$= \frac{1.229 \times 10^9}{104.2 \times 10^9}(1{,}492.7 - 50 - 35) = 16.6\,\mathrm{MPa}$$

(4) STEP 4. 공칭피로강도와 최대피로설계응력범위의 비교

$$(\Delta F)_n \ge \gamma(\Delta f)$$

$42.83\mathrm{MPa} > 16.6\mathrm{MPa} \qquad \therefore\ O.K$

04 강구조물의 허용응력설계

제 4 장 강구조물의 허용응력설계

4.1 인장부재

4.1.1 개설

인장부재(tension members)는 구조물에 작용하는 인장력을 지지하여 다른 부재에 안전하게 전달하는 역할을 하는 부재를 말한다. 토목구조물에서 인장부재의 예로서는 트러스의 하현재, 교량의 브레이싱 등이 있고, 케이블은 큰 인장력을 이용하여 장지간의 구조를 지지할 수 있는 이점이 있으므로 현수교나 사장교 등에 널리 사용되고 있다.

축방향 인장력 T를 받는 단면의 인장응력 f_t는 다음과 같이 구할 수 있다.

$$f_t = \frac{T}{A_g - \Delta A} = \frac{T}{A_n} \tag{4.1.1}$$

여기서 A_g와 ΔA는 각각 인장부재의 총단면적(gross area)과 볼트구멍 등에 의한 손실 단면적을 나타내며, A_n은 순단면적(net area)이 된다. 엄밀하게는 축방향력이 도입되는 부재 연결부 부근에서의 응력분포는 복잡하여 구멍이나 단면변화가 있는 경우에는 응력집중현상이 발생하게 되지만, 실제의 설계에서는 식 4.1.1과 같이 균등하게 분포하는 것으로 가정하고 있다. 이와 같은 가정은 축력이 도입되는 단부에서 멀리 떨어진 인장부재 단면에 뒤틀림이 발생하지 않는 경우에는 항상 성립한다. 그러나 인장부재에 작용하는 하중이 단면의 일정부분에 집중하게 되면 국부응력으로 인한 뒤틀림현상이 발생할 수 있으므로 이때의 응력은 식 4.1.1에 의한 값과 큰 차이를 보이게 된다.

인장부재는 4.2절에서 다루게 될 압축부재와는 달리 하중을 받을 때 좌굴이 발생하지 않으므로 재료사용의 효율이 높고, 단면형태에 따라 하중지지능력이 변화하지 않으므로 단면의 선택이 비교적 자유롭다. 그러나 접합에 필요한 볼트의 구멍은 하중을 지지하는 단면적을 줄이고, 그 주변에는 응력집중 현상이 발생하게 되므로, 인장부재의 설계에 있어서는 이러한 단면 손실과 하중의 편심 등에 의한 영향을 고려하여야 한다

4.1.2 인장부재의 단면구성

▌단일부재

부재작용력이 비교적 작은 경우에는 봉강(rod, bar)이나 형강을 사용하게 된다. 봉강의 단면형태로서는 원형, 사각형, 평강 등이 있으며 주로 구조물의 브레이싱 등에 많이 사용되고, 길이에 비해 단면적이 작으므로 압축은 물론 휨에 대해서도 거의 저항할 수 없다는 단점이 있다. 이러한 봉강을 타 부재와 연결하는 방법으로서는 단부를 용접하거나 단부에 나사홈을 내어 볼트로 연결하는 방법이 있으며, 부재길이를 정확히 조절할 필요가 있는 경우에는 그림 4.1.1과 같이 아이바(eye bar)를 사용한 U자형 연결재나 턴버클(turnbuckle)을 이용한 연결 방법 등이 있다.

형강은 부재작용력이 약간 크거나, 어느 정도의 강성이 요구되는 인장부재에 주로 사용된다. ㄱ형강(angle)은 가장 간단한 단일형강의 인장부재로서 봉강에 비하여 강성이 크지만, 다른 형강에 비하여 단면적이 작으므로 길이가 긴 경우에는 적합치 않으며 하중편심으로 인하여 유효단면적(effective area)이 줄어드는 단점이 있다. ㄷ형강(channel)은 다른 부재와의 접합이 쉽고, ㄱ형강에 비해 하중편심의 영향이 적으므로 간단한 트러스나 브레이싱 등에 널리 쓰이고 있다. 이밖에 T형강의 경우도 ㄷ형강과 함께 인장부재로 많이 사용되고 있으며, H형강의 경우에는 부재접합에 어려움이 있어 작용하중이 큰 경우 이외에는 거의 사용하지 않고 있다.

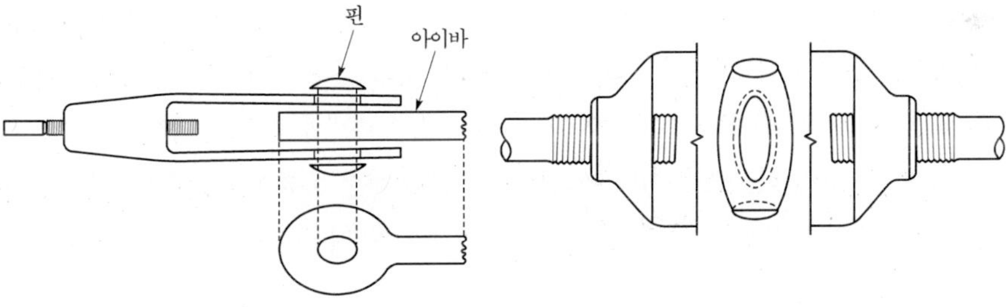

(a) U자형 연결재　　(b) 턴 버클

그림 4.1.1 봉강의 연결

▌조립부재(built-up member)

복수(複數)의 강판 또는 형강을 조립하여 일체화 한 부재를 말한다. 단일형강으로는 부재작용력을 지지하는데 유효단면적이 부족한 경우나 충분한 강성을 확보하기가 곤란한 경우 또는 다른 부재와의 연결시 단면치수의 제약으로부터 특정의 단면폭이 요구되는 경우 등에 사용된다. 조립부재는 단면치수 및 단면형상의 선택이 비교적 자유롭고 동일한 단면적으로 강성이 풍부한 이점이 있다. 그러나 제작시간이 소요되며 다른 부재와의 접합과 외관 등의 문제를 고려하여야 한다.

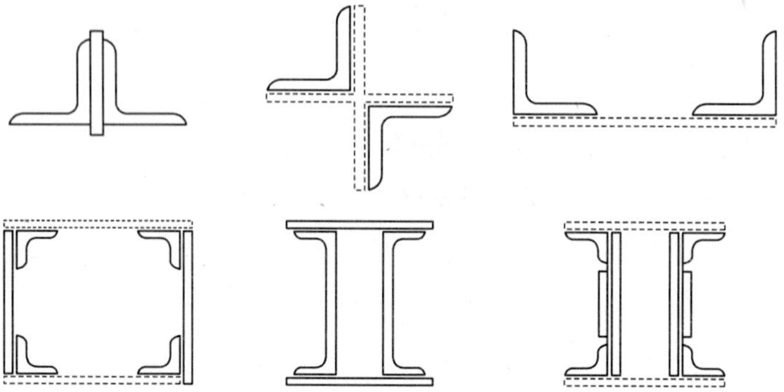

그림 4.1.2 조립부재

케이블과 와이어(cable and wire)

케이블이란 인장력만을 저항할 수 있는 유연한 구조부재를 말한다. 이와 같은 케이블에서는 좌굴발생의 염려가 없고, 부재길이에 거의 제한이 없으며 또한 강도가 높은 와이어로 구성되므로 이를 주부재로 하는 현수구조는 장지간에 대단히 유리하게 된다. 케이블은 현수교, 사장교 등에 널리 사용되며 이밖에 프리스트레스재, 가설공사용 자재로 쓰인다.

케이블을 구성하는 와이어는 비교적 탄소함유량이 높은 강선으로서 재료의 종류에 따라 차이는 있으나 인장강도는 1,500~1,800MPa이상이 되며 파단시 신장률은 4~6%정도로 작다. 케이블의 종류는 그림 4.1.3(a)에 나타낸 바와 같이 중심가닥의 둘레를 꼬아가면서 일정한 직경으로 만드는 로프(rope)와 그림 4.1.3(b)와 같이 와이어를 평행하게 꼬아서 만드는 평행 스트랜드(parallel strand)로 크게 나눌 수 있다. 또한 이러한 케이블의 내부에는 종류에 상관없이 공극이 존재하게 되며, 따라서 케이블의 단면적 A_c는 공극률 α를 고려하여 다음과 같이 구하게 된다.

$$A_c = (1-\alpha)\frac{\pi d^2}{4} \tag{4.1.2}$$

식 4.1.2에서 공극률 α는 로프의 경우 그 종류에 따라 10~42%, 스트랜드의 경우에는 11~14%가 되고, d는 케이블의 직경을 나타낸다.

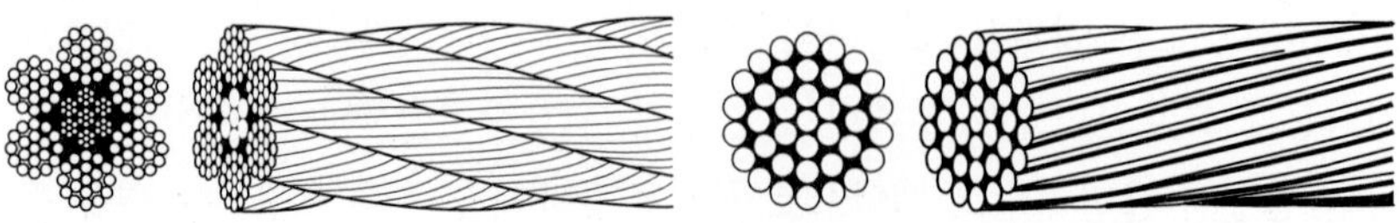

그림 4.1.3 케이블의 종류

4.1.3 순단면적과 유효단면적

▮ 인장부재의 파단

인장부재의 단부가 볼트 등으로 연결되어 있을 때에는 그 구멍으로 인하여 인장력을 받을 수 있는 부재의 단면적이 줄어들게 되며, 이러한 볼트구멍 주변에 발생하는 응력집중현상은 부재 파단의 직접적인 원인이 된다. 그림 4.1.4는 인장력으로 인한 구멍주변의 응력분포를 나타낸 것으로 응력집중에 의한 최대응력 $f_{\max}$ 는 평균응력 f_{ave} 의 약 3배에 이르게 되며, 인장력이 증가하면 이 지점이 먼저 국부적으로 항복에 도달하면서 점차적으로 총단면이 항복에 이르게 되어 인장력 작용방향의 직각으로 파단하게 된다.

볼트구멍이 여러 개 있는 인장부재의 경우 각 구멍마다 응력집중에 의한 국부적인 항복현상이 생기나 볼트구멍의 배열상태에 따라 파단선이 달라지게 된다. 따라서 발생가능한 파단선을 가정하고 일정한 경험식을 적용하여 순단면적(net area)을 계산한 후, 그 중 제일 불리한 값을 선택하여 설계에 사용한다.

▮ 순단면적(net area) [도로교설계기준(2010) 3.5.3.7 순단면적의 계산]

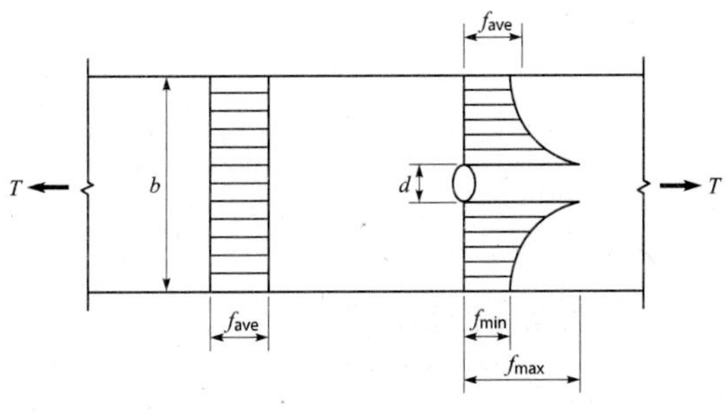

그림 4.1.4 구멍주변의 응력분포

그림 4.1.5(a)와 같이 볼트구멍이 나란히 배치되어 있는 인장부재에서는 인장력과 직각방향으로 볼트구멍을 연결하는 단면이 제일 불리한 단면이 된다. 이러한 인장부재의 순폭 b_n 은 전폭 b_g 에서 각 구멍의 직경을 뺀 값으로 구할 수 있다.

$$b_n = b_g - (n \times d) \tag{4.1.3}$$

여기서 n : 볼트 수

d : 볼트구멍직경

식 4.1.3에서 볼트구멍직경 d는 볼트구멍 제작시 생기는 구멍주변의 결손을 고려하여 M20, M22, M24에 대해서는 볼트의 공칭직경에 3mm를 더한 값으로 하고, M27및 M30의 경우에는 4mm를 더한 값으로 한다.

볼트가 엇갈리게(지그재그로) 배치되어 있는 경우에는 그림 4.1.5(b)에 나타낸 바와 같이 예상파단선을 설정한다. 순폭의 계산에 있어서는 파단선을 따라 있는 첫 번째 구멍에 대해서는 볼트구멍직경 d를 빼는 것으로 하고, 다음으로 연결되는 각 볼트구멍에 대해서는 식 4.1.4와 같은 손실단면폭 Δ를 고려하는 것으로 한다.

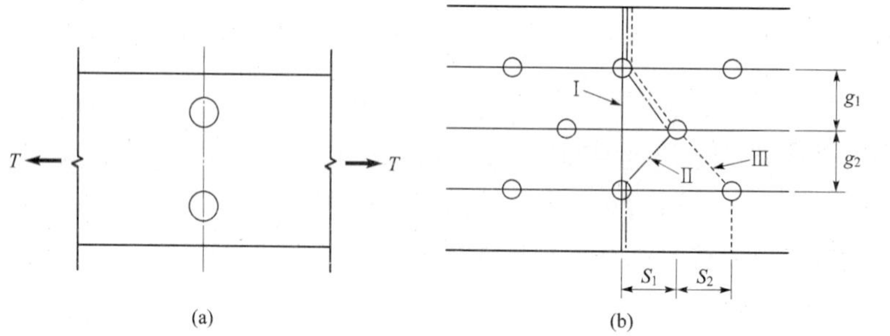

그림 4.1.5 인장재의 순단면적

$$\Delta_i = d_i - \frac{s_i^2}{4g_i} \tag{4.1.4}$$

여기서 s_i : 각 볼트열의 하중이 작용하는 방향의 엇갈린 볼트의 중심 간격 [피치(pitch), mm]

g_i : 각 볼트열의 하중이 작용하는 방향과 직각인 방향의 간격 [게이지(gage), mm]

또한 인장부재의 순폭은 아래의 식 4.1.5에 의한 값 중 가장 작은 값이 되며, 이때의 파단선을 한계경로(critical path)라고 한다.

$$b_n = b_g - d_1 - \Sigma\Delta_i \tag{4.1.5}$$

여기서 d_1 : 첫 번째 볼트의 구멍직경

$\Sigma\Delta_i$: 식 4.1.4에 의한 손실단면폭의 합

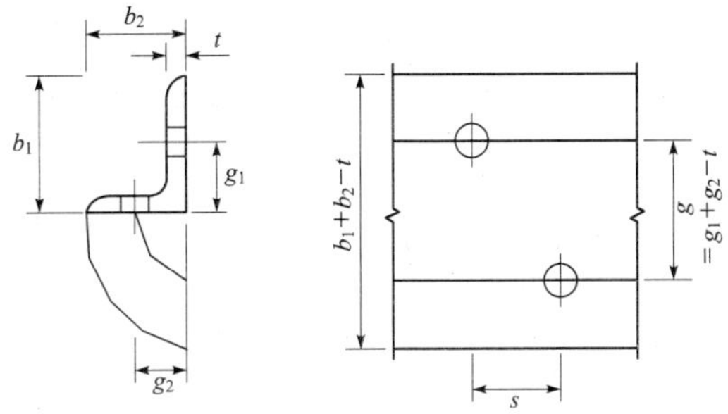

그림 4.1.6 형강의 순단면적

따라서 인장부재의 순단면적 A_n은 볼트배치에 따라 식 4.1.3 또는 식 4.1.5로부터 구한 순폭 b_n에 인장부재의 두께 t를 곱한 값이 된다.

한편 볼트구멍이 있는 형강의 순단면적은 그림 4.1.6과 같이 동일평면상에 형강을 전개하여 볼트열의 간격 g를 구한 다음, 볼트의 배열형태에 따라 식 4.1.3 또는 식 4.1.5를 적용하여 구한 순폭으로부터 순단면적 A_n을 구한다.

예제 4.1.1

그림 4.1.7에 나타나 있는 두께 8mm 평판의 순단면적을 구하라. 단, 볼트의 공칭직경은 20mm이다.

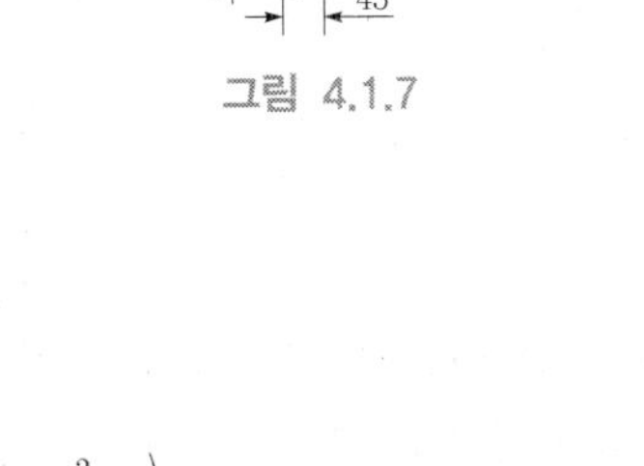

그림 4.1.7

풀 이

1) AC경로

$$b_n = b_g - 2d = 300 - (2 \times 23) = 254\,\mathrm{mm}$$

2) ABC경로

$$b_n = b_g - d - \Delta_B - \Delta_C = b_g - 3d + \frac{s_1^2}{4g_1} + \frac{s_1^2}{4g_2}$$

$$= 300 - (3 \times 23) + \left(\frac{55^2}{4 \times 65}\right) + \left(\frac{55^2}{4 \times 100}\right) = 250.2\,\mathrm{mm}$$

3) ABD경로

$$b_n = b_g - d - \Delta_B - \Delta_D = 300 - (3 \times 23) + \left(\frac{55^2}{4 \times 65}\right) + \left(\frac{45^2}{4 \times 100}\right) = 247.7\mathrm{mm}$$

따라서 ABD경로가 한계경로가 된다.

$\therefore\ A_n = b_n \times t = 247.7 \times 8 = 1982\mathrm{mm}^2$

예제 4.1.2

그림 4.1.8과 같은 ㄱ형강의 순단면적을 구하라. 단, 볼트의 공칭직경은 22mm이다.

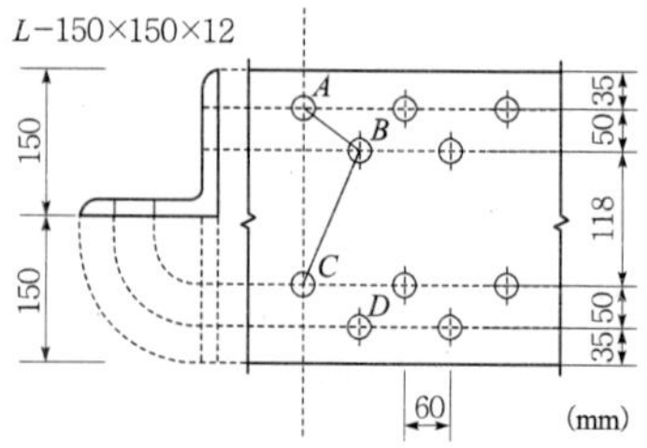

그림 4.1.8

풀 이

1) AC경로

$$b_n = 288 - (2 \times 25) = 238\,\text{mm}$$

2) ABC경로

$$b_n = 288 - (3 \times 25) + \left(\frac{60^2}{4 \times 50}\right) + \left(\frac{60^2}{4 \times 118}\right) = 238.6\,\text{mm}$$

3) ACD경로(또는 ABD경로)

$$b_n = 288 - (3 \times 25) + \left(\frac{60^2}{4 \times 50}\right) = 231\,\text{mm}$$

따라서 ACD경로(또는 ABD경로)가 한계경로가 된다.

$\therefore\ A_n = b_n \times t = 231 \times 12 = 2772\,\text{mm}^2$

유효단면적(effective area)

ㄱ형강이나 ㄷ형강을 덧댐판(gusset plate)에 결합하는 경우 인장력과 동시에 편심에 의한 추가응력이 발생하게 된다. 그림 4.1.9는 등변ㄱ형강을 덧댐판에 연결한 경우로서 인장력의 작용선과 단면의 도심이 서로 일치하지 않게 된다.

이 경우에는 중심을 지나는 x, y축에 대하여 각각 $M_x = T(R - C_Z)$, $M_y = T \cdot C_Y$의 휨모멘트 응력이 추가되어 부재에 생기는 인장응력은 다음과 같이 된다.

$$f_t = \frac{T}{A} + \frac{M_x}{Z_x} + \frac{M_y}{Z_y} \tag{4.1.6}$$

여기서 Z_x, Z_y : 각각 x, y방향의 단면계수

실용적인 계산에서는 편심효과에 의한 응력의 증가를 고려하여 그림 4.1.10(a)와 같이 돌출부의 절반을 무시한 단면적을 유효단면적 A_e로 하여 휨모멘트의 영향을 대신하는 것으로 하고 있다. 그러나 그림 4.1.10(b)에 나타낸 바와 같이 덧댐판의 양쪽에 등을 맞대어 연결된 경우에는 편심을 피할 수 있게 되므로 총단면적이 유효한 것으로 간주한다.

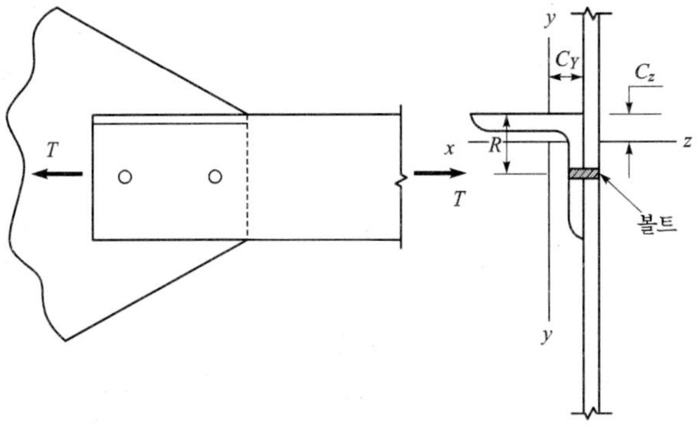

그림 4.1.9 편심을 받는 ㄱ형강

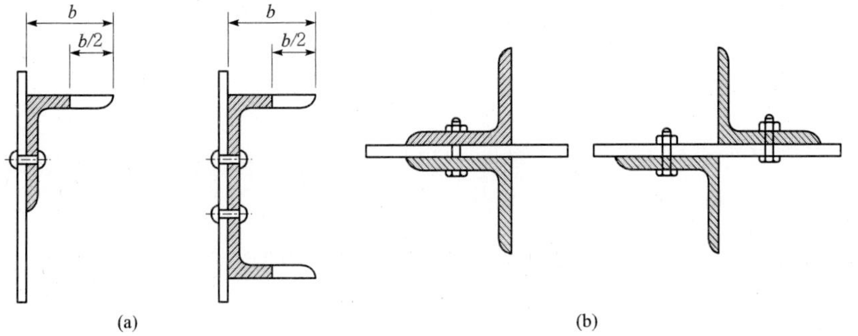

그림 4.1.10 형강의 유효단면적

예제 4.1.3

그림 4.1.11과 같이 접합되어 있는 ㄷ형강 인장부재의 유효단면적을 구하라.

단, ㄷ-250×90×9×13($A_g = 4407\text{mm}^2$)을 사용하고 모재의 두께는 9mm로 한다.

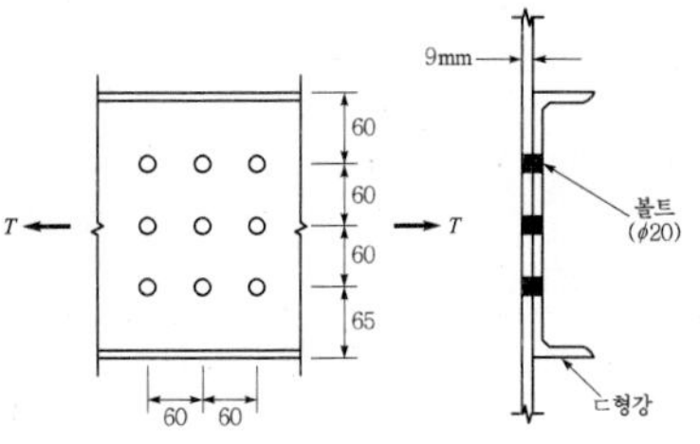

그림 4.1.11

풀 이

1) 편심이 생기므로 돌출된 양쪽 플랜지의 절반을 무시하면

$$A_g{}' = A_g - (\frac{1}{2}bt_2) \times 2 = 4407 - (\frac{1}{2} \times 90 \times 13) \times 2 = 3237\text{mm}^2$$

2) 3개의 볼트구멍을 뺀 유효단면적은

$$A_e = A_g{}' - 3dt = 3237 - 3 \times (20 + 3) \times 9 = 2616\text{mm}^2$$

따라서 유효단면적 A_e는 2616mm^2가 된다.

4.1.4 인장부재의 설계

▌허용인장응력 [도로교설계기준(2010) 3.3.2.1 구조용 강재의 허용응력]

인장부재의 내하력은 다음과 같이 주어진다.

$$T_n = f_y \cdot A \tag{4.1.7}$$

식 4.1.7에서 인장부재의 단면적 A는 볼트구멍이 있는 경우 식 4.1.3 또는 식 4.1.5에 의한 순폭에 두께 t를 곱하여 구한 순단면적 A_n이 되며, 덧댐판에 연결되어 편심하중을 받는 ㄱ형강이나 ㄷ형강의 경우에는 위에서 언급한 유효단면적 A_e가 된다. 허용인장응력 f_{ta}는 식 4.1.7에 의한 기준내하력을 단면적과 안전율 $S.F$로 나눈 값으로서 다음과 같이 나타낼 수 있다.

$$f_{ta} = \frac{T_n}{A \cdot S.F} = \frac{f_y}{S.F} \tag{4.1.8}$$

현행의 도로교설계기준에서는 기준항복점응력 f_y에 대해서 안전율 약 1.7을 고려하여 표 4.1.1과 같이 허용인장응력을 정하고 있다.

한편 인장부재의 허용인장력 T_{ta}는 인장부재의 단면적 A에 허용인장응력 f_{ta}를 곱한 것으로 다음과 같이 구할 수 있다.

$$T_{ta} = A \cdot f_{ta} \tag{4.1.9}$$

여기서 A : 인장부재의 순단면적 또는 유효단면적

표 4.1.1 허용인장응력

도로교설계기준(2010) 표 3.3.1 허용축방향 인장응력 및 허용휨인장응력(MPa)

강종 / 강재 판두께(mm)	SS400 SM400 SMA400	SM490	SM490Y SM520 SMA490	SM570 SMA570
40이하	140	190	215	270
40초과 75이하	130	175	200	260
75초과 100이하			195	250

강종 / 강재 판두께(mm)		SM490C-TMC	SM520C-TMC	SM570-TMC
100이하		190	215	270

강재 판두께(mm) \ 강 종	HSB500	HSB600	HSB800	
80이하	230	270	380	
80초과 100이하			–	

예제 4.1.4

두께 18mm의 SM 490강판에 M22볼트를 그림 4.1.12와 같이 배치할 경우, 인장력 $T = 450\text{kN}$을 지지할 수 있는 피치 s를 결정하라.

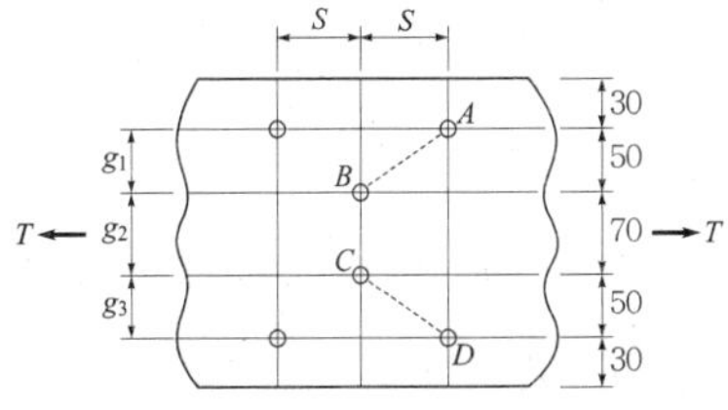

그림 4.1.12

풀 이

$$A_{n,req} = \frac{T}{f_{ta}} = \frac{450\times10^3}{190} = 2368\text{mm}^2$$

$$\Delta A_{\max} = A_g - A_{n,req} = (230\times18) - 2368 = 1772\text{mm}^2$$

$$b_n = b_g - d - \Delta_B - \Delta_C - \Delta_D$$

$$= b_g - 4d + \frac{s^2}{2g_1}$$

$A_g - A_n \leqq \Delta A_{\max}$ 이어야 하므로

$$A_g - A_n = \left[b_g - \left(b_g - 4d + \frac{s^2}{2g_1}\right)\right] t \leqq 1772$$

$$4d - \frac{s^2}{2g_1} \leqq \frac{1772}{t} \text{(여기서 } d = 25\text{mm},\ g_1 = 50\text{mm)}$$

$$\therefore\ s^2 \geqq 155.6\text{mm}^2 \rightarrow s \geqq 12.5\text{mm}$$

예제 4.1.5

그림 4.1.13에 나타낸 바와 같이 M22볼트로 연결된 CT-97×150×6×9 ($A_g = 1951\text{mm}^2$, SS 400) 형강의 허용인장력을 구하라.

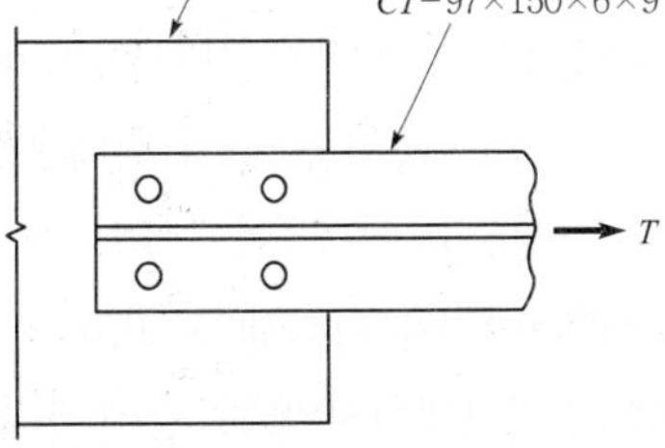

그림 4.1.13

풀 이

1) $A_g{}' = 1951 - (\frac{1}{2}\times97\times6) = 1660\text{mm}^2$

2) $A_e = 1660 - 2(25\times9) = 1210\text{mm}^2$

따라서 허용인장력 T_{ta}는

$T_{ta} = A_e \times f_{ta} = 1210 \times 140 = 169.4\text{kN}$

여기서 f_{ta}는 도로교설계기준(2010) 표3.4.1에 따라 140MPa 사용

단면설계

부재축의 중심에 인장력 T가 작용하는 단순인장부재의 인장응력은 다음과 같이 구할 수 있다.

$$f_t = \frac{T}{A} \tag{4.1.10}$$

식 4.1.10에서 A는 부재의 단면적으로서 볼트구멍이 있는 경우에는 순단면적 A_n을, 덧댐판이 연결되어 있는 경우에는 유효단면적 A_e를 사용한다. 또한 볼트열 또는 용접접합 중심선이 부재축과 일치하지 않는 경우에도 편심모멘트가 발생하게 되므로 가능한 한 편심이 생기지 않는 접합방법을 채택하는 것이 바람직하다. 그러나 불가피하게 커다란 편심이 존재하는 인장부재의 경우에는 인장력 T와 휨모멘트 M을 고려하여 식 4.1.11로부터 최대인장응력을 구하여야 한다.

$$f_t = \frac{T}{A} + \frac{M}{Z} \tag{4.1.11}$$

여기서 Z : 단면계수

인장부재의 설계에 있어서는 식 4.1.10 또는 식 4.1.11로부터 구한 최대 인장응력이 표 4.1.1에 주어진 허용인장응력 f_{ta}를 넘지 않도록($f_t \leq f_{ta}$) 단면을 선택하여야 한다.

인장부재의 세장비

인장부재에서는 압축부재와는 달리 좌굴현상이 발생하지 않으므로 원칙적으로 부재의 세장비(slenderness ratio)를 제한할 필요가 없다. 그러나 현행의 도로교설계기준에서는 구조물의 과도한 진동을 억제하거나 강성(剛性)을 유지할 목적으로 봉강, 아이바, 와이어로프 등을 제외한 인장부재 세장비(l/r)의 최대값을 주요부재의 경우 $l/r = 200$, 2차부재의 경우에는 $l/r = 240$으로 규정하고 있다. 여기서 l은 비지지길이(일반적으로 인장부재의 길이)가 되며, r은 단면의 최서회전반경을 나타낸다. 또한 주요부재란 주구조와 바닥틀을 말하며, 2차부재란 수평브레이싱과 수직브레이싱 등과 같이 주요부재 이외의 2차적인 기능을 가진 부재를 말한다.

예제 4.1.6

길이가 7.5m 이고 그림 4.1.14에 나타낸 바와 같은 인장부재(2차 부재)가 450kN의 하중을 받고 있다. SS 400강재를 사용하여 설계하라.

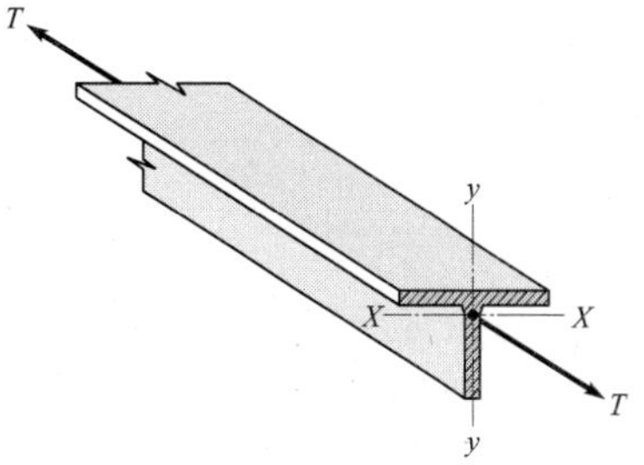

그림 4.1.14

풀 이

1) 설계하중

$$T = 450\text{kN}$$

2) 허용인장응력 및 필요단면적

$$f_{ta} = 140\text{MPa},\quad A_{req} = \frac{T}{f_{ta}} = \frac{450 \times 10^3}{140} = 3{,}214\text{mm}^2$$

3) 인장부재의 선택

A_{req}가 3214mm^{2}이므로 CT−168×249×8×12 형강단면 선택

($A = 4408\text{mm}^2$, $r_x = 44.7\text{mm}$, $r_y = 59.2\text{m}$)

4) 세장비의 검토(도로교설계기준(2010) 3.4.1.4)

$$\frac{l}{r} = \frac{7500}{44.7} = 168 < 240$$

따라서 CT−168×249×8×12 형강을 사용한다.

연습문제

4.1.1 아래 그림과 같이 M22볼트로 연결된 인장부재(SS 400)의 허용인장력 T_{ta}를 구하라.

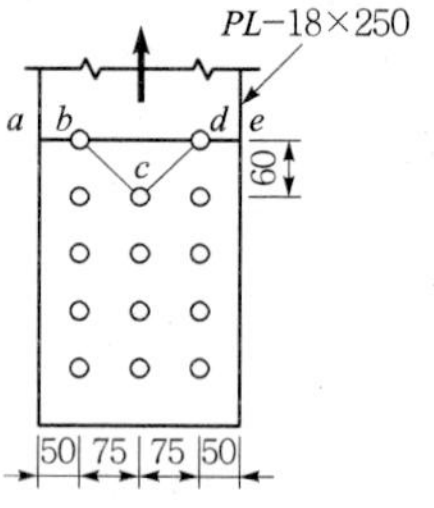

문제 4.1.1

4.1.2 아래 그림과 같이 길이가 7.6m 이고 단면이 H형강인 인장부재가 하중 610kN의 하중을 받고 있다. SM 400 강재를 사용하여 설계하라.

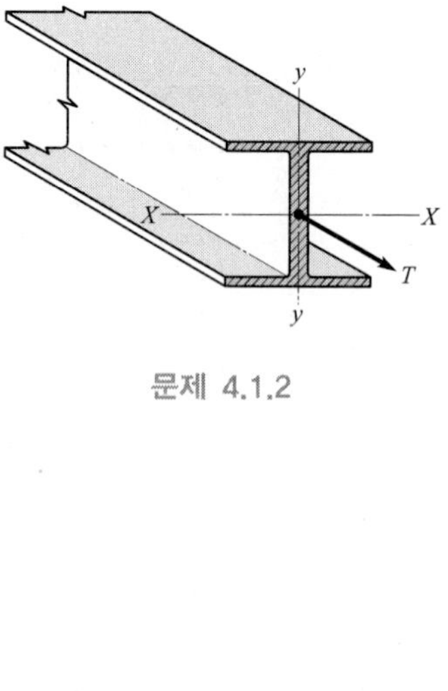

문제 4.1.2

4.2 압축부재

4.2.1 개설

압축력을 주로 받는 부재를 압축부재(compression members)라고 한다. 압축부재는 부재를 일직선으로 유지하고 볼트구멍 등에 의한 손실단면적을 고려하는 인장부재와는 달리 압축하중에 의해 부재의 휨변형이 증가할 염려가 있다. 하지만, 볼트구멍 등에 의한 손실단면적을 고려하지 않고 하중을 저항하는데 총단면적을 사용할 수 있다고 가정한다. 압축부재의 대표적인 예로서는 기둥을 들 수 있으며, 이밖에 축방향 압축력을 받는 트러스의 상현재 및 사재, 주형을 지지하는 수직 및 수평브레이싱, 플레이트거더의 압축플랜지 등도 압축부재의 범주에 속한다. 압축부재의 경우, 작용하중의 크기가 어느 한계값에 도달하면 하중이 증가하지 않아도 변형만 증가하고 하중을 제거해도 부재형상이 원래의 형태로 돌아가지 않는 현상이 발생하게 된다. 이러한 현상이 좌굴(buckling)현상이며. 좌굴현상의 발생시 강도가 급격히 감소하므로 압축부재의 설계시 특히 유의해야 한다. 기둥의 유효좌굴길이와 단면성능에 의하여 정해지는 세장비(slenderness ratio)가 커지면 기둥은 전체좌굴이 발생하기 쉽다. 전체좌굴은 부재의 전체 강도에 영향을 미치게 되어 기둥의 내하력이 감소하게 되므로 기둥의 전체좌굴의 크기에 따라 허용압축응력의 크기가 정해진다. 압축부재에서 판요소의 두께가 얇으면 국부좌굴(local buckling)이 발생하게 된다. 국부좌굴은 평판의 폭두께비, 지지조건 등과 밀접한 관계가 있으며, 평판의 폭이 커지거나 판요소의 두께가 얇을수록 국부좌굴이 일어나기 쉽고 국부좌굴은 지지할 수 있는 하중을 감소시키므로 압축부재의 허용응력은 국부좌굴과 관련하여 감소시켜야 한다. 이 절에서는 주로 축방향 압축력을 받는 기둥의 전체좌굴과 국부좌굴에 대한 허용압축응력에 대한 압축부재의 설계에 대하여 다루고자 한다. 축방향 압축력과 휨을 동시에 받는 부재에 대해서는 뒤에 4.5절에서 기술할 보-기둥 부재에서 다루기로 한다.

4.2.2 기둥의 좌굴

▮ 탄성좌굴(오일러 좌굴)

그림 4.2.1과 같이 중심축하중 P를 받는 양단힌지기둥에서의 최소하중에 의해 좌굴현상이 발생할 때, 이때의 좌굴하중을 탄성좌굴하중 P_{cr} 또는 오일러(Euler)좌굴하중 P_E라고 하며 다음과 같이 주어진다.

$$P_{cr} = \frac{\pi^2 EI}{l^2} \quad (4.2.1)$$

식 4.2.1은 기둥이 안정상태에서 불안정상태로 바뀌게 되는 최초의 하중을 의미하며, 이에 대응하는 기둥의 좌굴형상은 다음과 같게 된다.

$$y = A\sin\frac{\pi}{l}x \quad (4.2.2)$$

식 4.2.1과 4.2.2에 대한 유도는 건설공학도를 위한 재료역학[박연수 외 10명 저서, 구미서관]의 8장 기둥편을 참조할 수 있다.

오일러 좌굴하중은 기둥 양단의 지지조건에 따라 유효좌굴길이(effective buckling length)가 변화함으로써 달라지게 된다. 이러한 유효좌굴길이는 그림 4.2.2에 나타낸 바와 같이 좌굴형상의 변곡점간의 거리로 정의할 수 있다. 즉 양단힌지 기둥의 좌굴형상은 그림 4.2.1과 같이 sine형태가 되며, 이때의 좌굴하중은 식 4.2.1과 같이 주어진다. 그러나 양단의 지지조건에 따라 기둥의 좌굴형상은 달라지게 되며, 이때의 좌굴하중은 유효좌굴길이를 고려하여 다음 식으로부터 구한다.

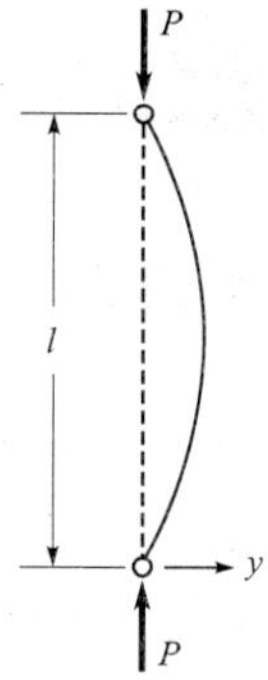

그림 4.2.1 오일러기둥

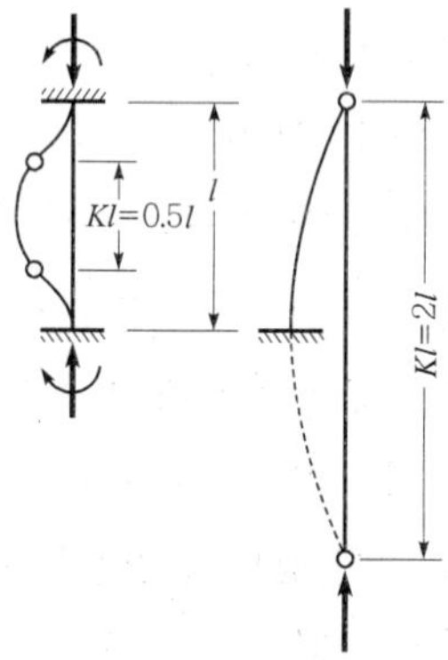

그림 4.2.2 유효좌굴길이의 개념

$$P_{cr} = \frac{\pi^2 EI}{(l_e)^2} \quad (4.2.3)$$

여기서 $l_e = Kl$: 유효좌굴길이

K : 유효좌굴길이계수 (표 4.2.1)

표 4.2.1 기둥의 유효좌굴길이계수

좌굴현상						
k의 이론값	0.5	0.7	1.0	1.0	2.0	2.0
k의 권장값	0.65	0.80	1.2	1.0	2.10	2.0

지지조건		회전고정 수평변위고정 회전자유 수평변위고정 회전고정 수평변위자유 회전자유 수평변위자유

또한 식 4.2.3의 양변을 기둥의 단면적 A로 나누고, 회전반경 $r=\sqrt{I/A}$의 관계를 적용하면, 좌굴응력 f_{cr}은 다음과 같이 구할 수 있다.

$$f_{cr}=\frac{\pi^2 E}{(l_e/r)^2}=\frac{\pi^2 E}{\lambda^2} \quad (4.2.4)$$

여기서 λ : 세장비(細長比)

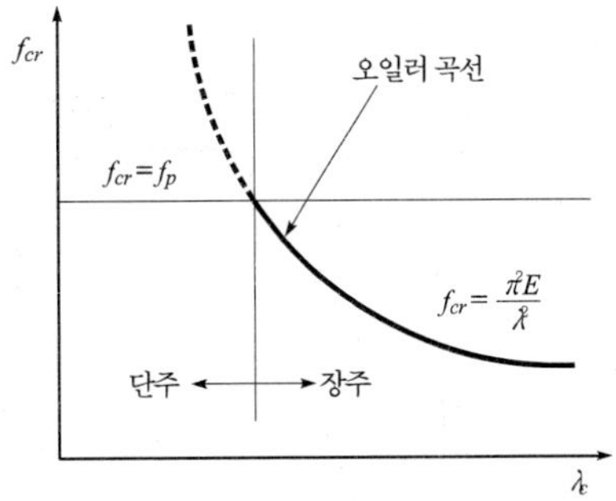

그림 4.2.3 탄성좌굴응력곡선

그림 4.2.3은 좌굴응력(f_{cr})-세장비(λ)의 관계를 표시한 것이다. 식 4.2.4는 좌굴응력이 비례한계응력 이하가 되는($f_{cr} \leq f_p$) 범위에서만 적용가능하며, $f_{cr}=f_p$인 점을 경계로 탄성좌굴이 일어나는 장주와 비탄성좌굴이 일어나는 단주로 나누어진다.

비탄성좌굴

이상에서 오일러 좌굴이론은 좌굴응력 f_{cr}이 재료의 비례한계응력 f_p 이하일 경우에 한하여 유효하다는 것을 언급하였다. $f_{cr} \geq f_p$이 되는 영역에서의 좌굴, 즉 비탄성좌굴(inelastic buckling)영역에서의 좌굴하중 또는 좌굴응력을 계산하는 이론에는 Engesser의 감소계수이론, Shanley의 기둥이론 등 여러 가지가 제안되었으나, 근사적이지만 안전측 결과를 주는 대표적인 방법으로서는 접선계수이론(tangent modulus theory)을 들 수 있다. 접선계수이론은 1889년 F. Engesser에 의하여 제안된 것으로 비탄성응력영역에서는 비례한도 이상의 탄성계수를 응력-변형률 곡선의 접선경사(slope)로 취하여 오일러 좌굴응력을 구할 수 있다는 이론으로서, 식 4.2.4에서 탄성계수 E 대신 그림 4.2.4와 같이 접선계수 $E_t=df/d\epsilon$를 도입하여 오일러공식의 적용범위를 비탄성영역까지 확장시킨 것으로 다음과 같이 주어진다.

$$f_{cr,t}=\frac{\pi^2 E_t}{(l_e/r)^2}=\frac{\pi^2 E_t}{\lambda_e^2} \quad (4.2.5)$$

이 방법이 의미하는 바를 나타내면 그림 4.2.4와 같다. 그러나 실제로 각국의 기둥의 설계시방서에서는 비탄성좌굴영역에서 이론적인 좌굴공식을 사용하지 않고 실제기둥의 제작 및 시공오차에 의한 초기결함, 용접잔류응력, 단면형상 등을 고려하여 실험에 바탕을 둔 다양한 실험곡선식을 사용하고 있다. 이에 대해서는 아래에서 보다 상세하게 고찰하고, 다음 절에서 기둥의 기준 내하력과 연관하여 설명할 것이다.

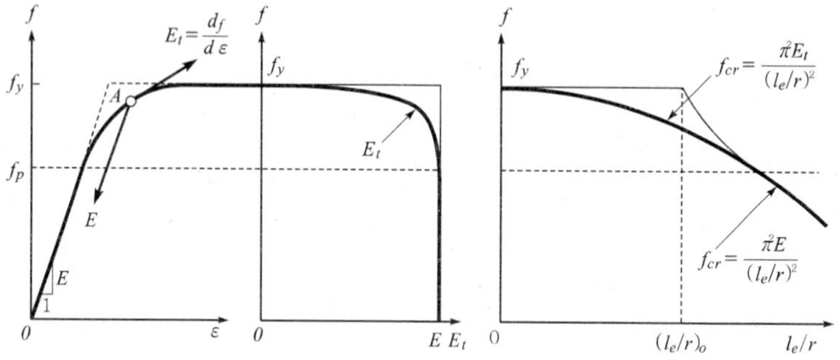

그림 4.2.4 접선계수곡선

초기휨(initial curvature) 또는 편심하중의 영향

이상에서는 중심축하중을 받는 직선기둥의 좌굴에 대하여 다루었다. 그러나 실제에 있어서는 이와 같은 이상적인 기둥은 존재하지 않으며 제작 및 시공오차등에 의한 초기휨이나 편심하중 등이 발생하게 되며, 또한 단면내에는 잔류응력이 존재하게 된다. 본 절에서는 이와 같은 초기결함(initial imperfection)이 좌굴강도에 미치는 영향에 대하여 살펴보기로 한다.

그림 4.2.5와 같이 초기휨 $y_o(= a\sin\frac{\pi x}{l})$가 존재하는 단순지지된 기둥의 부재 중앙점 $(x = l/2)$에서의 처짐량을 구해 보면 다음과 같이 된다.

$$y_{(l/2)} = \frac{a\alpha^2}{(\pi/l)^2 - \alpha^2} = \frac{a}{1-(P/P_{cr})} \tag{4.2.6}$$

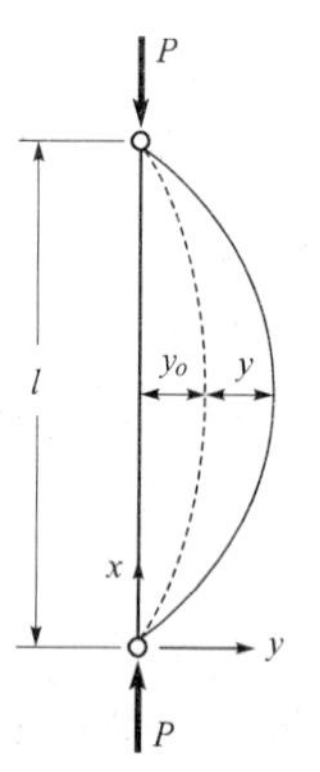

그림 4.2.5 초기휨이 있는 기둥

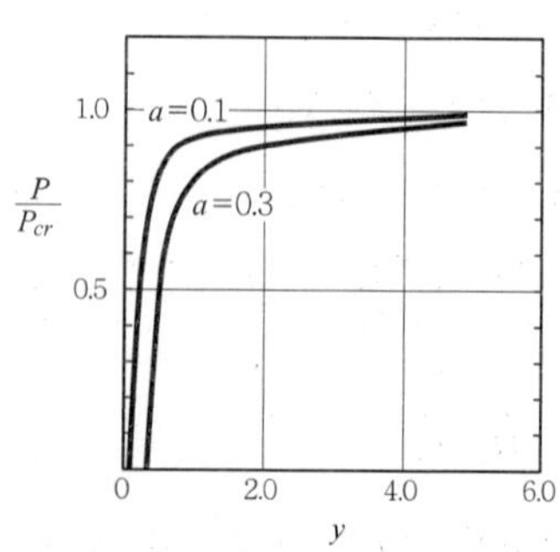

그림 4.2.6 초기휨이 있는 기둥의 하중-변위 관계곡선

즉 기둥의 처짐량은 초기처짐량에 확대계수 $1/(1-P/P_{cr})$로 확대한 형태가 된다. 그림 4.2.6은 식 4.2.6의 관계를 나타낸 것이다. 초기휨이 있는 기둥의 지지능력은 하중 P가 P_{cr}에 접근함에 따라 처짐량이 급속히 증가하게 되므로 P_{cr}보다 낮은 하중에서 붕괴가 발생하게 된다는 것을 알 수 있다.

한편 그림 4.2.7과 같이 부재 중심축으로부터 편심거리의 e 위치에 압축하중을 받는 양단 단순지지 기둥의 부재 중앙부($x = l/2$)에서의 처짐량은 아래와 같이 주어진다.

$$y_{(l/2)} = e\left[\sec\frac{\alpha l}{2} - 1\right] = e\left[\sec\left(\frac{\pi}{2} \cdot \sqrt{\frac{P}{P_{cr}}}\right) - 1\right] \qquad (4.2.7)$$

그림 4.2.8은 이상의 식 4.2.7의 관계를 나타내는 것이다. P가 P_{cr}에 가까워 질수록 처짐량은 급격히 증가하여 P_{cr}보다 작은 하중에서 파괴가 발생하게 된다.

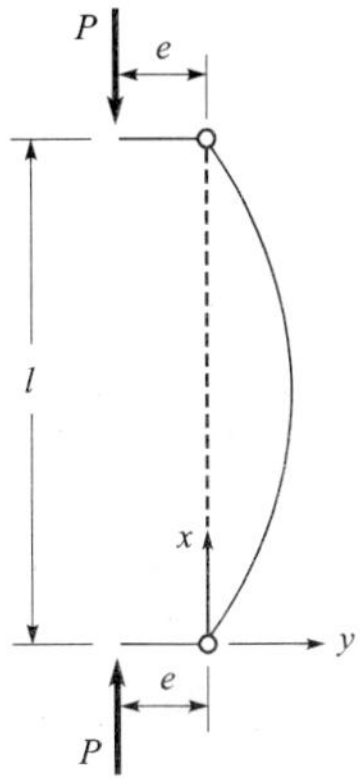

그림 4.2.7 편심재하 기둥

▍잔류응력의 영향

강구조물의 용접부나 열간압연 강재가 균일하게 냉각하지 않으면 잔류응력이 발생한다. 열간압연 I형강의 경우, 플랜지 양단이 먼저 냉각 수축하고, 플랜지와 웨브의 연결부분은 서서히 냉각되므로, 그림 4.2.9와 같은 잔류응력의 분포형상이 생길 수 있다. 이러한 잔류응력을 가진 부재에 압축하중이 작용하게 되면 압축잔류응력에 압축응력이 더해지게 된다. 가력되는 하중이 증가되면 전(全)응력은 큰 압축잔류응력이 존재하는 플랜지의 양단으로부터 항복응력에 도달하고, 플랜지의 중앙쪽으로 그 항복응력의 분포 폭이 넓어지게 되며 그만큼 유효단면적이 작아지게 된다. 이처럼 축소된 유효단면적 때문에 단면2차모멘트가 부재의 강·약축에 따라 서로 다르게 되므로 강·약축에 관한 좌굴응력 역시 그림 4.2.10에 나타난 바와 같이 서로 달라지게 된다. 이와 같이 잔류응력의 존재영향에 따라 좌굴응력이 감소됨을 알 수 있다.

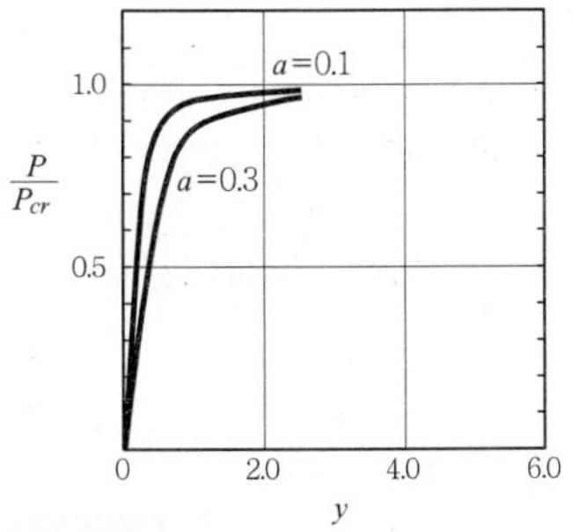

그림 4.2.8 편심재하 기둥의 하중-변위 관계 곡선

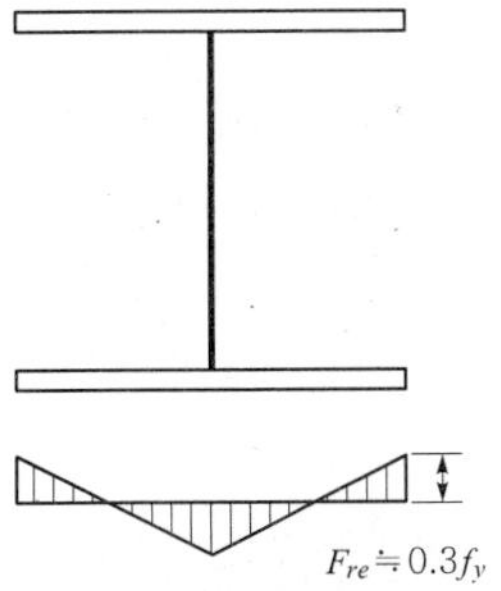

그림 4.2.9 I형 단면의 잔류 응력분포

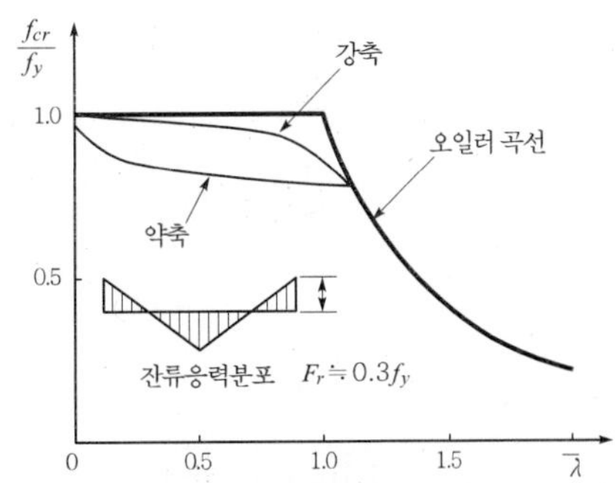

그림 4.2.10 좌굴응력에 대한 잔류응력의 영향

4.2.3 기둥의 허용압축응력

▎기둥의 기준내하력

압축부재의 세장비파라미터 $\bar{\lambda}$는 세장비 λ를 $f_{cr} = f_y$일 때의 세장비 λ_o로 나눈값을 나타내며 다음과 같이 쓸 수 있다.

$$\bar{\lambda} = \frac{\lambda}{\lambda_o} = \frac{1}{\pi}\sqrt{\frac{f_y}{E}}\left(\frac{l_e}{r}\right) \tag{4.2.8}$$

한편 $\bar{\lambda}$를 이용하여 오일러 좌굴응력을 구하면 2차 쌍곡선함수가 된다.

$$\frac{f_{cr}}{f_y} = \frac{1}{\bar{\lambda}^2} \tag{4.2.9}$$

기둥의 내하력을 변동시키는 요인으로서는 부재의 단면형상, 제작법, 재료강도, 좌굴축방향 등을 들 수 있다. 또한 같은 종류의 기둥일지라도 잔류응력의 분포형상과 초기처짐량의 크기에 따라 기둥의 내하력은 상당한 차이가 생기게 된다. 이와 같은 문제에 대처하기 위해서는 기둥을 단면형태나 제작법, 그리고 좌굴축방향에 따라 분류하여 각각의 내하력곡선을 선정할 필요가 있다. 도로교설계기준에서는 기둥의 내하력에 관한 실험결과를 통계적으로 정리하고, 또한 잔류응력과 초기처짐(l / 1000)을 고려한 수치해석 결과를 조합하여, 4개의 그룹으로 분류한 기둥에 대하여 각각의 내하력 곡선을 정하였다. 그러나 설계시의 간편함을 고려하여 그림 4.2.11에 나타낸 바와 같은 1개의 기준 내하력 곡선, 즉 4개 곡선의 거의 하한값에 상당하는 곡선 5를 기둥의 기준내하력 곡선으로 정하고 있다. 한편 여기서 $\bar{f}$는 기둥좌굴응력 f_{cr}을 항복응력 f_y로 나눈값(f_{cr}/f_y)을 나타낸다.

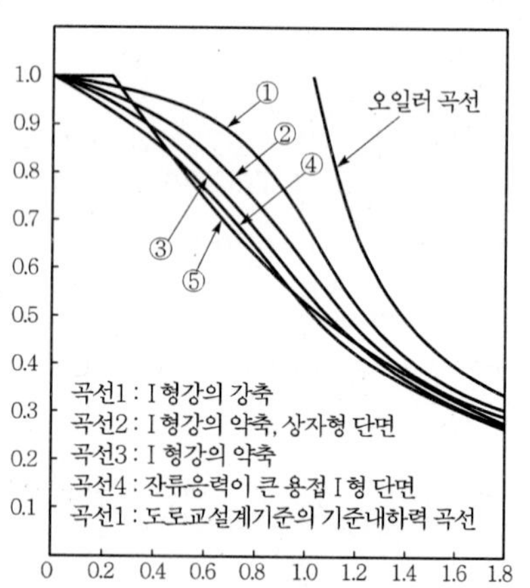

그림 4.2.11 기둥의 내하력곡선

이상에서 서술한 기준내하력 곡선을 도로교설계기준에서는 다음과 같은 3개의 영역으로 구분하여 나타내고 있다.

$$\bar{f} = \frac{f_{cr}}{f_y} = 1.0 \qquad : \bar{\lambda} \leq 0.2 \tag{4.2.10a}$$

$$= 1.109 - 0.545\bar{\lambda} \qquad : 0.2 < \bar{\lambda} \leq 1.0 \tag{4.2.10b}$$

$$= 1.0/(0.773 + \bar{\lambda}^2) \qquad : \bar{\lambda} > 1.0 \tag{4.2.10c}$$

즉 $\bar{\lambda} \leqq 0.2$인 단주의 경우에는 좌굴이 발생하지 않으므로 $f_{cr} = f_y$가 되며 따라서 이때의 기준내하력 $f_{cu} = f_y$가 된다. 또한 $\bar{\lambda} > 0.2$인 기둥에서는 좌굴이 발생하여 f_{cr}은 감소하게 되며, 이때의 기준내하력 f_{cu}은 각각 식 4.2.10b와 식 4.2.10c로부터 구한 f_{cr}값이 된다.

기둥의 허용압축응력[도로교설계기준(2010) 3.3.2]

기둥의 허용압축응력은 식 4.2.10의 기준내하력을 안전율($S.F \fallingdotseq 1.7$)로 나눈 값이 되며 예를 들어 SS 400강재 기둥의 경우 다음과 같이 주어진다.

$$0.2 < \bar{\lambda} \leqq 1.0 \rightarrow 18.6 < \frac{l_e}{\gamma} \leqq 92.8$$

$$f_{ca} = \frac{f_y}{S.F}\left[1.0 - 0.006\left(\frac{l_e}{\gamma} - 18.6\right)\right] \simeq 140 - 0.82\left(\frac{l_e}{\gamma} - 18.6\right) \quad (4.2.11)$$

이와 같은 방법에 의하여 각 강종에 따른 허용압축응력을 구해보면 표 4.2.2에 나타낸 바와 같이 된다.

표 4.2.2 국부좌굴을 고려하지 않은 허용압축응력 (l:유효좌굴길이) [MPa]

강종 / 두께	SS400, SM400 SMA400	SM490	SM490Y, SM520 SMA490	SM570 SMA570
40 이하	$140 : \frac{l}{r} \leqq 18.6$ $140 - 0.82\left(\frac{l}{r} - 18.6\right)$ $: 18.6 < \frac{l}{r} \leqq 92.8$ $\frac{1,200,000}{6,700 + \left(\frac{l}{r}\right)^2} : 92.8 < \frac{l}{r}$	$190 : \frac{l}{r} \leqq 16.0$ $190 - 1.29\left(\frac{l}{r} - 16.0\right)$ $: 16.0 < \frac{l}{r} \leqq 80.1$ $\frac{1,200,000}{5,000 + \left(\frac{l}{r}\right)^2} : 80.1 < \frac{l}{r}$	$215 : \frac{l}{r} \leqq 15.1$ $215 - 1.55\left(\frac{l}{r} - 15.1\right)$ $: 15.1 < \frac{l}{r} \leqq 75.5$ $\frac{1,200,000}{4,400 + \left(\frac{l}{r}\right)^2} : 75.5 < \frac{l}{r}$	$270 : \frac{l}{r} \leqq 13.4$ $270 - 2.19\left(\frac{l}{r} - 13.4\right)$ $: 13.4 < \frac{l}{r} \leqq 67.1$ $\frac{1,200,000}{3,500 + \left(\frac{l}{r}\right)^2} : 67.1 < \frac{l}{r}$
40 초과 75 이하	$130 : \frac{l}{r} \leqq 19.4$ $130 - 0.73\left(\frac{l}{r} - 19.4\right)$ $: 19.4 < \frac{l}{r} \leqq 97.0$ $\frac{1,200,000}{7,300 + \left(\frac{l}{r}\right)^2} : 97.0 < \frac{l}{r}$	$175 : \frac{l}{r} \leqq 16.6$ $175 - 1.15\left(\frac{l}{r} - 16.6\right)$ $: 16.6 < \frac{l}{r} \leqq 82.8$ $\frac{1,200,000}{5,300 + \left(\frac{l}{r}\right)^2} : 82.8 < \frac{l}{r}$	$200 : \frac{l}{r} \leqq 15.5$ $200 - 1.40\left(\frac{l}{r} - 15.5\right)$ $: 15.5 < \frac{l}{r} \leqq 77.7$ $\frac{1,200,000}{4,700 + \left(\frac{l}{r}\right)^2} : 77.7 < \frac{l}{r}$	$260 : \frac{l}{r} \leqq 13.7$ $260 - 2.07\left(\frac{l}{r} - 13.7\right)$ $: 13.7 < \frac{l}{r} \leqq 68.6$ $\frac{1,200,000}{3,600 + \left(\frac{l}{r}\right)^2} : 68.6 < \frac{l}{r}$
75 초과 100 이하			$195 : \frac{l}{r} \leqq 15.8$ $195 - 1.35\left(\frac{l}{r} - 15.8\right)$ $: 15.8 < \frac{l}{r} \leqq 78.9$ $\frac{1,200,000}{4,800 + \left(\frac{l}{r}\right)^2} : 78.9 < \frac{l}{r}$	$250 : \frac{l}{r} \leqq 13.9$ $250 - 1.96\left(\frac{l}{r} - 13.9\right)$ $: 13.9 < \frac{l}{r} \leqq 69.4$ $\frac{1,200,000}{3,700 + \left(\frac{l}{r}\right)^2} : 69.4 < \frac{l}{r}$

예제 4.2.1

그림 4.2.12와 같이 양단이 단순지지된 H−450×200×9×14 형강 기둥이 있다. 이 기둥의 탄성좌굴응력 f_{cr}, 기준내하력 f_{cu}, 허용압축응력 f_{ca}를 구하라.
(단, SS 400강재 사용)

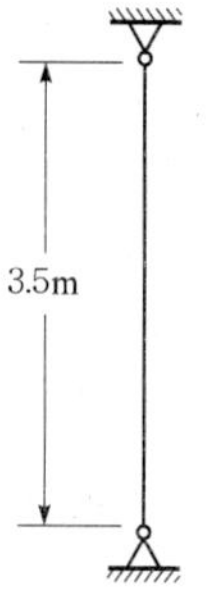

그림 4.2.12

풀 이

1) 단면성질

$A = 9676\text{mm}^2,\ E = 2.1\times10^5\text{MPa}$

$I_x = 33{,}500\times10^4\text{mm}^4,\ I_y = 1{,}870\times10^4\text{mm}^4$

$\gamma_y = 44\text{mm},\ \gamma_x = 186\text{mm}$

$$\lambda = \frac{l_e}{r_y} = \frac{3500}{44} = 79.55,\ \overline{\lambda} = \frac{1}{\pi}\sqrt{\frac{f_y}{E}}\left(\frac{l_e}{r_y}\right) = 0.856$$

2) f_{cr}

식 4.2.4로부터

$$f_{cr} = \frac{\pi^2 E}{\lambda^2} = \frac{\pi^2 E}{(79.55)^2} = 327.5\text{MPa}$$

3) f_{cu}

식 4.2.10(b)로부터

$$f_{cu} = f_y[1.109 - 0.545\overline{\lambda}]$$
$$= 240\times[1.109 - 0.545\times(0.856)] = 154.2\text{MPa}$$

4) f_{ca}

표 4.2.2로부터, SS 400강재, $\lambda = 79.55$이므로

$\therefore\ f_{ca} = 140 - 0.82\times(l_e/r - 18.6) = 90\text{MPa}$

예제 4.2.2

그림 4.2.13과 같은 양단고정 박스단면 기둥의 탄성좌굴응력 f_{cr}, 기준내하력 f_{cu}, 허용압축응력 f_{ca}를 구하라. (단, SS 400강재 사용)

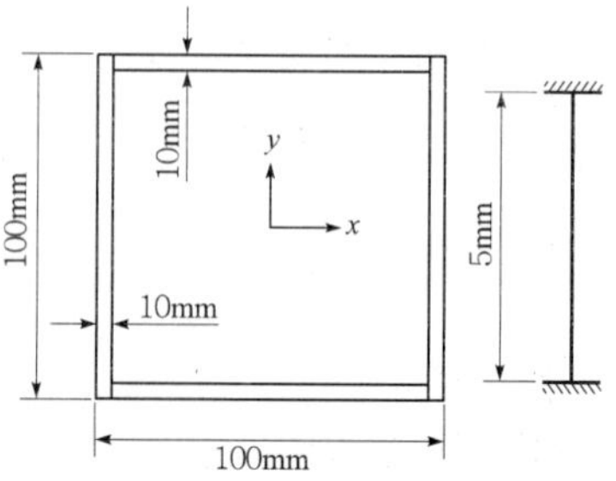

그림 4.2.13

풀 이

1) 단면성질

$A = 3600\ \text{mm}^2,\ E = 2.1\times10^5\text{MPa}$

$I_x = 492\times10^4\text{mm}^4,\ \gamma = 37\text{mm}$

$$\lambda = \frac{l_e}{r} = 0.5 \times \frac{5000}{37} = 67.57 \qquad \overline{\lambda} = \frac{1}{\pi}\sqrt{\frac{f_y}{E}}\,(67.57) = 0.727$$

2) f_{cr}

식 4.2.4로부터 $f_{cr} = \dfrac{\pi^2 E}{\lambda^2} = \dfrac{\pi^2 E}{(67.57)^2} = 454.0\text{ MPa}$

(또는 식 4.2.9로부터 $f_{cr} = \dfrac{1}{\overline{\lambda}^2} f_y = 454.0\text{MPa}$)

3) f_{cu}

식 4.2.10(b)로부터

$$f_{cu} = f_y[1.109 - 0.545\overline{\lambda}]$$

$$= 240 \times [1.109 - 0.545 \times (0.727)] = 171.1\text{MPa}$$

4) f_{ca}

표 4.2.2로부터, SS 400강재, $\lambda = 67.57$이므로

$\therefore f_{ca} = 140 - 0.82 \times (67.57 - 18.6) = 100\text{MPa}$

4.2.4 구성 판요소의 국부좌굴

지금까지 그림 4.2.14(a)와 같은 기둥의 전체좌굴에 대하여 다루었다. 그러나 압축부재가 얇은 판요소의 플랜지와 웨브 등으로 구성되어 있는 경우, 부재 전체가 좌굴하기 전에 그림 4.2.14(b)와 같이 먼저 부분적인 구성 판요소에 좌굴현상 즉, 국부좌굴(local buckling)이 발생할 수 있으며, 그 국부좌굴로 인해 기둥의 내하력이 감소하게 된다.

그림 4.2.15와 같이 x축 방향으로 균일한 압축응력f_x를 받는 4변 단순지지 평판의 경우, 각 변에서의 처짐과 휨모멘트가 0이 되는 조건을 만족하는 처짐형태는 다음과 같이 나타낼 수 있다.

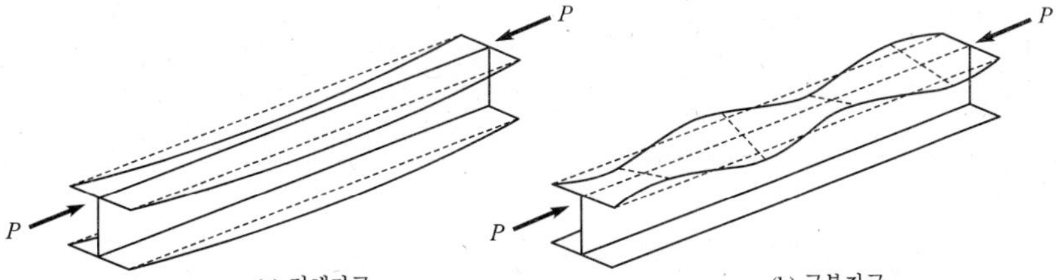

(a) 전체좌굴 (b) 국부좌굴

그림 4.2.14 전체좌굴과 국부좌굴

$$w(x,\ y) = A_{mn}\sin\frac{m\pi x}{a}\ \sin\frac{n\pi y}{b} \qquad \text{(4.2.12)}$$

여기서 m, n : x방향, y방향으로 생기는 좌굴파형의 수
a : 면내 하중작용방향(x방향)의 평판의 길이
b : 평판의 폭

따라서, 평판의 좌굴응력은 다음과 같이 주어진다.

$$f_{cr} = k \cdot \frac{\pi^2 E}{12(1-\nu^2)}\left(\frac{t}{b}\right)^2 \qquad \text{(4.2.13)}$$

여기서 ν : 강재의 포아송 비(=0.3)
t : 평판의 두께

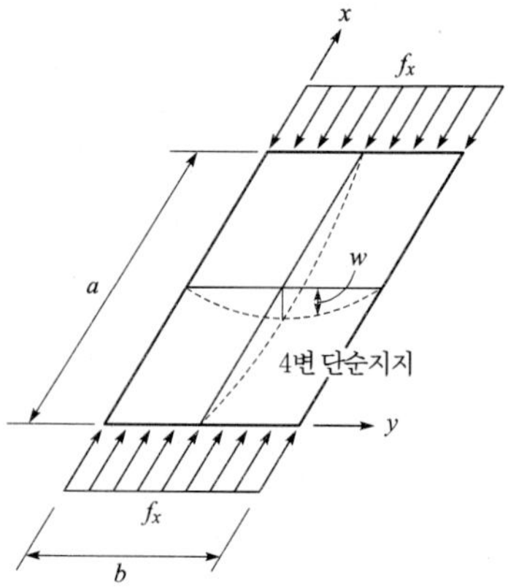

그림 4.2.15 축방향력을 받는 평판의 좌굴

여기서 k는 평판의 좌굴계수를 나타내며, 평판의 형상과 변의 경계조건 그리고 작용하중의 형태에 따라 서로 다른 값을 가지게 되며 이를 정리하면 표 4.2.3과 같다.

표 4.2.3 평판의 좌굴계수($\alpha = a/b$)

하중	압축		휨	전단
	4변단순지지	3변단순지지	4변단순지지	4변단순지지
지점 조건	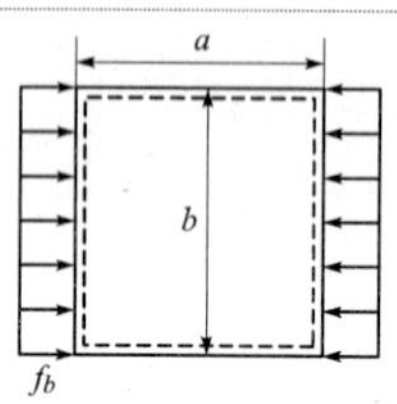	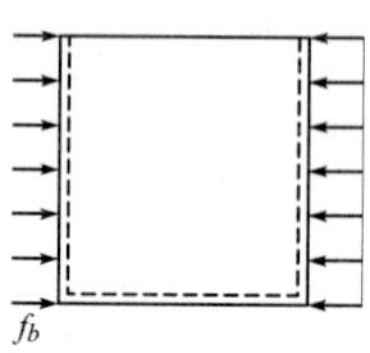	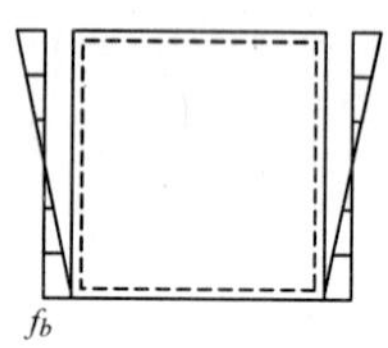	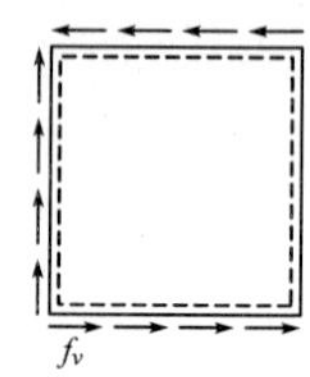
좌굴 계수	$k = \left(\frac{m}{a} + \frac{a}{m}\right)^2$ $m = 1,\ 2,\ 3\ \cdots$ $k = 4.0$	$\alpha > 0.66$ $k = 0.42 + \frac{1}{\alpha^2}$ $\alpha \leqq 0.66$ $k = 2.366 + 5.3\alpha^2 + + \frac{1}{\alpha^2}$	$\alpha > \frac{2}{3}$ $k = 23.9$ $\alpha \leqq \frac{2}{3}$ $k = 15.87 + 1.87\alpha^2 + \frac{8.6}{\alpha^2}$	$\alpha > f$ $k = 5.34 + 4.00/\alpha^2$ $\alpha \leqq f$ $k = 4.00 + 5.34/\alpha^2$

4.2.5 평판의 허용압축응력

평판의 내하력

위의 식 4.2.13으로부터 구한 평판의 국부좌굴응력 f_{cr}을 항복응력 f_y로 나누어 표현하면, 다음과 같이 된다.

$$\overline{f} = \frac{f_{cr}}{f_y} = \frac{1}{R^2} \tag{4.2.14}$$

여기서 R은 평판의 등가 폭두께비 파라미터로써 아래와 같이 주어진다.

$$R = \frac{1}{\pi}\sqrt{\frac{12(1-\nu^2)}{k}}\sqrt{\frac{f_y}{E}}\left(\frac{b}{t}\right) \tag{4.2.15}$$

평판의 내하력은 f_y 이상이 될 수 없으므로 식 4.2.15를 나타내면 그림 4.2.16의 점선과 같이 된다. 평판에 있어서도 기둥과 마찬가지로 초기결함이나 잔류응력 등의 영향으로 인하여 비탄성 영역에서의 내하력이 현저히 감소하게 되며, 얇은 판의 내하력은 좌굴후의 강도상승효과로 인하여 탄성좌굴응력보다 크게 나타나고 있음을 알 수 있다. 현행의 도로교설계기준에서는 이상의 결과를 기초로 평판의 기준내하력을 다음과 같이 정하고 있다.

$$\overline{f} = \frac{f_{cr}}{f_y} = 1.0 \qquad : R \leqq 0.7 \tag{4.2.16(a)}$$

$$= \frac{0.5}{R^2} \qquad : R > 0.7 \tag{4.2.16(b)}$$

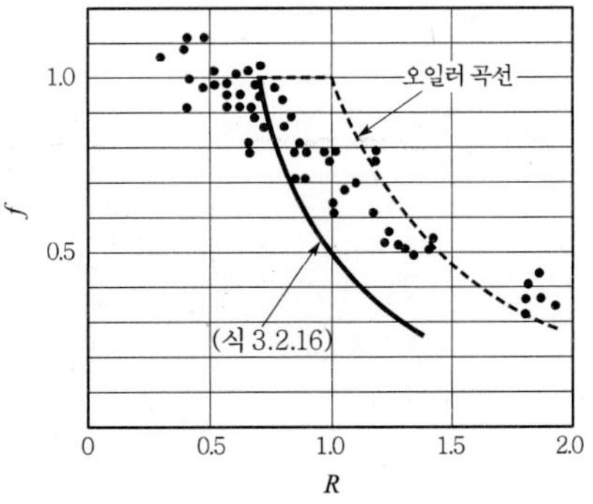

그림 4.2.16 평판의 내하력 곡선

▌국부좌굴에 대한 평판의 허용압축응력[도로교설계기준(2010) 3.4.2]

국부좌굴에 대한 평판의 허용압축응력 f_{cal}은 식 4.2.16을 안전율($S.F \fallingdotseq 1.7$)로 나눈 값이 되며, 예를 들어 SS 400강재를 사용한 양연지지 평판의 경우($k = 4.0$) 다음과 같이 주어진다.

$$R \leqq 0.7 \rightarrow \frac{b}{t} \leqq 39.3$$

$$f_{cal} = \frac{f_y}{S.F} \cong 140\text{MPa} \qquad (4.2.17(a))$$

$$R > 0.7 \rightarrow 39.3 < \frac{b}{t} \leqq 80$$

$$f_{cal} = \frac{0.5 f_y}{R^2 (S.F)} \cong 220{,}000 \left(\frac{t}{b}\right)^2 \text{MPa} \qquad (4.2.17(b))$$

이를 정리하여 현행의 설계기준에서는 양연지지 평판과 자유돌출판의 국부좌굴에 대한 허용압축응력을 표 4.2.4와 표 4.2.5와 같이 규정하고 있다. 여기서 b는 그림 4.2.17에 나타낸 바와 같으며, 또한 f는 평판내에서의 응력구배가 평판의 좌굴에 미치는 영향을 나타내는 계수이다. 특히 플랜지와 같이 균일한 압축력만을 받는 경우 $f = 1.0$이 된다.

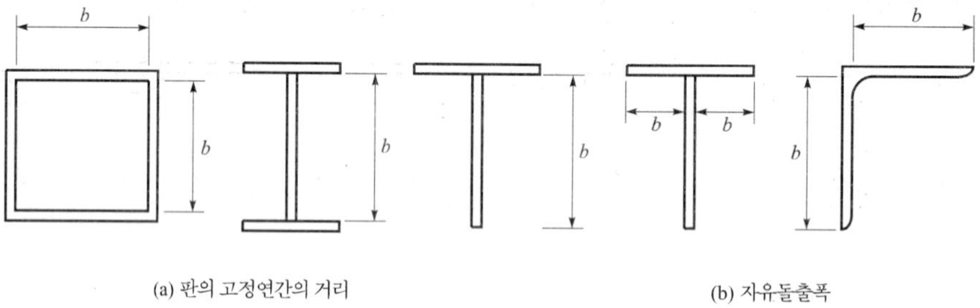

그림 4.2.17 고정연거리 및 자유돌출폭

표 4.2.4 양연지지판의 국부좌굴에 대한 허용응력 $i = 0.65\phi^2 + 0.13\phi + 1.0$, $\phi = \frac{f_1 - f_2}{f_1}$ $(f_1 \geq f_2)$

강 종	강재의 판두께 (mm)	국부좌굴에 대한 허용응력(MPa)	
SS400 SM400 SMA400	40 이하	140	: $\frac{b}{39.3i} \leqq t$
		$220{,}000 \left(\frac{ti}{b}\right)^2$	: $\frac{b}{80i} \leqq t < \frac{b}{39.3i}$
	40 초과 100 이하	130	: $\frac{b}{41.1i} \leqq t$
		$220{,}000 \left(\frac{ti}{b}\right)^2$	: $\frac{b}{80i} \leqq t < \frac{b}{41.1i}$

강 종	강재의 판두께 (mm)	국부좌굴에 대한 허용응력(MPa)
SM490	40 이하	190 $\quad : \dfrac{b}{34.0i} \leqq t$ $220{,}000\left(\dfrac{ti}{b}\right)^2 \quad : \dfrac{b}{80i} \leqq t < \dfrac{b}{34.0i}$
	40 초과 100 이하	175 $\quad : \dfrac{b}{35.1i} \leqq t$ $220{,}000\left(\dfrac{ti}{b}\right)^2 \quad : \dfrac{b}{80i} \leqq t < \dfrac{b}{35.1i}$
SM490Y SM520 SMA520	40 이하	215 $\quad : \dfrac{b}{32.0i} \leqq t$ $220{,}000\left(\dfrac{ti}{b}\right)^2 \quad : \dfrac{b}{80i} \leqq t < \dfrac{b}{32.4i}$
	40 초과 75 이하	200 $\quad : \dfrac{b}{32.9i} \leqq t$ $220{,}000\left(\dfrac{ti}{b}\right)^2 \quad : \dfrac{b}{80i} \leqq t < \dfrac{b}{32.9i}$
	75 초과 100 이하	195 $\quad : \dfrac{b}{33.4i} \leqq t$ $220{,}000\left(\dfrac{ti}{b}\right)^2 \quad : \dfrac{b}{80i} \leqq t < \dfrac{b}{33.4i}$
SM570 SMA570	40 이하	270 $\quad : \dfrac{b}{28.4i} \leqq t$ $220{,}000\left(\dfrac{ti}{b}\right)^2 \quad : \dfrac{b}{80i} \leqq t < \dfrac{b}{28.4i}$
	40 초과 75 이하	260 $\quad : \dfrac{b}{29.1i} \leqq t$ $220{,}000\left(\dfrac{ti}{b}\right)^2 \quad : \dfrac{b}{80i} \leqq t < \dfrac{b}{29.1i}$
	75 초과 100 이하	250 $\quad : \dfrac{b}{29.4i} \leqq t$ $220{,}000\left(\dfrac{ti}{b}\right)^2 \quad : \dfrac{b}{80i} \leqq t < \dfrac{b}{29.4i}$

표 4.2.5 자유돌출판의 국부좌굴에 대한 허용응력

강 종	강재판두께(mm)	국부좌굴에 대한 허용응력(MPa)
SS400 SM400 SMA400	40 이하	140 $\quad : \dfrac{b}{12.9} \leqq t$ $24{,}000\left(\dfrac{t}{b}\right)^2 \quad : \dfrac{b}{16} \leqq t < \dfrac{b}{12.9}$
	40 초과 100 이하	130 $\quad : \dfrac{b}{13.5} \leqq t$ $24{,}000\left(\dfrac{t}{b}\right)^2 \quad : \dfrac{b}{16} \leqq t < \dfrac{b}{13.5}$

강 종	강재판두께(mm)	국부좌굴에 대한 허용응력(MPa)	
SM490	40 이하	190	: $\frac{b}{11.1} \leqq t$
		$24{,}000 \left(\frac{t}{b}\right)^2$	: $\frac{b}{16} \leqq t < \frac{b}{11.1}$
	40 초과 100 이하	175	: $\frac{b}{11.5} \leqq t$
		$24{,}000 \left(\frac{t}{b}\right)^2$	: $\frac{b}{16} \leqq t < \frac{b}{11.5}$
SM490Y SM520 SMA520	40 이하	215	: $\frac{b}{10.5} \leqq t$
		$24{,}000 \left(\frac{t}{b}\right)^2$	: $\frac{b}{16} \leqq t < \frac{b}{10.5}$
	40 초과 75 이하	200	: $\frac{b}{11.0} \leqq t$
		$24{,}000 \left(\frac{t}{b}\right)^2$	: $\frac{b}{16} \leqq t < \frac{b}{11.0}$
	75 초과 100 이하	195	: $\frac{b}{10.8} \leqq t$
		$24{,}000 \left(\frac{t}{b}\right)^2$	: $\frac{b}{16} \leqq t < \frac{b}{11.0}$
SM570 SMA570	40 이하	270	: $\frac{b}{9.3} \leqq t$
		$24{,}000 \left(\frac{t}{b}\right)^2$	: $\frac{b}{16} \leqq t < \frac{b}{9.3}$
	40 초과 75 이하	260	: $\frac{b}{9.5} \leqq t$
		$24{,}000 \left(\frac{t}{b}\right)^2$	: $\frac{b}{16} \leqq t < \frac{b}{9.5}$
	75 초과 100 이하	250	: $\frac{b}{9.6} \leqq t$
		$24{,}000 \left(\frac{t}{b}\right)^2$	: $\frac{b}{16} \leqq t < \frac{b}{9.6}$

전체좌굴에 대한 국부좌굴의 영향

전체좌굴이 발생하는 하중과 국부좌굴이 발생하는 하중이 서로 다른 경우에는 더 작은 쪽이 부재의 강도를 지배하게 된다. 그러나 양자는 서로 상관관계를 가지게 되며, 실제로 부재단면을 구성하는 판요소 중에는 초기결함 등의 영향으로 인하여 부재가 전체좌굴응력에 도달하기 이전에 국부좌굴이 일어나는 경우도 있다. 한편 국부좌굴응력이 전체좌굴응력보다 작은 판요소가 단면중에 포함되어 있는 경우에는 판의 국부좌굴로 인하여 부재 전체의 좌굴하중이 감소하게 된다. 이와 같은 부재의 전체좌굴에 대한 구성 판요소의 국부좌굴의 영향을 엄밀히 평가하는 것은 용이치 않다. 또한 잔류응력의 영향이 존재하므로 다음과 같이 근사적인 개념이 설계에 도입되고 있다. 따라서 국부좌굴이 발생하는 판요소로 구성된 압축부재의 허용압축응력은 다음과 같이 구한다.

$$f_{ca} = f_{cag} \cdot \frac{f_{cal}}{f_{cao}} \tag{4.2.18}$$

여기서 f_{cag} : 국부좌굴을 고려하지 않은 허용축방향 압축응력(표 4.2.2)

f_{cal} : 국부좌굴에 대한 허용응력(표 4.2.4 또는 4.2.5)

f_{cao} : 표 4.2.2의 상한값

예제 4.2.3

그림 4.2.18과 같은 4변 단순지지 평판의 탄성좌굴응력 f_{cr}, 기준내하력 f_{cu}, 허용압축응력 f_{cal}을 구하라. (단, SS 400강재 사용)

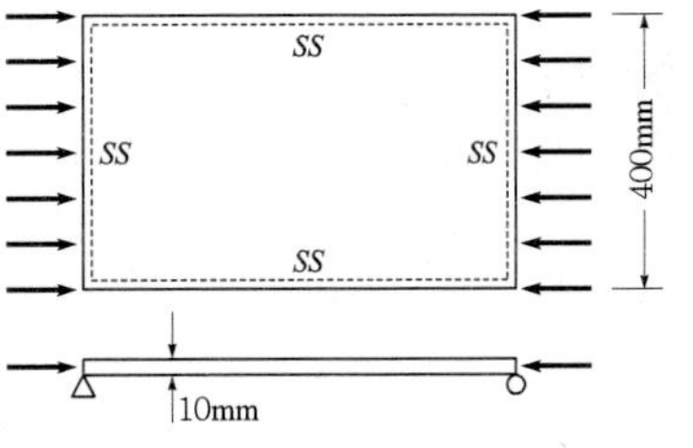

그림 4.2.18

풀 이

1) f_{cr} : 식 4.2.13로부터

$$f_{cr} = k\frac{\pi^2 E}{12(1-\nu^2)}(\frac{t}{b})^2$$

$$= 4\times\frac{\pi^2\times 2.1\times 10^5}{12\times(1-0.3^2)}\times(\frac{10}{400})^2 = 474.5$$

2) f_{cu}

$$R = \frac{1}{\pi}\sqrt{\frac{12(1-\nu^2)}{k}}\sqrt{\frac{f_y}{E}}\left(\frac{b}{t}\right)$$

$$= \frac{1}{\pi}\sqrt{\frac{12(1-0.3^2)}{4}}\sqrt{\frac{240}{2.1\times 10^5}}\left(\frac{400}{10}\right) = 0.711$$

식 4.2.16(b)로부터

$$f_{cu} = \frac{0.5}{R^2}f_y = \frac{0.5}{(0.711)^2}\times 240 = 237.4\text{MPa}$$

3) f_{cal}

$b/t = 40$, $\phi = 0$, $i = 1.0$ 양연지지이므로 표 4.2.4로부터

$$f_{cal} = 220{,}000\left(\frac{t}{b}\right)^2 = 220{,}000\left(\frac{10}{400}\right)^2 = 137.5\text{MPa}$$

예제 4.2.4

그림 4.2.19에 나타낸 바와 같이 길이가 8.75m, 양단 단순지지 박스 단면 기둥의 허용압축응력을 구하라. (단, SM490Y강재 사용)

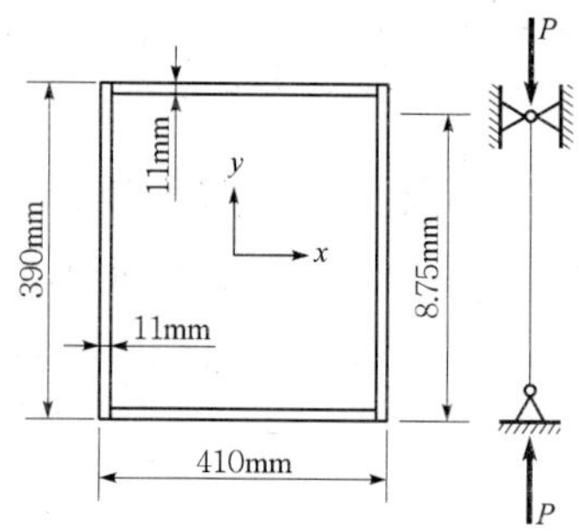

그림 4.2.19

풀 이

1) 단면성질

$A = 17120\text{mm}^2$, $I_x = 41{,}537 \times 10^4\text{mm}^4$,

$$r_x = \sqrt{\frac{I_x}{A}} = \sqrt{\frac{41{,}537 \times 10^4}{17120}} = 156\,\text{mm},$$

$$\lambda_x = \frac{l_e}{r_x} = \frac{8750}{156} = 56.1$$

2) f_{cag}

표 4.2.2로 부터$\lambda_x = 56.1$(SM490Y)이므로

$$f_{cag} = 215 - 1.55 \times (56.1 - 15.1) = 151\text{MPa}$$

3) f_{cal}

표 4.2.4로 부터

$$b/t = \frac{388}{11} = 35.27 > 32.9,\ \phi = 0,\ i = 1.0\text{이므로}$$

$$f_{cal} = 220{,}000/(35.27)^2 = 177\text{MPa}$$

4) f_{ca}

전체좌굴과 함께 구성판의 국부좌굴이 발생하게 되므로 식 4.2.18로부터

$$\therefore\ f_{ca} = f_{cag} \cdot \left(\frac{f_{cal}}{f_{cao}}\right) = 151 \times \left(\frac{177}{215}\right) = 124\text{MPa}$$

4.2.6 압축부재의 설계

전체좌굴에 대한 설계

국부좌굴이 발생할 염려가 없는 압축부재는 다음 조건을 만족하는 총단면적 A_g를 갖도록 설계하여야 한다.

$$f_c = \frac{P}{A_g} \leq f_{cag} \quad (4.2.19)$$

식 4.2.19에서 허용압축응력 f_{cag}는 국부좌굴을 고려하지 않은 경우 표 4.2.2에 나타낸 값이 된다. 표 4.2.2에서 유효좌굴길이 l_e가 부재의 단부조건을 힌지, 완전고정 또는 자유 등으로 확실히 구분이 가능한 경우에는 표 4.2.1을 이용할 수 있지만, 실제의 구조물에서는 지지조건을 확실히 규정할 수 없는 경우가 많다. 따라서 강교량에 자주 사용되는 대표적인 구조물에 대해서 다음과 같은 방법을 취하고 있다.

1) 트러스구조

압축을 받는 트러스 부재의 세장비를 구할 때 쓰이는 유효좌굴길이는 도로설계기준 3.10.2.4 "트러스 부재의 유효좌굴길이"에 의하여 다음 각 항에 따라 정할 수 있다.

(1) 트러스의 현재

- 트러스의 면내좌굴에 대하여는 그림 4.2.20에 나타낸 바와 같이 절점간의 거리 즉, 부재의 골조길이를 좌굴길이로 한다.
- 트러스의 면외좌굴에 대해서는 횡방향으로 보강된 지점간의 거리 즉, 부재의 골조길이를 좌굴길이로 함을 원칙으로 한다.

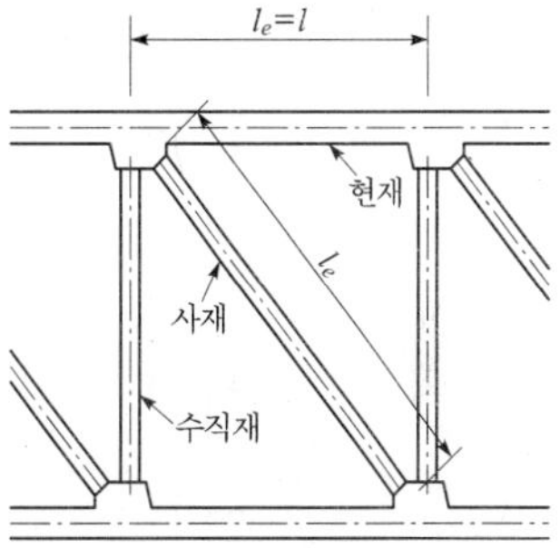

그림 4.2.20 트러스 부재의 유효좌굴길이

(2) 트러스의 웨브재

- 트러스의 면내좌굴에 대해서는 절점간의 거리를 좌굴길이로 한다. 다만, 재단의 지지상태가 특히 강절로 되었을 때에는 양단 접합 볼트군 또는 용접부의 중심 간의 거리를 좌굴길이로 한다. 다만, 골조길이의 0.8배 이하가 되어서는 안 된다.
- 트러스의 면외좌굴에 대해서는 절점간의 거리를 좌굴길이로 한다.
- 축력이 다른 트러스 부재의 면외유효좌굴길이는 다음 식에 의하여 구할 수 있다.

$$l_e = \left(0.75 + 0.25\frac{P_2}{P_1}\right)l \qquad (P_1 \geq P_2) \tag{4.2.20}$$

여기서 l : 부재길이

P_1 : 작은 쪽의 압축력의 크기

P_2 : 큰 쪽의 압축력의 크기

한쪽이 인장력일 때는 P_1을 인장력의 크기로 하고 부호는 (−)로 한다.

2) 라멘구조

라멘구조물의 기둥은 이에 연결되어 있는 보에 의하여 탄성적으로 고정되어 있으므로 그 유효좌굴길이는 라멘의 전체좌굴 형상을 고려하여 구해야 하며 이때 기둥과 보의 강비가 영향을 미치게 된다. 또한 기둥의 유효좌굴길이는 하중조건에 따라서도 변화한다. 예를 들어 그림 4.2.21(a)에서 1, 2층 기둥의 유효좌굴길이는 l 이 되지만 그림 4.2.21(b)에서는 1층의 기둥이 좌굴시 2층 기둥은 구속하게 되므로 유효좌굴길이는 l 보다 짧아지게 된다. 이와 마찬가지로 그림 4.2.22와 같은 라멘에 있어서도 수직하중의 작용위치에 따라 기둥의 유효좌굴길이가 서로 달라지게 된다. 도로교설계기준에서는 대표적인 라멘구조에 대하여 기둥의 유효좌굴길이를 강비와의 함수로 계산할 수 있는 방법을 제시하고 있다.

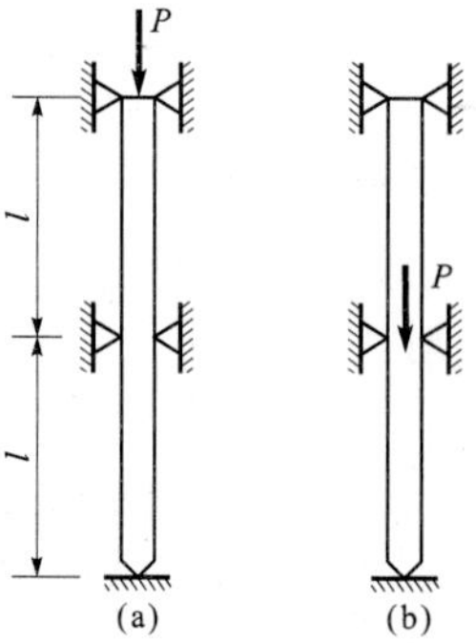

그림 4.2.21 2층 기둥

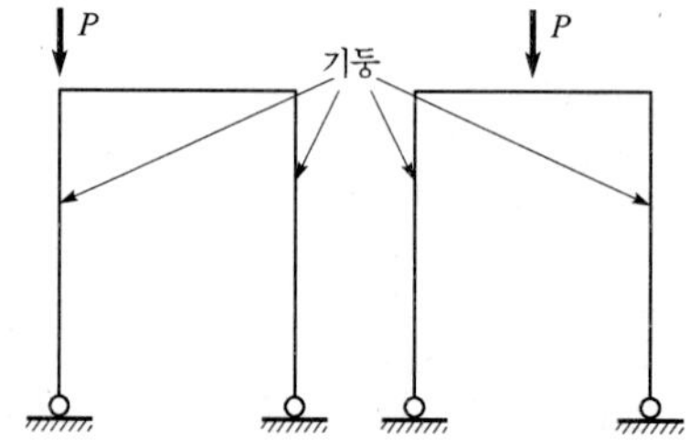

그림 4.2.22 수직하중을 받는 라멘

라멘기둥의 좌굴길이는 골조의 붕괴에 직접적으로 영향을 미치는 요소로서, 골조전체의 좌굴하중과 깊은 관계가 있다. 그러나 부정정차수가 높은 라멘구조에서 엄밀한 좌굴하중을 구하는 것은 매우 까다로운 작업이기 때문에 건축 강구조설계규준과 도로교설계기준에서는 아래와 같이 근사적으로 라멘의 좌굴길이를 구하여 사용한다.

(1) 수평방향의 이동이 구속된 라멘기둥부재의 좌굴길이는 지점간의 거리보다 길어지지 않으므로 수평이동을 저지하는 절점간의 거리를 좌굴길이로 취한다.
(2) 수평방향의 이동이 구속되지 않을 때의 라멘의 기둥재의 좌굴길이는 식4.2.21에 의하여 구할 수 있다.

$$l_k = Kh \tag{4.2.21}$$

라멘구조에는 다양한 형식이 있기 때문에 식 4.21의 유효좌굴계수 K를 간단한 공식으로 나타내기는 어렵지만, 절점의 수평이동이 제어된 경우에는 $K=1$을 사용하고 수평방향으로 이동이 가능한 라멘구조에는 근사식 식 4.2.22으로 구하여 사용할 수 있다.

$$\frac{G_A G_B(\pi/K)^2 - 36}{6(G_A + G_B)} = \frac{\pi/K}{\tan(\pi/K)} \tag{4.2.22}$$

여기서 $G = \dfrac{\Sigma(I_c/l_c)}{\Sigma(I_g/l_g)}$이고, A와 B는 기둥의 양단을 나타내고, 첨자 c와 g는 기둥과 보를 각각 나타낸다.

또한 도로교 설계시, 특별히 엄밀한 계산을 하지 않을 때에는 라멘 기둥의 유효좌굴길이 l_e를 도로교설계기준(2010) 3.14.5.1 "라멘의 유효좌굴길이"에 의하여 아래의 표 4.2.6의 식으로부터도 얻을 수 있다.

여기서 $k = \dfrac{I_c/h}{I_B/l}$

I_c : 기둥의 단면2차모멘트의 평균치(mm^4)

h : 각 층의 라멘기둥의 높이

I_B : 보의 단면2차모멘트의 평균치(mm^4)

l : 보의 길이

표 4.2.6 라멘기둥의 유효좌굴길이

좌굴형식 \ 부재		면내좌굴	
1층의 기둥	하단고정	$l_e = 1.5h$ $= \{1.5 + 0.04(k-5)\}h$	$k \leq 5$ $5 < k \leq 10$
	하단힌지	$l_e = 3.5h$ $= \{3.5 + 0.2(k-5)\}h$	$k \leq 5$ $5 < k \leq 10$
2층 이상의 기둥		$l_e = 1.9h$ $= \{1.9 + 0.14(k-5)\}h$	$k \leq 5$ $5 < k \leq 10$
외다리 기둥		$l_e = 2.0h$	
2층 이상의 외다리 기둥		$l_e = 2.2h$	

국부좌굴에 대한 설계

구성 판요소의 국부좌굴에 대한 대처방안으로서는 다음과 같은 두 가지 방법을 생각할 수 있다.

(1) 전체좌굴에 앞서 국부좌굴이 발생하지 않도록 판의 폭두께비를 제한한다. 즉 $R \leq R_{cr}$의 조건을 만족하도록 판의 폭두께비를 설정한다. 이러한 조건을 만족하는 폭두께비는 식 4.2.15로부터 아래와 같이 구할 수 있다.

$$\frac{b}{t} \leq R_{cr}\sqrt{\frac{k\,\pi^2}{12(1-\nu^2)}\cdot\frac{E}{f_y}} \tag{4.2.23}$$

4.2.5절에서 이미 언급한 바와 같이 양연지지 또는 자유돌출판에서의 국부좌굴에 대한 폭두께비 파라미터의 한계치는 $R_{cr}=0.7$이므로 식 4.2.23을 만족하는 폭두께비(b/t) 파라미터는 표 4.2.4와 표 4.2.5에 나타낸 허용응력의 상한값에 해당하는 폭두께비(b/t) 값이 된다.

(2) 구성판의 국부좌굴을 허용하되, R의 한계치를 $R \leq 1.0$이 되도록 한다. 이는 용접에 의한 변형이나 취급시 예상치 못하였던 외력에 의한 손상 및 강성저하를 방지하기 위하여 매우 얇은 판의 사용을 피하기 위한 것이다.

이상의 방법에 대한 장단점을 요약하면, (1)의 방법은 국부좌굴에 대한 고려를 하지 않아도 되는 이점이 있으나 작용응력이 작은 경우 재료강도를 충분히 활용하지 못하는 결과를 초래하게 되므로 비경제적인 설계가 될 수 있다. (2)의 방법은 전체좌굴과 국부좌굴을 고려해야 하므로 설계가 복잡해질 수 있다.

세장비의 제한

압축부재의 허용압축응력은 세장비의 영향을 고려하게끔 되어있다. 그러나 세장비가 매우 큰 경우에는 예기치 않은 횡방향력에 대하여 위험하거나 운반중에 손상을 입기 쉽게 된다. 또한 강성부족으로 인한 구조물의 과도한 변형이나 진동의 염려가 있으므로 도로교설계기준에서는 압축부재 세장비의 상한값을 주부재의 경우 120, 2차부재의 경우에는 150으로 제한하고 있다.

AISC 및 AASHTO의 설계기준

1) 총단면적에 대하여

$\lambda \leq \lambda_p$일 때

$$f_c = \frac{\{1-0.4(\lambda/\lambda_p)^2\}f_y}{S.F} \tag{4.2.24a}$$

$\lambda > \lambda_p$ 일 때

$$f_c = \frac{0.277f_y}{(\lambda/\lambda_p)^2} \tag{4.2.24b}$$

$$\lambda_p = \sqrt{\pi^2 E/0.6f_y} \tag{4.2.25}$$

여기서 λ : 압축재의 세장비

λ_p : 한계세장비

f_c : 허용압축응력(kN/mm^2)

E : 탄성계수(kN/mm^2)

$$S.F = \frac{3}{2} + \frac{2}{3}\left(\frac{\lambda}{\lambda_p}\right)^2 \quad (4.2.26)$$

참고로, 미국 AISC ASD에서는 이러한 실험결과를 토대로 안전율을 고려하여 기둥설계에 대한 허용응력값을 제시하였다.

구조재로 사용되는 압축재에 대한 세장비의 한계는 200으로 제한하고 있으며, 탄성좌굴과 비탄성좌굴에 대한 한계세장비 C_c값은 오일러좌굴응력값이 $f_y/2$가 되는 지점에서의 세장비로 정한 것으로 다음과 같다.

$$C_c = \sqrt{\frac{2\pi^2 E}{f_y}} \quad (4.2.27)$$

세장비의 범위가 $\frac{Kl}{r} \leq C_c$일 경우(비탄성영역)의 허용압축응력은 다음 식으로 구한다.

$$f_a = \frac{\left[1 - \frac{1}{2}\left(\frac{\lambda}{C_c}\right)^2\right] f_y}{S.F} \quad (4.2.28a)$$

$$S.F = \frac{5}{3} + \frac{3}{8}\left(\frac{\lambda}{C_c}\right) - \frac{1}{8}\left(\frac{\lambda}{C_c}\right)^3 \quad (4.2.29)$$

여기서, $\lambda = \frac{Kl}{r}$이다. 안전율은 한계세장비의 함수로 표현된다. 길이가 거의 0인 기둥에 대한 안전계수는 $S.F \approx \frac{5}{3} = 1.67$로 인장부재가 요구하는 값과 같고, 세장비가 한계세장비에 가까워지면 (즉, $\lambda \approx C_c$)인 기둥에 대한 안전계수는 $S.F = 1.67$에서 1.92로 15%증가된 값을 갖는다.

세장비의 범위가 $\frac{Kl}{r} > C_c$일 경우(탄성영역) :

$$f_a = \frac{f_E}{S.F} = \frac{\pi^2 E/\lambda^2}{S.F} \quad (4.2.28b)$$

여기서, $S.F = 1.92$로서 탄성영역에서 기둥에 대한 허용응력은 오일러좌굴하중을 안전율로 나누어서 구한 값이다.

$\lambda > 120(k=1)$ 이고, 보강재이거나 2차부재일 경우에는 다음 식으로 허용압축응력을 구한다.

$$f_{as} = \frac{f_a}{1.6-(l/200r)} \tag{4.2.30}$$

여기서, f_a는 식 4.28에서 계산된 값이다.

미국 AASHTO규정에서는 비탄성좌굴과 탄성좌굴에 대하여 식 4.2.31a, 식 4.2.31b와 같이 각각 제안하고 있다.

$$f_a = \frac{\left[1-\frac{1}{2}\left(\frac{\lambda}{C_c}\right)^2\right]f_y}{S.F} \tag{4.2.31a}$$

$$f_a = \frac{\pi^2 E/\lambda^2}{S.F} \tag{4.2.31b}$$

여기서, $S.F = 2.12$ 이고, $C_c = \sqrt{2\pi^2 E/f_y}$ 이다.

AASHTO는 한계세장비로 주부재는 120, 2차부재는 140으로 규정하고 있다.

예제 4.2.5

길이가 5.0m, 양단 단순지지 기둥에 압축력 $P = 1600\text{kN}$ 이 작용할 때, H형강을 사용하여 기둥을 설계하라. (단, SS 400강재 사용)

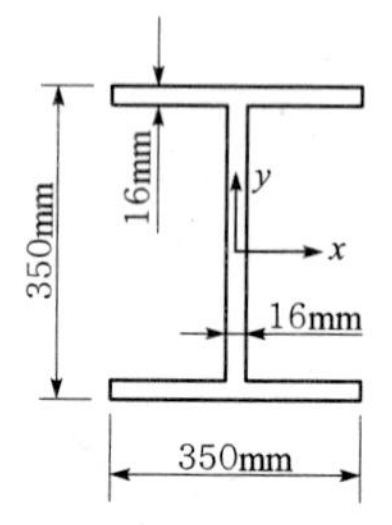

그림 4.2.23

풀 이

압축부재의 설계절차에 따라

1. f_{ca}의 가정 : $l_e/r = 55$로 가정 → $f_{ca} = 110\text{MPa}$ (표 4.2.2)
2. A_g의 산정 : $A_g = \dfrac{P}{f_{ca}} = 14545\,\text{mm}^2$
3. $H-$ 형강선정

   $H-350\times350-344\times348\times10\times16$ 선정 (단위중량 1.15kN/m)

   $\Rightarrow A_g = 14600\,\text{mm}^2,\ r_y = 87.8\,\text{mm}$
4. 단면검토
   1) 세장비 λ의 계산

      $l_e/r_y = 56.95$

      $f_{cag} = 140-0.82(l_e/r-18.6) = 109\,\text{MPa}$ (표 4.2.2)
   2) 허용응력에 대한 계산

$f_{cal} = 140\text{MPa}$ (표 3.2.4, $b/t_w = 312/10 = 31.2 < 39.3$)

$f_{cal} = 140\text{MPa}$ (표 3.2.5, $b/t_f = 169/16 = 10.6 < 13.9$)

$$f_{ca} = f_{cag}\frac{f_{cal}}{f_{cao}} = 109\text{MPa}$$

5. 설계조건검토

$$f_c = \frac{P}{A_g} = \frac{1600,000\text{N}}{146\times10^2} = 110\text{MPa} > f_{ca} = 109\text{MPa} \quad \cdots\ N.G$$

[재설계-1]

1. A_g의 재산정 : $A = \dfrac{1,600,000}{109} = 14678\text{mm}^2$

2. H-형강선정

   $H - 300\times300 - 310\times305\times15\times20$

   $\Rightarrow A_g = 16530\text{mm}^2,\ r_y = 76.0\text{mm},\ I_x = 28,200\times10^4\text{mm}^4$

3. 단면검토

   1) 세장비 λ의 계산

      $l_e/r_y = 65.79,\ b/t_f = 7.25 < 12.9,\ b/t_w = 18.0 < 39.3$

   2) 허용응력에 대한 계산

      $f_{ca} = f_{cag} = 101\text{MPa}$

      $f_c = 97\text{MPa} < f_{ca} = 1021\text{MPa} \cdots O.K$

[재설계-2]

1. H-형강선정

   $H - 350\times350 - 344\times354\times16\times16$

   $\Rightarrow A_g = 16660\text{mm}^2,\ r_y = 84.3\text{mm},\ I_x = 35,300\times10^4\text{mm}^4$

2. 단면검토

   1) 세장비 λ의 계산

      $l_e/r_y = 59.31,\ b/t_f = 10.6 < 12.9,\ b/t_w = 19.5 < 39.3$

   2)허용응력에 대한 계산

      $f_{ca} = f_{cag} = 107\text{MPa}$

      $f_c = 96\text{MPa} < f_{ca} = 107\text{MPa} \cdots$ O.K

      ∴ $H - 350\times350 - 344\times354\times16\times16$으로 선정

예제 4.2.6

예제 4.2.5를 박스단면을 사용하여 기둥을 설계하라. (단, SS 400강재 사용)

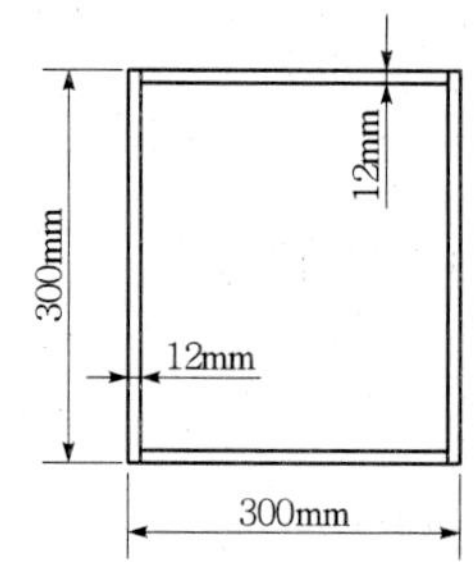

그림 4.2.24

풀 이

압축부재의 설계절차에 따라

1. f_{ca}의 가정 : $l_e/r=40$으로 가정 → $f_{ca}=122\,\text{MPa}$ (표 4.2.2)
2. A_g의 산정 : $A_g=\dfrac{P}{f_{ca}}=13115\,\text{mm}^2$
3. 단면선정 → 예제의 박스단면 선정 : $A_g=13824\,\text{mm}^2$
4. 단면검토
   1) $l_e/r=42.5$
   2) $f_{cag}=140-0.82(l_e/r-18.6)=120\,\text{MPa}$ (표 4.2.2)
   3) $f_{cal}=140\,\text{MPa}$ (표 4.2.4, $b/t=23<39.3$)
   4) $f_{ca}=f_{cag}\dfrac{f_{cal}}{f_{cao}}=120\,\text{MPa}$
5. 설계조건검토

$$f_c=\frac{P}{A_g}=\frac{160{,}000}{138.24\times10^2}=116\,\text{MPa}<\text{f}_{ca}=120\text{MPa}\quad\cdots\ O.K$$

예제 4.2.7

일단고정-일단힌지로 지지된 길이 3.5m 기둥의 허용축하중 검토하라.
(H-250×125-250×125×6×9 형강, SS 400강재)

풀 이

$H-$형강의 단면성질

$$A=3766\,\text{mm}^2,\ r_y=27.9\,\text{mm},\ \frac{Kl}{r_y}=(0.7)(3500)/27.9=87.8$$

$f_y=240\,\text{MPa}$ (SS 400강재)

도로교설계기준(2010)에 의하면

SS 400, $t<40\,\text{mm}$에 대해

$18.6<\dfrac{Kl}{r}=87.8<92.8$이므로 표 4.2.2로부터

$$f_a=140-0.82\left(\frac{Kl}{r}-18.6\right)=83\text{MPa}$$

$\therefore\ P_a=83\times3766=313\text{kN}$

국부좌굴에 대한 검토(도로교설계기준(2010))

1) 웨브 (표4.2.4)

$$\frac{b}{t} = \frac{250-2\times 9}{6} = 38.7 < 39.3 \qquad O.K$$

2) 플랜지 (표4.2.5)

$$b = \frac{125-6}{2} = 59.5$$

$$\therefore \ \frac{b}{t} = 6.6 < 12.9 \qquad O.K$$

[보충]

1) 한계세장비, C_c

$$C_c = \sqrt{\frac{2\pi^2 E}{f_y}} = 131.4 > \lambda = 87.8 \ \text{(비탄성 좌굴영역)}$$

2) 허용압축응력(비탄성 좌굴)

$$f_a = [1-0.5(\lambda/C_c)^2]\frac{f_y}{S.F} = 99.16\,\text{MPa}$$

$$\leftarrow S.F = \frac{5}{3} + \frac{3}{8}(\frac{\lambda}{C_c}) - \frac{1}{8}(\frac{\lambda}{C_c})^3 = 1.88$$

3) 허용축하중

$$P_a = f_a \cdot A_g = 373.4\,\text{kN}$$

4) AASHITO 기준에 의하면

$$f_a = \frac{[1-0.5(\lambda/C_c)^2]f_y}{S.F} \quad (\leftarrow S.F = 2.12)$$

$$= 87.93\,\text{MPa}$$

$$\therefore \ P_a = 87.93\times 37.66\times 10^2 = 331\,\text{kN}$$

연습문제

4.2.1 양단고정, 일단고정-타단힌지 및 일단고정-타단자유 기둥의 탄성좌굴하중을 구하라.

4.2.2 양단 단순지지된 길이 4m인 기둥의 단면으로 SS 400의 H200×200×8×12를 선택하였다면 이 기둥이 저항할 수 있는 최대설계압축력을 건물구조와 교량구조에 대하여 각각 계산하시오.

4.2.3 양단 고정지지된 길이 5m의 기둥(H300×305×15×15)을 미국 AISC ASD에 의거해서 검토할 경우 저항할 수 있는 축하중이 얼마인지 계산하시오.

4.2.4 길이 3m의 켄틸레버 기둥(L200×200×20)의 좌굴하중을 구하시오.

4.2.5 양단이 단순지지된 길이 5m의 기둥이 100kN의 압축력을 받고 있다. SS400 강종의 ㄱ형강으로 설계하시오.

4.2.6 일단-고정 일단-단순지지된 길이 6m의 기둥이 500kN의 압축력을 받을 때 SM490A 강종의 H형강을 설계하시오.

4.2.7 아래 그림과 같은 3변 단순지지 압축판의 탄성좌굴응력 f_{cr}, 기둥의 내하력 f_{cu}, 허용압축응력 f_{ca}를 구하라. (단, SS 400강재 사용)

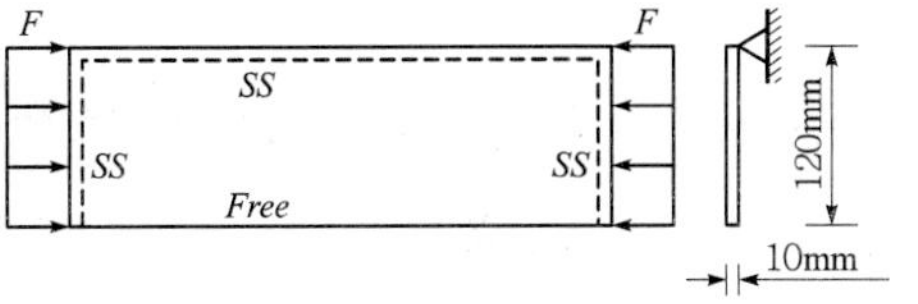

문제 4.2.7

4.2.8 아래 그림과 같은 기둥의 탄성좌굴응력, 기둥의 내하력 f_{cu}, 허용압축응력 f_{ca}를 구하고 안전성을 검토하라. (단, SM 490YA강재 사용)

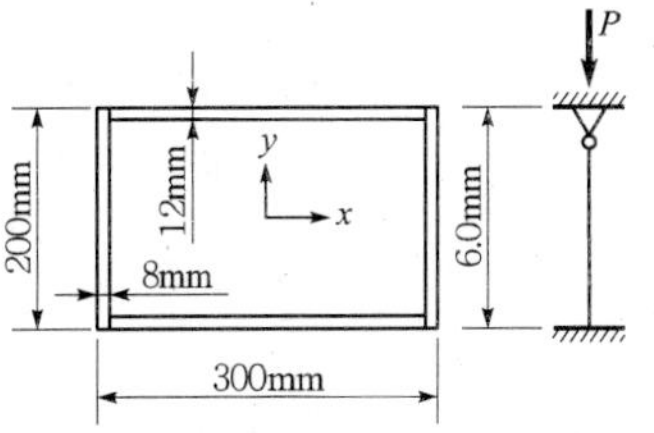

문제 4.2.8

4.2.9 축방향 압축력 $P = 3000\,\text{kN}$를 받는 유효좌굴길이 8 m인 정사각형 단면의 기둥을 설계하라. 단, 사용강재는 SM 400이고, 허용압축응력 $f_{ca} = 140 - 0.82\,(l_e/r - 18.6)$, 폭두께비 : $b/t \leqq 39.3$이다.

4.2.10 부재길이가 3.5 m인 양단힌지 기둥이 있다. 축방향 압축력 $P = 1{,}000\,\text{kN}$가 작용할 때 SS 400강재의 H형강을 사용하여 설계하라.

4.3 휨부재

4.3.1 개설

휨부재란 부재단면의 휨강성과 비틀림강성 및 전단강성에 의해 자중이나 외력에 저항하는 부재이다. 휨부재를 지칭하는 명칭에는 보, 거더(girder), 빔(beam) 등이 사용되며, 일반적으로 규모가 작은 휨부재를 보나 빔이라고 부르고, 상대적으로 규모가 큰 휨부재를 거더라고 부른다. 예를 들어 그림 4.3.1과 같은 교량구조에서 교각과 교각사이에 배치되는 주요 휨부재를 거더라고 부르며, 거더에 지지되어 교축직각방향으로 배치되는 휨부재를 가로보라고 부른다. 거더와 거더 중간에서 거더와 평행한 방향(교축방향)으로 배치되어 바닥판을 직접 지지하는 휨부재는 세로보라고 부른다. 가로보는 세로보를 지지하는 것이 주역할이며, 바닥판을 직접 지지하기도 한다.

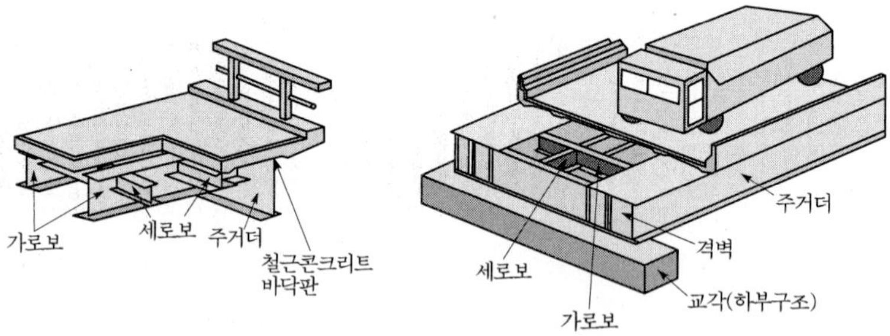

그림 4.3.1 교량부재에서의 휨부재의 적용

휨부재에 적용되는 부재는 크게 공장에서 압연하여 제작하는 압연형강(rolled section)과 강판을 용접하여 필요한 단면을 제작하는 조립형강이 있다. 용접기술이 발달하지 못한 과거에는 리벳으로 접합, 제작하기도 하였으나 최근에는 용접으로 제작한다. 압연형강은 공장에서 제작되므로 품질관리가 용이하나, 생산되는 제품의 규격이 제한되어 설계자의 수요를 충족시키지 못하는 경우가 많다. 기성제품으로 생산되는 압연형강은 공장에서 압연공정에 의해 플랜지와 웨브가 일체로 생산되므로 판을 재단하고 용접하여 거더를 제작하는것에 비하여 가격이 저렴하고 품질이 균일하며 강성이 우수한 거더를 휨부재로 적용할 수 있다. 그러나 소규모로 사용될 때는 경제적이나, 대형구조물이나 높은 내하성능이 요구되는 경우에는 비경제적이 될 수도 있다. 국내에서 생산되는 대표적인 압연형강인 H형강의 경우에는 최대깊이 900mm 수준까지 생산되고 있다.

조립형강은 다양한 단면형상이나 크기로 제작할 수 있는 장점이 있으며, 주로 I형 단면이나 박스형 단면이 많이 이용되고 있다. 그림 4.3.2는 대표적인 압연형강과 조립형강의 단면형상을 보여주고 있다. 대부분의 휨부재용 단면의 형상은 상하부플랜지(flange)와 이를 연결하는 웨브(web)으로 구성된다. 조립형강에서는 일반적으로 웨브를 최대한 얇게 하고, 이에 따라 발생할 수 있는 압축력에 의한 좌굴문제는 각종 보강재를 이용하여 해결함으로써 경제성을 높이고 있다. 반면에 압연형강은 일반적으로 이러한 보강재가 없이도 좌굴이 발생하지 않도록 웨브의 두께가 충분하게 제작된다. 박스형 단면에서는 압축력을 받는 플랜지에도 보강재를 설치하여 단면의 효율성을 높이고 있다.

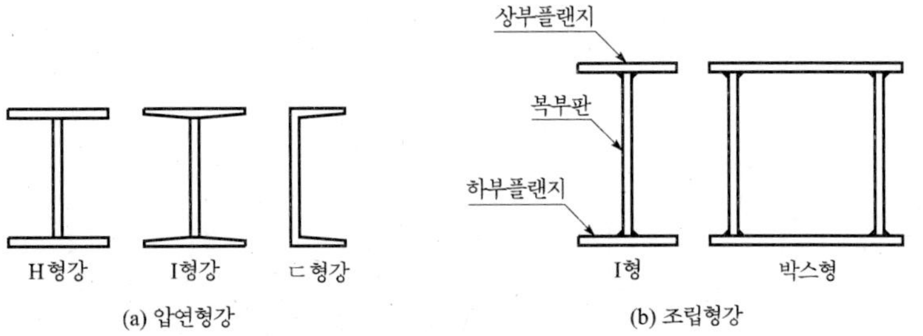

그림 4.3.2 다양한 휨부재용 단면형상

4.3.2 휨부재의 거동특성

휨부재에 하중이 작용하면 일반적일 경우에는 그림 4.3.3과 같은 단면력이 발생하게 되며, 이에 따른 단면응력이 발생하고 변형이 생기게 된다. 발생하는 주요 단면응력은 휨모멘트에 의한 단면상의 수직응력(normal stress)으로 휨응력(flexural stress)이라고도 부른다. 일반적인 휨부재의 사용하중하에서의 단면 내 휨응력의 분포는 그림 4.3.4(a)와 같다. 작용하중이 증가함에 따라 단면 내 휨응력은 그림 4.3.4와 같이 증가하게 되는데, 중립축으로부터 가장 멀리 위치하는 부위가 항복응력(f_y)에 도달할 때까지는 변형률과 응력은 선형적으로 비례하여 그림 4.3.4(b)와 같은 응력분포를 보이게 된다.

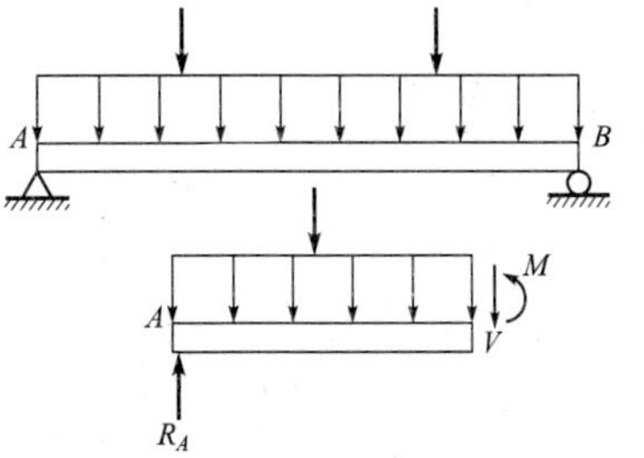

그림 4.3.3 단순지지 휨부재에서의 단면력

그러나 작용하중이 이 단계 이상으로 증가하게 되면 그림 4.3.5의 응력-변형률 곡선과 같이 항복점을 초과한 부분에서는 소성거동을 하여 변형률은 계속 증가하지만 응력은 항복응력을 유지하게 되어 그림 4.3.4(c)와 같은 응력분포를 가진다. 작용하중이 지속적으로 증가하게 되면 소성거동을 하던 부위는 변형률 경화단계로 바뀌어 응력이 항복응력보다 커지게 된다. 그러나 일반적인 구조해석모형에서는 그림 4.3.5에 점선으로 표시된 것과 같은 이상화된 응력-변형률 관계를 적용하여 휨부재 단면이 그림 4.3.4(d)와 같은 사각형 응력분포를 갖는 것으로 가정하고, 이 상태에서의 단면모멘트를 소성모멘트(plastic moment)라고 하며 휨부재의 강도한계상태가 된다.

휨부재가 그림 4.3.4에 설명된 응력증가 단계를 거쳐 소성모멘트 상태까지 진전하기 위해서는 휨부재의 압축플랜지에 횡좌굴이 발생하지 않도록 연속적으로 횡지지되어 있어야 한다. 또한 휨부재에서 압축력을 받는 부위에서는 국부좌굴이 발생하지 않도록 판두께가 확보되어야 한다. 이러한 휨부재 단면을 조밀단면(compact section)이라고 한다.

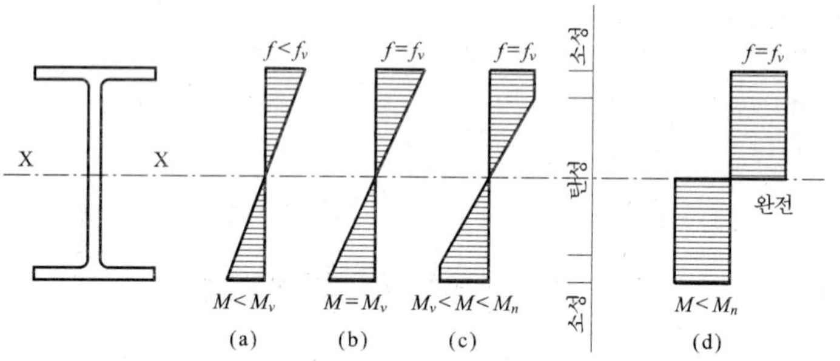

그림 4.3.4 H형강에서의 휨응력의 변화

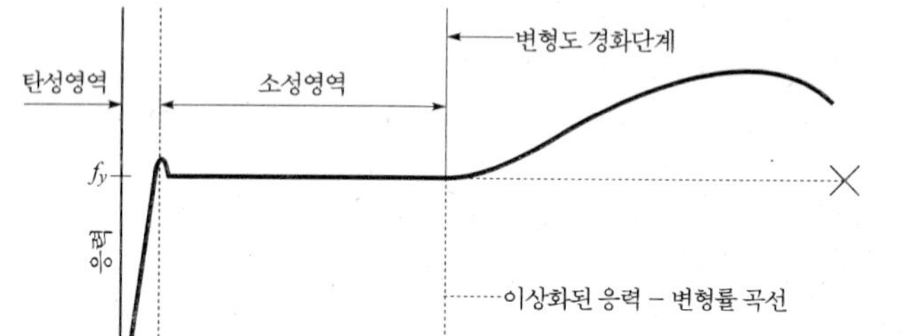

그림 4.3.5 일반강재의 응력-변형률 곡선

압연형강이나 용접조립단면의 실제 상황에서는 압연가공이나 용접연결의 후유증으로 잔류응력(residual stress)이 남게 된다. 잔류응력의 발생원인은 가공시에 상승한 온도가 식을 때 인접한 강재간에 매우 큰 온도구배를 가지게 되어 발생하는 것으로, 위치에 따라 인장응력이나 압축응력이 발생하게 되는데 그림 4.3.6이 H형강에서 발생하는 대표적인 잔류응력 분포이다. 이러한 잔류응력은 상당한 수준으로 휨부재가 소성모멘트 단계까지 진전하는 과정에 영향을 주게 된다. 즉 그림 4.3.7과 같이 중립축으로부터 동일한 거리에 있어도 잔류응력의 영향으로 압축플랜지는 양 자유단측부터 소성거동을 하게되며, 인장플랜지에서는 인장잔류응력이 최대가 되는 웨브와의 접합부에서부터 소성거동을 하게 된다.

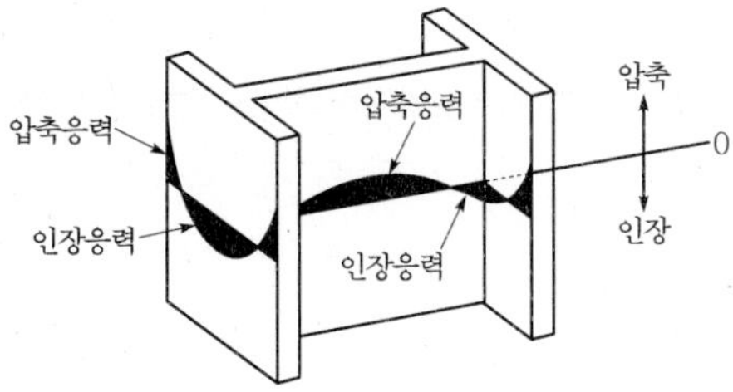

그림 4.3.6 H형강의 잔류응력 분포

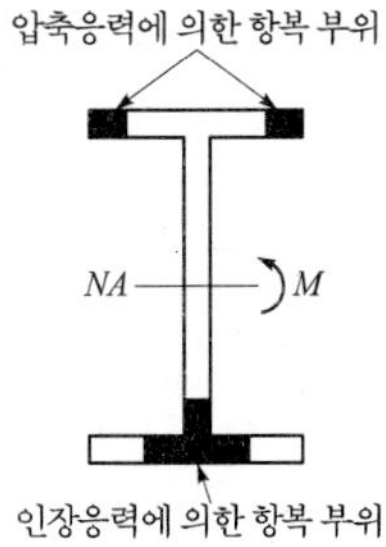

그림 4.3.7 잔류응력을 가진 H형강에서 초기 소성영역의 분포

4.3.3 휨에 의한 수직응력

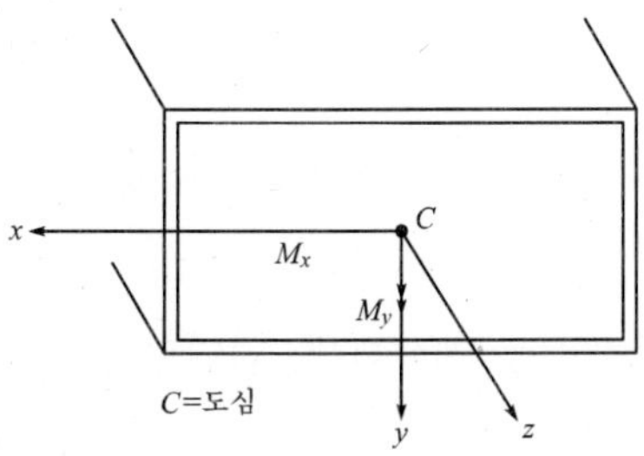

그림 4.3.8 휨모멘트가 작용하는 휨부재 단면

그림 4.3.8과 같이 2축 휨모멘트를 받는 대칭단면에서 단면의 수직 휨응력은 다음 식과 같이 구할 수 있다.

$$f_z = \frac{M_y}{I_y} \cdot x + \frac{M_x}{I_x} \cdot y \qquad (4.3.1)$$

여기서, I_x, I_y는 x축 및 y축에 대한 단면2차모멘트이다.

또한, 수평방향의 하중이 없어 y축에 대한 휨모멘트 M_y가 없다면, 식 4.3.1은 식 4.3.2와 같이 더욱 간단하게 된다.

$$f_b = f_z = \frac{M_x}{I_x} \cdot y \qquad (4.3.2)$$

4.3.4 휨에 의한 전단응력

그림 4.3.9와 같이 전단력을 받는 대칭단면에서 단면의 전단응력은 다음 식과 같이 구할 수 있다.

$$v = \frac{Q_x}{I_x} \cdot \frac{V_y}{t} + \frac{Q_y}{I_y} \cdot \frac{V_x}{t} \tag{4.3.3}$$

여기서, Q는 도심축에 대한 단면1차모멘트이다.

또한 x-방향의 전단력이 없다면, 식 4.3.3은 식 4.3.4와 같이 된다.

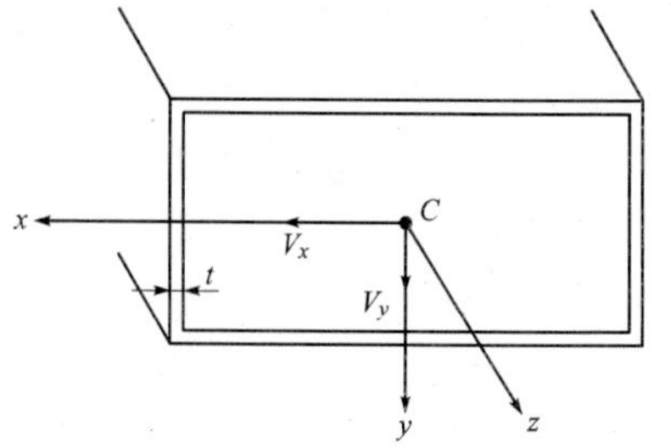

그림 4.3.9 전단력이 작용하는 휨부재의 단면

$$v = \frac{Q_x \cdot V_y}{I_x \cdot t} \tag{4.3.4}$$

식 4.3.4에 의해 구해진 I형 단면부재의 전단응력은 그림 4.3.10(a)와 같이 단면의 도심에서 최대가 되는 분포를 보이며, 대부분의 전단력이 웨브에 의해 저항된다는 것을 알 수 있다. 따라서, 웨브에 발생하는 전단응력은 식 4.3.5와 같이 간단하게 전단력을 웨브의 면적 A_w로 나눈 평균전단응력으로 계산하기도 한다.

$$v = \frac{V}{A_w} \tag{4.3.5}$$

식 4.3.5에 의해 계산된 전단응력의 분포는 그림 4.3.10(b)와 같으며, 도심부근에서는 실제값보다 작고 플랜지와의 접합부 부근에서는 실제값보다 크지만 그 차이는 크지 않다. 웨브 면적을 계산하는 방법은 조립단면에서는 웨브 높이와 두께의 곱으로 계산하며, 압연형강에서는 형강 전체높이와 웨브 두께의 곱으로 계산하기도 한다.

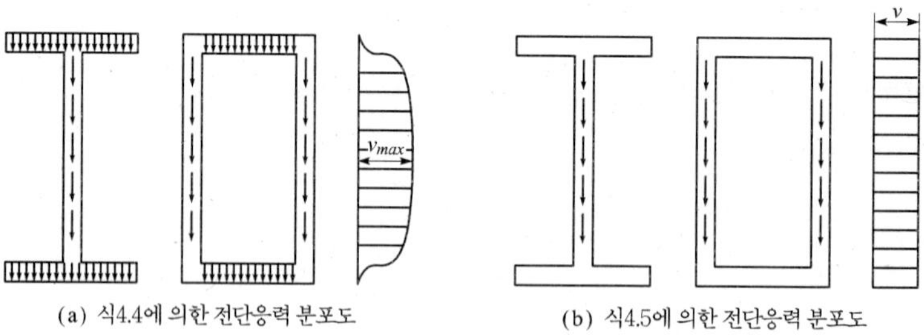

그림 4.3.10 휨부재에서의 전단응력 분포도

예제 4.3.1

H 400×200×8×13에 200kN의 전단력이 웨브 축을 따라 작용할 때, 단면의 전단응력을 구하라.

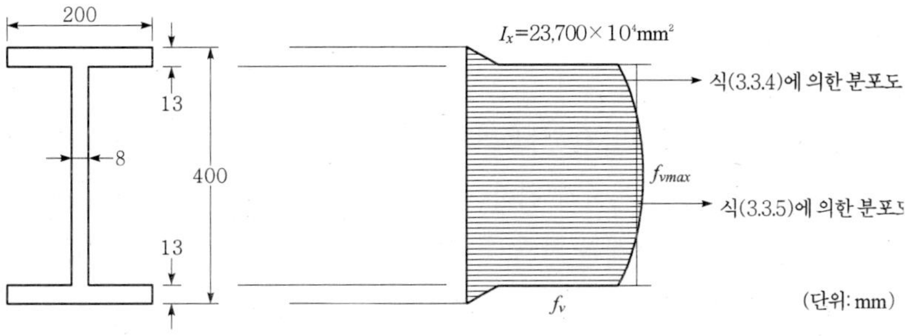

그림 4.3.11

풀 이

1) 웨브와 플랜지의 접합부에서의 전단응력

$$Q = (200)(13)(\frac{400}{2} - \frac{13}{2}) = 503{,}100\text{mm}^3$$

$$v = \frac{V \cdot Q}{I \cdot t_w} = \frac{(200\times10^3)(503{,}100)}{(23{,}700\times10^4)(8)} = 53.07\text{MPa} \ : \text{웨브측}$$

$$v = \frac{V \cdot Q}{I \cdot b} = \frac{(200\times10^3)(503{,}100)}{(23{,}700\times10^4)(200)} = 2.12\text{MPa} \ : \text{플랜지측}$$

2) 웨브 중앙에서의 전단응력

$$Q = 503{,}100 + \left(\frac{400}{2} - 13\right)(8)\times\frac{1}{2}\left(\frac{400}{2} - 13\right)$$

$$= 642{,}976\text{mm}^3$$

$$v = \frac{(200\times10^3)(642{,}976)}{(23{,}700\times10^4)(8)} = 67.82\text{MPa}$$

3) 식 4.3.5를 이용한 전단응력

- 압연형강으로 전체 깊이 40cm를 적용하면

$$v = \frac{200\times10^3}{400\times8} = 62.5\text{MPa}$$

이는 최대전단응력 67.82MPa보다 약 8% 정도 작은 값이다.

- 조립단면으로 웨브 단면적으로 계산하면

$$v = \frac{200\times10^3}{(400-2\times13)(8)} = 66.84\text{MPa}$$

이는 최대전단응력 67.82MPa보다 약 1.5% 정도 작은 값이다.

4.3.5 플레이트거더

플레이트거더(plate girder, 판형)는 일반적으로 I형 단면을 가지는 조립형강을 지칭하는 명칭으로 사용되지만, 구조거동적인 특성에서는 박스형 조립형강도 매우 유사하다. 플레이트거더(판형)는 작용하중이 크거나 지간장이 길어 압연형강으로 설계하기가 곤란한 경우에 강판을 적절한 크기로 절단, 조립하여 소요되는 단면형상을 제작한다. 플레이트거더는 기본적으로 웨브와 플랜지를 조립하고, 웨브의 좌굴을 방지하기 위하여 수직보강재와 수평보강재를 접합한다. 플레이트거더라고 하여 수직이나 수평보강재를 반드시 배치하는 것은 아니나, 단면의 효율성을 극대화하기 위하여 웨브의 두께를 최소화하고, 수직보강재와 수평보강재를 이용하여 보강하는 것이 일반적이다. 그러나 이러한 보강재의 접합을 위한 인건비와 용접량이 증가하여 오히려 비경제적이 될 수 있어, 최근에 소수주형교에서는 웨브를 두껍게 하고 보강재를 대폭 생략하는 방법이 선호되기도 한다. 그림 4.3.12에는 플레이트거더의 대표적인 형상과 각부의 명칭이 정리되어 있다.

플레이트거더의 거동특성은 기본적으로 일반적인 휨부재와 동일하다. 즉 휨거동에서는 횡방향 좌굴과 플랜지의 국부좌굴 및 웨브의 국부좌굴 등이 발생할 수 있다. 물론 전단응력에 의한 파괴도 발생할 수 있다. 그러나 앞에서 언급하였듯이 플레이트거더의 특성은 얇은 웨브를 적용하여 구조물의 경제성을 확보하는 것이므로, 얇은 웨브의 사용에 따른 파손이 발생할 수 있다. 대표적인 파손형태는

- 휨거동에서 얇은 웨브의 초기좌굴
- 얇은 웨브의 플랜지 지지강도의 부족에 따른 압축플랜지의 웨브측으로의 좌굴
- 압연형강에서는 발생 가능성이 매우 낮은 얇은 웨브의 전단좌굴 등이다.

플레이트거더에서는 얇은 웨브의 문제점을 극복하기 위하여 수직보강재와 수평보강재를 배치하며, 특히 적절한 강성을 가지며 적절히 배치한 수직보강재는 플레이트거더의 전단강성을 매우 효과적으로 증가시킨다. 이러한 증가효과는 웨브의 전단파괴가 최종 파괴로 직접 진행되지 않고, 그림 4.3.13과 같이 전단력에 의해 좌굴된 웨브가 수직보강재와 연계하여 트러스와 같은 거동을 보이며 작용하중에 저항하기 때문에 나타난다. 이를 인장력장거동(tension-field action)이라고 한다. 인장력장거동에서는 수직보강재는 압축력을 받으며, 좌굴된 웨브는 인장력을 받아 마치 직현 프래트 트러스(Pratt truss)와 같은 거동을 한다.

그러나 인장력장거동을 하게 되면 플랜지가 부담하는 하중효과가 증가하여 그림 4.3.14와 같이 플랜지부의 응력이 증가하게 되므로, 플랜지의 설계에서 이러한 영향을 적절히 고려하여야 한다. 설계기준(예 : AISC)에 따라서는 웨브의 세장비(높이/두께)에 따라 허용응력을 저감시키기도 한다.

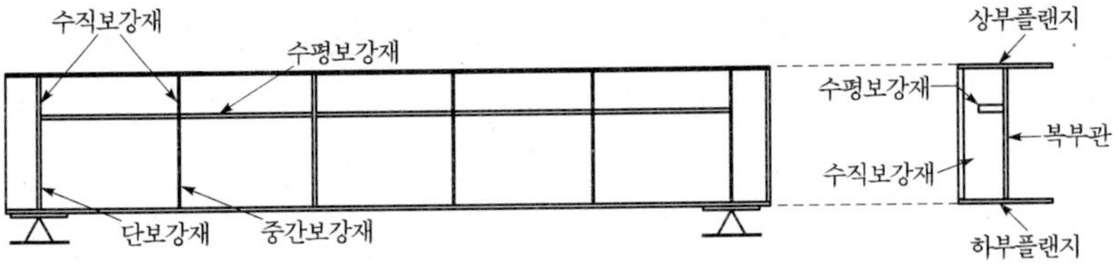

그림 4.3.12 플레이트거더의 일반형상과 각부 명칭

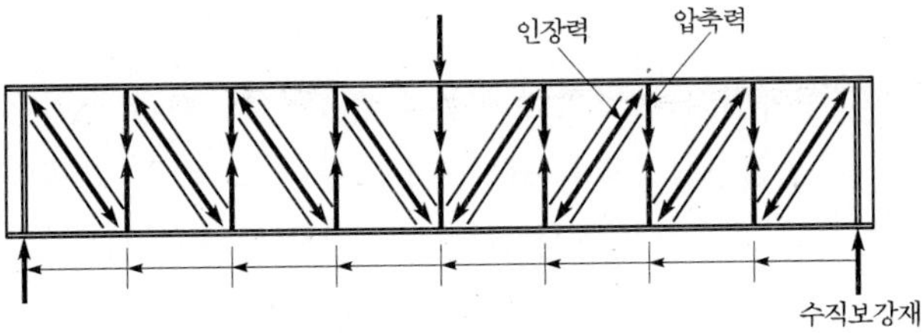

그림 4.3.13 플레이트거더의 인장력장거동

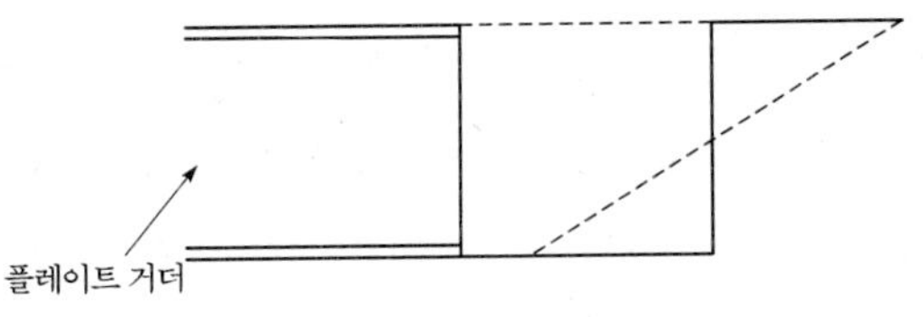

그림 4.3.14 플레이트거더의 웨브 좌굴 후의 응력분포

4.3.6 휨부재에 대한 허용응력

휨부재에서는 이미 설명한 바와 같이 휨이나 비틀림에 의해 인장응력과 압축응력 및 전단응력이 발생하게 된다. 강구조물설계에 있어 적용할 수 있는 국내의 설계기준 중에서 가장 대표적인 것은 도로교설계기준의 강교관련 부분이라고 할 수 있다. 도로교나 철도교와 같이 대상구조물에 대한 구체적인 설계기준이 있는 경우를 제외한 강구조물의 설계를 위해 개발된 "강구조물설계기준"이 있다. 강구조물에 대한 설계기준에서 근본적으로 강구조물의 거동특성과 관련된 기준들은 유사한 개념을 가지고 있지만, 대상구조물별로 작용하중의 특성에 따른 차이점과 확보하고자 하는 안전수준에서 차이가 있다. 구조물별로 확보하고자 하는 안전수준의 차이는 "강구조물설계기준"에서 다양한 설계대상 구조물별로 허용응력을 달리 제시하고 있다는 점에서 쉽게 알 수 있다. 본 절에서 다양한 설계기준을 모두 설명하기는 불가능하므로 토목구조물에서 대표적인 도로교에 대한 "도로교설계기준"의 강교관련기준을 중심으로 설명하고자

한다. 각종 구조설계기준에서 제시하는 허용응력은 설계대상 구조물에 있어 최소한 확보하여야 하는 가장 기본적인 안전수준을 제시하는 것이라는 점을 명확히 하여야 한다. 따라서 설계자가 설계대상구조물의 상황이나 자연적, 인위적인 환경에 따라 적절하게 대처할 수 있는 판단력을 가져야 할 것이다. 그러나 불확실한 조건에 대해 무조건 안전측으로 설계하여 과다설계가 되어서는 안 될 것이다.

허용휨인장응력

휨부재에서의 허용휨인장응력은 일반적인 허용축방향인장응력과 동일하다. 도로교설계기준(2010) 3.3.2에 제시된 허용휨인장응력은 표 4.1.1과 같이 강종별, 강재의 판두께별로 제시되어 있다. 표 4.1.1에 제시된 허용응력은 강재별로 기준항복점에 대해 1.70 정도의 안전율을 적용한 값이며, SM 570과 SMA570에서는 인장강도와 항복점의 비가 다른 강재보다 작기 때문에 약간 높은 안전율을 적용하였다.

허용휨압축응력[도로교설계기준(2010) 3.3.2]

휨부재에서 압축응력을 받는 부분에 대한 허용응력의 결정은 압축응력을 받는 판부재의 거동이 복잡한 것과 같이 다소 복잡하다. 우선 전체 휨부재가 횡좌굴이 발생할 가능성이 있느냐에 따라서 표 4.3.1(a), (b)에 의해 허용응력이 결정된다. 그러나 판부재에서 국부좌굴이 발생할 가능성이 있는 경우에는 도로교설계기준(2010) 3.4.2의 관련조항에 의해 국부좌굴을 방지하기 위한 최소판두께의 조항을 만족시켜야 하며, 허용응력도 하향 조정하게 된다.

표 4.3.1(a)는 횡좌굴이 발생할 가능성이 낮은 휨부재의 압축부에 대한 허용응력으로, 횡좌굴을 방지하기 위해 압축플랜지가 콘크리트 바닥판 등에 직접 고정되어 있거나, 횡지지 보에 의해 충분히 구속되어 있는 경우와 횡방향에 대한 휨강성이 큰 박스형이나 Ⅱ형 단면 등을 가지는 경우가 해당된다. 횡좌굴에 대해 충분히 구속되어 있어도 압축플랜지가 바닥판 등에 직접 고정되어 있지 않다면, 국부좌굴에 대해 검토하여야 한다.

표 4.3.1(b)는 횡좌굴에 대한 지지점이 단속적으로 설치되어 있으며 횡방향 휨강성이 충분하지 않은 조건에서 적용하는 허용휨압축응력 산정기준이다. 제시된 허용응력은 기본적으로 압축플랜지의 횡지지점간의 거리와 횡방향 휨강성의 척도가 되는 압축플랜지의 폭의 함수로 되어 있다. 따라서 동일한 휨부재에서도 횡방향으로 비지지된 길이가 길어질수록 횡좌굴의 가능성이 높아지며 허용응력이 낮아지게 된다. 표 4.3.1(b)에 제시된 허용응력은 횡좌굴의 기준강도곡선에 대해 1.70의 안전율을 적용한 결과이며, SM 570과 SMA 520에서는 약간 높은 안전율을 적용하였다. 횡좌굴에 대한 구속이 충분하지 않은 경우에는 대부분 국부좌굴에 대해 검

토하여야 한다.

표 4.3.1(b)를 적용하는 조건에서 설계단면의 양측에 위치하는 압축플랜지의 횡지지점에서 휨모멘트값이 다르고 두 지지점 사이에서 휨모멘트가 직선적으로 변화하면, 표 4.3.1(b)에 제시된 허용응력에 그림 4.3.15에 나타낸 (M/M_{eq})의 비율을 곱하여 증가시킬 수 있도록 허용하고 있다. 여기에서 M은 설계단면에 작용하는 휨모멘트, M_{eq}는 등가환산휨모멘트이다. 설계단면을 포함하는 고정점 간에서 그의 고정점에 작용하는 휨모멘트를 M_1 및 $M_2\,(M_1 \geq M_2)$로 할 때, M_{eq}는 $0.6M_1 + 0.4M_2$와 $0.4M_1$ 중 큰 것을 사용한다. 또한 M_1, M_2의 부호는 플랜지에 압축응력이 발생하는 경우를 정부호로 하여, $M_1 \geq M_2$이 되도록 설정한다. 단, 중간에 최대휨모멘트가 발생하는 경우에는 그 값을 M으로 한다.

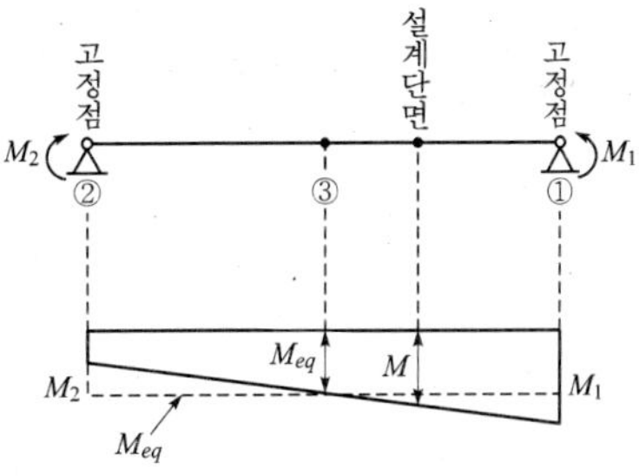

그림 4.3.15 양지지점 사이에서 휨모멘트가 직선으로 변화하는 경우

표 4.3.1 허용휨압축응력

(a) 횡좌굴이 발생하기 어려운 경우(MPa)

강재 판두께(mm) \ 강 종	SS400 SM400 SMA400	SM490	SM490Y SM520 SMA490	SM570 SMA570
40이하	140	190	215	270
40초과 75이하	130	175	200	260
75초과 100이하			195	250

강재 판두께(mm) \ 강 종		SM490C-TMC	SM520C-TMC	SM570-TMC
100이하		190	215	270

강재 판두께(mm) \ 강 종	HSB500	HSB600	HSB800	
80이하	230	270	380	
80초과 100이하			–	

(b) 횡좌굴이 발생할 수 있는 경우(MPa)

강재 판두께(mm) \ 강 종		SS400, SM400 SMA400	SM490	SM490Y, SM520 SMA490	SM570 SMA570
$\frac{A_w}{A_c} \le$	40 이하	$140 : \frac{l}{b} \le 4.6$ $140-2.49\left(\frac{l}{b}-4.6\right)$ $: 4.6<\frac{l}{b} \le 30$	$190 : \frac{l}{b} \le 4.0$ $190-3.91\left(\frac{l}{b}-4.0\right)$ $: 4.0<\frac{l}{b} \le 30$	$215 : \frac{l}{b} \le 3.8$ $215-4.69\left(\frac{l}{b}-3.8\right)$ $: 3.8<\frac{l}{b} \le 27$	$270 : \frac{l}{b} \le 3.4$ $270-6.64\left(\frac{l}{b}-3.4\right)$ $: 3.4<\frac{l}{b} \le 25$
	40 초과 75 이하	$130 : \frac{l}{b} \le 4.9$ $130-2.21\left(\frac{l}{b}-4.9\right)$ $: 4.9<\frac{l}{b} \le 30$	$175 : \frac{l}{b} \le 4.1$ $175-3.48\left(\frac{l}{b}-4.1\right)$ $: 4.1<\frac{l}{b} \le 30$	$200 : \frac{l}{b} \le 3.9$ $200-4.24\left(\frac{l}{b}-3.9\right)$ $: 3.9<\frac{l}{b} \le 27$	$260 : \frac{l}{b} \le 3.4$ $260-6.25\left(\frac{l}{b}-3.4\right)$ $: 3.4<\frac{l}{b} \le 25$
	75 초과 100 이하			$195 : \frac{l}{b} \le 3.9$ $195-4.07\left(\frac{l}{b}-3.9\right)$ $: 3.9<\frac{l}{b} \le 27$	$250 : \frac{l}{b} \le 3.5$ $250-5.94\left(\frac{l}{b}-3.5\right)$ $: 3.5<\frac{l}{b} \le 25$
$\frac{A_w}{A_c} >$	40 이하	$140 : \frac{l}{b} \le \frac{9.3}{K}$ $140-1.24\left(K\frac{l}{b}-9.3\right)$ $: \frac{9.3}{K} < \frac{l}{b} \le 30$	$190 : \frac{l}{b} \le \frac{8.0}{K}$ $190-1.9\left(K\frac{l}{b}-8.0\right)$ $: \frac{8.0}{K} < \frac{l}{b} \le 30$	$215 : \frac{l}{b} \le \frac{7.5}{K}$ $215-2.35\left(K\frac{l}{b}-7.5\right)$ $: \frac{7.5}{K} < \frac{l}{b} \le 27$	$270 : \frac{l}{b} \le \frac{6.7}{K}$ $270-3.32\left(K\frac{l}{b}-6.7\right)$ $: \frac{6.7}{K} < \frac{l}{b} \le 25$
	40 초과 75 이하	$130 : \frac{l}{b} \le \frac{10}{K}$ $130-1.1\left(K\frac{l}{b}-9.7\right)$ $: \frac{9.7}{K} < \frac{l}{b} \le 30$	$175 : \frac{l}{b} \le \frac{8.3}{K}$ $175-1.74\left(K\frac{l}{b}-8.3\right)$ $: \frac{8.3}{K} < \frac{l}{b} \le 30$	$200 : \frac{l}{b} \le \frac{7.8}{K}$ $200-2.12\left(K\frac{l}{b}-7.8\right)$ $: \frac{7.8}{K} < \frac{l}{b} \le 27$	$260 : \frac{l}{b} \le \frac{6.9}{K}$ $260-3.12\left(K\frac{l}{b}-6.9\right)$ $: \frac{6.9}{K} < \frac{l}{b} \le 25$
	75 초과 100 이하			$195 : \frac{l}{b} \le \frac{7.9}{K}$ $195-2.04\left(K\frac{l}{b}-7.9\right)$ $: \frac{7.9}{K} < \frac{l}{b} \le 27$	$250 : \frac{l}{b} \le \frac{6.9}{K}$ $250-2.97\left(K\frac{l}{b}-6.9\right)$ $: \frac{6.9}{K} < \frac{l}{b} \le 25$
비 고		A_w : 웨브의 총단면적(mm^2) l : 압축플랜지의 고정점간 거리(mm) $K=\sqrt{3+\frac{A_w}{2A_c}}$		A_c : 압축플랜지 총단면적(mm^2) b : 압축플랜지 폭(mm)	

국부좌굴을 고려한 허용응력

1) 압축응력을 받는 양연지지판(도로교설계기준(2010) 3.4.2.1)

그림 4.3.16에 'b''로 표시된 양연지지판이 압축응력을 받는다면 표 4.3.2에 제시된 최소판두께 이상을 확보하여야 하며, 허용응력은 표 4.2.4에 제시된 값보다 작아야 한다. 표 4.3.2와 표 4.2.4에서 i는 응력구배계수로서 양연지지판의 압축응력분포가 그림 4.3.17과 같을 때 다음과 같이 결정된다. 단, 보강재로 보강된 플레이트거더의 웨브나 박스거더의 압축플랜지에는 적용하지 않는다.

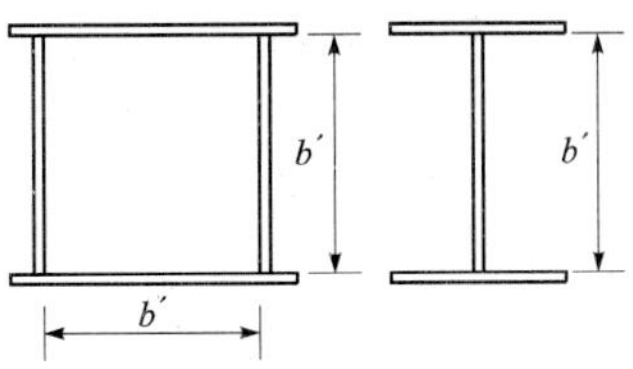

그림 4.3.16 양연지지판

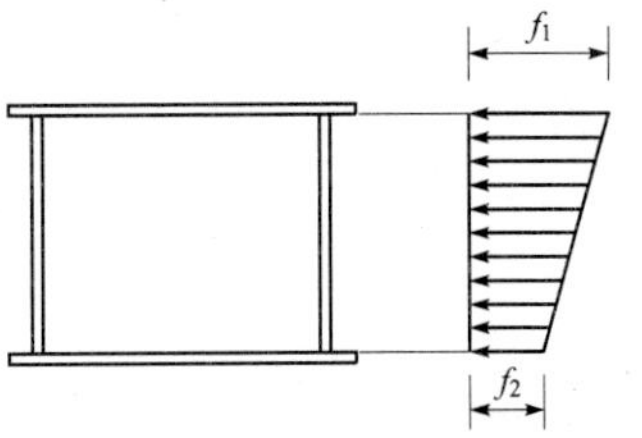

그림 4.3.17 응력구배를 가지는 양연지지판

$$i = 0.65\phi^2 + 0.13\phi + 1.0 \tag{4.3.6}$$

$$\phi = \frac{f_1 - f_2}{f_1} \tag{4.3.7}$$

2) 압축응력을 받는 자유돌출판(도로교설계기준(2010) 3.4.2.2)

그림 4.3.18에 'b''로 표시된 자유돌출판이 압축응력을 받는다면, 자유돌출판의 두께 t는 자유돌출폭 b의 1/16 이상이어야 하며, 허용응력이 표 4.2.5에 제시된 값 이상이 되어서는 안 된다.

표 4.3.2 압축응력을 받는 양연지지판의 최소판두께

<table>
<tr><th>강종
강재
판두께(mm)</th><th>SS 400
SM 400
SMA 400</th><th>SM 490</th><th>SM 490Y
SM 520
SMA 490</th><th>SM 570
SMA 570</th></tr>
<tr><td>40 이하</td><td>$\frac{b}{56i}$</td><td>$\frac{b}{49i}$</td><td>$\frac{b}{46i}$</td><td>$\frac{b}{41i}$</td></tr>
<tr><td>40 초과 75 이하</td><td rowspan="2">$\frac{b}{59i}$</td><td rowspan="2">$\frac{b}{50i}$</td><td>$\frac{b}{47i}$</td><td>$\frac{b}{42i}$</td></tr>
<tr><td>75 초과 100 이하</td><td>$\frac{b}{48i}$</td><td>$\frac{b}{42i}$</td></tr>
</table>

강종 / 강재 판두께(mm)	HSB 500	HSB 600	HSB 800	
100 이하	$\frac{b}{44i}$	$\frac{b}{41i}$	$\frac{b}{33i}$	
80 초과 100 이하			–	

강종 / 강재 판두께(mm)		SM 490C –TMC	SM 520C –TMC	SM 570 –TMC
100 이하		$\frac{b}{49i}$	$\frac{b}{46i}$	$\frac{b}{41i}$

예제 4.3.2

양단에서만 고정되어 고정점간의 거리가 5m 인 단순휨을 받는 휨부재가 있다. 이 거더의 단면에 H 900×300×16×28이 적용되는 경우에 대한 이 휨부재의 허용모멘트 M_a를 구하라. 재질은 SM 400이며, 도로교설계기준을 참고하라.

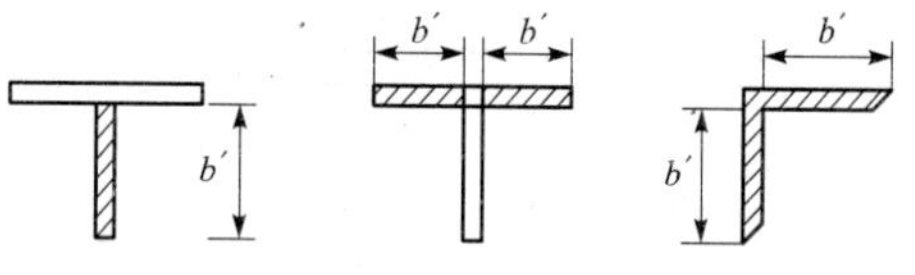

그림 4.3.18 자유돌출판

풀 이

도로교설계기준(2010) 제3장 강교의 표 3.2.3에 의하면 구조용 강재 SM 400에 있어 플랜지 두께가 28 mm 로 판두께가 40 mm 이하이므로 기준항복점은 235 MPa이고, 표 4.1.1에 의하면 허용휨인장응력은 140 MPa이다. 상하대칭인 휨부재이므로 허용휨모멘트는 압축플랜지의 허용응력에 의해 지배되기 때문에 압축플랜지에 대해 해석한다.

표 4.3.1(b)의 규정을 적용하면,

$$A_w = (900-2\times 28)\times 16 = 13{,}504\text{mm}^2$$

$$A_c = 300\times 28 = 8{,}400\text{mm}^2$$

$$\therefore\ \frac{A_w}{A_c} = \frac{13{,}504}{8{,}400} = 1.6 < 2.0 \text{ 이며,}$$

$$\frac{l}{b} = \frac{5000}{300} = 16.7 > 4.6 \text{ 이므로,}$$

$$f_a = 140 - 2.49\left(\frac{l}{b} - 4.6\right) = 109.9\,\text{MPa}$$

압축플랜지는 압축응력을 받는 자유돌출판이므로 도로교설계기준(2010) 3.4.2.2을 적용하여 상부플랜지의 최소두께규정을 확인하면, 압축플랜지의 두께 $t = 28\text{mm}$ 이고 자유돌출폭이 142mm 이고,

$$t = 28 > \frac{b}{16} = \frac{142}{16} = 8.9$$

이므로 문제가 없다. 자유돌출판의 국부좌굴에 대한 허용응력은

$$\frac{b}{t} = \frac{142}{28} = 5.1 \leqq 12.9$$

이므로 $f_a = 140\,\text{MPa}$까지 허용되어 문제가 없다.

웨브 상단에서의 국부좌굴에 대한 표 4.3.2의 양연지지판 최소판두께 규정을 적용하면, 상하대칭인 휨부재이므로 웨브 상하단에서의 응력이 각각 압축과 인장으로 동일한 값이라고 가정하면 응력구배 $\phi = 2$가 된다. 따라서 응력구배계수 $i = 0.65\phi^2 + 0.13\phi + 1.0 = 3.86$이 되며, 최소판두께는

$$\frac{b}{56i} = \frac{(900 - 28 \times 2)}{56 \times 3.86} = 3.90\,\text{mm} < 16\,\text{mm}$$

이므로 허용응력은 $f_a = 140\,\text{MPa}$이 되어, 허용응력 결정에 영향을 주지 않는다. 결론적으로 대상 휨부재의 허용응력은 $f_a = 109.9\,\text{MPa}$가 된다.

단면계수는

$I_x = 404{,}000 \times 10^4\text{mm}^4$ 으로

$S_c = \dfrac{I_x}{y_c} = 8{,}990 \times 10^3\text{mm}^3$ 이 된다.

따라서 허용휨모멘트는

$M_a = f_a \cdot S_c = 988.1\,\text{kN} \cdot \text{m}$ 가 된다.

예제 4.3.3

그림 4.3.19에 나타낸 바와 같이 양단에 다른 크기의 휨모멘트를 받고 있는 휨부재가 있다. 이 거더의 단면 C에 대한 허용휨모멘트 M_a를 구하시오. 다만 거더의 단면은 예제 4.3.2의 단면과 동일(H 900×300×16×28)하고 거더의 재질은 SM 400A으로 한다.

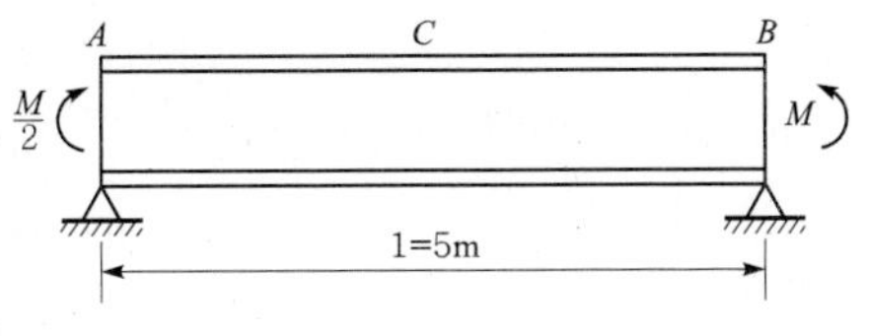

그림 4.3.19

풀 이

4.3.6절(도로교설계기준(2010) 3.3.2-(3)③)에 따르면 부재 양단의 휨모멘트값이 다르고 양단 사이의 휨모멘트가 직선적인 변화를 할 때에는 허용휨압축응력에 (M/M_{eq})를 곱하여 허용휨압축응력의 상한값이나 국부좌굴에 대한 허용응력을 넘지 않는 범위에서 허용응력을 증가시킬 수 있다고 했다.

이 예제에서는 A, B 및 C단면 모두에 다른 크기의 휨모멘트가 작용하지만, 고정점으로 볼 수 있는 A 및 B단면에 작용되는 휨모멘트는 결국 $M/2$ 및 M이 된다. $M_1 \geq M_2$ 이므로, $M_1 = M$, $M_2 = M/2$로 택하면,

$$\begin{aligned} M_{eq} &= \max((0.6M_1 + 0.4M_2),\ 0.4M_1) \\ &= \max((0.6M + 0.4M/2),\ 0.4M) \\ &= 0.8\mathrm{M} \end{aligned}$$

을 얻는다.

양단에 같은 크기의 휨모멘트가 작용할 때의 허용휨압축응력은 앞의 예제 4.3.2에서 109.9 MPa 이므로, 단면 C에 대한 허용휨응력은

$f_{ba} = f_{bca} \times M/M_{eq} = 109.9/0.8 = 137.4\mathrm{MPa} < 140\mathrm{MPa}$

따라서 허용휨모멘트의 크기는

$M_a = S_c \times 137.4 = 8{,}990 \times 10^3 \times 137.4 = 1235.2\mathrm{KN} \cdot \mathrm{m}$ 가 된다.

예제 4.3.4

[횡방향 비지지보의 허용응력 산정]

가로흔들이가 있는 지지점간의 길이가 각각 3m, 4m, 6m인 단순보에 H 400×400× 13×21이 적용되는 경우에 대한 허용휨압축응력을 구하라. 강재는 SS 400이다.

풀 이

선정된 H형강은

$H = 400\mathrm{mm}$, $B = 400\mathrm{mm}$

$t_1 = 13.0\mathrm{mm}$ (웨브)

$t_2 = 21.0\mathrm{mm}$ (플랜지)

1) 압축플랜지에 대한 검토

4.3.6절(도로교설계기준(2010) 3.4.2.2)의 압축응력을 받는 자유돌출판의 국부좌굴에 대한 조항을 적용하면, 우선 $t \geq \frac{b}{16}$ 이어야 한다. $t_2 = 21.0\mathrm{mm}$ 이므로

$$\frac{b}{16} = \frac{1}{16}\left[\frac{1}{2}(400.0 - 13.0)\right] = \frac{193.5}{16} = 12.09$$

$$\therefore\ t_2 > \frac{b}{16} \quad \therefore\ O.K.$$

표 4.2.5에 의하면 $t_2 = 21.0\text{mm}$는 40.0mm 이하이므로

$$f_{bca} = \begin{cases} 140 \\ : \dfrac{b}{12.9} \leqq t \rightarrow \dfrac{b}{t} \leqq 12.9 \\ 24{,}000(\dfrac{t}{b})^2 \\ : \dfrac{b}{16} \leqq t < \dfrac{b}{12.9} \rightarrow 12.9 < \dfrac{b}{t} \leqq 16 \end{cases}$$

따라서

$$\frac{b}{t_2} = \frac{193.5}{21.0} = 9.21 \leqq 12.9$$

$$\therefore\ f_{bca} = 140\text{MPa}$$

그러므로 압축플랜지의 국부좌굴에 대한 제한조건은 선정된 부재의 허용휨압축응력의 결정에 영향을 주지 않는다.

횡방향 비지지길이를 고려한 허용응력을 검토하기 위해서는 4.3.6절의 표 4.3.1(b)를 적용하여야 한다. 여기에서는 양측 고정점에서의 휨모멘트가 동일하다고 가정한다.

$$A_w = (400 - 2\times 21)\times 13 = 4{,}654\text{mm}^2$$

$$A_c = 400\times 21 = 8{,}400\text{mm}^2$$

$$\therefore\ \frac{A_w}{A_c} = \frac{4{,}654}{8{,}400} = 0.55 < 2.0$$

또한 플랜지 두께($t_2 = 21\text{mm}$)가 40mm 이하이므로

$$f_{bca} = \begin{cases} 140 : \dfrac{l}{b} \leqq 4.6 \\ 140 - 2.49(\dfrac{l}{b} - 4.6) : 4.6 < \dfrac{l}{b} \leqq 30 \end{cases}$$

따라서 비지지길이에 따라 허용휨압축응력을 계산하면 아래 표와 같다.

비지지길이	3m	4m	6m
l/b	7.5	10.0	15.0
f_{bca}(MPa)	132.8	126.6	114.1

2) 웨브에 대한 검토

압축응력을 받는 웨브의 국부좌굴문제는 4.3.6절의 양연지지판에 대한 조건으로 검토하여야 한다. 상하부플랜지에 동일한 크기의 압축응력과 인장응력이 작용하는 것으로 가정한다.

4.3.6절의 표 4.3.2의 최소판두께 조항을 검토하면,

$$\phi = \frac{f_1 - f_2}{f_1} = \frac{f_c - (-f_t)}{f_c} = 2$$

$\therefore$ 응력구배계수 $i = 0.65\phi^2 + 0.13\phi + 1.0 = 3.86$

판두께 40 mm 이하에 대한 조항을 적용하면,

$$\frac{b}{56i} = \frac{400 - 2(21)}{(56)(3.86)} = 1.66 < 13.0\text{mm} \qquad \therefore O.K.$$

4.3.6절의 표 4.2.4의 조항을 적용하면

$$\frac{b}{t\,i} = \frac{400 - 2(21)}{(13.0)(3.86)} = 7.13 < 39.3$$

따라서 국부좌굴의 영향이 없으며, 허용응력은 $f_a = 140\,\text{MPa}$이 된다.

그러므로 압축플랜지의 설계응력이 허용응력 140 MPa을 초과하지 않는다면 웨브는 전혀 문제가 없다.

허용전단응력 및 허용지압응력[도로교설계기준(2010) 3.3.2]

표 4.3.3에 제시되어 있는 허용전단응력은 기준항복점에 대한 von Mises의 항복조건 $f_{vy} = f_y / \sqrt{3}$ 을 적용하되, 안전율 1.70을 적용한 것이며, 다만 다른 경우와 마찬가지로 SM 570과 SMA 570에서는 약간 높은 안전율을 적용하였다. 허용지압응력은 평면과 평면이 접촉하는 경우로 보고, AASHTO의 기준치를 참고로 하여 허용인장응력의 50%를 증가시킨 것이다. 이 값은 평면이면서 상대적으로 이동하지 않는 경우이고, 상대적인 이동이 있는 구조는 마찰, 마모가 증대되기 쉬우므로 피하는 것이 좋고 부득이한 경우에는 허용치의 1/2을 사용하도록 제안하고 있다.

주단조품의 허용응력[도로교설계기준(2010) 3.3.2]

주단조품은 강재를 주조 또는 단조하여 생산된 제품을 말하며 표 4.3.4와 같이 분류할 수 있다. 그러므로 단조품, 주강품의 축방향응력, 휨응력 및 전단응력은 같은 그룹 내의 압연강의 허용응력과 같다. 받침부 등에 사용하는 주단조품의 허용응력은 표 4.3.4에 따르며, 허용지압응력은 헬츠의 이론으로 계산한다.

표 4.3.3 허용전단응력 및 허용지압응력 (MPa)

응력종류		판두께(mm) \ 강종	SS400 SM400 SMA400	SM490	SM490Y SM520 SMA490	SM570 SMA570
전단응력		40이하	80	110 (110)주)	125 (125)주)	155 (155)주)
		40초과 75이하	75	100 (110)주)	115 (125)주)	150 (155)주)
		75초과 100이하				145 (155)주)
지압응력	강판과 강판 사이의 지압응력	40이하	210	285 (285)주)	325 (325)주)	405 (405)주)
		40초과 75이하	195	265 (285)주)	300 (325)주)	390 (405)주)
		75초과 100이하			295 (325)주)	375 (405)주)

(주) TMC 강재일 경우에는 ( )의 값을 적용한다

표 4.3.4 주단조품의 허용응력(MPa)

종 류		축방향 응력		휨응력		전단응력	지압응력			
		인장	압축[1]	인장	압축[1]		미끄러지지 않는 평면접촉[2]	미끄러지는 평면접촉[2]	헬츠공식으로 계산한 경우의 지압: 지압응력	헬츠공식으로 계산한 경우의 지압: 필요경도 H_B
단조품	SF 490A	145	145	145	145	85	220	110	600	125이상
	SF 540A	165	165	165	165	95	250	125	700	145이상
주강품	SC 450	135	135	135	135	80	205	100	600	125이상
	SCW 410	140	140	140	140	80	210	105	600	125이상
	SCW 480	165	165	165	165	95	250	125	700	145이상
	SCMn1A	165	165	165	165	95	250	125	700	143이상
	SCMn2A	205	205	205	205	120	310	155	780	163이상
주철품	GC 250	95	95	95	95	55	140	70	650	135이상
	GCD 400[3]	145	145	145	145	85	215	–	–	–

강관[도로교설계기준(2010) 3.13.3] 및 봉강의 허용응력

- 철근콘크리트용 봉강의 허용응력은 표 4.3.5에 표시된 값으로 한다. 다만, 철근콘크리트 바닥판에 쓰이는 봉강의 허용응력은 도로교설계기준(2010) 콘크리트교편 4.5.2.2의 규정을 따른다.
- 강관구조에 사용하는 강종의 허용응력은 표 4.3.6에 표시된 값으로 한다.

표 4.3.5 철근콘크리트용 봉강의 허용응력 (MPa)

응력의 종류 \ 철근 종류	SD300	SD350	SD400
허용인장응력	150	160	160
허용압축응력	150	175	180

휨응력과 전단응력의 합성응력에 대한 허용조건

휨부재에서 휨응력과 전단응력이 모두 각각의 규정된 허용응력의 45%를 초과하는 경우에는 휨모멘트 및 전단력이 각각 최대로 되는 하중상태에 대하여 식 4.3.8에 의해 합성응력을 검산하여야 한다(도로교설계기준(2010) 3.8.2.4).

$$\left(\frac{f}{f_a}\right)^2+\left(\frac{v}{v_a}\right)^2 \leq 1.2 \quad (4.3.8)$$

여기서 $f = f_b+f_{bw}$

$v = v_b+v_s+v_w$

f_a : 휨응력에 대한 허용응력(MPa)

v_a : 허용전단응력(MPa)

f_b : 휨에 의한 수직응력(MPa)

f_{bw} : 뒴비틀림에 의한 수직응력(MPa)

v_b : 휨에 의한 전단응력(MPa)

v_s : 순수비틀림에 의한 전단응력(MPa)

v_w : 뒴비틀림에 의한 전단응력(MPa)

표 4.3.6 국부좌굴에 대한 허용응력

강종	강관의 판두께 (mm)	국부좌굴에 대한 허용응력(MPa)		
SS 400 SM 400 SMA 400 STK 400	40이하	140 $140-0.43\ (\frac{R}{\alpha t}-50)$	: :	$\frac{R}{\alpha t}\leq 50$ $50<\frac{R}{\alpha t}\leq 200$
	40초과 100이하	130 $130-0.42\ (\frac{R}{\alpha t}-55)$	: :	$\frac{R}{\alpha t}\leq 55$ $55<\frac{R}{\alpha t}\leq 200$
SM 490 STK 490	40이하	190 $190-0.61\ (\frac{R}{\alpha t}-40)$	: :	$\frac{R}{\alpha t}\leq 40$ $40<\frac{R}{\alpha t}\leq 200$
	40초과 100이하	175 $175-0.55\ (\frac{R}{\alpha t}-40)$	: :	$\frac{R}{\alpha t}\leq 40$ $40<\frac{R}{\alpha t}\leq 200$
SM 490Y SM 520 SMA490 STK 500	40이하	200 $200-0.67\ (\frac{R}{\alpha t}-35)$	: :	$\frac{R}{\alpha t}\leq 35$ $35<\frac{R}{\alpha t}\leq 200$
	40초과 75이하	200 $200-0.64\ (\frac{R}{\alpha t}-35)$	: :	$\frac{R}{\alpha t}\leq 35$ $35<\frac{R}{\alpha t}\leq 200$
	75초과 100이하	195 $195-0.63\ (\frac{R}{\alpha t}-35)$	: :	$\frac{R}{\alpha t}\leq 35$ $35<\frac{R}{\alpha t}\leq 200$
SM 570 SMA 570	40이하	270 $270-0.83\ (\frac{R}{\alpha t}-25)$	: :	$\frac{R}{\alpha t}\leq 25$ $25<\frac{R}{\alpha t}\leq 200$
	40초과 75이하	260 $260-0.82\ (\frac{R}{\alpha t}-30)$	: :	$\frac{R}{\alpha t}\leq 30$ $30<\frac{R}{\alpha t}\leq 200$
	75초과 100이하	250 $250-0.81\ (\frac{R}{\alpha t}-30)$	: :	$\frac{R}{\alpha t}\leq 30$ $30<\frac{R}{\alpha t}\leq 200$

여기서 R : 강관의 반지름 (중심으로부터 연단까지의 거리) (mm)

t : 강관의 판두께 (mm)

α : $1+\dfrac{\phi}{10}$

$$\phi = \frac{f_1 - f_2}{f_1}, \quad 0 \le \phi \le 2$$

f_1 : 휨에 의해, 강관에 압축이 발생한 쪽의 합응력(MPa)
다만, 부호는 압축응력을 부(-)로 한다.

f_2 : 휨에 의해, 강관에 인장이 발생한 쪽의 합응력(MPa)
다만, 부호는 압축응력을 부(-)로 한다.

합성응력의 검산은 1개 단면내에서 휨응력과 전단응력이 동시에 큰 위치에서 검산할 필요가 있으므로, 예를 들어 I형 단면이나 박스 단면에서 플랜지와 웨브의 접합부 등이 해당될 것이다. 비틀림모멘트가 작용할 때, 휨응력이나 전단응력의 최대값이 발생하는 하중상태를 선정하기 어려우면, 휨모멘트와 휨에 따르는 전단력이 최대로 되는 하중상태에서 검토하여도 된다.

식 4.3.8에서 비틀림모멘트에 의한 응력이 작아지는 경우에는 관련된 응력계산을 생략할 수도 있다. 도로교설계기준(2010)의 3.8.2.3에서는 비틀림모멘트에서 순수비틀림모멘트와 뒴비틀림모멘트의 분담률에 따라 각각의 영향을 무시할 수 있도록 허용하고 있다. 즉, 비틀림상수비 $\alpha < 0.4$일 경우에는 순수비틀림의 분담률이 적어지므로 이에 따른 응력계산을 생략할 수 있고, 비틀림상수비 $\alpha > 10$일 경우에는 뒴비틀림의 분담률이 적어지므로 이에 의한 응력계산을 생략할 수 있도록 허용하고 있다. 비틀림상수비는

$$\alpha = l\sqrt{\frac{GK}{EI_w}} \tag{4.3.9}$$

여기서 l : 지점간의 부재길이(mm)

G : 전단탄성계수(MPa)

K : 순수비틀림상수(mm^4)

E : 탄성계수(MPa)

I_w : 뒴비틀림상수(mm^4)

2축응력에 대한 허용조건[도로교설계기준(2010) 3.8.2.5]

주거더의 플랜지와 라멘 가로보의 플랜지가 직접 연결되는 경우와 같이 주거더의 2방향 응력이 작용하는 부분은 식 4.3.10으로 검토하여야 한다.

$$\left(\frac{f_x}{f_a}\right)^2-\left(\frac{f_x}{f_a}\right)\left(\frac{f_y}{f_a}\right)+\left(\frac{f_y}{f_a}\right)^2+\left(\frac{v}{v_a}\right)^2 \leqq 1.2 \quad (4.3.10)$$

여기서 f_x, f_y : 검토하는 위치에서의 직교하는 축에 대한 응력으로 인장수직응력을 (+), 압축수직응력을 (−)로 한다.

v : 검토하는 위치에서의 전단응력

f_a, v_a : 허용인장응력과 허용전단응력

하중조합조건에 따른 허용응력의 할증

구조물에는 다양한 하중들이 작용하게 되며 이러한 하중들은 동시에 작용할 수도 있으므로 다양한 하중조합조건에 대해 검토하여야 한다. 그러나 대부분의 허용응력설계법에 기초한 설계기준에서는 하중조합을 각각의 설계하중을 적용하여 검토하므로 이러한 조합응력이 실제로 발생할 가능성은 단일설계하중에 의한 응력이 발생할 가능성보다 낮으며, 그 또한 하중조합조건에 따라 차이가 있다. 이러한 점을 반영하여 도로교설계기준(2010)의 2.2.2.2에서는 하중조합조건에 따라 허용응력을 적절히 증가시킬 수 있도록 허용하고 있다.

4.3.7 휨부재의 설계

휨부재 설계의 기본적인 과정은 다음과 같다.

1) 설계대상 휨부재에 대한 기본적인 설계조건(설계하중, 지간장 등)으로부터 구조해석을 통하여 휨부재별 설계하중효과(설계휨모멘트, 설계전단력 등)를 산정한다.
2) 사용될 강종을 결정하고, 허용응력을 결정한다. 이 과정에서 설계대상 휨부재의 횡좌굴에 대한 지지조건, 국부좌굴에 대한 조건 등을 적절히 가정하고, 필요하면 단면규격도 가정한다.
3) 설계휨모멘트와 허용응력으로부터 요구되는 최소단면계수를 계산한다.

$$S=\frac{M}{f_{bta}} \quad (4.3.11)$$

또는

$$S=\frac{M}{f_{bca}} \quad (4.3.12)$$

여기서 f_{bta}는 허용휨인장응력이며, f_{bca}는 허용휨압축응력이다.

4) 소요되는 단면계수에 만족되는 단면치수를 선택한다.
5) 선택된 단면이 2)에서 가정한 조건에 만족되는지 검토한다.

6) 결정된 단면과 설계전단력에 대하여 허용전단응력을 검토한다.

휨부재에는 부재간의 연결을 위한 볼트용 구멍이나 기타 다른 부착물을 위한 구멍이 설치될 수 있다. 설계기준에 따라 이러한 구멍에 의한 단면감소를 고려하는 방법이 다소 다르다. 도로교설계기준에서는 압축플랜지에 있는 볼트구멍에 의한 단면감소효과는 고려하지 않으나, 인장플랜지에 위치하는 볼트의 단면감소효과는 고려하도록 하고 있다. 즉, 위의 설계단계 3)에서 식 4.3.11을 적용함에 있어 허용휨인장응력을 (인장플랜지 총단면적 / 인장플랜지 순단면적)으로 나누어 감소시키도록 하고 있다.

설계단계 4)에서 요구되는 단면계수를 만족하는 단면치수를 선택할 때, 다양한 단면형태가 선정될 수 있다. 일반적으로는 가장 경제적인 단면이 선정되어야 하므로 압연형강을 이용한 설계의 경우, 요구되는 단면계수 이상을 가지는 형강중에서 단위중량이 최소가 되는 단면을 선정하게 된다. 이때 고려하여야 하는 중요사항은 설계대상부재의 높이 및 폭에 대한 제한사항이 만족되는가 하는 것이다. 또한 운반 및 시공조건이나 부식들을 유발시킬 수 있는 환경조건에 따라 부재강판의 최소두께에 대한 제한조건도 있으므로 검토하여야 한다. 도로교설계기준에서는 조립부재는 8mm 이상이 되도록 요구하고 있으나 압연형강의 웨브에 있어서는 7.5mm까지 허용한다. 그러나 이 규정은 일반적으로 단면이 큰 부재를 사용하고, 자연환경에 노출되는 도로교의 조건을 고려한 것이므로 다른 용도의 구조물에 동일하게 적용하면 비경제적인 단면선정이 될 수도 있으므로 주의하여야 한다.

압연형강을 이용한 설계

대부분의 압연형강 규격제품은 압축플랜지나 압축을 받는 웨브의 규격이 휨압축응력에 의한 국부좌굴의 규정을 만족하므로 횡방향 좌굴에 대한 규정만 검토하여 설계하면 된다. 횡방향지지가 충분한 경우에는 허용휨인장응력과 허용휨압축응력이 동일하므로, 소요되는 최소단면계수를 설계휨모멘트로부터 아래의 식으로 계산한다.

$$S = \frac{M}{f_{bta}} \tag{4.3.13}$$

계산된 최소단면계수를 충족시키는 다양한 압연형강들 중에서 설계대상 부재의 높이나 폭에 대한 제한조건이 없다면, 단위중량이 가장 적은 단면을 선정한다. 선정된 단면에 대하여 설계전단응력이 허용전단응력을 만족하는지를 검토하면 단면설계는 완료될 것이다.

대부분의 규격형강들이 압축플랜지의 국부좌굴에 대한 규정을 만족시키지만, 선정된 단면에 대하여 관련 규정을 검토하여 설계과정을 마무리하는 것이 바람직하다.

예제 4.3.5

[연속적으로 횡지지된 압연형강 휨부재의 설계]

지간장 6m인 단순보에 작용하는 최대설계전단력이 100KN, 최대설계휨모멘트가 130KN·m일 때, 적정한 국내 생산 H형강을 선정하라. 단, H형강의 압축플랜지는 콘크리트 바닥판에 직접 고정되어 연속적으로 횡지지되었다고 가정하라. 사용형강의 재질은 SS 400으로 한다.

풀 이

판두께 40mm 이하일 경우에 SS 400 강재의 허용전단응력은 80MPa이며, 허용휨인장응력은 140MPa, 횡좌굴 및 국부좌굴이 없는 경우의 허용휨압축응력도 140MPa이다. 따라서 소요되는 최소단면계수는

$$S=\frac{M}{f_{ba}}=\frac{130{,}000{,}000}{140}=928{,}571\mathrm{mm}^3$$

부록 A.1로부터 요구되는 최소단면계수를 만족하는 단면은 다음과 같다.

H 396×199×7×11 – 단위길이당 중량 555.3kN/m, $S_x=1{,}010\times10^3\mathrm{mm}^3$

H 336×249×8×12 – 단위길이당 중량 678.9N/m, $S_x=1{,}100\times10^3\mathrm{mm}^3$

H 400×200×8×13 – 단위길이당 중량 647.5N/m, $S_x=1{,}190\times10^3\mathrm{mm}^3$

따라서 H 396×199×7×11이 적은 단위길이당 중량으로 더 큰 단면계수를 가지므로 부재높이에 대한 제한조건이 없다면 이 단면이 최적의 단면이 된다.

설계전단력 검토 :

웨브에 작용하는 평균전단응력은

$$v=\frac{V}{A_w}=\frac{100\times10^3}{\{396-(2\times11)\}\times7}=38.2\mathrm{MPa}<80\mathrm{MPa} \qquad \therefore\ O.K.$$

으로 허용전단응력 이하이다.

웨브 중앙에서의 최대전단응력의 검토 :

$$Q=11\times199\times\left(\frac{396}{2}-\frac{11}{2}\right)+7\times\left(\frac{396}{2}-11\right)\times\frac{1}{2}\left(\frac{396}{2}-11\right)=543.77\times10^3\mathrm{mm}^3$$

$$V=100\mathrm{kN}$$

$$I=20{,}000\times10^4\mathrm{mm}^4$$

$$t=0.7\mathrm{mm}$$

따라서 최대전단응력은

$$v=\frac{V\cdot Q}{I\cdot t}$$

$$=\frac{(100\times10^3)\times(543.77\times10^3)}{(20{,}000\times10^4)(7)}=38.84\mathrm{MPa}<80\mathrm{MPa} \qquad \therefore\ O.K.$$

예제 4.3.6

[볼트설치용 구멍을 가진 휨부재의 설계]

예제 4.3.5에서 선정될 압연형강의 인장플랜지 단면에 M22 고장력볼트설치용 구멍이 2개 필요하다고 가정하여 압연형강을 다시 설계하라. 다만 부재 연결 등으로 인하여 추가되는 하중은 없는 것으로 가정하되 설계는 도로교설계기준에 따른다.

풀 이

선정된 형강의 플랜지 폭은 $b_f = 199\text{mm}$이며, M22 고장력볼트용 구멍의 공제직경은 $22+3=25\text{mm}$ (도로교설계기준(2010) 3.5.3.7-(2) 적용)이 된다. 따라서

$$\frac{\text{인장플랜지의 총단면적}}{\text{인장플랜지의 순단면적}} = \frac{199}{199-25\times 2} = 1.336$$

그러므로 재검토를 위한 최대설계휨모멘트는 $130\text{kN}\cdot\text{m}\times 1.336$가 된다.

따라서 소요되는 최소단면계수는

$$S = \frac{130\times 10^6 \times 1.336}{140} = 1{,}240{,}571\text{mm}^3$$

으로 선정된 압연형강의 단면계수 $1{,}010{,}000\text{mm}^3$보다 크다. 그러므로 압연형강을 재선정하여야 한다.

부록 A.1으로부터 선정 가능한 압연형강은 다음과 같다.

H 340×250×9×14 - 단위중량 781.9N/m, $S_x = 1280\times 10^3\text{mm}^3$

H 404×201×9×15 - 단위중량 740.7N/m, $S_x = 1360\times 10^3\text{mm}^3$

H 446×199×8×12 - 단위중량 649.4N/m, $S_x = 1290\times 10^3\text{mm}^3$

다른 제약조건이 없다면 위의 압연형강중에서 가장 경제적인 단면인 H 446×199 ×8×12를 적용하여야 한다.

선정된 단면에 대해 설계응력을 재검토하면

$$f = \frac{130\times 10^6}{28{,}700\times 10^4}\times\frac{446}{2} = 101.0\text{MPa} \quad (\text{여기서 } I_x = 28{,}700\times 10^4\text{mm}^4)$$

이 되고, 볼트구멍을 고려하면 플랜지 폭이 동일하므로 감소효과는 1.336이다.

$$101.0\times 1.336 = 134.936\text{MPa} < 140\text{MPa} \qquad \therefore\ O.K$$

예제 4.3.7

[횡방향 비지지보의 설계]

예제 4.3.5에서 양단지점을 제외하고는 전구간 횡방향으로 비지지된 조건에서 H형강을 선정하라. 사용형강의 재질은 SS 400으로 한다.

풀 이

l/b가 허용한도의 최대값이 되도록 플랜지폭을 199 mm로 가정하면

$$f_{bca}=140-2.49(\frac{6{,}000}{199}-4.6)=76.4\text{MPa}$$

따라서 소요되는 최소단면계수는

$$S=\frac{M}{f_{bca}}=\frac{130\times10^6}{76.4}=1{,}702\times10^3\text{mm}^3>1{,}010\times10^3\text{mm}^3 \qquad \therefore N.G$$

이므로 예제 4.3.5에서 선정된 단면(H 396×199×7×11)을 재선정하여야 한다.
플랜지폭을 250 mm로 가정하면,

$$f_{bca}=140-2.49(\frac{6{,}000}{250}-4.6)=91.7\text{MPa}$$

따라서 소요되는 최소단면계수는

$$S=\frac{M}{f_{bca}}=\frac{130\times10^6}{91.7}=1{,}418\times10^3\text{mm}^3>1{,}280\times10^3\text{mm}^3 \qquad \therefore N.G$$

$\leftarrow$ H 340×250×9×14 – $w=781\text{kN/m}$, $S_x=1{,}280\times10^3\text{mm}^3$

이므로 플랜지폭을 300 mm로 재가정하면,

$$f_{bca}=140-2.49(\frac{6{,}000}{300}-4.6)=101.7\text{MPa}$$

따라서 소요되는 최소단면계수는

$$S=\frac{M}{f_{bca}}=\frac{130\times10^6}{101.7}=1{,}278.27\times10^3\text{mm}^3<1{,}360\times10^3\text{mm}^3 \qquad \therefore O.K$$

$\leftarrow H\ 300\times300\times10\times15-w=921\text{ kN/m},\ S_x=1{,}360\times10^3\text{mm}^3$

설계전단력 검토

- 웨브에 작용하는 평균전단응력

$$v=\frac{V}{A_w}=\frac{100\times10^3}{300\times10}=33.33\text{MPa}<80\text{MPa} \qquad \therefore O.K$$

- 웨브 중앙에서의 최대전단응력

$$Q=15\times300\times(\frac{300}{2}-\frac{15}{2})+10\times(\frac{300}{2}-15)\times\frac{1}{2}(\frac{300}{2}-15)=732{,}375\text{mm}^3$$

$$V=100\text{kN},\ I=20{,}400\times10^4\text{mm}^4,\ t=10\text{mm}$$

$$v=\frac{V\cdot Q}{I\cdot t}=\frac{(100\times10^3)(732{,}375)}{(20{,}400\times10^4)(10)}=35.980\text{MPa}<80\text{MPa} \qquad \because O.K$$

$\therefore H300\times300109\times15$ 단면으로 선정

플레이트거더(판형)를 이용한 설계[도로교설계기준(2010) 3.8]

1) 설계일반

그림 4.3.20과 같은 상하대칭인 I형 플레이트거더 단면의 설계에 대해 검토해보자. 휨모멘트에 의한 플레이트거더 단면의 휨응력은 식 4.3.14와 같다.

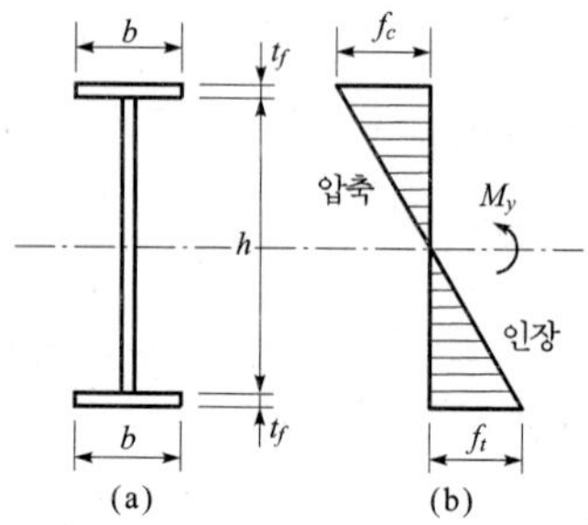

그림 4.3.20 휨을 받는 플레이트거더(판형)의 응력분포

$$f_b = \frac{M}{I} \cdot y \tag{4.3.14}$$

여기서 f_b : 휨응력(MPa)

M : 작용휨모멘트(N · mm)

I : 휨 단면의 중립축에 대한 단면2차모멘트(mm^4)

y : 중립축으로부터의 거리(mm)

웨브의 전단응력은 식 4.3.15로 계산한다.

$$v_b = \frac{V}{A_w} \tag{4.3.15}$$

여기서 v_b : 평균전단응력(MPa)

V : 작용전단력(N)

A_w : 웨브의 총단면적(mm^2)

위의 휨응력과 전단응력은 다음 식을 만족하여야 한다. 즉,

$$f_b \leq f_a, \; v_b \leq v_a \tag{4.3.16}$$

여기서 f_a : 허용휨응력(MPa)

v_a : 허용전단응력(MPa)

2) 웨브 치수

현행 도로교설계기준에서는 웨브의 설계를 최소두께 제한규정을 참고하여 웨브의 두께를 산정하고, 이에 대한 각종 규정을 검토하는 방식으로 수행한다. 도로교설계기준(2010)의 3.8.4.1에 제시된 플레이트거더에 대한 최소두께는 표 4.3.7과 같으며, 계산응력이 허용응력에 비하여 작은 경우에는 표 4.3.7의 최소두께에 $\sqrt{\text{계산 휨압축응력} / \text{허용 휨압축응력}}$ 값을 곱하여 하향조정할 수 있으나, 20% 이상은 안된다.

표 4.3.7에서 수평보강재의 위치는 그림 4.3.21과 같다. 도로교설계기준에는 수평보강재를 3단 이상 사용하는 것도 허용하지만 거의 적용되지 않는다.

표 4.3.7 플레이트거더의 웨브 최소두께 (mm)

강종	SS400 SM400 SMA400	SM490	SM490Y SM520 SMA520	SM570 SMA570
수평보강재가 없을 때	$\frac{b}{152}$	$\frac{b}{129}$	$\frac{b}{121}$	$\frac{b}{108}$
수평보강재 1단을 사용할 때	$\frac{b}{256}$	$\frac{b}{219}$	$\frac{b}{206}$	$\frac{b}{184}$
수평보강재 2단을 사용할 때	$\frac{b}{310}$	$\frac{b}{310}$	$\frac{b}{291}$	$\frac{b}{260}$
수평보강재를 3단 이상 사용할 때	플레이트거더의 최소웨브두께는 임의로 정할 수 있다. 다만, 보강재로 구분되는 패널의 국부좌굴응력은 도로교설계기준(2010) 3.4.2.3에 의하여 검토해야 한다.			

플레이트거더가 바닥판과 합성되는 경우에는 표 4.3.7에서 b는 그림 4.3.22에서와 같이 b_c에 2를 곱한 값을 대입한다. 만약 b_c가 '0'이면 웨브에 휨압축력이 작용하지 않으므로, 표 4.3.7의 최소두께 규정을 적용할 필요가 없다. 부모멘트 구간은 압축부에 바닥판이 없으므로 표 4.3.7의 규정을 적용한다.

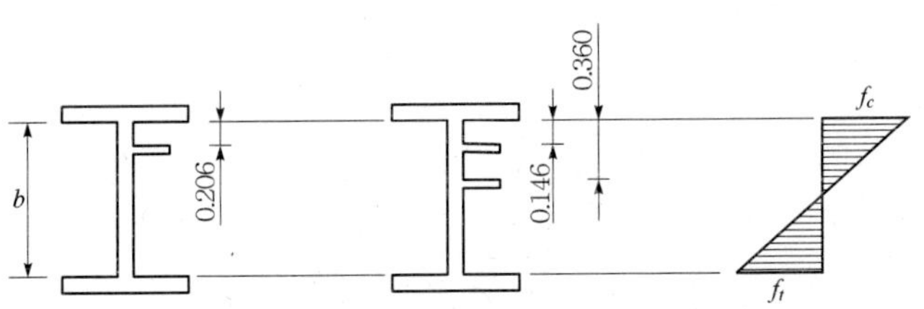

그림 4.3.21 플레이트 거더에서 수평 보강재의 위치

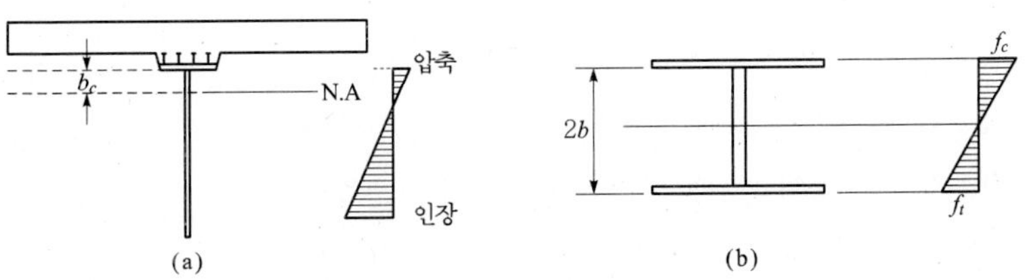

그림 4.3.22 합성단면의 중립축

3) 플랜지의 소요단면과 치수비

플랜지의 단면을 결정하기 위해서는 4.3.6절에 제시된 것과 같이 판두께가 플랜지 자유돌출폭의 1/16 이상이어야 한다는 조건을 고려하여 적정한 단면을 선택하여야 한다. 만약 국부좌굴에 대한 허용응력의 감소가 경제성 측면에서 바람직하지 않다면 표 4.3.8의 규정(도로교설계기준(2010) 3.4.2)을 참고하여 단면을 선정할 수 있다.

표 4.3.8 국부좌굴을 고려하지 않아도 되는 자유돌출판의 최소판두께

강재판두께(mm) \ 강종	SS 400 SM 400 SMA 400	SM 490	SM 490Y SM 520 SMA 520	SM 570 SMA 570
40이하	$\frac{b}{12.9}$	$\frac{b}{11.1}$	$\frac{b}{10.5}$	$\frac{b}{9.3}$
40초과 75이하	$\frac{b}{13.5}$	$\frac{b}{11.5}$	$\frac{b}{10.8}$	$\frac{b}{9.5}$
75초과 100이하			$\frac{b}{11.0}$	$\frac{b}{9.6}$

압축력을 받는 플랜지의 판두께는 표 4.3.8, 표 4.3.2, 표 4.2.4, 표 4.2.5, 도로교설계기준(2010) 3.4.2의 규정에 따른다. 인장플랜지에 대해서는 국부좌굴이 발생할 우려가 없으나 제작 및 운반상의 이유로 다음과 같이 판두께를 제한한다.

인장력을 받는 플레이트거더의 자유돌출부 판두께 경우

$$t \geq \frac{b}{16} \tag{4.3.17}$$

박스거더(상자형)의 인장플랜지 두께 경우

$$t \geq \frac{b}{80} \tag{4.3.18}$$

플랜지는 1장 또는 2장으로 만드는 것을 원칙으로 한다. 2장의 판을 겹처 플랜지를 만드는 경우, 외측 플랜지는 도로교설계지준 3.8.4.3항의 규정을 따라야 한다. 외측 플랜지판의 두께는 내측 플랜지판 두께의 1.5배 이하이어야 하고, 압축플랜지에서는 외측 플랜지판 폭의 1/24 이상, 인장플랜지에서는 외측 플랜지판 폭의 1/32 이상으로 하여야 한다. 외측 플랜지판의 길이는 거더 높이의 2배에 1,000 mm를 더한 값보

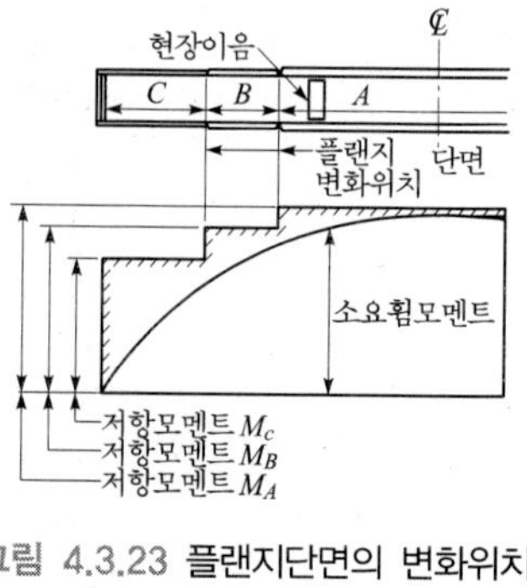

그림 4.3.23 플랜지단면의 변화위치

다 커야 한다. 외측 플랜지판의 양단에는 이론값보다 300mm 이상, 또는 외측 플랜지판 폭의 1.5배 이상의 여유길이가 있어야 한다. 특히 인장측에 사용되는 외측 플랜지판의 양단은 외측 플랜지를 제외하고 계산한 연응력이 허용응력의 90%가 되는 곳까지 연장하여야 한다. 또한 수송 등을 고려하여 현장이음을 설치하는 경우에는 그림 4.3.23에 나타낸 것과 같이 이음위치는 여유있는 단면에 설치하는 것이 좋다.

4) 보강재

플래이트거더가 강도한계상태에 도달하기까지 보강재가 웨브 국부좌굴의 노드선이 되도록 보강재는 충분한 강성을 가져야 하며 보강재의 간격 및 두께 등을 임의로 정한 후 전체 플래이트거더와 보강판의 안전성에 대하여 검토한다.

수직보강재[도로교설계기준(2010) 3.8.5]

수직보강재의 강성 확보를 위해 수직보강재의 단면2차모멘트는 식 4.3.19로 구한 값 이상이어야 한다.

$$I = \frac{bt^3}{10.92}\gamma \tag{4.3.19}$$

여기서 $\gamma = 8.0\left(\frac{b}{a}\right)^2$: 수직보강재의 소요강비

t : 웨브 두께(mm)

b : 상하플랜지의 순간격(mm)

a : 수직보강재 간격(mm)

또한 수직보강재의 폭은 웨브 높이의 1/30에 50mm를 가산한 것보다 크게 잡는 것이 좋으나, 수직보강재의 두께는 그 폭의 1/13이상이 되어야 한다.

표 4.3.9 수직보강재를 생략할 수 있는 플랜지 순간격의 최대치

강종 / 내용	SS 400 SM 400 SMA 400	SMS 490	SMS 490Y SMS 520 SMA 490	SMS 570 SMA 570
상하플랜지 순간격	$71t$	$61t$	$57t$	$51t$

여기에서 t : 웨브 두께(mm)

수직보강재의 간격은 지점부에서는 웨브 높이의 1.5배 이하까지, 그밖에는 3.0배 이하까지 허용되지만, 일반적으로 웨브 높이보다 작게 선택하고, 또 수직브레이싱이 배치된다면 이 간격을 등분하는 간격으로 배치한다.

1) 수직보강재의 간격

웨브 높이 및 두께가 표 4.3.9에 나타낸 값 이상일 경우에는 웨브에는 반드시 수직보강재를 설치하고, 수직보강재의 간격은 다음 관계식을 따른다(도로교설계기준(2010) 3.8.5.1).

(1) 수평보강재를 사용하지 않는 경우

$$\frac{a}{b} > 1,\quad \left(\frac{b}{100t}\right)^4\left[\left(\frac{f}{365}\right)^2+\left(\frac{v}{81+61(b/a)^2}\right)^2\right] \leq 1 \tag{4.3.20a}$$

$$\frac{a}{b} \leq 1,\quad \left(\frac{b}{100t}\right)^4\left[\left(\frac{f}{365}\right)^2+\left(\frac{v}{61+81(b/a)^2}\right)^2\right] \leq 1 \tag{4.3.20b}$$

(2) 수평보강재 1단을 사용하는 경우

$$\frac{a}{b} > 0.80,\quad \left(\frac{b}{100t}\right)^4\left[\left(\frac{f}{950}\right)^2+\left(\frac{v}{127+61(b/a)^2}\right)^2\right] \leq 1 \tag{4.3.21a}$$

$$\frac{a}{b} \leq 0.80,\quad \left(\frac{b}{100t}\right)^4\left[\left(\frac{f}{950}\right)^2+\left(\frac{v}{95+81(b/a)^2}\right)^2\right] \leq 1 \tag{4.3.21b}$$

(3) 수평보강재 2단을 사용하는 경우

$$\frac{a}{b} > 0.64,\quad \left(\frac{b}{100t}\right)^4\left[\left(\frac{f}{3{,}150}\right)^2+\left(\frac{v}{197+61(b/a)^2}\right)^2\right] \leq 1 \tag{4.3.22a}$$

$$\frac{a}{b} \leq 0.64,\quad \left(\frac{b}{100t}\right)^4\left[\left(\frac{f}{3{,}150}\right)^2+\left(\frac{v}{197+81(b/a)^2}\right)^2\right] \leq 1 \tag{4.3.22b}$$

여기서 a : 수직보강재의 간격(mm)

b : 상하플랜지의 순간격(mm)

t : 웨브의 두께(mm)

f : 웨브 연섬유 압축응력(MPa)

v : 웨브의 전단응력(MPa)

2) 수직보강재의 부착방법

수직보강재 부착은 다음과 같이 실시한다.

(1) 지점부와 같은 집중하중을 받는 수직보강재는 반력을 원활히 전달시킬 필요가 있으므로 양쪽 플랜지에 완전용입 그루브용접으로 연결시켜야 한다. 지점부의 수직보강재에는 세로보와 가로보의 연결을 위해 설치하는 수직보강재 등도 포함된다.

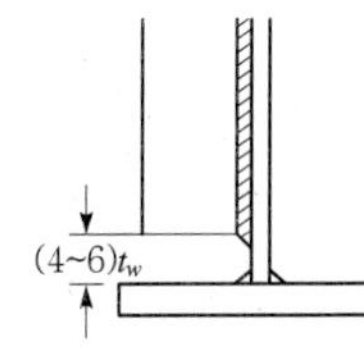

그림 4.3.24 수직보강재와 하부

(2) 지점부에 설치하는 수직보강재 외에도 다이아프램이나 수직브레이싱을 연결하는 목적으로도 사용되는 중간수직보강재는 힘의 원활한 전달 및 수직보강재 변형의 억제를 위하여 양쪽 플랜지에 용접으로 접합시키는 것이 좋다.

(3) 용접으로 인한 인장플랜지의 피로강도 저하를 방지하기 위하여 수직보강재 용접단부와 하부 인장플랜지 사이에 그림 4.3.24처럼 $4t_w \sim 6t_w$의 적당한 간격을 두는 것이 좋다.

(4) 철근콘크리트 바닥판이나 강바닥판에 접한 인장플랜지에는 바닥판의 주거더 작용에 의해 응력상태가 완화되나, 플랜지의 피로문제 등을 고려하여 앞에서와는 달리 바닥판이나 웨브의 면외변형을 구속하기 위해 수직보강재를 인장플랜지에 용접시킨다.

수평보강재[도로교설계기준(2010) 3.8.6]

수평보강재의 강성 확보를 위해 수평보강재의 단면2차모멘트는 식 4.3.23으로 구한 값 이상이어야 한다.

$$I = \frac{bt^3}{10.92}\gamma \tag{4.3.23}$$

여기서 $\gamma = 30.0\left(\frac{b}{a}\right)$: 수직보강재의 소요강비

t : 웨브 두께(mm)

b : 상하플랜지의 순간격(mm)

a : 수직보강재 간격(mm)

하중집중점의 보강재[도로교설계기준(2010) 3.8.7]

플레이트거더교의 지점 및 수직브레이싱 등의 연결부와 같은 하중집중점에는 보강재를 반드시 설치하고, 보강재의 설계는 축압축력을 받는 기둥으로 설계한다. 보강재의 기둥단면으로의

설계는 그림 4.3.25와 같이 보강재 설치부의 양측으로부터 웨브 두께의 12배 범위를 기둥의 유효단면적에 포함시킨다. 그러나 전체유효단면적은 보강재단면적의 1.7배를 넘어서는 안 된다. 허용응력의 계산에 사용하는 단면회전반경은 웨브의 중심선에 대하여 구하고, 유효좌굴길이는 플레이트거더 높이의 1/2로 한다.

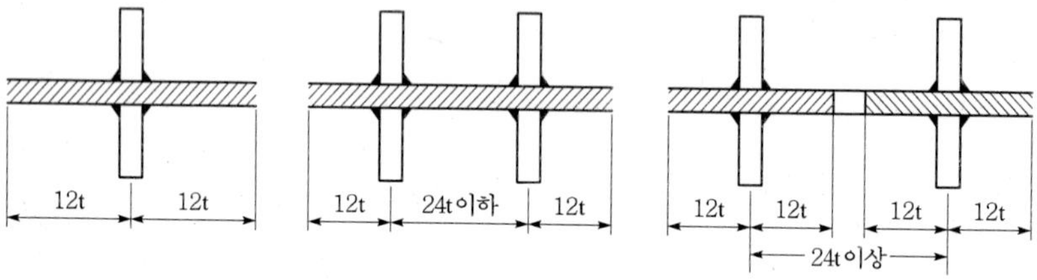

그림 4.3.25 하중집중점 보강재의 유효단면적

예제 4.3.8

재질이 SS 400인 H 450×200×9×14 압연형강을 이용한 보가 각 지점부에서 200kN의 반력을 받게 되며, 지점부는 설계기준강도가 21MPa인 콘크리트 벽체에 지지되어 있다고 할 때, 지점부 수직보강재를 검토하고 지압판의 크기를 구하라. 비틀림은 없다고 가정한다.

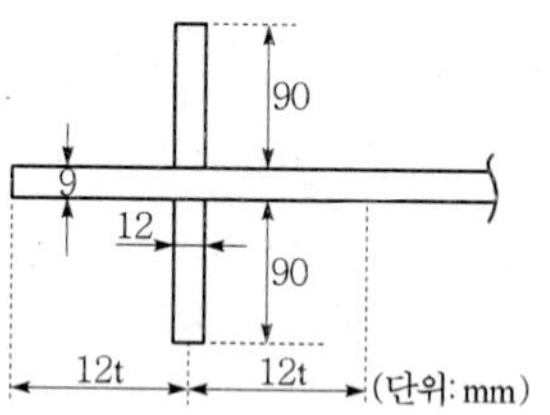

그림 4.3.26

풀 이

형강의 폭이 200 mm이므로 수직보강재를 폭 90 mm×두께 12 mm로 그림 4.3.26과 같이 배치하면

$A_w = (24 \times 9) \times 9 = 1944\text{mm}^2$

$A_s = 2 \times 90 \times 12 = 2160\text{mm}^2$

$A_w + A_s = 4104\text{mm}^2$이며, $1.7A_s (= 3672\text{mm}^2)$보다 크므로

전체유효단면적 $A_e = 3672\text{mm}^2$

따라서 유효한 $A_w = 1512\text{mm}^2$이며, 유효폭은 168mm이다. 따라서,

$$I_x = \frac{12(90+9+90)^3}{12} + \frac{(168-12)\times(9)^3}{12}$$

$$= 676.07 \times 10^4\text{mm}^4$$

$$r_x = \sqrt{\frac{I_x}{A}} = \sqrt{\frac{676.07 \times 10^4}{3672}} = 42.9\text{mm}$$

좌굴길이는 웨브 높이의 $\frac{1}{2}$ 이므로

$$l = \frac{(450 - 2 \times 14)}{2} = 211\text{mm}$$

따라서

$$\frac{l}{r} = \frac{211}{42.9} = 4.92 < 18.6$$

이므로

$$f_{bca} = 140\text{MPa}$$

이 된다. 지점반력에 대한 응력을 검토하면

$$f = \frac{R}{A} = \frac{200{,}000}{3{,}672}$$

$$= 54.466\text{MPa} < 140\text{MPa} \qquad \therefore \ O.K$$

지압판 면적 : 유효폭이 168 mm, 형강폭이 200 mm 인 점을 고려하여 170 mm× 210 mm 로 가정하면, 콘크리트의 허용응력이 21MPa × 0.4 = 8.4MPa 이므로

$$\frac{200{,}000}{170 \times 210} = 5.6\text{MPa} < 8.4\text{MPa} \qquad \therefore \ O.K$$

지압판 두께 : 등분포된 지압판의 반력에 의한 설계단면(웨브와 플랜지 경계면)에서의 휨모멘트는

$$l = \frac{210 - 9}{2} = 100.5\text{mm}$$

$$M = w_s \times \frac{l^2}{2} = 5.6 \times \frac{(100.5)^2}{2} = 28{,}280.7\text{N} \cdot \text{mm/mm}$$

지압판의 단위폭당 단면2차모멘트 $I_b = \frac{1 \times t^3}{12}$

$$\therefore \ f = \frac{M}{I_b} \cdot \frac{t}{2} = \frac{M}{\frac{t^2}{6}} < f_a$$

∴ 소요지압판 두께는 $t^2 > \frac{6 \times M}{f_a} = \frac{6 \times 28{,}280.7}{140} = 1212.03$

$\therefore \ t > 34.8\text{mm}$

따라서 지압판의 두께는 40 mm 정도가 적절하다.

연습문제

4.3.1 경간이 15m이고 등분포하중 14 kN/m 가 재하되는 단순보가 전구간에 있어 상부플랜지의 횡좌굴이 완전히 방지되어 있으며, 사용강재가 SS400인 조건에 대해 부록 A에서 적정한 H형강을 선정하라.

4.3.2 문제 4.3.1의 단순보가 전구간에 있어 상부플랜지의 횡좌굴이 완전히 방지되어 있으며, 사용강재가 SM490B일 경우에 부록 A에서 적정한 H형강을 선정하라.

4.3.3 문제 4.3.1의 단순보가 4m 간격으로 횡지지가 되어 있으며, 사용강재가 SM400B일 경우에 부록 A에서 적정한 H형강을 선정하라.

4.3.4 문제 4.3.1의 단순보가 5m 간격으로 횡지지가 되어 있으며, 사용강재가 SM490B일 경우에 부록 A에서 적정한 H형강을 선정하라.

4.3.5 경간이 30m이고 등분포하중 30kN/m 가 재하되는 단순보가 플레이트거더 웨브의 최대높이는 1500 mm 이며, 사용강재는 SM400C인 조건에 대해 플레이트거더(수직보강재, 수평보강재, 지점부보강재 포함)로 설계하라. 단, 전구간에 있어 상부플랜지의 횡좌굴이 완전히 방지되어 있으며, 전지간에 걸쳐 동일한 단면을 사용하는 것으로 한다. 또한, 수평보강재는 1단을 사용하며, 수직보강재 간격 a는 1m로 한다.

4.3.6 문제 4.3.5의 단순보가 플레이트거더 웨브의 최대높이는 1800 mm 이며, 사용강재는 SM490A일 경우에 대해 플레이트거더(수직보강재, 수평보강재, 지점부보강재 포함)로 설계하라. 단, 전구간에 있어 상부플랜지의 횡좌굴이 완전히 방지되어 있으며, 전지간에 걸쳐 동일한 단면을 사용하는 것으로 한다. 또한, 수평보강재는 1단을 사용하며, 수직보강재 간격 a는 1m로 한다.

4.3.7 다음 그림과 같은 양단 단순지지보의 지점부($z = 0$)와 보 중앙부($z = 1.5\,\mathrm{m}$)에서의 수직응력과 전단응력을 계산하라. 단, 길이 6 m 인 단순보에 집중하중 100 kN 이 지간중앙에 작용하고 있다. 양 지점은 비틀림에 구속되어 있으며, 집중하중은 단면중앙에서 100 mm 의 편심을 가지고 작용한다. (H 300×300 형강은 $I_x = 29{,}390 \times 10^4\mathrm{mm}^4$, $S_x = 1{,}890 \times 10^3\mathrm{mm}^3$ 이고, 강재의 포아송 비는 $\mu = 0.3$ 이다.)

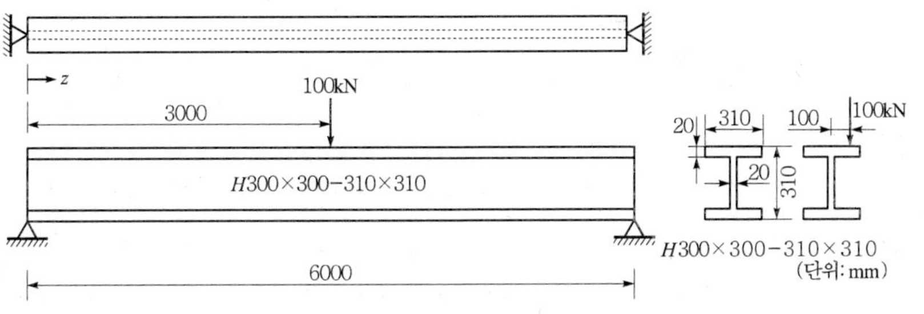

문제 4.3.7

4.3.8 다음 그림과 같은 양단 단순지지보의 지점부($z = 0$)와 보 중앙부($z = 1.5\mathrm{m}$)에서의 수직응력과 전단응력을 계산하라. 단, 길이 5 m 인 단순보에 집중하중 400 kN 가 지간중앙에 작용하고 있다. 양 지점은 비틀림에 구속되어 있으며, 집중하중은 단면중앙에서 100 mm 의 편심을 가지고 작용한다.(H 400×400 형강은 $I_x = 187{,}000 \times 10^4\mathrm{mm}^4$, $S_x = 8{,}170 \times 10^3\mathrm{mm}^3$ 이고, 강재의 포아송 비는 $\mu = 0.3$ 이다.)

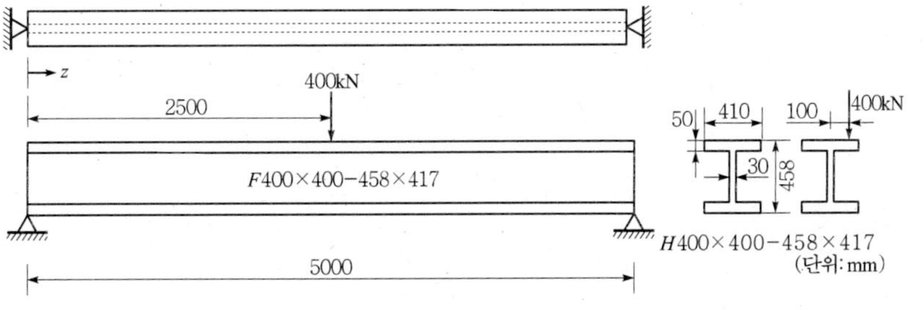

문제 4.3.8

4.4 연결

4.4.1 개설

연결(connection, 이음(joint))은 각각의 부재들을 결합하여 하중을 지지할 수 있는 구조체를 조립하는 작업을 말하며, 접합이라고도 한다. 일반적으로 널리 쓰이는 구조체의 연결방법은 연결재를 이용한 리벳연결(riveted connection)과 볼트연결(bolted connection), 금속을 용융시켜 서로 접합하는 용접접합(welded joint)등으로 구분할 수 있다. 과거 1960년대초까지는 주로 리벳연결(이음)이 가장 많이 사용되었으나 리벳 냉각시의 인장강도저하의 문제점 등으로 최근에는 고장력볼트에 의한 연결(이음)과 용접연결(연결)이 널리 사용되고 있다.

볼트연결의 경우 지압연결이나 인장연결 등을 사용하는 경우도 있으나, 대부분의 경우 고장력볼트의 체결로 인한 마찰력에 의해 힘을 전달하는 마찰연결을 사용한다. 용접연결의 경우는 인장이나 압축 또는 전단력 등으로 힘을 전달하게 되며, 모재의 변형 이외에는 연결부 자체의 변형은 없다고 가정한다. 이와 같은 부재의 연결은 설계하중에 의한 작용응력에 대하여 설계하는 것을 원칙으로 하고 있으나 적어도 모재강도의 75% 이상의 강도를 갖도록 설계하여야 한다. 그러나, 전단력에 대해서는 작용응력만으로 설계하여도 무방하다.

연결부의 구조는 단순한 형태로 응력전달이 확실해야 하며 가급적 편심이나 응력집중, 그리고 잔류응력 등이 발생하지 않도록 해야 한다. 또한 연결부에서 단면이 변하는 경우 작은 단면을 기준으로 연결의 제 규정을 적용하여야 한다. 연결부는 재료비와 더불어 시공비용의 많은 비중을 차지함과 동시에, 용접부의 취성파괴나 고장력볼트의 피로파괴 등 일반구조용 강재보다 취약점을 많이 가지고 있어 합리적인 연결부의 설계는 구조물의 경제성과 안전성에 직결된다고 할 수 있다.

이 절에서는 도로교설계기준에 따라 고장력볼트연결을 중심으로 용접연결, 핀연결에 대해 서술하고 보-기둥연결에 대하여 설명하였다.

4.4.2 고장력볼트연결

고장력볼트연결의 종류

고장력볼트는 담금질(quenching)과 뜨임(tempering) 등 열처리한 800~1,300 N/mm^{2}의 높은 인장강도의 재질로 구성되어 있다. 고장력볼트연결은 볼트체결로 인한 인장력에 의해 연결부재간에 일정한 압축력이 발생되도록 하는 연결방법이며, 그 하중전달 방법에 따라 마찰연결, 지압연결, 인장연결로 분류된다. 마찰연결은 그림 4.4.1(a)처럼 연결부재간의 미끄러짐에 따른 볼트의 지압응력이 생기지 않고 볼트체결에 의해 생기는 연결부재간의 마찰에 의해서만 하중 전달이 이루어지는 연결형식을 말한다. 이와 반대로 지압연결에서는 그림 4.4.1(b)처럼 연결부재간의 미끄러짐이 발생하고 연결부재와 볼트 사이에 지압을 발생시켜 하중 전달이 이루어지는 연결형식이다. 대개의 경우 고장력볼트연결은 마찰형 연결에 속하고, 주요부재의 연결은 마찰이음을 원칙으로 한다. 마찰연결과 지압연결에서는 연결부재간의 전달 하중이 볼트에 전단력으로 작용하게 된다. 그러나 인장연결은 그림 4.4.1(c)에 보여준 것처럼 볼트의 인장력으로 연결재간의 하중을 전달한다.

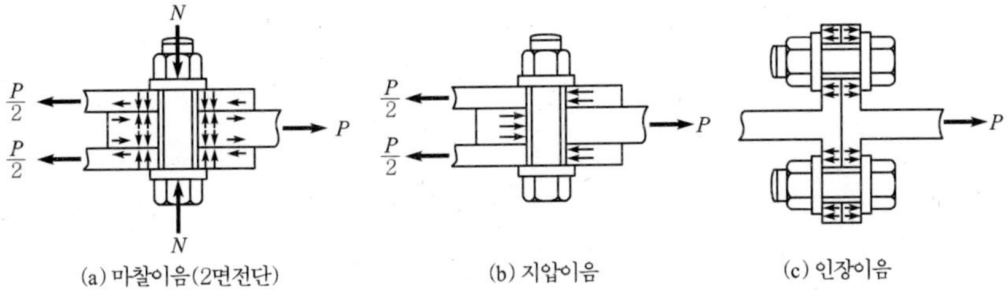

그림 4.4.1 고장력볼트이음의 종류

고장력볼트의 마찰연결용 볼트로는 F8T, F10T, S10T, F13T, S13T가 있고 일반적으로 F10T가 널리 사용되고 있으며, 지압연결용 볼트 종류에는 B8T, B10T, B13T가 있다. S10T 및 S13T는 T/S 볼트의 역학적 성질에 따른 등급을 나타내는 기호이다. 표 4.4.1은 이들 고장력볼트와 지압연결용 볼트의 역학적 성질을 나타낸 것이다. 고장력볼트에는 볼트 나사부의 바깥지름(mm)에 따라 M20, M22, M24 M27 및 M30이 있다.

표 4.5.1 고장력볼트의 재료강도

종 류	항복응력 F_y(MPa)	인장강도F_u(MPa)
F8T B8T	640	800
F10T B10T S10T	900	1,000
F13T B13T S13T	1170	1,300

강구조물의 현장연결에는 고장력볼트의 마찰연결이 널리 사용되고 있다. 고장력볼트 인장이음을 채용하는 경우에는 볼트의 허용응력, 체결력, 이음부의 강성 및 응력상태 등에 대한 충분한 검토를 하여야 한다. 고장력볼트 지압이음을 채용하는 경우에는 그 적용할 곳의 시공성 등에 대한 충분한 검토를 하여야 하며 압축부재 및 2차부재 연결 등 부득이한 경우에 한한다(도로교설계기준(2010) 3.5.3)

연결부 형식 및 파괴형태

연결부의 형식은 연결판의 사용 유무와 작용하중의 형태에 따라 그림 4.4.2와 같이 분류할 수 있다. 겹연결(lap joint)과 연결판을 사용하는 맞대기연결(butt joint)에는 1면전단과 2면전단 형식이 있으며, 각각의 연결부 형식에서 볼트의 체결에 의한 연결부재의 마찰력에 의해서 하중이 전달되는 형식을 마찰형(friction-type)연결, 볼트와 연결부재의 지압저항력에 의해 하중을 전달하는 형식을 지압형(bearing-type)연결이라고 한다.

연결부의 강도를 결정하는데는 그 파괴형태가 크게 영향을 미친다. 연결부에서의 파괴형태는 대개 그림 4.4.3과 같이 4가지 형태로 분류할 수 있다.

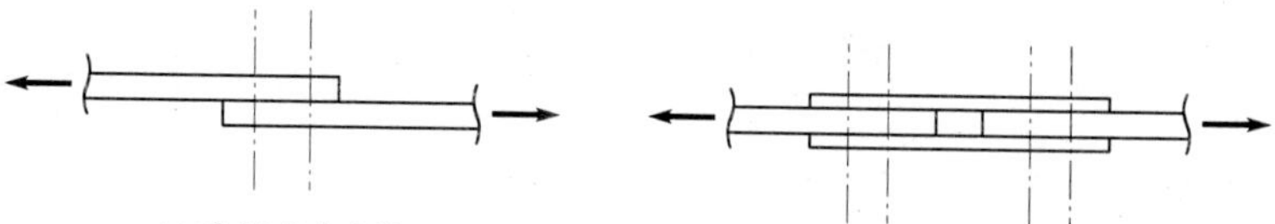

(a) 겹이음(1면 전단) (b) 맞대기 어음(2면 전단)

그림 4.4.2 이음부 형식의 종류

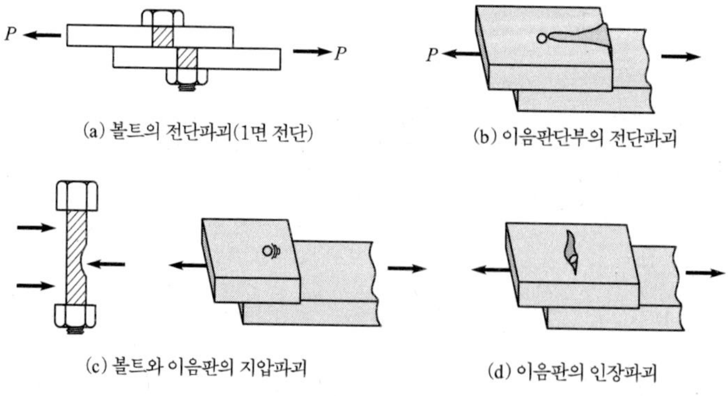

(a) 볼트의 전단파괴(1면 전단) (b) 이음판단부의 전단파괴

(c) 볼트와 이음판의 지압파괴 (d) 이음판의 인장파괴

그림 4.4.3 이음부의 파괴형태

고장력볼트의 허용력

1) 마찰연결

마찰연결에서 연결부재간의 마찰저항은 접촉면사이의 압력, 즉 볼트체결력에 비례한다. 따라서 가능한 한 커다란 축력을 도입할 수 있도록 유리하게 되지만, 체결력 증가에 따른 비틀림 응력이나 볼트나사부에서의 응력집중 그리고 지연파괴 등을 고려하면 항복응력보다 어느 정도 낮게 할 필요가 있다. 즉 설계볼트축력 N은 식 4.4.1과 같이 주어진다.

$$N = \alpha \cdot f_y^b \cdot A_e^b \tag{4.4.1}$$

여기서 N : 설계볼트축력

α : 비틀림이나 응력집중으로 인한 항복응력의 감소계수(현행 도로교설계기준에서는 F8T에 대하여 0.85, F10T에 대하여 0.75로 정하고 있다.)

f_y^b : 볼트의 항복응력

A_e^b : 볼트의 응력단면적(나사부의 유효단면적)

시공시에는 릴렉세이션이나 여러가지 원인으로 인하여 볼트체결력이 일정치 못한 경우가 있으므로 체결시의 볼트축력은 설계축력보다 약간 크게 한다. 이와 같은 축력을 도입하는 대표적인 방법으로서는 토오크(torque)제어법과 너트회전법 등이 있다. 토오크제어법에서 체결토오크 T와 축력 N간의 관계는 다음과 같이 주어진다.

$$T = k \cdot d \cdot N \tag{4.4.2}$$

여기서 k : 토오크계수로서 0.1~0.2정도
(표면처리가 되지 않은 너트 등을 사용할 수록 값이 크다)

d : 볼트직경

이 방법에서는 식 4.4.2의 관계를 이용하여 일정한 크기로 토오크를 제어하게 된다. 한편 너트회전법은 너트회전각에 의해 도입축력을 제어하는 방법으로서 볼트축에 가해지는 비틀림 응력이 항복을 초과하게 되므로 지연파괴에 대한 안전성이 높은 F8T에 한해서만 사용하는 것으로 하고 있다.

마찰연결은 볼트에 높은 인장력을 가하여 볼트로 접합되는 부재의 접촉면에 마찰저항을 일으킴으로써 부재간에 작용하는 전단력을 마찰력으로 지지하는 것이다. 이와 같은 마찰연결의 내하력은 부재간에 작용하는 전단력이 마찰저항에 의한 지지능력을 넘게되어 부재 접촉면에서 미끄러짐(slip)이 생길때의 한계하중 값으로 정의되며, 다음과 같이 구할 수 있다.

$$R_s = m \cdot \mu \cdot N \tag{4.4.3}$$

여기서 R_s : 마찰연결의 내하력

m : 마찰면의 수

μ : 마찰계수

N : 설계볼트축력

마찰연결에서 1마찰면당 허용되는 볼트 한 개의 허용력은 식 4.4.3에서 얻은 저항력을 안전율로 나눈 값이 되며, 다음과 같이 주어진다.

$$\rho_a = \frac{R_s}{S.F} = \frac{\mu \cdot (\alpha \cdot A_e^b \cdot f_y{}^b)}{1.7} \tag{4.4.4}$$

고장력볼트의 허용력은 볼트재질 및 크기에 따라 다르며, 현행의 도로교설계기준에서는 식 4.4.4로 구한 허용력을 표 4.4.2와 같이 정하고 있다. 여기에 볼트등급 F13T와 S13T의 나사호칭 M27과 M30은 기준에 포함되어 있지 않고 있으며, 모재의 허용지압응력으로 결정되는 허용력을 초과할 수 없다.

표 4.4.2 마찰이음용 고장력볼트의 한개당 1마찰면에 대한 허용력 [도로교설계기준(2010) 3.3.2.3(2)]

볼트등급	호칭	$S.F$	μ	N (식 4.4.1)				ρ_a (kN)	허용력(kN) 도로교 설계기준
				α	$f_y{}^b$ (N/mm²)	A_e^b (mm²)	N (kN)		
	M 20					244.8	133.2	31.3	31
	M 22					303.4	165.1	38.8	39
F8T	M 24	1.7	0.4	0.85	640	352.5	191.8	45.2	45
	M 27								58
	M 30								71
	M 20					244.8	165.2	38.8	39
	M 22					303.4	204.8	48.2	48
F10T	M 24	1.7	0.4	0.75	900	352.5	237.9	56.0	56
	M 27								73
	M 30								89
	M 20								39
	M 22								48
S10T	M 24								56
	M 27								73
	M 30								89
	M 20								50
F13T	M 22								63
	M 24								73

볼트 등급	호칭	$S.F$	μ	N (식 4.4.1)				ρ_a (kN)	허용력(kN) 도로교 설계기준
				α	f_y^b (N/mm²)	A_e^b (mm²)	N (kN)		
S13T	M 20 M 22 M 24								50 63 73

2) 지압연결

지압연결에서 발생 가능한 파괴형태는 볼트의 전단파괴와 접합된 부재의 지압파괴이다. 따라서 지압연결의 허용내하력 ρ_a는 다음에서 구하는 볼트의 전단파괴에 대한 허용전단력 ρ_s와 접합부재의 지압파괴에 대한 허용지압력 ρ_b중 작은 값이 된다. 먼저 볼트 한 개에 대한 허용전단력 ρ_s는 볼트단면적에 볼트의 허용전단응력을 곱한 값으로서 다음과 같이 주어진다.

$$\rho_s = \left(\frac{\pi d^2}{4}\right) \cdot f_{va}^b \text{ (1면전단의 경우)} \tag{4.4.5a}$$

$$\rho_s = 2 \cdot \left(\frac{\pi d^2}{4}\right) \cdot f_{va}^b \text{ (2면전단의 경우)} \tag{4.4.5b}$$

여기서 f_{va}^b : 지압연결용 고장력볼트의 허용전단응력(표 4.4.3)

표 4.4.3 지압이음용 고장력볼트의 허용전단응력 [도로교설계기준(2010) 3.3.2.3(2)] (MPa)

볼트의 등급	B8T	B10T	B13T
허용전단응력	150	190	245

이에 대하여 볼트 한 개의 허용지압력 ρ_b는 연결부 형식에 관계없이 다음과 같이 구한다.

$$\rho_b = f_{ba}^b \cdot d \cdot t \tag{4.4.6}$$

여기서 f_{ba}^b : 지압연결용 볼트의 허용지압응력(표 4.4.4)

t : 접합부재중 얇은 쪽의 두께

표 4.4.4에서 강재의 지압강도는 인장강도에 비하여 훨씬 큰 값이 되므로 f_{ba}^b 역시 항복응력으로 높게 택한 것이다.

표 4.4.4 지압이음용 고장력볼트의 허용지압응력 [도로교설계기준(2010) 3.3.2.3(2)]

(MPa)

강재판두께(mm) \ 모재 및 거셋트판의 강종	SS400 SM400 SMA400	SM490	SM490Y SM520 SMA490	SM570 SMA570
40 이하	235	315	355	450
40 초과 75 이하	215	295	335	430
75 초과 100 이하			325	420

(MPa)

강재판두께(mm) \ 모재 및 거셋트판의 강종	SM490C -TMC	SM520C -TMC	SM570 -TMC
100 이하	315	355	450

(MPa)

강재판두께(mm) \ 모재 및 거셋트판의 강종	HSB500	HSB600	HSB600
80 이하	380	450	690
80 초과 100 이하			–

3) 인장연결

인장연결에서도 고장력볼트에 높은 체결력을 도입하여 연결재간의 압축력으로 볼트축방향으로 작용하는 인장력을 상쇄하는 형태로 하중을 전달하게 된다. 즉 연결재간에 압축력이 존재하는 범위에서만 그 기능을 기대할 수 있는 것을 기본개념으로 하고 있다. 따라서, 볼트의 허용인장력은 볼트에 가해진 설계볼트축력 N과 같게 된다. 그러나 인장력으로 인하여 연결재간에 틈새가 생기거나, 볼트축력이 연결부 강성에 따라 변화하게 되므로 연결재 간에 생기는 응력상태는 연결부 구조에 따라 매우 달라지게 된다.

예제 4.4.1

그림 4.4.4에 나타낸 바와 같이 2개의 ㄴ-90×90×13 형강을 두께 12mm의 덧댐판(gusset plate)에 직경이 24mm인 6개의 볼트로 접합하고자 할 때 마찰연결과 지압연결에 의하여 지지할 수 있는 인장력의 크기를 비교하라. (단, 마찰연결의 경우 F10T-M24, 지압연결의 경우 B10T-M24볼트를 사용하며, 덧댐판의 재질은 SM490YA로 한다.)

풀 이

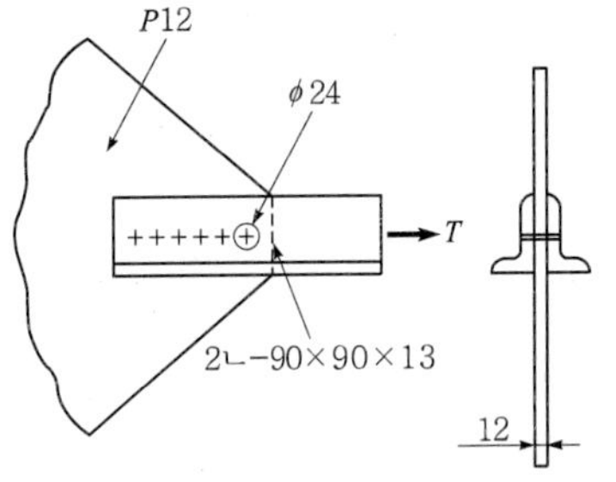

그림 4.4.4

1) 마찰연결

(1) 볼트 한 개당 허용력 (∵2면마찰이므로)

$$\rho_a = 2\times\frac{0.4\times(0.75\times352.5\times900)}{1.7}\times10^{-3} = 111.97\text{kN}$$

따라서 6개의 볼트가 지지할 수 있는 인장력 T의 크기는

$$\therefore\ T = 117.97\times6 = 671.82\text{kN}$$

2) 지압연결

(1) 볼트 한 개당 허용전단력

$$\rho_s = 2\cdot\left(\frac{\pi d^2}{4}\right)\cdot f_{va}^{b}$$

$$= 2\cdot\frac{\pi\cdot(24)^2}{4}\cdot(190\times10^{-3}) = 171.91\,\text{kN}$$

(2) 볼트 한 개의 허용지압력

$$\rho_b = f_{ba}^{b}\,d\,t$$

$$= 355\times24\times12\times10^{-3} = 102.24\text{kN}$$

따라서 $\rho_a = \rho_b = 102.24\,\text{kN}$이 되며 6개의 볼트로 지지할 수 있는 인장력의 크기는

$$\therefore\ T = 102.24\times6 = 613.44\,\text{kN}$$

고장력볼트연결의 설계

1) 마찰연결

(1) 필요 볼트개수

마찰연결용 볼트는 연결되는 부재의 강종에 따라 선정하며, 모재의 강종이 SM 490급 이상의 고장력강일 경우에는 F10T를 사용하는 것을 원칙으로 한다. 작용하중에 따른 볼트의 사용개수는 다음과 같이 결정한다.

모재에 휨모멘트 M 등에 의해 수직응력 f가 작용하는 판을 연결하는 경우, 그림 4.4.5에 나타낸 바와 같은 모재단면의 응력분포를 고려하여 필요한 볼트개수를 결정한다. 즉 그림 4.4.5에서 i번째 볼트열의 접합선 한쪽에 작용하는 힘 P_i는 다음과 같이 구한다.

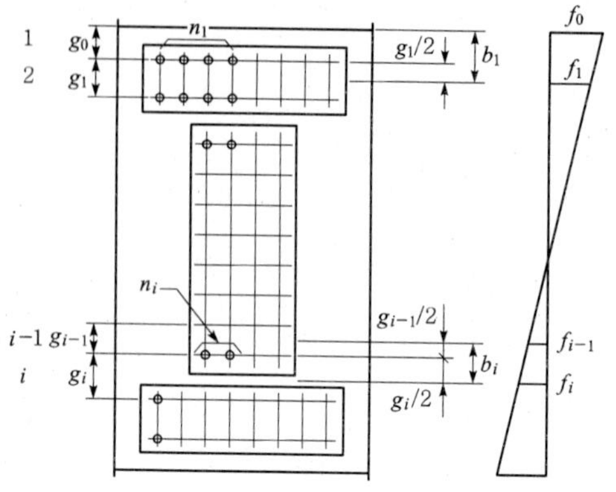

그림 4.4.5 수직응력의 분포가 변화하는 판의 이음

$$P_i = \frac{f_{i-1}+f_i}{2} \cdot b_i \cdot t \quad (4.4.7)$$

여기서 $b_i = \dfrac{g_{i-1}+g_i}{2}$

t : 모재의 두께

$f_i = \dfrac{M}{I} \cdot y_i$

I : 모재(웨브 및 플랜지)단면의 단면2차모멘트

y_i : 모재(웨브 및 플랜지)단면의 중립축에서 i번째 볼트열의 접합선 까지의 거리

따라서 i 번째 볼트열의 볼트 한개에 작용하는 힘 ρ_{mi}가 다음의 조건을 만족하도록 설계하여야 한다.

$$\rho_{mi} = \frac{P_i}{n_i} \leq \rho_a \quad (4.4.8)$$

여기서 n_i : i번째열 접합선 한쪽면의 볼트수

ρ_a : 고장력볼트의 허용력

식 4.4.8은 플레이트거더교의 웨브와 같이 축방향력과 휨모멘트가 작용하는 부재의 웨브 등에 적용된다.

그림 4.4.6과 같이 수직응력의 분포가 균등하게 분포되어 있는 경우에는 볼트 한개에 작용하는 힘 ρ_p가 다음의 조건을 만족하도록 설계하여야 한다.

$$\rho_p = \frac{P}{n} \leqq \rho_a \tag{4.4.9}$$

여기서 P : 접합선 한쪽면에 있는 전 볼트에 작용하는 힘

n : 접합선 한쪽면에 있는 전 볼트 수

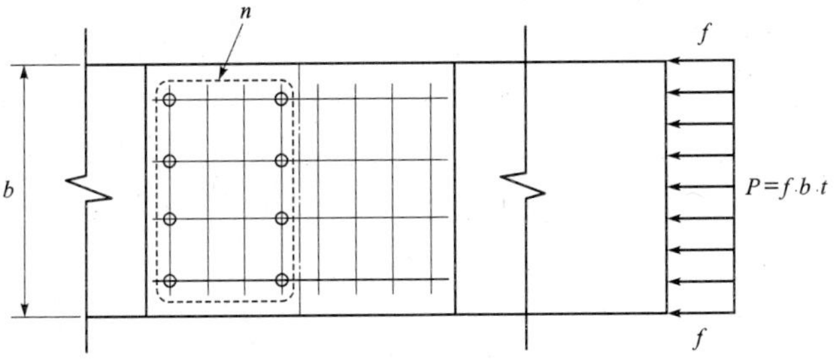

그림 4.4.6 수직응력의 분포가 균등한 판의 이음

식 4.4.9[도로교설계기준(2010) 3.5.3.5(1)]은 트러스의 현재나 웨브재와 같이 축방향력을 받는 부재, 플레이트거더교나 아치부재의 플랜지에 적용된다.

전단력이 작용하는 판을 연결하는 경우는 접합선 한쪽의 전 볼트에 대하여 전단력 V가 균등하게 작용하는 것으로 가정하여 볼트 한개에 작용하는 힘 ρ_s를 다음 조건에 부합하도록 설계하여야 한다.

$$\rho_s = (V/n) \leqq \rho_a \tag{4.4.10}$$

축방향력, 휨모멘트 및 전단력이 동시에 작용하는 연결부 볼트는 식 4.4.11[도로교설계기준(2010) 3.5.3.5(3)]에 의해 설계한다.

$$\sqrt{(\rho_p + \rho_m)^2 + \rho_s^2} \leqq \rho_a \tag{4.4.11}$$

이상의 계산에 있어서는 전부 작용하중을 가지고 산출하는 것을 원칙으로 하나, 작용하중이 작은 경우는 모재의 전강도(허용응력×단면적)의 75%에 대하여 설계하여야 한다. 단, 전단력에 대해서는 작용전단력을 사용해도 무방하다.

(2) 볼트의 배치

볼트중심간격이 너무 좁으면 체결작업이 곤란하게 되고, 반대로 넓게되면 마찰면 사이에 부식이 발생하거나, 볼트간 연결판에 국부좌굴이 생길 수 있으므로 표 4.4.5와 같이 제한하고 있다. 또한 표 4.4.5에서 p는 볼트의 응력방향의 간격(pitch)을, g는 볼트의 응력 직각방향의 간격(gage)을 나타내며 t는 이음판 두께가 된다. 볼트구멍의 중심에서 판의 연단까지의 거리

가 너무 작으면 볼트가 충분한 강도를 발휘하기 전에 판의 연단파괴가 발생할 염려가 있다. 반대로 연단거리가 크게 되면 연결재간의 틈새에 빗물이 침입할 염려가 있게 되므로 이를 고려하여 연단거리를 표 4.4.6과 같이 제한하고 있다.

표 4.4.5 볼트의 최소 및 최대간격 [도로교설계기준(2010) 3.5.3.8, 3.5.3.9]

볼트호칭	최소중심간격 (mm)	최대중심간격		
		p (mm)		g (mm)
M 20	65	130	12t, 지그재그일 경우 : 15t−(3/8)g 다만, 12t 이하	24t 다만, 300이하
M 22	75	150		
M 24	85	170		
M 27	95	190		
M 30	105	210		

표 4.4.6 최소 및 최대 연단거리 [도로교 설계기준 3.5.3.10]

볼트호칭	최소연단거리(mm)		최대연단거리(mm)
	전단연, 수동개스 절단연	압연연, 다듬질연, 자동개스 절단연	
M 20	32	28	연결판 두께의 8배 이하 단, 150 이하
M 22	37	32	
M 24	42	37	
M 27	48	43	
M 30	55	50	

(3) 연결판의 설계

수직응력으로 인한 인장 또는 압축의 축방향력이 작용하는 연결판은 식 4.4.12에 의해 설계한다.

$$f = P/A_i \leq f_a \quad (4.4.12)$$

여기서 A_i는 압축력을 받는 연결판의 경우 연결판 전체의 총단면적 A_g가 되며, 인장력을 받는 연결판의 경우에 있어서는 순단면적 A_n이 된다.

모재에 휨모멘트 M를 받는 연결판은 다음의 조건을 만족하도록 설계하여야 한다.

$$f_s = (M_s/I_s)\cdot y \leq f_a \quad (4.4.13)$$

여기서 f_s : 연결판 연단 단면에 작용하는 수직응력

M_s : 연결판에 작용하는 휨모멘트($M_s = M\cdot\frac{I_w}{I}$)

I_w : 모재 웨브의 단면2차모멘트

I : 모재(웨브 및 플랜지)의 단면2차모멘트

I_s : 연결판 전체단면에 대한 단면2차모멘트

y : 부재 단면의 중립축으로부터 연결판 연단까지의 거리

축방향력을 받는 연결부 모재의 강도조사에 있어서는 식 4.4.12의 A_i 대신 모재의 총단면적 또는 순단면적을 고려하여 조사한다. 또한 휨모멘트를 받는 모재의 강도조사에 있어서는 식 4.4.13의 I_s 대신에 모재의 단면2차모멘트 I를 사용하며, 이때 I의 계산에 있어서는 볼트구멍에 의한 결손단면적을 고려하지 않아도 무방하다.

2) 지압연결

지압연결은 마찰연결에 비하여 허용전단력이 높으므로 효과적인 연결방식이나, 초기의 미끄러짐 특성 때문에 주요부재의 연결에는 사용하지 않는 것을 원칙으로 하고 있다. 부득이 사용하는 경우에는 연결부의 거동특성을 충분히 검토하여야 한다.

(1) 필요 볼트개수

축방향력과 전단력이 작용하는 연결부 볼트의 설계방법은 마찰연결의 방법과 동일하다. 단, 모멘트가 작용하는 연결부 볼트의 경우 마찰연결에 있어서는 마찰면으로 힘을 전달하는데 비하여, 지압연결에서는 볼트에 의해 힘을 전달하게 되므로 볼트에 작용하는 힘은 그림 4.4.7과 같이 중립축으로부터의 거리에 비례하는 것으로 하여 식 4.4.14[도로교설계기준(2010) 3.5.3.5(2)]로부터 구한다.

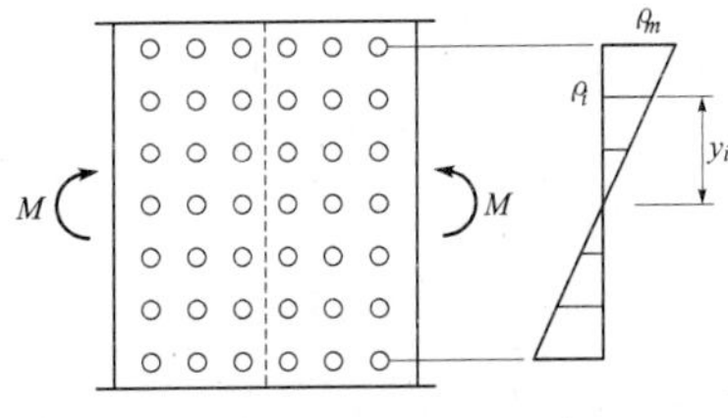

그림 4.4.7 휨모멘트를 받는 지압 연결

$$\rho_{mi} = \frac{M}{\sum y_i^2} y_i \leqq \frac{y_i}{y_n} \rho_a \quad (4.4.14)$$

여기서 y_i : 중립축으로부터의 거리

y_n : 중립축으로부터 최연단(最緣端) 볼트열까지의 거리

(2) 볼트의 배치

볼트간의 중심간격과 연단거리 등은 마찰연결과 동일하나, 지압연결에서 응력방향의 볼트수가 2개 이하일 경우에는 최소연단거리가 다음 식 4.4.15[도로교설계기준(2010) 3.5.3.10(3)]에 의한 조건을 만족하여야 한다.

$$1\text{면전단의 경우} : e \geq \alpha \cdot \frac{A}{t} \quad (4.4.15a)$$

$$2\text{면전단의 경우} : e \geq \alpha \cdot \frac{2A}{t} \quad (4.4.15b)$$

여기서 e : 응력방향의 최소연단거리(mm)

α : 볼트와 모재의 허용전단응력의 비

A : 볼트의 공칭단면적(mm^2)

또한 두께 t는 1면전단의 경우 얇은 쪽 판의 두께, 2면전단의 경우에는 모재 두께와, 연결판의 두께의 합계 중 작은 값(mm)으로 한다.

(3) 연결판의 설계

마찰연결과 동일한 방법으로 조사한다.

예제 4.4.2

그림 4.4.8과 같이 폭 300mm, 두께 12mm인 판에 $P = 500$kN의 압축력이 작용하고 있다. 이 부재의 중앙에 볼트 연결부를 설치하고자 할 때 소요되는 볼트갯수를 구하라.(단 강재 SM 490B, 볼트종류 M24(F10T, B10T), $t_s = 10$mm를 사용하고, 2면전단 형식으로 할 것.)

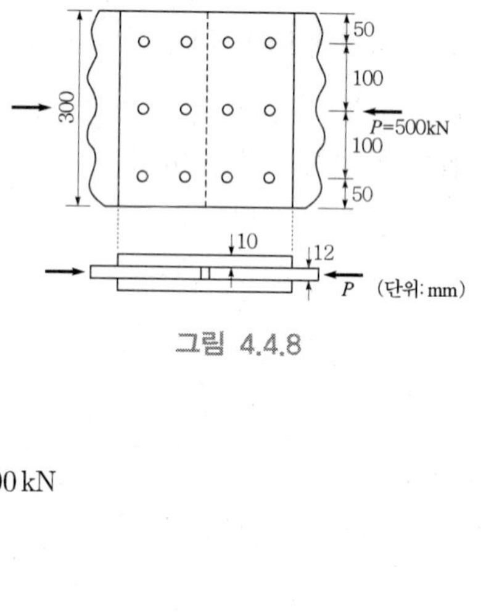

그림 4.4.8

풀 이

1) 마찰연결

(1) 설계강도(압축력 작용)

$$P = 0.75(f_a A_g) = 0.75 \times 190 \times (300 \times 12) = 513\text{kN} > 500\text{kN}$$

따라서 $P = 513$kN을 설계강도로 한다.

(2) 볼트 1개의 허용력

$$\rho_a = 56 \times 2 = 112\text{kN}$$

(3) 소요 볼트갯수

$$n = \frac{P}{\rho_a} = \frac{513}{112} = 4.6 \rightarrow 2\text{열 } 6\text{개 사용}$$

2) 지압연결

(1) 설계강도

$P = 513\text{kN}$

(2) 볼트 1개의 허용력

$$\rho_s = \frac{\pi(24)^2}{4} \times 190 \times 2 \times 10^{-3} = 171.9\,\text{kN}$$

$$\rho_b = 315 \times 24 \times 12 \times 10^{-3} = 90.7\,\text{kN}$$

따라서 $\rho_a = 90.7\,\text{kN}$로 한다.

(3) 소요 볼트갯수

$$n = \frac{P}{\rho_a} = \frac{512}{90.7} = 5.6 \rightarrow 6\text{개 사용}$$

예제 4.4.3

그림 4.4.9와 같이 $P = 450\,\text{kN}$의 인장력이 작용하는 부재(220×15)중앙에 고장력볼트를 이용한 연결부를 설계하라. (단, 강재는 SM 490YA, M22(F10T)볼트, $t_s = 8\text{mm}$, 2면전단 형식으로 할 것)

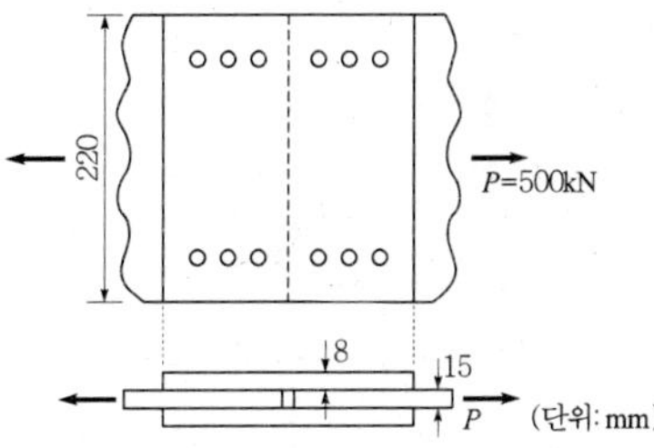

그림 4.4.9

풀 이

1) 설계강도(인장력 작용)

$$P = 0.75(f_a A_n)$$

$$= 0.75 \times \{215 \times (220 - 2 \times 25) \times 15\} = 411\text{kN} < 500\text{kN}$$

따라서 $P = 500\,\text{kN}$을 설계강도로 한다.

2) 소요 볼트갯수

$$\rho_a = 48 \times 2 = 96\,\text{kN}$$

$$n = \frac{P}{\rho_a} = \frac{500}{96} = 5.2 \rightarrow 6\text{개 사용}$$

∴ 2개씩 3열 배치

3) 모재의 강도조사

$$A_n = (220 - 2 \times 25) \times 15 = 2{,}550\,\text{mm}^2$$

$$f = \frac{500 \times 10^3}{2{,}550} = 196.1\text{MPa} < 215\text{MPa} \qquad \therefore O.K$$

4) 연결판의 강도조사

$$A_n = 2 \times (220 - 2 \times 25) \times 8 = 2{,}720\,\text{mm}^2$$

$$f = \frac{500 \times 10^3}{2{,}720} = 183.8\text{MPa} < 215\text{MPa} \qquad \therefore O.K$$

4.4.3 용접연결

▎용접의 종류

용접법은 전기적 에너지를 이용하는 아크용접(arc welding)과 화학적 에너지를 이용하는 가스용접(gas welding)으로 나눌 수 있다. 강교량의 공장제작에는 주로 아크용접법이 사용되며 피복아크용접(shielded metal arc welding, SMAW)과 서브머지드아크용접(submerged arc welding, SAW) 그리고 가스실드아크용접(gas shielded arc welding, GTAW 및 GMAW)등이 대부분을 차지하고 있다. 이러한 종류의 용접법은 자동화정도가 각기 다르므로 이들 각각을 수동용접, 반자동용접, 자동용접으로 분류한다.

피복아크용접은 그림 4.4.10(a)와 같이 용접봉에 입힌 피복제가 아크에 의해 가스화하여 용융금속 주변에 가스 또는 슬래그 등을 형성하게 된다. 이 방법은 작업자의 숙련도를 필요로 하지만, 어떠한 방향 또는 자세로서도 작업이 가능하며, 여러 가지 작업조건에 대응할 수 있는 장점이 있다.

서브머지드 아크용접은 그림 4.4.10(b)에 나타낸 바와 같이 피복제 역할을 하는 미세분말의 플럭스(flux)를 용접부분의 표면에 미리 공급하고 그 속에 용접봉을 설치하여 플럭스 공급관과 용접봉을 일정속도로 이동시켜 가면서 하는 용접방법이다. 서브머지드 아크용접은 용접부의 연성, 충격강도, 내식성 등에서 모두 우수하며 용접속도가 빠르고 품질이 일정한 장점이 있으나, 상향용접이 곤란하고 고압전류로 인한 열 영향을 받기 쉬운 단점이 있다.

가스실드 용접은 용접시 가스노즐을 이용해 직접가스를 분출하여 용융금속 주변에 보호실드를 형성하면서 하는 용접방법이다. 가스실드용접은 피복제를 사용하지 않으므로 슬래그를 제거할 필요가 없고, 작업속도가 빠른 장점이 있으나, 바람의 영향을 받기 쉽고 용접자세에 제한을 받는 단점이 있다. 따라서 용접법의 선택에 있어서는 강종에 따른 모재의 특성, 용접자세, 작업환경, 경제성을 고려하여 결정하여야 한다.

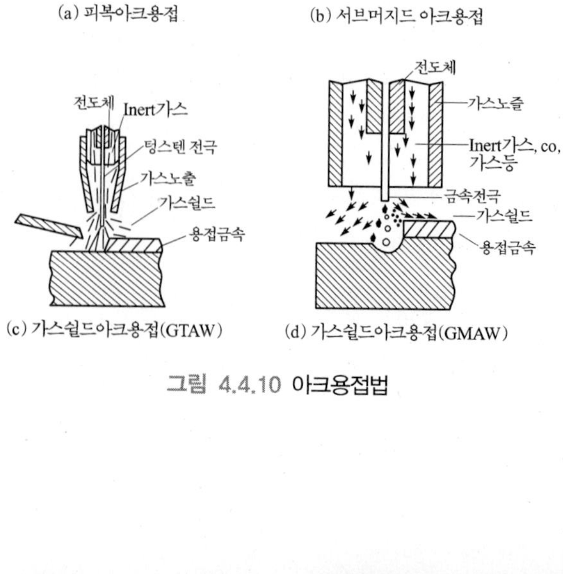

(a) 피복아크용접 (b) 서브머지드 아크용접 (c) 가스쉴드아크용접(GTAW) (d) 가스쉴드아크용접(GMAW)

그림 4.4.10 아크용접법

▌용접연결의 형태

용접연결의 형태는 그림 4.4.11에 나타낸 바와 같이 용접부의 형상에 따라 필릿용접(fillet welding)과 용입(熔入)그루브용접(groove welding)으로 나뉘어 진다. 용입그루브용접은 맞대기용접이라고도 하며 접합면을 적당한 형태로 절삭가공한 후 용융금속을 융착시키는 것으로서 그림 4.4.11(b)에 나타낸 바와 같이 용입형태에 따라 완전용입과 부분용입그루브용접 등으로 분류할 수 있으며, 인장응력을 받는 경우에는 완전용입그루브용접으로 하는 것을 원칙으로 한다. 또한 접합면의 절삭형태에는 그림 4.4.12와 같으며 얇은 판의 경우에는 I형 또는 V형, 두꺼운 판의 경우에는 K형 또는 X형으로 한다. 한편 대표적인 용접기호를 나타내면 그림 4.4.13와 같다. 용접연결의 장점으로는 구조를 단순, 경량화 할 수 있으며 연속접합으로 응력전달이 원활하고 소음이나 오염이 적다. 단점으로는 용접후 부재의 변형이나 잔류응력 등이 발생하며 응력집중으로 피로파괴에 불리할 수 있고 숙련도에 따라 품질의 차이가 있을 수 있다.

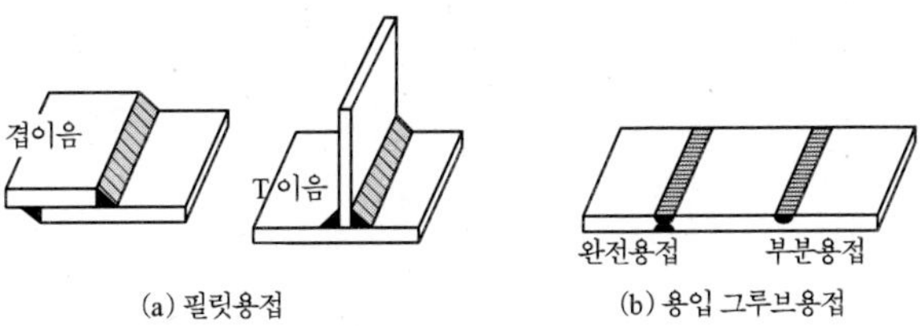

그림 4.4.11 용접연결의 종류

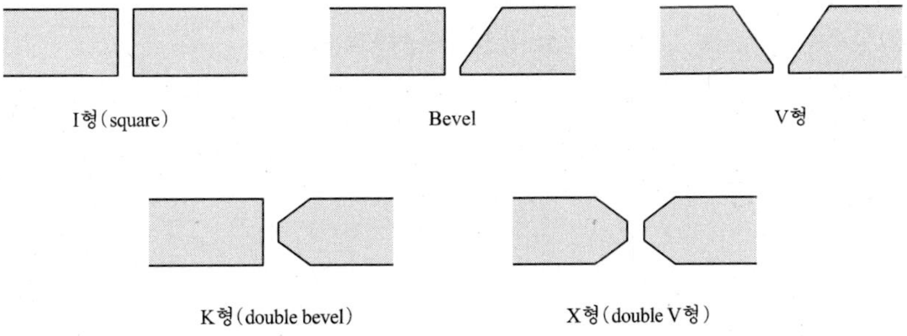

그림 4.4.12 절삭형태의 종류

그림 4.4.13 용접기호

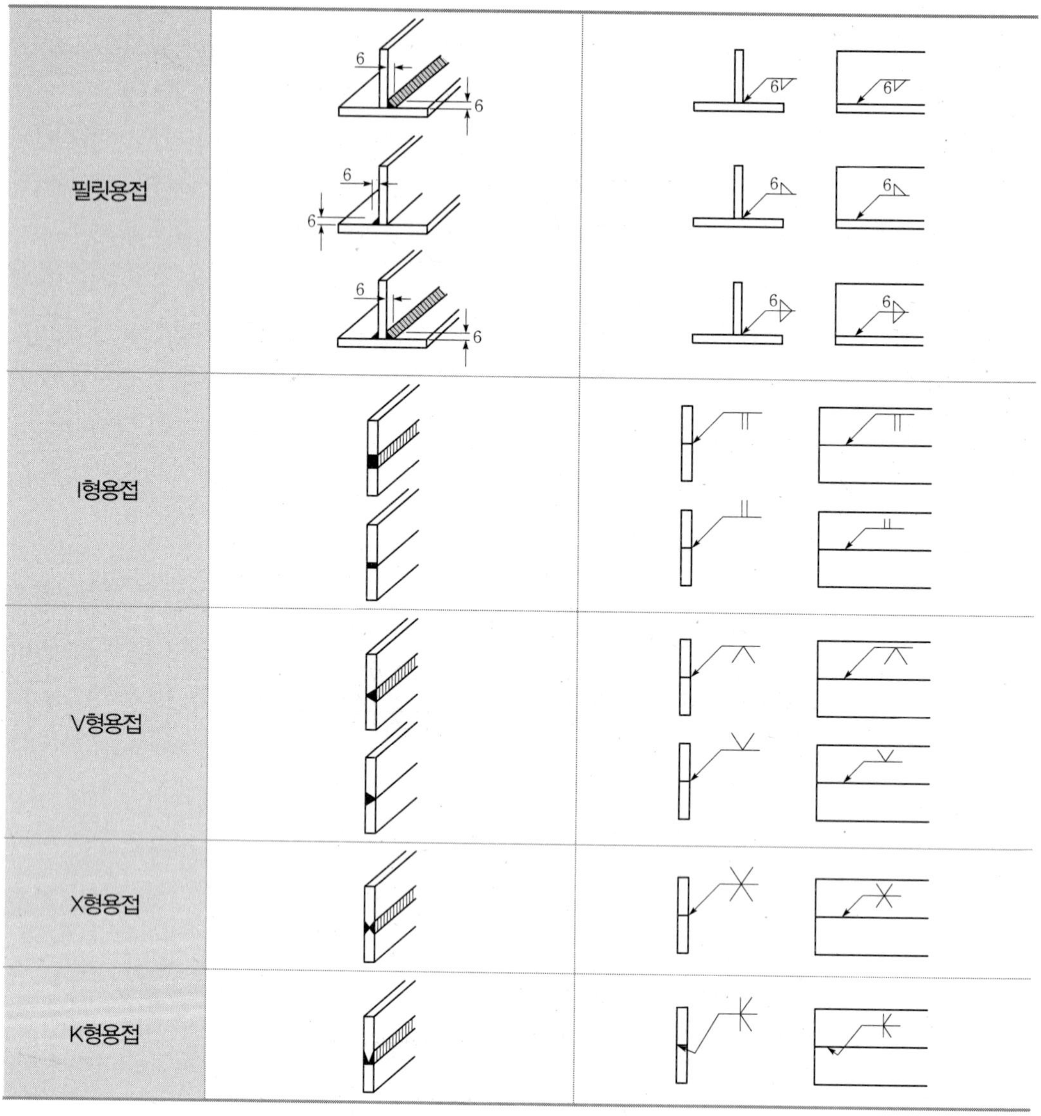

용접연결의 유효단면적

용접연결의 유효단면적 A_e는 유효목두께 a와 유효용접길이 l의 곱으로 나낼 수 있다.

$$A_e = a \times l \tag{4.4.16}$$

여기서 유효목두께는 힘을 전달하는 최소단면의 두께를 말하며, 완전용입그루브용접의 경우에는 그림 4.4.14(a)에 나타낸 바와 같이 살붙임두께는 무시하고 접합된 부재중 얇은 쪽의 두께로 한다. 부분용입그루브용접의 유효목두께는 그림 4.4.14(b)와 같이 용접깊이 또는 양측 용입길이의 합이 된다. 또한 필릿용접의 경우에는 용접치수를 기준으로 하여 cos45°를 곱한 값이 된다.

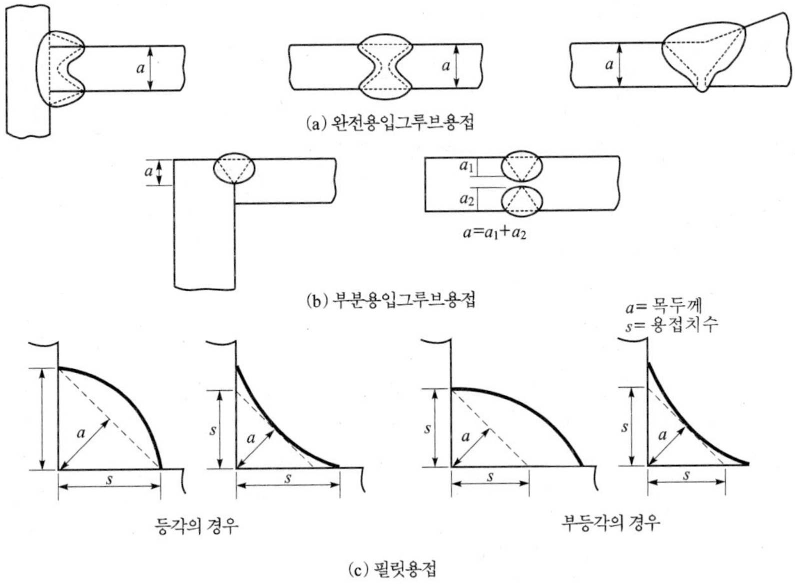

그림 4.4.14 용접연결의 유효 목두께

$$a = \cos 45^\circ \times S = 0.707\,S \tag{4.4.17}$$

여기서 S : 용접치수

용접부의 유효길이는 그림 4.4.15에 나타낸 바와 같이 용접 시점과 종점 부근의 크레이터의 영향을 고려하여 용접길이에서 $2a$만큼을 뺀 값으로 한다. 다만 그루브용접에서 보조판을 사용하거나, 끝돌림을 한 필릿용접의 경우에는 전용접길이를 유효용접길이로 한다.

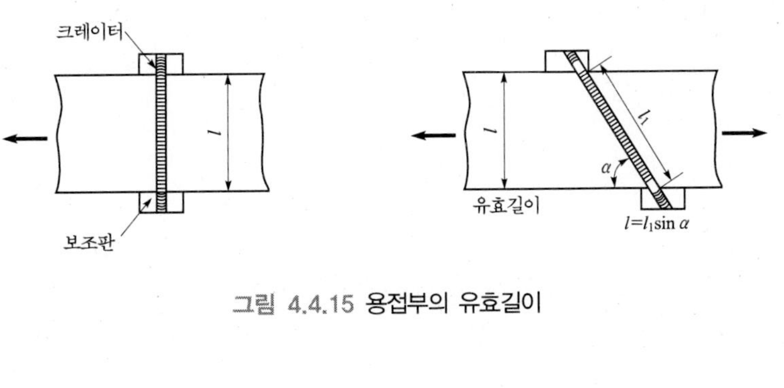

그림 4.4.15 용접부의 유효길이

용접연결의 허용응력

용접연결의 허용응력은 완전용입그루브용접과 필릿용접으로 나누어 규정되며, 부분용입그루브용접은 필릿용접으로 취급한다. 또한 현장용접의 허용응력은 시공환경 등을 고려하여 공장용접에 준하는 품질을 얻을 수 없는 경우에 있어서 공장용접 허용응력의 90%를 취하는 것으로 하고 있다.

완전용입그루브용접에서는 사용재료 및 공법에 결함이 없다면 용접부의 강도는 모재와 동등한 것으로 간주할 수 있다. 따라서 완전용입그루브용접의 단위길이당 내하력 R_n은 다음과 같이 주어진다.

$$R_n = a \cdot f_y \text{ : 축방향력} \quad (4.4.18a)$$

$$R_n = a \cdot f_{vy} = a \cdot \frac{f_y}{\sqrt{3}} \text{ : 전단력} \quad (4.4.18b)$$

여기서 a : 목두께

완전용입그루브용접의 허용응력은 식 4.4.18을 안전율 $S.F$로 나눈값이 되며 다음과 같이 구할 수 있다.

$$f_a = \frac{R_n}{a(S.F)} = \frac{f_y}{S.F} \quad (4.4.19a)$$

$$v_a = \frac{R_n}{a(S.F)} = \frac{f_{vy}}{S.F} \quad (4.4.19b)$$

식 4.4.19의 허용응력 f_a, v_a를 모재의 강종에 따라 정리하면 표 4.4.7과 같이 되며, 강재의 허용응력과 동일한 값이 된다.

한편 필릿용접에서는 외력을 전단력으로 전달하기 때문에 그 내하력은 식 4.4.18b와 같다. 따라서 필릿용접의 허용응력은 식 4.4.19b와 같게 된다.

표 4.4.7 용접부의 허용응력 [도로교설계기준(2010) 3.3.2.3(1)] (MPa)

강 종			SM400 SMA400		SM490		SM490Y, SMA490 SM520			SM570 SMA570		
강재판두께(mm)			40 이하	40 초과 100 이하	40 이하	40 초과 100 이하	40 이하	40 초과 75 이하	75 초과 100 이하	40 이하	40 초과 75 이하	75 초과 100 이하
공장용접	완전용입 그루브 용접	압축응력	140	130	190	175 (190)[주)]	215	200 (215)[주)]	195 (215)[주)]	270	260 (270)[주)]	250 (270)[주)]
		인장응력	140	130	190	175 (190)[주)]	215	200 (215)[주)]	195 (215)[주)]	270	260 (270)[주)]	250 (270)[주)]
		전단응력	80	75	110	100 (110)[주)]	125	115 (125)[주)]	115 (125)[주)]	155	150 (155)[주)]	145 (155)[주)]
	필릿용접, 부분용입 그루브 용접	전단응력	80	75	110	100 (110)[주)]	125	115 (125)[주)]	115 (125)[주)]	155	150 (155)[주)]	145 (155)[주)]
현장용접			공장용접에 준하는 품질을 얻을 수 없는 경우에 있어서 위 값의 90%로 한다.									

주) TMC 강재일 경우에는 ( )의 값을 적용한다.

예제 4.4.4

그림 4.4.16에 나타낸 바와 같이 250mm×10mm의 강판을 완전용입그루브용접을 하였을 때 용접부가 지지할 수 있는 허용하중(허용내하력)을 구하라. (단, SS 490강재 사용)

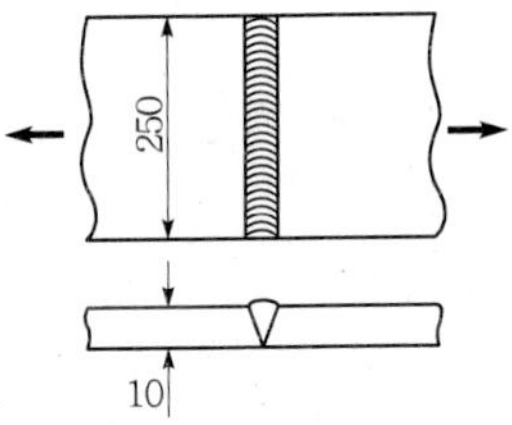

그림 4.4.16

풀 이

1) 유효목두께 : $a = 10\text{mm}$
2) 유효용접길이 : $l = 25 - 2(1.0) = 230\text{mm}$
3) 유효단면적 : $A_e = (10 \times 230) = 2{,}300\text{mm}^2$

따라서 용접부의 허용하중은,

$$P_a = f_a \times (A_e)$$
$$= 190 \times 2{,}300 = 437{,}000\text{N} = 437\text{kN}$$

예제 4.4.5

두께 14mm의 덧댐판에 L−100×100×12 형강을 100mm 겹치게 하여 현장 필릿용접을 하였을 때, 이 용접부가 지지할 수 있는 허용하중을 구하라. (단, 용접치수 10mm, SM 490강재 사용)

풀 이

1) $a = 0.707(10) = 7.07\text{mm}$

2) $l = 2 \times 100 = 200\text{mm}$

따라서 용접부의 허용하중은

$$P_a = 0.9 \times (v_a \times A_e)$$
$$= 0.9 \times [110 \times (7.07 \times 200)] = 140\text{kN}$$

용접연결부의 설계

용접연결부를 설계하는 데에는 작용단면력, 연결형식에 상관없이 응력이 연결부에 균등분포하는 것으로 하며 잔류응력은 무시한다. 한편 부분용입그루브용접은 필릿용접으로 취급하는 것으로 한다.

축방향력 또는 전단력을 받는 용접연결

축방향력 P, 전단력 V가 작용하는 완전용입그루브용접 연결부의 경우에는 각각 식 4.4.20 [도로교설계기준(2010) 3.5.2.6]의 조건을 만족하도록 설계하여야 한다.

$$f = \frac{P}{\sum al} \leq f_a \quad (4.4.20a)$$

$$v = \frac{V}{\sum al} \leq v_a \quad (4.4.20b)$$

여기서 a : 목두께

l : 유효용접길이

f_a, v_a : 표 4.4.7의 허용응력

필릿용접연결의 경우에는 작용력의 종류 및 용접방향에 관계없이 목두께 단면의 전단강도로서 저항하는 것으로 간주한다. 따라서 그림 4.4.17과 같은 필릿용접연결의 경우 다음의 식 4.4.21의 조건을 만족하도록 설계하여야 한다.

$$s = \frac{P}{\sum a\ l} \leq v_a \quad (4.4.21)$$

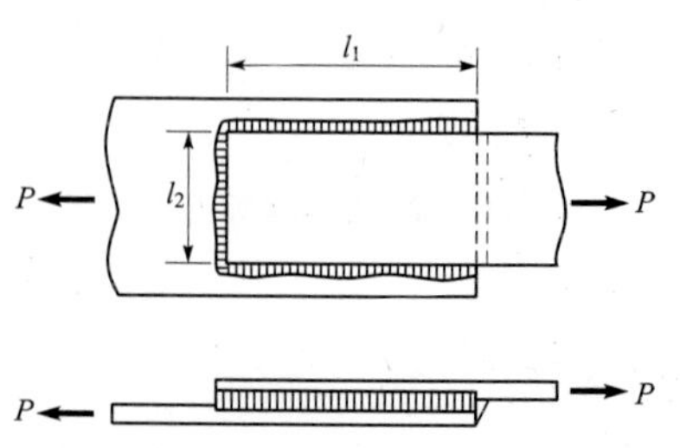

그림 4.4.17 축방향력을 받는 필릿 용접연결부
($\Sigma al = a(2l_1 + l_2)$)

휨모멘트를 받는 용접연결

완전용입그루브용접(완전용입 그루브용접)에서는 용접부의 허용응력이 모재의 허용응력과 같기 때문에 모재의 작용응력이 허용응력 이하일 경우에는 용접부에 대한 검토가 필요 없다고 할 수 있다. 즉 휨모멘트를 받는 용접 이음부 응력의 경우 식 4.4.22[도로교설계기준(2010) 3.5.2.7]의 조건을 만족하도록 한다.

$$f = \frac{M}{I}y \leq f_a : \text{완전용입그루브용접} \quad (4.4.22a)$$

$$v = \frac{M}{I}y \leq v_a : \text{필릿용접} \quad (4.4.22b)$$

여기서 f : 용접부에 생기는 수직응력(MPa)
M : 용접부의 설계에 쓰이는 휨모멘트(N-mm)
I : 목두께를 이음면에 전개한 단면의 중립축둘레의 단면2차 모멘트(mm^4)
y : 목두께를 이음면에 전개한 단면의 중립축에서 응력을 계산하는 점까지의 거리(mm)
v : 용접부에 생기는 전단응력(MPa)

필릿용접의 경우에는 주의를 요한다. 즉 필릿용접연결부는 전단응력을 전달하고 더욱이 그 목두께 단면이 경사져 있으므로 식 4.4.22의 f_a 대신 v_a를 사용해야한다. 여기서 I는 필릿용접부의 유효두께를 용접면에 전개한 용접단면의 단면2차모멘트로서 그림 4.4.18과 같은 I형 단면의 경우 식 4.4.23과 같이 주어진다.

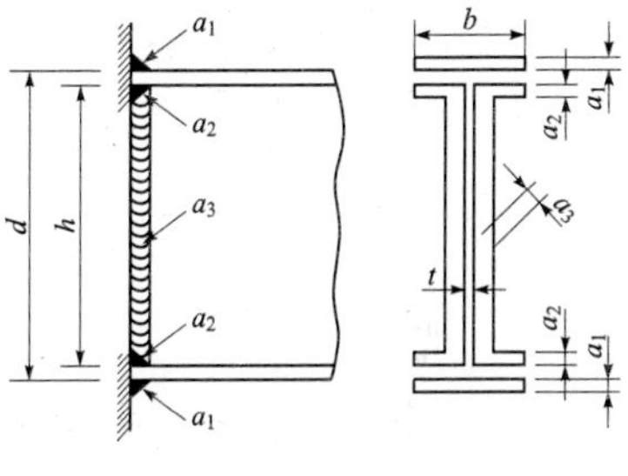

그림 4.4.18 휨모멘트를 받는 릿용접부

$$I = 2 \times \frac{1}{12}a_3(h-2a_2)^3 + 2(b-t)a_2\left(\frac{h-a_2}{2}\right)^2 + 2ba_1\left(\frac{d+a_1}{2}\right)^2 \quad (4.4.23)$$

여기서 t : 웨브의 두께
h : 웨브의 높이

합성응력을 받는 용접연결

완전용입그루브용접에 축방향력과 휨모멘트에 의한 수직응력 f와 전단이나 비틀림에 의한 전단응력 v가 동시에 작용하는 경우에는 $\sqrt{f^2 + 3v^2}$ 의 수직응력이 허용응력이하가 되도록 설계하여야 한다. 즉,

$$\sqrt{f^2+3v^2} \leq 1.1f_a \quad \text{(4.4.24)}$$

여기서 f : 축방향력과 휨모멘트에 의한 수직응력

v : 전단이나 비틀림에 의한 전단응력

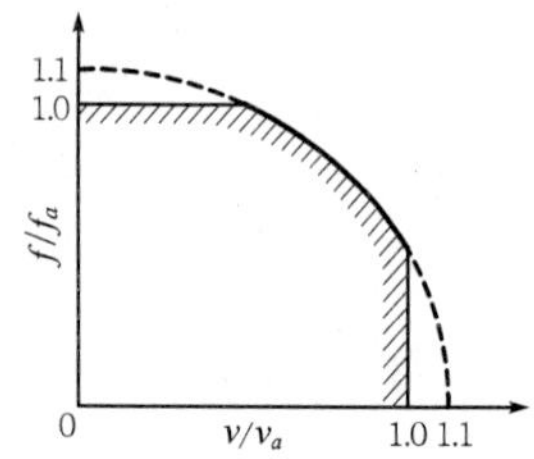

그림 4.4.19 합성응력시의 허용력

식 4.4.24는 합성응력에 대한 저항능력이 단일응력에 대한 저항능력보다 다소 높은 점을 고려하여 경험적으로 허용응력의 10%를 할증한 것이다. 또한 현행의 도로교설계기준에서는 식 4.4.24에 $v_a = f_a / \sqrt{3}$ 을 이용하여 식 4.4.25의 조건을 만족하도록 규정하고 있다. 단, 이와 동시에 $f \leq f_a$, $v \leq v_a$의 조건을 만족하여야 하며 이를 정리하면 그림 4.4.19의 실선으로 둘러 쌓인 영역이 허용력이 된다. 즉, 완전용입그루브용접 이음에서는 다음 식을 만족하여야 한다.

$$(\frac{f}{f_a})^2 + (\frac{v}{v_a})^2 \leq 1.2 \quad \text{(4.4.25)}$$

전단응력만으로 저항한다고 간주하는 필릿용접에서는 허용응력의 할증을 고려하지 않는다. 또한 작용방향이 서로 직교하는 전단응력의 v_b(축방향력과 휨모멘트에 의한 전단응력) v_s(전단력에 의한 전단응력)가 동시에 작용하는 경우에는 이들 벡터의 합으로서 $v = \sqrt{{v_b}^2 + {v_s}^2}$ 을 고려하여 식 4.4.26을 만족해야한다. 이는 완전용입그루브용접에 대한 식 4.4.25에 있어서도 마찬가지로서, 여기서 v가 v_b과 v_s를 합성한 것이라면 v대신에 $\sqrt{{v_b}^2 + {v_s}^2}$ 를 대입하여야 한다.

$$\left(\frac{v_b}{v_a}\right)^2 + \left(\frac{v_s}{v_a}\right)^2 \leq 1.0 \quad \text{(4.4.26)}$$

용접연결에 대한 설계규정

단면이 서로 다른 부재의 맞대기연결에서는 그림 4.4.20과 같이 응력집중이 생기지 않도록 두께와 길이방향의 경사가 1/5이하가 되도록 한다. 또한 고장력볼트연결 등 다른 연결방법과 병용을 하지 않는 것을 원칙으로 하고 있다.

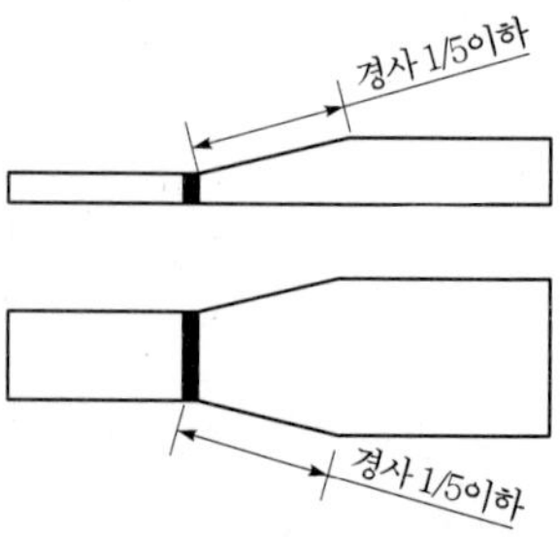

그림 4.4.20 서로 다른 단면의 맞대기 이음

작용단면력만을 고려하면 필릿연결의 용접치수 s를 작게 하여도 무방하나, 이를 너무 작게 하면 급냉에 의한 균열이나 시공불량 등을 초래할 염려가 있다. 반대로 s를 필요 이상으로 크게 하면 모재에 악영향을 미치거나 용접변형이 발생하게 된다. 또한 s

에 비하여 용접길이 l이 짧아지게 되면 균열등의 결함이 발생하기 쉽다. 따라서 이와 같은 필릿용접연결에 대하여 도로교설계기준에서는 다음과 같은 제한규정을 두고 있다.

- 필릿용접의 유효길이는 용접치수 s의 10배 이상 또는 80mm 이상으로 하여야 한다.
- 용접치수s는 최소 6mm 이상(두꺼운 쪽 모재 두께가 20mm 초과시는 최소 8mm 이상)이어야 하며 다음의 조건을 만족하여야 한다.

$$\sqrt{2t_1} \leqq s \leqq t_2 \tag{4.4.27}$$

여기서 t_1 : 두꺼운 쪽 판두께

t_2 : 얇은 쪽 판두께

이외에 겹연결에서는 2열 이상의 필릿용접을 사용하여야 하며 그 겹침길이는 얇은 쪽 판두께의 5배 이상으로 한다. 축방향력을 받는 측면 필릿용접부의 길이는 용접선 간격보다 크게 하여야 하며, 이때 판의 솟음을 방지하기 위하여 용접선 간격도 얇은 쪽 판두께의 16배 이하가 되도록 하여야 하며, 인장력만을 받는 경우에는 20배 이하가 되도록 하여야 한다.

예제 4.4.6

그림 4.4.21과 같은 두께 14mm의 덧댐판에 인장력 $P = 90\text{kN}$을 받는 $L-100\times 100\times 12$ 강판을 필릿용접 할 때 연결부를 설계하라 (단, SM490강재 사용).

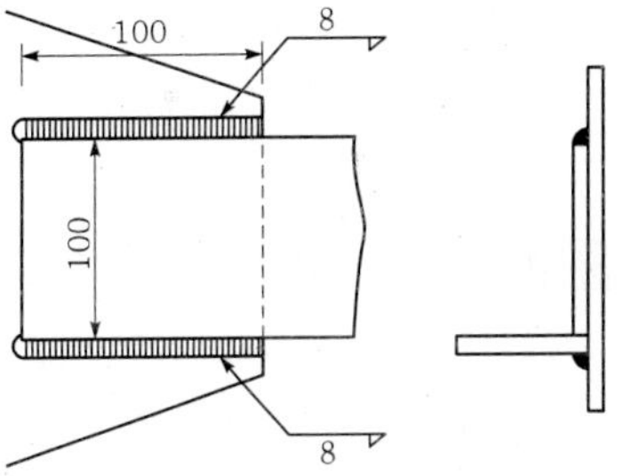

그림 4.4.21

풀 이

1) 용접치수의 결정 : $\sqrt{2(14)} \leqq S \leqq 12$의 조건으로부터

$S \rightarrow 8\text{mm} \geq 6\text{mm}$

2) 소요유효목두께 : $a = 0.707(0.8) = 5.7\text{mm}$

3) 총소요 용접길이 :

$$l \geqq \frac{90{,}000}{(a\times 110)} = 143.5\text{mm} : (\text{공장}) \rightarrow 160\text{mm}$$

$$\geqq \frac{90{,}000}{0.9(a\times 110)} = 159.5\text{mm} : (\text{현장}) \rightarrow 160\text{mm}$$

4) 용접부 허용하중의 조사

$P_a = v_a \times A_e = 110\text{MPa} \times (5.7\text{mm} \times 2 \times 100\text{mm}) = 125.4\text{kN} > 90\text{kN} \quad \therefore\ O.K$

예제 4.4.7

그림 4.4.22와 같이 ㄱ형강과 덧댐판의 겹연결부가 있다. ㄱ형강($A_g = 2274\,\mathrm{mm}^2$)에는 $P = 110\,\mathrm{kN}$의 압축력이 작용하며 ㄱ형강의 압축응력 $f_{ca} = 62.5\mathrm{MPa}$이라고 할 때 용접연결길이 l을 구하라. 단, 필릿용접의 $\overline{\mathrm{ab}}$, $\overline{\mathrm{ed}}$ 및 $\overline{\mathrm{cd}}$는 용접선이 불연속으로서 결함이 발생하기 쉬우므로 유효용접길이에 포함하지 않는 것으로 한다.

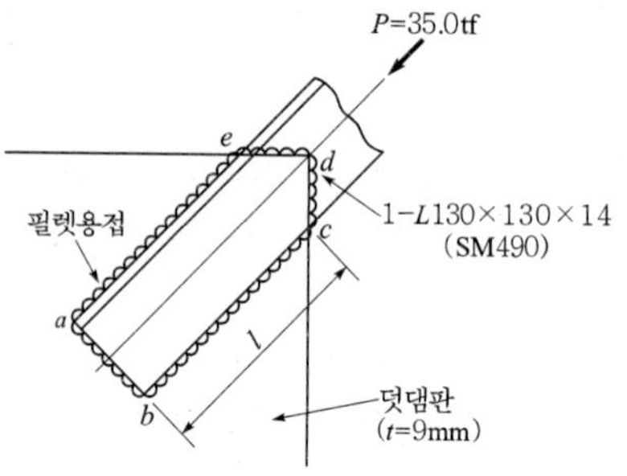

그림 4.4.22

풀이

1) 용접치수의 결정 :

$\sqrt{2(14)} \leq S \leq 9$의 조건으로부터 $S \to 8\mathrm{mm} \geq 6\mathrm{mm}$

2) 용접부의 유효길이

$$l = \frac{P}{2av_a} = \frac{110{,}000}{2\times 8\times 0.707\times 110} = 88.4\,\mathrm{mm} = 88\,\mathrm{mm} \to 130\,\mathrm{mm}\text{로 한다.}$$

예제 4.4.8

그림 4.4.23에 나타낸 바와 같이 가로보가 주거더에 용접되어 있다. 휨모멘트 $M = 250\,\mathrm{kN\cdot m}$가 작용할 때 필릿연결부의 작용력에 대하여 검토하라.

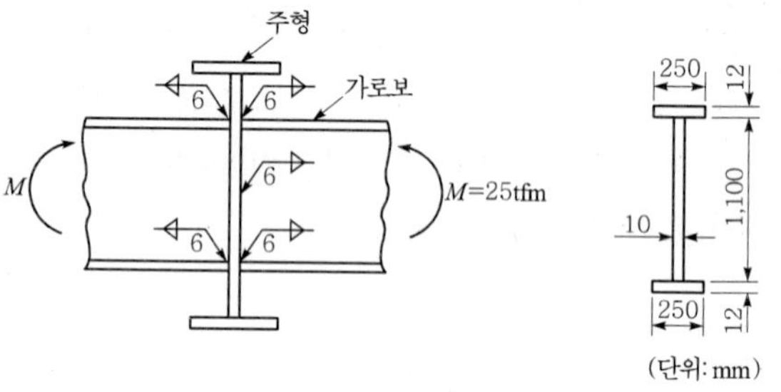

그림 4.4.23

풀이

$a = a_1 = a_2 = a_3 = 6\times 0.707 = 4.242\,\mathrm{mm}$이므로

1) 용접부의 단면2차모멘트(식 4.4.23)

$$I = 2\times\frac{1}{12}a(110-2a)^3 + 2(25.0-1.0)a\left(55.0-\frac{a}{2}\right)^2$$

$$+2\times 25.0\,a\left(56.2+\frac{a}{2}\right)^2 = 220{,}557.9\,\mathrm{cm}^4$$

2) 작용응력

$$v = \frac{250\times 10^6}{220{,}557.9\times 10^4}\left(562+\frac{a}{2}\right) = 64 < v_a = 80\,\mathrm{MPa}$$

4.4.4 보통볼트연결과 핀연결

▍보통볼트연결

보통볼트는 연강을 가공하여 만들며 가공정도에 따라 상, 중, 흑(黑)볼트로 나뉜다. 상볼트는 볼트머리와 몸체의 전부를 마무리 가공한 것으로 핀 등으로 사용되며, 중볼트는 볼트머리 아랫면과 몸체를 마무리 가공한 것으로 건축물에 주로 사용되고 있다. 흑볼트는 나사부만을 가공한 것으로 가접합용 볼트로 쓰여지고 있다.

보통볼트에 의한 접합은 경미한 구조재나 가설건물 또는 리벳치기를 하기전의 가접합용으로 주로 쓰이며, 접합부의 강성이 낮고 특히 진동이나 반복하중을 받는 경우 쉽게 너트가 이완되므로 볼트구멍의 직경은 볼트직경보다 0.5mm 이상 크지 않도록 규정하고 있다. 이와 같은 보통볼트연결에서는 진동등에 의하여 너트가 풀리는 것을 방지하기 위하여 2중너트나 스프링워셔 등을 사용하고, 그 외에 콘크리트에 파묻히게 하거나 너트를 용접하는 경우도 있다.

▍핀연결

핀연결은 부재단에 뚫려있는 구멍에 1개의 원형단면 강재 핀을 삽입하여 연결하는 결합방식을 말한다. 과거에는 현수교의 케이블 또는 트러스의 격점부 등에 핀연결이 사용되는 경우가 있었으나, 마모가 발생하거나 쉽게 녹이 슬며 구조적으로는 강성이 작아서 진동문제 등이 발생함에 따라 현재는 완전한 힌지작용이 요구되는 개소, 예를 들어 아치나 라멘의 힌지부, 장지간 주거더의 주탑 연결부 등에 주로 이용되고 있다.

구조용 핀은 단조되어 정확한 치수로 가공된 구조용 탄소강 제품으로 그 종류로는 SS 400, SM 35C, SM 45C 등이 있다. 도로교설계기준에서는 그 종류에 따라 핀의 허용응력을 표 4.4.8과 같이 정하고 있다.

표 4.4.8에서 지압응력은 마모를 고려하여 구조가 비슷한 리벳보다 안전율을 높게하여 정한 것이며, 특히 회전을 동반하는 경우는 연결재간의 접촉면에서 미끄럼이 발생하여 접촉면의 지압강도가 크게 감소하는 것을 고려하여 허용응력을 크게 낮추어 정한 것이다.

핀연결부의 설계에 있어서는 계산상 강도가 충분하여도 핀의 마모나 복잡한 응력분포상태를 고려하여 핀의 최소직경을 75mm 이상으로 규정하고 있다. 또한 핀의 직경과 핀구멍 직경과의 차는 힌지로서의 기능을 유지하기 위한 최소값으로 하는 것이 바람직하나, 조립시 작업여유를 고려해서 직경 130mm 이하의 핀에서는 0.5mm, 그 이상에서는 1mm를 표준으로 하고 있다. 한편 핀구멍 횡단면에서의 순단면적은 핀구멍 주위의 응력집중을 고려하여 필요 순단면적보다 40% 이상 크게 하여야 하며, 부재축 방향 핀구멍 배후의 순면적은 부재 계산상 필요한 순단면적으로 한다.

표 4.4.8 핀의 허용응력 [도로교설계기준(2010) 3.3.2.3(3)] (MPa)

종 류	SS 400	SM 35C	SM 45C
전단응력	100	140	150
휨 응력	190	260	290
지압응력 1)	210	280	310
2)	105	140	155

1) 회전을 동반치 않는 경우
2) 회전을 동반하는 경우

4.4.5 연결형태

▌인장부재의 연결

인장부재는 인장력에 의한 응력만을 고려하여 부재를 볼트나 리벳 또는 용접으로 연결하고 있다. 연결설계의 개념은 4.1절에서 상세하게 다루고 있고 이 절의 고장력볼트와 용접연결부분에 설명되어 있으므로 여기서는 예제를 통하여 설명한다.

예제 4.4.9

그림 4.4.24에 주어져 있는 평판에 가할 수 있는 허용인장력 P를 결정하라.
단, SM 490A강재의 M22(B10T)볼트로 지압형 연결을 사용한다.

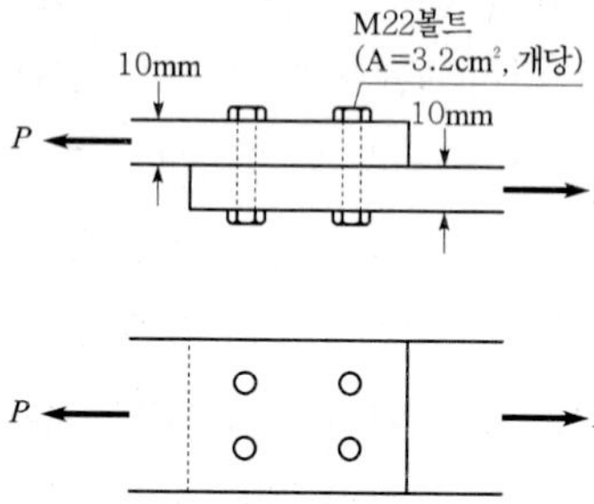

그림 4.4.24

풀 이

허용전단력

$$= 4 \times f^b_{va} \times \frac{\pi \times d^2}{4} = 4 \times 190 \times \frac{3.14 \times 22^2}{4} \times 10^{-3} = 288.8\,\text{kN}$$

지압력 $= 4 \times f^b_{ba} \times d \times t = 4 \times 315 \times 22 \times 10 \times 10^{-3} = 277.2\,\text{kN}$

따라서 연결부의 허용력은 지압력이 지배한다.
그러므로, 허용인장력
$P = 277.2\,\text{kN}$

예제 4.4.10

그림 4.4.25와 같이 50kN의 인장력을 받는 12mm 강판을 14mm 두께의 연결판에 필릿용접하려 한다. 용접의 치수와 유효길이를 구하라. 사용 강재는 SM 400B이다.

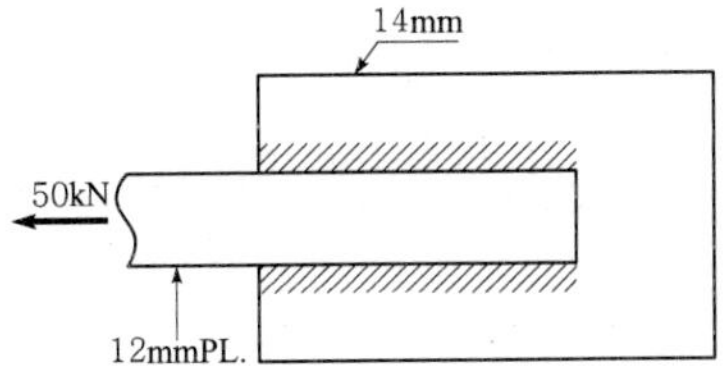

그림 4.4.25

풀 이

필릿용접 치수 S는 6mm 이상이고 $t_1 > S \geq \sqrt{2t_2}$ 이다.
따라서 12mm > $S \geq$ 7mm이므로 S=8mm로 선택하면
길이 1mm당 용접강도의 크기는 아래와 같다.

용접강도 $= 0.707 \times S \times v_a = 0.707 \times 8 \times 80\,\text{MPa} = 452.5\,\text{kN/mm}$

총소요 용접길이 $= \dfrac{\text{인장력}}{\text{용접강도}} = \dfrac{50 \times 10^3}{452.5} = 110.5\,\text{mm}$

1변의 소요길이 = 55.25mm

보통 용접길이를 5mm단위로 표시하고 있으므로, 따라서 1변의 소요 용접길이는 60mm이다.

인장과 전단응력을 받는 연결

지압이음에서 볼트에 인장력과 전단력이 동시에 작용할 경우 견딜 수 있는 각 힘의 크기는 실험결과를 근거로 다음의 식과 같은 원형의 상호작용곡선으로 나타낼 수 있다.

$$\left(\frac{P_t}{P_{ta}}\right)^2 + \left(\frac{P_v}{P_{va}}\right)^2 \leq 1.0 \qquad (3.2.28)$$

여기서 P_t : 볼트의 축방향 인장력
P_v : 볼트의 축에 직각으로 작용하는 전단력
P_{ta} : 볼트 축방향 인장력만 작용할 경우의 허용인장력
P_{va} : 볼트에 전단력만 작용할 경우의 허용전단력

마찰이음의 경우는 더 안전한 측으로 하여 다음과 같은 직선식으로 인장력과 전단력의 조합의 범위를 정한다.

$$\left(\frac{P_t}{P_{ta}}\right) + \left(\frac{P_v}{P_{va}}\right) \leq 1.0 \qquad (3.2.29)$$

예제 4.4.11

그림 4.4.26과 같은 접합부에 고장력볼트 M22-B8T를 사용한 지압연결을 하였다. 그림과 같이 $P = 100\,\mathrm{kN}$의 하중이 작용할 때 부재의 안전성을 검토하여라.

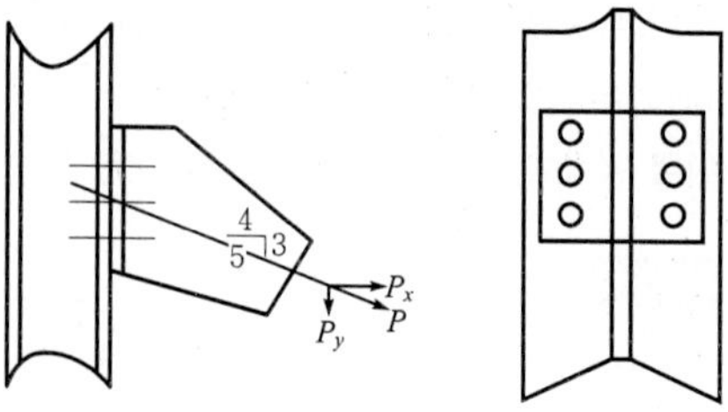

그림 4.4.26

풀 이

볼트 하나에 작용하는 인장력 :

$$P_t = \frac{P_x}{n_b} = (100 \times \frac{4}{5}) \times \frac{1}{6} = 13.3\,\mathrm{kN}$$

볼트 하나에 작용하는 전단력 : $P_v = \dfrac{P_y}{n_b} = (100 \times \dfrac{3}{5}) \times \dfrac{1}{6} = 10\mathrm{kN}$

안정성 검토

볼트의 전단에 대한 허용력 : $P_{va} = \dfrac{\pi \times 22^2 \times 150}{4} = 57\,\mathrm{kN}$

볼트의 인장에 대한 허용력 : 볼트 항복강도의 40%를 사용하면

$$P_{ta} = 0.4 f_y A_b = \frac{0.4 \times 441 \times \pi \times 22^2}{4} = 77\,\mathrm{kN}$$

$$\left(\frac{P_t}{P_{ta}}\right)^2 + \left(\frac{P_v}{P_{va}}\right)^2 = (\frac{13.3}{77})^2 + (\frac{10}{57})^2 = 0.06 < 1.0 \qquad \therefore\ O.K$$

보-기둥 연결

예제 4.4.12

축력($N = 70\,\mathrm{kN}$)과 모멘트($M = 150\,\mathrm{kN}$)를 받는 보와 기둥의 접합부를 그림 4.4.27과 같이 SS 400강재를 사용하여 설계하고자 한다. 연결부의 중립축 위치와 최대인장응력을 구하라. 단, 고장력볼트 M22(F8T, 허용인장력 $P_a = 165.1\,\mathrm{kN}$)을 사용하며, M22의 유효단면적은 $303.4\,\mathrm{mm}^2$이지만, 여기서는 $300\,\mathrm{mm}^2$로 가정한다.

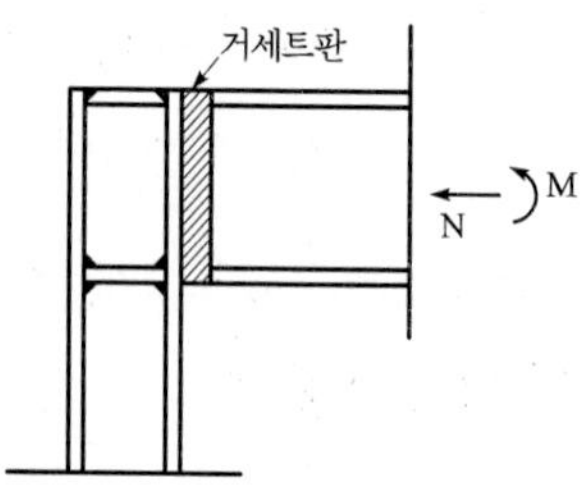

그림 4.4.27

풀 이

$M = 150\,\mathrm{kN \cdot m} \qquad N = 70\mathrm{kN}$

고장력볼트 M22, F8T

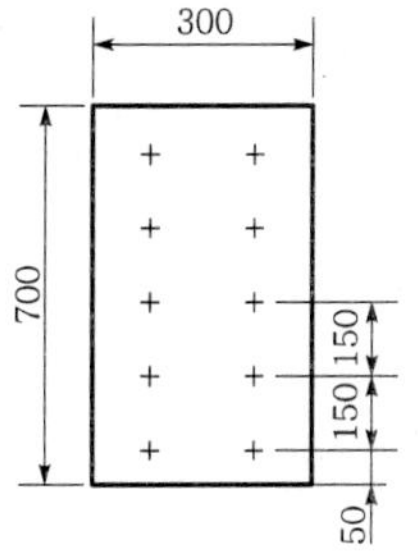

그림 4.4.28

강재 : SS 400

중립축 및 응력분포 가정

중립축 위치를 200mm < y_c < 350mm로 가정

응력분포식 $f_i = \dfrac{r_i - y_c}{y_c} E\epsilon_c = \dfrac{r_i - y_c}{y_c} f_c$

축력에 대한 평형식

압축력 : $C = \dfrac{1}{2} E\epsilon_c b y_c = \dfrac{1}{2} f_c b y_c$

인장력 : $T = \sum_{i=1}^{k} f_i A_{si}$

축력에 대한 평형식

$N = C - T$

$$70 \times 10^3 = \frac{1}{2} f_c \times 300 \times y_c - \frac{2 \times A_s \times f_c}{y_c} [(650 - y_c) + (500 - y_c) + (350 - y_c)]$$

$$7{,}000 y_c = 150 f_c y_c^2 - 600 f_c (1{,}500 - 3y_c)$$

모멘트에 대한 평형식

$$M = C\frac{2}{3} y_c + \sum_{i=1}^{k} \frac{(r_i - y_c)^2}{y_c} f_c A_{si}$$

$$150 \times 10^6 = 100 f_c y_c^2 + \frac{f_c}{y_c} \times 600 \times \{(650 - y_c)^2 + (500 - y_c)^2 + (350 - y_c)^2\}$$

중립축 계산

축력과 모멘트에 대한 위 두식을 연립하여 풀면,

$y_c = 79.2\text{mm} < y = 200\text{mm}$ $\qquad$ $N.G$

구한 중립축의 위치가 가정한 범위를 벗어나므로, 새로운 중립축 위치를 다시 가정하여 계산을 반복

새로운 중립축 가정

새로운 중립축위치를 50mm < y_c < 200mm으로 가정한다.

축력에 대한 평형식

$$70{,}000 = \frac{1}{2} f_c \times 300 \times y_c - \frac{2 \times A_s \times f_c}{y_c} \times \{(650 - y_c) + (500 - y_c) + (350 - y_c) + (200 - y_c)\}$$

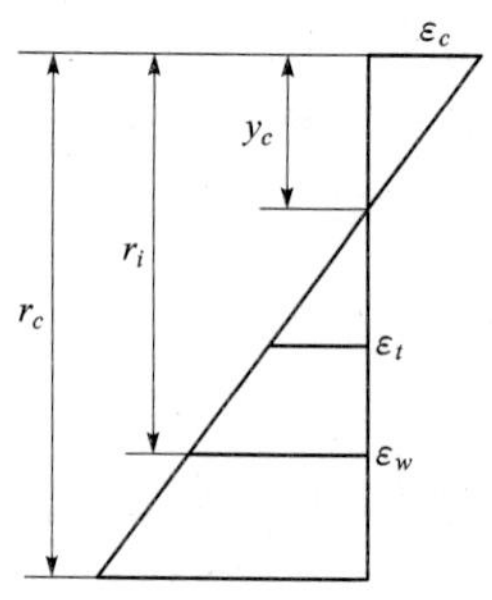

그림 4.4.29

모멘트에 대한 평형식

$$150 \times 10^6 = 100 f_c y_c^2 + \frac{f_c}{y_c} \times 600$$
$$\times \left\{(650 - y_c)^{2+}(500 - y_c)^2 + (350 - y_c)^2 + (200 - y_c)^2\right\}$$

위의 두 식을 연립하여 풀면

$y_c = 82.1\text{mm}$

위 값은 가정된 범위내에 존재하므로, 실제의 중립축위치가 된다.

단면2차모멘트

$$I = \frac{1}{3} \times 300 \times 82.1^3 + 2 \times 300 \times \left[(650 - 82.1)^2 + (500 - 82.1)^2\right.$$
$$\left. + (350 - 82.1)^2 + (200 - 82.1)^2\right] = 415{,}663{,}942\,\text{mm}^4$$

볼트의 최대인장응력

$$f_{\max} = \frac{M}{I} y_{\max} + \frac{P}{A} = \frac{150 \times 10^6}{415{,}663{,}942} \times (650 - 82.1) - \frac{70 \times 10^3}{300 \times 82.1 + 8 \times 300}$$
$$= 204.9 - 2.6 = 202.3\text{MPa}$$

여기서 P/A의 산정시 기여하는 단면 A는 휨모멘트에 의하여 압축을 받는 강판면적 $300 \times 82.1 = 24{,}630\,\text{mm}^2$과 인장을 받는 8개의 M22볼트의 단면적 $8 \times 300 = 2{,}400\,\text{mm}^2$의 합으로 계산한 것이다.

최대인장력 : $P_{\max} = f_{\max} \times A_s = 202.3 \times 300 = 60{,}690\,\text{N} = 60.69\,\text{kN}$

허용인장력 : $P_a = 165.1\,\text{kN} > P_{\max} = 60.69\,\text{kN}$: $O.K$

연습문제

4.4.1 각각 200 kN의 인장력과 전단력이 작용하는 접합에 직경이 M20인 SS400볼트 8개를 사용하였을 때 안전성을 검토하시오.

4.4.2 다음 그림에 주어져 있는 평판에 가할 수 있는 허용인장력 P를 결정하라. (단, SS 400강재의 M22, F10T볼트 및 지압형 연결을 사용한다.)

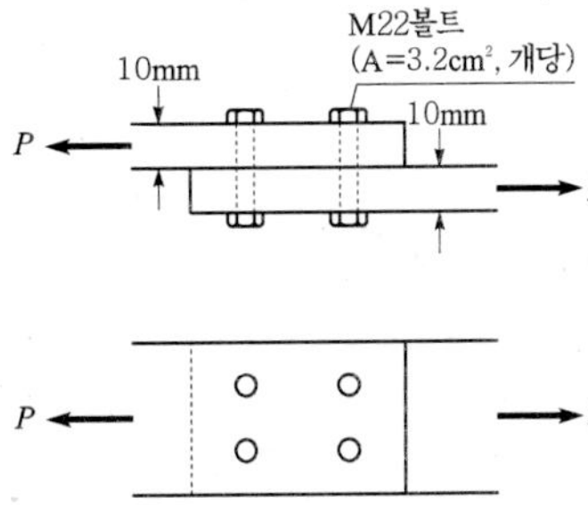

문제 4.4.2

4.4.3 다음 그림에 나타나 있는 지압형 연결에 대한 전단평면에서 나사를 제외한 표준치수를 구멍으로 설치된 M20의 F10T 볼트가 얼마나 필요한가? SM 490B 강을 사용.

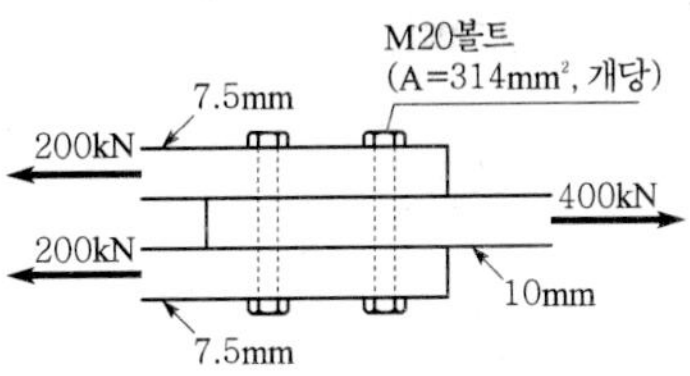

문제 4.4.3

4.4.4 다음 그림과 같이 I형 보의 어떤 단면에서 외력 전단력은 200 kN이다. 보가 SS400강의 압축을 보이고 마찰형 연결에 사용된 M20의 F10T 볼트가 필요로 하는 간격 p를 결정하라.

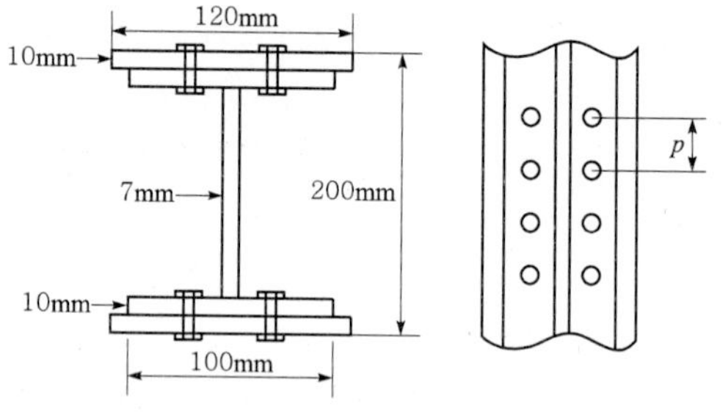

문제 4.4.4

4.4.5 다음 그림에 나타나 있는 인장재는 나사를 전단평면에서 제외하고 또한 표준치수의 구멍을 가진 지압형 연결로 6개 M22 SS400 볼트를 사용하여 기둥과 연결되어 있다. 작용하중을 저항할 수 있을 만큼 볼트의 개수는 충분한가?

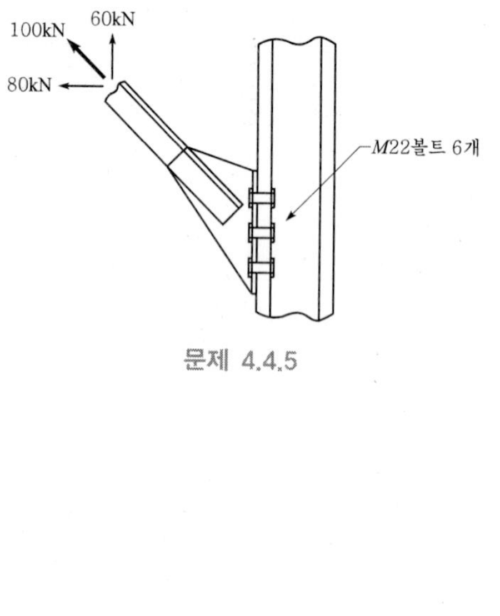

문제 4.4.5

4.5 축하중과 휨을 동시에 받는 부재

4.5.1 개설

구조체를 이루는 거의 모든 부재는 휨모멘트와 인장 또는 압축 등의 축력을 받고 있다. 기둥은 상부로부터의 압축력 이외에 강접된 보에서 전달되는 휨모멘트와 바람이나 지진 등 수평하중에 의한 휨모멘트를 받는다. 이처럼 휨모멘트와 압축력을 동시에 받는 부재를 보-기둥(beam-column)이라고 한다. 휨이 인장력과 복합되었을 때에는 부재의 불안정 요인이 감소되어 설계에서는 부재 항복만 고려하면 되나, 휨과 압축력이 복합될 때에는 부재 불안정의 가능성이 증가하며, 휨에 의한 부재처짐에 압축력이 작용하여 2차 휨모멘트를 유발시켜 내력을 감소시키는 결과를 가져오게 된다.

이와 같은, $P-\Delta$효과에 의하여 발생하는 2차 모멘트(secondary moment)는 선형이론으로는 구할 수 없다. 그래서 보-기둥 부재의 해석은 기둥이나 보 각각의 요소들에 대한 해석보다는 더 복잡한 비선형항을 포함한다. 요즈음은 전자계산기의 발달로 과거에는 불가능했거나 번거롭던 전체구조물의 강도 결정이 큰 무리없이 가능하게 되어 보-기둥의 해석과정에서 비선형해석을 수행할 수 있게 되었다. 그러나 아직까지도 실제 설계현장에서는 구조물은 선형탄성해석을 수행하고 개별 부재의 강도 검토시에 2차모멘트의 비선형성 효과를 간접적으로 고려하는 전통적인 방법이 일반적으로 적용되고 있다.

4.5.2 보-기둥의 설계

본 절에서는 도로교설계기준에 따른 보-기둥의 설계방법을 다루기로 하자. 축방향력 휨모멘트를 동시에 받는 부재 즉, 라멘이나 아치부재 등은 일반적으로 응력과 안정성에 대한 검토가 필요하다. 응력의 검토는 축방향력과 휨모멘트에 의해서 단면에 생기는 응력이 도로교설계기준(2010) 3.3.2.1에 규정된 국부좌굴을 고려하지 않은 허용압축응력의 상한값이나 허용인장응력을 초과하지 않는가를 모든 단면에 대해서 검토하는 것을 의미한다. 안정성검토는 부재 또는 판의 국부좌굴 발생여부를 검토하는 것으로서 부재에 대해 검토하면 된다.

축방향력이 인장일 경우

인장과 휨을 받는 부재에서 응력의 검토는 휨인장면에 대해 계산하면 되고, 식 4.5.1[도로교설계기준(2010) 3.4.3(1)]은 이때 적용해야 할 검토식이다.

$$f_t + f_{bty} + f_{btz} \leq f_{ta} \tag{4.5.1}$$

여기서 f_t : 단면에 작용하는 축방향 인장응력(MPa)

f_{bty} : 강축에 대한 휨모멘트에 의한 인장응력(MPa)

f_{btz} : 약축에 대한 휨모멘트에 의한 인장응력(MPa)

f_{ta} : 허용축방향 인장응력(MPa)

축방향 인장력에 의해 생기는 인장응력 f_t의 계산에는 순단면적을 사용한다. 휨모멘트에 의해 생기는 인장연응력 f_{bt}는 총단면에 대해서 계산한 후 인장플랜지에 리벳이나 볼트구멍이 있는 경우에는 인장플랜지의 총단면적 A_{tg}와 순단면적 A_{tn}과의 비 A_{tg}/A_{tn}을 곱해서 증가시키면 된다. 엄밀하게는 인장응력은 다소 감소하지만, 식 4.5.1은 이 영향을 무시한 것이다. 압축연응력이 생기는 경우에는 휨작용면 밖으로 수평좌굴이 일어날 수도 있으므로 식 4.5.2[도로교설계기준(2010) 3.4.3(1)]에 의한 안전성을 검토할 필요가 있다.

$$-\frac{f_t}{f_{ta}} + \frac{f_{bcy}}{f_{bagy}} + \frac{f_{bcz}}{f_{bao}} \leq 1.0 \tag{4.5.2}$$

$$-f_t + f_{bcy} + f_{bcz} \leq f_{cal} \tag{4.5.3}$$

여기서 f_{bcy} : 강축에 대한 휨모멘트로 인하여 부재에 발생한 압축응력

f_{bcz} : 약축에 대한 휨모멘트로 인하여 부재에 발생한 압축응력

f_{bagy} : 국부좌굴을 고려하지 않은 강축에 대한 허용휨압축응력

f_{bao} : 강재의 종류에 따른 허용휨 압축응력의 상한치

f_{cal} : 압축을 받는 판이 양연지지 또는 자유돌출되고 있는가에 따른 국부좌굴에 대한 허용응력

일반적으로 인장응력의 존재에 의해서 좌굴강도는 증가하지만, 계산의 간편과 안전을 위해서 이와 같이 규정한 것이다.

예제 4.5.1

그림 4.5.1에 나타낸 플레이트거더 부재에 인장력 $N = 900\,\text{kN}$와 강축에 대한 휨모멘트 $M_y = 150\,\text{kN}\cdot\text{m}$가 작용한다면 이 부재는 안전한가? 사용 강재의 재질은 SM 400이며, 그림의 단위는 mm이다.

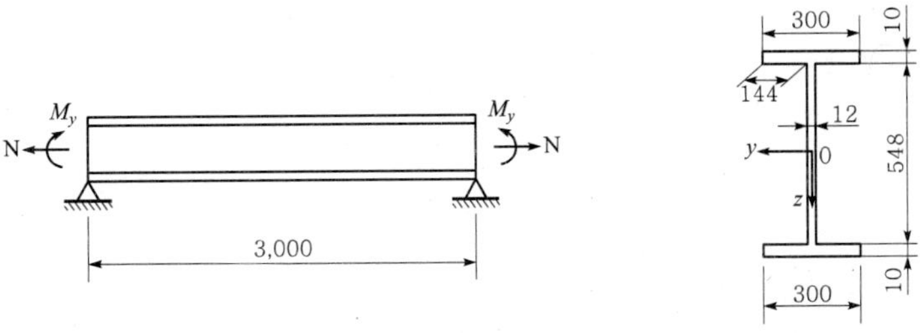

(a) 측면도　　(b) 단면도

그림 4.5.1

풀 이

플레이트거더 단면의 기하학적인 성질 및 거더에 발생되는 응력은 다음과 같다.

$A = 16776\text{mm}^2$, $I_y = 978{,}835{,}992\,\text{mm}^4$, $I_z = 76{,}578{,}912\,\text{mm}^4$,

$r_y = 242\text{mm}$, $r_z = 68\text{mm}$

따라서, $l / r_y = 12.4$, $l / r_z = 44.1$

$f_t = 900 \times 10^3/16776 = 53.65\text{MPa}$,

$$f_{bcy} = \frac{M}{I}y = \frac{150 \times 10^6}{978{,}835{,}992} \times 291 = 44.59\,\text{MPa},$$

$f_{btz} = 0$

대상 플레이트거더의 허용응력은

순수인장력이 작용하는 경우에는

$f_{ta} = 140.0\,\text{MPa}$

도로교설계기준에 따른 허용휨압축응력은

$A_w / A_c = 6576/5100 = 1.29 < 2.0$　　$\therefore K = 2$

즉, $l / b = 3000/300 = 10$ 이므로, $4.6 < l / b \leq 30$이므로

$f_{bagy} = 140 - 2.49 \times (l / b - 4.6) = 126.6\,\text{MPa}$

허용휨압축응력의 상한치 값은 $f_{bao} = 140\,\text{MPa}$

다음은 국부좌굴을 고려할 경우로서

압축플랜지는 자유돌출판의 경우(도로교설계기준(2010) 제3장 강교편 표 3.4.4)로

$b/t = 144/17 = 8.47 < 12.9$이므로 $f_{cal,f} = 140\,\text{MPa}$

웨브는 양연지지(도로교설계기준(2010) 제 3장 강교편 표 3.4.3)의 상태이므로,

$b/t = 548/12 = 45.7$, $f_{cal,w} = 220{,}000\,(t\,/\,b)^2 = 105.49\,\text{MPa}$

따라서 부재 단면의 안전여부를 검토하면 다음과 같다.

1) 항복 검토 : $53.65 + 44.59 = 98.24\text{MPa} < f_{ta} = 140\,\text{MPa}$ $\quad\therefore$ O.K

2) 횡좌굴검토 :
   압축응력이 발생하지 않으므로 검토할 필요 없음. $\quad\therefore$ O.K

3) 국부좌굴 검토 : 플랜지의 경우가 최악의 경우로
   압축응력이 발생하지 않으므로 검토할 필요 없음. $\quad\therefore$ O.K

축방향력이 압축일 경우

축방향력이 압축일 경우 $P-\Delta$효과에 의하여 휨모멘트가 부가적으로 발생하며, 이 $P-\Delta$효과의 영향은 식 4.5.4 및 식 4.5.5[도로교설계기준(2010) 3.4.3(2)]에서의 $(1 - f_c/f_{Ey})$, $(1 - f_c/f_{Ez})$의 항에 나타나 있다.

$$\frac{f_c}{f_{caz}} + \frac{f_{bcy}}{f_{bagy}\left(1 - \dfrac{f_c}{f_{Ey}}\right)} + \frac{f_{bcz}}{f_{bao}\left(1 - \dfrac{f_c}{f_{Ez}}\right)} \leq 1 \qquad (4.5.4)$$

$$f_c + \frac{f_{bcy}}{\left(1 - \dfrac{f_c}{f_{Ey}}\right)} + \frac{f_{bcz}}{\left(1 - \dfrac{f_c}{f_{Ez}}\right)} \leq f_{cal} \qquad (4.5.5)$$

여기서 f_c : 단면에 작용하는 축방향압축력에 의한 압축응력(MPa)

f_{bcy} : 강축에 대한 휨모멘트로 인한 휨압축응력(MPa)

f_{bcz} : 약축에 대한 휨모멘트로 인한 휨압축응력(MPa)

f_{caz} : 약축에 대한 축방향압축으로 인하여 발생하는 국부좌굴을 고려한 허용축방향압축응력($f_{caz} = f_{cag} \cdot f_{cal} / f_{cao}$)

f_{bagy} : 부재의 횡좌굴 등의 국부좌굴을 고려하지 않은 강축에 대한 허용휨압축응력(MPa)

f_{bao} : 단면을 구성하는 판의 국부좌굴을 고려하지 않은 허용휨압축응력의 상한값(MPa)

f_{Ey} : 강축에 대한 허용오일러좌굴응력 $[f_{Ey} = 1{,}200{,}000/(\frac{l}{r_y})^2]$

f_{Ez} : 약축에 대한 허용오일러좌굴응력 $[f_{Ez} = 1,200,000/(\frac{l}{r_z})^2]$

f_{cal} : 부재단면을 구성하는 판의 경계조건에 따라 양연지지판, 자유돌출판 및 보강된 판에 대해서 규정된 국부좌굴응력에 대한 허용응력(MPa)

l : 유효좌굴길이(mm)

r_y, r_z : 각각 강축 및 약축 둘레의 단면2차반경(mm)

휨모멘트가 부재의 양끝 사이에서 거의 직선적인 변화를 하는 경우에는 식 4.5.6으로 구한 환산휨모멘트가 부재에 일정하게 작용된다고 보아서 f_{bcy}, f_{bcz}를 구하고, 식 4.5.4에 의해 안정성검토를 한다.

$$M_{eq} = 0.6\,M_1 + 0.4\,M_2 \geqq 0.4M_1 \tag{4.5.6}$$

단, $M_1 \geq M_2$로서, M_1 및 M_2는 부재 양단모멘트를 나타내며, 부호를 고려하는 플랜지에 압축응력이 발생할 경우를 정으로 한다. 다만 부재 중간에 최대휨모멘트가 발생하는 경우에는 그 값을 M으로 한다[도로교설계기준(2010) 3.3.2.1(3)③].

이 경우 f_{bagy}, f_{bao}는 표 4.3.1에서 표시한 허용휨압축응력 값을 그대로 사용하지만, 허용응력을(M/M_{eq})배로 증가시킬 수 있다. 다만 이렇게 증가된 허용응력은 표 4.3.1의 상한값 혹은 도로교설계기준(2010) 3.4.2.1 3.4.2.2 및 3.4.2.3에 규정된 국부좌굴에 대한 허용응력을 넘어서는 안된다.

예제 4.5.2

그림 4.5.2와 같이 축력과 1축 휨을 받는 보-기둥의 단면이 적절한지를 검토하시오. 단, 단면은 H-300×300×10×15이고, 부재의 양단은 강축(y축) 및 약축(z축)에 대한 회전에 자유로운 지지조건으로 되어있다고 할 때, 이 부재의 좌굴여부를 조사하라. 사용 강재는 SM400A이다.

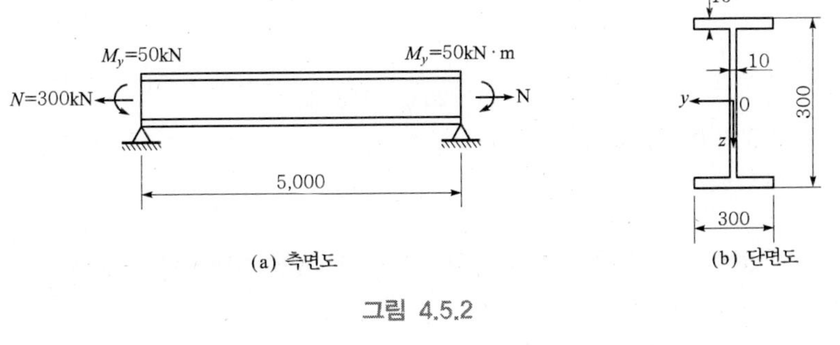

(a) 측면도　　(b) 단면도

그림 4.5.2

풀 이

1) 단면의 기하학적 성질

$A = 11980\,\text{mm}^2,\ I_y = 20{,}400 \times 10^4\,\text{mm}^4,\ I_z = 6{,}750 \times 10^4\,\text{mm}^4,$

$L = 5000\text{mm},\ r_y = 131\,\text{mm},\ r_z = 75.1\text{mm}$

2) 세장비

$l / r_y = 5000 / 131 = 38.17,\quad l / r_z = 5000 / 75.1 = 66.58$

3) 작용응력

$f_c = 300 \times 10^3 / 11980 = 25.04\text{MPa},$

$f_{bcy} = (50 \times 10^6 / 20{,}400 \times 10^4) \times 150 = 36.76\text{MPa},\ f_{btz} = 0$

4) 국부좌굴에 대한 허용응력

플랜지(자유돌출부) : $b/t = 145/15 = 9.67 \le 12.9$ $\quad \therefore\ f_{cal,f} = 140\,\text{MPa}$

웨브 (양연지지) : $b/t = 270/10 = 27 \le 39.3$ $\quad \therefore\ f_{cal,w} = 140\,\text{MPa}$

5) 약축(z축)에 대한 축방향압축으로 인하여 발생하는 국부좌굴을 고려하지 않은 허용축방향압축응력(f_{cag})

약축에 대한 세장비가 92.8보다 작고 18.6보다 큰 경우이므로,

$f_{cag} = 140 - 0.82(l/r - 18.6) = 100.7\,\text{MPa}$

$f_{cao} = 140\,\text{MPa}$

따라서

$$f_{caz} = f_{cag}\, f_{cal,f} \ / \ f_{cao} = 100.7 \times \frac{140}{140}$$

$$= 100.7\ \text{MPa}$$

한편 강축에 대한 허용휨압축응력은

$$f_{bagy} = 140 - 2.49\left(\frac{l}{b} - 4.6\right) = 140 - 2.49(16.67 - 4.6)$$

$$= 109.95\text{MPa}$$

또한 확대계수 계산에 필요한 허용오일러좌굴응력은 강축에 대해

$f_{Ey} = 1{,}200{,}000 / 38.17^2 = 823.64\,\text{MPa}$

6) 응력의 검토

식 4.5.4에 따르면 $\dfrac{25.04}{100.7} + \dfrac{36.76}{109.95} \cdot \dfrac{1}{(1 - 25.04 / 823.64)} = 0.59 < 1.0 \quad \therefore\ O.K$

식 4.5.5로 플랜지에 발생하는 응력을 검토하면,

$$25.04 + \frac{36.76}{1 - 25.04 / 823.64} = 62.95 < f_{cal,f} = 140\,\text{MPa} \qquad \therefore\ O.K$$

또한 웨브에 적용하는 경우에는 허용응력이 $f_{cal,w} = 140\,\text{MPa}$이므로 안전하다.

예제 4.5.3

휨에 저항되는 단면의 높이가 400mm로 정해져 있고 사용될 강재는 SM 400 이라고 할 때, 부재에 축방향압축력 1,800kN와 양단에 휨모멘트가 각각 165, 190kN·m를 받는 보-기둥을 설계하려고 한다. 부재의 길이가 4.5m라고 할 때, 사용에 적절한 형강을 선택하라. 다만 문제의 부재에 대한 유효(좌굴)길이계수 K(도로교설계기준에서는 β)는 1.11을 적용하라.

풀 이

사용될 형강은 길이가 4.5m이지만, 유효좌굴길이는 $l = 1.11 \times 4.5 = 5$m로 된다. 최초의 가정단면을 결정함에 있어 축하중과 휨이 다음 식과 같이 분담된다고 하고

$$\frac{f_c}{f_{ca}} + \frac{f_{by}}{f_b} = 0.5 + 0.5 = 1.0$$

좌굴이 없는 사용강재의 허용휨응력 $f_{ca} = 140$MPa를 고려하여, 사용될 부재의 허용압축응력과 허용휨응력을 각각

$$f_{ca} = 120,\ f_{ba} = 140\text{ MPa}$$

라고 가정한다. 이 경우에 필요한 단면적 및 단면계수는

$$\frac{f_c}{f_{ca}} = \frac{1{,}800 \times 10^3 / A}{120} = 0.5 \quad \therefore\ A = 30{,}000\text{ mm}^2$$

$$\frac{f_{by}}{f_b} = \frac{190 \times 10^6 / S_y}{140} = 0.5 \quad \therefore\ S_y = 2{,}714.3 \times 10^3\text{mm}^3$$

이다. 형강은 높이가 40cm로 정해져 있으므로, 호칭 400×400인 H형강에서 단면적이 25,070mm^2, 단면계수가 3,540×10^{3}mm^{3}인 400×408×21×21을 택한다.

이 경우 설계변수는 각각 다음과 같이 결정된다.

$$S_y = 3{,}540 \times 10^3\text{mm}^3,\ S_z = 1{,}170 \times 10^3\text{mm}^3,\ r_y = 168\text{mm},\ r_z = 97.5\text{mm}$$

$$f_c = 1{,}800\text{kN} / 25070\text{mm}^2 = 71.80\text{MPa}$$

$$M_{eq} = 0.6M_1 + 0.4M_2 = 0.6 \times 190 + 0.4 \times 165 = 180\text{kN}\cdot\text{m}$$

$$f_{by} = 180 \times 10^6 / 3{,}540 \times 10^3 = 50.85\text{MPa}$$

1) **제1단계** : 허용응력을 계산하면 다음과 같다.

$b/t = (\frac{408-21}{2})/21 = 9.21 < 12.9$이므로 $f_{cal,f} = 140$MPa이며,

$l/r_z = 5000/97.5 = 51.28$이므로

$f_{cag} = 140 - 0.82 \times (51.28 - 18.6) = 113.20$MPa

그리고 $f_{cao} = 140$MPa이므로

$f_{caz} = 140 \times 113.20 / 140 = 113.20$MPa가 된다.

한편 $A_w / A_c = 21 \times (400 - 21 \times 2) / 21 \times 408 = 7518 / 8568 = 0.88 < 2$이고, 강축에 대한 좌굴

길이 조건 $4.6 < l/b = 5000/408 = 12.25 < 30$을 고려하면

$f_{bagy} = 140 - 2.49 \times (l/b - 4.6) = 120.95\,\text{MPa}$

$f_{Ey} = 1{,}200{,}000/(l/r_y)^2 = 1{,}200{,}000/(5000/168)^2 = 1{,}354.75\,\text{MPa}$

을 얻는다. 축방향압축과 휨을 받는 웨브의 허용국부좌굴응력 $f_{cal,w}$를 구한다.

$$\phi = \frac{M_1 - M_2}{M_1} = 0.13157,\ \ i = 0.65\phi^2 + 0.13\phi + 1.0 = 1.028$$

$b/t = (408 - 21 \times 2)/21 = 17.43 < 39.3i$ 로 되어,

플랜지에서와 같이 $f_{cal,w} = 140\,\text{MPa}$이다.

2) **제2단계** : 다음은 응력을 검토하는 단계로서,

$$\frac{71.80}{113.20} + \frac{50.85}{120.95(1 - 71.80/1{,}354.75)} = 1.078 > 1.0 \qquad \therefore\ N.G$$

플랜지 플레이트에 대하여 검토하면

$$71.80 + \frac{50.85}{1 - 71.80/1{,}354.75} = 125.50\text{MPa} < f_{cal,f} = 140\,\text{MPa} \qquad \therefore\ O.K$$

웨브의 경우에는

$125.50\text{MPa} < f_{cal,w} = 140\,\text{MPa} \qquad \therefore\ O.K$

그러나 단면 전체적으로는 결국 N.G.상태로 되고 있으므로, 새로운 단면을 가정하여 다시 사용단면을 정하여야 한다.

3) **제3단계** : 새로운 단면으로 재선정

높이가 40cm를 약간 초과해도 좋다면, 414×405×18×28를 택한다. 이 경우,

$t_1 = 18\text{mm}$, $t_2 = 28\text{mm}$이고, 새로운 설계변수들은 다음과 같이 된다.

$S_y = 4{,}480 \times 10^3\,\text{mm}^3$, $S_z = 1{,}530 \times 10^3\text{mm}^3$, $r_y = 177\text{mm}$,

$r_z = 102\text{mm}$, $\text{A} = 29540\,\text{mm}^2$

$f_c = 1{,}800 \times 10^3\text{N}/29540\,\text{mm}^2 = 60.93\,\text{MPa}$

$f_{by} = 180 \times 10^6 / 4{,}480 \times 10^3 = 40.18\,\text{MPa}$

4) **제4단계** : 제1단계의 반복으로 허용응력을 재계산하면 다음과 같다.

$b/t = (\frac{405 - 18}{2})/28 = 6.96 < 12.9$이므로

$f_{cal,f} = 140\,\text{MPa}$, $l/r_z = 5000/102 = 49.02$이므로

$f_{cag} = 140 - 0.82(49.02 - 18.6) = 115.06\,\text{MPa}$

그리고, $f_{cao} = 140\,\text{MPa}$이므로

$f_{caz} = 140 \times 115.06/140 = 115.06\text{MPa}$가 된다.

$A_w / A_c = 18 \times (414 - 28 \times 2)/28 \times 405 = 6444/11340 = 0.568 < 2$

강축에 대한 좌굴길이 조건 $4.6 < l/b = 5000/405 = 12.35 < 30$을 고려하면

$f_{bagy} = 140 - 2.49(l/b - 4.6) = 120.70\,\text{MPa}$

$f_{Ey} = 1.2\times10^6/(l/r_y)^2 = 1.2\times10^6/(5000/177)^2 = 1{,}503.79\text{MPa}$이다.

축방향압축과 휨을 받는 웨브의 허용국부좌굴응력 $f_{cal,w}$를 구한다.

$$\phi = \frac{M_1 - M_2}{M_1} = 0.13157,\ i = 0.65\phi^2 + 0.13\phi + 1.0 = 1.028$$

$b/t = (414 - 28\times2)/18 = 19.89 < 39.3\,i$

$f_{cal,w} = 140\,\text{MPa}$이다.

5) **제5단계** : 제 2단계의 반복으로 응력을 검토하는 단계로서,

$$\frac{60.93}{115.06} + \frac{40.18}{120.70(1 - 60.93/1{,}503.79)} = 0.876 < 1.0 \qquad \therefore\ O.K$$

플랜지플레이트에 대하여 검토하면, 약축에 대하여

$$60.93 + \frac{40.18}{1 - 60.93/1{,}503.79} = 102.81\text{MPa} < f_{cal,f} \qquad \therefore\ O.K$$

웨브의 경우에는

$102.81\text{MPa} < f_{cal,w} = 140\,\text{MPa} \qquad \therefore\ O.K$

로 만족되어 재선택된 단면을 사용한다.

4.5.3 뼈대구조의 설계

▌뼈대구조의 특성

이제까지는 주로 이상적인 단부조건(힌지, 고정 등)을 가진 휨과 축하중을 받는 개별부재를 다루었지만, 실제 구조물은 보와 기둥이 조합되어 있으므로, 어떤 한 부재의 거동은 인접한 부재들의 영향을 받게 된다. 예를 들어 구조물 중 기둥이 좌굴하면 기둥의 양단은 회전하고, 그로 인하여 그 기둥과 연결되어 있는 인접부재에 회전을 유발함으로서 또 다른 인접부재에 변형을 유발한다. 특히 강구조와 같이 유연성이 높은 뼈대구조물 설계에는 뼈대구조물 전체의 거동과 안정성을 검토하는 것이 필요하다. 비선형해석을 수행하면 구조물 전체의 안정을 검토할 수 있지만, 해석방법이 너무 복잡하기 때문에 설계시는 비선형해석을 직접 수행하지 않는 경우가 많다.

뼈대구조의 유효좌굴길이계수

1) 유효좌굴길이계수의 결정방법

도로교설계기준에서는 설계자가 사용이 용이하도록 유효(좌굴)길이계수 개념을 도입하므로서 좌굴에 대한 부재간 상호영향을 고려한다. 일반적으로 유효좌굴길이는 K로 표기하지만 도로교설계기준에서는 β로 표기하고 있다. 뼈대구조물의 유효좌굴길이계수는 도표를 활용하여 구할 수 있다. 가로흔들이가 없는 뼈대구조의 K산정 모델 및 그래프는 그림 4.5.3과 같고 가로흔들이가 있는 뼈대구조의 K산정 모델 및 그래프는 그림 4.5.4와 같다. 보다 자세한 이론적 배경은 4장에서 다루기로 한다. 일단, 유효(좌굴)길이계수 K를 구하면 보-기둥 상관관계식을 사용하여 개별부재 단위로 강도검토를 수행하면 된다.

G_A는 점 A에서 상대강성비로써 A점에 연결되어 있는 기둥의 강성의 합계를 거더의 강성의 합계로 나눈 값이다. 기둥 AB의 유효좌굴길이계수 K를 구하기 위하여 상대강성비 G_A 및 G_B를 먼저 구한다. 그림 4.5.3(b)에서 G_A 및 G_B값을 연결하면 K값을 구할 수 있다. 예를 들어 만약 $G_A=0.2$, $G_B=0.6$이면 K값은 그림 4.5.3(b)에서 0.65가 된다. 일반적으로 가로흔들이가 없는 구조물의 K값은 1보다 작고 0.5보다는 큰 값을 갖는 것으로 알려져 있다.

기둥의 단부가 힌지일 경우에는 G값은 이론적으로 무한히 큰 값을 갖지만, 마찰이 없는 힌지로 설계된 경우를 제외하고는 G값을 10으로 취할 수 있다. 만약 기둥의 단부가 고정된 경우에는 이론적으로 G값은 0이지만, 현실적으로 이상적인 고정단은 존재하기 어려우므로 G값을 1로 택한다.

2) 유효좌굴길이계수의 수정

그림 4.5.3 및 그림 4.5.4의 도표를 활용하여 K를 구할 경우, 모든 절점들은 강결되어 있다는 가정을 전제로 한다. 만약 거더의 원단(far end)에서 가정과 다른 경계조건을 가지고 있으면, 거더길이는 다음 표 4.5.1과 같이 수정되어야 한다.

표 4.5.1 거더의 수정길이 L_g'

원단의 경계조건	가로흔들이가 없는 뼈대구조	가로흔들이가 있는 뼈대구조
고정(fix)	Lg/2	1.5Lg
힌지(hinge)	Lg/1.5	2.0Lg

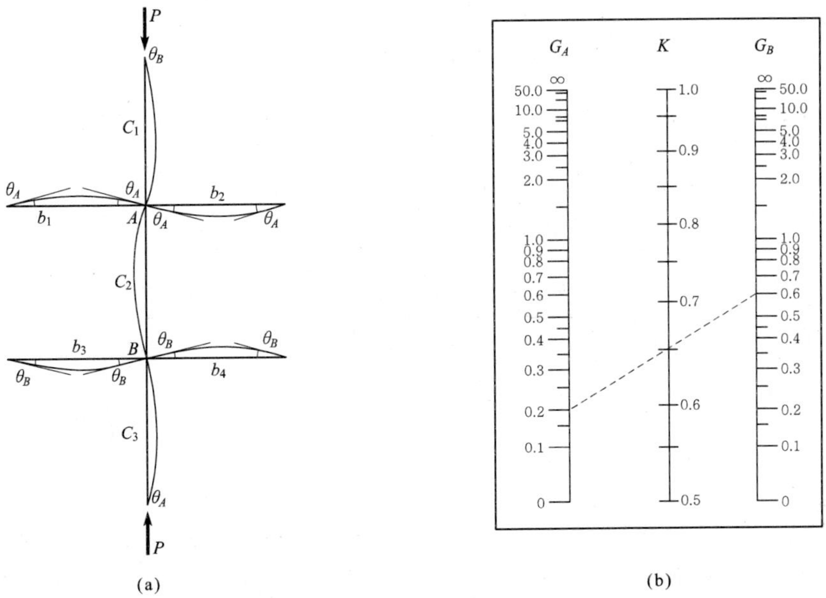

그림 4.5.3 가로흔들이가 없는 뼈대구조의 K 산정 모델 및 그래프

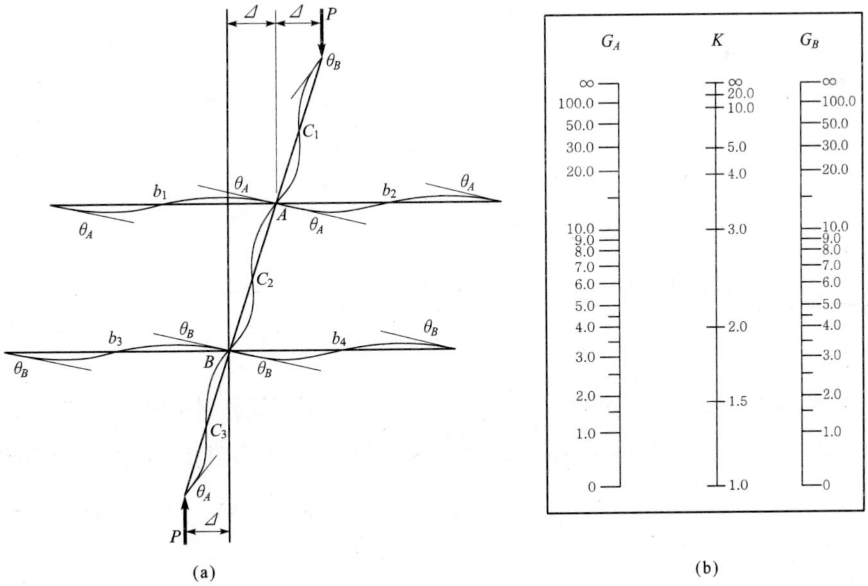

그림 4.5.4 가로흔들이가 있는 뼈대구조의 K 산정모델 및 그림

가로흔들이가 있는 뼈대구조에서 상대강비 G를 보다 정확하게 구하려면 거더길이는 다음 식을 사용하여 수정하여야 한다.

$$L_g' = L_g\left(2 - \frac{M_F}{M_N}\right) \tag{4.5.7}$$

여기서 M_F : 횡하중으로 인한 거더의 원단 모멘트

M_N : 횡하중으로 인한 거더의 근단 모멘트

M_F/M_N : 복곡률 휨의 경우 양수

즉 G_A 및 G_B를 구함에 있어서 식의 L_g 대신 수정 거더길이 L_g'를 대입하여 계산하면 보다 정확한 상대강비를 구할 수 있다.

3) 유효좌굴길이계수 산정예

(1) 가로흔들이가 없는 경우

가로흔들이가 없는 뼈대구조물 기둥의 K를 결정하기 위하여 사용된 모델은 그림 4.5.5와 같다. 수직분포하중 w를 받고 있으며 가로흔들이가 없는 그림 4.5.5의 구조물에 대하여 유효좌굴길이계수를 구하는 예를 설명하고자 한다. 계산의 간편함을 위하여 구조물은 면외방향으로 지지되어 있으며 모든 부재들의 EI는 동일한 것으로 가정하였다.

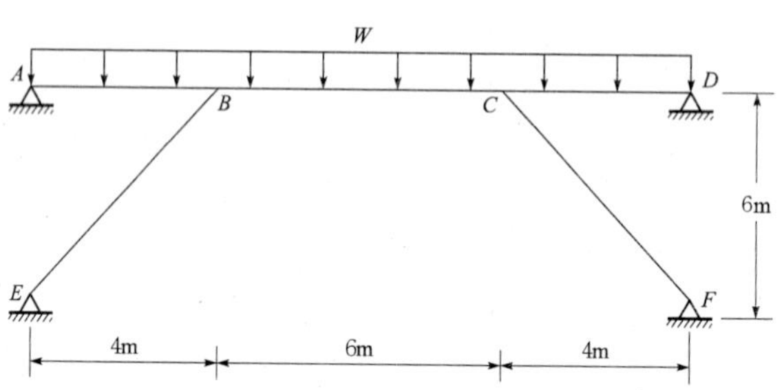

그림 4.5.5 가로흔들이가 없는 뼈대구조

기둥 BE에 대한 유효좌굴길이계수의 계산하려면 G_B 및 G_E를 구하여야 한다.

G_B를 구하기 위해서는 우선 거더원단의 조건에 따라 거더의 길이를 수정하여야 한다. 거더 AB의 원단은 힌지이므로 거더의 길이는 표 4.5.1에 의해 다음과 같이 수정된다.

$$L_{AB}' = \frac{L_{AB}}{1.5} = \frac{4}{1.5} = 2.67\,\text{m}$$

그러므로

$$G_B = \frac{\sum(EI/L)_c}{\sum(EI/L)_g}$$

$$= \frac{(EI)_{BE}/L_{BE}}{(EI)_{AB}/L_{AB}{}' + (EI)_{BC}/L_{BC}}$$

$$= \frac{EI/2\sqrt{13}}{EI/2.67 + EI/6} = 0.26$$

지점 E는 힌지이므로, $G_E = \infty$가 되지만, 완전한 힌지는 실제로는 있을 수 없으므로 이를 고려하여 G_E는 다음과 같이 수정한다.

$$G_E' = 10.0$$

따라서 G_B값과 G_E'을 이용하여 그림 4.5.3의 가로흔들이가 없는 구조물의 K산정표에서 구한 유효좌굴길이계수는 다음과 같다.

$$K_{BE} = 0.76$$

(2) 가로흔들이가 있는 경우

그림 4.5.6에 나타낸 바와 같이 수직하중을 받는 가로흔들이가 있는 뼈대구조물에 대하여 유효좌굴길이계수를 구하는 예를 설명하고자 한다. 계산의 간편함을 위하여 뼈대구조물은 면외방향으로 지지되어 있으며 모든 부재들의 EI는 동일한 것으로 가정하였다.

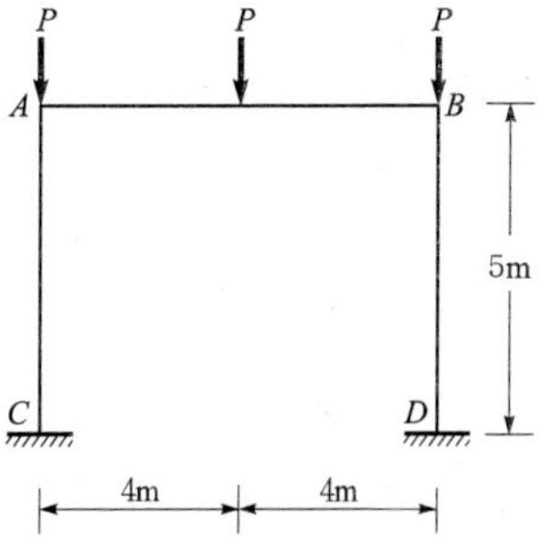

그림 4.5.6 가로흔들이가 있는 뼈대구조

G_A는 다음과 같이 구할 수 있다.

$$G_A = \frac{\sum(EI/L)_c}{\sum(EI/L)_g} = \frac{(EI)_{AC}/L_{AC}}{(EI)_{AB}/L_{AB}} = \frac{EI/5}{EI/8} = 1.6$$

뼈대구조물 관련식에 의하면 G_C는 다음과 같이 계산된다.

지점 C는 고정단이므로, $G_C = 0$로 되지만, 실제로 완전한 고정단은 있을 수 없으므로 이를 고려하여 G_C를 다음과 같이 수정한다.

$$G_C' = 1.0$$

따라서 그림 4.5.4의 가로흔들이가 있는 뼈대구조물의 K산정표의 G_A와 G_C'을 이용하여 연결한 직선과 만나는 점에서 얻어진 유효좌굴길이계수는 다음과 같다.

$$K_{AC} = 1.22$$

연습문제

4.5.1 압축력 $N = 300\,\text{kN}$, 휨모멘트 $M = 80\,\text{kN} \cdot \text{m}$ 를 받는 길이 8.0m 인 H형강이 있다. H형강의 플랜지두께가 13mm 이고, 치수가 400×200×8×13인 단일기둥의 안전여부를 검토하라. 다만, 사용강재는 SS 400이고, 기둥의 양단 및 중앙이 가로흔들이가 설치 되어 있으며, 기둥양단은 힌지로 되었다고 가정하라.

4.5.2 문제 4.5.1의 기둥을 재질 SM 400인 두께 20mm 인 강판으로 용접하여 제작하려 한다. 기둥의 단면을 설계하라.

4.5.3 H형강을 이용하여 압축력 $N = 600\,\text{kN}$, 휨모멘트 $M = 200\,\text{kN} \cdot \text{m}$를 받는 길이 9.0m 인 일단고정 타단힌지인 기둥을 설계하려고 한다. 적절한 H형강 단면을 결정하라.

4.5.4 압축력 $N = 600\,\text{kN}$, 주축에 대한 휨모멘트 $M_x = 100\,\text{kN} \cdot \text{m}$, 약축에 대해서는 휨모멘트 $M_y = 40\,\text{kN} \cdot \text{m}$를 받는 길이 6.0m 인 기둥에 치수 350×350×12×19인 H형강을 사용하였다. 기둥의 양단이 힌지라고 할 때, 기둥에 사용된 H형강의 안전여부를 검토하라.

4.5.5 압축력 $N = 400\,\text{kN}$, 휨모멘트 $M = 100\,\text{kN} \cdot \text{m}$ 를 받는 길이 9.0m 인 기둥을 설계하라. 다만, 사용강재는 SM 490이고 기둥에는 3.0m 간격으로 가로흔들이가 설치 되어 있으며, 기둥의 양단은 힌지로 되어있다.

4.5.6 그림의 단부 가로흔들이가 없는 뼈대구조의 기둥 AB의 유효좌굴길이계수를 구하시오.

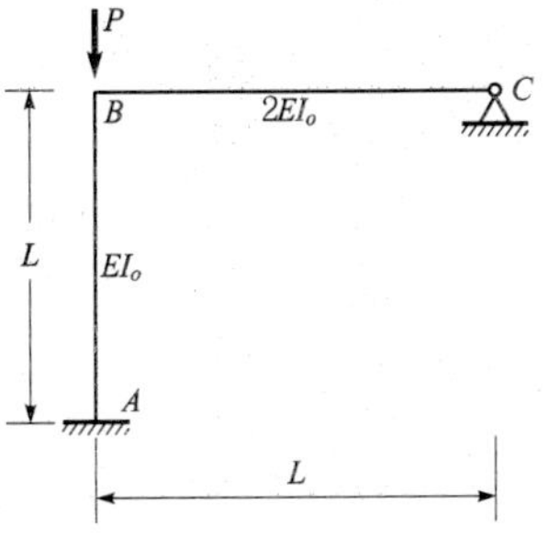

문제 4.5.6

4.5.7 그림의 단부 가로흔들이가 없는 뼈대구조의 기둥 BE의 유효좌굴길이계수를 구하시오.

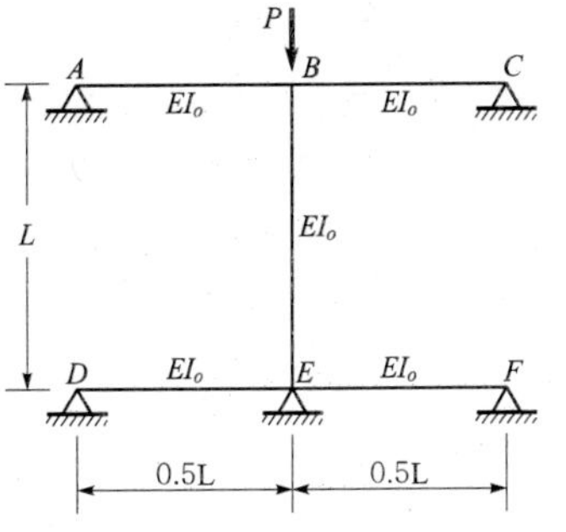

문제 4.5.7

4.5.8 그림의 단부 가로흔들이가 있는 뼈대구조의 기둥 AB의 유효좌굴길이계수를 구하시오.

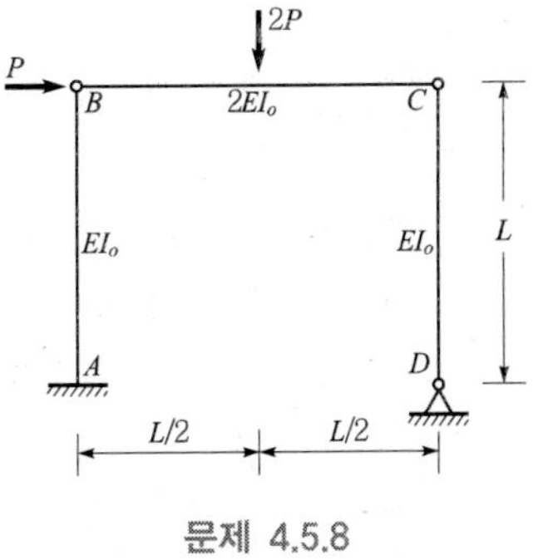

문제 4.5.8

4.5.9 그림의 뼈대구조의 기둥 AB의 강도를 검토하시오. 단, 기둥과 보는 H-250×250×9×114 형강이며, 강재는 SM 400이다. 구조물의 약축방향으로 지지되어 있는 것으로 가정한다.

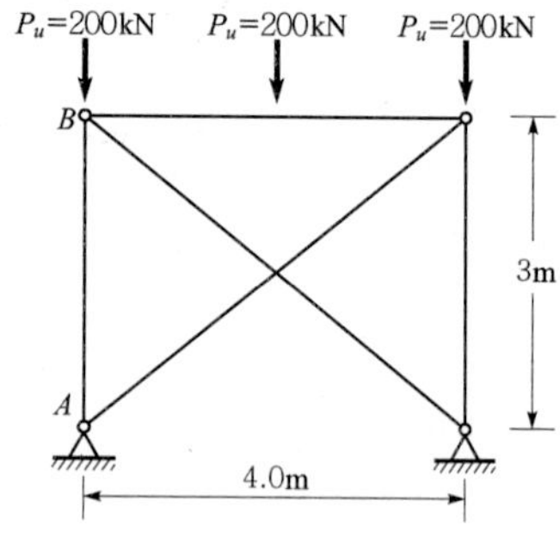

문제 4.5.9

4.5.10 그림의 뼈대구조의 기둥의 강도를 검토하시오. 단, 기둥 및 보 단면은 H-400×400×13×21 형강이며, 강재는 SM 400B이다. 구조물의 약축방향으로 지지되어 있는 것으로 가정한다.

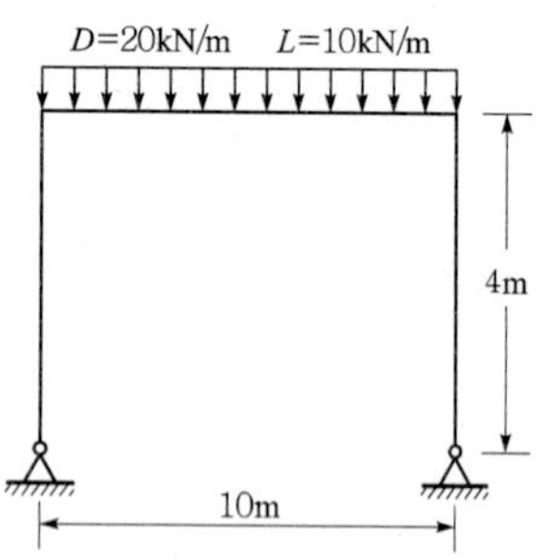

문제 4.5.10

4.5.11 그림의 뼈대구조의 기둥 AB의 강도를 검토하시오. 단, 기둥은 H-400×400×13×21이며, 보는 H-600×200×11×17 형강이다. 강재는 SM 400A이다. 구조물의 약축방향으로 지지되어 있는 것으로 가정한다.

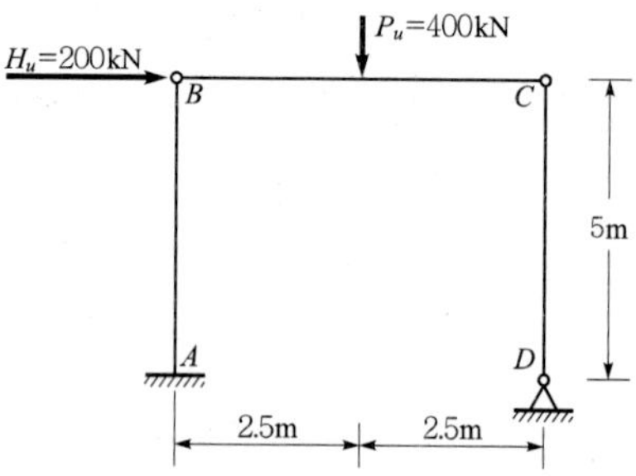

문제 4.5.11

4.6 피로설계

4.6.1 개설

피로(fatigue)라는 말은 우리 주위에서 주로 인간의 정신적, 육체적 피로를 나타내는 단어로 자주 사용되고 있다. 그런데 피로라고 하는 것은 이와 같이 인간에게만 적용되는 것이 아니라 공학분야에서도 자주 사용되는 용어로서, 공학에서는 주로 부재 재료의 피로를 대상으로 하고 있다.

강구조 부재에 외력이 반복작용하면 부재의 구조적인 응력집중부 또는 용접이음형상이나 용접결함 등의 응력집중부에서 균열이 발생하고, 이 균열이 성장하여 최종적으로 부재가 파단에 도달하는 경우가 있다. 즉 손상(damage)이 축척되어 균열이 발생, 진전하는 현상을 피로라고 하며, 이것에 의해 구조물이 받는 손상을 피로손상이라고 한다.

우리 주변에서 흔히 볼 수 있는 것으로는 철사를 구부렸다 폈다 하는 것을 반복하면 철사가 파단되는데 이것도 피로현상의 하나로 생각할 수 있다. 강교량에서는 이 외력에 해당하는 것으로 통행차량 하중이나 바람에 의한 진동을 생각할 수 있다. 또 대규모 지진시에는 부재에 소성변형을 발생시킬 수 있는 큰 외력이 반복작용하게 되는데 이것도 일종의 피로라고 생각할 수 있다.

강교량의 피로

여기에서는 강교량 피로문제의 현황, 피로손상의 원인에 대해 기술하여 전체적으로 피로에 대한 이해를 돕도록 한다.

피로문제의 현황

강도로교에서 피로손상이 문제화되기 시작한 것은 외국의 예를 보면 미국은 1970년대, 일본은 1980년경부터이다. 이때부터 피로손상이 보고 되기 시작하여 현재는 피로사례 및 피로손상의 종류가 모두 증가하는 추세이다.

통상 도로교의 주구조부재설계에 사용되는 활하중은 발생확률이 낮은 큰 하중을 사용하므로 피로손상의 발생 가능성이 낮은 것으로 생각되었으며, 또 실제로 주구조부재의 설계에서 고려한 응력이 원인이 되어 피로손상이 발생한 사례는 거의 없는 것으로 보고 되고 있다. 그러나 과거에 비하여 증가된 교통량, 특히 과적차량의 증가, 그리고 이음형식의 변화, 즉 무거운 리벳구조에서 가벼운 용접구조로의 변화, 또 사용강재의 고강도화 등의 요인에 의해 강교량은 활하중의 영향을 받기 쉽게 되어 피로손상의 발생요인이 증가하고 있다.

일반적으로 피로손상은 부재를 서로 연결하는 용접이음 또는 노치부 등의 응력집중부에서 발생하며, 피로손상에 의해 균열이 발생, 성장, 확대된다. 그러나 피로만으로는 중대한 사고가 거의 일어나지 않는다. 즉 강교량에서의 피로균열의 발생 및 성장은 자주 발견되나, 일반구조용강의 경우 성장초기의 피로균열에 의해서 부재가 급작스럽게 파단되지는 않으므로 구조물 유지관리에서 검사시점에서의 손상, 특히 피로균열의 징후나 피로균열을 발견하고, 이를 조치하는 것이 중요하다.

피로파괴 이외에 용접부에 잔존하는 결함에서 직접 발생되는 균열에 의해 파괴되는 취성파괴도 있을 수 있으나, 대부분의 경우는 초기결함에서 우선적으로 피로균열이 발생하고, 이것이 성장하여 어느 정도의 크기까지 확대된 후에 취성파괴가 발생한다.

(a) 가로보 웨브의 피로균열

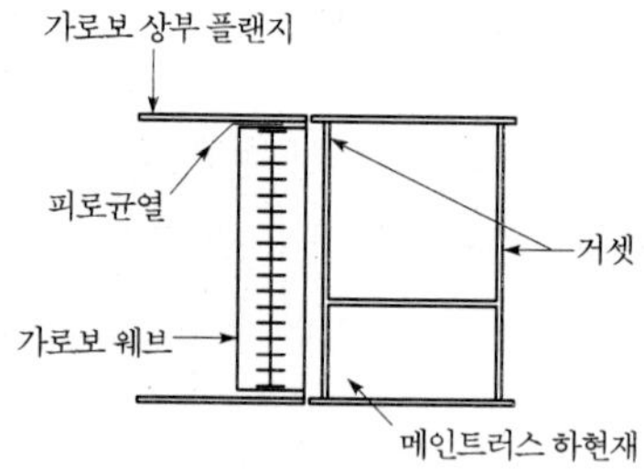

(b) 가로보 웨브 피로균열

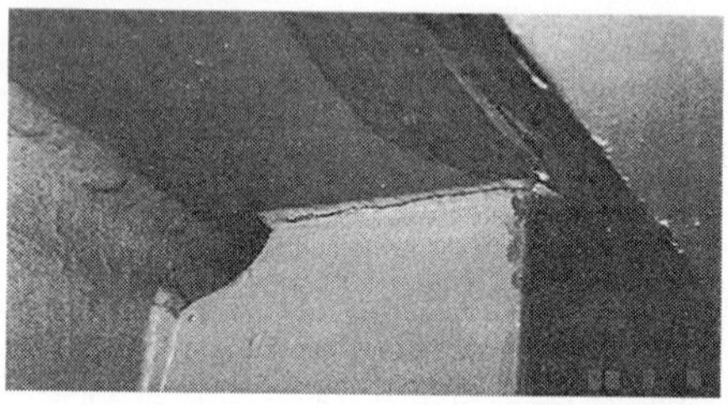

(c) 수직보강재 상단에서 발생한 피로균열

그림 4.6.1 대표적인 피로손상의 예

이것은 인장응력의 반복영역에 피로균열선단이 있는 경우에는 성장된 균열길이와 외부하중으로 인한 인장응력의 크기가 어떤 일정조건, 즉 재료의 고유한 임계값인 파괴인성값에 도달되면 일순간에 취성적인 파괴가 발생하기 때문이다. 이 파괴는 통상 정적하중에 의한 연성적 파괴에 비해 급격하게 발생하므로 강교량의 경우 돌발적으로 낙교를 발생시킬 가능성이 있다.

표 4.6.1 대표적인 피로 균열 사례

형식		대상부위	손상개요
플레이트 거더 박스거더 (R.C상판)	I형	거더 단부	하부플랜지와 절단 웨브와의 용접부
		수평브레이싱 거세트 플레이트	지점위 수평브레이싱 거세트플레이트 설치부 수평브레이싱 거세트플레이트 설치부
		수직보강재, 수직브레이싱 거세트 가로보 단부	수직브레이싱, 가로보가 설치된 수직보강재 상단 용접부 수직브레이싱 현재 설치 거세트의 용접부, 가로보 단부 리벳구멍부, 가로보 플랜지 관통부
		단부가로보 끝단부	단부가로보 끝단부, 지점위 수직보강재 상하단 용접부
		브라켓보	거더와의 용접부, 가로보와의 용접부
		하부플랜지 판이음부	하부플랜지판 이음부의 맞대기용접부
	공통	받침판	받침의 받침판 용접부
아치 트러스	상로아치	수직재 단부	수직재 상하단 용접부
		보강형 단부	단부 지주 위의 보강형 단부
	중로아치	아치리브 웨브	아치리브 웨브와 가로보 접합부
	상로아치	현재(행어재)	현재의 상하단 접합부
	공통 (바닥틀)	가로보, 단부가로보 끝단부	가로보 끝단부(가로보 웨브 면내력이 원인)
		가로보 단부	세로보, 보강 세로보 단부
		단부가로보	단부가로보 웨브와 세로보 접합부 (가로보 웨브 면외력이 원인)
강바닥교	강바닥 판부	종리브	종리브(U리브)의 맞댐용접부 데크플레이트와 종리브(U리브)의 용접부 단부 횡리브, 다이아프램과 종리브 단부의 필릿용접부 지점 위 다이아프램 수직보강재와 종리브의 용접부
		횡리브	횡리브 웨브와 종리브와의 교차부 데크플레이트와의 용접부(현장이음에 의한 노치부)
		수직보강재 상단부	데크플레이트와 수직보강재와의 용접부
	박스 거더부	다이아프램 등의 우각부	다이아프램 우각부 용접부 횡리브와 수직보강재, 거세트 용접부
		코너플레이트 (하부플랜지측)	코너플레이트와 하부플랜지, 다이아프램 용접부
겔버힌지		원호상의 플랜지를 갖는 겔버힌지	하부플랜지와 절단웨브와의 용접부 I단면(거더, 상로아치측 경간) 박스거더단면(트러스)
현수교		행어 정착부	행어를 보강형에 정착하는 행어볼트
교각		T형교각 우각부	기둥과 보의 용접부
부속물	표지판 기둥	표지판 기둥과의 연결부	박스거더 웨브와 표지판 기둥 기부 및 기둥부 기부의 용접부
	리프팅 피스	리프팅피스 설치부	플레이트거더교 외측거더 리프팅피스 용접부

그러나 지금까지 강교량에서 보고된 손상사례 대부분이 2차부재와 거더 또는 주구조 연결부에 발생한 것이므로 실제로 낙교의 가능성이 있는 것은 희박하다. 다만, 경우에 따라서는 균열이 성장하여 용접구조물의 주부재로 피로균열이 성장하는 경우도 있다.

그림 4.6.1은 대표적인 피로손상의 예를 나타내며, 표 4.6.1에 대표적인 피로균열사례를 나타낸다.

피로손상의 원인

피로손상의 원인은 직접적으로는 응력집중과 그 반복이 문제가 되는데 손상을 발생시키는 요인을 각 단계별로 분류하면 다음과 같다.

1) 설계, 제작에서의 요인

기존 손상사례의 대부분은 교량의 2차적인 부재나 구조상세에서 발생하고 있다. 이것은 다음과 같이 부재에 발생하는 응력을 증폭시키는 요인에 의해 발생된 것으로 생각된다.

(1) 설계상의 요인

- 구조적인 응력집중을 유발시키는 부적절한 구조상세의 채용
- 설계상에서 선택한 구조해석 모델과 실제 구조물 거동과의 차이에 기인하는 2차응력의 발생
- 극단적인 경량화에 따른 강성부족(활하중 처짐이 크게 되므로 2차응력이 발생하기 쉽다).

(2) 제작상의 요인

용접결함은 피로강도를 저하시키는 최대원인이 된다. 제작시의 제작오차(루트갭 등)나 용접품질의 불량(균열 등의 결함, 형상불량, 목두께 부족 등)에 따른 응력집중으로 인하여 피로균열이 발생한다. 그 밖에도 부적절한 강재, 용접재료의 사용 및 시공방법은 용접결함 등의 결함과 같은 피로손상을 발생시킬 수 있으므로 유의하여야 한다.

2) 작용외력에 따른 요인

(1) 활하중의 영향

최근에 이르러 피로손상 보고가 증가하는 배경에는 비약적으로 증가한 도로교통에 의한 손상축적을 생각할 수 있다. 즉 트럭의 대형화, 특히 과적재 차량의 존재가 피로수명에 미치는 영향이 크며, 또 산업화에 따른 물동량 증가에 의한 대형차 교통량 증가의 영향을 고려하면 부재의 손상증가가 늘어날 것으로 예상된다.

(2) 활하중 이외의 영향

도로교에서 활하중 이외의 외력이 피로의 직접적인 요인이 되는 경우로서는 바람에 의한 부재진동현상에 의해 설계시 고려하지 못한 외력이 작용하는 경우를 지적할 수 있다. 바람에 의해 야기된 진동은 단기간에 많은 횟수의 응력반복을 발생시키기 때문에 피로손상도 공용 후, 비교적 빠른 시기에 발생하는 경우가 많다.

3) 유지관리에 따른 요인

불충분한 유지관리에 의한 부식(단면감소에 의한 응력증가 및 응력집중의 발생), 받침부의 부식이나 마모에 의한 기능저하(반복 구속응력의 발생) 등을 생각할 수 있다.

피로설계방법

강교량의 피로설계는 반복하중하에서 피로손상이 예상되는 구조부재 또는 이음상세의 해석 및 설계를 실시하는 것을 말한다.

피로설계방법은 일반적으로 다음과 같이 분류할 수 있다.

1) 무한수명설계(infinite life design)

이 설계개념은 모든 피로작용을 피로한계이하가 되도록 설계하는 방법이다. 따라서 공용중에는 정기적인 모니터링을 규정하지 않으므로, 높은 비파괴확률을 갖도록 하여야 한다.

2) 안전수명설계(safe life design)

이 설계개념은 용접이음에 초기결함이 없는 것으로 가정하여 설계하는 방법이다. 역시 공용중에는 정기적인 모니터링을 규정하지는 않으므로, 높은 비파괴확률을 갖도록 하여야 한다.

3) 파손안전설계(failure safe design)

이 설계개념은 부정정구조물이 되게 하거나 다재하경로구조물이 되도록 설계하는 방법이다. 피로파손의 경우는 힘의 재분배가 수명을 연장시키므로 파손을 검사, 보수하여 구조물의 기능을 회복시킬 수 있다. 따라서 용접구조물은 일정한 비파괴확률에 대해 설계한다.

4) 손상허용설계(damage tolerant design)

이 설계개념은 적용된 비파괴시험의 검출수준에 따라 결함의 허용결함치수를 가정하여 설계하는 방법이다. 그러므로 파괴역학적 접근방법에 의해 파손까지의 수명을 계산하며, 이 계산된 수명에 의해 검사주기를 결정한다. 따라서 용접구조물은 일정한 비파괴확률에 대해 설계한다.

4.6.2 강교량의 피로설계

여기에서는 강구조물, 특히 강교량의 피로설계에 대한 개념을 설명하고, 이를 이해시키기 위한 몇 개의 예제를 제시한다.

❙ $S-N$ 선도

피로현상은 일반적으로 외력과 반복횟수의 관계로 표현할 수 있는데, 그림 4.6.2에 나타낸 것과 같이 피로균열이 발생하는 개소에 작용하는 외력진폭(응력진폭)이 가장 중요한 요인이 된다.

그림 4.6.3은 용접이음시험체에 일정진폭의 응력을 반복작용시킨 경우의 파단까지의 횟수(파단수명)를 양대수의 관계로 정리한 것이다. 이것을 사용하면 피로균열이 발생하여 파괴에 이르는 한계를 $S-N$선도로 나타낼 수 있다. 여기서 종축을 작용응력범위 Δf, 횡축을 반복횟수 N_f 라고 하면 이들 관계를 양대수의 직선식으로 나타낼 수 있다.

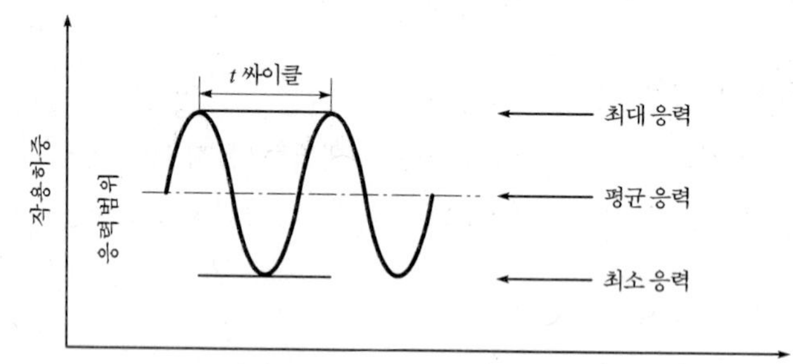

그림 4.6.2 작용응력범위와 시간

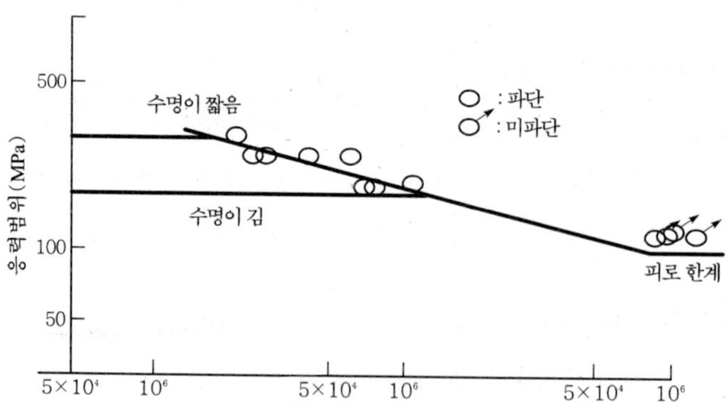

그림 4.6.3 S-N선도의 예 (용접이음 시험체의 그림)

$$LogN_f = C - m \cdot Log\Delta f \quad (4.6.1)$$

여기서 Δf : 작용응력범위(MPa)

C, m : 재료상수

이 직선은 각 반복횟수에 대한 피로강도를 나타낸 것이다. 그림에서 파단수명 N이 작용응력범위 Δf의 지수승(2~5승 정도)과 반비례관계에 있으므로 반복하는 응력범위의 크기가 피로수명에 크게 영향을 미치는 것을 알 수 있다. 여기서, 양대수 그래프에서의 직선구배는 재료 및 응력집중에 따라 달라진다.

한편 응력범위를 작게 하면 반복수가 아무리 크게 되더라도 균열이 발생, 또는 성장하지 않게 되는 응력범위에 도달하는데 이 응력범위를 피로한계라고 한다. 강재의 경우는 일정 진폭하중에 대한 $S-N$선도 내에서 각 구조상세에 따라 반복횟수가 $2\times10^6 \sim 10^7$회 이상 반복하여도 직선이 수평이 되는데, 이 수평선 이하의 응력범위에서는 피로균열은 발생하지 않는다는 것을 의미한다.

피로강도의 영향인자

대상으로 하는 구조상세부의 피로작용에 대한 피로저항능력을 피로강도라고 표현하는데, 일반적으로 작용응력범위에 대한 반복횟수로 나타낸다. 또 구조요소 또는 이음부의 피로수명은 이음형식 및 이음에서의 공칭응력범위의 크기에 의존한다.

피로강도와 정적강도와의 차이 및 응력집중의 영향

정적 내하력에서는 강재의 연성적 성질로 인하여 평균응력(또는 공칭응력)에 의한 내하력평가가 가능하나, 피로에서는 국부적인 응력반복이 지배적이며, 또한 균열발생을 동반하므로 부재 단면적에 기초한 강도평가가 의미를 갖지 못하는 경우도 있다. 즉, 피로에서는 허용하중이하의 작용응력의 최대치는 중요한 문제가 되지 않으며, 구조물에 반복작용하는 응력진폭에 의해 지배되므로 구조물 수명은 작용응력의 반복수에 의해 영향을 받는다. 그러므로 피로문제에서는 사하중에 의한 응력의 크기는 그다지 문제가 되지 않는다.

일반적으로 강재 자체의 피로강도는 표면이 평활한 경우에는 인장강도가 높을수록 높게 되는 재료의존성의 경향이 있다. 그러나 강재표면에 노치나 용접비드 등의 형상이 급변하는 응력집중부가 존재하면 이곳에서 피로균열이 발생하여 피로강도가 극단적으로 저하한다. 그림 4.6.4는 각종 노치를 갖는 800N급강재 시험체의 피로강도를 나타낸 것이다. 평활재의 100만회 피로강도가 700MPa정도인 것에 비해 노치가 존재하면 100MPa정도까지 저하한다. 즉, 이 그림은 응력을 전달하는 부분의 단면적은 모든 시험체에서 동일하나 피로강도는 국부적인 응력집중부의 영향에 따라 크게 달라지는 것을 나타내고 있다.

또 강교량과 같이 여러 부재가 용접에 의해 연결된 구조에서는 구조부재로서의 피로강도는 이음부의 구조적인 응력집중이나 용접부 자체의 국부적인 응력집중에 지배되므로 사용강재의 강도에 거의 영향을 받지 않는다. 따라서 고강도강재를 사용한 교량은 사하중 경감분만큼 활하중응력이 차지하는 비율이 증가하기 때문에 오히려 피로의 영향을 받기 쉽다.

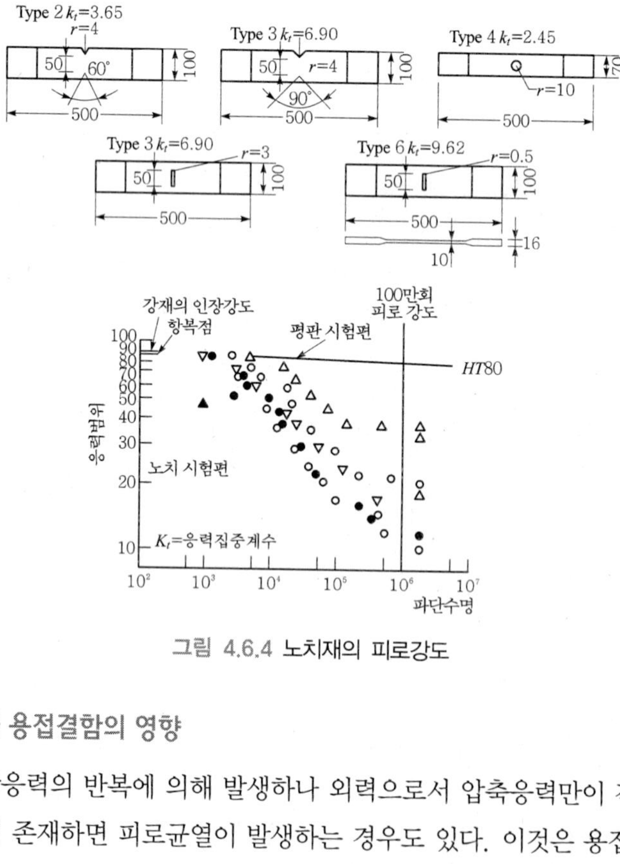

그림 4.6.4 노치재의 피로강도

용접잔류응력과 용접결함의 영향

피로균열은 인장응력의 반복에 의해 발생하나 외력으로서 압축응력만이 작용하는 부위에서도 인장잔류응력이 존재하면 피로균열이 발생하는 경우도 있다. 이것은 용접부의 냉각시에 통상 항복점에 가까운 인장응력이 내부응력으로서 잔류하기 때문에 용접부에 압축응력이 작용하더라도 용접부에는 내부응력과의 중첩에 의해 인장응력이 반복작용하기 때문이다.

또 용접부에 융합불량, 균열, 언더컷, 블로우홀 등의 결함이 존재하면 이것이 응력집중의 원인이 되어 피로강도를 저하시키게 된다. 용접은 적절한 시공과 품질검사가 수행되어야 건전한 용접이음을 얻을 수 있으므로 이중 어느 하나가 결여되면 용접결함이나 용접형상의 불량 등을 발생시키게 되므로 용접시공시에는 이들을 발생시키지 않도록 하는 것이 중요하다.

피로설계의 기본개념

1) 피로평가의 생략

강구조물 피로설계에서의 피로평가는 일반적으로 반복하중을 받는 구조부재를 대상으로 실시하는데 다음과 같은 조건을 만족하는 경우에는 일반적으로 피로평가를 실시하지 않아도 된다.

(1) 최대공칭설계응력범위 $\Delta f_{s,d}$가 다음 값을 만족하는 경우

$$\Delta f_{s,d} \leq \Delta f_s / \gamma \quad (4.6.2)$$

여기서 Δf_s : 최대공칭저항응력범위(일반적으로 36MPa을 사용)

γ : 부분안전계수

(2) 일정진폭피로한계가 지정되어 있고, 모든 설계응력범위가 저항응력한계보다 작은 이음상세

$$\Delta f_{s,d} \leqq \Delta f_{R,L} / \gamma \quad (4.6.3)$$

여기서 $\Delta f_{R,L}$: 피로한계 특성값

(3) 균열에 대해서는 모든 설계응력확대계수범위 $\Delta K_{s,d}$ 가 균열진전의 하한계보다 작은 경우

$$\Delta K_{s,d} \leqq \Delta K_{th} / \gamma \quad (4.6.4)$$

여기서 ΔK_{th} : 응력확대계수의 하한값

(일반적으로 $\Delta K_{th} = 2.0\text{MPa}\sqrt{\text{m}}$ 을 사용한다.)

2) 피로설계의 방법

피로설계에서는 이음에 관한 초기정보에 의해 적절한 응력형식을 정의하고, 응력크기를 결정하여 피로검토를 실시하는데, 피로설계에서 어떤 피로저항을 사용하는가는 피로작용으로서 어떤 응력형식을 사용하는가에 의해 결정된다.

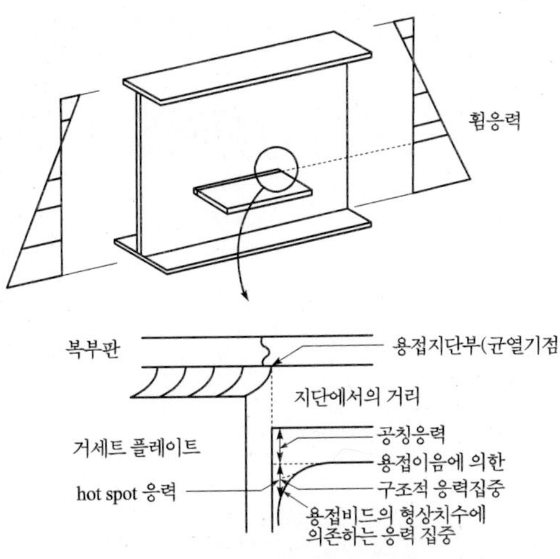

그림 4.6.5 용접이음부의 응력집중의 영향

그림 4.6.5에 플레이트거더 용접이음부의 응력집중의 영향을 나타내었다. 균열기점이 되는 용접지단(toe)부에 작용하는 응력은 이음전체에서의 힘 흐름의 불연속성에 의존하는 구조적인 응력집중(기하학적 응력 또는

핫스폿(hot spot)응력이라고도 함), 용접부분 근방의 용접비드형상에 의존하는 국부적인 응력집중(유효노치응력이라고도 함)과 같은 영향을 받아 설계에서 일반적으로 사용하는 공칭휨응력보다 높게 된다.

그림 4.6.5를 참조로 피로설계에서 사용하는 피로작용요소와 피로저항을 분류하면 표 4.6.2와 같이 나타낼 수 있다. 이 가운데 가장 일반적으로 사용되고 있는 것이 공칭응력을 사용하는 $S-N$선도에 의한 피로평가이다.

피로검토는 사용되는 피로저항테이타에 의존하며, 또 적절한 안전계수를 사용하여 실시한다. 이러한 피로저항에서의 평가방법을 나타낸 것이 표 4.6.3이다. 이 가운데 가장 일반적인 것이 $S-N$선도에 의한 방법인데, 그 절차는 다음과 같다.

먼저 피로검토의 대상이 되는 이음을 결정하고, 이 이음에 대한 응력범위와 반복횟수를 구한다. 여기서의 응력범위란 변동하중에 의한 응력범위로서 활하중만을 대상으로 하며, 응력은 국부응력이 아니라 공칭응력을 대상으로 한다.

표 4.6.2 피로작용요소와 피로저항도

피로작용요소	피로저항
공칭응력	구조상세별 공칭응력에 의한 S–N선도의 피로저항
기하학적 응력(핫스폿응력)	핫스폿(hot spot)응력의 피로저항
유효노치응력	유효노치응력에 의한 범용S–N선도의 피로저항
균열선단의 응력확대계수	균열진전속도법칙으로 주어진 재료 균열진전에 대한 파라메터

표 4.6.3 구조상세의 허용피로 응력범위(도로교설계기준(2010) 3.3.4)

상세범주	다재하경로구조[1)]			
	허용응력범위, f_{sr} (MPa)[3)]			
	10만회	50만회	200만회	200만회 이상
A	442	260	168	168
B	344	203	126	112
B'	274	161	101	84
C	250	147	91	70
				84[4)]
D	196	112	70	49
E	154	91	56	31
E'	112	64	40	18

상세범주	단재하경로구조[2)]			
	허용응력범위, f_{sr} (MPa)[3)]			
	10만회	50만회	200만회	200만회 이상
A	351	203	168	168
B	274	161	112	112
B'	218	126	77	77
C	196	112	70	63
			84[4)]	77[4)]
D	154	91	56	35
E[5)]	119	70	42	16
E'	84	49	28	9

주 1) 한 부재의 파괴로 인하여 전체적인 파괴가 일어나지 않는 구조물

2) 한 부재의 파괴만으로 전체구조가 붕괴되는 구조물

3) 응력범위는 최대응력과 최소응력과의 대수차를 의미한다

4) 거더 웨브와 플랜지의 수직보강재 용접의 경우

5) 단재하경로 구조물의 경우 플랜지의 두께가 20mm이상이면 부분용접한 덮개판을 사용하지 않는다.

피로설계에서의 외력

부재에 작용하는 모든 하중은 적용되는 평가방법에 따라 응력 또는 응력확대계수를 사용하여 평가하며, 평가에 있어서는 피로한도에 영향을 미치는 용접에 의한 잔류응력, 부재두께 등의 요인도 고려한다.

1) 응력범위

피로평가는 일반적으로 식 4.6.5 및 4.6.6의 응력범위 또는 응력확대계수범위를 기본으로 하여 평가한다.

$$\Delta f = f_{\max} - f_{\min} \quad (4.6.5)$$

$$\Delta K = K_{\max} - K_{\min} \quad (4.6.6)$$

이들 범위는 하중크기의 변동, 구조물에 대한 하중전달, 하중방향의 변화, 하중 및 동적응답에 의한 구조적 진동, 온도변화 등의 변동작용의 중첩을 고려하여 계산하며, 또한 피로해석에서는 구조물의 설계공용수명동안 발생된 모든 범위의 누적효과를 기초로 한다.

2) 피로설계하중

피로설계하중은 설계수명중에 구조물에 작용하는 하중특성을 충분하게 나타낼 수 있는 것으

로 하는데, 하나의 하중단위 또는 복수 하중단위의 조합, 또는 대표하중단위를 사용하여 설정한다.

(1) 하중단위

하중단위는 구조물의 사용목적 및 예상되는 사용상황에 따라 설정하는데, 하중단위는 단위기간내에 작용하는 하중특성을 충분하게 나타낼 수 있는 하중의 크기, 빈도 및 위치와 이동에 의해 주어진다. 복수의 하중단위를 사용하는 것이 적당한 경우에는 각각에 대해 하중단위를 설정한다.

(2) 대표하중단위

설계계산을 간편하게 하기 위해 복수의 하중단위를 대표로 하는 단수의 하중단위, 또는 하중크기가 변동하는 하중단위를 대표하는 하중크기를 대표치로 하는 하중단위를 피로설계하중으로 한다. 이와 같은 하중단위를 대표하중단위라고 한다.

(3) 최대하중단위

최대하중단위는 설계수명중에 구조부재에 발생하는 최대응력범위를 발생시키는 하중단위이다. 일반적으로 안전측의 신속한 피로조사를 하는 "간편 피로조사"를 실시할 때 사용한다.

3) 응력 및 응력확대계수

(1) 판에서의 응력분포

하중을 받는 부재에서 판두께의 응력분포는 그림 4.6.6과 같이 용접부 노치 근방에서는 비선형의 분포특성으로 나타낼 수 있다.

$$노치응력 = 막응력(f_m) + 판휨응력(f_b) + 비선형피크응력(f_p) \quad (4.6.7)$$

여기서 막응력은 판두께방향으로 계산된 평균응력이며, 판휨응력은 판두께방향의 중립축을 기준으로 선형적으로 분포하고, 비선형피크응력은 전체 응력분포에서 막응력, 판휨응력을 제외한 나머지 응력분포이다.

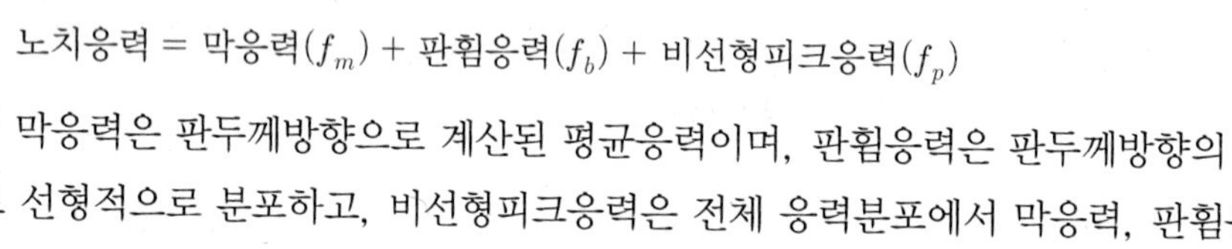

그림 4.6.6 각 응력성분으로 분리한 비선형응력분포

(2) 공칭응력

공칭응력은 피로평가방법에서 가장 보편적으로 사용되는 피로작용으로서 피로평가에서 가장 기본이 되는 응력이다.

공칭응력은 용접이음의 구조상세의 영향에 의해 발생하는 국부응력을 무시하고, 대상부위의 단면적으로 계산한 응력으로서 일반적으로 보이론이나 유한요소법에 의해 산출하며, 탄성거동하는 것으로 가정한다.

강판사이의 불일치 등의 편심이나 하중재하모드 등의 원인에 의해 대상부에 면외방향의 휨응력이 발생하는 경우에는 면외방향의 휨응력범위 Δf_b를 추가하는 것에 의해 직응력범위 Δf는 식 4.6.8과 같이 계산한다.

$$\Delta f = \Delta f_m + (\frac{4}{5})\Delta f_b \qquad (4.6.8)$$

다만, 식 4.6.8은 판두께가 25mm 이하인 이음에 대해서만 적용한다. 이것을 초과하는 이음에 대해서는 면외방향의 휨응력범위에 곱하는 계수를 4/5가 아니라 1로 한다.

또 설계에서 계산된 공칭응력이 실제응력보다도 낮게 되는 것이 분명한 경우에는 보정계수 α(설계계산 응력보정계수)를 곱하여 설계계산 응력범위를 보정한다.

(3) 기하학적 응력 (핫스폿응력)

기하학적 응력은 일반적으로 복잡한 기하학적 형상에 의해 용접이음부의 공칭응력을 명확하게 정의할 수 없는 용접이음의 피로평가에 사용되는 응력이다. 이 방법은 특히 해양구조물과 같은 튜브구조물의 피로평가에 유용한 방법으로 추천되고 있다.

구조적 기하학적 응력은 그림 4.6.6과 같이 용접지단형상에 기인하는 비선형 국부응력 등의 응력집중을 제외한 구조상세로 인한 모든 응력상승이 포함된다.

(4) 응력확대계수

파괴역학은 초기균열치수 a_i의 존재를 가정하여 초기균열에서 최종균열치수까지의 균열진전수명을 예측 평가하는데 유용한 수단이다. 구조용강을 이용한 용접구조의 용접부에서 균열발생이 전체 피로수명 사이클에서 차지하는 부분은 작은 부분이므로 이 방법은 주로 피로수명, 검사주기, 균열과 같은 결함 및 변동진폭하중의 영향평가에 적절하다. 이와 같은 균열진전평가에서 균열선단의 피로작용으로 사용되는 파라메터로는 일반적으로 응력확대계수 K가 사용된다.

4) 응력이력

응력이력은 부재의 예상공용기간내의 피로작용의 변동기록 및 표시로서, 이것은 피로작용에 의한 응력의 연속적인 최대, 최소의 항으로 표현된다. 여기에는 모든 하중항과 이것에 의한 동적응답도 포함된다.

응력이력은 다음과 같은 형태로 주어진다.

- 대상이 되는 구조물에서 측정한 연속적인 최대, 최소응력의 기록, 하중 및 공용기간의 기록, 또는 대표적인 연속적인 하중항의 기록
- 규정된 계수법에 의해서 얻어진 응력범위의 1차원적인 누적빈도로 여러 가지가 있으나 일반적으로는 레인플로우(Rainflow)법이 사용된다.

(1) 등가응력범위

피로수명내의 변동응력진폭과 동일한 일정진폭의 반복횟수로 같은 정도의 피로피해를 주는 등가응력범위 Δf_e, Δv_e는 다음과 같이 구한다.

$$\Delta f_e = \sqrt[m]{\sum \Delta f_i^m \cdot n_i / \sum n_i} \tag{4.6.9}$$

$$\Delta v_e = \sqrt[m]{\sum \Delta v_i^m \cdot n_i / \sum n_i} \tag{4.6.10}$$

여기서 수직응력일 경우 $m = 3$ 또는 5, 전단응력일 경우 $\mathrm{m} = 5$, Δf_i, Δv_i는 응력범위히스토그램에서 구한 응력범위분포를 구성하는 수직응력 및 전단응력의 응력범위이며, n_i는 Δf_i 또는 Δv_i의 빈도이다. 이 식은 변동진폭응력하에서의 피로평가에 사용된다.

피로저항

1) 기본개념

피로저항은 일반적으로 일정 또는 변동진폭시험에 의해 얻어지는데, 통상은 일정진폭시험에 얻어진 피로저항을 기본으로 한다. 이 피로저항에 사용하는 피로한계는 파손의 정의에 따라 다르게 사용되는데, 소형시험편에서는 부재의 완전파단까지의 반복수를 의미하며, 구조부재에 대해서는 일반적으로 균열이 부재두께를 관통하는 것을 파손의 한계로 사용한다.

용접이음의 피로강도는 일반적으로 이음형식별로 이음에 작용하는 응력범위f_r과 이음의 수명 N_f를 사용하여 식 4.6.11로 나타낼 수 있다.

$$f_r^m \cdot N_f = A(A: \text{이음형식별로 일정}) \tag{4.6.11}$$

여기서 m은 재료상수

f_r은 피로한도

이 식에서의 피로저항데이터는 비파괴확률 95%(기준에 따라서는 97.5%로 나타내는 경우도

있다)에 대응하는 특성값이다. 식에서의 m값은 일반적으로 강구조물 용접이음의 경우, 그 값을 3으로 부여하고 있다.

또 이음별 피로강도를 나타내는 경우 일반적으로 200만회 피로강도(반복수 200만회에서 이음이 파단에 도달하는 응력범위 : 기본허용응력범위라고도 함)를 사용하고 있다. 이 200만회라고 하는 반복수는 과거 "피로한도에 대응하는 반복수"로서 인식된 측면도 있으나, 용접이음의 경우 반드시 그렇지는 않다. 즉, 200만회라고 하는 반복횟수는 $S-N$선도를 표현하기 위한 대표값의 하나로서 생각하여야 하는데, 이는 용접이음의 경우에는 응력집중영향에 의해 피로한도가 200만회 피로강도보다 낮게 되는 경우가 많기 때문이다.

2) 구조상세등급의 피로저항

강재의 구조상세 및 용접이음은 그림 4.6.7에 나타낸 예와 같이 여러 가지 형태로 나타낼 수 있다. 따라서 각국의 시방서에서는 이러한 여러 이음형태에 대해 각 이음의 피로저항을 규정하고 있다. 그림 4.6.8은 국내 도로교설계기준에서의 각 이음상세에 대한 피로설계곡선으로 나타내었다. 여기서의 피로저항은 공칭응력범위를 사용한다.

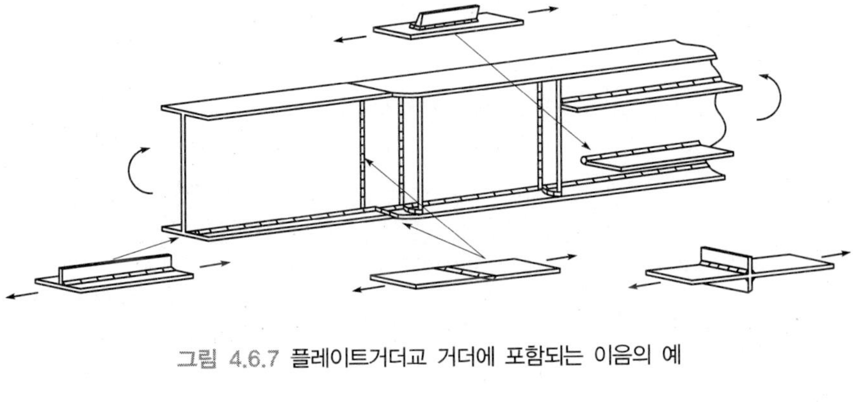

그림 4.6.7 플레이트거더교 거더에 포함되는 이음의 예

설계 및 평가시 응력의 종류, 구조상세별 각종 적용예 및 최대응력범위의 반복횟수는 도로교설계기준에 나타나 있다. 표 4.6.4는 도로교설계기준에서 제시한 최대응력범위의 반복횟수를 보여주고 있으며, 교통량과 하중조사 및 특별한 고려사항이 없으면 이 표의 기준에 따라 반복하중 하에서 발생하는 부재및 연결부의 최대응력범위가 도로교설계기준에서 제시한 허용피로응력범위(표 4.6.3)를 넘지 않도록 해야 한다. 풍하중과 고정하중의 조합에 따른 피로응력의 반복횟수는 특수한 경우를 제외하고 10만회로 하고 있다.

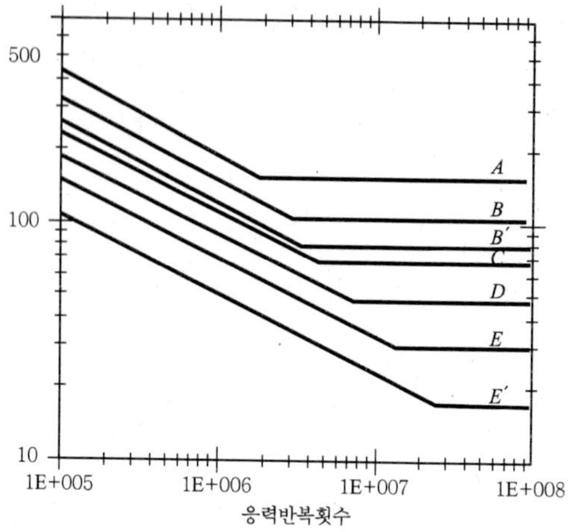

그림 4.6.8 이음의 구분등급에 대한 피로설계곡선

표 4.6.4 응력 반복횟수

주부재(종방향)		
도로의 종류	트럭하중	차선하중[1]
고속도로, 국도 등 주간선도로	2백만[2]	50만
기타도로	10만	10만

윤하중을 받는 횡방향 부재와 상세부	
도로의 종류	트럭하중
고속도로, 국도 등 주간선도로	2백만 이상
기타도로	50만

(주) : 1) 종방향 부재는 트럭하중에 대하여 반드시 검토해야 한다.
(주) : 2) 표준트럭하중 1차선 재하시의 경우에도 반드시 피로검토를 해야 하며, 이 경우 설계응력반복횟수는 2백만회 이상으로 한다.

3) 피로대책의 기본

피로손상을 방지하기 위해서는 대상 부위에 대해 피로강도를 높이든가 또는 작용하는 응력범위를 작게하는 것이 대응책의 기본이 된다.

이것을 $S-N$선도상에서 설명한 것이 그림 4.6.9이다. 예를 들면 임의의 이음에 대해 응력범위 f_{r0}가 N_{f0}회 반복되는 경우(점 A), 용접이음이 파단되지 않으려면 작용응력범위를 저하시키든가(점 A를 점 A'로 이동), 또는 용접이음의 피로강도를 높게 하는 것의 2가지 대응을 생각할 수 있다.

피로강도 향상방법의 대표적인 방법으로는 다음과 같이 용접후의 피로저항을 향상시켜 피로강도를 향상시키는 것이 일반적인 방법이다.

- 용접단면의 향상
- 잔류응력처리에 의한 향상
- 환경조건 개선에 의한 방법

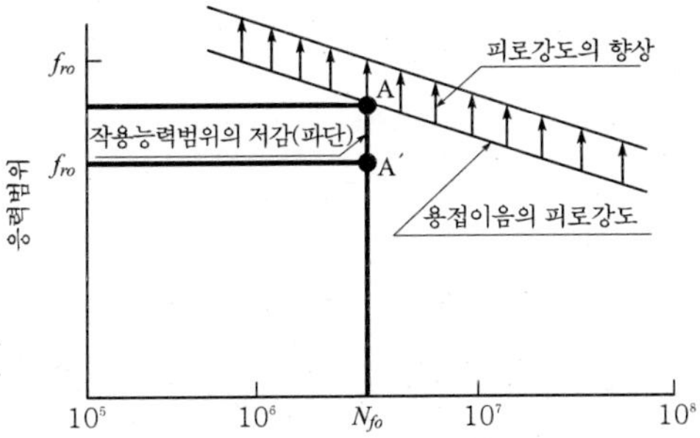

그림 4.6.9 작용응력범위의 저감과 피로강도 향상

예제 4.6.1

대상부재는 주부재로서 SM 490B 강재로 구성하고 있으며, 도로교설계기준(2010) 제 3장 강교편 그림 3.3.4의 11번에 해당하는 그루브용접연결부(도로교설계기준(2010) 표 3.3.13, 완전용입그루브용접한 이음)를 두되, 용접덧살을 제거하지 않은 상태로 사용하려고 한다. 이 이음부의 가정한 단면으로 구조계산하고 응력을 검토한 결과 허용응력은 만족하고 있었으나 피로검토 결과는 불만족이 되었다. 따라서 단면을 키우고 재검토한 결과 사하중에 의해 발생되는 인장응력이 90 MPa, 활하중에 의해 대표하중에 대해 최소 압축응력이 30 MPa이고, 최대인장응력 550 MPa가 되었다. 구조물이 수명을 다하기까지 대상부재가 이와 같은 활하중을 받는다고 할 때, 새로 단면을 키운 부재의 적부를 검토하라. 다만, 대상부재는 국도상의 교량구조물을 구성하는 부재로서 4거더 중 하나에 속하고 있다.

풀 이

1) 허용피로응력범위의 결정

   도로교설계기준에 따르면 국도상의 트럭하중을 받는 주부재의 응력반복횟수는 제 3장 강교편 3.3.4.2에서 200만회로 규정하고 있으며, 제 3장 강교편 3.3.4.1에 따르면 문제의 이음은 피로범주 C에 해당한다. 또한 4거더교의 부재이므로 표 4.6.3의 다재하경로구조에 속하게 된다. 따라서 허용피로응력범위는 91 MPa이다.

2) 이음부에 발생되는 응력의 검토

최대인장응력 발생시

$90+55 = 145\text{MPa} < 190\text{MPa}$ $\therefore$ $O.K$

최소압축응력 발생시

$90-30 = 60\text{MPa}$

따라서 이음부에는 항상 인장응력이 발생된다.

발생응력범위는 트럭통과시,

$145-60 = 85\text{MPa} < 91\text{MPa}$ $\therefore$ $O.K$

이므로 새로운 단면은 피로에 대해서도 안전하다.

일반적으로 동일 용접조건에서도 치수형상이나 용접조건 등이 달라지면 그 피로저항이 달라지나 여기에 나타낸 등급은 이음형식별로 각종 영향을 고려하여 하나의 안전측으로 설정된 값이다. $S-N$선도를 이용한 피로저항별 이음분류는 분류한 이음내의 용접형상에 따른 국부적인 응력집중, 이음에 포함된 용접결함의 크기와 형상, 응력방향, 금속조직이나 잔류응력, 기하학적 불일치, 용접부의 다듬질 등의 영향을 고려한 것이다. 그러므로 설계에서는 이들 등급을 참조하여 각 이음이 어느 정도의 피로강도를 갖고 있는가를 개략적으로 파악하는 것이 중요하다.

강교량과 같이 여러 부재들의 연결로 구성되는 각종 구조상세들이 포함되는 강구조물의 「피로평가(fatigue assessment)」에서 모든 이음에 대해 매번 실험을 실시하여 $S-N$선도를 설정하는 것은 번잡할 뿐만 아니라 실질적으로는 거의 불가능하기 때문에 사전에 몇개의 강도등급으로 $S-N$선도를 정하고 각 이음상세가 어디에 해당되는가를 분류(이음분류)하는 방법을 사용한다. 또한 피로강도 평가에서는 부재의 피로강도에 영향을 미치는 인자인 응력비(평균응력)와 판두께에 대한 영향을 고려하기 위하여 이들은 평가식에서 각각 응력비보정계수 $f(r)$와 판두께보정계수 C_t로 고려하기도 한다.

우리나라의 경우 반복응력을 받는 부재의 이음부 설계시 최대응력이 기본 허용응력을 초과하지 않는 조건하에 표 4.6.3과 같이 구조상세별로 A~E'까지의 7단계 피로범주를 정하고 각각의 응력범위를 규정하고 있다.

4) 균열성장에 대한 피로저항

피로균열의 발생은 하중이 반복적으로 작용하여 재료를 구성하고 있는 결정입자내에 변형률이 누적되어 탄성적 회복력이 감퇴하기 때문인 것으로 알려져 있다. 반복응력에 수반하여 발생하는 히스테리시스곡선으로 둘러싸인 면적에 상당하는 에너지는 영구변형, 열 등으로 소비되어지나, 이러한 에너지의 일부가 내부에 누적되어 그것이 어느 한계값을 초과하면 피로균열이 발생하게 된다. 이와 같이 발생된 피로균열은 반복하중의 작용횟수의 증가와 함께 균열이 점진적으로 성장하게 되는데 이것을 균열의 성장단계라고 한다. 이와 같은 균열성장에 의해 금속파단면에는 줄무늬(striation)가 생긴다. 이 구간에서는 균열진전속도와 응력확대계수범위와의 관계는 그림 4.6.10과 같이 양대수상에서 다음과 같은 Paris-Eldogan 법칙의 직선관계식으로 나타낼 수 있다. 또 이 그 림에는 각 국의 피로균열성장선도의 예도 함께 나타냈다.

$$\frac{da}{dN} = C\,(\Delta K^{m} - \Delta K_{th}^{m}) \quad (4.6.12)$$

여기서 da/dN : 균열성장속도(m/cycle)

ΔK : 응력확대계수범위(MPa $\sqrt{\text{m}}$)

ΔK_{th} : 하한계응력확대계수범위(MPa $\sqrt{\text{m}}$)

$C,\ m$: 재료상수

응력확대계수범위(stress intensity factor range) ΔK는 식 4.6.13으로 나타낸다.

$$\Delta K = \Delta f\,\sqrt{\pi a}\,F \quad (4.6.13)$$

여기서 Δf : 응력범위(MPa)

a : 균열길이(m)

F : 응력확대계수범위의 보정계수($= F_g \cdot F_e \cdot F_s \cdot F_t \cdot F_h$)

식 4.6.13에서 응력확대계수범위의 보정계수는 각각 균열에 관계되는 응력집중, 균열형상, 표면균열, 이음의 판두께·판폭 및 균열편심에 대한 보정계수이다.

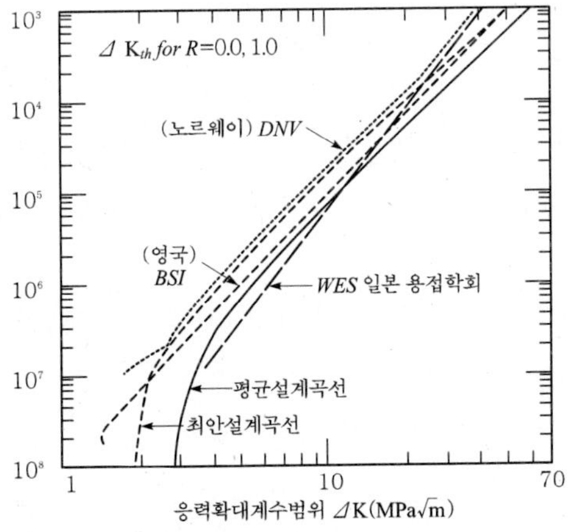

그림 4.6.10 피로균열성장선도

4.6.3 피로평가 적용예

일반적 개념

피로평가를 필요로 하는 동일 강도등급의 이음이 연속하고 있는 경우는 응력범위가 최대로 되는 위치에서 피로평가를 실시한다. 피로평가에서 피로작용과 피로저항은 일반적으로 다음과 같은 방법을 사용하여 평가한다.

- $S-N$선도에 기초한 평가방법
  –공칭응력법, 기하학적 응력법, 유효노치응력법
- 균열진전에 기초한 평가방법
- 부재, 또는 전체구조물의 피로시험에 의한 직접평가방법

안전계수

피로조사시 부재는 적절한 비파괴확률을 갖도록 설계하여야 하는데 필요한 비파괴확률은 피로평가데이터의 불확실성 및 분산, 안전성에 대한 개념, 파손의 영향 등의 여러 인자에 의존한다. 그러므로 하중 및 하중이력의 결정, 해석용 모델에서의 응력, 또는 응력확대계수의 결정, 동적응답문제 등에 의해 발생하는 피로평가데이터의 불확실성을 고려하여 피로작용에 적절한 부분안전계수로서 고려되어야 한다. 한편 피로저항 및 손상계산에서는 시험적인 피로저항데이터의 분산, 손상계산, 검증결과의 분산 등에 의해 피로평가에서의 불확실량이 증가하는 점에 유의한다.

참고로 부분안전계수 $\gamma(\gamma_b \cdot \gamma_w \cdot \gamma_i)$에 대한 일본의 사례를 나타내면 다음과 같다.

- 용장도계수 γ_b는 대상으로 하는 이음 또는 부재에 피로손상이 발생하였을 때에 그것이 구조물 전체의 강도 또는 기능에 미치는 영향을 고려한 계수이다. 국내의 설계기준의 redundancy의 개념과 같은 개념이다.
- 중요도계수 γ_w는 구조물의 중요도, 즉, 구조물이 피로한계상태에 도달하였을 때의 사회적 영향을 고려한 계수이다.
- 검사계수 γ_i는 구조물 공용중의 정기검사에 의해 피로한계상태에 도달하기 전에 손상을 발견할 가능성을 고려한 계수이다.

그러나 우리나라의 경우는 미국에서 사용되는 방법을 택하고 있고, 이러한 안전을 고려한 허용피로응력범위를 사용하고 있으므로 이들 계수값을 모두 1.0으로 생각한다. 최근 하중저항계수설계를 적용하려는 시도가 있으며 이들 계수는 이러한 저항계수의 또 다른 표현으로 생각할 수 있다.

$S-N$ 선도를 사용하는 피로평가

4.6.2절에 기술한 내용에 기초하는 피로평가의 가장 간단한 형태는 최대하중에 대한 최대응력범위를 대상으로 S-N선도를 사용하여 평가하는 방법이다. 이 방법에 의한 평가가 만족되지 않는 경우에는 실제 교통조건하에서 실구조물에의 피로평가를 보다 정확하게 평가할 수 있는 변동진폭응력, 등가응력범위 및 누적손상에 의한 방법이 있으나 여기서는 가장 일반적이며 간단한 방법인 간편 피로평가방법에 대해서만 기술한다. 기타 방법에 대해서는 참고문헌을 참조하기 바란다.

1) 간단한 피로평가

예상되는 최대하중에 대한 최대응력범위와 대상으로 하는 구조상세의 일정진폭응력에 대한 저항응력범위의 하한계가 다음 관계를 만족하면 등가응력범위 및 누적손상에 대한 피로평가는 실시하지 않는다.

$$\gamma \cdot \Delta f_{\max} \leqq \Delta f_{sr} \cdot f(r) \cdot f(t) \tag{4.6.14}$$

$$\gamma \cdot \Delta f_{vmax} \leqq \Delta f_{vsr} \tag{4.6.15}$$

여기서 $\Delta f_{\max}$, Δf_{vmax} : 설계수명중에 예상되는 최대응력범위

Δf_{sr}, Δf_{vsr} : 대상이음에 대한 일정진폭응력범위의 피로한계

γ : 부분안전계수

$f(r)$, $f(t)$: 평균응력 및 판두께에 대한 보정계수

다만, 피로설계하중으로서 대표하중단위만을 사용하는 경우에는 계산되는 최대응력범위가 대상으로 하는 이음의 일정진폭응력에 대한 응력범위 하한계이하일 경우에는 변동진폭응력범위 안에서 피로평가를 상기와 유사한 방법으로 실시한다. 이 방법에 대해서는 참고문헌을 참조하기 바란다.

파괴역학방법에 기초한 피로균열성장을 고려한 피로평가

이 평가방법은 일반적으로 수직응력에 의한 피로균열진전을 대상으로 하며, 다음과 같은 경우에 적용한다.

- 균열모양의 결함이 발생한 구조상세의 피로강도, 피로수명의 평가
- 강도등급분류에 적합하지 않은 이음의 피로강도평가
- 유지관리에서의 검사주기의 설정

▪ 사용 중인 강구조물에서 피로균열이 검출된 경우의 잔존수명평가

피로수명 N의 계산은 식 4.6.16와 같이 피로균열진전속도 표시식을 초기균열치수 a_i에서 한계균열치수 a_c까지 적분하는 것으로 구해진다.

$$da/dN = f(\Delta K) \tag{4.6.16}$$

$$N = \int_{a_i}^{a_c} da/f\ (\Delta K) \tag{4.6.17}$$

여기서 da/dN : 피로균열진전속도
ΔK : 응력확대계수

초기균열치수 a_i는 비파괴검사로 결함이 검출되고, 그것이 균열상의 것이 아닌 것으로 확인되지 않는 경우에는 그것을 균열로 간주한다. 표면결함에 대해서는 그것을 구형으로 둘러싸인 그것에 내접하는 반타원형 균열로 간주한다. 내부결함에 대해서는 결함을 둘러싼 구형에 내접하는 타원형 균열로 간주한다. 또 결함면이 응력방향에 대해 경사져 있는 경우에는 결함을 응력방향과 직각인 단면에 투영하고 그것을 균열로 간주한다.

한계균열 a_c는 반복하중에 의해 피로균열이 진전하여 이 균열이 다른 파괴모드로 이행할 때의 균열치수로 정의된다. 이러한 파괴모드로는 취성파괴, 연성파괴, 부재의 총단면항복, 균열의 판두께 관통 등을 고려할 수 있다.

예제 4.6.2

활하중에 의한 응력분포가 그림 4.6.11과 같을 때 박스거더교의 주형단면에서 간단한 피로평가를 실시하라. 사용강재는 SM 490B이고, 사하중응력은 무시한다.

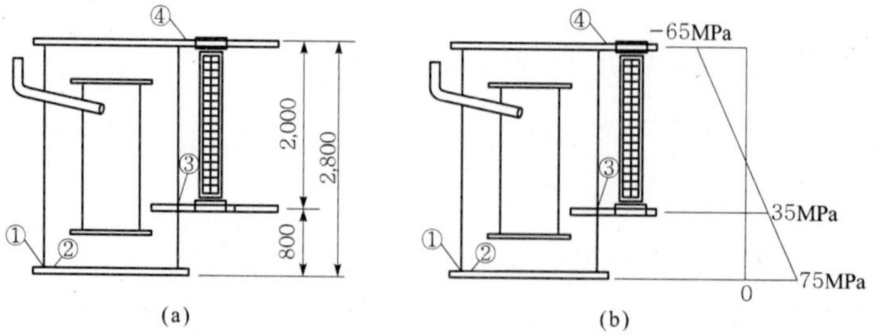

그림 4.6.11

풀 이

그림 4.6.11에서의 응력은 간편조사를 위해 안전측으로 고려하여 설계하중인 DB24하중보다 무거운 60kN 하중에 대한 응력범위이다. 간단한 피로평가의 결과는 표 4.6.5와 같다.

표 4.6.5 거더의 간편한 피로평가

피로평가 위치	①	②	③	④
이음의 종류	종방향용접이음 필릿용접이음	십자용접이음 하중비전달형	거셋용접이음 면외거셋	거셋용접이음 면내거셋
200만회 허용응력범위 ($\triangle f_{sr}$) (MPa)	B(126)	C(91)	D(70)	E(56)
설계계산 보정계수(α)	1.0	1.0	1.0	1.0
최대응력범위($\Delta f_{\max}$)	75	75	35	−65
일정진폭응력범위의 피로한계[$(\triangle F)_{TH}$]	112	70	49	31
평균응력보정계수($f(r)$)	1.0	1.0	1.0	1.3(압축부)
판 두께 보정계수(C_t)	1.0	1.0	1.0	1.0
부분안전계수(γ)	1.0	1.0	1.0	1.0
피로평가결과(식 4.6.14)	O.K	N.G	O.K	N.G

예제 4.6.3

SM 490강재를 이용하여 2거더 플레이트거더교를 설계한 후, 다음과 같은 위치들에 대하여 피로를 검토하고자 한다. 각 위치별 외력에 의한 발생응력은 아래표에 나타난 바와 같다. 다만, 해당 교량은 물류이동이 많은 지역으로 교통량 분석을 무시하고, 모든 부재는 수명기간 동안 설계하중이 200만회 이상 통과되는 것으로 생각한다.

위 치	해당위치의 피로검토부위의 발생응력			비고
	사하중	활하중		
		최소	최대	
고장력볼트 이음부	70	−35	65	수직응력
수직보강재 용접부	65	−20	45	
플랜지맞대기 이음부	75	−25	70	
스터드와 플랜지 이음부 최대전단응력발생 필릿용접부	40	0	50	전단응력

풀 이

1) 검토위치별 구조상세범주의 결정

도로교설계기준에 따르면 문제의 플레이트거더교는 2거더교로서 한 부재의 파괴로 인하여 전체적인 파괴가 일어나는 단재하하중경로 구조로서 각 위치별 구조상세범주 및 허용피로응력은 다음 표와 같이 얻어진다.

위 치	상세피로범주	200만회이상 허용피로응력
고장력볼트이음부	B	112
수직보강재 용접부	C	63
플랜지맞대기 이음부	B	112
스터드와 플랜지 이음부 최대전단응력발생 필릿용접부	C	63

2) 검토위치별 발생응력범위

검토위치 어느 곳이나 사하중에 의한 인장응력 크기가 압축응력 크기보다 커서 교번응력을 받는 곳은 없으며, 당연한 것이지만 모두 허용응력을 만족하므로 이하 활하중만을 검토대상으로 한다. 검토한 결과는 아래의 표와 같다.

수직보강재 용접부에 발생되는 응력범위는 허용피로응력범위보다 크다는 것이 확인된다. 따라서 설계된 수직보강재 용접부의 단면을 증가시켜 발생전단력의 크기를 63MPa보다 낮아지도록 수정하여야 한다.

위 치	발생응력 범위	허용피로응력	적부판정
고장력볼트이음부	$65-(-35)=100$	112	O.K
수직보강재 용접부	$45-(-20)=65$	63	N.G
플랜지맞대기 이음부	$70-(-25)=95$	112	O.K
스터드와 플랜지 이음부 최대전단응력발생 필릿용접부	$50-0=50$	63	O.K

4.7 강교량

4.7.1 개설

교량이라고 하는 것은 도로 등을 건설하는 경우에 있어서 교통의 장애가 되는 장소에 건설되는 토목구조물을 총칭한 것인데 일반적으로 강교량이라는 것은 구조물의 재료로서 강재를 사용한 교량을 말한다.

이 절에서는 일반 강교량의 구성 및 특징에 대해서 간단하게 기술하고, 거더교를 대표하는 플레이트거더교와 강박스거더교의 특징 및 해석에 대하여 설명한다. 장대강교량을 포함한 보다 상세한 내용에 대해서는 교량공학 교재를 참고하기 바란다. 그리고 거더교의 특징 및 해석에 기초하여 대표적인 강교량인 플레이트거더교의 설계예제를 통하여 교량설계의 개념을 설명하도록 한다. 설계예제는 3경간연속 플레이트거더교이고, 설계법은 허용응력설계법이다.

강교량의 일반적인 측면도 및 명칭을 나타내면 그림 4.7.1과 같으며, 각 명칭에 대한 일반적인 개요는 다음과 같다.

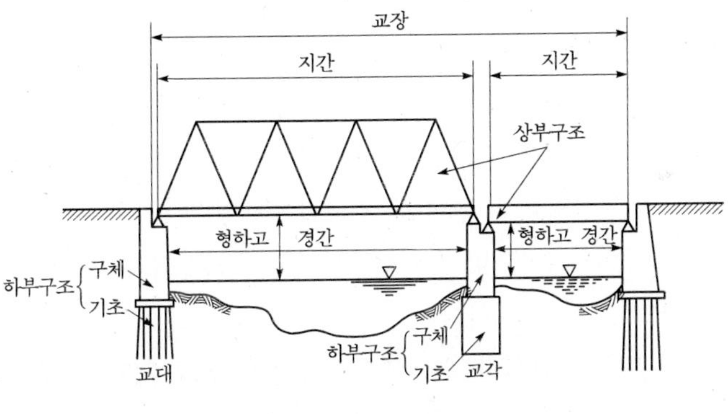

그림 4.7.1 강교량의 일반적인 측면도 및 명칭

상부구조는 교대, 교각 위에 설치되어 차량하중 등을 직접 지지하는 교량의 거더부분을 말하는 것으로 바닥판, 주구조, 바닥틀, 가로보, 수직브레이싱, 수평브레이싱 등으로 구성된다. 하부구조는 상부구조의 하중을 기초지반에 전달하는 구조부분으로 교대, 교각 및 기초를 말한다.

교량길이(교장)는 교대흉벽 전면간의 거리를 말하며, 지간은 교량방향의 받침 중심간의 거리를 말하고, 경간은 교대와 교각의 구체전면간 거리를 말한다. 교하공간(형하고)이라는 것은 교량 아래 공간을 말하는 것으로 하천을 통과하는 교량에서는 계획고 수위와 홍수시 유수 등의 유하물의 부상높이 등을 고려하여 결정한다.

받침은 상부구조에 작용하는 하중을 하부구조에 전달하는 기능과 함께 상부구조 온도변화에 의한 신축, 그리고 활하중 처짐에 의한 회전 및 가동을 원활하게 하도록 하는 장치를 말하는 것으로 고정받침과 가동받침 등으로 나눌 수 있다. 신축장치는 교량의 온도, 콘크리트의 크리프 및 건조수축, 활하중 등에 의한 거더단부의 신축 및 회전 등의 변위에 대해 차량이 교면을 지장 없이 주행할 수 있도록 하는 장치를 말한다. 낙교방지 장치는 지진시에 교량의 낙하를 방지할 목적으로 가동받침부에 설치하는 이동제한장치를 말한다. 배수장치는 도로기능의 확보 및 교량 유지관리를 주목적으로 주로 교량 본체의 부식을 방지하기 위해 설치한다. 연석은 보도와 차도의 경계부나 교량의 폭방향 최외측 단부에 자동차의 시선유도를 위해서나 자동차가 차도부분 또는 교면 밖으로 이탈하는 것을 방지하기 위해서 설치하는 구조물로서 난간 또는 방호책의 영향을 완화시키는 효과가 있다.

위에서 나열한 것 가운데 받침, 신축장치, 낙교방지장치, 배수장치, 연석 등을 총칭하여 교량 부속구조물이라고 한다.

한편 강교량의 일반적인 특성은 다음과 같다.

- 강재는 다른 재료에 비해 재료적 성질이 우수하여 압축 및 인장의 밸런스가 높은 내하능력을 갖는다.
- 오랜 세월동안 사용되어온 재료이므로 재료에 대한 신뢰도가 대단히 높다.
- 관리된 공장에서 제작되므로 제품의 신뢰도가 높다.
- 강재의 풍부한 가공성에 의해 요구조건에 부합되는 구조물을 제작하는 것이 용이하다.
- 현장시공의 단기화 및 간략화의 요구에 부응할 수 있다.
- 공용후 교통량의 예상외의 증가 및 적재하중의 증가 등의 장래적인 조건에 대응하기 쉬우며, 또 유지보수가 비교적 용이하다.
- 형태 및 색채를 자유롭게 선택할 수 있어 경관과의 조화에도 우수하다.
- 강재는 재활용이 높은 소재이므로 강구조물은 환경친화적인 구조이다.

강재를 사용한 강교량의 분류는 용도, 가설장소, 노면위치, 교량의 평면형상, 설계등급, 그리고 상부구조형식에 따라 분류할 수 있는데, 여기서는 상부구조 형식에 따른 강교량만을 다음 그림 4.7.2와 같이 나타낸다.

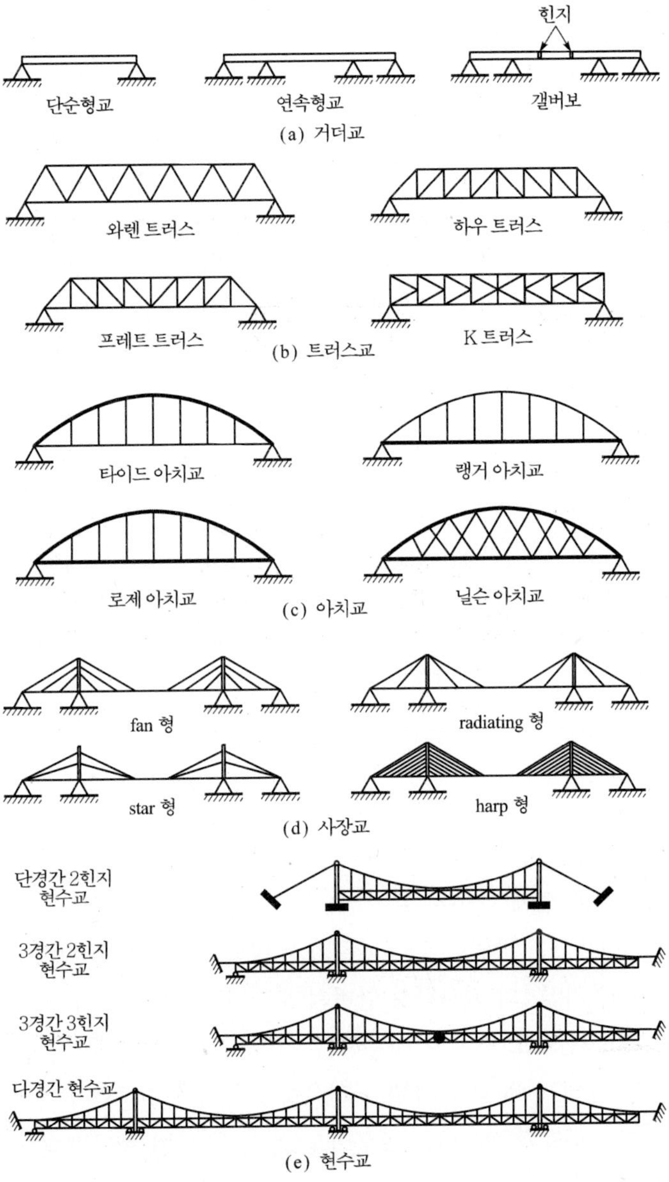

그림 4.7.2 상부구조형식별 강교량의 예

강교량 중 가장 대표적인 교량형식인 거더교(플레이트거더교 및 박스거더교)에 대해서만 다음 절에서 설명하고, 나머지 형식의 교량들에 대해서는 교량공학 교재를 참고하기 바란다.

4.7.2 거더교

거더교의 대표적인 예를 나타내면 표 4.7.1과 같다. 여기서는 합성거더교인 플레이트거더교 및 박스거더교의 특징을 간략하게 설명하도록 한다.

표 4.7.1 거더교의 대표적인 예

	교량명	국명	지간장(m)	완성년	비고
1	Stolmasundet교	노르웨이	301	1998	콘크리트교
2	Costa-e-Silva교	브라질	300	1974	
3	Raftsundet교	노르웨이	298	1978	콘크리트교
4	Paraguai River교	파라과이	270	1979	콘크리트교
5	Humen Zhujiang교	중국	270	1997	콘크리트교
6	Neckar-Tal교	독일	263	1978	
7	Sava Ⅰ교	구유고	261	1956	
8	Sava Ⅱ교	구유고	261	1978	
9	Gate Way교	오스트레일리아	260	1986	콘크리트교
10	Victoria Ⅲ 교	브라질	260	1989	
11	New Varodd교	노르웨이	260	1994	콘크리트교
12	가양대교	한국	170	2000	
13	귤현대교	한국	180	1999	

합성거더의 특징

1) 중첩보와 합성보

2개 이상의 구조부재를 휨에 대해서 효과적으로 사용하는 방법으로는 중첩보(중첩거더)나 합성보(합성거더)를 이용하는 방법이 있다. 두 가지 방법의 특성을 비교하기 위해 그림 4.7.3과 같은 폭 b , 높이 h, 지간 l의 직사각형 단면의 보 2개를 생각해보자. 그림 4.7.3(a)의 중첩보에서는 단순히 보를 2단으로 겹쳐서 사용하는 것이므로 상하의 보 사이에 엇갈림(전단)이 발생한다. 그러므로 2개의 보에 각각 개별로 압축응력 f_c와 인장응력 f_t가 발생한다. 예를 들어, 집중하중 P가 지간 중앙에 재하되는 경우의 f_c 와 f_t 는 단면2차모멘트가 $I = 2 \times bh^3/12$이므로 식 4.7.1과 같이 된다.

$$f_{ct} = \frac{\frac{Pl}{4}}{2\times\frac{bh^3}{12}}\frac{h}{2} = \frac{3}{4}\frac{Pl}{bh^2} \tag{4.7.1}$$

그러나 합성보는 그림 4.7.3(b)에 나타난 것처럼 상하의 보 사이에 전단이 발생하지 않도록 접착제나 전단연결재로 결합시킨다. 그러므로 상하 2개의 보가 폭 b, 높이 $2h$의 보로서 합성 작용을 하여 응력분포도 상연에서 압축응력 f_c, 하연에서 인장응력 f_t가 되는 단순한 삼각형 응력분포를 나타낸다.

이 경우 단면2차모멘트는 $I = b \times (2h)^3/12$ 이므로 f_c와 f_t는 식 4.7.2와 같이 된다.

$$f_{c,t} = \frac{\frac{Pl}{4}}{\frac{b(2h^3)}{12}} h = \frac{3}{8}\frac{Pl}{bh^2} \tag{4.7.2}$$

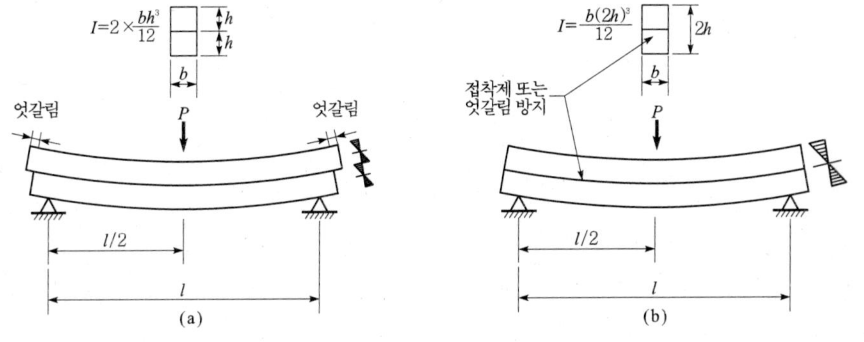

그림 4.7.3 중첩보와 합성보의 차이

표 4.7.2 중첩보와 합성보의 응력 및 처짐 비교

항목	보 1개의 경우	중첩보	합성보
응력	1	1/2	1/4
처짐	1	1/2	1/8

이상과 같이 보를 중첩보로 사용하는 것보다 합성보로 사용하는 것이 효과적이라는 것을 알 수 있다. 표 4.7.2는 보 1개를 사용한 경우를 기준으로 하여 중첩보와 합성보(어느 것이나 보 2개를 사용)의 응력 및 처짐 특성을 나타낸 것이다. 이 표로부터 합성보는 중첩보에 비하여 보 1개의 경우에 응력을 1/4로 처짐을 1/8로 줄일 수 있는 대단히 효율적인 방법이라는 것을 알 수가 있다.

일반적으로 합성거더(합성보)는 고정하중 및 활하중 모두를 합성단면이 받는 것으로 설계하는 것이 합리적이다. 그러나 이와 같은 합성거더에서는 가설중에 지보공을 필요로 하므로 이러한 경비가 더 필요하게 된다. 따라서 통상적으로 고정하중을 강재거더가 받게 하고 활하중만을 합성단면에 작용시키는 활하중 합성거더로 설계한다.

플레이트거더교

도로교의 플레이트거더교(판형교)는 I형단면의 거더를 병렬로 배치하고, 그 위에 철근콘크리트상판을 시공한 상로형식의 교량이 대부분을 차지하고 있다. 플레이트거더교는 주거더의 지지상태에 따라 단순거더교, 연속거더교, 캔틸레버(게르버)거더교로 분류할 수 있다.

1) 단순거더교

단순거더교는 가장 일반적인 형태의 거더교로서 지간 양쪽이 모두 개개의 지점을 갖는 교량형식인데, 일반적으로 연속거더교와 상반되는 교량형태이다.

2) 연속거더교

거더교의 장지간교량에 주로 사용되는데, 동일지간의 단순거더교와 비교하면 다음과 같은 장점이 있다.

- 작용 최대모멘트가 작아 단면을 작게할 수 있어 경제적이다.
- 경제적 및 소요강성의 측면으로부터도 거더높이를 낮게할 수 있다.
- 연속구조이므로 지진시에 교량본체의 낙하 가능성이 적다.
- 노면에 설치되는 신축이음수를 적게할 수 있으므로 교통주행 및 보수면에서 유리하다.

단점으로는 다음과 같은 것이 있다.

- 지진시에 교축방향의 수평력이 고정받침에 집중된다.
- 중간지점부근에는 큰 휨모멘트와 전단력 및 받침반력이 집중적으로 작용하므로 웨브 보강을 적절하게 실시하여야 한다.
- 지점 부등침하에 따른 응력이 발생할 가능성이 있다.
- 가설이나 제작상의 초기오차에 의해 지점반력이 설계상의 가정과 다른 경우가 있다.

한편 연속거더의 중간지점상에 작용하는 큰 휨모멘트에 대처하기 위해 중간지점부근의 높이를 일반부보다 높게 하는 경우에는 거더높이를 점차적으로 변화시키는 것에 의해 플랜지단면의 급변화를 피할 수 있어서 무리없는 단면을 선정할 수 있다.

3) 게르버교

게르버교의 거더는 연속거더에 가까운 휨모멘트분포를 나타내므로 연속거더와 동등한 정도의 경제적인 교량이 되며, 또 외적 정정구조물이므로 지점 부등침하에 따른 응력이 발생하지 않고, 교축방향의 지진력을 분산시킬 수 있는 등의 장점 때문에 과거에는 자주 사용되었다.

그러나 힌지부의 구조적인 약점, 주행성의 결여, 진동에 약한 구조형식이므로 최근에는 지반 조건이 나쁜 경우 등의 특별한 경우를 제외하고는 잘 사용하지 않는다.

박스거더교

박스거더교는 박판 폐합단면을 갖는 거더교의 총칭이다. 박스거더교는 폐합단면을 이루고 있어 외관이 깨끗할 뿐만 아니라, 비틀림강성이 크고 연속교 지점위의 부모멘트에 저항하는 압축단면이 커서 경제적인 단면구성이 가능하다. 따라서 다른 교량에 비해 주거더 높이가 낮은 날렵한 단면을 유지할 수 있다. 이러한 장점들 때문에 곡선교와 같이 큰 비틀림강성이 요구되는 교량이나 선형 제약을 많이 받는 도시의 고가차도, 미관을 중요시하는 교량에 많이 채택된다.

세계에서 최초로 건설된 강박스거더교는 1820년에 영국 Wales의 Conway- Britania간을 잇는 Menai해협에 가설된 지간장 142m의 Britania교이다. 박스거더교의 창시자라 할 수 있는 George Stephenson에 의해 제안된 이와 같은 고전적 의미의 박스거더 교량은 제2차대전 후 서독의 전후 복구사업의 일환으로 건설된 많은 박스거더교들에 의해서 이론적인 배경 및 설계방법이 비약적으로 발전해 현대적 의미의 교량으로서 그 위치를 확고히 하게 되었다.

박스거더교(상자형교)는 장경간교량, 곡선교에 적합한 형식으로 플레이트거더교에 비해 거더높이를 10~20%정도 낮게 하는 것이 가능하여 거더 아래 공간을 크게 확보할 수 있으며 안정감 및 미관이 우수하다. 그러나 플레이트거더교에 비해 설계, 제작이 복잡하며, 단면변화의 자유도가 적다. 일반적으로 박스거더교는 지간 50~60m이상의 교량 및 지간이 짧은 곡선교나 사교에 대표적으로 사용된다. 또 신축이음장치와 받침 개수를 감소시켜 유지관리의 용이 및 차량주행성을 향상시킨 다경간 연속형의 주거더에도 자주 사용된다.

기타 고려사항

1) 브레이싱

(1) 수직브레이싱

도로교설계기준에는 I형 플레이트거더교의 경우, 수직브레이싱의 간격을 6m이내로 배치하는 것으로 규정하고 있으나, 일반적으로는 그 범위내에서 거더간격, 가로보의 조립방법, 현장이음 위치 등을 고려하여 지간을 개략적으로 등분하여 배치한다.

수직브레이싱을 하중분배형으로서 설계하는 경우에는 중앙 거더와의 연결부에서 휨모멘트가 충분히 전달될 수 있는 구조로서 설계하여야 하며, 또 지점상에는 반드시 각 거더간을 연결하는 단부 수직브레이싱을 설치한다.

(2) **수평브레이싱**

지간이 25m를 초과하는 경우에는 횡하중을 받침에 전달할 수 있도록 수평브레이싱을 설치한다. 횡하중으로서는 풍하중과 지진하중을 고려한다. 일반적으로 상부수평브레이싱은 상판으로 대용되므로 수평브레이싱은 횡력의 1/2을 받는 것으로 설계하며, 수평브레이싱의 위치는 일반적으로 수직브레이싱의 하면에 맞추어서 설계한다.

지간 25m이하의 교량에서는 강결한 수직브레이싱이 있고, 바닥판이 거더를 충분히 고정시키고 있는 경우에는 수평브레이싱을 생략하여도 되나, 가설시 거더형상을 유지시키는데 매우 유리하므로 임의대로 생략하지 않는 것으로 한다. 특히 곡선교 등에서 거더가 휜 경우에는 수평브레이싱을 생략하지 않는 것이 바람직하다.

연습문제

4.7.1 박스거더의 폭과 높이가 1m와 1.2m(중심간거리)이고, 플랜지와 웨브의 두께가 10 mm 인 박스거더 단면의 순수비틀림상수(K) 값을 계산하라. 그리고 플레이트거더의 플랜지폭이 800 mm, 플랜지두께가 10 mm, 웨브만의 높이와 두께가 1200 mm 와 100 mm 인 플레이트거더 단면의 순수비틀림상수(K) 값을 계산하라.

4.7.2 다음 그림 4.7.2에 나타난 단순플레이트거더교 정모멘트 단면의 캔틸레버 구간과 중앙부 바닥판 구간의 유효폭을 계산하라. (지간장 : 24.3m)

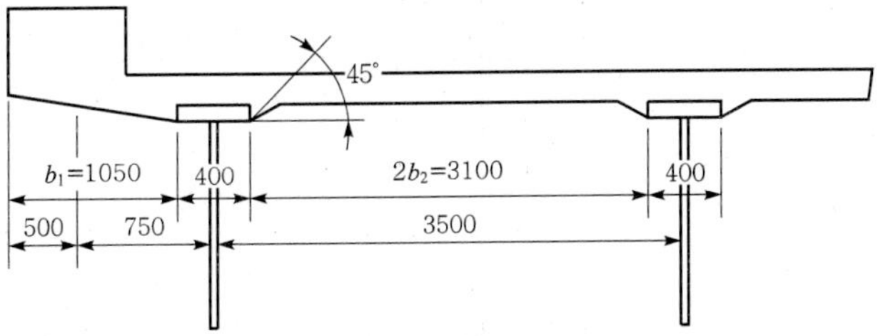

문제 4.7.2 (단위 : mm)

4.7.3 연습문제 4.7.2에서 결정된 중앙부 바닥판 구간의 합성거더 단면(그림 4.7.3)에 발생하는 고정하중과 활하중에 의한 응력들을 구하라. 단, 합성전과 합성후의 고정하중에 의한 휨모멘트들 그리고 활하중에 휨모멘트는 각각 830.19 kN · m, 16.94 kN · m, 그리고 1,390.64 kN · m로 가정하고, 콘크리트의 헌치는 무시하라. 그리고 기타 단면제원은 다음과 같다.

- 상부플랜지판 = 240 × 12 mm
- 하부플랜지판 = 300 × 20 mm
- 웨브 = 1,600 × 9 mm

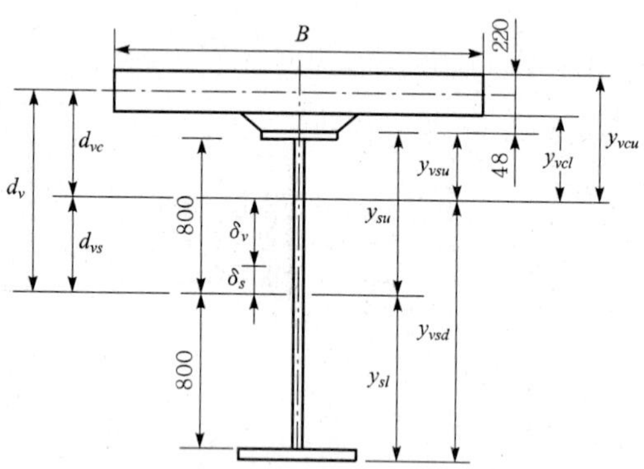

문제 4.7.3 (단위 : mm)

Design of Steel Structures

부록

부록 A. 강재단면

부록 B. 단위환산

부록 C. 개정된 KS에 따른 강구조설계기준 재료편의 변경 내용

부록 A 강재단면

A.1 H-BEAM

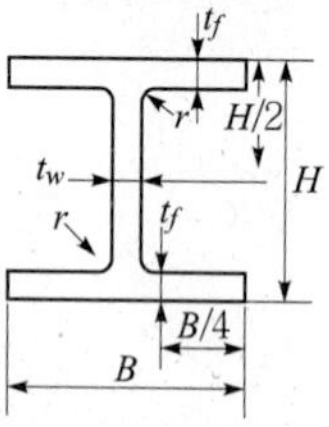

규격 Dimensions (KS D 3502)

공칭치수	표준단면치수				단면적	단위 중량	단면2차모멘트		단면2차반경		단면계수		휨단면성능		소성단면계수		비지지길이 F_y = 2.4tf/cm²		비지지길이 F_y = 3.3tf/cm²	
	$H \times B$	t_w	t_f	r	A	W	I_x	I_y	i_x	i_y	S_x	S_y	γ_T	H/A	Z_x	Z_y	L_c	L_u	L_c	L_u
mm	mm	mm	mm	mm	cm^2	kgf/m	cm^4	cm^4	cm	cm	cm^3	cm^3	cm	cm^{-1}	cm^3	cm^3	cm	cm	cm	cm
100×100	100×100	6	8	10	21.90	17.2	383	134	4.18	2.47	76.5	26.7	2.73	1,250	87.6	41.2	129	150	110	128
125×125	125×125	6.5	9	10	30.31	23.8	847	293	5.29	3.11	136	47	3.43	1,110	154	71.9	161	188	138	160
150×75	150×75	5	7	8	17.85	14.0	666	49.5	6.11	1.66	88.8	13.2	1.96	2,860	102	20.8	97	107	83	92
150×100	148×100	6	9	11	26.84	21.1	1,020	151	6.17	2.37	138	30.1	2.68	1,650	157	46.7	129	147	110	125
150×150	150×150	7	10	11	40.14	31.5	1,640	563	6.39	3.75	219	75.1	4.12	1,000	246	115	194	226	165	192
200×100	198×99	4.5	7	11	23.18	18.2	1,580	114	8.26	2.21	160	23	2.57	2,500	180	35.7	128	141	109	120
	200×100	5.5	8	11	27.16	21.3	1,840	134	8.24	2.22	184	26.8	2.6	2,500	209	41.9	129	142	110	121
200×150	194×150	6	9	13	39.01	30.6	2,690	507	8.30	3.61	277	67.6	4.03	1,440	309	104	194	221	165	188
200×200	200×200	8	12	13	63.53	49.9	4,720	1,600	8.62	5.02	472	160	5.5	0.835	525	244	258	301	220	257
	200×204	12	12	13	71.53	56.2	4,980	1,700	8.35	4.88	498	167	5.53	0.817	565	257	263	303	225	258
	208×202	10	16	13	83.69	65.7	6,530	2,200	8.83	5.13	628	218	5.61	0.643	710	332	261	307	222	262
250×125	248×124	5	8	12	32.68	25.7	3,540	255	10.40	2.79	285	41.1	3.23	2,500	319	63.6	160	177	137	151
	250×125	6	9	12	37.66	29.6	4,050	294	10.40	2.79	324	47	3.26	2,220	366	73.1	161	179	138	152

공칭치수	표준단면치수				단면적	단위중량	단면2차모멘트		단면2차반경		단면계수		휨단면성능		소성단면계수		비지지길이			
																	$F_y=$ 2.4tf/cm²		$F_y=$ 3.3tf/cm²	
	$H\times B$	t_w	t_f	r	A	W	I_x	I_y	i_x	i_y	S_x	S_y	γ_T	H/A	Z_x	Z_y	L_c	L_u	L_c	L_u
mm	mm	mm	mm	mm	cm^2	kgf/m	cm^4	cm^4	cm	cm	cm^3	cm^3	cm	cm^{-1}	cm^3	cm^3	cm	cm	cm	cm
250×175	244×175	7	11	16	56.24	44.1	6,120	984	10.40	4.18	502	113	4.68	1.270	558	173	226	256	193	219
250×250	244×252	11	11	16	82.06	64.4	8,790	2,940	10.30	5.98	720	233	6.76	0.880	805	358	325	370	277	316
	248×249	8	13	16	84.70	66.5	9,930	3,350	10.80	6.29	801	269	6.84	0.766	883	408	321	375	274	319
	250×250	9	14	16	92.18	72.4	10,800	3,650	10.80	6.29	867	292	6.87	0.715	960	444	323	376	275	321
	250×255	14	14	16	104.70	82.2	11,500	3,880	10.50	6.09	919	304	6.9	0.700	1040	468	329	378	281	322
300×150	298×149	5.5	8	13	40.80	32.0	6,320	442	12.40	3.29	424	59.3	3.84	2.500	475	91.8	192	210	164	179
	300×150	6.5	9	13	46.78	36.7	7,210	508	12.40	3.29	481	67.7	3.87	2.220	542	105	194	212	165	181
300×200	294×200	8	12	18	72.38	56.8	11,300	1,600	12.50	4.71	771	160	5.32	1.220	859	247	258	291	220	248
	298×201	9	14	18	83.36	65.4	13,300	1,900	12.60	4.77	893	189	5.38	1.060	1,000	291	259	295	221	251
300×300	294×302	12	12	18	107.70	84.5	16,900	5,520	12.50	7.16	1,150	365	8.09	0.812	1,280	560	390	443	332	378
	298×299	9	14	18	110.80	87.0	18,800	6,240	13.00	7.50	1,270	417	8.19	0.712	1,390	634	386	449	329	383
	300×300	10	15	18	119.80	94.0	20,400	6,750	13.10	7.51	1,360	450	8.23	0.666	1,500	684	387	451	330	384
	300×305	15	15	18	134.80	106.0	21,500	7,100	12.60	7.26	1,440	466	8.23	0.656	1,610	716	394	451	336	384
	304×301	11	17	18	134.80	106.0	23,400	7,730	13.20	7.57	1,540	514	8.29	0.593	1,710	781	389	454	331	387
	310×305	15	20	18	165.30	130.0	28,200	9,460	13.20	7.60	1,810	620	8.39	0.508	2,080	949	394	460	336	392
	310×310	20	20	18	180.80	142.0	29,400	9,940	12.80	7.50	1,890	642	8.44	0.500	2,200	992	400	462	341	394
350×175	346×174	6	9	14	52.68	41.4	11,100	792	14.50	3.88	641	91	4.51	2.210	716	140	225	247	192	211
	350×175	7	11	14	63.14	49.6	13,600	984	14.70	3.95	775	112	4.58	1.820	868	174	226	251	193	214
	354×176	8	13	14	73.68	57.8	16,100	1,180	14.80	4.01	909	134	4.65	1.550	1,020	208	227	255	194	217
340×250	336×249	8	12	20	88.15	69.2	18,500	3,090	14.50	5.92	1,100	248	6.63	1.130	1,220	380	321	363	274	310
	340×250	9	14	20	101.50	79.7	21,700	3,650	14.60	6.00	1,280	292	6.71	0.972	1,410	447	323	368	275	313

공칭치수	표준단면치수				단면적	단위중량	단면2차모멘트		단면2차반경		단면계수		휨단면성능		소성단면계수		비지지길이 $F_y=$ 2.4tf/cm²		비지지길이 $F_y=$ 3.3tf/cm²	
	$H \times B$	t_w	t_f	r	A	W	I_x	I_y	i_x	i_y	S_x	S_y	γ_T	H/A	Z_x	Z_y	L_c	L_u	L_c	L_u
mm	mm	mm	mm	mm	cm²	kgf/m	cm⁴	cm⁴	cm	cm	cm³	cm³	cm	cm⁻¹	cm³	cm³	cm	cm	cm	cm
350×350	338×351	13	13	20	135.30	106.0	28,200	9,380	14.40	8.33	1,670	534	9.42	0.740	1,850	872	453	516	386	440
	344×348	10	16	20	146.00	115.0	33,300	11,200	15.10	8.78	1,940	646	9.56	0.618	2,120	980	449	524	383	447
	344×354	16	16	20	166.60	131.0	35,300	11,800	14.60	8.43	2,050	669	9.54	0.608	2,250	1,020	457	523	390	446
	350×350	12	19	20	173.90	137.0	40,300	13,600	15.20	8.84	2,300	776	9.65	0.526	2,550	1,180	452	529	385	451
	350×357	19	19	20	191.40	156.0	42,800	14,400	14.70	8.53	2,450	809	9.68	0.515	2,760	1,240	461	530	393	452
400×200	396×199	7	11	16	72.16	56.6	20,000	1,450	16.70	4.48	1,010	145	5.19	1.810	1,130	224	257	284	219	242
	400×200	8	13	16	84.12	66.0	23,700	1,740	16.80	4.54	1,190	174	5.26	1.540	1,330	268	258	288	220	246
	404×201	9	15	16	96.16	75.5	27,500	2,030	16.90	4.60	1,360	202	5.32	1.340	1,530	312	259	291	221	248
400×300	386×299	9	14	22	120.10	94.3	33,700	6,240	16.70	7.81	1,740	418	8.02	0.923	1,920	637	386	439	329	375
	390×300	10	16	22	136.00	107.0	38,700	7,210	16.90	7.28	1,980	481	8.09	0.813	2,190	733	387	443	330	378
400×400	388×402	15	15	22	178.50	140.0	49,000	16,300	16.60	9.54	2,520	809	10.8	0.643	2,800	1,240	519	592	443	504
	394×398	11	18	22	186.80	147.0	56,100	18,900	17.30	10.10	2,850	951	10.9	0.552	3,120	1,440	514	597	438	509
	394×405	18	18	22	214.40	168.0	59,700	20,000	16.70	9.65	3,030	985	11	0.536	3,390	1,510	523	602	446	514
	400×400	13	21	22	218.70	172.0	66,600	22,400	17.50	10.10	3,330	1,120	11.1	0.473	3,670	1,700	516	608	440	518
	400×408	21	21	22	250.70	197.0	70,900	23,800	16.80	9.75	3,540	1,170	11.1	0.465	3,990	1,790	527	608	449	518
	406×403	16	24	22	254.90	200.0	78,000	26,200	17.50	10.10	3,840	1,300	11.2	0.417	4,280	1,980	520	613	444	523
	414×405	18	28	22	295.40	232.0	92,800	31,000	17.70	10.20	4,480	1,530	11.4	0.360	5,030	2,330	523	624	446	532
	428×407	20	35	22	360.70	283.0	119,000	39,400	18.20	10.40	5,570	1,930	11.8	0.290	6,310	2,940	525	646	448	551
	458×417	30	50	22	528.60	415.0	187,000	60,500	18.80	10.70	8,170	2,900	11.8	0.219	9,540	4,440	538	646	459	551
	498×432	45	70	22	770.10	605.0	298,000	94,000	19.70	11.10	13,000	4,370	12.3	0.165	14,500	6,720	558	674	476	575
450×200	446×199	8	12	18	84.30	66.2	28,700	1,580	18.50	4.33	1,290	159	5.11	1.870	1,450	247	257	280	219	239
	450×200	9	14	18	96.76	76.0	33,500	1,870	18.60	4.40	1,490	187	5.18	1.610	1,680	291	258	284	220	242
450×300	434×299	10	15	24	135.00	106.0	46,800	6,690	18.60	7.04	2,160	448	7.94	0.967	2,380	686	386	435	329	371
	440×300	11	18	24	157.40	124.0	56,100	8,110	18.90	7.18	2,550	541	8.05	0.815	2,820	828	387	441	330	376

공칭치수	표준단면치수				단면적	단위 중량	단면2차모멘트		단면2차반경		단면계수		휨단면성능		소성단면계수		비지지길이 F_y = 2.4tf/cm²		비지지길이 F_y = 3.3tf/cm²	
	$H \times B$	t_w	t_f	r	A	W	I_x	I_y	i_x	i_y	S_x	S_y	γ_T	H/A	Z_x	Z_y	L_c	L_u	L_c	L_u
mm	mm	mm	mm	mm	cm^2	kgf/m	cm^4	cm^4	cm	cm	cm^3	cm^3	cm	cm^{-1}	cm^3	cm^3	cm	cm	cm	cm
500×200	496×199	9	14	20	101.30	79.5	41,900	1,840	20.30	4.27	1,690	185	5.08	1.780	1,910	290	257	278	219	237
	500×200	10	16	20	114.20	89.6	47,800	2,140	20.50	4.33	1,910	214	5.14	1.560	2,180	335	258	282	220	240
	506×201	11	19	20	131.30	103.0	56,500	2,580	20.70	4.43	2,230	254	5.23	1.330	2,540	401	259	286	221	244
500×300	482×300	11	15	26	145.50	114.0	60,400	6,760	20.40	6.82	2,500	451	7.83	1.070	2,790	695	387	429	330	366
	488×300	11	18	26	163.50	128.0	71,000	8,110	20.80	7.04	2,910	541	7.97	0.903	3,230	830	387	437	330	372
600×200	596×199	10	15	22	120.50	94.6	68,700	1,980	23.90	4.05	2,310	199	4.95	2.000	2,650	315	257	271	212	231
	600×200	11	17	22	134.40	106.0	77,600	2,280	24.00	4.12	2,590	228	5.01	1.770	2,980	361	258	274	220	234
	606×201	12	20	22	152.50	120.0	90,400	2,720	24.30	4.22	2,980	271	5.11	1.510	3,430	429	259	280	221	239
	612×202	13	23	22	170.70	134.0	103,000	3,180	24.60	4.31	3,380	314	5.19	1.320	3,890	498	261	284	222	242
600×300	582×300	12	17	28	174.50	137.0	103,000	7,670	24.30	6.63	3,530	511	7.74	1.140	3,960	793	387	424	330	362
	588×300	12	20	28	192.50	151.0	118,000	9,020	24.80	6.85	4,020	601	7.87	0.980	4,490	928	387	431	330	368
	594×302	14	23	28	222.40	175.0	137,000	10,600	24.90	6.90	4,620	701	7.96	0.856	5,200	1,080	390	436	332	372
700×300	692×300	13	20	28	211.50	166.0	172,000	9,020	28.60	6.53	4,980	602	7.71	1.150	5,630	936	387	422	330	360
	700×300	13	24	28	235.50	185.0	201,000	10,800	29.30	6.78	5,760	722	7.86	0.973	6,460	1,120	387	431	330	367
	708×302	15	28	28	273.60	215.0	237,000	12,900	29.40	6.86	6,700	853	7.97	0.837	7,560	1,320	390	437	332	372
800×300	792×300	14	22	28	243.40	191.0	254,000	9,930	32.30	6.39	6,410	662	7.65	1.200	7,290	1,040	387	419	330	357
	800×300	14	26	28	267.40	210.0	292,000	11,700	33.00	6.62	7,290	782	7.8	1.030	8,240	1,220	387	427	330	364
	808×302	16	30	28	307.60	241.0	339,000	13,800	33.20	6.70	8,400	915	7.89	0.892	9,530	1,430	390	432	332	369
900×300	890×299	15	23	18	266.80	210.0	339,000	10,300	35.60	6.20	7,610	687	7.51	1.290	8,910	1,080	386	411	329	351
	900×300	16	28	18	305.80	240.0	404,000	12,600	36.40	6.43	8,990	842	7.68	1.070	10,500	1,320	387	421	330	359
	912×302	18	34	18	360.10	283.0	491,000	15,700	36.90	6.56	10,800	1,040	7.84	0.888	12,500	1,630	390	429	332	366
	918×303	19	37	18	387.40	304.0	535,000	17,200	37.20	6.67	11,700	1,140	7.8	0.819	13,400	1,780	391	427	334	364

A.2 H형강 말뚝 H-BEARING PILE

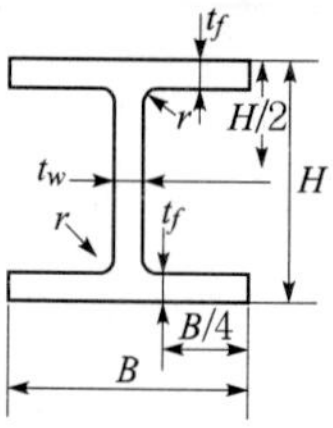

규격 Dimensions (KS D 3502)

공칭치수 mm	표준단면치수 mm				단면적 cm^2	단위중량 kgf/m	단면2차모멘트 cm^4		단면2차반경 cm		단면계수 cm^3		표면적 m^2/m
	$H \times B$	t_w	t_f	r	A	W	I_x	I_y	i_x	i_y	Z_x	Z_y	
200×200	200×204	12	12	13	71.53	56.2	4,980	1,700	8.35	4.88	498	167	1.17
250×250	244×252	11	11	16	82.06	64.4	8,790	2,940	10.30	5.98	720	233	1.45
	250×255	14	14	16	104.70	82.2	11,500	3,880	10.50	6.09	919	304	1.46
300×300	294×302	12	12	18	107.70	84.5	16,900	5,520	12.50	7.16	1,150	365	1.74
	300×300	10	15	18	119.80	94.0	20,400	6,750	13.10	7.51	1,360	450	1.75
	300×305	15	15	18	134.80	106.0	21,500	7,100	12.60	7.26	1,440	466	1.76
350×350	338×351	13	13	20	135.30	106.0	28,200	9,380	14.40	8.33	1,670	534	2.02
	344×354	16	16	20	166.60	131.0	35,300	11,800	14.60	8.43	2,050	669	2.04
	350×350	12	19	20	173.90	137.0	40,300	13,600	15.20	8.84	2,300	776	2.04
	350×357	19	19	20	198.40	156.0	42,800	14,400	14.70	8.53	2,450	809	2.06
400×400	388×402	15	15	22	178.50	140.0	49,000	16,300	16.60	9.54	2,520	809	2.32
	394×405	18	18	22	214.40	168.0	59,700	20,000	16.70	9.65	3,030	985	2.33
	400×400	13	21	22	218.70	172.0	66,600	22,400	17.50	10.10	3,330	1,120	2.34
	400×408	21	21	22	250.70	197.0	70,900	23,800	16.80	9.75	3,540	1,170	2.35
	414×405	18	28	22	295.40	232.0	92,800	31,000	17.70	10.20	4,480	1,530	2.38
	428×407	20	35	22	360.70	283.0	119,000	39,400	18.20	10.40	5,570	1,930	2.41

A.3 무늬 H형강(CHECKERED H BEAMS)

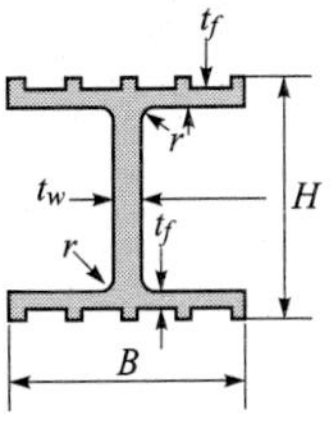

규격 Dimensions (KS D 3502)

공칭치수 mm	표준단면치수 mm				단면적 cm^2	단위중량 kgf/m	단면계수 cm^3	
	$H \times B$	t_w	t_f	r	A	W	Sx	Sy
190×197	190×197	5	7	13	39.94	32.60	312	99.2

A.4 ㄱ형강 EQUAL ANGLE

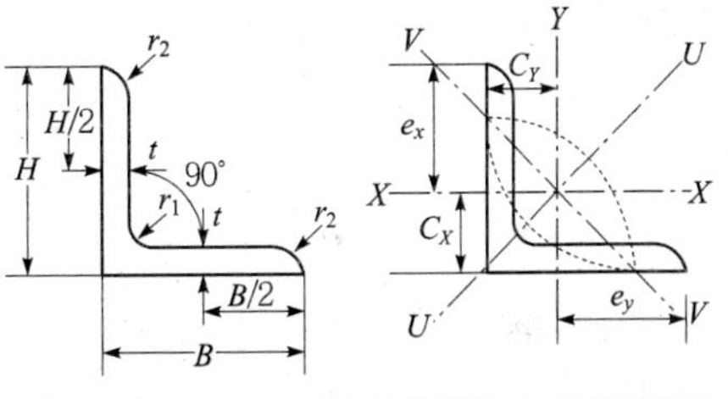

규격 Dimensions (KS D 3502)

공칭치수 mm	표준단면치수 mm				단면적 cm^2	단위중량 kgf/cm	중심의 위치 cm	단면2차모멘트 cm^4			단면2차반경 cm			단면계수 cm^3
	$H \times B$	t	r_1	r_2	A	W	$C_x = C_y$	$I_x = I_y$	max I_u	min I_v	$i_x = i_y$	max i_u	min i_v	$Z_x = Z_y$
25×25	25×25	3	4	2	1.427	1.12	0.719	0.797	1.26	0.332	0.747	0.94	0.483	0.448
30×30	30×30	3	4	2	1.727	1.36	0.844	1.42	2.26	0.59	0.908	1.14	0.585	0.661
40×40	40×40	5	4.5	3	3.755	2.95	1.17	5.42	8.59	2.25	1.2	1.51	0.774	1.91
45×45	45×45	4	6.5	3	3.492	2.74	1.24	6.5	10.3	2.69	1.36	1.72	0.88	2
	45×45	5	6.5	3	4.302	3.38	1.28	7.91	12.5	3.29	1.36	1.71	0.874	2.46

공칭치수 mm	표준단면치수 mm				단면적 cm^2	단위중량 kgf/cm	중심의 위치 cm	단면2차모멘트 cm^4			단면2차반경 cm			단면계수 cm^3
	$H \times B$	t	r_1	r_2	A	W	$C_x = C_y$	$I_x = I_y$	max I_u	min I_v	$i_x = i_y$	max i_u	min i_v	$Z_x = Z_y$
50×50	50×50	4	6.5	3	3.892	3.06	1.37	9.06	14.4	3.76	1.53	1.92	0.983	2.49
	50×50	5	6.5	3	4.082	3.77	1.41	11.1	17.5	4.58	1.52	1.91	0.976	3.08
	50×50	6	6.5	4.5	5.644	4.43	1.44	12.6	20	5.23	1.5	1.88	0.963	3.55
60×60	60×60	4	6.5	3	4.692	3.68	1.61	16	25.4	6.62	1.85	2.33	1.19	3.66
	60×60	5	6.5	3	5.802	4.55	1.66	19.6	31.2	8.09	1.84	2.32	1.18	4.52
	60×60	6	6.5	4.5	6.844	5.37	1.69	22.6	35.9	9.3	1.82	2.29	1.17	5.24
65×65	65×65	5	8.5	3	6.367	5	1.77	25.3	40.1	10.5	1.99	2.51	1.28	5.36
	65×65	6	8.5	4	7.527	5.91	1.81	29.4	46.6	12.2	1.98	2.49	1.27	6.26
	65×65	8	8.5	6	9.761	7.66	1.88	36.8	58.3	15.3	1.94	2.44	1.25	7.96
70×70	70×70	6	8.5	4	8.127	6.38	1.93	37.1	58.9	15.3	2.14	2.69	1.37	7.33
75×75	75×75	6	8.5	4	8.727	6.85	2.06	46.1	73.2	19	2.3	2.9	1.48	8.47
	75×75	9	8.5	6	12.69	9.96	2.17	64.4	102	26.7	2.25	2.84	1.45	12.1
	75×75	12	8.5	6	16.56	13	2.29	81.9	129	34.5	2.22	2.79	1.44	15.7
80×80	80×80	6	8.5	4	9.327	7.32	2.18	56.4	89.6	23.2	2.46	3.1	1.58	9.7
	80×80	7	8.5	4	10.797	8.48	2.23	64.2	102.4	26.8	2.44	3.08	1.58	11.12
90×90	90×90	6	10	5	10.55	8.28	2.42	80.7	128	33.4	2.77	3.48	1.78	12.3
	90×90	7	10	5	12.22	9.59	2.46	93	148	38.3	2.76	3.48	1.77	14.2
	90×90	8	10	7	13.764	10.8	2.5	104	165	42.8	2.74	3.46	1.76	16
	90×90	9	10	7	15.394	12.08	2.54	114	182	47.3	2.72	3.44	1.75	17.65
	90×90	10	10	7	17	13.3	2.57	125	199	51.7	2.71	3.42	1.74	19.5
	90×90	13	10	7	21.71	17	2.69	156	248	65.3	2.68	3.38	1.73	24.8

공칭치수 mm	표준단면치수 mm				단면적 cm^2	단위중량 kgf/cm	중심의 위치 cm	단면2차모멘트 cm^4			단면2차반경 cm			단면계수 cm^3
	$H\times B$	t	r_1	r_2	A	W	$C_x=C_y$	$I_x=I_y$	max I_u	min I_v	$i_x=i_y$	max i_u	min i_v	$Z_x=Z_y$
100×100	100×100	7	10	5	13.62	10.7	2.71	129	205	53.2	3.08	3.88	1.98	17.7
	100×100	8	10	8	15.36	12.06	2.75	144	229	59.4	3.06	3.86	1.97	19.86
	100×100	10	10	7	19	14.9	2.82	175	278	72	3.04	3.83	1.95	24.4
	100×100	13	10	7	24.31	19.1	2.94	220	348	91.1	3	3.78	1.94	31.1
120×120	120×120	8	12	5	18.76	14.7	3.24	258	410	106	3.71	4.67	2.38	29.5
130×130	130×130	9	12	6	22.74	17.9	3.53	366	583	150	4.01	5.06	2.57	38.7
	130×130	10	12	6	25.16	19.75	3.57	403	641	165	4	5.05	2.56	42.8
	130×130	12	12	8.5	29.76	23.4	3.64	467	743	192	3.96	5	2.54	49.9
	130×130	15	12	8.5	36.75	28.8	3.76	568	902	234	3.93	4.95	2.53	61.5
150×150	150×150	10	14	7	29.71	22.9	4.06	627	997	258	4.63	5.84	2.97	57.3
	150×150	12	14	7	34.77	27.3	4.14	740	1180	304	4.61	5.82	2.96	68
	150×150	15	14	10	42.74	33.6	4.24	888	1140	365	4.56	5.75	2.92	82.6
	150×150	19	14	10	53.38	41.9	4.4	1009	1730	451	4.52	5.69	2.91	103
175×175	175×175	12	15	11	40.52	31.8	4.73	1170	1860	480	5.38	6.78	3.44	91.8
	175×175	15	15	11	50.21	39.4	4.85	1440	2290	589	5.35	6.75	3.42	114
200×200	200×200	15	17	12	57.75	45.3	5.46	2180	3470	891	6.14	7.75	3.93	150
	200×200	20	17	12	76	59.7	5.67	2820	4490	1160	6.09	7.68	3.9	197
	200×200	25	17	12	93.75	73.6	5.86	3420	5420	1410	6.04	7.61	3.88	242
250×250	250×250	25	24	12	119.4	93.7	7.1	6950	11100	2860	7.63	9.62	4.9	388
	250×250	35	24	18	162.6	128	7.45	9110	14400	3790	7.49	9.42	4.83	519

A.5 ㄷ형강 CHANNEL

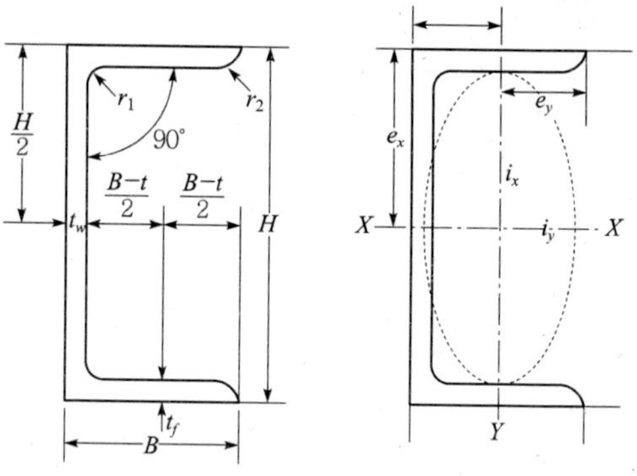

규격 Dimensions (KS D 3502)

표준단면치수 mm					단면적 cm^4	단위중량 kgf/cm	중심의위치 cm		단면2차모멘트 cm^4		단면2차반경 cm		단면계수 cm^3	
$H \times B$	t_w	t_f	r_1	r_2	A	W	C_x	C_y	I_x	I_y	i_x	i_y	Z_x	Z_y
75×40	5	7	8	4	8.818	6.92	0	1.28	75.3	12.2	2.92	1.17	20.1	4.47
100×50	5	7.5	8	4	11.92	9.36	0	1.54	188	26.0	3.97	1.48	37.6	7.52
125×65	6	8	8	4	17.11	13.4	0	1.90	424	61.8	4.98	1.90	67.8	13.4
150×75	6.5	10	10	5	23.71	18.6	0	2.28	861	117	6.03	2.22	115	22.4
200×80	7.5	11	12	6	31.33	24.6	0	2.21	1.95	168	7.88	2.32	195	29.1
200×90	8	13.5	14	7	38.65	30.3	0	2.74	2.49	277	8.02	2.68	249	44.2
250×90	9	13	14	7	44.07	34.6	0	2.40	4.18	294	9.74	2.58	334	44.5
300×90	9	13	14	7	48.57	38.1	0	2.22	6.44	309	11.5	2.52	429	45.7
380×100	10.5	16	18	9	69.39	54.5	0	2.41	14.5	535	14.5	2.78	763	70.5
380×100	13	20	24	12	85.71	67.3	0	2.54	17.6	655	14.3	2.76	926	87.8

A.6 CT형강(STRUCTURAL TEES)

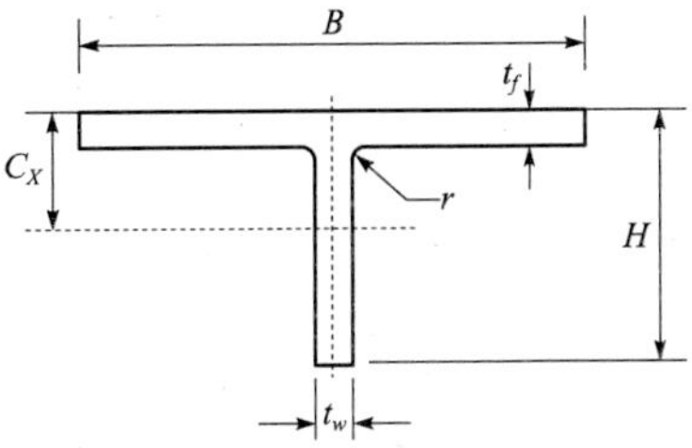

규격 Dimensions (KS D 3502)

공칭치수	높이 (H)	폭 (B)	두께		코너 반경 (r)	단면적 (A)	단위 중량 (W)	단면 2차모멘트		단면2차반경		단면계수		중심 위치
			웨브 t_f	플랜지 t_w				I_x	I_y	i_x	i_y	Z_x	Z_y	C_x
mm	mm	mm	mm	mm	mm	cm^2	kgf/m	cm^4	cm^4	cm	cm	cm^3	cm^3	cm
62.5×125	62.5	125	6.5	9	10	15.16	11.9	35	147	1.52	3.11	6.91	23.5	1.19
75×75	75	75	5	7	8	8.925	7.01	42.6	24.7	2.18	1.66	7.46	6.59	1.79
75×100	75	100	6	9	11	13.42	10.5	51.7	75.3	1.96	2.37	8.84	15.1	1.55
75×150	75	150	7	10	11	20.07	15.8	66.4	282	1.82	3.75	10.8	37.6	1.37
100×100	100	100	5.5	8	11	13.58	10.7	114	67	2.9	2.22	14.8	13.4	2.29
100×150	97	150	6	9	13	19.51	15.3	125	254	2.53	3.61	15.8	33.8	1.79
100×200	100	200	8	12	13	31.77	24.9	184	801	2.41	5.02	22.3	80.1	1.73
	100	204	12	12	13	35.77	28.1	256	851	2.67	4.88	32.4	83.4	2.09
	104	202	10	16	13	41.85	32.8	251	1,100	2.45	5.13	29.5	109	1.91
125×125	124	124	5	8	12	16.34	12.8	208	127	3.57	2.79	21.3	20.5	2.63
	125	125	6	9	12	18.83	14.8	248	147	3.63	2.79	25.6	23.5	2.78
125×175	122	175	7	11	16	28.12	22.1	289	492	3.2	4.18	29.1	56.3	2.27
125×250	122	252	11	11	16	41.03	32.2	445	1,470	3.29	5.98	45.3	117	2.39
	124	249	8	13	16	42.35	33.2	364	1,670	2.93	6.29	34.9	134	1.98
	125	250	9	14	16	46.06	36.2	412	1,820	2.99	6.29	39.5	146	2.08
	125	255	14	14	16	52.34	41.1	589	1,940	3.36	6.09	59.4	152	2.58
150×150	149	149	5.5	8	13	20.4	16	393	221	4.39	3.29	33.8	29.7	3.26
	150	150	6.5	9	13	23.39	18.4	464	254	4.45	3.29	40	33.8	3.41

공칭치수	높이 (H)	폭 (B)	두께 웨브 t_f	두께 플랜지 t_w	코너반경 (r)	단면적 (A)	단위중량 (W)	단면2차모멘트 I_x	단면2차모멘트 I_y	단면2차반경 i_x	단면2차반경 i_y	단면계수 Z_x	단면계수 Z_y	중심위치 C_x
mm	mm	mm	mm	mm	mm	cm^2	kgf/m	cm^4	cm^4	cm	cm	cm^3	cm^3	cm
150×200	147	200	8	12	18	36.19	28.4	572	802	3.97	4.71	48.2	80.2	2.83
	149	201	9	14	18	41.68	32.7	662	949	3.99	4.71	55.2	94.4	2.91
150×300	147	302	12	12	18	53.83	42.3	858	2,760	3.99	7.16	72.3	183	2.84
	149	299	9	14	18	55.4	43.5	715	3,120	3.59	7.51	57	209	2.36
	150	300	10	15	18	59.89	47	798	3,380	3.65	7.51	63.7	225	2.47
	150	305	15	15	18	67.39	52.9	1,110	3,550	4.05	7.26	92.5	233	3.03
	152	301	11	17	18	67.41	52.9	903	3,870	3.66	7.57	71.4	257	2.55
175×175	173	174	6	9	14	26.34	20.7	679	396	5.08	3.88	50	45.5	3.71
	175	175	7	11	14	31.57	24.8	815	492	5.08	3.95	59.3	56.2	3.75
175×250	168	249	8	12	20	44.08	34.6	881	1,540	4.47	5.92	64	124	3.02
	170	250	9	14	20	50.76	39.8	1,020	1,830	4.48	6	73.1	146	3.09
175×300	172	348	10	16	20	73	57.3	1,230	5,620	4.11	8.78	84.7	323	2.67
	172	354	16	16	20	83.32	65.4	1,800	5,920	4.65	8.43	131	335	3.4
	175	350	12	19	20	86.94	68.2	1,520	6,790	4.18	8.84	104	388	2.86
	175	357	19	19	20	99.19	77.9	2,200	7,220	4.71	8.53	158	404	3.59
	169	351	13	13	20	67.63	53.1	1,420	4,690	4.59	8.33	104	267	3.21
200×200	198	199	7	11	16	36.08	28.3	1,190	723	5.76	4.48	76.4	72.7	4.17
	200	200	8	13	16	42.06	33	1,400	868	5.76	4.54	88.6	86.8	4.23
200×300	193	299	9	15	22	60.05	47.1	1,530	3,120	5.04	7.21	95.5	209	3.33
	195	300	10	16	22	67.98	53.4	1,730	6,300	5.05	7.28	108	240	3.41
200×400	249	432	45	70	22	385	302	13,200	47,100	5.87	11.1	706	2,180	6.13
	229	417	30	50	22	264.3	207	7,470	30,200	5.32	10.7	414	1,450	4.85
	214	407	20	35	22	180.3	142	4,380	19,700	4.93	10.4	250	967	3.9
	207	45	18	28	22	147.7	116	3,360	15,500	4.95	10.2	213	766	3.68
	203	403	16	24	22	127.4	100	3,090	13,100	4.92	10	184	650	3.51

공칭치수	높이 (H)	폭 (B)	두께		코너 반경 (r)	단면적 (A)	단위 중량 (W)	단면 2차모멘트		단면2차반경		단면계수		중심 위치
			웨브 t_f	플랜지 t_w				I_x	I_y	i_x	i_y	Z_x	Z_y	C_x
mm	mm	mm	mm	mm	mm	cm^2	kgf/m	cm^4	cm^4	cm	cm	cm^3	cm^3	cm
200×400	200	408	21	21	22	125.3	98.4	3,650	11,900	5.4	9.75	229	584	4.07
	200	400	13	21	22	109.3	85.8	2,480	11,200	4.76	10.1	147	560	3.21
	197	405	18	18	22	107.2	84.1	3,050	9,980	5.34	9.65	193	493	3.89
	197	398	11	18	22	93.41	73.3	2,050	9,460	4.68	10.1	123	475	3.01
	194	402	15	15	22	89.23	70	2,480	8,130	5.27	9.54	158	404	3.7
225×200	223	199	8	12	18	42.15	33.1	1,880	790	6.67	4.33	109	79.4	5.1
	225	200	9	14	18	43.38	38	2,160	936	6.68	4.4	124	93.6	5.15
225×300	217	299	10	15	24	67.52	53	2,350	3,350	5.89	7.04	133	224	4.04
	220	300	11	18	24	78.69	61.8	2,680	4,060	5.84	7.68	149	270	4.05
250×200	248	199	9	14	20	50.64	39.7	2,840	922	7.49	4.27	150	92.6	5.9
	250	200	10	16	20	57.12	44.8	3,210	1,070	7.5	4.33	169	107	5.96
	253	201	11	19	20	65.65	51.5	3,670	1,290	7.48	4.33	190	128	5.95
250×300	241	300	11	15	26	72.76	57.1	3,420	3,380	6.85	6.82	178	225	4.92
	244	300	11	18	26	81.76	64.2	3,620	4,060	6.66	7.07	184	270	4.66
300×200	298	199	10	15	22	60.23	47.3	5,190	989	9.29	4.05	236	99.4	7.79
	300	200	11	17	22	67.21	52.8	5,810	1,140	9.3	4.12	262	114	7.84
	303	201	12	20	22	76.24	59.8	6,570	1,360	9.28	4.22	292	135	7.79
	306	202	13	23	22	85.33	67	7,340	1,590	9.27	4.31	322	157	7.79
300×300	291	300	12	17	28	87.24	68	6,360	3,830	8.54	6.63	280	256	6.39
	294	300	12	20	28	96.24	75.6	6,170	4,510	8.35	6.85	288	301	6.08
	297	302	14	23	28	111.2	87.3	7,910	5,290	8.44	6.9	339	350	6.33
350×300	354	302	15	28	28	136.8	107	14,200	6,440	10.2	6.86	513	426	7.78
	350	300	13	24	28	117.7	92.4	12,000	5,410	10.1	6.78	438	361	7.55
	346	300	13	20	28	105.7	83	11,300	4,510	10.3	6.53	425	301	7.99
400×300	396	300	14	22	28	121.7	95.6	17,700	4,690	12.1	6.38	593	331	9.66
	400	300	14	26	28	133.7	105	18,800	6,860	11.9	6.62	610	391	9.18
	404	302	16	30	28	153.8	121	21,900	6,900	11.9	6.70	705	457	9.41

A.7 H형강 교량(SHORT-SPAN H-BEAM BRIDGE)

1) 주거더 본수 및 간격은 다음의 표를 참조하여 지간에 따른 주거더수와 간격등을 결정한다. 폭확장시에는 동일간격으로 배치하여 검토한다.
2) 이음위치는 운반 등을 고려하여 10~14m 내로 선정한다.
3) 가로보는 주거더에 따라 제시된 표준가로보를 참조하여 배치하며 브레이싱은 사용하지 않는 것으로 한다.
4) STIFFNER는 주거더와 가로보가 연결되는 곳에 위치한다.
5) 바닥판은 철근콘크리트, 데크플레이트, 프리캐스트 조립식 바닥판 등 다양하게 선택가능하다.

※ 본자료는 H형강을 적용한 판형교의 설계에 적용하는 참고자료로서 기술문의는 현대제철로 확인하시기 바랍니다.

▌H형강 교량 설계표준화(DB-18, 차로폭 7m, 2차선, 직교, 슬래브두께 220 mm, 포장두께 50 mm의 경우)

지간(m)	거더					가로보	지점반력	
	H압연형강 (mm)	본수 (본)	간격 (m)	강중 (tf)	이음위치 (m)	간격 (m)	활하중 (tf)	고정하중 (tf)
17	808×302×16×30	4	2.15	16.39	6	4.25	17.22 24.94	17.08 16.58
18	808×302×16×30	4	2.15	17.35	6	4.5	17.60 25.29	18.10 17.60
19	808×302×16×30	4	2.15	18.32	7	4.75	17.92 25.58	19.00 18.50
20	808×302×16×30	5	1.7	24.10	7	5	14.13 21.20 19.65	17.80 16.30 16.30
21	808×302×16×30	5	1.7	25.31	7	5.25	14.34 21.40 19.88	17.51 17.10 17.10
22	808×302×16×30	5	1.7	26.51	양쪽지점에서 4m	5.5	14.84 21.62 20.11	18.30 17.85 17.90
23	808×302×16×30	6	1.4	33.26	양쪽지점에서 4.5m	5.75	12.22 17.95 17.51	16.71 16.22 16.18
24	808×302×16×30	6	1.4	34.71	양쪽지점에서 5m	6	12.37 18.11 17.68	17.39 16.90 16.86

지간(m)	거더					가로보	지점반력	
	H압연형강 (mm)	본수 (본)	간격 (m)	강중 (*tf*)	이음위치 (m)	간격 (m)	활하중 (*tf*)	고정하중 (*tf*)
25	808×302×16×30	7	1.15	42.18	양쪽지점에서 5.5m	4.17	11.51 14.74 15.45 14.88	16.33 14.67 14.76 14.62

▎H형강 교량 설계표준화(DB-24, 차로폭 7m, 2차선, 직교, 슬래브두께 220mm, 포장두께 50mm의 경우)

지간(m)	거더					가로보	지점반력	
	H압연형강 (mm)	본수 (본)	간격 (m)	강중 (*tf*)	이음위치 (m)	간격 (m)	활하중 (*tf*)	고정하중 (*tf*)
15	808×302×16×30	4	2.15	14.46	5	3.75	21.79 33.91	15.24 14.62
16	808×302×16×30	4	2.15	15.42	6	4	22.58 32.54	16.20 15.56
17	808×302×16×30	5	1.7	20.49	6	4.25	17.73 27.30 25.13	14.35 13.86 13.87
18	808×302×16×30	5	1.7	21.69	6	4.5	18.13 27.68 25.52	15.13 14.64 14.66
19	808×302×16×30	5	1.7	22.90	7	4.75	18.48 27.99 25.86	15.94 15.45 15.48
20	808×302×16×30	6	1.4	28.92	7	5	15.93 22.84 22.56	14.74 14.07 14.05
21	808×302×16×30	6	1.4	30.37	7	5.25	15.82 23.44 23.12	15.31 14.81 14.76
22	808×302×16×30	6	1.4	31.81	양쪽지점에서 4m	5.5	16.01 23.49 22.82	16.02 15.52 15.48
23	808×302×16×30	7	1.15	38.81	양쪽지점에서 4.5m	5.75	18.47 21.37 22.28 21.15	15.84 13.94 14.18 14.00
24	808×302×16×30	7	1.15	40.49	양쪽지점에서 5m	6	18.78 21.64 22.78 21.48	16.48 14.55 14.80 14.62

※이음위치는 지접에서부터의 거리로 표현되었음.

※지점반력은 외측으로부터 중앙거더까지 기입되었음.(대칭적용).

▌하중분배용 가로보 표준도(H-808×302×16×30 적용 시)

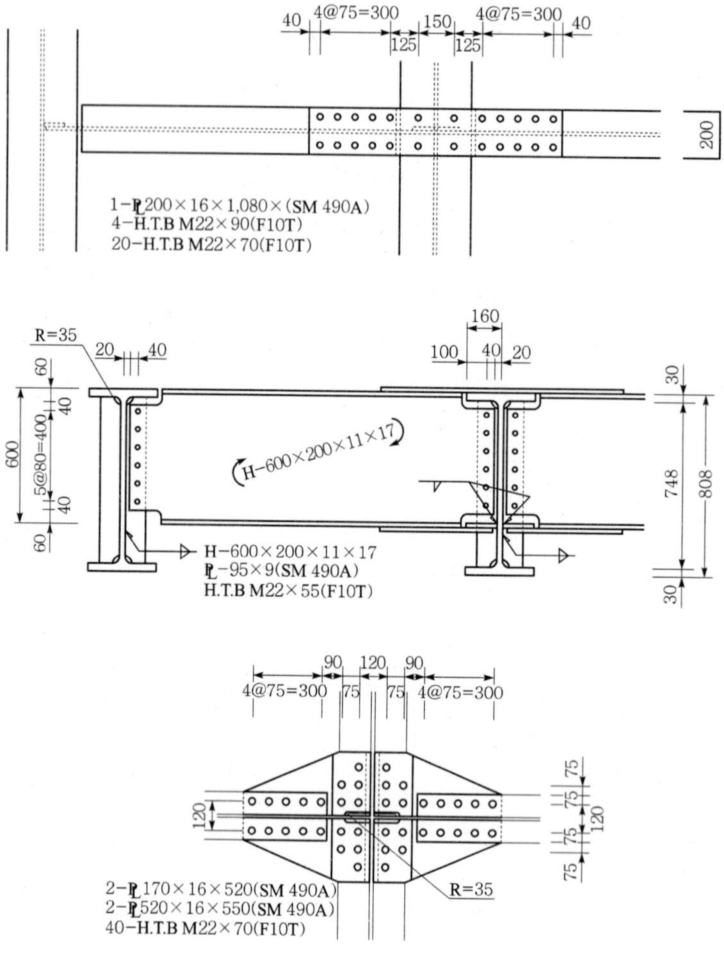

▌단부 가로보 표준도(H-808×302×16×30 적용 시)

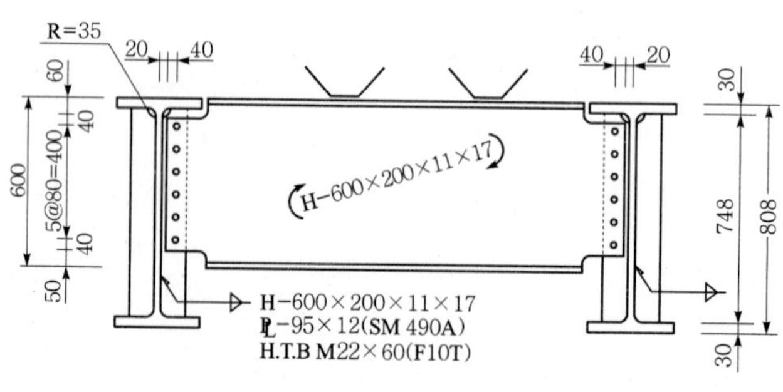

중간 가로보 표준도(H-808×302×16×30 적용 시)

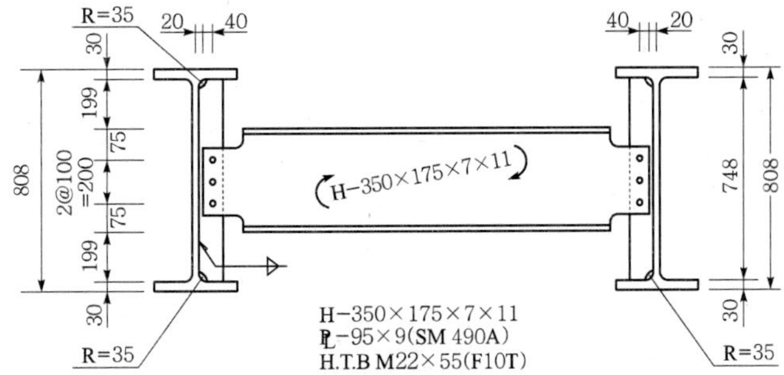

거더 이음부 표준도(H-808×302×16×30 적용 시)

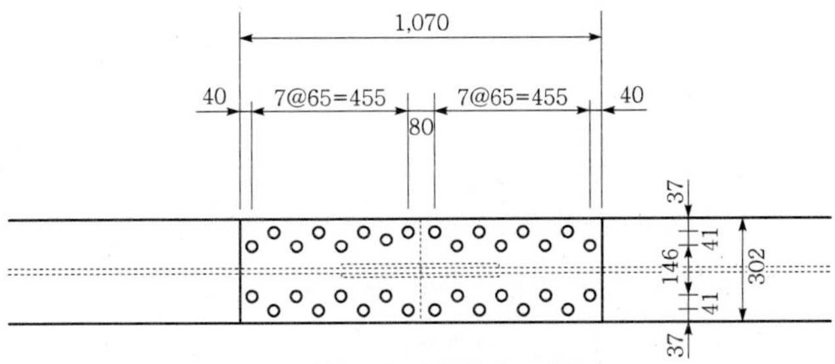

2-PL302×14×1,070×(SM 490A)
32-H.T.B M22×102(F10T)

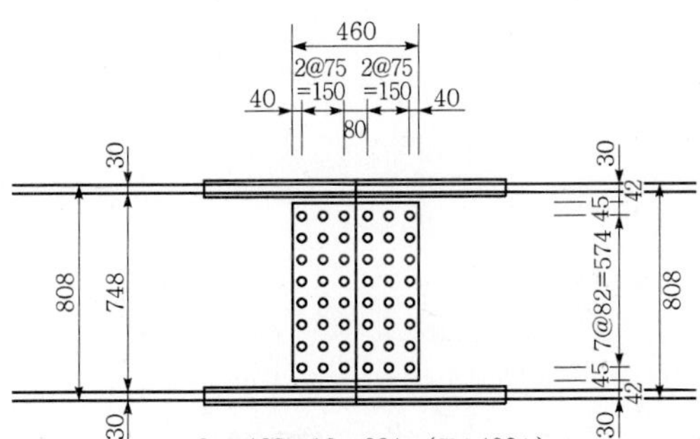

2-PL460×12×664×(SM 490A)
48-H.T.B M22×95(F10T)

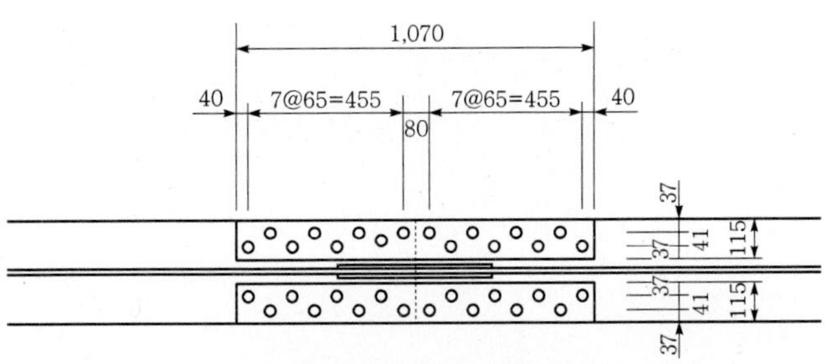

4-PL115×22×1,070×(SM 490A)
32-H.T.B M22×102(F10T)

부록 B 단위환산

B.1 개설

최근 세계적으로 SI단위계가 사용되고 있다. 미국, 영국을 비롯한 모든 나라들이 미터법을 채용하였으며, 따라서, Inch-Pound 단위계는 점차 사라질 것이다. 그러나, 현재 간행되는 미국, 영국의 모든 교재들에는 아직도 사회전반에 관습적으로 사용되고 있는 이들 단위를 무시하지 못하고 단위환산표를 붙이고 있다. 우리나라의 경우는 전부터 미터법을 사용하여 왔지만, 최근 SI단위계의 사용이 보편화 되고 있다. 그러나 일부에서는 아직 기존의 미터법을 사용하고 있어 두 단위계가 호용되고 있는 것이 사실이다.

교재에서는 국제 기준인 SI단위계를 사용하였으며, 이하 N과 tf, Kgf간의 환산을 위한 표를 제시한다.

B.2 단위환산표

표 E.1 공통적으로 사용되는 단위환산

항목		차원	단위		
			SI	CGS	BGS
기초량	힘	F	N	dyne	lbf
	길이	L	m	cm	ft
	시간	t	sec	sec	sec
	온도	T	K	K	° R
유도량	가속도	L/t^2	m/sec^2	cm/sec^2	ft/sec^2
	각	–	rad	rad	rad
	각가속도	$1/t^2$	rad/sec^2	rad/sec^2	rad/sec^2
	단면2차모멘트	L^4	m^4	cm^4	ft^4
	탄성계수	F/L^2	N/m^2 (Pa)	$dyne/cm^2$ (Pa)	lbf/ft^2
	모멘트	F · L	N · m	dyne · cm	lbf · ft
	응력	F/L^2	N/m^2 (Pa)	$dyne/cm^2$ (Pa)	lbf/ft^2
	속도	L/t	m/sec	cm/sec	ft/sec
	일	F · L	N · m	dyne · cm	lbf · ft

표 E.2 길이 변환계수

길이	미터(m)	센티미터(cm)	밀리미터(mm)	인치(in)	피트(ft)
미터(m)	1.0	100.0	1000.0	39.37008	3.280840
센티미터(cm)	0.01	1.0	10.0	0.393708	0.0320840
밀리미터(mm)	0.001	0.1	1.0	0.0393708	0.003280840
인치(in)	0.0254	2.54	25.4	1.0	0.08333333
피트(ft)	0.3048	30.48	304.8	12.0	1.0

표 E.3 응력 변환계수

응력	N/m^2 (Pa)	kgf/m^2	lbf/in^2 (psi)
N/m^2 (Pa)	1.0	1.019716×10^{-1}	1.450377×10^{-4}
kgf/m^2	9.80665	1.0	1.450377×10^{-3}
$lbf/\in^2$ (ψ)	6.894759×10^3	7.030697×10^2	1.0

이상 매트릭(Metric, CGS)과 임퍼리얼(Imperial, BGS) 단위계의 기본적인 단위들에 대한 단위환산표를 표기하였다.

부록 C 개정된 KS에 따른 강구조설계기준 재료편의 변경 내용

산업통상자원부 국가기술표준원은 건설구조물의 안전과 철강재의 품질확보를 통한 수출 경쟁력 강화와 강구조물에 대한 설계기준의 선진화 및 국제화를 위하여 건설구조용 철강재에 대한 한국산업표준(Korean Standard, KS) 개정을 2017년 1월 1일 자로 시행·고시하였다.

이번에 개정된 KS 건설용 철강재는 KS D 3503 일반구조용 압연강재 외 26종에 대한 것이다. 건설구조용 철강재에 대한 KS 개정의 주요 변경 사항은 강종명을 항복강도 값을 기준으로 명기하였고, 강재의 강도도 두께별로 세분화하여 구분하였으며 강관에 대한 영문 강종명도 변경하였다. 또한, 기존의 SM570 강재와 TMC 강재에만 적용하였던 탄소당량과 용접균열 대한 규정을 용접성 확보를 위하여 모든 강재로 확대 적용하였으며, TMC 강재는 두께에 따른 항복강도의 저감 없이 적용함을 명기하였다. 그리고 개정된 KS규격은 SM 강재의 모든 강종에 대한 충격에너지 기준(CVN)을 강화하여 적용하였다.

건설용 강종의 KS 개정과 관련하여 주요 변경 내용을 정리하면 다음과 같다.

1) 강종 표기 시 강도 표시법을 항복강도 기준으로 변경함

기존에 강종 표기 시 인장강도(F_u) 기준으로 표기되었던 형강 및 판재류의 강도 표기법이 항복강도(F_y) 기준으로 표기하는 것으로 변경되었다.

예) SS400 → SS275, SMA490A → SMA355A

2) 항복강도를 상향 조정함

모든 강종의 강도 표기를 항복강도로 조정하면서, 기존 대비 항복강도를 상향 조정하였다.

예) 490급 기준 315MPa → 355MPa

3) 일부 강종의 인장강도를 상향 조정함

일부 강종의 경우, 기존 대비 인장강도를 상향 조정하였다.

예) SS275 인장강도 : 410MPa

4) 강관 관련 강종 표기 기호를 변경함

기존에 강관 관련 강종을 정리하여 강관의 용도 및 형태에 따라 표기법을 보완·정리하였다.

예) STK → SGT, SPSR → SRT

5) 일부 신규 강종을 추가함

기존에 사용되었던 일부 강종에 새로운 강도 및 충격치에 따른 강종 규격을 신설하여 사용 범위를 확대하였다.

예) SS550, SM275D, SM355D, SM420A

6) CVN규정을 강화함

기존에 3등급이었던 CVN규정에 D등급을 추가하고 특정에너지를 흡수할 수 있는 온도를 규정하는 방식으로 표준을 개정하였다.

예) SM355D 등급 추가

7) C, Si, Mn, P, S 등 규정 화학 성분을 강화함

일부 강종에 대하여 화학성분에 대한 규정을 강화하여 좀 더 신뢰도 높은 성능을 기대할 수 있도록 하였다.

8) Ceq 및 Pcm 규정 신설 또는 강화함

기존에 없었던 용접성 관련된 Ceq 및 Pcm 규정을 신설하거나 강화하여 건설용 강재의 용접성 확보가 용이하도록 하였다.

예) SHN 강종 Pcm 규정 신설

위에서 요약 기술한 개정된 KS에 따른 강구조설계기준 재료편의 변경 내용을 정리하면 다음 표들과 같다.

기존 기준

표 3.1-1 주요 구조용강재의 재질규격

번호	명칭	강종
KS D 3503	일반구조용 압연강재	SS400
KS D 3515	용접구조용 압연강재	SM400A, B, C SM490A, B, C, TMC SM520B, C, TMC SM570, TMC
KS D 3529	용접구조용 내후성 열간 압연강재	SMA400AW, BW, CW SMA400AP, BP, CP SMA490AW, BW, CW SMA490AP, BP, CP
KS D 3861	건축구조용 압연강재	SN400A, B, C SN490B, C
KS D 3866	건축구조용 열간압연 H형강	SHN400, SHN490
KS D 5994	건축구조용 고성능 압연강재	HSA800

개정내용

표 3.1-1 주요 구조용강재의 재질규격

번호	명칭	강종
KS D 3503	일반구조용 압연 강재	SS275
KS D 3515[2)]	용접구조용 압연 강재	SM275A, B, C, D, -TMC[1)] SM355A, B, C, D, -TMC SM420A, B, C, D, -TMC SM460B, C, -TMC
KS D 3529	용접구조용 내후성 열간 압연 강재	SMA275AW, AP, BW, BP, CW, CP SMA355AW, AP, BW, BP, CW, CP
KS D 3861	건축구조용 압연 강재	SN275A, B, C SN355B, C
KS D 3866	건축구조용 열간 압연 형강	SHN275, SHN355
KS D 5994	건축구조용 고성능 압연강재	HSA650

사유 KS 표준 개정에 따른 일부 명칭과 강종기호 변경

기존 기준

표 3.1-2 냉간가공재 및 주강의 재질규격

번호	명칭	강종
KS D 3530	일반구조용 경량형강	SSC400
KS D 3558	일반구조용 용접경량H형강	SWH400, SWH400L
KS D 3566	일반구조용 탄소강관	STK400
KS D 3568	일반구조용 각형강관	SPSR400
KS D 3602	강제갑판(데크플레이트)	SDP1, 2, 3
KS D 3632	건축구조용 탄소강관	STKN400W, STKN400B, STKN490B
KS D 3864	내진건축구조용 냉간성형 각형강관	SPAR295, SPAP235, SPAP325

개정내용

표 3.1-2 냉간가공재 및 주강의 재질규격

번호	명칭	강종
KS D 3530	일반구조용 경량 형강	SSC275
KS D 3558	일반구조용 용접 경량 H형강	SWH275, L
KS D 3602	강제갑판(데크플레이트)	SDP1, 2, 3
KS D 3632	건축구조용 탄소강관	SNT275E, SNT355E, SNT275A, SNT355A
KS D 3864	건축구조용 각형 탄소 강관	SNRT295E, SNRT275A, SNRT355A

사유
- KS 표준 개정에 따른 일부 명칭과 강종기호 변경
- 용접에 사용할 수 없는 강재 KS D 3566과 KS D 3568 제외 (KS에서 새롭게 용접사용 유무를 규정함)

기존 기준

표 3.1-3 용접하지 않는 부분에 사용되는 강재의 재질 규격

번호	명칭	강종
KS D 3503	일반구조용 압연강재	SS490, SS540
KS D 3566	일반구조용 탄소강관	STK490
KS D 3568	일반구조용 각형강관	SPSR490
KS D 3710	탄소강 단강품	SF490, SF540

개정내용

표 3.1-3 용접하지 않는 부분에 사용되는 강재의 재질 규격

번호	명칭	강종
KS D 3503	일반구조용 압연강재	SS315, SS410
KS D 3566	일반구조용 탄소강관	SGT275, SGT355
KS D 3568	일반구조용 각형강관	SRT275, SRT355
KS D 3710	탄소강 단강품	SF490A, SF540A

사유
- KS 표준 개정에 따른 일부 명칭과 강종기호 변경
- 용접에 사용할 수 없는 강재 KS D 3566과 KS D 3568 일부 추가 (KS에서 새롭게 용접사용 유무를 규정함)

기존 기준

표 3.1-5 볼트, 고장력볼트 등의 규격

번호	명칭	강종
KS B 1002	육각볼트	보통형
KS B 1010	마찰접합용 고장력 육각볼트, 육각 너트, 평와셔의 세트	F8T용 : F8T · F10(F8) · F35 F10T용 : F10T · F10 · F35 F13T용[1] : F13T · F13 · F35
KS B 1012	육각너트	보통형
KS B 1016	기초볼트	모양 : L형, J형, LA형, JA형 강도등급 구분 : 4.6, 6.8, 8.8
KS B 1324	스프링 와셔	
KS B 1326	평와셔	
KS F 4512 KS F 4513	건축용 턴버클 볼트 건축용 턴버클 몸체	S, E, D ST, PT
KS F 4521	건축용 턴버클	

주 1) KS B 1010에 의하여 수소지연파괴민감도에 대하여 합격된 시험성적표가 첨부된 제품에 한하여 사용하여야 한다.

개정내용

표 3.1-5 볼트, 고장력볼트 등의 규격

번호	명칭	강종
KS B 1002	6각 볼트	-
KS B 1010	마찰 접합용 고장력 6각 볼트, 6각 너트, 평 와셔의 세트	1종(F8T/F10/F35)[1] 2종(F10T/F10/F35)[1] 3종(F13T/F13/F35)[1), 2)]
KS B 1012	6각 너트	4.6
KS B 1016	기초 볼트	모양: L형, J형, LA형, JA형 강도등급구분: 4.6, 6.8, 8.8
KS B 1324	스프링 와셔	-
KS B 1326	평 와셔	-
KS F 4512 KS F 4513	건축용 턴버클 볼트 건축용 턴버클 몸체	S, E, D ST, PT
KS F 4521	건축용 턴버클	-

주 1) 각각 볼트/너트/와셔의 종류
주 2) KS B 1010에 의하여 수소지연파괴민감도에 대하여 합격된 시험성적표가 첨부된 제품에 한하여 사용하여야 한다.

사 유 KS 표준 변경에 따른 변경

기존 기준

표 3.1-6 용접재료의 규격

번호	명칭
KS D 3508	피복아크 용접봉심선재
KS D 3550	피복아크 용접봉심선
KS D 7004	연강용 피복아크용접봉
KS D 7006	고장력강용 피복아크용접봉
KS D 7025	연강 및 고장력강용 마그용접 솔리드 와이어
KS D 7101	내후성강용 피복아크용접봉
KS D 7104	연강, 고장력강 및 저온용 강용 아크용접 플럭스 코어선
KS D 7106	내후성강용 탄산가스 아크용접 솔리드 와이어
KS D 7109	내후성강용 탄산가스 아크용접 플럭스 충전 와이어
KS B 0531	탄소강 및 저합금강용 서브머지드 아크용착금속의 품질 구분 및 시험방법

개정내용

표 3.1-6 용접재료의 규격

번호	명칭
KS D 3508	피복 아크 용접봉 심선재
KS D 3550	피복 아크 용접봉 심선
KS D 7004	연강용 피복아크 용접봉
KS D 7006	고장력 강용 피복아크 용접봉
KS D 7025	연강 및 고장력강용 마그용 용접 솔리드 와이어
KS D 7101	내후성강용 피복아크 용접봉
KS D 7104	연강, 고장력강 및 저온용 강용 아크용접 플럭스 코아선
KS D 7106	내후성강용 탄산가스 아크용접 솔리드 와이어
KS D 7109	내후성강용 탄산가스 아크용접 플럭스 충전 와이어

사유 KS B 0531 KS 표준 폐지에 따라 삭제함.

기존 기준

(1) 표 3.1-1에 나타낸 구조용강재의 항복강도 및 인장강도 는 표 3.3-1에 나타낸 값으로 한다. 다만 강재 판두께 100 mm(SN490, SM490TMC, SM520TMC와 SM570TMC인 경우 80 mm) 초과인 경우 KDS 41 10 10에 따라 안전성이 인정되어야 한다.

표 3.3-1 주요 구조용 강재의 재료강도(MPa)

강도	강재 기호 / 판 두께	SS400 SN400 SM400 SMA400	SHN400	SS490[1]	SM490 SMA490	SN490	SHN490	SM520 SM490Y	SS540	SM570 SMA570	SM490TMC	SM520TMC	SM570TMC	HSA800
F_y	40mm 이하	235	235	275	315	325	325	355	390	450	–	–	–	–
	40mm 초과 75mm 이하	215	235[2]	255	295	295	325[2]	335	–	430	–	–	–	–
	80 mm 이하	–	–	–	–	–	–	–	–	–	315	355	450	650
	75mm 초과 100mm 이하	215	–	–	295	295	–	325	–	420	–	–	–	–
F_u	80 mm 이하	–	–	–	–	–	–	–	–	–	490	520	570	800
	100mm 이하	400	400	490	490	490	490	520 (490)[2]	540	570	–	–	–	–

주 1) SS490의 적용두께는 60 mm 이내
2) SM490의 인장강도는 490 MPa

개정내용

(1) 표 3.1-1에 나타낸 구조용 강재의 항복강도 및 인장강도 는 표 3.3-1에 나타낸 값으로 한다. 다만 강재 판두께 100 mm(HSA650, SM355TMC, SM420TMC와 SM460TMC인 경우 80 mm) 초과인 경우 KDS 41 10 10에 따라 안전성이 인정되어야 한다.

표 3.3-1 주요 구조용 강재의 재료강도(MPa)

<table>
<tr><th>강도</th><th>강재 기호 / 판 두께</th><th>SS275</th><th>SM275 SMA275</th><th>SM355 SMA355</th><th>SM420</th><th>SM460</th><th>SN275</th><th>SN355</th><th>SHN275</th><th>SHN355</th></tr>
<tr><td rowspan="4">F_y</td><td>16mm 이하</td><td>275</td><td>275</td><td>355</td><td>420</td><td>460</td><td rowspan="2">275</td><td rowspan="2">355</td><td rowspan="3">275</td><td rowspan="3">355</td></tr>
<tr><td>16mm 초과 40mm 이하</td><td>265</td><td>265</td><td>345</td><td>410</td><td>450</td></tr>
<tr><td>40mm 초과 75mm이하</td><td rowspan="2">245</td><td>255</td><td>335</td><td>400</td><td>430</td><td rowspan="2">255</td><td rowspan="2">335</td></tr>
<tr><td>75mm 초과 100mm 이하</td><td>245</td><td>325</td><td>390</td><td>420</td><td>–</td><td>–</td></tr>
<tr><td rowspan="2">F_u</td><td>75mm 이하</td><td rowspan="2">410</td><td rowspan="2">410</td><td rowspan="2">490</td><td rowspan="2">520</td><td rowspan="2">570</td><td rowspan="2">410</td><td rowspan="2">490</td><td>410</td><td>490</td></tr>
<tr><td>75mm 초과 100mm 이하</td><td>–</td><td>–</td></tr>
</table>

표 3.3-1 주요 구조용 강재의 재료강도 (MPa) (계속)

강도	강재 기호 / 판 두께	HSA650	SM275-TMC	SM355-TMC	SM420-TMC	SM460-TMC
F_y	80mm 이하	650	275	355	420	460
F_u	80mm 이하	800	410	490	520	570

사유
- KS 표준 변경에 따른 개정
- 기존에 40mm이하 항복강도를 동일하게 적용하던 설계기준을 KS와 동일하게 16mm 이하와 초과를 구분하여 항복강도를 적용하도록 변경
- 강재의 재료강도는 KS의 하한치값을 공칭강도로 제시

기존 기준

표 3.3-2 냉간가공재 및 주강의 재료강도, MPa

강재 종별		SSC400 SWH400	STK400 SPSR400 SPAP235 STKN400B	SPAR 295	SPAP 325 STKN 490B	SDP1	SDP2 SDP3	SCW410 SCW480
판두께(mm)		2.3~6.0[1]	2.3~22.0[1]			1.2~6.0		8.0~60.0
강도	F_y	235	235	295	325	205	235	235
	F_u	400	400	400	490	265	400	400

주 1) SWH400, SPSR400의 판두께는 12 mm 이하이고 STKN400B, STKN490B, SPAP235, SPAP325의 판두께는 40 mm 이하임.

개정내용

표 3.3-2 냉간가공재 및 주강의 재료강도, MPa

강재 종별		SSC275 SWH275	SGT275 SRT275 SNT275	SNT355	SNRT275A	SNRT295E	SNRT355A
판두께(mm)		2.3~6.0[1]	2.3~40[2]		6.0~40[2]		
강도	F_y	275	275	355	275	295	355
	F_u	410	410	490	410	400	490

주 1) SWH275의 판두께는 12 mm 이하
주 2) SGT275, SRT275, SNRT295E의 판두께는 22 mm 이하
비고 1) 강제갑판(SDP)의 재료강도는 모재의 강도 적용

사유 KS 표준 변경에 따른 개정

기존 기준

표 3.3-3 용접하지 않는 부분에 사용하는 강재 등의 재료강도, MPa

강도	강재 종별 / 판두께	SS 490	SS 540	SC 450	SC 480	SF 490	STK 490	SPSR 490	SF 540
F_y	40 mm 이하	275	380	225	245	245	325	325	275
	40 mm 초과 60 mm 이하	255	–	–	–	–	–	–	–
F_u	60 mm 이하	490	540	450	480	490	490	490	540

개정내용

표 3.3-3 용접하지 않는 부분에 사용하는 강재 등의 재료강도, MPa

<table>
<tr><th>강도</th><th>강재 종별 / 판두께</th><th>SS315</th><th>SS410</th><th>SGT355
SRT355[1]</th><th>SF490A</th><th>SF540A</th></tr>
<tr><td rowspan="3">F_y</td><td>16mm 이하</td><td>315</td><td>410</td><td rowspan="2">355</td><td rowspan="2">245</td><td rowspan="2">275</td></tr>
<tr><td>16mm 초과 40mm 이하</td><td>305</td><td>400</td></tr>
<tr><td>40mm 초과 100mm 이하</td><td>295</td><td>–</td><td>–</td><td>–</td><td>–</td></tr>
<tr><td rowspan="2">F_u</td><td>40mm 이하</td><td rowspan="2">490</td><td>540</td><td>500</td><td>490</td><td>540</td></tr>
<tr><td>40mm 초과 100mm 이하</td><td>–</td><td>–</td><td>–</td><td>–</td></tr>
</table>

주 1) SRT355의 판두께는 30 mm 이하

사 유 KS 표준 변경에 따른 개정

기존 기준

(1) 고장력볼트의 재료강도는 표 3.3-5에 나타낸 값으로 한다.

표 3.3-5 고장력볼트의 재료강도, MPa

강도 \ 등급	F8T	F10T	F13T
F_y	640	900	1170
F_u	800	1000	1300

주 1) KS B 1010에 의하여 수소지연파괴민감도에 대하여 합격된 시험성적표가 첨부된 제품에 한하여 사용하여야 한다.

(2) 볼트의 재료강도는 표 3.4-4와 같고, 표에서 규정하는 것 이외의 중볼트에 대한 항복강도 및 인장강도는 "KS B 1002"에 정해진 항복강도 및 인장강도의 최소값으로 한다.

표 3.3-6 볼트의 재료강도, MPa

강종	SS400, SM400의 중볼트
F_y	235
F_u	400

개정내용

(1) 고장력볼트의 규정 최소 강도는 표 3.3-5에 나타낸 값으로 한다.

표 3.3-5 고장력볼트의 재료강도, MPa

최소강도 \ 볼트등급	F8T	F10T	F13T
F_y	640	900	1170
F_u	800	1000	1300

주 1) KS B 1010에 의하여 수소지연파괴민감도에 대하여 합격된 시험성적표가 첨부된 제품에 한하여 사용하여야 한다.

(2) 일반볼트의 규정 최소강도는 표 3.3-6에 나타낸 값으로 한다.

표 3.3-6 볼트의 재료강도, MPa

최소강도 \ 강도구분	4.6[1]
F_y	240
F_u	400

주 1) KS B 1002에 따른 강도 구분

사 유
- 일반볼트의 경우에는 KS B 1002에는 볼트등급을 4.6, 4.8, 5.8, 8.8 등으로 구분하고 있음. 우리의 경우에는 일반적으로 등급 4.6을 사용하게 됨.
- KS B 1002에는 직접적인 최소 규정 항복강도, 인장강도의 값이 주어진 것이 없습니다. 대신 KS B 0233를 따르도록 하고 있고, KS B 0233에는 강도 등급 4.6에 대해 최소 인장강도 400MPa, 최소 항복강도 240MPa로 규정하고 있음.

기존 기준

표 3.3-7 용접재료의 강도, MPa

용접재료	강도(MPa)		적용 가능 강종
	F_u	F_y	
KS D 7004 연강용 피복아크 용접봉	420	345	인장강도 400 MPa급 연강
KS D 7006 고장력강용 피복아크 용접봉	490	390	인장강도 490 MPa~780 MPa 고장력강
	520	410	
	570	490	
	610	500	
	690	550	
	750	620	
	780	665	
KS D 7104 연강, 고장력강 및 저온용 강용 아크용접 플럭스 코어선	420	340	인장강도 400 MPa급 연강 인장강도 490 MPa, 540 MPa, 590 MPa급 고장력강
	490	390	
	540	430	
	590	490	
KS D 7025 연강 및 고장력강용 마그용접솔리드와이어	420	345	인장강도 400 MPa급 연강 인장강도 490 MPa, 590 MPa급 고장력강
	490	390	
	570	490	
KS B 0531 탄소강 및 저합금강용 서브머지드아크 용착금속의 품질구분 및 시험방법	410	300	탄소강 및 저합금강(고장력강, 내열강 및 내후성강)
	490	390	
	570	490	
	610	500	
	690	550	
	780	670	
내후성 강용: KS D 7101;피복아크용접봉 KS D 7106;탄산가스아크용접솔리드와이어 KS D 7109;탄산가스아크용접플럭스충전와이어	490	390	인장강도 490 MPa~570 MPa급 내후성 고장력강
	570	490	

개정내용

표 3.3-7 용접재료의 강도, MPa

용접재료	강도(MPa)		적용 가능 강종
	F_y	F_u	
KS D 7004 연강용 피복아크 용접봉	345	420	인장강도 400MPa급 연강
KS D 7006 고장력 강용 피복아크 용접봉	390	490	인장강도 490MPa~780 MPa 고장력강
	410	520	
	490	570	
	500	610	
	550	690	
	620	750	
	665	780	
KS D 7104 연강, 고장력강 및 저온용 강용 아크용접 플럭스코어선	340	420	인장강도 400MPa급 연강 인장강도 490 MPa, 540 MPa, 590 MPa급 고장력강
	390	490	
	430	540	
	490	590	
KS D 7025 연강 및 고장력강용 마그용접용솔리드와이어	345	420	인장강도 400MPa급 연강인장강도 490 MPa, 590 MPa급 고장력강
	390	490	
	490	570	
KS D 7101 내후성강용 피복아크 용접봉 KS D 7106 내후성강용 탄산가스 아크용접 솔리드와이어 KS D 7109 내후성강용 탄산가스 아크용접 플럭스충전와이어	390	490	인장강도 400MPa ~ 570MPa급 내후성 고장력강

비고 1) 서브머지드아크용접(SAW) 용가재의 강도는 표의 피복아크 용접봉 값을 사용하거나, 구기준(KS B 0531 탄소강 및 저합금강용 서브머지드 아크 용착 금속의 품질 구분 및 시험방법)의 값을 참고한다.

사 유
- KS B 0531 표준 폐지에 따라 비고란에 내용 추가
- SAW용접공정은 건축 및 토목용 강구조물의 공장제작에서 필수 공정임.

기존 기준

표 3.4-1 강재의 재료정수

재료 \ 정수	탄성계수(E) (MPa)	전단탄성계수(G) (MPa)	푸아송비 ν	선팽창계수 α (1/℃)
강재	205,000MPa	79,000MPa	0.3	0.000012

개정내용

표 3.4-1 강재의 재료정수

재료 \ 정수	탄성계수(E) (MPa)	전단탄성계수(G) (MPa)	푸아송비 ν	선팽창계수 α(1/℃)
강재	210,000MPa	81,000MPa	0.3	0.000012

사유 새로운 KS 강재 개정과 더불어 탄성계수 수정

기존 기준

표 4.7-8 볼트의 공칭강도(MPa)

강도 \ 강종		고장력볼트			일반볼트
		F8T	F10T	F13T[1]	SS400 SM400
공칭인장강도, F_{nt}		600	750	975	300
지압접합의 공칭전단 강도, F_{nv}	나사부가 전단면에 포함될 경우	320	400	520	160
	나사부가 전단면에 포함되지 않을 경우	400	500	650	

주 1) KS B 1010에 의하여 수소지연파괴민감도에 대하여 합격된 시험성적표가 첨부된 제품에 한하여 사용하여야 한다.

개정내용

표 4.7-8 볼트의 공칭강도(MPa)

강도 \ 볼트등급(강도구분)		고장력볼트			일반볼트
		F8T	F10T	F13T[1]	4.6[2]
공칭인장강도, F_{nt}		600	750	975	300
지압접합의 공칭전단 강도, F_{nv}	나사부가 전단면에 포함될 경우	320	400	520	160
	나사부가 전단면에 포함되지 않을 경우	400	500	650	

주 1) KS B 1010에 의하여 수소지연파괴민감도에 대하여 합격된 시험성적표가 첨부된 제품에 한하여 사용하여야 한다.
주 2) KS B 1002에 따른 강도 구분

사유
- 볼트 등급 수정
- 주2) 추가
- 일반볼트의 경우 강종 기호가 명확하지 않아, 예전부터 계속 SS400, SM400으로 표기되어 왔는데, 이번에 강도 구분 4.6이라고 표기함.

기존 기준

표 4.10-1 강재의 종류별 R_y 및 R_t 값

적용		R_y	R_t
구조용 압연형강 및 냉간가공재	KS D 3503 SS400 KS D 3530 SSC400 KS D 3558 SWH400 KS D 3566 STK400 KS D 3568 SPSR400 KS D 3632 STKN400, STKN490	1.3	1.2
	KS D 3515 SM400, SM490, SM520 KS D 3864 SPAR295, SPAP235, SPAP325 KS D 4108 SCW 490-CF	1.2	1.2
	KS D 3861 SN400, SN490 KS D 3866 SHN400, SHN490	1.1	1.1
플레이트	KS D 3503 SS400	1.3	1.2
	KS D 3515 SM490, SM490TMC, SM520, SM520TMC, SM570, SM570TMC KS D 3529 SMA400, SMA490, SMA570	1.2	1.2
	KS D 3861 SN400, SN490 KS D 5994 HSA800	1.1	1.1

개정내용

표 4.10-1 강재의 종류별 R_y 및 R_t 값

적용		R_y	R_t
구조용 압연형강 및 냉간가공재	KS D 3503 SS275 KS D 3530 SSC275 KS D 3558 SWH275 KS D 3566 SGT275 KS D 3568 SRT275 KS D 3632 SNT275, SNT355	1.2	1.2
	KS D 3515 SM275, SM355, SM420 KS D 3864 SNRT295E, SNRT275A, SNRT355A	1.2	1.2
	KS D 3861 SN275, SN355 KS D 3866 SHN275, SHN355	1.1	1.1
플레이트	KS D 3503 SS275	1.2	1.2
	KS D 3515 SM355, SM355TMC, SM420, SM420TMC, SM460, SM460TMC, KS D 3529 SMA275, SMA355	1.2	1.2
	KS D 3861 SN275, SN355 KS D 5994 HSA650	1.1	1.1

사유

- KS 개정에 따른 강종 변경
- 더 이상 KS가 아닌 KS D 3632 SCW 490-CF 삭제
- SMA570 삭제
- 예상항복강도는 최솟값인 공칭항복강도에 비해 실제 생산되는 국내강재의 실제(시험)항복강도의 평균과 표준편차를 고려하여 결정되어야 함.
- 현재까지 취합된 신 KS규격에 따라 강종별 항복강도와 인장강도의 분포와 평균값을 고려하여, 실제로 예상되는 예상항복강도와 예상인장강도를 위한 R_y 및 R_t값을 결정함.
- 항복강도 275MPa 급 강재의 Ry를 1.3에서 1.2로 변경하고, 나머지는 그대로를 유지함.
- 이는 Fy 증가에 따른 영향을 고려하였고, 특히 강관에 적용하는 강재의 예상항복강도 대 공칭항복강도의 비를 감안하여 1.3에서 1.2로 변경함.

참고문헌

1. 하중저항계수설계법에 의한 강구조설계기준, 국토교통부, 2014
2. 도로교설계기준(한계상태설계법), 한국도로교통협회, 2012
3. 도로교설계기준, 한국도로교통협회, 2010
4. 도로교표준시방서, 대한토목학회, 1996
5. 조효남, 한봉구, "강구조공학", 구미서관, 1998
6. 조효남, "교량공학", 구미서관, 1999
7. 김상식, "건축철골구조", 문운당, 1996
8. 황학주, "최신교량공학", 동명사, 1996
9. 長井正嗣 著, "橋梁工學", 共立出版株式會社, 1990
10. 건설교통부, "도로교표준시방서", 1996.
11. 장동일, "강구조공학", 창지사, 1982
12. 한국강구조학회, 강구조 편람 4권 – 강도로교의 설계, 1995
13. 대한토목학회 (1996), 도로교표시방서(부록) 하중–저항계수 설계편
14. 伊藤 學, "鋼構造學", Corona社, 1990
15. 五十風 定義, 坂本 順, 鐵骨構造學, 朝倉書店, 1988
16. 剛構造設計演習, 中井 博·北田俊行 著, 共立出版株式會社, 1990
17. 中井博：鋼橋設計の基礎, Ch 7
18. 倉西茂：鋼構造, Ch 10., Ch 11, 1976
19. 中井博, 北田俊行：鋼橋設計の基礎, 共立出版, 1992
20. 最新橋梁設計施工ハンドブック、建設産業調査會
21. 伊藤學, 川田忠樹：超長大橋時代の幕開け、建設圖書, 1999
22. 日本道路協會：鋼橋の疲勞, Ch1, Ch2, 丸善, 1997
23. 日本鋼構造協會：鋼構造物の疲勞設計指針·同解說, 技報堂, 1991
24. AASHTO (1994), LRFD Bridge Design Specification
25. AISC (1989). Manual of Steel Construction, Allowable Stress Design, Ninth Ed. American Institute of Steel Construction, Chicago, Ill.
26. AISC–LRFD (1993), *Manual of Steel Construction, Load and Resistance Factor Design,* Vol I, II, 2nd Ed.

26. AISC-LRFD (1993), *Manual of Steel Construction, Load and Resistance Factor Design,* Vol I, II, 2nd Ed.
27. Bruce G. Johnston, Fung-Jin Lin, T.V. Galambos, "Basic Steel Design", Prentice Hall, 1980
28. Bruce G. Johnston, F.J. Lin, Theodore V. Galambos, "Basic Steel Design with LRFD", Prentice Hall, 1996
29. Charles G. Salmon, John E. Johnson, "Steel Structures", Harper & Row, 1990
30. Charles G. Salmon, John E. Johnson, "Steel Structures", Harper Collins, 1997
31. C.G. Salmon, J.E. Johnson : Steel Structure - Design and Behavior, Harper Collins, 4th ed., Ch 11, 1996
32. Egor P. Popov, : "Engineering Mechanics of Solids", Prentice-Hall International, Inc, 1976
33. Gaylord, Jr., E.H., C.N. Gaylord and J.E. Stallmeyer, Design of Steel Structures, Third Ed. McGraw-Hill, New York, N.Y., 1992
34. G.H. Owens, P.R. Knowles and P.T. Dowling : Steel Design Manual, Steel Construction Institute, 15th ed., Ch 17
35. IIW : Fatigue Recommendation, 1996
36. Jack C. McCormac, Structural Steel Design, Harper & Row, 1984
37. J.M. Barsom & S.T. Rolfe : Fracture & Fatigue Control in Structure, Prentice-Hall, 2th ed. 1987
38. J.M.Gere, "Mechanics of Materials", 6th edition, Brooks/Cole, 2004
39. Kanchanalai, T., "The design and behavior of beam-columns in unbraced steel frames." Am. Inst. of Steel Construction (AISI) Proj. No. 189, Rep. No. 2, Civ. Engrg./Struct. Res. Lab., Univ. of Texas, Austin, Tex.,, 1977
40. Louis F. Geschwindner, Robert O. Disque, "Load and Resistance Factor Design of Steel Structures", Prentice Hall, 1994
41. Maddox : Fatigue Strength of Welded Strength, Abington, 1991
42. Salmon, C.G. and J.E. Johnson, Steel Structures Design and Behavior, Fourth Ed. Harper Collins, New York, N.Y., 1996
43. Spiegel, L. and G.F. Limbrunner, Applied Structural Steel Design, Second Ed. Prentice Hall, Englewood Cliffs, N.J., 1993

찾아보기

ㅊ

ㅋ

ㅌ

숫자 및 영문

박연수

Kyoto Univ. 대학원 토목공학과, 공학박사
(박사학위논문 : Damage Process of Steel Members under Very-Low-Cycle Loading)
한국과학기술원(KAIST) 토목공학과, 공학석사(석사학위논문 : 다지지 구조계의 지진해석)
한양대학교 공과대학 토목공학과, 공학사
Imperial College, London, Visiting Prof.
Univ. of California, Irvine, Visiting Prof.
NTU, Singapore, Visiting Prof.
전남대학교 공과대학 토목공학과, 교수
한양대학교 초대형구조시스템연구센터, 연구조교수
한국도로공사 도로교통연구원, 책임연구원
일본 京都大學防災硏究所, 공동연구원
구조물의 내진성능향상연구회 한국과학재단지정중점과제연구회, 회장
국토교통부 교량터널 안전진단 심사위원회, 심사위원
국토교통부 익산지방국토관리청 설계자문위원회, 심사위원
안전행정부 국립방재연구소 재해원인분석조사단, 조사위원
한국도시철도 품질환경안전위원회, 자문위원
서울특별시 지하철 기술자문위원회, 자문위원
한국가스안전공사 가스안전평가 심의위원회, 심의위원
한국수자원공사 일반기술심의위원회, 심의위원

박선준

전남대학교 대학원 토목공학과, 공학박사
(박사학위논문 : A Study on Isolation of Gas Pipeline Structures subjected to Construction Vibrations)
Marquis Who's who in Science and Engineering 2011-2012 등재
IBC(International Biographical Centre, Cambridge, England) 2000 Outstanding Intellectuals of the 21st Century-2010 등재
ABI(American Biographical Institute) 2010 등재
Reviewer of the Journal of Structural Engineering(American Society of Civil Engineering ; ASCE)
동신대학교 공과대학 토목공학과, 교수
인사혁신처, 서울특별시, 경기도 공무원시험, 출제 및 심사위원
국토교통부 익산지방국토관리청 설계자문위원회, 심의위원
광주광역시 지방건설기술심의위원회, 심의위원
전라남도 지방건설기술심의위원회, 심의위원

강대흥

University of Colorado at Boulder 대학원 토목공학과, 공학박사
(박사학위논문: An Optimized Computational Environment for Real-Time Hybrid Simulation)
특허청, 국토환경심사과, 심사관
한국철도기술연구원, Post-Doc

하중저항계수설계법(LRFD) **강구조공학** **정가 22,000원**

저자 : 박연수 · 박선준 · 강대흥

발행인 : 임해진
발행처 : 도서출판 구미서관

인쇄 : 2018년 2월 14일
발행 : 2018년 2월 21일

등록 : 1979년 6월 29일 No.9–6호
주소 : 서울시 마포구 신촌로 2길 5–15 구미빌딩
전화 : 02–333–1101
팩스 : 02–335–2201
http://www.goomibook.com

ISBN 979–11–6257–006–7 (93530)
